Chemistry for Materials

材料化学

沈培康　孟　辉◎编著

中山大学出版社
·广州·

版权所有　翻印必究

图书在版编目(CIP)数据

材料化学/沈培康，孟辉编著. —广州：中山大学出版社，2012.5
ISBN 978-7-306-04110-4

Ⅰ.①材… Ⅱ.①沈…②孟… Ⅲ.①材料科学—应用化学 Ⅳ.①TB3

中国版本图书馆CIP数据核字(2012)第011460号

~~~~~~

出 版 人：祁　军
策划编辑：鲁佳慧　李　文
责任编辑：曹丽云
封面设计：曾　斌
责任校对：赵丽华
责任技编：何雅涛
出版发行：中山大学出版社
电　　话：编辑部 020-84111996，84113349，84111997，84110779
　　　　　发行部 020-84111998，84111981，84111160
地　　址：广州市新港西路135号
邮　　编：510275　　　　传　真：020-84036565
网　　址：http://www.zsup.com.cn　E-mail：zdcbs@mail.sysu.edu.cn
印 刷 者：广州中大印刷有限公司
规　　格：880mm×1230mm　1/16　20.25印张　570千字
版次印次：2012年5月第1版　2013年1月第2次印刷
印　　数：2001-3000册　定　价：48.00元

~~~~~~

如发现本书因印装质量影响阅读，请与出版社发行部联系调换

作者简介

沈培康 中山大学教授、博士研究生导师。1982年在厦门大学获学士学位，1992年在英国Essex大学化学与生物化学系获博士学位。1989—1999年，留英10年，先后在Essex大学化学与生物化学系任研究员（Research Officer）、高级研究员（Senior Research Officer），英国催化电极有限公司（Catalytic Electrode Ltd.）任技术经理。1999—2000年，先后在香港大学、香港城市大学任高级研究助理、研究员。2001年，进入中山大学物理科学与工程技术学院工作，2002年被聘为光电材料与技术国家重点实验室固定人员。现任广东省低碳化学与过程节能重点实验室副主任。主要研究方向为：① 材料物理与化学；② 新型能源技术；③ 纳米材料和应用技术。已发表研究论文180篇。主持"863计划"项目、国家自然科学基金、基金委—广东省联合基金重点项目、广东省自然科学基金重点项目、广东省科技计划—产业技术研发项目、广州市科研条件平台建设等30多项项目的研究工作，并在产学研方面获得多项专利成果。其团队获得2011年广东省科学技术奖一等奖。

孟 辉 博士，中山大学物理科学与工程技术学院讲师。2006年博士毕业于中山大学理工学院，2006—2007年在华南理工大学任讲师，2007—2009年在加拿大国家科学研究院由国际著名燃料电池非贵金属氧还原催化剂专家Jean-Pol Dodelet领导的研究组任博士后研究员，2009年受聘于中山大学。主要研究方向为：燃料电池氧还原催化剂，贵金属纳米结构制备等。在国际专业杂志发表论文40余篇，被SCI他引850余次。承担了国家自然科学基金、教育部博士点基金、留学回国人员基金等项目。获得2011年广东省科学技术奖一等奖。

内容简介

这是一本为非化学专业的理工科学生和从事材料科学与工程技术研究的人员提供适应材料科学和工程技术领域迅速发展所需要的知识的教材。材料化学是化学和材料科学交叉的学科。本书除介绍与材料相关的基础化学知识外，主要还介绍了：① 材料的制备（合成）；② 材料的组成与结构；③ 材料的变化和控制。

化学对材料的发展起着非常关键的作用。本书将材料和化学合二为一，按照"与材料相关的化学"的编写原则，深入浅出而又系统地介绍了必要的化学基础知识，突出了重点在于材料和化学的结合的目的，改变了以往教材材料学只讲材料、化学只讲基础的局面，这必将利于非化学专业学生对材料学的学习。

前 言

所有物质都是潜在的材料,我们称某东西为材料意味着它的物理和化学性质具备某些特殊的功能。这些特性通常来自一种或几种物质在一个物理化学体系中的融合。材料化学是研究材料的化学制备、组成、性能及其变化的科学,是化学和材料科学交叉的学科。材料化学在很大程度上涉及对凝聚态化学及不同凝聚态界面性能的研究。因为每一种材料都有特定的用途,所以材料化学与现存的和新发展的基础科学和技术有密切的联系。本书除介绍与材料相关的基础化学知识外,主要还介绍了以下内容:① 材料的制备(合成),包括材料的主要化学制备方法,以及材料的合成条件和路径。材料以一定的形态存在,怎样将物质以一定的方式构建成特殊用途(特殊功能)的材料,需要特殊的技术和方法,因此,有必要清楚了解怎样将材料合成在一起。② 材料的组成与结构。材料的性能不仅与它的组成有关,还与它的形貌、大小、构成方式(相)有关,因此,需要了解材料的物理形式与内在性质的关系。③ 材料的变化和控制。材料不是一成不变的,在不同的环境和条件下,材料会发生化学变化,因此,需要根据材料的特点及使用环境,研究控制材料变化的方法,以保证材料性能的充分发挥和应用。

化学(chemistry)是研究物质之间的变化规律、阐明各类化学反应的机理、认识物质转化的化学过程的科学。化学创立了研究物质结构和形态的理论、方法和实验手段,阐明了物质的结构与性能之间的关系和规律,合成制备了数以千万计的化学物质。面对材料科学、信息科学等学科迅猛发展的挑战,以及人类对认识和改造自然提出的新要求,化学在不断开拓新的研究领域和思路的同时,不断地创造出新的物质和品种来满足人民的物质文化生活的需求,造福国家,造福人类。当前,资源的有效开发利用、环境的保护与治理、社会和经济的可持续发展、新型材料的开发和应用等是科学工作者关注的重大课题。

材料(material)是指经过加工,具有一定的组成、结构和性能,适合于一定用途的物质。材料是人类生活和生产活动的重要物质基础,是一切科学和技术发展必不可少的基石,对于一个国家的现代化建设具有不言而喻的战略重要性。材料的发现、发展和应用是人类文明的标志。人类对材料的认识和利用,经历了一个漫长的探索、发展的历史过程。根据不同特征的材料,我们可以把人类的历史划分为石器时代、青铜器时代、铁器时代、高分子材料时代和复合材料时代等。

原始人主要用天然的石、木、竹、骨等材料作为渔猎工具,他们只对天然材料做粗糙加工。例如,对石头进行简单的敲击加工使之变得尖利一些。这一时期称为旧石器时代。

随着对钻木取火技术的掌握,把黏土烧结成陶的制陶技术的发明,人类进入了新石器时代。西安半坡遗址出土的精美陶器,说明中华民族的祖先在6 000年前就掌握了高超的制陶技术。在这一时期,人类对石头进行加工的水平也有很大提高,能够制作出精致的器皿和工具。

在烧制陶器的过程中,人们偶然发现了金属铜和锡,进而生产出浇铸成形、色泽鲜艳的青铜器,人类进入青铜器时代。

大约在公元前13世纪,人类发明了从铁矿石中冶炼铁的方法,历史进入了铁器时代。生铁制成韧性铸铁以及生铁炼钢等重大技术的突破,极大地推动了生产力的发展,从而推动了世界文明的进步。18世纪的蒸汽机和19世纪的电动机的发明,对金属材料提出了更高的要求,此后,不同类型的特殊钢铁相继问世,铜和铝也得到大量应用,镁、钛及其他稀有金属相继出现,金属材料在20世纪占据了结构材料的主导地位。

近 200 年来，人类经历了四次技术革命。第一次技术革命发端于 18 世纪后期，以蒸汽机的发明与广泛应用为标志。第二次技术革命开始于 19 世纪后期，以电的发明与广泛应用为标志。第三次技术革命始于 20 世纪中期，以原子能应用为标志。第四次技术革命可以认为始于 20 世纪 70 年代，以计算机、微电子技术、生物技术和空间技术为主要标志。18 世纪是技术革新的世纪，发生了科学技术革命以前人类历史上整个生产力系统的第一次革命性转变。

进入 20 世纪，人类的科学发明与创造之和超过了过去 2 000 年的总和。随着有机化学的发展，人工合成有机高分子材料相继问世，有机高分子材料在 20 世纪得到迅猛发展。目前，世界三大有机合成材料（树脂、纤维和橡胶）的年产量已超过亿吨。随着有机材料性能的不断提高，特别是特种聚合物向功能材料各个领域的进军，有机材料正显示出巨大的发展潜力。复合材料是 20 世纪后期发展的另一类材料，人类利用树脂的易成形性和金属的韧性，无机非金属材料的高强度、耐高温的优点，对它们进行复合加工，制成了各种复合材料，并得到了广泛应用。

以硅为主体的计算机用半导体材料在 20 世纪后期异军突起，发展迅速，加上高性能磁性材料的不断涌现，激光材料和光导纤维的问世，人类进入了高速发展的信息时代。随着能源、计算机、通信、电子、激光等科技的迅速发展，材料日益向复合化、多功能化、智能化和工艺一体化方向发展，材料科学越来越成为多学科交叉渗透的学科。传统意义上的金属材料、有机高分子材料、无机非金属材料的界限正逐渐消失。近年来，功能材料成为材料科学和工程领域中最为活跃的部分，数量每年以 5% 以上的速度增长，相当于每年有 10 000 多种新材料问世，这再一次说明了材料对人类文明进步的巨大推动作用。随着固体物理、量子化学、应用数学、统计物理等相关学科及计算机信息处理技术的迅速发展，新材料的研究将得到更大、更快的进展。

新近发展起来的纳米材料化学和分子纳米技术越来越受到世界各国科技界的关注。纳米材料显示出的特异的物理化学性质给材料物理化学领域带来了新的科学视角，发展纳米化学可以使人们对纳米物质的本性有更深入的认识。这将对发现新的纳米材料，开发具有特殊性能的纳米材料，如纳米磁性材料、纳米陶瓷材料、纳米催化剂、纳米信息材料、纳米润滑材料等，以及开辟纳米材料新的应用起到巨大的推动作用。

化学对材料的发展起着非常关键的作用。化学家应用其丰富的化学知识，娴熟的合成技术，发现自然界未知的，或创造自然界没有的新物质，建立廉价生产这些物质的方法和工艺条件，最终实现工业化生产，从而推动了材料科学研究和材料生产的发展。从这个意义上说，化学是材料研究和材料生产的最坚实基础。

笔者在中山大学已经用讲义讲了 10 年的"材料化学"这门课程，却一直没有发现已经出版的合适教材。近年来，在孟辉老师的鼓励下，我们共同努力，今天得以形成一本教材。编写本教材的目的是为非化学专业的理工科学生和从事材料科学与工程研究的人员提供适应材料科学和工程领域迅速发展所需要的化学知识。在编写过程中，晏刘玲、代宁帮助绘制了大部分插图，在此表示感谢。书中虽然有与相关书籍相类似的一些内容，但是我们基于"与材料相关的化学"的思路，在教材的结构和内容上作了新的设计和安排，并且增加了一些我们自己的工作和体会。当然，书中肯定还存在不少错漏。我们希望在读者的帮助下发现问题、解决问题，以期在不久的将来得以更新，止于至善。

沈培康
2012 年元月于中山大学

本书中出现的符号及其意义

B	磁感应强度	ρ	密度
B_r	剩磁	p	压强
c	组分数	P_c	临界压力
C	热容	Q	吸收/放出的热
C_{dl}	双电层电容	Q_V	定容热
C_m	摩尔热容	Q_p	定压热
C_p	比定压热容	R	理想气体状态常量，为 $8.314\,51 \pm 0.000\,07$ J/(mol·K)
C_V	比定容热容		
$C_{p,m}$	摩尔定压热容	R_s	溶液电阻
$C_{V,m}$	摩尔定容热容	R_{ct}	电荷传递电阻
D_0	平动扩散系数	s	物种数
E	弹性模量	S	熵
ε	介电常数	T	温度
ψ	电势	T_m	熔点
f	自由度	T_b	沸点
F	亥姆霍兹函数，也称为恒容势或恒容位	T_f	凝固点
		T_c	临界温度
G	吉布斯函数	U	热力学能
h	普朗克常数	V	体积
H	焓	V_c	临界体积
H	磁场强度	V_m	摩尔体积
$\Delta_{vap}H_m$	蒸发焓	υ	光波的频率
$\Delta_{fus}H_m$	熔化焓	W	功
$\Delta_{sub}H_m$	晶型转变焓	Z_w	Warburg 阻抗
H_c	矫顽力	σ	比表面能
J	单位截面的扩散物质流量	σ_x	正应力
k	玻耳兹曼常数	φ	相数
m	质量	ξ	化学反应速率
n	物质的量	ξ	能量转换的理论效率
η	黏度	θ	接触角
η_k	阴极过电势	λ	光的波长
η_a	阳极过电势		
η_0	溶剂黏度		

目 录

1 材料的化学基础 ··· (1)
　1.1 物质的聚集态 ··· (1)
　　1.1.1 系统与环境 ·· (1)
　　1.1.2 物质的聚集状态 ·· (2)
　　1.1.3 相和相图 ·· (19)
　1.2 物质的化学组成 ·· (27)
　　1.2.1 化学计量化合物 ·· (27)
　　1.2.2 配位化合物 ·· (33)
　　1.2.3 复杂化学组成的物质 ·· (42)
　1.3 材料的物理化学基础 ·· (44)
　　1.3.1 化学热力学 ·· (45)
　　1.3.2 化学反应动力学和催化化学 ·· (54)
　　1.3.3 材料电化学 ·· (64)
　　1.3.4 材料界面化学 ··· (80)

2 材料的组成与化学性能 ··· (95)
　2.1 材料的组成和性能 ··· (95)
　　2.1.1 材料组元的结合形式 ·· (95)
　　2.1.2 材料的化学组成 ·· (96)
　　2.1.3 化学键类型 ·· (98)
　　2.1.4 材料组成与性能的内在关系 ··· (101)
　2.2 磁性材料 ·· (102)
　　2.2.1 磁性材料的种类及特征 ··· (103)
　　2.2.2 磁性材料的制备 ·· (106)
　　2.2.3 磁性材料的应用 ·· (108)
　2.3 电子信息材料 ·· (111)
　　2.3.1 陶瓷材料 ·· (112)
　　2.3.2 半导体材料 ·· (121)
　　2.3.3 发光材料与器件 ·· (132)
　　2.3.4 超导材料 ·· (145)
　2.4 能源材料 ·· (151)
　　2.4.1 储氢材料 ·· (151)
　　2.4.2 锂离子电池材料 ·· (157)
　　2.4.3 燃料电池材料 ··· (170)
　　2.4.4 太阳能电池材料 ·· (196)
　　2.4.5 核能材料 ·· (205)

2.5 纳米材料 (212)
2.5.1 纳米材料概述 (212)
2.5.2 纳米材料的制备方法与性能 (216)
2.5.3 纳米材料的表征和操纵技术 (222)
2.5.4 纳米材料的应用 (229)

3 材料的化学制备 (239)
3.1 气相法 (240)
3.1.1 化学气相反应法 (241)
3.1.2 气体中蒸发法 (244)
3.1.3 化学气相凝聚法 (247)
3.1.4 流动液面真空蒸镀法 (248)
3.2 固相法 (248)
3.2.1 固相反应法 (248)
3.2.2 火花放电法 (249)
3.2.3 溶出法 (249)
3.2.4 球磨法 (249)
3.2.5 高温烧结法 (250)
3.2.6 自蔓延高温合成法 (251)
3.2.7 固相缩聚法 (251)
3.2.8 热分解法 (252)
3.2.9 微波法 (252)
3.3 液相法 (253)
3.3.1 熔融法 (253)
3.3.2 溶液聚合、缩聚法 (254)
3.3.3 液相沉淀法 (255)
3.3.4 溶胶—凝胶法 (256)
3.3.5 界面法 (257)
3.3.6 水热法 (258)
3.3.7 溶剂蒸发法(喷雾法) (258)

4 材料的化学变化和控制 (260)
4.1 金属材料的腐蚀与防护 (260)
4.1.1 金属材料的腐蚀 (260)
4.1.2 金属材料腐蚀控制 (283)
4.2 高分子材料的老化控制 (300)
4.2.1 高分子材料的老化形式与特点 (300)
4.2.2 高分子材料的老化控制 (303)

参考文献 (307)

1 材料的化学基础

1.1 物质的聚集态

1.1.1 系统与环境

1.1.1.1 系统与环境

任何物质都是与它周围的其他物质相互关联的，为了便于研究，人们常常根据不同的研究目的人为地选取一定数量、一定种类的物质作为研究对象。化学上把作为研究对象的物质称为系统(system)，系统之外与之密切相关、且影响所及的部分称为环境(surroundings)。例如，研究合成氨时，在合成塔中的三种气体(H_2，N_2，NH_3)和催化剂就成为一个系统，合成塔是环境。系统与环境的作用包括物质的交换和能量的传递两个方面。根据系统与环境作用方式的不同，可将系统分成三类：敞开系统(open system)、封闭系统(closed system)和孤立系统(isolated system)。

一般来说，系统与环境的划分是根据人们对问题研究的需要来确定的。也就是说，系统与环境的划分是人为的。系统与环境之间的边界可以真实，也可以虚拟。比如，把盛在敞口玻璃杯中的水作为研究对象，玻璃杯与水就构成了一敞开系统，因为水与外界(玻璃杯)既有热量传递，同时水蒸发进入外部环境又产生物质交换，系统与环境没有明确的分界面。如果给玻璃杯加盖，这时水不能进入周围环境，系统与环境之间无物质的交换，仅有能量的交换，就成为一个封闭系统。如果将上述的玻璃杯换成带塞的杜瓦瓶(保温瓶)，杯内的水与环境之间既无物质交换又无能量传递，则成为一个孤立系统。

世界上的一切事物总是有机地互相联系、互相依赖和互相制约的，因此，不可能存在绝对的孤立系统。但是，为了研究的方便，在适当的条件下通常可以近似地把一个系统看做孤立系统。

以热力学描述系统时，都采用系统的宏观性质(macroscopic property)，如系统的体积、压力、温度、黏度及表面张力等，来描述它的状态。其中一类是广度性质(extensive property)，如质量(m)、体积(V)、热力学能(U)、熵(S)等。此类性质与系统内物质的量(n)有关，在一定的条件下具有加和性，如系统的体积与系统物质的量成正比，并等于系统中各部分的体积之和。所以，确定系统的广度性质时必须指明系统中物质的量。另一类是强度性质(intensive property)，如系统的温度(T)、压强(p)、黏度(η)、密度(ρ)等。此类性质取决于系统自身的特性，与系统物质的量无关，因此，确定此类性质不需指明系统中物质的量。同时，当用某种广度性质除以物质的量后，就成为强度性质，如比定容热容(C_V)、摩尔体积(V_m)等。

1.1.1.2 状态函数与过程

对于一个确定的系统，不同性质间是相关联的，其状态性质之间的定量关系称为该系统的状态方程。例如，$pV=nRT$ 就是理想气体系统的状态方程式。因此，只要用少数几个独立的性质变量就可以确定一个系统的状态(state)。从这个意义上讲，系统性质又被称为状态参量。同时，对确定状态的系统，其宏观性质也由状态所确定，且是状态的单值函数。这些由系统状态所确定的宏观性质也被称为状态函数(state function)。例如，系统的体积(V)、压力(p)及温度(T)等都是状态函数。

对于没有化学反应的单相纯物质封闭系统，要确定其状态，需三个独立性质，一般都采用温度(T)、压力(p)和物质的量(n)为独立变量，这时系统的任一状态函数(Z)可表示为这三个变量的函数，即 $Z=f(T,p,n)$。对于封闭系统，在状态变化时，由于物质的量保持不变，上述函数可以简化为 $Z=f(T,p)$。

系统状态发生的变化称为过程(process)，而完成变化过程的具体步骤或细节称为途径(path)。系统的变化过程多种多样，如系统与环境间不存在热量传递的过程叫做绝热过程(adiabatic process)；始态与终态是同一状态的过程称为循环过程(cyclic process)；始态温度、终态温度相同且等于环境温度的过程叫等温过程(isothermal process)；始态压力、终态压力与环境压力都相同的过程叫等压过程(isobaric process)；而系统体积不变的过程叫等容过程(isochoric process)，等等。

1.1.2 物质的聚集状态

自然界中的纯物质都可以以固、液、气三种聚集态存在，并且在一个确定的温度和相应的压强下，固、液、气三种聚集态处于平衡共存的唯一状态——三相点。同一种物质在不同的条件下存在的形态可以不同。

1.1.2.1 固体

凡具有一定体积和形态的物体称为固体(solid)。固体是由分离的原子所组成的，每立方米中包含 10^{29} 个原子和更多的电子，组成固体的质点之间的相互作用力相当强烈，它们位置固定，不能自由运动，只能在极小的范围内振动。固体中原子、电子的相互作用集中反映在化学键(chemical bond)上，化学键的性质决定固体的硬度(hardness)、解离性(dissociation)及熔点(melting point)等性质。硬度是物体抵抗外来机械作用，特别是刻画作用的程度。硬度和解离性取决于固体中质点位置存在的化学键中最弱的那部分键，熔点和化学反应活泼性则取决于化学键中最强的键。

在一定的温度和压力下，固体有一定的密度和形状。固体的可压缩性和扩散性都很小，所以固体能保持一定的体积和形状。在受到不太大的外力作用时，其体积和形状改变很小。外力撤去后能恢复原状的物体称为弹性体(elastomer)，不能完全恢复的称为塑性体(plastomer)。

按构成固体的粒子性质和内部结构的不同，可以将固体分成晶体(crystal)、非晶体[也称为无定形固体(amorphous solid)]和准晶体(quasi-crystal)三大类。

1) 晶体

晶体是指原子或原子团、离子或分子按一定规律呈周期性地排列所构成的物质。其内部质点排列有序，外形规则。晶体内部结构中的原子、离子或分子在空间都呈有规则的三维重复排列而组成一定形式的晶格(crystal lattice)，这种排列称为晶体结构(crystalline structure)。晶体点阵是晶体粒子所在位置的点在空间的排列，相应地在外形上表现为一定形状的几何多面体，这是它的宏观特性。同一种晶体的外形不完全一样，却有共同的特点，即各相应晶面间的夹角恒定不变，这一规律称为晶面角守恒定律，它是晶体学中重要的定律之一，是鉴别各种晶体和矿石的依据。正因为晶体的生长必须遵循晶面夹角守恒定律，所以晶体由一个微小的结构单元生长成宏观晶体时永远保持有规则的外形。晶体的一个基本特性是各向异性，即在各个不同的方向上具有不同的物理性质，如力学性质(硬度、弹性模量等)、热学性质(热膨胀系数、导热系数等)、电学性质(介电常数、电阻率等)及光学性质(吸收系数、折射率等)。例如，当外力作用在云母的结晶薄片上时，沿平行于薄片的平面很容易裂开，但在薄片垂直方向上则不容易裂开；岩盐则容易裂解成立方体。这种易于劈裂的平面称为解理面(cleavage edge)。在云母片上涂层薄石蜡，用烧热的钢针触及云母片的反面，石蜡便会以接触点为中心，逐渐熔化成椭圆形，说明云母在不同方向上导热系数不同。晶体的热膨胀也具各向异性，如石墨在被加热时，会沿某些方向膨胀，而沿另一些方向收缩。晶体具有固定的熔点，且在熔化过程中温度保持不变。不同的晶体熔点不同。晶体还可分为单晶(single crystal)和多晶(multicrystal)。单晶是由一个晶核沿各个方向均匀生长的各向异性的均匀物体，其晶体内部粒子基本上按一定规则整齐排列，具有一定的熔点，如冰糖粒、盐粒、水晶等。单晶大多只在特定条件下才能形成，在自然界较为少见。多晶则是由许多单晶颗粒杂乱聚集而成，所以尽管每颗晶粒是各向异性的，但由于晶粒排列杂乱，各向异性互相抵消，整个晶体便失去了各向异性的特征。糖块、陶瓷、钢铁等一些化学成分完全相同的材料都是多晶体。同样的化学组成，仅仅由于晶体结构或排列方式不同，便可构成迥然不同的材料。例如，矾土的主要化学成分是 Al_2O_3，当形成单晶时，便成为宝石或激光材料；多孔的 Al_2O_3 多晶体可用做催化剂载体或敏感材料；而拉伸成纤维的 Al_2O_3 多晶体，则广泛地用做高强度的优质绝缘材料。

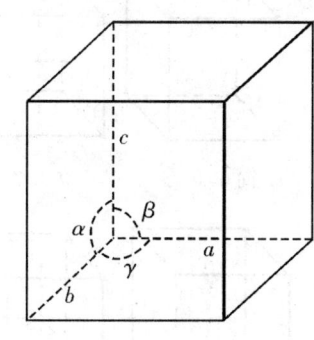

图 1.1　晶胞示意图

规整的几何外形是晶体内部微粒(原子、分子、离子等)有规则排列的结果。代表晶体全部结构特征和性质特点的最小重复单位称为晶胞(unit cell)。晶胞可以用六面体的三个棱边的边长 a，b，c 和构成同一顶点的 3 个面之间的夹角 α，β，γ 来描述，如图 1.1 所示。

由于晶胞是体现晶体结构特征和性质特点的最小重复单位，因此，晶胞的大小、形状和组成完全决定了整个晶体的结构和性质，晶体就是由无数的这种晶胞在空间按一定规律重复堆砌而成的。

根据晶胞的棱边边长和晶面夹角，可将晶体分成七大类型，通常称为七大晶系，即立方(cubic)、四方(tetragonal)、正交(orthorhombic)、三方(trigonal)、六方(hexagonal)、单斜(monoclinic)和三斜(triclinic)。图 1.2 给出了其相应的结构。表 1.1 是七大晶系的晶胞参数，根据这些参数可以确定晶体的类型。

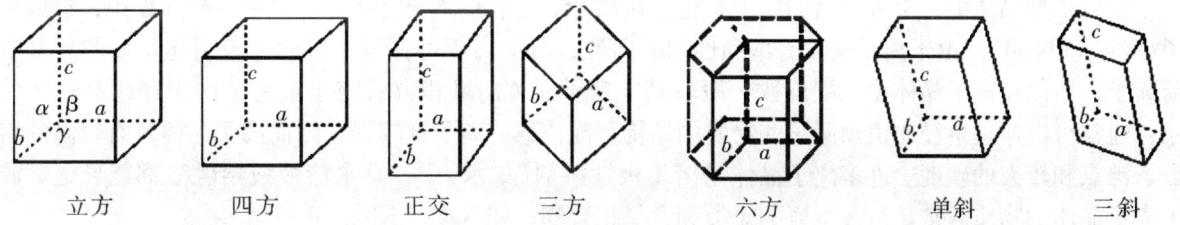

图 1.2　七大晶系的结构示意图

表 1.1　各晶系的对称性参数

晶系	边长	夹角
立方	$a = b = c$	$\alpha = \beta = \gamma = 90°$
四方	$a = b \neq c$	$\alpha = \beta = \gamma = 90°$
正交	$a \neq b \neq c$	$\alpha = \beta = \gamma = 90°$
三方	$a = b = c$	$\alpha = \beta = \gamma \neq 90°$
	$a = b \neq c$	$\alpha = \beta = 90°, \gamma = 120°$
六方	$a = b \neq c$	$\alpha = \beta = 90°, \gamma = 120°$
单斜	$a \neq b \neq c$	$\alpha = \gamma = 90°, \beta \neq 90°$
三斜	$a \neq b \neq c$	$\alpha \neq \beta \neq \gamma \neq 90°$

在各种晶系(crystal system)中,根据质点排列方式的区别又可分成不同的晶格。晶格是一种几何概念,是组成晶体的质点在空间的排列方式。有的书中也将晶格称为布拉韦(Bravias)格子或布拉韦点阵。从几何学的角度讲,空间点阵有三种方式:线状、层状、三维立体构型。晶体学中常见的 14 种晶格如图 1.3 所示。

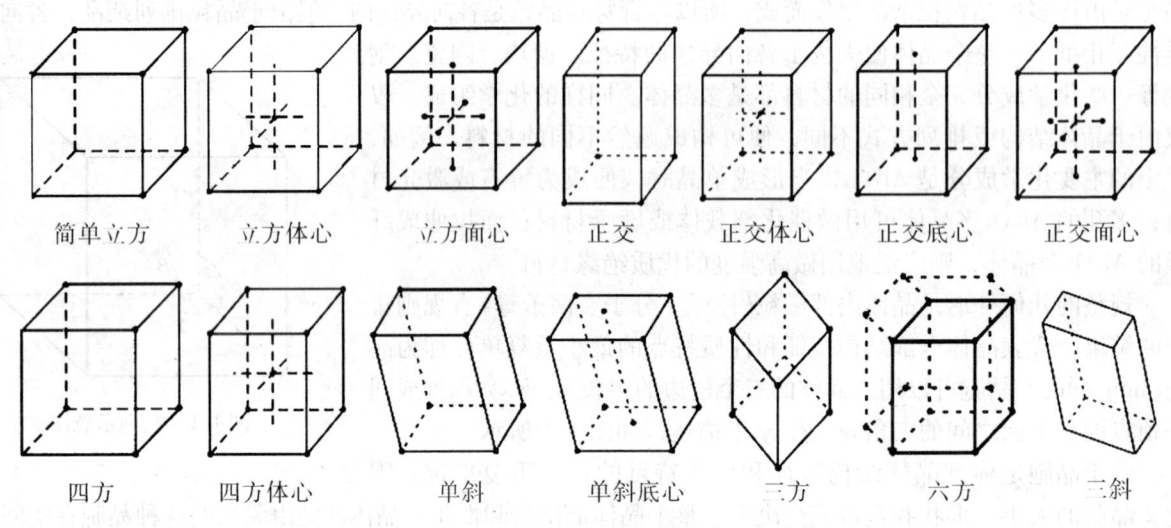

图 1.3　14 种晶格结构

按照晶格结点上粒子的种类及作用力的不同,从结构上可把晶体分为离子晶体(ionic crystal)、共价晶体(covalent crystal)、分子晶体(molecular crystal)、金属晶体(metallic crystal)和原子晶体(atomic crystal)五种类型。

(1) 离子晶体

在离子型晶体中,组成晶格的粒子是正、负离子。正、负离子之间靠静电引力相互作用,形成离子键(ionic bond)。由于离子键没有饱和性和方向性,每个离子可在各个方向上吸引尽量多的异号电荷离子,所以在离子晶体中,配位数一般较高。离子晶体的堆积方式与正负离子的半径比有一定关系,通常可以通过半径比值预测某些物质的结构和配位数。离子键较强,因而离子晶体具有较高的熔点、沸点和较大的硬度。许多离子晶体易溶于极性溶剂(如水)中,其水溶液或熔融液都能导电。属于离子晶体的物质通常是活泼金属的盐类和含氧化合物,如 NaCl,KBr,MgO 等。

(2) 共价晶体

在共价晶体中,组成晶格的粒子是中性原子,其主要特点是原子间不再以紧密堆积为特征,而是以共价键(covalent bond)相连接。例如,在金刚石的晶体中,晶格结点上排列着中性碳原子(C),每一个碳原子通过共价键(由 4 个 sp^3 杂化轨道形成)与其他 4 个碳原子结合,构成正四面体。由于共价键具有饱和性和方向性,配位数一般比离子晶体小,且由于共价键的键能强,共价晶体一般具有很高的熔点、沸点和很大的硬度。如金刚石的熔点高达 3 570 ℃,硬度为 10。所以,共价晶体在工业上常用做磨料或耐火材料。

但是,共价晶体的延展性小,性脆,晶体中没有离子,所以,固态、熔融态的电导率都比较低,不易导电。除某些原子晶体如硅、锗、砷化镓等可作为优良的半导体材料以外,一般都是电绝缘体,且不溶于一般的溶剂。

(3) 分子晶体

在分子晶体中,组成晶格的粒子是单质或化合物分子,分子间以范德华力或氢键(hydrogen bond)

相结合。由于分子间力无方向性和饱和性,故其配位数可高达12。分子间力一般较弱,所以分子晶体的硬度较小,熔点较低,一般低于400℃,并有较大的挥发性。有些分子晶体,如碘、萘等还可升华(sublimation)。

典型的氢键发生在水中。水分子(H_2O)由2个氢原子(H)与1个氧原子(O)结合而成。氧原子外层2个未成对的电子分别与2个氢原子各仅有的1个电子以共价键结合形成2个O—H键,其夹角θ为104°45′。氧原子的电负性较强(电负性是指原子在化合物中吸引电子能力的大小),氢原子核外仅有的1个电子与氧原子形成O—H共价键后,共用电子对强烈地偏向氧原子一侧,氢核几乎被裸露出来。于是氧原子显负电性,氢原子显正电性。O—H键中几乎裸露的氢核与另一水分子中的氧原子间产生静电吸引作用,这种静电吸引作用形成氢键。静电吸引作用的结果是形成O—H…O结合。O—H键与1个氧原子结合形成O—H…O键后,由于氢原子的半径比氧原子的半径小很多,如果有第三个氧原子靠近它们,则第三个氧原子受已结合的氢原子的斥力比受氢原子的引力大得多而被排斥开,所以O—H键只能和1个氧原子结合形成O—H…O键,因此,氢键具有饱和性。同时,O—H…O呈直线相互作用时,两个氧原子之间距离最远、斥力最小,形成的氢键最强,体系最稳定,所以,氢键在直线方向上形成,这就是氢键的方向性。水结成冰后,每个水分子都被相邻的4个水分子形成的四面体所包围,同时,每个水分子又都位于某个四面体的顶点;位于四面体体心的水分子通过4个氢键与四面体4个顶角的4个水分子相联系。由无数个这种四面体结构在空间有规则周期排列的结果是形成冰的空间结构。冰晶体空间结构分子间有较大的空隙,显然是氢键的方向性导致冰晶体空间结构较疏松,形成多孔的"网状"立体结构。这就是水结成冰时所具有的反常膨胀特性。

分子晶体是由电中性的分子组成的,固态和熔融态都不导电,是电的绝缘体。但某些分子晶体具有极性共价键,溶于水后产生水合离子,因而溶液能导电,如乙酸、氯化氢等。另外,分子晶体的延展性也很差。最典型的分子晶体是C_{60},这个球形分子内部碳碳间以共价键结合,而分子间靠范德华力结合成分子晶体。已发现C_{60}分子晶体在超导、半导体、催化剂等领域得到应用。

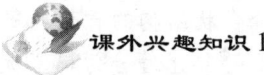

课外兴趣知识1

碳60

近年来,科学家们发现,除金刚石、石墨外,还有一些新的以单质形式存在的碳。其中发现较早并已在研究中取得重要进展的是C_{60}分子。

C_{60}分子是一种由60个碳原子构成的分子。C_{60}是美国休斯敦赖斯大学的罗伯特·弗洛伊德·柯尔(R. F. Curl)、理查德·斯玛利(R. E. Smalley)和英国的哈罗尔德·克罗托(H. W. Kroto)等人于1985年首先制得的。他们用大功率激光束轰击石墨使其气化,用1 MPa压强的氦气产生超声波,使被激光束气化的碳原子通过一个小喷嘴进入真空,膨胀,并迅速冷却形成新的碳分子,从而得到了C_{60},并因此获得了1996年诺贝尔化学奖。C_{60}的组成及结构已经被质谱、X射线分析等实验所证明。此外,还有C_{28},C_{32},C_{50},C_{70}等许多类似于C_{60}的分子也已被相继发现,统称为富勒烯(Fullerene)。C_{60}是一个没有相邻的五边形的富勒烯。由于C_{60}分子的形状和结构酷似英式足球(soccer),所以又被形象地称为Soccerene(同样带有词尾-ene),中译名为"足球烯"。还有人用富勒的名字(Buckminster Fuller)的词头Buck来为其命名,称为Buckyball,中译名为"布基球"。

C_{60}是单纯由碳原子结合形成的稳定分子,它具有60个顶点和32个面,其中12个为正五边形,20个为正六边形,其相对分子质量约为720。处于顶点的碳原子与相邻顶点的碳原子各用sp^2杂化轨道重叠形成σ键,每个碳原子的3个σ键分别为1个五边形的边和2个六边形的边。碳原子的3个σ键不是共平面的,键角约为108°或120°,因此整个分子为球状。每个碳原子用剩下的1个p轨道互相重叠形成一个含 60 个 π 电子的闭壳层电子结构，因此在近似球形的笼内和笼外都围绕着 π 电子云。分子轨道计算表明，足球烯具有较大的离域能。如图 1.4 所示。

C_{60} 在室温下为紫红色固态分子晶体，有微弱荧光，分子直径约为 7.1 Å[①]，密度为 1.68 g/cm^3，不溶于水等强极性溶剂，在正己烷、苯、二硫化碳、四氯化碳等非极性溶剂中有一定的溶解度，常态下不导电。由于 C_{60} 是石墨、金刚石的同素异形体，因此有科学家联想到用廉价的石墨作原料合成 C_{60}；也有人想到它含有苯环单元的结构，或许可以选用苯作原料合成 C_{60}。这些设想最后都实现了。

图 1.4　C_{60} 结构

C_{60} 有化学活性。在光照的条件下，C_{60} 与 O_2 反应生成环氧化物 $C_{60}O$，但这种环氧化物不稳定，用矾土分离时能还原成 C_{60}。C_{60} 与金属反应，可以将金属封闭在碳笼内形成新的团簇分子。已发现能与 C_{60} 生成 C_{60}(金属)的金属有：K、Na、Cs、La、Ba、Sr、U、Y、Ce、Sm、Eu、Gd、Tb、Ho、Th 等。除金属外，He、Ne 等惰性气体及 LiF、LiCl、NaCl 等极性分子亦可移置于 C_{60} 笼中。C_{60} 与金属的反应也可在碳笼外键合，例如，与 V、Fe、Co、Ni、Rh、Cu、La、Yb、Ag 等金属的反应。C_{60} 可以与氢或卤素单质进行加成，完全氢化便得绒毛球烷(fuzzyball)，化学式为 $C_{60}H_{60}$。烷基自由基 R 可与 C_{60} 反应生成 RC_{60} 加和物，RC_{60} 可生成由 C_{60} 直接键合的哑铃状二聚体 $RC_{60}-C_{60}R$。C_{60} 具有超导性、磁性、记忆性等特性，它的强度是钢的 200 倍，它的硬度甚至超过了以"硬度之王"著称的金刚石，所以已经被用来增强金属，储存气体，制造光学材料，并用于制备传感器、新型催化剂等，此外还应用于生物学及医学等领域。

碳纳米管

碳纳米管和金刚石、石墨、富勒烯都是碳的同素异形体。碳纳米管是 1991 年 1 月由日本筑波 NEC 实验室的物理学家饭岛澄男使用高分辨率分析电镜从电弧法生产的碳纤维中发现的。碳纳米管上的每个碳原子采取 sp^2 杂化，碳原子以碳—碳 σ 键结合起来，形成六边形的蜂窝状结构的骨架。每个碳原子上未参与杂化的 1 对 p 电子形成共轭 π 电子云。按照管子的层数不同，碳纳米管分为单壁碳纳米管和多壁碳纳米管。管子的半径只有纳米尺度，而在轴向上可长达数十到数百微米。由于在六边形结构中混杂了五边形和七边形，碳纳米管局部可能出现凹凸的现象。五边形导致碳纳米管向外凸出，如果五边形出现在碳纳米管的顶端，就形成碳纳米管的封口；出现七边形的地方，碳纳米管则向内凹进。

碳纳米管的性质

碳纳米管的分子结构决定了它的独特性质。如图 1.5 所示，碳纳米管具有巨大的长径比，是典型的一维量子材料，它的电子波函数在管的圆周方向具有周期性，在轴向则具有平移不变性。理论预言，碳纳米管具有超常的强度、热导率、磁阻，且性质会随结构而变化，可由绝缘体转变为半导体，由半导体变为金属；具有金属导电性的碳纳米管通过的磁通量是量子化的，表现出阿哈诺夫—波姆效应。

力学性质

相比于 sp^3 杂化，sp^2 杂化中 s 轨道成分比较大，使碳纳米

图 1.5　碳纳米管结构

---

① 1Å = 10^{-10} m

管具有高模量、高强度。碳纳米管具有与金刚石相当的硬度,却拥有良好的柔韧性。长径比是增强型纤维中决定强度的一个关键因素,希望得到的长径比至少是20:1,而碳纳米管的长径比一般在1 000:1以上,是理想的高强度纤维材料。2000年10月,美国宾夕法尼亚州立大学的研究人员称,碳纳米管的强度比同体积钢的强度高100倍,重量却只有后者的1/7~1/6,碳纳米管因而被称为"超级纤维"。美国佛罗里达国际大学的研究人员用原子力显微镜证明单壁碳纳米管的径向杨氏模量仅有几个到数十个吉帕(GPa)。俄罗斯莫斯科大学的研究人员发现将碳纳米管置于10^{11} Pa的水压下,碳纳米管被压扁,撤去压力后,碳纳米管像弹簧一样立即恢复了形状,表现出良好的韧性。这说明可以利用碳纳米管制造轻薄的弹簧,用在汽车、火车上作为减震装置,能够大大减轻重量。此外,碳纳米管的熔点是目前已知材料中最高的。

电学性质

碳纳米管上碳原子的p电子形成共轭离域π键,由于共轭效应,碳纳米管具有一些特殊的电学性质。

用矢量C_h表示碳纳米管上原子排列的方向,$C_h = na_1 + ma_2$,记为(n, m),a_1和a_2分别表示两个基矢,(n, m)表示碳纳米管的导电性能。如果$2n + m = 3q$(q为整数),则这个方向上表现出金属性,否则表现为半导体。在$n = m$的方向,碳纳米管表现出良好的导电性,电导率可达铜的10 000倍。

碳纳米管的制备

目前常用的碳纳米管制备方法主要有:化学气相沉积法、气体燃烧法、电弧放电法、激光烧蚀法、固相热解法、辉光放电法、聚合反应合成法等。

电弧放电法是生产碳纳米管的主要方法。最早发现碳纳米管的日本物理学家饭岛澄男就是从用电弧放电法生产的碳纤维中发现碳纳米管的。电弧放电法是将石墨电极置于充满氦气或氩气的反应容器中,在两极之间激发出电弧,两极之间温度可达4 000 ℃,使得石墨蒸发,生成富勒烯(C_{60})、无定形碳和单壁或多壁的碳纳米管。通过控制催化剂和容器中的氢气含量,可以调节几种产物的相对含量。使用这一方法制备碳纳米管比较简单,但是很难得到纯度较高的碳纳米管,并且得到的往往是多层碳纳米管;该方法的另一个缺点是消耗能量太大。近年来的研究发现,采用熔融的氯化锂作为阳极,可以有效地降低反应中消耗的能量,产物纯度也比较高。

近年来发展出了化学气相沉积法(碳氢气体热解法),即让气态烃通过附着有催化剂的模板,在800~1 200 ℃的条件下,气态烃可以分解生成碳纳米管。这种方法的优点是残余反应物为气体,可以容易地从反应体系排出,得到纯度较高的碳纳米管,同时温度不需要很高。但用化学气相沉积法制得的碳纳米管管径不整齐,形状不规则,并且在制备过程中必须使用催化剂。目前,这种方法的主要研究方向是通过控制催化剂的排列来控制生成的碳纳米管的结构。

固相热解法是在高温下热解常规含碳亚稳固体生长碳纳米管的新方法,这种方法不需要催化剂,并且是原位生长。但是,使用该方法生产不能规模化和连续化。

另外还有离子或激光溅射法。此方法虽易于连续生产,但由于设备复杂而限制了它的规模应用。

碳纳米管的应用前景

碳纳米管在储氢方面有很大的应用前景。研究人员正在试图用碳纳米管制作轻便的可携带式的储氢容器。氢气是未来的清洁能源。但是,氢气密度低,压缩成液体储存十分不方便。碳纳米管具有中空的结构,自身重量轻,可以作为储存氢气的优良容器,储存的氢气密度比液态或固态氢气的密度还高。通过加热,氢气就可以慢慢释放出来。

碳纳米管可以作为模板,在碳纳米管的内部填充金属、氧化物等物质,再把碳层腐蚀掉,就可以制备出纳米导线等一维材料,并应用于分子电子学器件或纳米电子学器件中。碳纳米管本身还可以作为纳米尺度的导线。利用碳纳米管或者相关技术制备的微型导线可以置于硅芯片上,用来生产更加复杂的电路。

由于碳纳米管上存在五元环缺陷，在高温和其他物质存在的条件下，碳纳米管容易在端面处打开，极易被金属浸润，和金属形成金属基复合材料。这样的材料热膨胀系数小，强度高，耐高温，模量高，抵抗热变性能能力强。利用碳纳米管可以制作出很多性能优异的复合材料。碳纳米管增强的塑料力学性能优良，耐腐蚀，导电性好，可以屏蔽无线电波；碳纳米管增强的水泥耐冲击性好，耐磨损，防静电，稳定性高；碳纳米管增强的陶瓷复合材料抗冲击性能好，强度高。

碳纳米管可以作为研究毛细现象机理的最细的毛细管，也可以作为进行纳米化学反应最细的试管。1999 年，巴西和美国的科学家利用碳纳米管上极小的微粒引起碳纳米管在电流中摆动频率的变化，发明了精度在 10^{-17} kg 的"纳米秤"，用来称量单个病毒的质量。碳纳米管还被用来构建各种微纳米器件，如用双臂碳纳米管制作世界上最小的纳米马达。

石墨烯

大多数物理学家认为，由于热力学的涨落，任何二维晶体都不能在有限温度下存在。单原子层厚的石墨片被认为是一种不可能单纯稳定存在的"理想"的结构，在室温环境下会迅速分解或拆解，仅作为理论模型用以研究各种碳基材料的性质。直到 2004 年，英国曼彻斯特大学的安德烈·海姆和康斯坦丁·诺沃肖洛夫师生用最原始、最简单的微机械剥离的方法从石墨中分离出石墨烯，证明单原子层厚的材料能够稳定存在。这一发现立即震撼了整个学术界，引起了石墨烯的研究热潮。海姆和诺沃肖洛夫两人也因发现石墨烯获得了 2010 年诺贝尔物理学奖。理想的石墨烯结构可以想象成由碳原子和其共价键所形成的原子尺寸的网，是碳原子的平面六边形点阵。其中每个碳原子均以 sp^2 杂化方式结合，并贡献剩余 1 个 p 轨道上的电子形成大 π 键，π 电子可自由移动，因而石墨烯具有良好的导电性。石墨烯中 C—C 键长仅为 1.42 Å，原子间的作用力很强，且原子间连接非常柔韧，从而使得其结构非常稳定且具有良好的韧性和弹性。当外力作用于石墨烯时，碳原子面会发生弯曲变形以适应外力，而碳原子不必重新排列，从而保持了结构的稳定性。

实际的石墨烯并不是完全平坦的平面结构。2007 年，J. C. Meyer 等人在实验中对石墨烯进行电子衍射研究时发现，当电子束入射点偏离石墨烯表面法线方向时，样品的衍射斑点会随着入射角的增大而不断展宽，并且衍射斑点到旋转轴的距离越远，展宽会越大。这一现象与样品的层数密切相关，在单层石墨烯样品中最为明显，在双层石墨烯中显著减弱，而在多层石墨烯中则完全消失。Meyer 等推测，这是因为单层石墨烯由二维向三维转换时，降低了其表面能。根据观测到的现象，Meyer 提出石墨烯并不是绝对的平面，而是存在一定的小山丘似的起伏，如图 1.6 所示，褶皱是二维石墨烯在室温下稳定存在的必要条件。

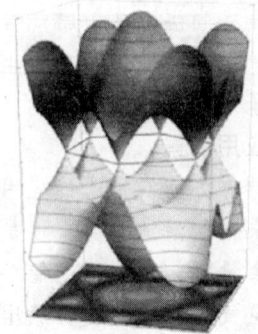

(a) 原子结构　　　　　　　　　　(b) 电子结构

图 1.6　石墨烯的结构

石墨烯的结构非常稳定，是已知物质中强度最高的材料，其抗拉强度达到惊人的 130 GPa，比世界上最好的钢铁还要强上 100 倍。美国哥伦比亚大学的研究人员曾对石墨烯的机械特性进行了全面测试，发现每 100 nm 的距离上可承受的最大压力可达 2.9 μN。换句话说，如果用石墨烯做成包装袋的话，它将能承受 2 t 重的物品。

理论和实验的研究表明，石墨烯即使在室温下仍具有极其优异的电子输运性质，如超高的迁移率，其最大值已超过 15 000 cm^2/(V·s)，且在低温下近似与温度无关，这表明其散射机制主要为缺陷散射。而在载流子浓度为 10^{12} cm^{-2} 时，其室温下由声学声子确定的本征极限可达到 20 000 cm^2/(V·s)，其对应的电阻率为 10^{-6} Ω·cm，比已知的最低电阻率材料——银还要低。而且，如果将其生长在 SiO$_2$ 基底上，由于其光学声子引起的电子散射大于声学声子部分，则石墨烯的理论电阻率可以提高到 20 000 Ω·m。

由于石墨烯良好的电学性质，在磁场的调制下，石墨烯亦表现出奇特的量子效应。2005 年，由英国曼彻斯特大学和美国哥伦比亚大学合作，研究人员首次在石墨烯中观测到了低温下的量子霍尔(Hall)效应，其 Hall 电导是 e^2/h 的整数倍。随后，2007 年，他们又在室温下观测到了这一效应，这也是首次在室温下实现量子 Hall 效应。同时，正如赝相对论理论所预言的，石墨烯中还会展示出反常的量子 Hall 效应，即 Hall 电导 $\sigma_{xy} = 4(N+1/2)e^2/h$，相对于标准的量子 Hall 效应平移了半个台阶，其中 N 为朗道(Landau)能级指数，4 来源于自旋简并和谷简并。同样的，这个效应也可以在室温下观测到。与普通材料不同的是，由其 Landau 填充因子影响的 Shubnikov-De Haas 振荡展现出半个相位的移动，就是所谓的 Berry 相。这是由迪拉克(Dirac)点处零有效质量引起的。

石墨烯的制备方法主要有两种：机械方法和化学方法。机械方法包括微机械分离法、取向附生法和加热 SiC 的方法，化学方法主要有化学还原法与化学解离法。其中最简单的就是微机械分离法，即直接将石墨烯薄层从较大的晶体上剪裁下来。Novoselov 等人就是用这种方法制备出了可以在外界环境下稳定存在的单层石墨烯。其主要过程是用引入缺陷的热解石墨进行摩擦，这样体相石墨的表面就会产生絮片状的晶体，而在这些絮片状的晶体中就含有单层的石墨烯。这种方法的优点是简单易行，缺点是其尺寸不易控制，无法可靠地制造长度足够应用的石墨薄片样本。

取向附生法是利用基质原子结构的生长"种"出石墨烯。首先在 1 150 ℃ 下让碳原子渗入钌，然后冷却，冷却到 850 ℃ 后，大量碳原子就会浮到钌的表面，待单层的碳原子"孤岛"布满整个基质表面时，一层完整的石墨烯就长好了。当第一层覆盖 80% 后，第二层开始生长。由于底层的石墨烯会与钌产生强烈的相互作用，而第二层以后就只剩下弱电耦合，几乎与钌完全分离，于是得到了令人满意的单层石墨烯薄片。但是，这种方法产生的石墨烯往往厚度不均匀，且和基质之间的黏合会影响碳层的特性。

加热 SiC 法就是通过加热单晶 6H–SiC 脱 Si，然后在其单晶(0001)面上分解出石墨烯的方法。具体过程是将经过氢气或氧气刻蚀处理过的样品在高真空下通过电子轰击加热，除去其中的氧化物。在用俄歇电子能谱确定表面的氧化物被完全移除后，将样品加热升温至 1 250 ~ 1 450 ℃ 后恒温 10 ~ 20 min，从而形成极薄的石墨层。其缺点是厚度由加热温度决定，制备具有单一厚度的大面积石墨烯比较困难。

(4) 金属晶体

在金属晶体中，组成晶格的粒子是金属原子或金属正离子，在它们中间有可自由运动的电子。这些自由电子时而与金属正离子结合成金属原子，时而又从金属原子上运动离开，从而在金属原子、金属正离子和自由电子之间产生了一种结合力——金属键(metallic bond)。自由电子并不为某个原子或离子所有，而是为许多原子或离子所共有。金属原子紧密堆积在一起而稳定存在，堆积方式有简单立方堆积(simple cubic packing)、体心立方堆积(body-centered cubic packing)、面心立方密堆积(face-centered cubic close packing)和六方密堆积(hexagonal close packing)。金属晶体是热和电的良导体，导电性随温度的升高而降低，有优良的机械加工性能和延展性，有金属光泽，对光不透明。不同金属晶体的熔点、沸点、硬度的变化幅度较大。

实际上属于以上单纯的四种基本类型的晶体并不是很多，有相当多的晶体不仅有过渡型的化学键，而且还可以由不同的键型混合组成。即除了上述四种类型的晶体外，还存在过渡型和混合型两类晶体。

① 过渡型晶体。过渡型晶体是指处于典型离子晶体与分子晶体或离子晶体与原子晶体之间的一种晶型，其性能处于两类晶体之间。

② 混合型晶体。在一些具有链状结构和层状结构的晶体中，粒子间的作用力不止一种，链内和链外、层内和层间的作用力并不相同，这类晶体称为混合键型晶体。例如，石墨晶体就是混合键型晶体。在石墨晶体结构中，同层碳原子之间的距离为 0.145 nm，层间碳原子的距离为 0.334 5 nm。在同一层内，碳原子以 sp^2 杂化轨道和其他碳原子形成共价键，构成正六角形平面。每一个碳原子还有 1 个 2p 电子，其 p 轨道垂直于上述平面层。这些相互平行的 p 轨道相互重叠形成遍及整个平面层的离域 π 键(又称大 π 键)。由于大 π 键的离域性，电子能沿每一层的平面移动，因此石墨具有良好的导电、导热性，工业上常以石墨作电极和冷却器。又由于石墨晶体中层与层之间的距离较远，相互作用力与分子间力相仿，所以在外力作用下容易滑动，工业上用石墨作固体润滑剂。

对晶体微观结构的认识是随生产和科学的发展而逐渐深入的。1860 年就有人设想晶体是由原子规则排列而成的，1912 年劳埃用 X 射线衍射现象证实了这一假设。现在已能用电子显微镜对晶体内部结构进行观察和照相，更有力地证明了设想的正确性。当加热一晶体时，随着加热时间的延长，晶体的温度逐渐升高，当达到晶体的熔点 T_m 时，晶体开始熔化，此时体系的温度恒定不变。随着加热时间的进一步延长，改变的只是固体和液体的相对质量，直到晶体全部熔化后，体系温度才再次升高。图 1.7 绘出了一普通晶体的受热曲线。

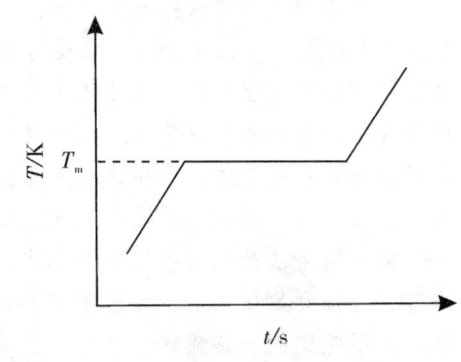

图 1.7　普通晶体的受热曲线

在一定外压下，晶体熔化时的温度称为该晶体的熔点(melting point)。当外压为 101.3 kPa 时，晶体的熔点称为正常熔点(表示为 T_m)，一般化学手册中给出的数据都是正常熔点。熔点是晶体自身固有的特征数据，在化学分析中，常常通过熔点的测定进行物质的鉴别，或判定一种物质的纯度高低。当一种晶体中含有杂质时，其熔点会有所降低。随着纳米科技的发展，已经观察到金属颗粒被粉碎到纳米尺寸时，出现明显的熔点下降现象。

晶体的熔点随外压的变化与液体的凝固点 T_f 随外压的变化相同。由于一般物质固体的密度往往大于液体的密度，所以随着外压的增大，晶体的熔点会逐渐升高。但对于水来讲，液态水的密度反而比固态冰的密度还大，所以水的冰点随外压的增大而降低，如图 1.8 所示。

(5) 原子晶体

在原子晶体中，组成晶格的粒子是中性原子，原子间以共价键相连接。例如，金刚石的晶体中，晶格结点上排列着中性 C 原子，每一个 C 原子通过共价键(由 4 个 sp^3 杂化轨道形成的)与其他 4 个 C 原子结合，构成正四面体。由于共价键具有饱和性和方向性，配位数一般比离子晶体小，且由于共价键的键能强,原子晶体一般具有很高的熔点、沸点和很大的硬度,如金刚石熔点高达 3 570 ℃,硬度为 10。所以原子晶体在工业上常用作磨料或耐火材料,如 SiO_2,Al_2O_3 为原子晶体,熔点、沸点高,硬度大,用做磨料。原子晶体中一般有金属(M)化合物陶瓷与非金属陶瓷。金属化合物陶瓷有:MgO,Al_2O_3,ZrO_2,BeO,ThO_2 等氧化物;TiC,ZrC,Cr_3C_2,TaC 等碳化物;TiB_2,ZrB_2,CrB_2 等硼化物;TiN,TaN 等氮化物;$TiSi_2$,$MoSi_2$,WSi_2 等硅化物。非金属陶瓷有:SiO_2,BN,SiC,BC,Si_3N_4 等。陶瓷材料的应用首先是利用其熔点高的特性做耐火材料,如耐火砖、高温结构陶瓷等。但是,陶瓷材料脆性大。可与金属复合,以提高其力学性能。其次,利用其电磁性能,做压电陶瓷、绝缘材料、传感器等。再次,利用其生物兼容性,如用 Al_2O_3 做人工骨(关节);利用其绝热性能好的特

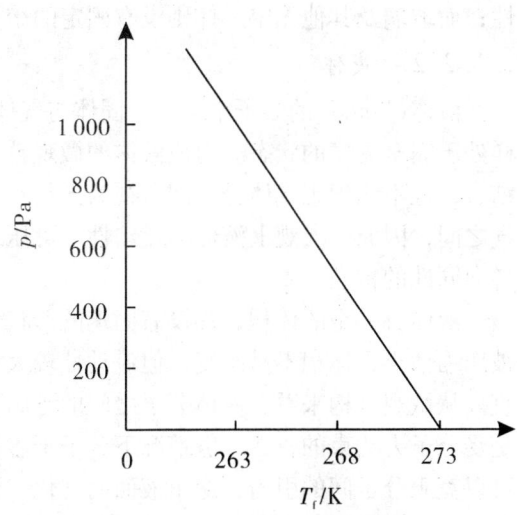

图 1.8 水的冰点随外压的变化

性,做航天飞行器隔热层、保温材料等。最后,由于陶瓷材料还具有多孔性、密度小、强度高、化学活性低及稳定性高等优点,因此可用于众多高科技领域,特别是航空航天领域,以及用做陶瓷超导材料。为克服其脆性,也有与纤维复合的陶瓷材料,如与 C,SiC,Si_3N_4,BN 纤维复合。

原子晶体的延展性小,性脆,晶体中没有离子,所以固态、熔融态都不易导电,是电的绝缘体。但某些原子晶体如硅、锗、砷化镓等可作为优良的半导体材料,且在一般溶剂中不溶解。

2) 非晶体

非晶体或称无定形固体,指组成它的原子或离子在空间无规律排列的固态物质,如玻璃、松脂、沥青、橡胶、塑料、人造丝等都是非晶体。它们的微观结构千变万化,十分复杂,赋予了非晶体材料多种多样的特征。从本质上说,非晶体是黏滞性很大的液体。晶体在不同方向上具有不同的力学性质,因此存在解离面,而非晶体破碎时没有解离面。例如,玻璃碎片的形状就是任意的。若在玻璃上涂一薄层石蜡,用烧热的钢针触及玻璃的背面,将见到以触点为中心,熔化的石蜡呈圆形。这说明玻璃的导热系数相同。

由于非晶体微粒的排列是无规则的,微粒间的距离和作用力当然也各不相同,因此,非晶体没有固定的熔点。随着温度升高,非晶体材料首先变软,然后由稠逐渐变稀,成为流体。具有一定的熔点是一切晶体的宏观特性,也是晶体和非晶体的主要区别。非晶体材料的物理化学性能比相应的晶体材料更佳,是目前材料科学中广泛研究的一个领域,也是一类发展较迅速的材料。

3) 准晶体

准晶体(quasi-crystal)是近十几年来由人工合成并被人们认识的一类固体。准晶体不仅在合适的条件下可以自发地表现出面平棱直的规则几何外形,而且其内部原子的排列更是规整严格、长程定向有序。如果把晶体中任意一个原子沿某方向平移一定距离,必能找到一个同样的原子;而玻璃等非晶体内部原子的排列则是杂乱无章、长程无序的。

仅从外观上,用肉眼很难区分晶体、非晶体与准晶体。一块加工过的水晶晶体与同样形状的玻璃(非晶体)从外观上几乎看不出任何区别,同样,一层金属薄膜(通常是晶体)与一层准晶体金属膜从外观上也看不出差异。但由于物质内部原子排列的明显差异,导致了晶体与非晶体在物理化学性质上的巨大差别。例如,晶体有固定的熔点,物理性质(力学、光学、电学及磁学性质等)表现出各向异

性；而玻璃及其他无定形体则没有固定的熔点，物理性质方面则表现为各向同性。

1.1.2.2 液体

液体(liquid)的分子结构介于固体与气体之间，微观粒子不像晶体那样排列有序，也不像气体那样处于完全无序的状态。组成液体的微观粒子之间的相互作用，既不像晶体以化学键或分子间力相互结合，也不像理想气体分子间可视为无相互作用力，呈单分子形式存在。由于液体微观状态介于固、气之间，因而，宏观上液体的流动性、可压缩性、密度、可扩散性也介于固体与气体之间。液体具有各向同性的特点。

液体有一定的体积，却没有固定的形状，液体的形状取决于容器的形状。在外力作用下，液体的被压缩性小，体积不易改变，但流动性较大。由于受重力的作用，液面呈水平面，即表面和重力相垂直。从微观结构来看，液体分子之间的距离要比气体分子之间的距离小得多，所以液体分子彼此之间是受分子力约束的，在一般情况下分子不容易逃逸。只有那些能量足够大、速率足够快的表层分子才可以克服分子间的引力，逸出液面而气化。液体分子一般只在平衡位置附近作无规则振动，在振动过程中各分子的能量会发生变化。当某些分子的能量大到一定程度时，将作相对的移动改变它的平衡位置，所以液体具有流动性。液体在任何温度下都能蒸发，若加热到沸点(液体的饱和蒸气压达到给定外界压力时的温度 T_b)时迅速变为气体。

当对一种液体降温时，液体分子的运动速度逐渐降低，到一定程度后，液体分子将采取定向排列的方式变成固体，这一过程称为液体的凝固(freezing)。在一定外压下，当液体凝固时，体系的温度保持不变，此时的温度称为液体在该压力下的凝固点 T_f(freezing point)。外压不同，凝固点数值也不同，有的液体的凝固点随外压的增大而升高，有的液体则相反，其凝固点随外压的增大而降低。在外压为 101.3 kPa 时，液体的凝固点称为正常凝固点(normal freezing point)。

与过热现象类似，在某些条件下液体也存在过冷现象(supercooling phenomenon)。在一定外压下，如果一种纯液体的温度达到甚至低于其凝固点而不发生凝固，这种现象称为过冷现象(见图1.9)。过冷状态也是液体的一种不稳定状态，过冷状态一旦被破坏，凝固将迅速进行。由于凝固速度太快，形成晶体的质点将有一部分来不及进行完全有序的定向排列，此时形成的晶体往往会有缺陷。在多数情况下，人们总是避免过冷现象的发生，但在一些特殊情况下，人们也会利用过冷现象。

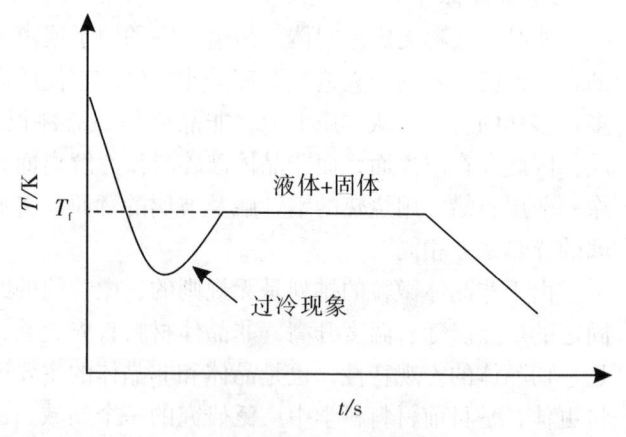

图1.9 液体的冷却曲线

溶液是由两种或两种以上的纯物质组成，且以分子或离子形态相互分散的状态存在的单相分散系统。按物质的聚集状态的不同，可将溶液分为：

① 气态溶液。即气体之间相互混合的溶液，如空气、水煤气等。由于气体分子间作用力很小，各种分子互不干扰，行动自由，所以气态溶液即是气体的均匀混合物。

② 液态溶液。是指气体、液体或固体溶于液体中所形成的溶液，如氨水、医用酒精、碘酒、食盐水溶液等。

③ 固态溶液。是指两种以上的固体物质在受热熔融冷却后形成的固态均匀系统，又叫固熔体(solid solution)，如金和银形成的合金，金与锌形成的合金，少量的C溶于Fe而成钢，Zn溶于Cu而

成黄铜等,它们都是均匀稳定的分散体系。

按照溶液的导电情况的不同,还可将溶液分成电解质溶液和非电解质溶液。

除了常规溶液外,还有液晶和离子液体两种特殊溶液。

1) 液晶

液晶(liquid crystal)是一大类新型材料,它是晶态向液态转化的中间态。首次发现液晶距今已有100多年了。1888年,奥地利植物学家Friedrich Reinitzer在观察从植物中分离精制出的安息香酸胆固醇(cholesteryl benzoate)的熔解行为时发现,此化合物加热至145.5 ℃固体熔化时,呈现出一种介于固相和液相之间的半熔融流动状液体,直到温度升高到178.5 ℃才形成清澈的均相液态。1889年,研究相转移及热力学平衡的德国物理学家O. Lehmann对该化合物作了更详细的分析。他在偏光显微镜下发现,该黏稠状流动性液体化合物具有异相晶体所特有的双折射率(birefringence)性质,即光学异相性(optical anisotropic),故将这种似晶体的液体命名为液晶。液晶既保持了晶态的有序性,同时又具有液态的连续性和流变性。例如,某些有机化合物在一定的温度范围内,并不由固态直接变为液态,而是呈现一种中间状态,这种处在过渡状态的物质就是液晶。液晶的力学性质像液体,可以自由流动;它的光学性质却像晶体,分子排列比较整齐,有特殊的取向,分子运动也有特定的规律,具有晶体的有序性。从某个方面来看,液晶既有液体的流动性,又具有表面张力(surface tension)——表面张力是指液体表层分子间的引力。但从另一方面看,液晶的分子排列杂乱无章,只有近程有序的特点,而没有不可改变的固定结构,因此,它也呈现出某些晶体的光学性质(如光学的各向异性、双折射、圆二向色散等)。液晶只能存在于一定的温度范围内,这一温度范围的下限T_1称为熔点,其上限T_2称为清亮点。当温度$T < T_1$时,液晶就变为普通的晶体,失去流动性;当温度$T > T_2$时,液晶就变成普通的透明液体,失去上述的光学性质,称为"各向同性液";只有在这两种温度范围内,物质才处于液晶态,才具有种种奇特的性质和许多特殊的用途。形成液晶的有机分子通常是具有刚性结构的分子,相对分子质量一般在200~500,长度达几十个埃,长宽比在4~8之间。

(1) 液晶的分类

液晶材料主要是脂肪族、芳香族、硬脂酸等有机物,液晶也存在于生物结构中。日常生活中,适当浓度的肥皂水溶液就是一种液晶。目前已经发现或人工合成的液晶材料已达5 000多种。按照形成的条件不同,液晶可分为热致液晶(thermotropic liquid crystal)和溶致液晶(lyotropic liquid crystal)两大类。使熔融的液体降温,当温度降到一定程度后,分子的取向有序化,从而获得各向异性熔体,这种液晶就称为热致液晶。将有机分子溶解在溶剂中,使溶液中溶质的浓度增加,溶剂的浓度减小,可以使有机分子排列有序,从而获得各向异性溶液,这种液晶态即称为溶致液晶。

根据分子的不同排列情况,液晶可分为向列型(nematic)、胆甾型(cholesteric)和近晶型(smectic)三种。具有单一取向,而不是长程有序的简单排列的液晶称为向列型液晶(也称线状液晶)。这种液晶分子在空间上具有一维的规则性排列,所有棒状液晶分子长轴会选择某一特定方向作为主轴并相互平行排列,但排列较无序,见图1.10(a)。另外,其黏度也较小,所以较易流动(好的流动性主要是因为分子的长轴方向较易自由运动)。线状液晶就是现在的TFT液晶显示器常用的TN(twisted nematic)型液晶。

由手性分子组成的液晶称为胆甾型液晶。这个名称的来源是因为这种液晶大部分是由胆固醇的衍生物所生成的,但有些没有胆固醇结构的液晶也会具有此液晶相。如果把这种液晶一层一层分开来看,很像线状液晶,但是从z轴方向来看,会发现它的指向矢随着层的不同而呈螺旋状分布[见图1.10(b)]。对于胆甾型液晶而言,指向矢的垂直方向分布的液晶分子,由于其指向矢的不同,就会有不同的光学或者电学的差异,因此也造成了不同的特性。

在近晶型(层状液晶)排列状态下,液晶的结构是由液晶棒状分子聚集在一起,形成层结构,每一层的分子的长轴方向相互平行,且此长轴方向对于每一层平面是垂直或有一倾斜角。由于其结构非常近似于晶体,所以称做近晶型,其秩序参数 S(order parameter)趋近于1。在层状液晶层与层间的键会因为温度的升高而断裂,所以层与层间较易滑动,但每一层内的分子键较强,所以不易被打断。因此,就单层来看,不仅排列有序,且黏性较大。就其指向矢的不同可再分出不同的近晶型液晶。当液晶分子的长轴都是垂直站立时,称之为近晶型 A(sematic A phase);如果液晶分子的长轴站立方向有倾斜角度,则称之为近晶型 C(sematic C phase)。因为它们在层与层之间没有相同的位置规律,所以,一般成为二维液晶,见图 1.10(c),(d)。

近年来,向列型液晶已用于电子工业,作为显示的材料,还用于分析化学(气相色谱和核磁共振)等方面。胆甾型液晶用于温度指示、无损伤探测及医疗诊断等方面。

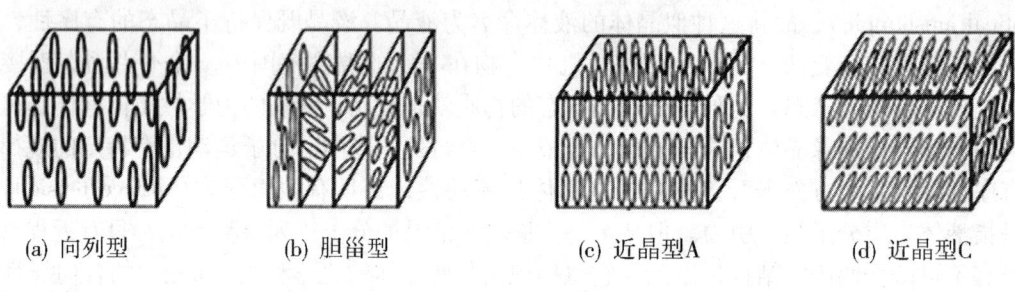

(a) 向列型　　　(b) 胆甾型　　　(c) 近晶型A　　　(d) 近晶型C

图 1.10 液晶的分类

(2) 液晶的应用——液晶显示器

目前,市场上的液晶显示器主要有 TN(twisted nematic)、STN(super twisted nematic)及 TFT(think film transistor)三种。TN 结构最简单,其显示品质、反应速度及视角较差,主要应用于显示简单数字与文字的小尺寸荧幕,如电子表、呼叫器等。STN 的显像品质及反应速度较 TN 好且快,主要应用于对反应速度要求较快,显像品质尚可的应用领域,如个人电子助理、移动电话、笔记本电脑等应用领域。随着 TFT 技术的发展成熟,TFT 在显像品质、反应速度上超越 TN 及 STN 型甚多,其应用领域偏向于高画质且反应速度更快的产品,如大尺寸笔记本电脑、液晶投影机等产品。

① TN 型。TN 型液晶显示器的基本构造为上下两片导电玻璃基板,其间注入向列型液晶,上下基板外侧各加一片偏光板,并在导电膜上涂布一层摩擦过而形成极细沟纹的配向膜。由于液晶分子拥有液体的流动特性,很容易顺着沟纹方向排列。当液晶填入上下基板沟纹方向,以 90°垂直于所配置的内部时,接近基板沟纹的束缚力较大,液晶分子会沿着上下基板沟纹方向排列;中间部分的液晶分子束缚力较小,会形成扭转排列。因为使用的液晶是向列型的液晶,液晶分子扭转 90°,故称为 twisted nematic 型,即 TN 型。若不施加电压,则进入液晶元件的光会随着液晶分子扭转方向前进,因上下两片偏光板和配向膜同向,故光可通过,形成亮的状态;施加电压时,液晶分子朝施加电场方向排列,垂直于配向膜,则光无法通过第二片偏光板,形成暗的状态。此种亮暗交替的方式可做显示用途。

② STN 型。新一代的 STN 液晶显示器的基本工作原理和 TN 型的大致相同,但是在液晶分子的定向处理和扭曲角度方面不同。STN 显示元件必须预做配向处理,使液晶分子与基板表面的初期倾斜角增加。此外,在 STN 显示元件所使用的向列型液晶中加入微量胆甾型液晶,可使向列型液晶旋转角度为 80~270°,为 TN 的 2~3 倍,故称为 super twisted nematic 型,即 STN 型。STN 型液晶由于响应速度较快,且可加上滤光片等,使显示器除了有明暗变化以外,亦有颜色变化,形成彩色显示器。

③ TFT 型。TFT 型液晶显示器(薄膜晶体管有源矩阵液晶显示器)与前两种显示器在基本元件及原理上皆类似,最大的不同点为驱动方式的不同。TN 型和 STN 型皆采用单纯矩阵式电路驱动,而 TFT 型则采用精密矩阵式电路驱动。TFT 型的液晶显示器较为复杂,其主要构件包括荧光管、导光板、偏光板、滤光板、玻璃基板、配向膜、液晶材料、薄膜式晶体管等。首先,液晶显示器必须利用背光源,也就是荧光灯管投射出的光源,这些光源会先经过一个偏光板再经过液晶,这时液晶分子的排列方式改变穿透液晶的光线的角度。然后,这些光线还必须经过前方的彩色滤光膜与另一块偏光板。因此,只要改变刺激液晶的电压值,就可以控制最后出现的光线强度与色彩,进而可以在液晶面板上变化出深浅不同的颜色组合。

2) 离子液体

离子液体常被称为室温离子液体(room temperature ionic liquid),是指在室温或室温附近温度下呈液态的仅由离子组成的物质。组成离子液体的阳离子一般为有机阳离子(如烷基咪唑阳离子、烷基吡啶阳离子、烷基季铵离子、烷基季膦离子等),阴离子可为无机阴离子或有机阴离子(如$[PF_6]^-$,$[BF_4]^-$,$[AlCl_4]^-$,$[CF_3SO_3]^-$等)。早在 19 世纪,科学家就开始研究离子液体,但当时没有引起人们的广泛关注和兴趣。1914 年,研究人员发现第一个熔点在 12 ℃的硝酸乙基铵离子液体;1951 年氯化铝与有机盐混合制得的氯铝酸离子液体问世,被称为第一代室温离子液体,其缺点是对水和空气敏感。直至对水、空气稳定的离子液体出现,离子液体的研究才得到长足发展。20 世纪 80 年代中期至今,离子液体在许多领域的研究都呈现出非常活跃的态势,这与离子液体自身的特点是分不开的。与传统的液态物质相比,离子液体具有以下几个优势:① 具有较大的稳定温度范围(-100~200 ℃)、较好的化学稳定性及较宽的电化学稳定电位窗口;② 不易挥发,几乎没有蒸气压,在使用过程中不会给环境造成很大压力;③ 通过阴阳离子的设计可调节其对无机物、水、有机物及聚合物的溶解性,并且其酸度可调至超酸性。

因此,可通过一定的阴阳离子的组合,设计任意的离子液体。更能引起化学家感兴趣的是,离子液体可以反复多次使用。

(1) 离子液体的分类

离子液体包括两大类。一类是简单的盐,由有机阳离子和阴离子组成,有机阳离子通常包括季铵阳离子、季膦盐阳离子、杂环芳香化合物及天然产物的衍生物等。1,3 - 二烷基咪唑阳离子的离子液体是近年来研究的热点。这类离子液体的化学结构为 R_2—N⊕N—R_1[X],当 R_1 为甲基时,通常将其表示为 $[C_n mim]X$,其中 n 是 R_2 烷基链上碳原子的数目。有以下三种:

$[C_4mim][PF_6]$

$[BF_4]$,C_6H_{13}

$[C_2mim]X$,X=BF_4,X=NO_3,X=$(CF_3SO_2)_2N$

另一类是二元离子液体(即含有平衡的盐)。例如,$AlCl_3$ 和氯化 1 - 甲基 - 3 - 乙基咪唑盐的混合物,它含有几种不同的离子系列,其熔点和性质取决于组成,常用 $[C_2mim]Cl - AlCl_3$ 来表示这个络合物。通常将固体的卤化盐与 $AlCl_3$ 混合而得到液态离子液体。反应过程会大量放热,通常可采用交替的办法将两种固体慢慢地加入以利于散热。对以此类离子液体为溶剂的化学反应的研究比较早。此类离子液体具有离子液体的许多优点,但是对水极其敏感,要完全在真空或惰性气氛下进行处理和应用,质子和氧化物杂质的存在对在该类离子液体中进行的化学反应有决定性的影响。

(2) 离子液体的特性

可以通过选择合适的阳离子和阴离子来调配离子液体的物理化学特性,如熔点、黏度、密度、亲水性和热稳定性等。各种特性中尤其是对水的相容性调变对离子液体在分离产物和催化剂方面的应用极为有利。以下分别论述离子液体的结构形貌①与其物理化学性能间的关系。

① 熔点。熔点是离子液体重要的特征性判据。离子液体的熔点较低,在室温下为液体。离子液体的主要成分是氯化物,由不同氯化物的熔点可知,氯化物阳离子的结构特征对其熔点具有明显的影响。阳离子结构的对称性越低,离子间相互作用越弱,阳离子电荷分布越均匀,离子液体的熔点就越低;同时,阴离子体积增大,也会使得熔点降低。所以,低熔点离子液体的阳离子必须同时具备低对称性、弱的分子间作用力和阳离子电荷分布均匀的特征。

② 溶解性。有机物、无机物和聚合物等不同物质可溶解于离子液体中,所以离子液体是很多化学反应的优良溶剂。在选择和使用离子液体时,需要系统地研究其溶解特性。离子液体的溶解性与其阳离子和阴离子的特性密切相关。以正辛烯在含相同甲苯磺酸根阴离子季铵盐离子液体中的溶解性为例,可说明阳离子对离子液体溶解性的影响。正辛烯的溶解性随着季铵阳离子侧链变大,即非极性特征增加而变大,所以,改变阳离子的烷基可以调整离子液体的溶解性;同时,阴离子对离子液体溶解性也有较大的影响。离子液体的介电常数超过某一特征极限值时,可与有机溶剂完全混溶。

③ 热稳定性。杂原子—碳原子之间的作用力和杂原子—氢键之间的作用力决定了离子液体的热稳定性,这些作用力与组成的阳离子和阴离子的结构和性质密切相关。例如,在氧化铝上测定的多种咪唑盐离子液体的起始热分解温度为400 ℃左右,此热分解温度与阴阳离子的组成有很大关系,当阴离子相同但咪唑盐阳离子2位被烷基取代时,离子液体的起始热分解温度明显提高;而3位氮上的取代基为线型烷基时,离子液体较稳定。同时,离子液体的水含量也对其热稳定性有一定影响。

④ 密度。阴离子和阳离子的种类决定了离子液体的密度。通过分析含不同取代基咪唑阳离子的氯铝酸盐的密度可发现,离子液体的密度与咪唑阳离子上 N-烷基链的长度呈线性关系,随着有机阳离子变大,离子液体的密度变小,因此,可以通过阳离子结构的调整来调节离子液体的密度。阴离子对密度有更大的影响,阴离子越大,离子液体的密度也越大。因此,设计不同密度的离子液体,首先应该选择阴离子来确定大致密度范围,然后通过选择阳离子来进行密度微调。

(3) 离子液体的合成

离子液体合成大体上有两种基本方法:直接合成法和两步合成法。

① 直接合成法。直接合成法是通过季铵化反应或酸碱中和反应一步合成离子液体。直接合成法经济,操作简便,没有副产物,产品易纯化。例如,硝基乙胺离子液体就是由乙胺的水溶液与硝酸中和反应制备而得的。另外,也可通过季铵化反应一步制备出多种离子液体。

② 两步合成法。两步合成法首先通过季铵化反应制备出含目标阳离子的卤盐([阳离子]X 型离子液体),然后加入 Lewis 酸 MX_3 或用目标阴离子 Y^- 置换出 X^- 离子来得到目标离子液体。在第二步反应中,使用的金属盐 MY 通常是 AgY 或 NH_4Y,产生 AgX 沉淀或 NH_3、HX 气体而易除去。为了置换,加入强质子酸 HY,要求在低温搅拌条件下进行,然后多次水洗至中性,用有机溶剂提取离子液体。应特别注意的是,在用目标阴离子 Y^- 交换阴离子 X^- 的过程中,必须尽可能地使反应进行完全,因

---

① 形貌:形状和外表的形象。

为离子液体的纯度对于其物理化学特性的表征和实际应用至关重要。高纯度二元离子液体通常是在离子交换器中利用阴离子交换来制备的。

(4) 离子液体的设计

在离子液体的使用中要选择适合的阴、阳离子，通过对离子液体的设计，如接入特定的官能团等，来调整离子液体的性质，如熔点、黏度、疏水性等，以满足需要。

① 阳离子。阳离子中应用较多的是咪唑阳离子。这是由于1,3-二烷基咪唑阳离子与阴离子有比较弱的相互作用力，比其他季铵盐具有更好的热力学稳定性，且不对称的二烷基咪唑盐有较低的熔点。离子液体的含水量、密度、黏度、表面张力、熔点、热力学稳定性等特性可以通过改变阳离子核烷基链长度和阴离子的性质来实现。

通过在咪唑盐上引入特殊用途的官能团可把其用作共溶剂。例如，将烷氧基引入咪唑盐阳离子，可得到许多具有非常好的抗静电作用的新型离子液体用作抗静电剂；将磺酸基接入咪唑盐的烷基链，可以作为酸催化烯烃齐聚的一种反应介质和催化剂。

② 阴离子。相对于阳离子来说，阴离子选择的种类较多，通过改变阴离子可以容易地调控离子液体的特性。例如，碳甲硼烷盐($CB_{11}H_{12}^-$)是惰性最强的阴离子，但是，1位上很容易烷基化而生成新的衍生物，形成熔点稍高于室温的离子液体。通过用强的亲电试剂取代硼氢键得到的[$1-C_3H_7-CB_{11}H_{11}$]$^-$在45 ℃时熔融，从而可以系统地改变这一阴离子的性质，这是传统有机溶剂所不具备的性质；而且它具有非常弱的亲核性和氧化还原惰性，从而可以用于分离新的超酸。

(5) 离子液体的应用

离子液体有着广泛的应用，下面列举几个方面。

① 化学反应。离子液体最常见的应用是作为反应系统的溶剂。离子液体为化学反应提供了不同于传统分子溶剂的环境，从而有可能改变反应机理，导致催化剂活性和稳定性更好，转化率和选择性更高。离子液体有很多种类供各种反应选择。催化剂可以溶于离子液体中，与离子液体一起循环利用；产物可用倾析、萃取、蒸馏等方法进行分离。

② 分离。产物的分离提纯一直是化学合成的难题。水提取分离技术只适用于亲水产物，蒸馏技术不适用于挥发性差的产物，使用有机溶剂对环境及人体健康构成极大威胁，且会引起交叉污染。随着人们环境保护意识的提高，绿色化学的呼声越来越高，设计安全的、环境友好的分离技术越来越重要。离子液体能溶解某些有机化合物、无机化合物和有机金属化合物，所以非常适合作为分离提纯的溶剂，尤其是在液—液提取分离上。例如，非挥发性有机物可用超临界CO_2从离子液体中萃取。离子液体还可用于生物技术中的分离提取。

③ 离子液体电解质。离子液体是理想的电解质，具有高的离子电导率(大于10^{-4} S/cm)、宽的电化学窗口(大于4 V)，氧化还原过程中高的离子移动速率(大于10^{-14} m/ps)、低挥发性、不可燃、良好的热稳定性和良好的化学稳定性等优点。近几十年来，人们期待将其作为低成本电解质应用于充电电池、光电电池、电镀等电化学装置中。

最早报道和得到广泛研究的离子液体型电解质是三氯化铝与烷基吡啶的混合物，尤其是氯化N-丁基吡啶([BuPy]Cl)，但[BuPy]$^+$易被还原。氯化1,3-二烷基咪唑-氯化铝体系具有更负的阴极电势①，其中由氯化1-甲基-3-乙基咪唑[emim]Cl制备的室温离子液体被认为是对电化学非常有用的溶剂。

由于$AlCl_3$对水非常敏感，所以发展了许多以四氟硼酸根(BF_4^-)、六氟磷酸根(PF_6^-)、二(三氟甲

---

① 更负的阴极电势：更负的电势指电势负移。后文"更正的"即指正移。

基磺酰)亚铵根(TFSI⁻)及三氟甲基磺酸根等为阴离子的室温离子液体。尤其是二(三氟甲基磺酰)亚铵根(TFSI⁻)的引入使得离子液体的电解质性能有了极大的提高。研究发现,疏水性二(三氟甲基磺酰)亚铵-二烷基咪唑盐具有很宽的电化学窗口(大于4 V)、很好的电导率(10^{-3} S/cm)及良好的热稳定性,且对水和空气均很稳定。基于室温离子液体和聚合物电解质各自的优良性能,有人提出将二者结合起来研究。离子液体宽阔的电化学窗口、良好的离子导电性等电化学特性,使其在电池、电容器、晶体管、电沉积等方面具有广阔的应用前景。

离子液体用作电解液的缺点是黏度太高,但只要加入少量有机溶剂就可以大大降低其黏度,提高其离子电导率,并且有高沸点、低蒸气压、宽阔的电化学窗口等优点。由于离子液体固有的离子导电性、不挥发、不燃、电化学窗口比水溶液电解质大许多等特点,在锂离子电池中已经得到广泛应用。在高分子中引入离子液体可得到高离子导电聚合物,这些高离子导电聚合物可应用于聚合物锂离子电池、太阳能电池、燃料电池、双电层电容器等方面。

1.1.2.3 气体

气体(gas)分子间的距离很大,分子间的相互作用力很小,彼此之间不能约束,所以气体分子的运动速度较快,它的体积和形状都随着容器而改变。气体分子都在作无规则的热运动,在它们之间没有发生碰撞(或碰撞器壁)之前,气体分子做匀速直线运动,只有在彼此之间发生碰撞时,才改变运动的方向和运动速度的大小。由于分子和器壁碰撞而产生压强,因此温度越高,分子运动越剧烈,压强就越大。又因为气体分子间的距离远远大于分子本身的体积,所以气体的密度较小,且很容易被压缩。任何气体都可以用降低温度或在临界温度以下压缩气体体积的方法使它变为液体。对一定量的气体而言,它既没有一定的体积,也没有一定的形状,它总是充满盛它的容器。根据阿伏伽德罗假设(Avogadro's Hypothesis),各种气体在相同的温度和压强下,在相同的体积里所包含的分子数都相同。

气体的液化需要两个条件:降温和增压。那么,何者起主导作用呢?根据气体分子运动论,当温度一定时,气体分子的平均动能恒定,即对一固定气体来讲,其平均运动速度取决于温度。实验发现,对于某种气体,当温度高于某值时,无论施加多大的压力都不能使其液化。在化学中规定,通过加压使某气体液化所允许的最高温度称为该气体的临界温度 T_c(critical temperature);在临界温度以上,不论怎样加大压力都不能使气体液化,气体的液化必须在临界温度之下才能发生。加压可使分子间距离缩小,吸引力增大,但吸引力的增加并不是无限制的,当加压使分子之间距离缩小到一定程度仍不能克服热运动的扩散膨胀因素时,只靠加压的办法是不能液化气体的,只有同时降温(减少热运动)和加压(增加吸引力),气体才能液化。在临界温度时,使气体液化需要施加的最小压力称为该气体的临界压力 P_c(critical pressure);在临界温度和临界压力下,1 mol 气体具有的体积称为该气体的临界体积 V_c(critical volume)。物质在临界状态时气液同性,状态不分。临界状态是物质极其特殊的一种存在形式,在临界状态下物质往往具有非常规的性能。目前,人们可以在临界状态下合成一些通常情况下难于制备的物质,利用物质的临界性质进行分离,提取一些常规情况下难以提取的特殊物质。

1.1.2.4 等离子体

等离子体被称为物质的第四态或称等离子态。等离子体是电离的气体,是由大量的自由电子和离子以及中性粒子组成的集合体。电离气体与普通气体明显不同,电离气体是带电粒子和中性粒子组成的集合体,普通气体则由电中性的分子或原子组成。在性质上,电离气体与普通气体有着本质区别。首先,它是一种导电流体,而又能在与气体体积相比拟的宏观尺度内维持电中性。其次,气体分子间并不存在静电磁力,而电离气体中的带电粒子间存在库仑力,由此导致带电粒子群的种种整体运动。最后,作为一个带电粒子系,其运动行为会受到磁场的影响和支配。无论部分电离还是完全电离,电离气体中的正电荷总数和负电荷总数在数值上总是相等，这也是"等离子体"的得名由来。

等离子体主要利用等离子体发生器产生，即在低温下，高频和高压的电源将气体介质激活，使之电离成等离子体。等离子体的温度依赖于等离子体的生成条件，特别是电流和压力。系统的电子温度和气体温度平衡时具有的温度为 $10^3 \sim 10^4$ K 数量级的等离子体称为热等离子体；气体温度接近常温，而电子温度在 $1 \sim 10^5$ K 的等离子体称为低温等离子体。热等离子体具有高能量密度，用于强热源的金属切割和焊接；低温等离子体应用更为广泛，主要用于等离子体成膜、等离子体表面改性、等离子体蚀刻、射频激发离子镀、等离子体化学气相沉积等。等离子体气相沉积技术几乎在所有材料领域使用，特别在电子材料、光学材料、能源材料、机械材料等各种无机新材料及高分子材料的薄膜制备和表面改性方面，显示出独特的功能和巨大的应用潜力，在许多领域已被作为主要的生产技术。

在距地面 $60 \sim 1\,000$ km 处的高空有一个电离层，就是由等离子体组成的。这个电离层中，等离子体的电离度和密度都很低，不会影响飞行器的正常飞行和无线电设备的正常工作。可以使用特殊的方法和设备对空气中等离子体的电离度和密度进行强化，进而可以实现有效的反雷达侦察的目的，而且还能毁灭进入等离子体层的各种飞行器。

1.1.3 相和相图

1.1.3.1 相与相数

在热力学上，把系统中物理性质和化学性质完全相同、均匀一致的部分称为相(phase)。也就是说，在同一个相里，物质成分、结构与性质是完全均匀的。相与相之间有明显的物理界面，称为相界面(interface)，在相界面上两相间的成分、结构与性质会发生突变。相具有以下三个特点。

① 同一相的物理与化学性质完全均匀。

一般来说，晶体结构相同的同种固体是一个相，即同一种物质尽管可以有不同的分散度，但只要性质相同，仍为一个相。如将大颗粒 $CaCO_3$ 粉碎成小颗粒时，虽然颗粒不同，但它们的性质是相同的，颗粒不同的 $CaCO_3$ 仍属同一相。晶体结构不同的同种单质或化合物，则成为不同的相。不同物质之间，尽管相互分散得较均匀，仍不属同一相。如表面上看去混合得非常均匀的糖和沙子，并不属于同一相；又如，单斜硫和正交硫虽然物质相同，但仍属于两个相。当然，不同物质混合后，如果其物理和化学性质完全相同，那就是同一相，如系统内不管有多少种气体混合都属于同一相，因为任何气体都能无限混合；某些固体已形成固溶体，但由于不同种固体分散达到了分子程度的均匀混合，性质完全均匀，也属同一相。

② 相与相之间有明显的宏观物理界面。

相有自身的物理和化学特性，越过相界面时物质的物理或化学性质会发生突变，如水由液态变为气态时，越过了气、液相界面，其密度、折射率等都会改变。不过，具有明显界面的混合系统并非就是不同相，如粉碎的同一固体物质还是属于同一相。

③ 相的存在与物质的量无关。

在体系内部只有一个相的体系称为单相(均相)体系(homogeneous system)，含有两个或两个以上相的体系称为多相(非均相)体系(heterogeneous system)。在热力学中，系统中所具有的相的总数称为相数(number of phase)，用符号 φ 表示。气体、液体、固体各自可以有不同的相。通常，任何气体均能无限混合，但是混合物只有一个相，如 CO_2 与 O_2 的气体混合物就只有一相。例外的情况是在非常高的压力下，气体可能发生分层现象而不成为一相。液体混合视互溶程度可以是一相、二相乃至三相共存。如液态水或其溶液是一相，而水和苯等不溶液体共存时为二相。固体一般是有几种物质便有几个相(固溶体除外)，如 $CaCO_3$ 和 CaO 的混合系统就为两个相。没有气相的系统常称为"凝聚相"或

"凝聚系统",气体存在但不予考虑的体系也称凝聚体系,如盐水系统及合金系统常被视为凝聚系统。

同一种物质在不同温度、不同压力等外界条件下,具有不同的内部结构。在外界条件发生变化时,某物质由一种状态或结构转变成另一种状态或结构的过程称为相变(phase change),因此,物质系统的相态和相数是随条件而变化的。例如,水在压力101.325 kPa、温度高于373.15 K 时为相数为一的气态,温度低于273.15 K 时为相数为一的固态,温度在273.15 K 时为二相共存的固、液两态,而压力为0.611 kPa、温度为273.16 K 时为三相共存的气、液、固三态。

物质的相变是外界条件温度、压力等的函数。当两相处于平衡状态时,吉布斯自由能相等,即体系处于两状态的吉布斯自由能—温度关系曲线的相交点,对应的外界条件为相变点,如相变温度和相变压力等。当物质发生相变时,体系的吉布斯自由能保持连续变化,但其他热力学函数如熵、体积、比热容等发生不连续变化。发生相变时,热力学参数不连续变化所对应的吉布斯自由能系数的级数称为相变的级数。处于平衡状态的两相,其吉布斯自由能对压力或温度的一级导数不相等的相变称为一级相变,若两相的吉布斯自由能对温度或压力的一级导数相等,但二级导数发生不连续变化,则称为二级相变。在许多固态物质中,发生的相变是λ型转变。在这种相变中,比热容对温度作图,在相变温度(或称临界温度)时,比热容趋于无限。λ型相变得名于发生相变时比热容—温度曲线的形状。在β-黄铜的体心点阵中,低温时铜原子在晶胞的体中心,锌原子在晶胞的角顶;在温度升高到居里点时,这种相变亦是λ型相变。在许多情况下,一些物质的相变不能严格地归属于上述的一级、二级和λ型相变中的任何一种,如碱金属硫酸盐的相变是二级相变的行为叠加在一级相变上;$BaTiO_3$ 相变具有二级相变的特征,但也出现微小的潜热。有些相变可明显地观察到热效应,但其他性质的变化是连续的,这些相变实际上是混合型的相变。

1.1.3.2 物种数与组分数

任何一个物质体系都是由不同的被称为组分的元素或化合物所构成的。物种数是系统中能独立存在的纯化学物质的种类数目,用符号 s 表示。如 NaCl 水溶液,尽管溶液中存在 Na^+,Cl^-,H^+ 和 OH^-,由于它们均不能独立存在,所以 NaCl 水溶液的物种数是2,而不是6。同一种物质在不同聚集状态时仍是一种物质,即 s 为1。

组分数(number of component)是指可以独立变化并足以确定热力学平衡体系中所有各相成分所需的最少物种数,用符号 c 表示。系统中的物种数并不一定都是独立可变的数,因为,某物种变化后,可能引起其他物种的变化。对于热力学平衡体系,组分数只能等于或小于所有各相的组成所需的最少物种数。此处提到的热力学平衡体系,是指体系的宏观性质不随时间而改变,包含了热平衡、力学平衡、相平衡和化学平衡体系。

组分数和物种数是两个不同的概念,但有时两者又是一致的。如在体系中没有化学反应,则:组分数 = 物种数;若体系在一定条件下发生化学反应并达到平衡,则:组分数 = 物种数 - 独立化学平衡数(R)。

例如,由任意量的 N_2,H_2 和 NH_3 组成的体系存在化学平衡:$N_2 + 3H_2 \Longleftrightarrow 2NH_3$,此时体系为二组分体系。依据以上的化学平衡式,三种物质的分压(或浓度)受平衡常数关系式的制约,只需确定两种物质,第三种物质便可通过反应平衡式而求得,且其浓度(或分压)受平衡常数的制约不能任意改变,故组分数是2而不是3。

若系统中各物质之间没有发生化学反应,则独立组分数可由下式确定:

$$独立组分数 = 物种数$$

在有化学平衡的体系中则为:

$$独立组分数 = 物种数 - 独立化学平衡数(R)$$

即系统中各物质之间发生了化学反应，建立了化学平衡关系，在恒温恒压下，只要确定了其中几个物质的量，其他物质的量受到平衡常数的约束也是确定的。如系统中含有的 PCl_5，PCl_3 和 Cl_2 三种物质发生了如下反应：

$$PCl_5 \rightleftharpoons PCl_3 + Cl_2$$

则系统的 $s=3$，但 $c=3-1=2$，这是因为根据平衡关系，三种物质中只有两种是可以独立变动的，第三种物质是不可独立变动的。至于三种物质中哪两种作为独立组分则是任意的。但是，不能认为只要出现一个化学平衡关系组分数就减少 1 个。在有的系统中可能同时存在几个化学平衡，但这些平衡并非都是独立的，某个平衡可能来自另外几个平衡。

在平衡体系中，除存在化学平衡式外，有时还有特殊的浓度限制条件。如 NH_3 在高温下分解并达到平衡为：$2NH_3 \rightleftharpoons N_2 + 3H_2$，体系中的三种物质间存在一个化学平衡式，即 $R=1$。又因为该体系中 N_2 与 H_2 的摩尔比为 $1:3$（N_2 和 H_2 由 NH_3 分解而得），指定了浓度比，这就是特殊浓度的限制条件。所以，只需指定 NH_3 的量，便可确定该平衡体系的组成，这时 $c=3-1-1=1$。

特殊的浓度限制条件并非是化学平衡条件的要求，它是与化学平衡的浓度无关的浓度限制。在含有化学平衡及独立浓度限制条件的体系中，独立组分数为：

独立组分数 = 物种数 − 独立化学平衡数 − 浓度限制条件数(R')

即：

$$c = s - R - R' \tag{1.1}$$

应该指出，浓度限制关系必须要求各物种在同一相中，而且有一个方程式把物质间的浓度联系起来，不同相中不存在浓度限制关系。如 $CaCO_3$ 的分解，虽有 $n(CO_2) = n(CaO)$，但 CaO（固体）和 CO_2（气体）不处在同一相，又没有一个联系 CaO 饱和蒸气压和 CO_2 分压的公式，所以 $R'=0$。

1.1.3.3 自由度与自由度数

可以在一定范围内任意改变而不引起相的产生与消失的最大的独立变动的强度因素（如温度、压力或浓度等）的数目，称为体系的自由度（degree of freedom），用符号 f 表示。由于相的存在与物质的量无关，所以物质的量也就不影响相平衡，影响相平衡的仅是系统的强度因素。也可以这样理解，自由度是热力学平衡体系的状态所需的最少的独立强度性质的数目。例如，对于单相的液态水来说，我们可以在一定的范围内任意改变液态水的温度与压力这两个独立可变量，仍能保持水的单相，此时该液态水有两个独立可变的因素（$f=2$）。当纯水与其蒸汽共存，互为平衡，且要维持该平衡时，体系的压力必须等于指定温度下水的饱和蒸气压。在气、液二相均不消失，同时也不生成新相冰的情况下，压力过大将使气相消失，压力太小则使液相消失。这是因为水的饱和蒸气压与温度具有特定的函数关系，指定温度后，其压力必定是该温度下水的饱和蒸气压，温度与压力两个强度性质之间只有一个是可以独立变动的，另一个随之变化，两者间的制约关系遵循克拉佩龙方程式（Clapeyron equation），此时 $f=1$。当盐溶于水成为不饱和溶液单一相时，在液相既不消失也不生成新相的情况下，可独立变动的量为温度、压力、浓度，所以 $f=3$；当饱和盐水溶液与固体盐二相共存时，固定了温度与压力之后，饱和盐水的浓度为定值，这时 $f=2$。

由此可见，体系的自由度是指体系的独立可变因素（如温度、压力和浓度等）的数目。这些可变因素的数值可在一定范围内任意地改变而不会引起相的数目的改变。

1.1.3.4 相律和相变

通常，物质以三种形态存在，即固态、液态、气态，也可称为固相、液相、气相。物质由一种状态或结构变为另一种状态或结构的过程称为物质的变化，即相变。相与相间必有明显可分的界面。例如,食盐的水溶液是一相,若食盐水溶液浓度大,有食盐晶体时,即成为两相;水和食用油混合,是两个液相并存,而不能成为一个相。又如液态的水在不同的温度和压力下变成气态的水蒸气及固态的冰,在不同温度和压力下水蒸气及冰又可转变为液态的水,其间就经历了相变,物质状态发生了变化。

各种稳定的纯物质处于固态、液态、气态三个相(态)平衡共存时的状态,叫做该物质的三相点(triple point),该点具有确定的温度和压强。如水、冰和气三相共存时,具有确定的温度273.16 K(0.01 ℃)与确定的压强610.6 Pa。由于在三相点时物质具有确定的温度,因此,用它来作为确定温标的固定点比选气点和冰点更具优越性。所以,三相点这个固定温度适于作为温标的基点,现在都以水的三相点的温度作为确定温标的固定点(见图1.11)。表1.2列举了几种典型物质的三相点数据。

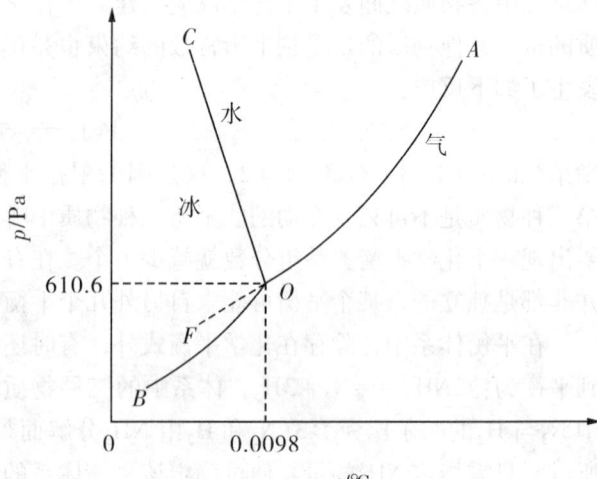

OA 为液—气平衡线,即水的蒸气压曲线;
OB 为固—气平衡线,即冰的蒸气压曲线;
OC 为固液平衡线;
OF 为不稳定的液体平衡线;
O 为冰—水—气三相平衡的三相点

图 1.11 水的相图

表 1.2 几种物质的三相点数据

名称	温度 T/K	压强 p/Pa
氢	13.84	7 038.2
氖	18.63	17 062.4
氧	24.57	43 189.2
氮	63.18	12 530.2
二氧化碳	216.55	517 204.0
水	273.16	610.6

在多元体系中,到底含有多少个相以及这些相属于哪些类型,不仅取决于该体系的温度和压强,而且还与该体系的成分有关。

在单元复相体系中,两相平衡的条件是:两相的基本热力学函数之一的摩尔吉布斯(Gibbs)自由能或化学势(chemical potential)必须相等。

在多元复相体系中,多相平衡的条件是:在恒温、恒压条件下,体系中的任一组元在所有相中的化学势必须相等。如果某组元在某相中的化学势较高,则该组元将从该相向化学势较低的各相输运,直到该组元在各相中的化学势完全相等为止。

在任何多相平衡体系中,组分数、相数及自由度三者是相互关联、相互制约的,且总是遵循一定的数量关系——相律(phase rule)。相律是指在多相平衡系统中,联系系统内相数、组分数、自由度数及影响物质性质的外界因素(如温度、压力、重力场、磁场、表面能等)之间的数量关系的一种普遍性规律。

若考虑一个有 s 个物种和 φ 个相的多相体系,设各相有均匀的温度、压力和浓度,且各相间建立了热平衡和力学平衡，每一相中都有 s 个物种，体系仅受温度、压力两个外界因素的影响，则该体系的独立变量数组元数可表示为：

$$f = c - \varphi + 2 \tag{1.2}$$

上式即为吉布斯相律，在该式中，f 为体系的自由度，即可任意改变而不破坏相平衡的变量个数，f 不能为负数。相律是热力学中最简单、最本质也是最抽象的热力学关系，平衡状态就是相律所表明的自由度为零的那种状态。如果除 T，p 外，还受其他力场影响，则 2 改用 n 表示，即：

$$f = c - \varphi + n \tag{1.3}$$

同一种物质在不同温度、不同压力等外界条件下，可具有不同的内部结构。在外界条件发生变化时，某物质发生相变。例如，液态的水在不同的温度和压力下变成气态的水蒸气及固态的冰，在不同温度和压力下水蒸气及冰又可转变为液态的水，这都是物质状态发生变化的相变。而在另一条件下，冰可能会转变为不同结构的冰，这是物质结构发生变化的固态相变。固态相变是固态物质经常发生的现象。相变有可逆相变和不可逆相变两种情况。如石英晶体在常压下升温到 573 ℃，吸收了一定的热量后，晶体由低温石英的 α 相转变为高温石英的 β 相；温度下降时，β 相在 573 ℃ 放出热量，又转变为 α 相。像这种当外界条件恢复到起始状态时，相状态随之恢复到原先的相状态的相变过程称为可逆相变。但另有一些物质，当外界条件复原时，观察不到这种在某一特定条件下相互转变的现象，这种单相转变的现象称为不可逆相变。

由热力学概念可知，体系在某条件下稳定存在的状态所具有的自由能最低。每一状态的自由能是外界条件如温度、压力等的函数。

1.1.3.5 相图分析

表示相平衡系统的状态与影响相平衡的强度因素之间关系的几何图形叫相平衡状态图，简称相图（phase diagram）。相图是温度和压力对物质相态的影响的图形表示。相图可以提供有关相平衡的信息，是研究相平衡的基本工具。相图是由实验数据绘制得到的，而不是从理论上推导得出来的；可用成分及外界条件作为变量来绘制，通常是用成分、温度及压力作为变量来绘制。通常的相图是二维空间或三维空间。相图由相区组成，相区可以是点，亦可以是线或一个区域。相图上每一个点体现体系的一个平衡态，因此，相图可看成是点的集合，如图 1.12 所示。

从图 1.12 可知，相平衡是相对的，温度的变化或压力的变化均可引起相态的变化，相态的变化

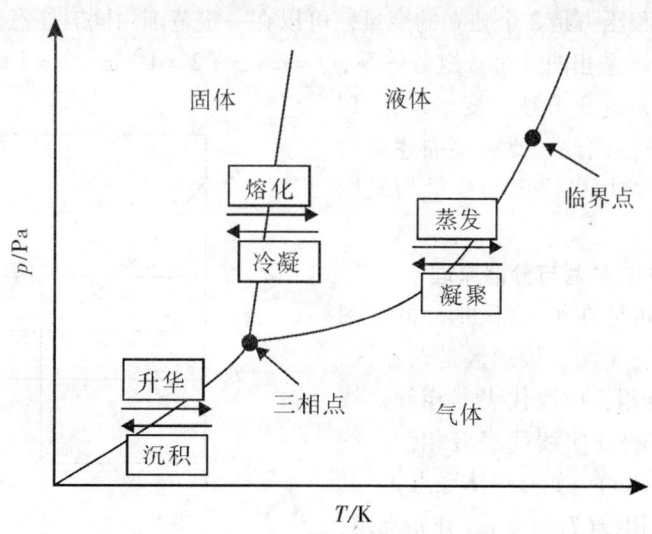

图 1.12　相平衡关系图

对应于不同的变化过程。比如,固体可通过熔化变成液体,也可通过升华直接变成气体;气体可通过凝聚形成液体,也可通过沉积变为固体。

相图具有严密的结构,相图的坐标是描述状态的强度性质。一元相图(即单组分相图)通常是 $p-T$ 图,即压强—温度图,组分数为1。二元相图通常是等压下的 $T-x$ 图,即温度—组分图,组分数为2。相图由若干个相区组成,每个相区是点的集合,可以是一个点,也可以是无穷多个点(此时相区为线或面)。相图中的每个点都有明确的物理意义,分为物系点和相点,物系点只表示系统的整个相态,而相点表示各相的具体状态,平衡共存的各相点必在同一条水平线上。处在一定状态下的每一相在相图中只与唯一的一个相点相对应,但相图中的一个点有时未必只对应一个相,即不同相的相点有时可能重合。当 φ 个相的相态不同而描述状态的变量相同时,相点即会重合,如纯物质的三相点和二元恒沸物的气、液平衡点。

在相图中,相区按一定规则构成整个相图。这些规则是:

① 任何两相区的两侧必是两个单相区,而且它们所代表的相态分别是两相区所包含的两种相态。因此,只要确定了相图中的单相区,两相区的确定便迎刃而解。

② 任何三相线都是水平线,在无相点重合的情况下,三个相点分别位于水平线的两端和中间的某个交叉点,即三相线的两端分别顶着两个单相区,同时中间与另一个单相区相连。这一规则既可以用来确定三相线的意义,又能帮助人们确定某些单相区的存在。

③ 在临界点以下,任何两个相数相同的相区都不可能上下毗邻。即纵向看相图,一个 φ 相区绝不会与另一个 φ 相区直接相连,由一个 φ 相区到另一个 φ 相区必定要经过 n(n 为整数)个相区。故相图中的相区是上下交错的,称相区交错规则。这是相律的必然结论。

组元数为1的体系称为单元系。单元系相图无成分坐标,只有温度和压力坐标。根据相律,在温度与压力都可变的情况下,单元系最多有三相平衡。单组分体系为两相共存的情况有以下几种:

① 气—液平衡,如液体的蒸发过程;

② 气—固平衡,如升华过程;

③ 固—液平衡,如熔融过程;

④ 多晶转变,两种不同晶型的固相共存。

对于单组分系统,根据相律 $f=c-\varphi+2=3-\varphi$,$\varphi=1$,$f=2$ 表示单组分单相系统有2个自由度,称为双变量系统。温度和压力是2个独立的变量,可以在一定范围内同时任意选定。纯水的相图是最简单和最典型的单组分体系相图。对二组分体系,$f=c-\varphi+2=4-\varphi$,$\varphi=1$ 时系统的相数最少,故而自由度数最大,$f=3$,这3个独立变量即是 T,p 及该相的组成 x(或 y)。因此,要完整描述两组分系统的相平衡关系,须用以这3个变量为坐标的立体相图。

1) 完全互溶双液系的蒸馏与分馏原理

通常蒸馏和分馏都是在恒压下进行的。图1.13为恒压下溶液的 $T-x$ 图,梭形区是两相区,上方是气相,下方是液相,虚线代表气相线,线上的点称露点(dew point);实线代表液相线,线上的点称泡点(bubble point)。如有一体系点 p,其组成为 x_p,加温到达液相线(T_1 温度),开始沸腾,其蒸气凝聚出最初的极微小(仅为理论上的,实验

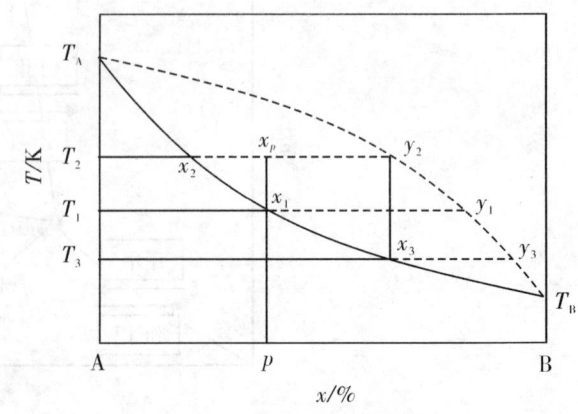

图1.13 杠杆规则与分馏原理

则难以达到)的液滴时,便被认为进入了梭形两相平衡区,一条连线连接着气、液两个相点(x_1与y_1)的平衡。当温度继续升高至T_2,则通过T_2时的体系点x_p的连线连接着x_2和y_2两个相点。如果以n代表总物质的量,以n_g代表蒸气的物质的量,以n_l代表液体的物质的量,对组分B进行计算,则有:

$$n = n_g + n_l$$
$$nx_p = n_g y_2 + n_l x_2$$

解得:

$$n_g(y_2 - x_p) = n_l(x_p - x_2) \tag{1.4}$$

等式两边的括号项就是连线被体系点分割所得到的线段长,其类似于力学中的杠杆定律,故称杠杆规则(lever rule),其含义是:气相中某组分物质的量与线段长(相点至体系点,相当于力臂)的乘积与液相相应两量的乘积相等。

组分B在蒸气中的相对含量比在溶液中的相对含量要大,所以蒸发掉一些溶液后,剩余溶液里A的相对含量增大。假定此时的组成是x_2,它到达T_2时才沸腾,与此成平衡得气相组成y_2,其中组分$n_{B,y}$比原液中$n_{B,x}$要大。当溶液继续蒸发,则随着剩余溶液中A组分浓度增大,沸点上升,直到最后溶液中只剩余纯A,而沸点沿着液相线上升到T_A,相应溶液的量也不断比原液减少。又若将溶液中逸出的蒸气y_2凝聚成液体另行蒸馏,则在温度T_3时重新沸腾,蒸气中所含的B的浓度就会更大(y_3),如此轮番地进行凝聚和蒸馏,气相组成沿着气相线下降,最后逸出的气体将是纯B。

2) 盐—水体系

在简单低共熔体系中,如$CaCl_2$和水组成的体系,这种盐水系统的相图(如图1.14所示)与低共熔体系相似。盐溶于水,能使水的冰点降低,只要根据不同温度下盐的饱和水溶液的浓度与相应固相组成的数据就能绘制相图。

图1.14中,AE线为水的冰点下降曲线,是冰和溶液形成平衡的曲线,称为水的冰点线,PE线是$CaCl_2 \cdot 6H_2O$的饱和溶解度曲线,即$CaCl_2 \cdot 6H_2O$在水中的溶解度曲线。在通常情况下,盐的熔点大大高于其饱和溶液的沸点,所以EP线不能延伸到$CaCl_2$熔点。在E点三相平衡共存(冰、固态$CaCl_2 \cdot 6H_2O$和溶液),$f=0$表明三相平衡共存的温度只能是-55 ℃,同时,溶液和两固体的组成也是一定的(含32%的$CaCl_2$),溶液所能存在的最低温度-55

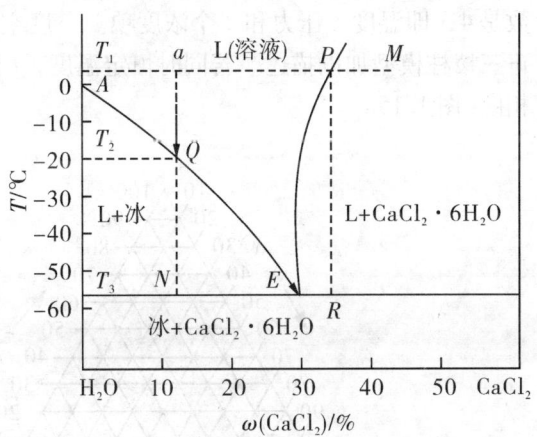

图1.14 $H_2O - CaCl_2$系统相图

℃,亦是冰和$CaCl_2 \cdot 6H_2O$能共同熔化的温度,E点即"最低共熔点"。组成为E的溶液(恰好是低共熔组成),则冷却到低共熔温度以前仍能以液态存在。反之,按照低共熔组成配制冰和盐的混合物,可以获得较低的冷冻温度。在实验室中,在冰冷却时,加入一些食盐,可获得比0 ℃更低的温度,就是这个缘故。化工生产中,经常利用盐水溶液作为冷冻循环液(冷冻媒介),选用$CaCl_2$水溶液是较理想的,这是因为$H_2O - CaCl_2$的最低共熔温度较低。根据相图还可为选择一定冷冻温度下的溶液浓度提供依据,例如,要配制温度为-15 ℃的冷冻盐水,$CaCl_2$水溶液应配成约10%的浓度。常见的某些盐和水的最低共熔点见表1.3。

表 1.3　某些盐—水系统的最低共熔点

盐	最低共熔点 T/℃	最低共熔点时盐的含量/%
Na_2SO_4	-1.1	3.84
KNO_3	-3.0	11.20
$MgSO_4$	-3.9	16.50
KCl	-10.7	10.70
KBr	-12.6	31.30
$(NH_4)_2SO_4$	-18.3	39.80
NaCl	-21.1	23.30
KI	-23.0	52.30
NaBr	-28.0	40.30
NaI	-31.5	39.00
$CaCl_2$	-55.0	32.00
$FeCl_3$	-55.0	33.10

3) 三组分体系

三组分体系的组分数 $c=3$。由于至少有一相存在，自由度 $f=3-\varphi+2=5-\varphi$，体系最大自由度数是 4，即温度、压力和 2 个浓度项。三度空间不足以描绘，故通常维持压力不变，$f=4-\varphi$，即用正三棱柱模型加以描述。若同时恒定温度，f 最大为 3，得到等高水平截面所表示的等边三角形三元相图（图 1.15a）。

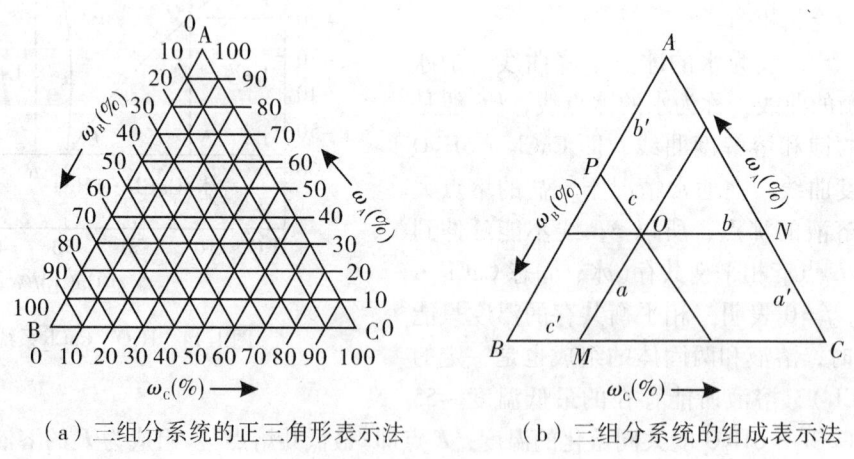

（a）三组分系统的正三角形表示法　　（b）三组分系统的组成表示法

图 1.15　等边三角形三元相图

用等边三角形表示各组分的浓度，如图 1.12b 所示，等边三角形的 3 个顶点 A，B，C 分别代表 3 个纯物质，如 A 点表示含 A 组分 100%。等边三角形的 3 条边分别代表二组分系统，每边分为 100 等分，并以逆时针方向表示各组分的百分含量，如 AB 边表示由 A 和 B 组成的二组分系统。三角形内任一点都代表某一三组分系统的组成，那么如何确定任一点（如 O 点）所代表的三组分系统中每一组分的含量呢？通过 O 点分别作平行于各边的平行线 OM，ON，OP 分别交于三边的 M，N，P 点，令线

段 $OM = a$,$ON = b$,$OP = c$,由平面几何的有关定理得 $a + b + c = AB = BC = CA$,从图上的平行线可知 $CN = a'$,$AP = b'$,$BM = c'$,而且 $a' + b' + c' = AB = BC = CA$。由此可见,要求三角形内任一点(如 O 点)所代表的 A 组分的百分含量[即质量分数 $\omega_A(\%)$],只要经过该点作 A 所对的边 BC 的平行线 ON,交于 AC 边上 N 点,长度 a' 数值上等于 A 组分的百分含量 $\omega_A(\%)$;与此相似,求 O 点所代表的 B 组分的百分含量 $\omega_B(\%)$ 时,只要经 O 点作 B 所对的 AC 边的平行线,在 AB 边长的长度 $AP = b'$,就是 B 组分的百分含量 $\omega_B(\%)$;若经 O 点作 C 所对的边 AB 的平行线,在 BC 边上的长度 $BM = c'$,即是 C 组分的百分含量 $\omega_C(\%)$。

等边三角形表示法有以下特点和规律:

① 若有两个以上的三组分系统,它们的系统点的连线与三角形的某一边平行,则该线所对顶点代表的各组分的百分含量均相同。

② 若两个三组分系统的系统点的连线通过某一顶点,则另外两个顶点所代表的组分的百分含量相同。

③ 若两个三组分系统混合成一个新的三组分系统,则其系统点必位于原来两个三组分系统的系统点连线上,并可用杠杆规则求得其位置。

4)二固体和一液体的水盐体系

属于二固体一液体的水盐体系很多,此处仅讨论固态是两种固体盐的体系。

如图 1.16 所示,$Adfe$ 是含 B 和 C 的溶液相,df 和 ef 分别是对 B 和对 C 的饱和溶液线。f 点叫共饱点,描有结线的 dfB 和 feC 分别是固体 B 和固体 C 与溶液成两相平衡的二相区。落在二相区内的体系点遵循杠杆规则。△BCf 区是二固一液三相区,落在三相区内的体系点(如 O 点)符合重心规则。NH_4Cl - NH_4NO_3 - H_2O,KNO_3 - $NaNO_3$ - H_2O,$NaCl$ - $NaNO_3$ - H_2O,NH_4Cl - $(NH_4)_2SO_4$ - H_2O 等体系属于该类。

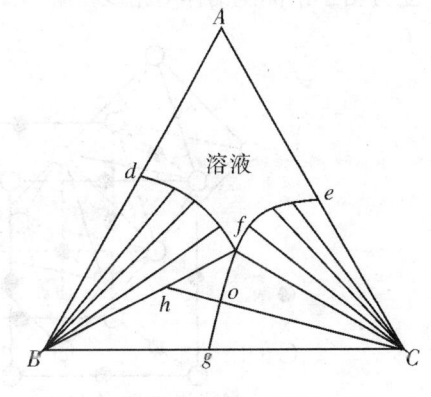

图 1.16 二固体一液体相图

1.2 物质的化学组成

1.2.1 化学计量化合物

化学计量化合物(chemical stoichiometric compound)是指组成化合物的元素化合价符合正常的化合价规则,即符合化学计量关系,原子数目成整数比的一些化合物。常见的许多化合物都属于化学计量化合物,如 H_2O,CH_4,MgO,Al_2O_3 等,皆有一定的元素比例,具有一种规则性,即具有有序结构。

化合物必须具有固定的组成,这是 19 世纪化学的基本概念之一。但从近几十年的发展发现,某些化合物的组成不符合化学计量关系,而且这些化合物往往具有特殊的力、电、光、磁等性能。

无机化合物结构中没有大的复杂的络合离子团,是化学计量化合物的主体。下面分别介绍各种典型的化学计量的无机化合物,主要从其结构方面进行分析,以建立起材料组成、结构、性能之间的相互关系的直观图像。

1.2.1.1 AX 型结构

AX 型结构主要有 CsCl,NaCl,ZnS,NiAs 等类型,其键性主要是离子键,其中 CsCl 和 NaCl 是典型的离子晶体,NaCl 晶体是一种透红外材料,ZnS 带有一定的共价键成分,是一种半导体材料,NiAs

晶体的性质接近于金属。大多数 AX 型化合物的结构类型符合正负离子半径比与配位数的定量关系。

1) NaCl 型结构

NaCl 属于立方晶系(见图 1.17),晶胞参数的关系是 $a=b=c$, $\alpha=\beta=\gamma=90°$,点群 m3m,空间群 Fm3m。结构中 Cl^- 为面心立方最紧密堆积,Na^+ 填充八面体空隙的 100%;两种离子的配位数均为 6;一个晶胞中含有 4 个 NaCl 分子,整个晶胞由 Na^+ 和 Cl^- 各一套面心立方格子沿晶胞边棱方向位移 1/2 晶胞长度穿插而成。NaCl 型结构在三维方向上键力分布比较均匀,因此其结构无明显解理(晶体沿某个晶面劈裂的现象称为解理),破碎后其颗粒呈现多面体形状。

常见的 NaCl 型晶体是碱土金属氧化物和过渡金属的 2 价氧化物,化学式可写为 MO,其中 M^{2+} 为 2 价金属离子。结构中 M^{2+} 和 O^{2-} 分别占据 NaCl 中 Na 和 Cl 离子的位置。这些氧化物有很高的熔点,尤其是 MgO(矿物名称方镁石),其熔点高达 2 800 ℃ 左右,是碱性耐火材料镁砖中的主要晶相。

2) CsCl 型结构

CsCl 属于立方晶系,点群 m3m,空间群 Pm3m,如图 1.18 所示。结构中正负离子作简单立方堆积,配位数均为 8,晶胞分子数为 1,键性为离子键。CsCl 晶体结构也可以看做正负离子各一套简单立方格子沿晶胞的体对角线位移 1/2 体对角线长度穿插而成。

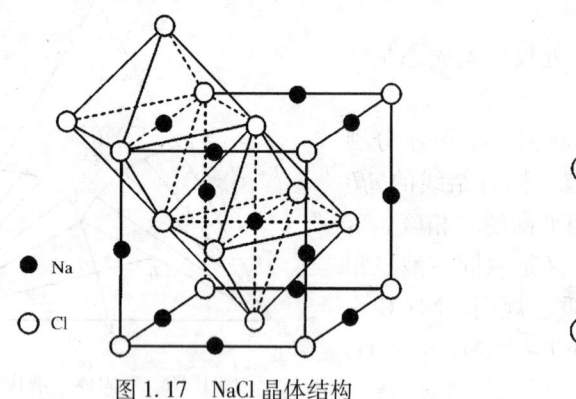

图 1.17 NaCl 晶体结构

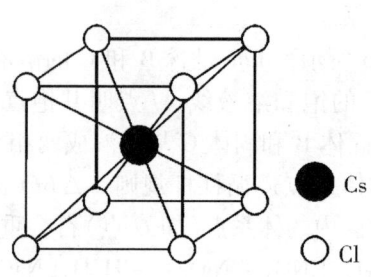

图 1.18 CsCl 晶体结构

3) 立方 ZnS(闪锌矿)型结构

闪锌矿属于立方晶系,点群 $\bar{4}3m$,空间群 $F\bar{4}3m$,其结构与金刚石结构相似,如图 1.19 所示。结构中 S^{2-} 作面心立方堆积,Zn^{2+} 交错地填充于 8 个小立方体的体心,即占据四面体空隙的 1/2,正负离子的配位数均为 4。一个晶胞中有 4 个 ZnS 分子。整个结构由 Zn^{2+} 和 S^{2-} 各一套面心立方格子沿体对角线方向位移 1/4 体对角线长度穿插而成。由于 Zn^{2+} 具有 18 电子构型,S^{2-} 又易于变形,因此,ZnS 键带有相当程度的共价键性质。常见闪锌矿型结构的有 Be,Cd,Hg 等的硫化物、硒化物和碲化物以及 CuCl 及 α-SiC 等。

4) 六方 ZnS(纤锌矿)型结构

纤锌矿属于六方晶系,点群 6mm,空间群 P63mc,晶胞结构如图 1.20 所示。结构中 S^{2-} 作六方最紧密堆积,Zn^{2+} 占据四面体空隙的 1/2,Zn^{2+} 和 S^{2-} 离子的配位数均为 4。六方柱晶胞中 ZnS 的分子数为 6,平行六面体晶胞中晶胞分子数为 2。结构由 Zn^{2+} 和 S^{2-} 各一套六方格子穿插而成。常见纤锌矿结构的晶体有 BeO,CdS,GaAs 等晶体。

纤锌矿型结构的晶体,如 ZnS、CdS、GaAs 等和其他第Ⅱ与第Ⅳ族、第Ⅲ与第Ⅴ族化合物,制成半导体器件,可以用来放大超声波,这样的半导体材料具有声电效应(通过半导体进行声电相互转换的现象称为声电效应)。

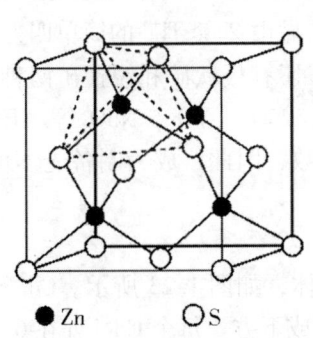
图1.19 立方ZnS晶体结构

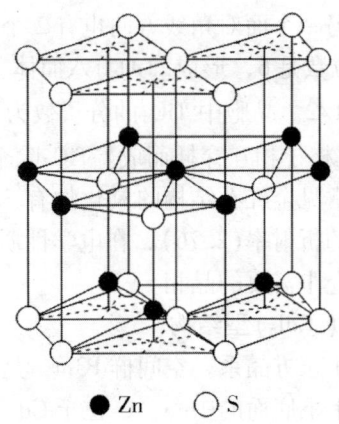
图1.20 六方ZnS晶体结构

1.2.1.2 AX₂型结构

AX₂型结构主要有萤石(CaF_2)型、金红石(TiO_2)型和方石英(SiO_2)型结构。其中CaF_2为激光基质材料,在玻璃工业中常作助熔剂和晶核剂,在水泥工业中常用作矿化剂;TiO_2为集成光学棱镜材料;SiO_2为光学材料和压电材料。AX₂型结构中还有一种层型的CdI_2和$CdCl_2$型结构,这种材料可作固体润滑剂。

1) 萤石(CaF_2)型结构及反萤石型结构

萤石属于立方晶系,点群 m3m,空间群 Fm3m,其结构如图1.21所示。Ca^{2+}位于立方晶胞的顶点及面心位置,形成面心立方堆积,F^-填充在8个小立方体的体心。Ca^{2+}离子的配位数是8,形成立方配位多面体[CaF_8];F^-离子的配位数是4,形成[FCa_4]四面体,F^-占据Ca^{2+}离子堆积形成的四面体空隙的100%。该结构也可以看做F^-作简单立方堆积,Ca^{2+}占据立方体空隙的一半,晶胞分子数为4。从空间格子方面来看,萤石结构由1套Ca^{2+}的面心立方格子和2套F^-离子的面心立方格子相互穿插而成。

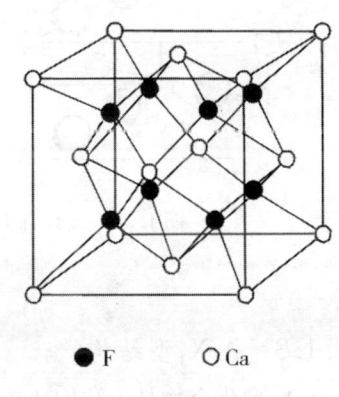
图1.21 CaF_2晶体结构

结构与性能关系方面,CaF_2与NaCl的性质对比,F^-半径比Cl^-小,Ca^{2+}半径比Na^+稍大,综合电价和半径两因素,萤石中质点间的键力比NaCl中的键力强。反映在性质上,萤石的硬度为莫氏4级,熔点1 410 ℃,密度3.18 g/cm³,水中溶解度0.002;而NaCl的熔点为808 ℃,密度2.16 g/cm³,水中溶解度35.7。

常见萤石型结构的晶体是一些4价离子M^{4+}的氧化物MO_2,如ThO_2、CeO_2、UO_2、ZrO_2。

碱金属元素的氧化物R_2O、硫化物R_2S、硒化物R_2Se、碲化物R_2Te等A_2X型化合物为反萤石型结构,它们的正负离子位置刚好与萤石结构中的相反,即碱金属离子占据F^-的位置,O^{2-}或其他负离子占据Ca^{2+}的位置。这种正负离子位置颠倒的结构,叫做反同形体。

2) 金红石(TiO_2)型结构

金红石属于四方晶系,点群4/mmm,空间群P4/mnm,其结构如图1.22所示。结构中O^{2-}作变形的六方最紧密堆积,Ti^{4+}在晶胞顶点及体心位置,O^{2-}在晶胞上下底面的面对角线方向各有2个,在晶胞半高的另一个面对角线方向也有 2 个。

Ti^{4+} 的配位数是 6，形成 $[TiO_6]$ 八面体，O^{2-} 的配位数是 3，形成 $[OTi_3]$ 平面三角单元。Ti^{4+} 填充八面体空隙的 1/2。晶胞中 TiO_2 的分子数为 2。整个结构可以看做由 2 套 Ti^{4+} 的简单四方格子和 4 套 O^{2-} 的简单四方格子相互穿插而成。TiO_2 除金红石型结构之外，还有板钛矿和锐钛矿两种变体，其结构各不相同。常见金红石结构的氧化物有 SnO_2，MnO_2，CeO_2，PbO_2，VO_2，NbO_2 等。TiO_2 在光学性质上具有很高的折射率（2.76），在电学性质上具有高的介电系数，因此，成为制备光学玻璃的原料，也是无线电陶瓷中需要的晶相。

3）碘化镉（CdI_2）型结构

碘化镉属于三方晶系，空间群 P3m，是具有层状结构的晶体，如图 1.23 所示。Cd^{2+} 位于六方柱晶胞的顶点及上下底面的中心，I^- 位于 Cd^{2+} 三角形重心的上方或下方。每个 Cd^{2+} 处在 6 个 I^- 组成的八面体的中心，其中 3 个 I^- 在上，3 个 I^- 在下。每个 I^- 与 3 个在同一边的 Cd^{2+} 相配位。I^- 在结构中按变形的六方最紧密堆积排列，Cd^{2+} 相间成层地填充于 1/2 的八面体空隙中，形成了平行于（0001）面的层型结构。每层含有 2 片 I^-，1 片 Cd^{2+}。层内 $[CdI_6]$ 八面体之间共面连接（共用 3 个顶点）。由于正负离子强烈的极化作用，层内化学键带有明显的共价键成分。层间通过分子间力结合。由于层内结合牢固，层间结合很弱，因而晶体具有平行（0001）面的完全解理。常见 CdI_2 型结构的层状晶体有 $Mg(OH)_2$ 和 $Ca(OH)_2$ 等晶体。

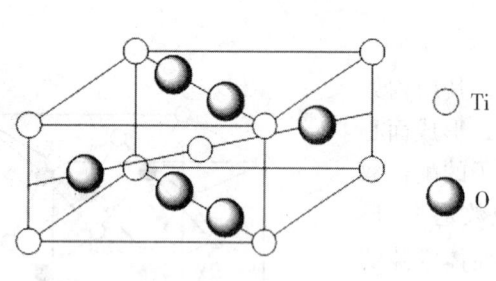

图 1.22 金红石 TiO_2 晶体结构

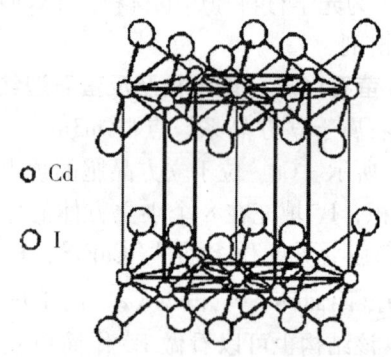

图 1.23 CdI_2 晶体结构

1.2.1.3 A_2X_3 型结构

A_2X_3 型化合物晶体结构比较复杂，其中有代表性的结构有刚玉型结构，稀土 A，B，C 型结构等。由于这些结构中多数为离子键性强的化合物，因此，其结构的类型也有随离子半径比变化的趋势。

刚玉，即 $\alpha-Al_2O_3$，天然 $\alpha-Al_2O_3$ 单晶体称为白宝石，其中呈红色的称为红宝石，呈蓝色的称为蓝宝石。刚玉属于三方晶系，空间群 $R\bar{3}c$。由于其单位晶胞较大且结构较复杂，因此，以原子层的排列结构和各层间的堆积顺序来说明比较容易理解，见图 1.24。其中 O^{2-} 近似地作六方最紧密堆积（HCP），Al^{3+} 填充在 6 个 O^{2-} 形成的八面体空隙中。

刚玉型结构的化合物还有 $\alpha-Fe_2O_3$（赤铁矿），Cr_2O_3，V_2O_3 等氧化物以及钛铁矿型化合物 $FeTiO_3$，$MgTiO_3$，$PbTiO_3$，$MnTiO_3$ 等。刚玉硬度非常大，为莫氏硬度 9 级，熔点高达 2 050 ℃，这与 Al—O 键的牢固性有关。$\alpha-Al_2O_3$ 是高绝缘无线电陶瓷和高温耐火材料中的主要矿物。刚玉质耐火材料对 PbO，B_2O_3 含量高的玻璃具有良好

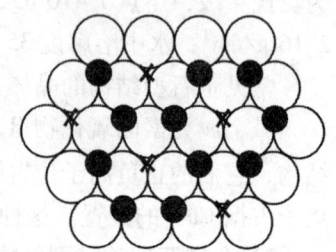

● 阳离子 ○ 阴离子 × 空位

图 1.24 刚玉的晶体结构

1.2.1.4 AX_3型和A_2X_5型结构

AX_3型晶体中有代表性的是ReO_3，属于立方晶系，正负离子配位数分别为6和2，如图1.25所示。结构中[ReO_6]八面体之间在三维方向共顶连接来形成晶体结构。该结构的特点是单位晶胞的中心存在很大的空隙。WO_3的结构可由ReO_3的结构稍加变形而得到。

A_2X_5型化合物的结构一般都比较复杂，其中有代表性的是V_2O_5，Nb_2O_5等。Nb_2O_5的结构可以由ReO_3的结构演变而来。把ReO_3结构中八面体的共顶连接方式换成共棱连接，即可形成Nb_2O_5结构。

1.2.1.5 ABO_3型结构

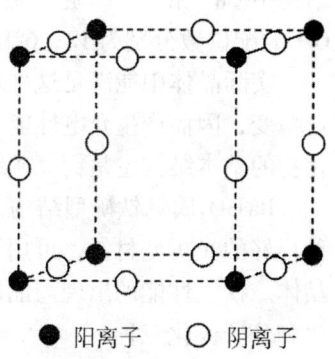

● 阳离子　○ 阴离子

图1.25　ReO_3晶体结构

在含有两种正离子的多元素化合物中，其结构基元的构成分为两类：一是结构基元是单个原子或离子；二是络合离子。络合离子是由数个原子或离子组成的带电的原子或离子团，其形状一般呈多面体。络合离子作为一个整体可以从一个化合物中转移到另一个化合物中，在溶液或熔体中，络合离子也能整体存在。在络合离子中，其中心原子与周围配位原子间的化学键都具有共价键成分。若中心原子与配位原子之间依靠纯粹的静电力结合，则不能算作络合离子。例如，在$CaTiO_3$中虽存在[TiO_6]八面体，但并没有独立的TiO_3^{2-}络离子存在。当ABO_3型结构中的高价正离子B很小时，就不能被O^{2-}以八面体形式所包围，如C^{4+}，Ni^{5+}和B^{3+}等，这时就不能形成钙钛矿型结构，而形成方解石或霞石型结构。

1) 钛铁矿型结构

钛铁矿是以$FeTiO_3$为主要成分的天然矿物，结构属于三方晶系，其结构可以从刚玉结构衍生而来，见图1.26。将刚玉结构中的2个3价阳离子用2价和4价或1价和5价两种阳离子置换便形成钛铁矿结构。

在刚玉结构中，氧离子的排列为HCP结构，其中八面体空隙的2/3被铝离子占据，将这些铝离子用两种阳离子置换有两种方式。第一种置换方式是：置换后F层和Ti层交替排列构成钛铁矿结构，属于这种结构的化合物有$MgTiO_3$，$MnTiO_3$，$FeTiO_3$，$CoTiO_3$，$LiTaO_3$等。第二种置换方式是：置换后在同一层内1价和5价离子共存，形成$LiNbO_3$或$LiSbO_3$结构。

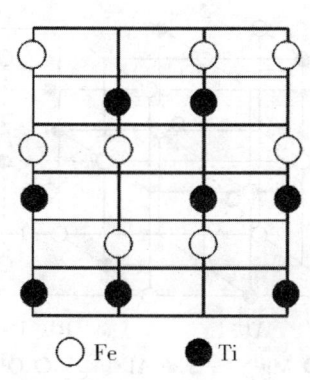

○ Fe　● Ti

图1.26　钛铁矿晶体结构

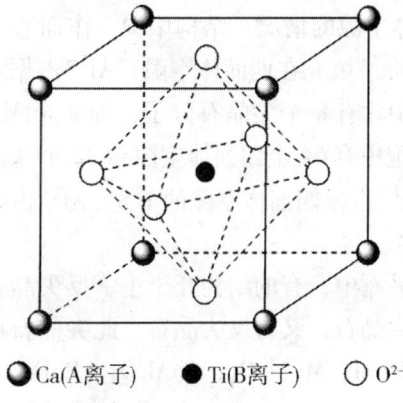

○ Ca(A离子)　● Ti(B离子)　○ O^{2-}

图1.27　钙钛矿型晶体结构

2) 钙钛矿型结构与铁电效应

钙钛矿是以 $CaTiO_3$ 为主要成分的天然矿物,理想情况下其结构属于立方晶系,如图 1.27 所示。结构中 Ca^{2+} 和 O^{2-} 一起构成 fcc 堆积,Ca^{2+} 位于顶角,O^{2-} 位于面心,Ti^{4+} 位于体心。Ca^{2+},Ti^{4+} 和 O^{2-} 的配位数分别为 12,6 和 6。Ti^{4+} 占据八面体空隙的 1/4。[TiO_6]八面体共顶连接形成三维结构。

实际晶体中能满足这种理想情况的非常少,多数钙钛矿型结构的晶体都不是理想结构,而是有一定畸变,因而产生介电性能。其中有代表性的化合物是 $BaTiO_3$ 和 $PbTiO_3$ 等,具有高温超导特性的氧化物的基本结构也是钙钛矿结构。

$BaTiO_3$ 属钙钛矿型结构,是典型的铁电材料,在居里温度以下表现出良好的铁电性能,而且是一种很好的光折变材料,可用于光储存。铁电晶体是指具有自发极化且在外电场作用下具有电滞回线的晶体。铁电性能的出现与晶体内的自发极化有关。晶体在外电场作用下的极化包括电子极化、离子极化和分子极化三种。

1.2.1.6 ABO_4 型(白钨矿型)结构及声光效应

白钨矿是以 $PbWO_4$ 为主要成分的天然矿物,组成为 ABO_4。$PbMoO_4$ 结构属于白钨矿型结构,四方晶系,如图 1.28 所示。晶胞参数为 $a = 0.5432$ nm,$b = 1.2107$ nm,晶胞分子数为 4。

$PbMoO_4$ 是一种重要的声光材料。声光效应是指光被声光介质中的超声波所衍射或散射的现象。在声光晶体的一端贴上压电换能器(一般用 $LiNbO_3$ 晶体),输入高频电信号后压电晶体产生高频振荡,其频率通常在超声波范围内,这是一种弹性波,传入声光晶体后晶体将发生压缩或伸长。当激光束通过压缩、伸长应变层时就能使光产生折射或衍射,折射率随位置的周期性变化就可起到衍射光栅的作用,光栅常数就等于输入的超声波波长。显然,输入的超声波波长发生变化,光衍射角也随之变化。这样,通过控制高频电路的输入频率,就可控制激光偏转角。声光激光打印机就是利用这一原理设计而成的。

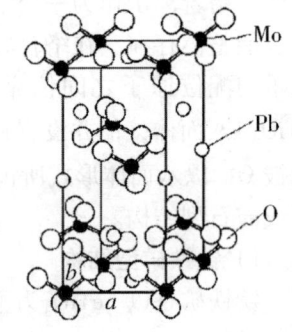

图 1.28 白钨矿晶体结构

1.2.1.7 AB_2O_4 型(尖晶石)结构

AB_2O_4 型晶体以尖晶石为代表,其中 A 为 2 价正离子,B 为 3 价正离子。尖晶石($MgAl_2O_4$)结构属于立方晶系,空间群 Fd3m,如图 1.29 所示。尖晶石晶胞可看做由 8 个小块交替堆积而成。小块中质点排列有两种情况,分别以 A 块和 B 块来表示。A 块显示出 Mg^{2+} 占据四面体空隙,B 块显示出 Al^{3+} 占据八面体空隙的情况。结构中 O^{2-} 作面心立方最紧密堆积,Mg^{2+} 填充在四面体空隙,Al^{3+} 占据八面体空隙。晶胞中含有 8 个尖晶石分子,即 8 个 $MgAl_2O_4$,因此,晶胞中有 64 个四面体空隙和 32 个八面体空隙,其中 Mg^{2+} 占据四面体空隙的 1/8,Al^{3+} 占据八面体空隙的 1/4。

在实际尖晶石中,有的结构介于正、反尖晶石之间,即既有正尖晶石,又有反尖晶石,此尖晶石称为混合尖晶石。例如,$MgAl_2O_4$,$CoAl_2O_4$,$ZnFe_2O_4$ 为正尖晶石结构;$NiCo_2O_4$,$CoFe_2O_4$ 等为反尖晶石结构;$CuAl_2O_4$ 和 $MgFe_2O_4$ 等为混合型尖晶石。

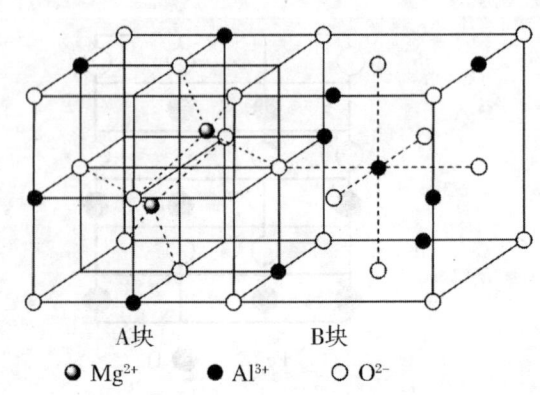

图 1.29 尖晶石晶体结构

1.2.1.8 石榴石结构

石榴石属于立方晶系,但结构复杂,化学式是 $M_3Fe_5O_{12}$,M 是1个3价稀土离子或1个钇(3+)离子,或写成 $M_3^cFe_2^dFe_3^dO_{12}$ 或 $(3M_2O_3)^c(2Fe_2O_3)^a(3Fe_2O_3)^d$,c,a,d 表示离子占据晶格位置的类型。每个 c 离子和 8 个氧离子配位形成十二面体(相当于六面体的每个面又折叠一下而形成),每个 a 离子占据八面体位置,每个 d 离子占据四面体位置。全部金属离子都是 3 价的,a 离子排列成体心立方格子,c 和 d 位于该立方体的面上,如图 1.30 所示。每个晶胞中有 160 个原子,含 8 个化学式单位,即晶胞分子数为 8。结构中的配位多面体都有不同程度的变形。

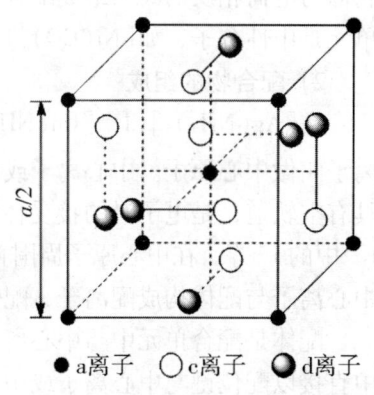

图 1.30 石榴石结构单位简图

最著名的是钇铁石榴石 YIG、钇铝石榴石 YAG,以及钆镓石榴石等,其化学式分别为 $Y_3Fe_2(FeO_4)_3$、$Y_3Al_2(AlO_4)_3$ 和 $Gd_3Ga_2(GaO_4)_3$。其中,掺钕(Nd)的 YAG 是一种比较理想的固体激光材料;钇铁石榴石是重要的铁磁晶体;钆镓石榴石是一种磁泡衬底晶体,也是激光介质材料。

1.2.2 配位化合物

配位化合物(coordinate compound)简称配合物,又称络合物(complex compound),是一类组成复杂、应用极广的化合物。绝大多数无机化合物都以配合物形式存在,配位化学在整个化学领域已经成为一个不可缺少的组成部分。目前,配合物中以金属有机配合物最为重要,它们具有多种特性,在分析化学、电化学、生物化学、催化动力学等方面都有广泛应用。随着科学技术的发展,配合物在科学研究和生产实践中显示出越来越重要的意义。尤其是近 20 年来,随着生物无机化学研究的深入,人们逐渐认识到配合物对生命现象的重要性。

人体中的无机元素,特别是微量元素,绝大多数都以配合物的形式存在,尤其是许多金属酶在人体中起着重要作用。例如,亮氨酸酶就是含锰离子的酶,若失去锰离子,该酶就失去活性。即使一些常量元素,在体内有的也是以配合物的形式存在,如肌钙蛋白就是含钙离子的蛋白质,它对肌肉的收缩起作用。因此,配合物起到了由无机到有机乃至生命的桥梁作用。学习有关配合物的基本知识,对研究人体的各种反应是很有必要的。

1.2.2.1 配合物的基本概念

1) 配合物的定义

一个简单正离子(或原子)与几个其他负离子(或分子)以配位键相结合,形成具有一定特征且能独立稳定存在的复杂化学粒子,称为配离子或配分子。例如,硝酸银溶液加入适量氯离子,再加入过量氨水,白色沉淀消失,生成可溶性配合物。其反应式如下:

$$AgCl + 2NH_3 \longrightarrow [Ag(NH_3)_2]^+ + Cl^- \tag{1.5}$$

上述溶液中再滴入少量盐酸溶液,不能生成白色沉淀,说明这个复杂离子在水中难离解。其他如硫酸铜和氨水、氯化汞和碘化钾等都可形成配合物。

$$CuSO_4 + 4NH_3 \longrightarrow [Cu(NH_3)_4]SO_4 \tag{1.6}$$

$$HgCl_2 + 4KI \longrightarrow K_2[HgI_4] + 2KCl \tag{1.7}$$

在上述三种溶液中,除简单的 K^+,NO_3^-,Cl^- 和 SO_4^{2-} 外,方括号内都有一个以配位键结合起来的相对稳定的复杂结构单元,叫做配合单元。配合单元可以是阳离子,如 $[Cu(NH_3)_4]^{2+}$,也可以是阴离子，如[HgI_4]$^{2-}$。配合单元的阳离子和阴离子分别叫做配阳离子和配阴离子，统称配离子。它们与电荷相反的离子组成配合物，其性质就像无机盐一样，称为配盐(coordination salt)。有些配合单元是中性分子，如[$Ni(CO)_4$]，这种配合物又叫做配位分子。

2) 配合物的组成

在[$Ag(NH_3)_2$]Cl，[$Cu(NH_3)_4$]SO_4，K_2[HgI_4]三个配盐的结构中，处于中心位置的银、铜、汞离子叫做中心原子。中心离子或中心原子一般是过渡金属(d区或ds区)元素的原子或离子，它们都具有空轨道，是电子对的接受体，是较强的配合物的形成体。p区非金属有的也可做中心原子，如I_3^-中的I^-等。在中心原子周围直接配位着一些围绕中心原子的分子或简单离子，叫做配体(ligand)，中心离子与配体构成配离子，配位单元结构之外的异电性离子即配合物的外界。

配体是配合单元中与中心离子或中心原子配合的离子或分子，它们的特点是含有孤对电子。配体中直接以配位键与中心离子或中心原子相联结的原子叫配位原子，也叫键合原子(如[$Cu(NH_3)_4$]$^{2+}$中的N原子)。与中心离子结合的配位原子总数叫中心离子的配位数。含有配体的物质叫做配合剂，如NaF和KCN等。只含一个配位原子的配体叫做单齿配体(monodentate ligand)，如F^-和CN^-；含多个配位原子的配体叫做多齿配体(multidentate ligand)，如乙二胺为双齿配体，次氨基三乙酸为四齿配体等(见表1.4)。

表1.4 常见的配体

配体	化学式	配位原子数
氟离子	F^-	
氯离子	Cl^-	1
溴离子	Br^-	1
碘离子	I^-	1
水	H_2O	1
氨	NH_3	1
氢氧根	OH^-	1
硝酸根	NO_3^-	1
亚硝酸根	NO_2^-	1
硫氰酸根	SCN^-	1
异硫氰酸根	NCS^-	1
氰根	CN^-	1
硫代硫酸根	$S_2O_3^{2-}$	2
硫酸根	SO_4^{2-}	2
碳酸根	CO_3^{2-}	1, 2
草酸根	$C_2O_4^{2-}$	1, 2
羰基	—CO	1
乙二胺(EN)	$NH_2CH_2CH_2NH_2$	2
次氨基三乙酸(ATA)	$N(CH_2COOH)_3$	4
乙二胺四乙酸(EDTA)	$(HOOCCH_2)_2NCH_2CH_2N(CH_2COOH)_2$	4, 5, 6

对于单齿配体形成的配合物来说,中心原子的配位数等于配体的数目。若配体是含有 n 个配位原子的多齿配体,则中心原子配位数是配体数的 n 倍。常见离子的配位数为 2,4,6,尤以 4,6 居多。表 1.5 列出了一些中心原子常见的配位数。

表 1.5 常见中心原子的配位数

配位数	中心原子
2	Ag^+,Cu^+,Au^+
4	Cu^{2+},Zn^{2+},Fe^{3+},Hg^{2+},Co^{2+},Pt^{2+}
6	Cr^{3+},Fe^{2+},Fe^{3+},Co^{3+},Pt^{4+}

影响配位数的因素很多,主要是中心离子或中心原子和配体本身的性质,同时与形成配合物时中心离子与配体的浓度和温度有关。一般来说,中心原子所带电荷越多、体积越小,越易形成稳定的配离子,如 Fe^{2+}($r=74$ pm),Fe^{3+}($r=64$ pm),Co^{2+}($r=72$ pm),Co^{3+}($r=63$ pm) 等(r 为离子半径)。而电荷较少、体积较大的碱金属离子,如 Na^+($r=97$ pm),K^+($r=133$ pm)等则很难形成配离子。中心原子的电荷数越高、越多,吸引配体的能力越强,配位数就越大。例如,Pt^{4+} 能形成 $[PtCl_6]^{2-}$,而 Pt^{2+} 只能形成 $[PtCl_4]^{2-}$;同样,Co^{3+} 能形成 $[Co(CN)_6]^{3-}$,而 Co^{2+} 在一般情况下只能形成 $[Co(CN)_5]^{2-}$。配体的电荷越多,中心原子对配体的吸引力就越强,但又大大增加了配体之间的斥力,使配位数减少。另一方面,如果配位体半径太大,会削弱中心离子对周围配体的吸引力,也会使配位数减小。例如,$[Zn(NH_3)_6]^{2+}$ 和 $[Zn(CN)_4]^{2-}$,CN^- 的电荷为 -1,NH_3 的电荷为 0。中心原子的半径越大,其周围可容纳的配体越多,配位数也越大。例如,Al^{3+}(51 pm)的半径大于 B^{3+}(23 pm),它们的氟配合物分别是 $[AlF_6]^{3-}$ 和 $[BF_4]^-$。但中心原子的半径过大,又会减弱它与配体的配合能力而减少配位数。例如,Hg^{2+} 的离子半径很大(110 pm),它与 Cl^- 只能形成最大配位数为 4 的 $[HgCl_4]^{2-}$ 配离子,而 Cd^{2+} 的半径比较小(97 pm),它却能与 Cl^- 形成配位数为 6 的 $[CdCl_6]^{4-}$ 配离子。配体半径大,在中心原子周围容纳不下过多的配体,配位数反而减少。例如,F^- 和 Cl^- 的半径分别为 133 pm 和 181 pm,它们与 Al^{3+} 形成的配合物分别是 $[AlF_6]^{3-}$ 和 $[AlCl_4]^-$。在形成配离子时,配体的浓度增大和反应时温度降低,都有利于形成高配位数的配合物。如 Fe^{3+} 可与不同浓度的 SCN^- 生成配位数 1~6 的配离子,而当反应温度升高时,配位数通常减小。这是因为热振动加剧时,中心原子与配体的振幅加大,从而使中心原子的近邻减少,即配位数减小。

配离子的电荷数为中心原子和配体电荷数的代数和,如 $[HgI_4]^{2-}$。若配体是中性分子,则配离子的电荷数就是中心原子的电荷数,如 $[Cu(NH_3)_4]^{2+}$。若配体的电荷数与中心原子电荷数相等,就形成配合分子,如 $[CoCl_3(NH_3)_3]$。

3) 内界和外界

中心离子或中心原子与配位体形成的配离子,在配合物结构中称为内配位层或内界(inner sphere),配合单元结构之外的异电性离子称为配合物的外界(outer sphere)。外界的离子与配离子以静电引力相结合,达到电中性而稳定存在。含有配离子的强电解质称为配盐,在配盐中,中心离子或中心原子和配体距离较近,它们以配位键结合得较牢固;配离子与其他离子(外界)距离较远,它们以离子键结合得较松弛。配合物的组成可图解如图 1.31 所示。

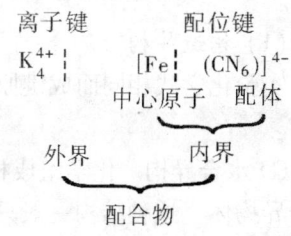

图 1.31 配合物结构示意图

配合物的结构比较复杂，但复杂结构的物质不一定是配合物。一些复杂的无机盐称为复盐(complex salts)。例如，明矾 $K_2SO_4 \cdot Al_2(SO_4)_3 \cdot 24H_2O$，其在溶液中所含的 K^+，Al^{3+}，SO_4^{2-} 都是简单离子，并没有配离子存在，这种化合物若溶于水，便完全离解成简单的 K^+，Al^{3+}，SO_4^{2-} 水合离子。其性质犹如简单的 K_2SO_4 和 $Al_2(SO_4)_3$ 的混合水溶液，我们称明矾为复盐。而 $[Cu(NH_3)_4]^{2+}$ 等配离子很稳定，在溶液中只有极少部分离解成简单离子，一般检验铜离子的方法对它无能为力。

1.2.2.2 配合物的空间结构及异构现象

两种或两种以上的化合物，具有相同的化学式(原子种类和数目相同)但结构和性质不相同，它们互称为异构体(isomer)。配合物的立体结构以及由此产生的各种异构现象是研究和了解配合物性质和反应的重要基础。众所周知，有机化学的发展奠基于碳的四面体结构，而配合物立体化学的建立主要依靠钴(Ⅲ)和铬(Ⅲ)配合物的八面体模型。瑞士化学家维尔纳(Werner)在这方面作出了卓越的贡献，他首先认识到与中心原子键合的配体数是配位化合物的特性之一。1893 年，维尔纳总结前人的理论，首次提出了现代的配位键、配位数和配合物结构等一系列基本概念，成功解释了很多配合物的电导性质、异构现象及磁性，自此，配位理论才有了本质上的发展。维尔纳也被称为"配位化学之父"，并因此获得了 1913 年的诺贝尔化学奖。

1) 配合物的空间结构

目前，配合物的立体结构或空间构型可以利用如 X 射线分析、紫外及可见光谱、红外光谱、拉曼光谱、核磁共振、顺磁共振、旋光光度法、穆斯堡尔谱等先进的实验方法予以确定。实验表明，中心原子的配位数不同与配合物的立体结构不同有密切的关系。由于中心原子、配体种类以及相互作用不同，即使配位数相同，配合物的立体结构也可能不同。配位数是用来对配合物分类的一个参数，相同的配位数意味着相似的磁性质和电子光谱。

化学组成相同而结构不同的复杂粒子叫做同分异构体(isomer)，分子式相同而原子间的联结方式或空间排列方式不同的情况叫做化合物的异构现象(isomerism)。异构现象在其他无机化合物中比较少见，但在配合物中是普遍现象，而且有很重要的意义。配合物中存在的异构现象，大部分是由于内界组成即配离子的空间结构不同而引起的。X 射线晶体结构分析证实，配体是按一定的规律排列在中心原子周围的，而不是任意的堆积。中心原子的配位数与配离子的空间结构有密切的关系。配位数不同，离子的空间结构也不同；即使配位数相同，由于中心原子和配位体种类以及作用情况不同，配离子的空间结构也不相同。为了减小配体之间的静电排斥作用，配体要尽量互相远离，因而在中心原子周围采取对称分布的状态，配合单元的空间结构测定证实了这种推测。例如，配位数为 2 时，采取直线形；配位数为 3 时，采取平面三角形；配位数为 4 时，采取四面体或平面正方形。

2) 配合物的异构现象

配合物的异构一般可分为两大类：构造异构(constitution isomerism)和立体异构(stereo isomerism)。

(1) 构造异构

实验化学式相同而成键原子联结方式不同引起的异构为构造异构。这类异构现象的表现形式有很多。

① 水合异构。化学组成相同的配合物，由于水分子处于内、外界的不同而引起的异构现象称为水合异构体。这种结构一般只限于在晶体中讨论。水合异构的经典例子是氯化铬的三种水合物。组成为 $CrCl_3 \cdot 6H_2O$ 的配合物有三种配合形式：

$$[Cr(H_2O)_6]Cl_3 \qquad 紫色$$

$$[CrCl(H_2O)_5]Cl_2 \cdot H_2O \quad 亮绿$$
$$[CrCl_2(H_2O)_4]Cl \cdot 2H_2O \quad 暗绿$$

$CrCl_3$水合物异构体的确定，可用它们的新配溶液对硝酸银溶液的不同作用来证明。在与硝酸银溶液作用时，紫色化合物中所有氯离子都立刻沉淀析出，说明氯离子不在内界；亮绿色化合物析出两个氯离子，而暗绿色化合物只析出一个氯离子。根据实验结果，再注意到Cr^{3+}配位数为6的特征，因此很容易得出上述三种结构。

上述结构还可用失水情况来证实。将三种异构体置于盛有浓硫酸的干燥器中，紫色晶体完全不失水，亮绿色的失去一个结晶水，而暗绿色的失去两个结晶水。这种异构现象是因为水分子排列方式不同而产生的。

② 电离异构。电离异构是由配合物中不同的酸根离子在内、外界之间进行交换形成的。

③ 配位异构。当形成盐的阳离子和酸根离子皆为络离子的情况下才有可能产生配位异构。配位异构是由配体在配阴离子和配阳离子之间的分配不同而引起的异构现象。

④ 聚合异构。配位化学中的"聚合"与有机化学中使用的概念在含义上有所不同。它不是指众多的单体相互成键而形成链状或层状的高聚物，而只是代表在同系列的聚合异构体中，各个配合物的相对分子质量正好为该系列中最简式相对分子质量的整数倍。

⑤ 键合异构。同一种多原子配体与金属离子配位时，由于键合原子的不同而造成的异构现象称为键合异构。

(2) 立体异构

立体异构的研究曾在配位化学的发展史上起决定性的作用，维尔纳配位理论最令人信服的证明，就是基于他出色地完成了配位数为4和6的配合物立体异构体的分离。分子式相同，成键原子的联结方式也相同，但其空间排列不同，由此而引起的异构称为立体异构体。

① 非对映异构。凡是一个分子与其镜像不能重叠者即互为对映体，这是有机化学中熟知的概念，而不属于对映体的立体异构体皆为非对映异构体。

② 顺反异构。顺反异构体的合成曾是维尔纳确立配位理论的重要实验根据之一。

③ 对映异构。若一个分子与其镜像不能重叠，则该分子与其镜像互为对映异构，它们的关系如同左、右手一样，故称两者具有相反的手性。这个分子即为手性分子。对映异构体的物理性质(如熔点、水中溶解度等)均相同，只是它们对偏振光的旋转方向不同，因此对映异构又称旋光异构。以往认为，手型分子是因该分子在构型上缺乏对称中心和对称平面而引起的，但严格地说，产生手型分子的必要充分条件是它的构型中没象转轴。

④ 其他异构。如果用一个简单的划分标准，那么上面所讨论的异构现象是相对于经典的八面体配合物而言，并且每一个配合物的结构是唯一且不随时间变化的。如果上述两个条件之一没有满足，我们会得到全新意义上的异构体。

1.2.2.3 配合物的化学键理论

配合物中的化学键主要是指中心原子与配体配原子之间的化学键。目前，关于这种化学键的讨论主要有三种理论：价键理论、晶体场理论和分子轨道理论(又叫配位场理论)。这里着重讨论配合物的价键理论和晶体场理论。

1) 价键理论

价键理论是从电子配对法的共价键引申并由鲍林将杂化轨道理论应用于配位化合物而形成的。其理论要点如下。

① 配位单元是以配体所提供的孤对电子填入中心原子的空轨道而形成配位键。因此，配位单元

的形成要具备两个条件:

a. 中心原子必须有空的电子轨道,通常是指$(n-1)d$,ns,np等轨道。有了空的电子轨道,才能接受孤对电子而形成配位键。过渡元素的离子(或原子)一般都具有空的价电子轨道,因此可作为配离子的中心原子。

b. 配体至少要有1对孤对电子,如NH_3,F^-,H_2O,Cl^-等都是最常见的配体,它们都有孤对电子(见图1.32)。

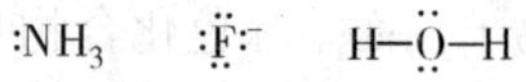

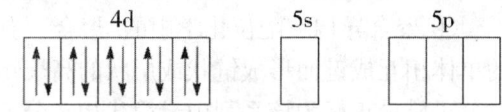

图1.32 一些配体的孤对电子分布

② 中心原子所提供的空轨道,在形成配合物的过程中必须先进行杂化,原子轨道杂化后可使成键能力增强,形成的配位单元更加稳定。

当中心原子的杂化轨道分别与配位原子的孤对电子轨道在一定方向上彼此接近时,发生最大重叠而形成配位键,组成各种空间结构的配合物。例如,Ag^+与NH_3分子形成$[Ag(NH_3)_2]^+$配离子。Ag^+的价电子结构见图1.33。其中d轨道已完全填满,而5s和5p轨道是空的,每个空轨道接受NH_3分子提供的1对孤对电子。1个5s和3个5p轨道共可接受4对电子而形成最高配位数为4的配合物。但是,由于中心原子和配体的性质,Ag^+配合物的配位数通常为2。当形成$[Ag(NH_3)_2]^+$时,Ag^+的轨道5s和5p

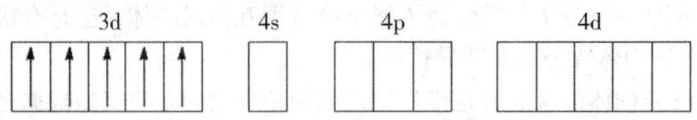

图1.33 Ag^+的价电子结构

首先进行杂化,形成2个能量相等的直线形结构的sp杂化轨道,每个杂化轨道可接受NH_3分子的1对孤对电子,2个杂化轨道可接受2对孤对电子,形成具有2个配位键呈直线形的$[Ag(NH_3)_2]^+$。对于$[FeF_6]^{3-}$,Fe^{3+}的价电子结构见图1.34。

图1.34 Fe^{3+}的价电子结构

由图1.34可见,Fe^{3+}最外层的s,p,d轨道都是空轨道。当形成$[FeF_6]^{3-}$时,首先Fe^{3+}的1个4s、3个4p和2个4d轨道进行杂化,形成6个能量相等的正八面体结构的sp^3d^2杂化轨道。然后,6个F^-分别将各自的1对孤对电子沿着正八面体方向填入6个杂化轨道中,形成一个正八面体结构的$[FeF_6]^{3-}$。Fe^{3+}与CN^-形成$[Fe(CN)_6]^{3-}$,虽然它的空间结构也是正八面体,但是由于CN^-对中心原子Fe^{3+}的电子层结构的影响,引起了Fe^{3+}的3d轨道能量发生改变而使电子发生重排现象,重排后它的价电子层见图1.35。

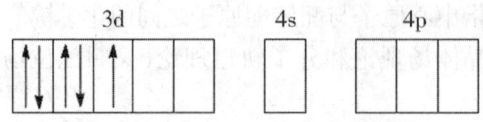

图1.35 Fe^{3+}的价电子重排结构

由于电子重排后空出了2个3d轨道,因此6个CN^-分别将各自碳原子上的1对孤对电子填入

Fe^{3+} 的 2 个 3d、1 个 4s 和 3 个 4p 轨道所组成的 6 个杂化轨道，即 d^2sp^3 杂化轨道中，构成一个正八面体结构的 $[Fe(CN)_6]^{3-}$ 配离子。

③ 内轨型和外轨型配合物（inner or outer orbital coordination compound）。

在 $[FeF_6]^{3-}$ 中，Fe^{3+} 所提供的空轨道是采用最外层的 ns，np 和 nd 轨道进行，以 sp^3d^2 杂化轨道所形成的配位单元，叫做外轨型配位单元。凡配位体的孤对电子填入中心离子外层杂化轨道所形成的配合物，称为外轨型配合物。在 $[Fe(CN)_6]^{3-}$ 中，Fe^{3+} 所提供的空轨道是采用一部分次外层 $(n-1)d$ 和 ns，np 轨道进行 sp^3d^2 杂化，这种采用一部分内层轨道所形成的配位单元叫做内轨型配位单元。由于内轨配键深入到中心原子内层轨道，而且 $(n-1)d$ 轨道的能量比 nd 轨道的能量低，因而这种内轨型配离子比较稳定。卤素离子、水分子等配位体多形成外轨配合物，而 CN^- 等配位体多形成内轨配合物，NH_3 配位体介于上述两种情况之间。

一种配位单元是外轨型还是内轨型，一般根据磁矩实验来测定。当形成外轨型配位单元时，中心原子的未成对电子前后并未发生变化，未成对电子较多，所以磁矩较大；而形成内轨型配位单元时，中心原子的未成对电子大多会发生变化，未成对电子数减少或等于零，所以磁矩较小或等于零。比较配位单元磁矩的实验值和中心原子理论值，基本上可以确定中心原子形成配位单元时的未成对电子数，从而可以判断配位单元是外轨型还是内轨型。根据配合物的价键理论，可以看出配位单元配位数的多少与杂化轨道类型的关系。因为杂化轨道有一定的空间伸展方向，所以决定了配位单元的空间结构。

2）晶体场理论

价键理论能简单、直观地说明配合物的形成、空间构型、配位数、磁性等问题，但它不能解释配合物的颜色和吸收光谱，也无法定量地说明配合物的稳定性。这是因为价键理论只孤立地研究配体与中心原子的成键，忽略了成键时中心原子 d 轨道在配体电场的影响下能量的变化。晶体场理论（crystal field theory，CFT）则完全不考虑共价键，它是一种改进了的静电理论，该理论将配体看做点电荷或偶极子，假定中心原子和配体之间的键完全是静电引力。晶体场理论认为：

① 中心原子是带正电的点电荷，配体是位于中心原子周围一定空间位置上带负电荷的点电荷，中心原子和配体之间完全靠静电引力结合而放出能量，体系能量降低，类似于晶体中阴阳离子之间的作用，这是配合物稳定的主要原因。

② 由于配体静电场的影响，处于中心原子最外层的 5 个 d 轨道发生能级分裂，造成电子重新排布，即原来能量相同的 5 个 d 轨道会分裂成两组以上能量不同的轨道，体系能量降低，从而形成稳定的配合物。

我们仅以八面体场（中心原子处于以八面体方式排布的 6 个配位体的中心位置）为例说明晶体场理论。

正八面体配合物的中心原子大多为过渡金属离子，它们的价电子层的空间伸展方向各不相同，但能量相等的 5 个等价 d 轨道，见图 1.36(a)。如果将其置于带负电荷的球壳形均匀电场中心，均匀的排斥力使其能级同等程度地升高，即能级升高而不分裂，见图 1.36(b)。为方便起见，设想开始时 6 个带负电荷的配体在直角坐标系 x，y，z 轴上均匀分布，好似一个球形平均电场，把中心原子看做坐标原点。当 6 个配体从八面体 6 个顶角方向向中心原子靠近时，配体的 6 个负电场集中于八面体的 6 个顶角，中心原子价电子的 5 个 d 轨道与配体相对位置如图 1.37 所示。

由图 1.37 可见，d_{z^2} 和 $d_{x^2-y^2}$ 轨道处于"首当其冲"的位置，正好与配体迎头相撞，轨道中电子受配体负电场斥力较大，使这两个轨道的能量升高；另外 3 个轨道指向八面体相邻 2 个顶角之间，不与配体正面相撞，轨道中电子受配体负电场斥力较小。这意味着球形场中的轨道能级将发生分裂：由于

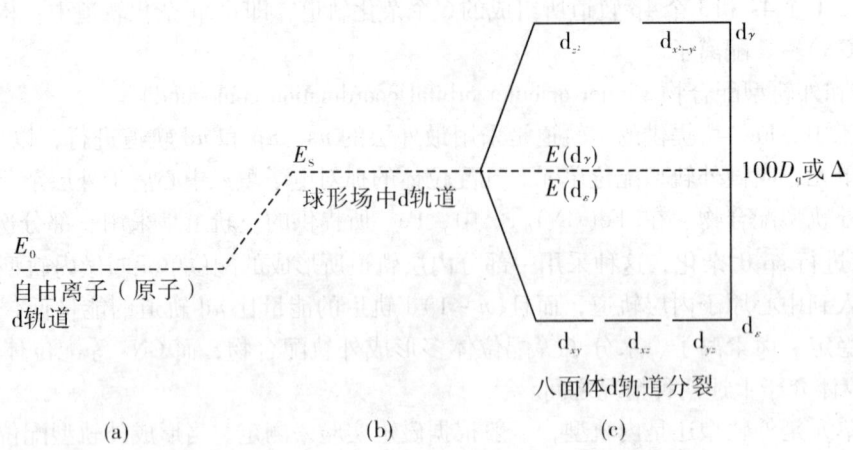

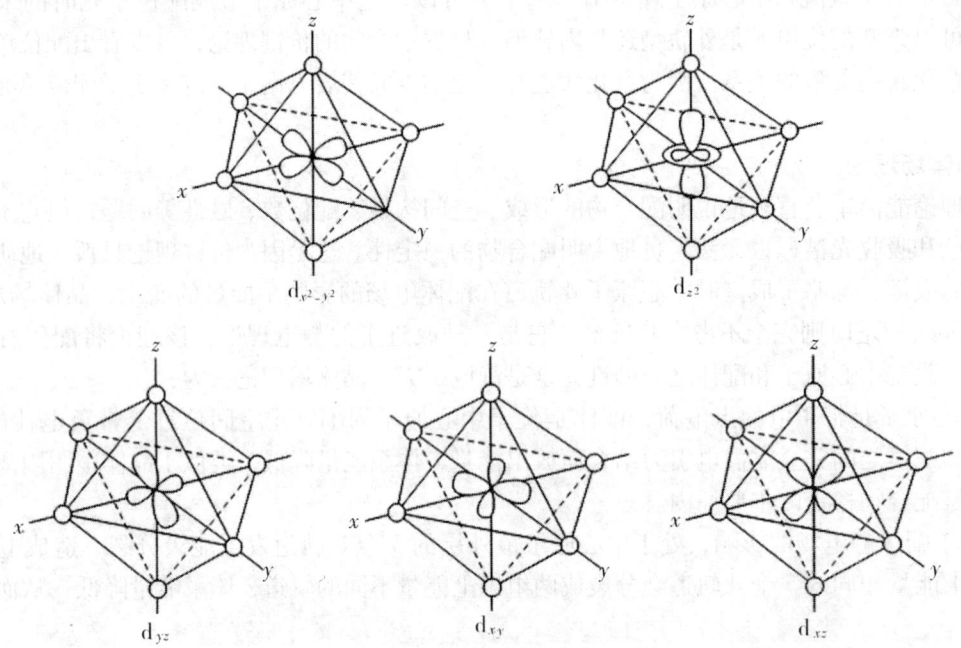

图1.36 中心原子d轨道在正八面体场中的分裂情况

图1.37 轨道与配体相对位置

受到较强的排斥力,迎头相撞的2条轨道能级从原有状态升高;又由于平均电场保持不变,即5条轨道的总能量不变,必然伴随着d_{xy}、d_{xz}和d_{yz}轨道能级的下降。因此,在正八面体配合物中,中心原子d轨道能级分裂成两组:一组为高能量的d_{z^2}和$d_{x^2-y^2}$二重等价轨道,叫做d_γ轨道;另一为低能量的d_{xy}、d_{xz}和d_{yz}三重等价轨道,叫做d_ε轨道。两组轨道间的能量差叫做八面体晶体场的分裂能(splitting energy),用符号Δ或$100D_q$表示。分裂能在数值上相当于一个电子由d_ε轨道跃迁到d_γ轨道所吸收的能量,该能量可通过光谱实验测得。不同配体所产生的分裂能不同,因而分裂能是配体晶体场强度的量度。

由于配合物至少由中心原子和配体两部分组成,因此影响分裂能的因素主要也有以下三方面。

① 配体的场强。对于给定中心原子的情况,分裂能的大小与配体的场强有关,场强越大,分裂

能就越大。

② 中心原子的电荷数。在配体相同的条件下，Δ值随中心原子电荷数的增大而增大。一般三价中心原子配合物的Δ要比二价中心原子的Δ大40%~80%。

③ 中心原子半径。中心原子电荷数相同、配体相同的配合物的分裂能随中心原子半径的增大而增大。半径越大，d轨道离核越远，受配体负电场影响越强烈，分裂能就越大。配合物的构型不同分裂能也不同，这是由于中心原子d轨道在不同方向上所受斥力不同，如平面正方形、正八面体和正四面体的分裂能由大到小依次降低。

电子在不同轨道上的排布决定配合物的场强，含有单电子数较多的配合物叫高自旋配合物，不存在单电子或含有单电子数少的配合物叫低自旋配合物。不难看出，高自旋配合物与低自旋配合物分别对应于价键理论中的外轨型配合物和内轨型配合物。配体为强场者形成低自旋化合物，配体为弱场者形成高自旋化合物。d^1~d^3和d^8~d^{10}型的离子只能有一种排布，所形成的配合物与配体场强无关。总之，强场配位体导致较大的分裂能，弱场配位体导致较小的分裂能；形成高自旋配合物还是低自旋配合物取决于成对能和分裂能的相对大小，成对能大于分裂能时形成高自旋配合物，相反则形成低自旋配合物；不论是形成高自旋配合物还是低自旋配合物，配合物都应处于最有利的能量状态。晶体场理论除满意地解释了配合物的磁性外（成单电子多，磁矩高；成单电子少，磁矩低），还定量地说明了配合物的稳定性，该理论还可以解释许多有关的理论和现象。

晶体场理论还很好地解释了过渡金属配合物的颜色问题。在过渡金属配合物中，不等价的d轨道能量差相对较小，这样当d轨道上的电子吸收了可见光的能量后，就可从较低的能级激发到较高的能级上去，这就使配合物呈现颜色。含有d^4~d^9电子的配合物一般都是有颜色的。晶体场理论认为，这是因为它们的d_γ和d_ε轨道没有充满，d电子可以在两者之间跃迁，其能量一般在120~360 kJ/mol范围之内，相当于可见光的波长。例如，$[Ti(H_2O)_6]^{3+}$配离子在可见光490 nm处有一个最大吸收峰，因为它吸收了蓝绿色光，所以该配合物就呈现它的互补色紫红色。

1.2.2.4 螯合物

前面说过，一个配体上只含一个配位原子（键合原子），叫做单齿配体；配体含两个或多个配位原子，叫做多齿配体。例如，乙二胺（$H_2N—CH_2—CH_2—NH_2$）有两个配位原子，可与中心原子形成两个配位键，形状如蟹的螯钳夹着中心原子，故名螯合物（chelate compound），它是一类很重要的配合物，习惯上也称内配合物。如：

$$Ni^{2+} + 2\begin{bmatrix} NH_2—CH_2 \\ | \\ NH_2—CH_2 \end{bmatrix} \longrightarrow \begin{bmatrix} H_2C—NH_2 \quad NH_2—CH_2 \\ \quad\quad\quad Ni \\ H_2C—NH_2 \quad NH_2—CH_2 \end{bmatrix}^{2+}$$

能与中心原子形成环状螯合物的多齿配体叫做螯合剂（chelating agent），最常见的螯合剂是氨羧螯合剂。顾名思义，氨羧螯合剂是一种既含氨基又含羧基的螯合剂，它是以氨基二乙酸为母体的一系列化合物。

1) 螯合物的结构特点

形成螯合物要有两个条件：

① 每个配体要含有两个或多个能提供孤对电子的配位原子，常见的是N和O，其次是S，还有P，As等。

② 配体的配位原子之间必须相隔2~3个其他原子，以便形成五元环或六元环的稳定配合物。

螯合物的特殊稳定性源于它的环形结构，环越多越稳定。由于生成螯合物而使配合物的稳定性大大增加的作用叫做螯合效应(chelating effect)。由于螯合物特别稳定，故在颜色、溶解度方面的性质都发生了很大的变化，许多金属螯合物都具有特征性的颜色，而且都能溶于有机溶剂，这些性质使螯合物具有广泛的用途。

2) 影响螯合物稳定性的因素

影响螯合物稳定性的因素很多，除了前面讲过的单齿配体形成配合物的稳定原因之外，螯合物的稳定性主要表现在多齿配体与中心原子形成了环。绝大多数的螯合物中以五元环和六元环的螯合物最稳定。也就是说，在多齿配体中两个键合原子之间要相隔2~3个原子，这样才能形成五元环或六元环。因为多齿配体中碳原子的sp^3杂化轨道夹角为109°28′，五元环和六元环的夹角分别为108°和120°，与碳原子的夹角比较接近，故较稳定；而三元环和四元环由于夹角太小，张力太大，不稳定。螯合物中形成的环越多，配离子就越稳定，如EDTA有6个配位原子，通常形成5个环，则稳定性高。一个多齿配体的某个配位原子与中心原子结合后，其余的配位原子和中心原子的距离减小，使得它们与中心原子结合的概率比单齿配体大。此外，生物体内一些闭合大环与金属原子形成的螯合物特别稳定，如血红素中的原卟啉大环与Fe^{2+}的结合就是一个例子，这种现象叫做大环效应。

3) 配合物与医学的关系

动植物体内和人体中都有配合物的存在，可见，配合物对生命现象有重要的作用。人体中的酶和维生素B_{12}等是含金属的配合物；人体中的金属元素对人体具有特殊的功能，如钙离子负责肌肉运动，碘使甲状腺发挥正常的生理功能，铁离子负责运送氧等，它们大多以配合物的形式存在。

EDTA与金属离子形成的配合物一般都是无色的，但其他螯合物大多都有色。例如，二苯氨基脲与Cr^{6+}呈现紫色，邻联甲苯胺与碘离子呈现蓝紫色等，因此既可用于定性，也可用于定量。同时，根据配合物稳定常数K_s的不同，可用于金属离子的分离。在临床使用的药物中配合物相当普遍，如用于重金属铅、镉、汞解毒的二巯基丙醇；此外，柠檬酸钠、依地酸锌(ZnH_2Y)等皆可与重金属离子形成难解离的可溶性配合物排出体外，也可排除人体中受放射污染的金属同位素。螯合剂可用于临床的定量测定，如用EDTA测定血清中的钙。

1.2.3 复杂化学组成的物质

每一种化合物，不论是天然存在的，还是人工合成的，它的组分元素的质量都有一定的比例关系，这一规律称为定比定律(law of definite proportion)。换成另外一种说法，就是每一种化合物都有一定的组成，所以定比定律又称定组成定律。例如，二氧化碳中碳和氧的质量比总是3∶8，它的组成总是含碳27%、含氧73%。这是因为二氧化碳是由1个碳原子和2个氧原子组成的，碳和氧的相对原子质量都是定值。

20世纪以后，研究人员发现定比定律也有例外，有一些化合物的组成在小范围内是可以改变的，如γ-黄铜按定比定律计算其组成应该是Cu_5Zn_3，相当于含锌62%，但实际上锌的含量可在59%~67%范围内连续变化，由此证明了确实存在组成可变的化合物，它们被称为非化学计量化合物。

前面讲述的晶体结构都是理想结构，实际上，真实晶体与理想晶体存在一定的差别，即有缺陷存在。这些缺陷对其化学性质影响极小，而对许多物质的物理性质(如电性、磁性、光学性能及机械性能等)常常起决定性作用。缺陷使得化合物中各元素的原子数之比出现分数。

1.2.3.1 非化学计量化合物

非化学计量化合物(non-stoichiometric compound)是指所含各元素原子数不能以小的整数比表示的固态化合物，其组成元素的化合价不符合正常化合价规则。例如，金属间化合物Nb_3Sn，碳化物Fe_3C，氮化物Fe_2N等。非化学计量化合物也称非整比化合物。

非化学计量化合物在过渡元素中最常见。非化学计量化合物的存在与结晶物质点阵结构中存在缺陷有关,即在正常情况下应被离子占据的位置现在却空着。例如,缺1个钠离子和1个氯离子的氯化钠晶体虽有缺陷,但仍为化学计量化合物,因为钠离子和氯离子数目相同。然而,当钠离子的位置为一中性钠原子占据,然后该原子给出其价电子去占据氯离子的位置时,晶体缺陷虽已被补救,但晶体已是非化学计量的了,因为,这时钠离子比氯离子多。大多数非化学计量化合物的组成与化学计量化合物相近,可用如 WO_{3-x},$Co_{1-x}O$ 或 $Zn_{1+x}O$ 来表示,式中 x 为比 1 小很多的正数。在某些情况下,由于化学计量化合物同系列的存在而产生表观非化学计量现象,如对于化学方程式为 Mo_nO_{3n-1} 的钼的氧化物系列,其中 $n=8$,9,10,11,12 和 14 的化合物是已知的。在真正的非化学计量化合物 MoO_{3-x} 中,x 可在一定范围内连续变化,并且不存在可检测的独立化合物。非化学计量化合物看起来是与定组成定律不相符的化合物,而这些化合物确实广泛存在,如 NiO_x,TiO_x,FeO_{1-x},FeS_{1-x},PdH_x,TaC_x,PbS_x 等。

n 型半导体和 p 型半导体都是非化学计量化合物。在 n 型半导体中,如非计量 ZnO,存在有 Zn^{2+} 的过剩,它们处于晶格的间隙中。由于晶格要保持电中性,间隙处过剩的 Zn^{2+} 拉住 1 个电子在附近,形成 eZn^{2+},在靠近导带附近形成一附加能级。温度升高时,此 eZn^{2+} 拉住的电子被释放出来,成为自由电子,这是 ZnO 导电的原因。此提供电子的能级称为施主能级。在 p 型半导体中,如 NiO,由于缺少正离子造成的非计量性,形成阳离子空穴。为了保持电中性,在空穴附近有 2 个 Ni^{2+} 变成 $\bigcirc Ni^{2+}$,后者可看做 Ni^{2+} 束缚了一个空穴。温度升高时,此空穴变成自由空穴,可在固体表面迁移,成为 NiO 导电的原因。

1.2.3.2 非化学计量化合物的形成机理

化合物的缺陷形成有三种机理:

① 离子(或原子)的空位缺陷机理,即按定组成定律来说是某一过量的离子(或原子)占据化合物晶格的正常位置,另一成分离子(或原子)在晶格中的位置却有一部分空了起来,形成空位。例如,方铁矿 FeO 的结构是 O^{2-} 按立方密堆积排列,Fe^{2+} 填充在所有的八面体间隙。这种化合物实际上的组成约是 $Fe_{0.95}O$。为了使电中性,显然铁离子绝非单一的二价,必然存在高价的铁离子取代部分低价的铁离子,否则,电中性得不到保持。从电荷平衡来看,3 个 Fe^{2+} 与 2 个 Fe^{3+} 平衡,但当有 3 个 Fe^{2+} 转变成 2 个 Fe^{3+} 时,就产生一个 Fe^{2+} 空位。这种阳离子空位越多,化合物中 O 和 Fe 的原子比就越大,结果化合物的密度越小。从化学的观点可以把非整比化合物氧化亚铁看成高价铁的氧化物(Fe_2O_3)与低价铁的氧化物(FeO)形成的固溶体。

② 杂质离子部分取代缺陷机理。两种半径相差较小、结构相似、电负性相近的离子可按任意比例进行取代。例如,尖晶石型晶体结构的氧化物 $PbZr_{1-x}Ti_xO_3$ 是由 Ti^{2+} 取代部分 Zr^{2+} 的位置而产生的非化学计量化合物;又如 Al_2O_3 和 Cr_2O_3 在高温下反应,由于它们具有相同的 O^{2-} 六方密堆积结构及相似的离子大小,可形成 $Al_{2-x}CrO_3(0<x<2)$。

③ 填隙缺陷机理。在晶体的间隙中随机地填入体积较小的原子(或离子)而不改变基质晶体原有的结构。如氢、碳、硼、氮等小的原子或离子进入主体结构内空着的间隙位置;又如金属钯可以储藏大量的氢气,最终的氢化物是化学式为 $PdH_x(0<x<0.7)$ 的非化学计量化合物。

以上三种缺陷不是孤立存在的。例如,NaCl 中溶解少量 $CaCl_2$,2 个 Na^+ 被 1 个 Ca^{2+} 取代,故有 1 个 Na^+ 的位置产生空位缺陷,在 600 ℃时化学式为 $Na_{1-2x}Ca_xCl(0<x<0.15)$;又如 SiO_2 中掺杂 Al^{3+} 和 Li^+,半径较小的 Li^+ 填入 SiO_2 晶体的间隙缺陷,同时也产生 Al^{3+} 取代 Si^{4+} 的取代缺陷,生成化学式为 $Li_xSi_{1-x}Al_xO_2$ 的非化学计量化合物。总而言之,在一个非化学计量化合物中常常是多种缺陷同时

存在。在非化学计量化合物中还存在着缺陷间的缔合，缔合体的形成与晶体的光学性质有密切的关系。了解了非化学计量化合物缺陷结构，才可以利用缺陷结构的性质，系统地控制或改善无机固体材料的电、磁、光、机械强度等性质。

非化学计量化合物可分为两种类型，一种为取代化合物，另一种为间歇化合物。

① 取代化合物是指产生合金时，一种组分可以替代晶格中的另一组分。例如，β-黄铜的组分为 $CuZn_{0.65} \sim CuZn_{1.16}$ 之间。$Fe_{1-x}O$ 的组分在 1 000 ℃ 且铁为饱和时，其化合物为 $Fe_{0.96}O$；氧为饱和时，其化合物为 $Fe_{0.88}O$。

② 间隙化合物是指在晶体晶格缝隙位置上含有额外的原子或离子。例如，C，B，N，H 等半径较小的原子可与金属形成间隙化合物 TiN，WC 等，这类化合物熔点高，硬度大，在工业上被称为硬质合金，可用作火箭材料、高级磨料和切削工具。

1.2.3.3 非化学计量化合物的应用

目前，非化学计量化合物越来越引起人们的关注，因为它已成为固体化学的核心。不同的非化学计量化合物具有不同的光、电、声、磁、热、力学性质，是一类新型的功能材料，具有巨大的科研价值和应用前景。可以将非化学计量化合物分成以下几种类型：

① 光功能材料。发光二极管（LED）采用非化学计量化合物作为光功能材料。如用 $GaAs_{1-x}P_x$ 材料制成的发光二极管可发出从红光到绿光的各种颜色的光，彩色电视显像管使用的荧光粉是 $Zn_{1-x}Cd_xS$，当 $x=0.79$ 时发红色荧光；还有异质结太阳能电池 $GaAs/Ga_xAl_{1-x}As$，等等。

② 电功能材料。n 型半导体 SnO_2 为非整比化合物，它吸附 H_2，CO，CH_4 等还原性、可燃性气体时，电导发生明显变化，利用这一特点可制造气敏电阻。p 型半导体 PbO_2 也是非整比化合物，它是空穴导电，可用于铅蓄电池的电极。超导体大多数也是非化学计量化合物，例如，钇钡铜氧化物 $YBa_2Cu_3O_{7-x}$ 是氧缺陷非化学计量化合物，$x>0.1$ 时为佳。它的出现促进了高温超导的飞速发展。

③ 磁性材料。最为常见的是电子陶瓷。如铁氧体不显磁性，当有外加磁场时被磁化，不同铁氧体磁化结果不一样。磁性材料可分为软磁体、硬磁体和矩磁体。从磁化或充磁的原理看，软磁体和硬磁体是一样的，所不同的是磁化或充磁后的结果。软磁体磁化后切断电流会自动恢复无序磁畴现象，外磁场即刻消失；硬磁体磁化后（充磁）却保持了较强的剩磁场（永磁场），而在其矫顽力范围内使用，其磁性不会很快消失。软磁体可以用来制造电子通信用的感应铁芯、电视线输出变压器、电视显像管和扫描偏转线圈。矩磁铁氧体是指具有矩形磁滞回线的铁氧体，主要用于计算机及自动控制中作为记忆元件、逻辑元件、开关元件、磁放大器的磁光存储器和磁声存储器。稀土石榴石还有良好的磁、电、光、声等能量转化功能，广泛用于电子计算机、微波电路等。磁铅石可作为磁记录材料等。

④ 复合功能材料。压电陶瓷是一种常见的复合功能材料，能将机械压力转变为电能。例如，PLZT 系压电陶瓷 $Pb_{1-x}La_x(Zr_yTi_{1-y})_{1-x/4}O_3$，还有 PZT 的尖晶石结构的氧化物 $PbZr_{1-x}TO_3$ 微小粒子的烧结体（陶瓷），轻轻撞击一下只有数厘米长的圆柱体 PZT 就能得到数万伏的高压电，放出电火花起到点火作用。

1.3 材料的物理化学基础

随着材料科学的迅速发展，多学科知识的理解和综合应用对材料的基础研究和应用研究显得越来越重要。因此，本节重点介绍与材料的制备、性能表征及功能设计密切相关的物理化学知识。

物理化学是以物理的原理和实验技术为基础，研究化学体系的性质和行为，发现并建立化学体系中特殊规律的学科。随着科学的迅速发展和各门学科之间的相互渗透，物理化学与物理学、无机化学、有机化学在内容上存在着难以准确划分的界限，从而不断地产生新的分支学科，如物理有机化学、生物物理化学、化学物理等。物理化学还与许多非化学学科有着密切的联系，如冶金学中的物理冶金实际上就是金属物理化学。

物理化学的研究内容大致可以概括为三个方面：

① 化学体系的宏观平衡性质。以热力学的三个基本定律为理论基础，研究宏观化学体系在气态、液态、固态以及高分散状态的物理化学性质及其规律性。在这一情况下，时间不是一个变量。属于这方面的物理化学分支学科有化学热力学、溶液、胶体和表面化学。

② 化学体系的微观结构和性质。以量子理论为理论基础，研究原子和分子的结构，物体的体相中原子和分子的空间结构、表面相结构，以及结构与物性的规律性。属于这方面的物理化学分支学科有结构化学和量子化学。

③ 化学体系的动态性质。研究由于化学或物理因素的扰动而引起体系中发生化学变化过程的速率和变化机理。在这一情况下，时间是重要的变量。属于这方面的物理化学分支学科有化学动力学、催化、光化学和电化学。

1.3.1 化学热力学

热力学(thermodynamics)是研究热现象中物态转变和能量转换的学科。由观察和实验总结出的热现象规律，构成热现象的宏观理论。19世纪中叶，焦耳等人通过多次实验，将热确定为能的一种形式，从而建立了热力学。化学热力学是物理化学和热力学的一个分支学科，它主要研究物质系统在各种条件下物理和化学变化中所伴随着的能量变化，从而对化学反应的方向和进行的程度作出准确的判断。

1.3.1.1 热力学第一定律

焦耳(J. P. Joule)在19世纪早期证实能量在转化过程中保持总量不变，且热与功的转化具有严格的比例关系(1 cal = 4.18 J)。能量守恒和转化规律逐步形成了热力学第一定律，即"自然界的一切物质都具有能量，能量从一种形式转化为另一种形式的过程中，总能量保持不变"。

系统的状态发生变化时，系统从环境中吸收的热为Q，环境对系统所做的功为W，根据热力学第一定律，系统的热力学能量的变化量为：

$$\Delta U = U_2 - U_1 = Q + W \tag{1.8}$$

式(1.8)就是热力学第一定律的数学式。它对各种系统都适用，但只有在封闭、孤立的两种系统中才有明确的意义。

若系统状态发生无限小量变化，则：

$$dU = dQ + dW$$

当系统发生一个微小过程时，若此过程只做体积功(W')而不做非体积功($W''=0$)，则可将热力学第一定律的数学式写成：

$$dU = dQ + dW'$$

$$dU = dQ - p_0 dV$$

对于定容过程，$dV=0$，$dW'=0$，则：

$$dU = dQ_V \text{或} \Delta U = Q_V \tag{1.9}$$

式中Q_V称为定容热。显而易见，在$W''=0$，定容过程中，功等于零，系统吸收的热量等于系统热力学能的增量，ΔU只取决于系统的始态和终态，Q_V也只取决于始态和终态，但不能由此认为热是状态函数。实际上，ΔU和Q_V只是在上述特定条件下两者数值相等而已，不是概念或性质上的相同。

对于 $W''=0$ 的定压过程，功 $W'=-p_0(V_2-V_1)$，则：
$$\Delta U = Q_p - p_0(V_2 - V_1) \tag{1.10}$$
因为 $p_1=p_2=p_0$，故 $\Delta U = Q_p - (p_2V_2 - p_1V_1)$。则：
$$Q_p = \Delta U + (p_2V_2 - p_1V_1) = U_2 - U_1 + p_2V_2 - p_1V_1 \tag{1.11}$$

定义
$$H = U + pV$$

H 称为焓，因为 U，p，V 均属于系统的状态函数，所以它们的组合值(H)当然还是系统的状态函数。

将式(1.11)代入式(1.10)得：
$$Q_p = H_2 - H_1 = \Delta H \tag{1.12}$$

或
$$\mathrm{d}Q_p = \mathrm{d}H \tag{1.13}$$

所以，
$$\Delta U = \Delta H - p_0(V_2 - V_1) \tag{1.14}$$

式中 Q_p 称为定压热。显然，在 $W''=0$ 的定压过程中，体积功是恒定压力乘以体积的变化值(注意 pV 不是功)；系统吸收的热量等于系统的焓的增量；系统的热力学能增量等于焓与体积功之差。式(1.12)右边的 ΔH 只取决于系统的始态和终态，那么等式左边的 Q_p 也取决于系统的始态和终态，但 Q_p 仍不能说成是状态函数，实际上 ΔH 和 Q_p 只是在特定条件下两者的数值相等而已，不是概念或性质上的相同。

由 $H=U+pV$ 可知，焓具有能量单位(kJ 或 J)，但不是能量；因 U 无绝对值，U 和 y 具有加和性，所以焓(H)也无绝对值且具有广延性质。和热力学能一样，热力学注重的是焓的改变量。

值得指出的是，一个系统不是在 $W''=0$ 的定压过程中才有焓变值，只是在此条件下 $\Delta H=Q_p$ 而已，只要状态发生了变化，就伴随焓的变化。$Q_p=\Delta H$ 和 $Q_V=\Delta U$ 两式的出现，为我们获得热力学函数 ΔU 和 ΔH 带来了方便，只要测出了 Q_p 和 Q_V，就可得到两状态间恒压和恒容过程的焓变与热力学能变化。

标准状态下的焓变、热力学能变分别称为标准焓变和标准热力学能变，记为 ΔH^0 和 ΔU^0。

一个组成不变的均相封闭系统，在 $W''=0$ 的条件下，系统吸收热量导致温度升高，温度升高的数值与吸收热的多少成正比，比例常数为 C，则：
$$C = Q/\Delta T \tag{1.15}$$

C 叫做平均热容，因热容不仅与系统的性质有关，还与系统的物质的量有关，所以指定物质的量为 1 mol 时，其热容为平均摩尔热容，即 $C_m=C/n$；C 还与 ΔT 大小有关，同样大小的 ΔT 还与系统的始态温度有关。因此，要求某温度下热容的数值，必须使温度差为无限小。

热容单位为 J/K，摩尔热容的单位为 J/(mol·K)。对于 $W''=0$ 的定容过程，$C_{V,m}$ 为摩尔定容热容。对于 $W''=0$ 的定压过程，$C_{p,m}$ 为摩尔定压热容。在同一温度下，同一物质的 $C_{p,m}$ 和 $C_{V,m}$ 往往数值不同，这是因为定容过程无体积功，所吸收的热全部用来增加系统的热力学能，而定压过程所吸收的热除增加系统的热力学能外，还要对外做体积功。

相变是物质由一种聚集状态转变成另一种聚集状态的过程，如液体与气体两相间的气化与液化，固体与液体两相间的熔化与凝固，固体与气体两相间的升华与凝固以及不同晶型的相互转化都属相变过程，其过程的焓用特定符号表示：$\Delta_{vap}H_m = H_m(g)-H_m(l)$ 表示蒸发焓；$\Delta_{fus}H_m = H_m(l)-H_m(s)$ 表示熔化焓；$\Delta_{sub}H_m = H_m(crII)-H_m(crI)$ 表示晶型转变焓，式中 crI 和 crII 指第一种晶型和第二种晶型，它们相反过程的焓均在其前添加负号即可。

相变过程也有可逆与不可逆过程之分，物质在相平衡条件下进行的相变为可逆相变，即两相处于相同的温度与压力，且压力恰为此温度下该物质的饱和蒸气压的相变过程，否则为不可逆相变过程。如液态水在压力为 101.325 kPa、温度为 313.15 K 条件下进行蒸发即为不可逆的相变，而液态水在压力为 101.325 kPa、温度为 373.15 K 的条件下气化则为可逆相变。不可逆相变的热、功和热力学函数值可设计一条有可逆相变的一系列过程求出。

1.3.1.2 卡诺循环

对于蒸汽机（热机）的热功转化效率的研究，卡诺（N. L. S. Carnot）有着突出的贡献。他提出的卡诺循环与定理指出了提高热机效率的有效途径，给出了热机效率的极限。由于直接涉及热力学中可逆与不可逆的过程，卡诺循环与定理为热力学第二定律的产生奠定了基础。

1824 年，卡诺设计了一个理想蒸汽机的过程，包括蒸汽进入汽缸后的定温膨胀、绝热膨胀及在冷凝器中的定温压缩、绝热压缩构成一个可逆循环，后人称之为卡诺循环。按照卡诺循环运行的热机是可逆热机，也叫卡诺热机。1834 年克拉佩龙（B. P. E. Clapeyron）用更为简明的 p - V 图来表示卡诺循环，用理想气体代替蒸汽来计算曲边四边形面积所表示的功。卡诺循环的四个可逆过程如图 1.38 所示。

(1) 定温可逆膨胀

物质的量为 n 的理想气体，从状态 $A(T_1, p_1, V_1)$ 定温可逆膨胀到状态 $B(T_1, p_2, V_2)$。在此过程中，气体从温度恒定的 T_1 高温热源吸热 Q_{R_1}，做功 $-W_{R_1}$ 等于曲线 BC 下面的面积（做功为负）：

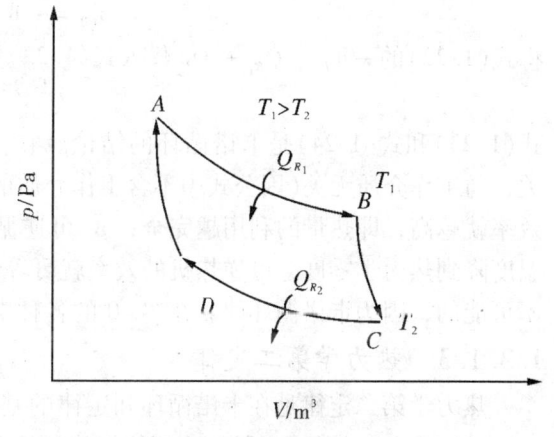

图 1.38 卡诺循环

$$\Delta U_{R_1} = 0 \tag{1.16}$$
$$Q_{R_1} = -W_{R_1} = nRT_1 \ln V_2/V_1$$

(2) 绝热可逆膨胀

气体从状态 B 绝热可逆膨胀到状态 $C(T_2, p_3, V_3)$。因为此过程没有吸热，所以气体对外做功要消耗热力学能，它的温度由 T_1 降至 T_2；所做的功等于曲线下面的面积。设气体的平均摩尔定容热容为 $C_{V,m}$，则：

$$-W_{R_2} = -\Delta U_{R_2} = -dT = nC_{V,m}(T_1 - T_2) \tag{1.17}$$

(3) 定温可逆压缩

将温度降为 T_2 的气体与温度恒定的 T_2 低温热源接触，气体从状态 C 定温可逆压缩至状态 $D(T_2, p_4, V_4)$，选择的 D 恰使气体经下一过程之后能回到状态 A；气体向低温热源放热 $-Q_{R_2}$（Q_{R_2} 为负值）。气体得到的功 W_3 等于曲线 CD 下面的面积（得功为正）：

$$Q_{R_2} = -W_{R_3} = \Delta U_{R_3 = 0} = nRT_2 \ln V_4/V_3 \tag{1.18}$$

(4) 绝热可逆压缩

气体从状态 D 绝热可逆压缩回到状态 A，它得功而不放热，其热力学能增大，温度由 T_2 升至 T_1；得到的功等于曲线 DA 下面的面积：

$$-W_{R_4} = -\Delta U_{R_4} = -dT = -nC_{V,m}(T_1 - T_2) \tag{1.19}$$

以上四个过程构成一个可逆循环。系统对环境做的总功（$-W$）等于 $ABCD$ 曲边四边形的面积。

因 $-W_{R_2} = W_{R_4}$，故：

$$-W_R = -W_{R_1} - W_{R_2} - W_{R_3} - W_{R_4}$$
$$= -W_{R_1} - W_{R_3} = nRT_1 \ln V_2/V_1 + nRT_2 \ln V_4/V_3 \quad (1.20)$$

由于过程(2)和(4)都是绝热可逆的过程,因此我们把理想气体的绝热过程方程分别用在 B,C 两态和 A,D 两态,则有:

$$T_1 V_2^{\gamma-1} = T_2 V_3^{\gamma-1}$$
$$T_1 V_1^{\gamma-1} = T_2 V_4^{\gamma-1}$$

式中,γ 为热容比。两端相除,得 $V_2/V_1 = V_3/V_4$。代入式(1.20),得:

$$-W_R = -W_{R_1} - W_{R_3} = nR(T_1 - T_2) \ln V_2/V_1 \quad (1.21)$$

从整个循环看,系统回到了起始状态,热力学能没有改变。系统做的总功应该等于总热,即:

$$\Delta U_R = Q_{R_1} + Q_{R_2} + W_R = 0 \quad (1.22)$$
$$-W_R = Q_{R_1} + Q_{R_2} = nR(T_1 - T_2) \ln V_2/V_1$$

热机从高温热源吸热 Q_{R_1},将其中一部分转变为对环境做的总功 $-W_R$,而另一部分 $-Q_{R_2}$ 传给低温热源。热机效率是由 $-W_R$ 与 Q_{R_1} 之比来决定的,即热机吸收 Q_{R_1} 后对外做的总功 $-W_R$ 越大,则此热机的性能越好。卡诺热机效率用 η_R 表示:

$$\eta_R = -W_R/Q_{R_1} = 1 - T_2/T_1 \quad (1.23)$$

将式(1.22)的 $-W_R = Q_{R_1} + Q_{R_2}$ 代入式(1.23)中,得到:

$$Q_{R_1}/T_1 + Q_{R_2}/T_2 = 0 \quad (1.24)$$

式(1.23)和式(1.24)是卡诺循环的结论。它告诉我们:① 卡诺循环的效率只与两个热源的温度有关,与工作介质无关(因公式中不含工作介质的特性参数);② 两个热源的温度差越大,可逆热机的效率就越高,即热量的利用越完全;③ 可逆循环的热温熵之和等于零。也许有人说,若低温热源的温度降到热力学零度,可逆热机的效率就可等于1,热量就可全部转变为功而不产生其他影响。这是不可能的,因为卡诺循环建立在 $T > 0$ 的各种事实之上,并且绝对零度不能达到。

1.3.1.3 热力学第二定律

热力学第二定律是在卡诺循环和定律的基础上形成的,但是表述的方法不同。1850 年克劳修斯(R. J. E. Clausius)的定义是:不可能把热从低温物体传到高温物体而不引起其他变化。1851 年开尔文(Kelvin)定义:不可能从单一热源取热使之完全变为功而不产生其他影响。开尔文的说法又可表达为:第二类永动机是不可能制造出来的。所谓第二类永动机是一种能从单一热源(如大气、海洋、土壤)取热,并将所取之热全部变为功而无其他影响的机器。

一个均匀系统至少需要两个独立的状态变量,才能确定系统的平衡态。在系统的可逆绝热过程中的各个状态存在一个恒定的状态函数,即熵(entropy)。

因为熵是在上述可逆绝热过程中被发现的,我们已感觉到状态函数熵一定和温度以及过程传递的热量有关。现以 1 mol 理想气体为系统,让它发生只做体积功的可逆过程。根据热力学第一定律:

$$dU = dQ_R - pdV$$

理想气体 $pV = RT$,且其热力学能只是温度的函数,$dU = C_V dT$,C_V 为常数。上式的各项除以 T,并改写为:

$$dQ_R/T = C_V dT/T + pdV/T = C_V dT/T + RdV/V \quad (1.25)$$
$$dQ_R/T = C_V d\ln T + Rd\ln V = d\ln T^{C_V} + d\ln V^R$$
$$dQ_R/T = d[\ln(T^{C_V} V^R)] \quad (1.26)$$

由此可见,系统发生一微小的可逆过程,此可逆过程的热温熵 dQ_R/T 是 $[\ln(T^{C_V} V^R) + $ 常数$]$ 的全微分，因而 dQ_R/T 本身具有状态函数改变的特征，用熵(S)表示它，即：

$$dS = dQ_R/T \tag{1.27}$$

若令 S_A 和 S_B 分别代表系统的始态与末态之熵，则有：

$$\Delta S_{A\to B} = S_B - S_A = \sum (dQ_i/T_i)R \tag{1.28}$$

和热力学能一样，熵(S)也是热力学中的基本状态函数之一，它的值仅仅取决于状态。上式表明，在指定的两个状态之间，系统的熵变用两个状态之间可逆过程的热温熵度量，可逆过程的熵变也就可直接由热温熵计算而得到。熵是容量性质，系统的熵等于系统中各部分熵之和。

由卡诺定理可知，在相同的高温热源 T_1 和另一相同的低温热源 T_2 之间工作的不可逆热机与卡诺热机，前者的效率 η' 一定小于后者的效率 η_R。这表明不可逆循环的热温熵之和小于零。在给定的始态与末态之间，可以进行可逆过程，也可以进行不可逆过程，无论什么过程，始、末两态的熵变 ΔS 是确定的，但两种过程的热温熵却不同。只有可逆过程的热温熵才等于始、末态间的 ΔS，不可逆过程的热温熵小于两态间的 ΔS。$\Delta S_{A\to B} \geqslant \sum (dQ/T)$ 是热力学第二定律的数学表达式，它表明由 A 至 B 的熵变 $\Delta S_{A\to B}$ 大于以不可逆方式发生过程时的热温熵之和。

在绝热系统中，若发生一个可逆过程，则系统的熵值不变；若发生一个不可逆过程，则系统的熵值必然增加，即绝热系统的熵值永不减少。在隔离系统中发生的过程，或者熵不变，或者熵增加，由于隔离系统与环境不发生相互作用，过程的推动力蕴藏在系统内部，因而在隔离系统中可以实际发生的过程都是自发过程，这表明，在隔离系统中一个自动进行的过程总是朝着熵值增加的方向进行。上述两条结论都称作熵增加原理。通常，系统和环境多少总有些联系，不可能完全隔离。如果把与系统密切有关的部分(环境)包括在一起，当做一个隔离系统，由于熵的加和性，则：

$$\Delta S_{隔} = \Delta S_{系} + \Delta S_{环} \geqslant 0 \tag{1.29}$$

上式的结果大于零，是自发过程；等于零，处于平衡态或可逆过程。应用上式时，应把环境的热容视为无限大，它吸热或放热时温度不变。不管系统发生的是可逆还是不可逆过程，系统与环境交换的热量看做可逆的。

根据熵增加原理，一个隔离系统中的自发过程总是熵值增大的过程，所以 $\Delta S_{隔} < 0$ 的过程是不可能发生的，同理 $\Delta S_{A\to B} < \sum (dQ/T)$ 的过程也是不可能发生的，因此，可获得如下判据式。

① 克劳修斯不等式判据式：

$$\Delta S_{A\to B} - \sum (dQ/T) > 0，能从 A\to B 方向进行，自发不可逆；$$
$$= 0，平衡或可逆；$$
$$< 0，不能从 A\to B 方向进行 \tag{1.30}$$

② 熵增加原理判据式：

$$\Delta S_{隔} > 0，能从 A\to B 方向进行，自发不可逆；$$
$$= 0，平衡或可逆；$$
$$< 0，不能从 A\to B 方向进行 \tag{1.31}$$

或

$$\Delta S_{隔} = \Delta S_{系} + \Delta S_{环} > 0，能从 A\to B 方向进行，自发不可逆；$$
$$= 0，平衡或可逆；$$
$$< 0，不能从 A\to B 方向进行 \tag{1.32}$$

由上述判据式可知，如果过程的热温熵小于熵变或隔离系统的熵值增大了，其过程一定是自发过程，自发变化的结果是使系统趋向平衡态。如果过程的热温熵等于熵变或隔离系统的熵值不变，系统一定处于平衡态；达到平衡态之后，若有任何过程发生，都必定是可逆的；如果计算出可逆过程的热温熵大于熵变或隔离系统中某可逆过程的熵值减少了，则其可逆的过程是不可能发生的过程。

引出熵函数之后，我们可以利用熵增加原理或克劳修斯不等式判断系统中过程的方向和限度。但是，当我们真正应用熵判据时，就会因为环境大、涉及的物质复杂而遇到环境熵变或实际过程的热温熵计算的困难，而难于作出过程性质的判断。然而，在化学热力学中，化学反应的方向和限度是人们最关心的问题，且化学反应一般是在定温定压或定温定容条件下进行的，在这样特定的条件下，若能将环境和系统的熵变统一到系统自身性质变化之中，摆脱隔离系统的束缚，无疑方便得多。亥姆霍兹(H. V. Helmholz)和吉布斯(J. W. Gibbs)为此定义了两个热力学状态函数，后人分别称之为亥姆霍兹能与吉布斯能。二者是由热力学能和熵衍生而来的。

亥姆霍兹能热力学状态函数的物理意义是：系统在定温条件下对外做的最大功(包括体积功和非体积功)等于它的亥姆霍兹能的减少。在定温定容且不做非体积功的条件下，封闭系统内的不可逆过程总是朝着亥姆霍兹能减小的方向进行，直到系统的亥姆霍兹能达到最小值，此时系统达到平衡状态；若系统已达平衡，在上述条件下进行的为可逆过程，系统的亥姆霍兹能值不变。

吉布斯能(G)也是一个导出的热力学状态函数，其绝对值无法确定，是广延性质，具有能量的量纲。它的物理意义是：封闭系统在定温、定压条件下对外做的最大非体积功等于它的吉布斯能的减少。应该注意的是：只要状态一定，吉布斯能就有确定值；如果不是定温、定压条件，吉布斯能的改变仍然存在，但这时的吉布斯能变化不再是系统所做的最大非体积功。根据吉布斯能判据，在定温、定压条件下的封闭系统，若任其自然，则自发过程总是朝着吉布斯能减少的方向进行，直至系统的G值达到最小值为止，系统达到平衡态。当系统达到平衡态之后，若有任何过程发生，都必定是可逆的。此时系统的吉布斯能值不变。

我们必须清楚，热力学的判断只是给我们指出一种可能性。至于如何把可能性变为现实性，既要考虑平衡问题，也要考虑过程的速率问题。

1.3.1.4 热力学第三定律

1902年理查德(T. W. Richards)在低温下研究几种原电池的电动势与温度的关系后，发现热力学温度趋于零时，同一电池反应的ΔG与ΔH的值愈来愈接近。能斯特(W. Nernst)从实验图形上发现，当$T \rightarrow 0$时，ΔG随T的变化率(切线的斜率)趋近于零。于是，1906年能斯特提出一个假定：当温度趋近热力学零度时，纯物质定温变化的ΔS不变，即纯物质的熵值不变。1920年普朗克(M. Planck)在能斯特热定理的基础上提出：热力学温度为零时，纯物质的熵值为零。1920年路易斯(G. N. Lewis)和吉布斯将这一原理表述得更确切：在热力学温度的零点，完美晶体物质的熵值为零，这就是热力学第三定律。所谓完美晶体，指晶体中的原子或分子只有一种排列形式。热力学第三定律还有一种表述：不可能使一个物体的温度降低到热力学零度。它的正确性由它的一切推论都与实验观测符合而得到保证。有了热力学第三定律，我们可以用热化学方法计算任一较高温度时物质的摩尔熵值。

总结热力学理论可知，化学热力学的核心理论是三个基本定律。热力学第一定律就是能量守恒和转化定律，它是从许多科学实验中总结出来的。从迈尔于1842年首先提出普遍"力"(即现在的能量)的转化和守恒的概念，到焦耳在1840—1860年间用各种不同的机械生热法进行热功当量测定，给能量守恒和转化概念以坚实的实验证据，使热力学第一定律得到科学界的公认。

为了进一步阐明卡诺定理，1850年以来，克劳修斯、开尔文等提出并完善了热力学第二定律。尽管热力学第二定律有几种不同的叙述方式，但它们叙述的内容是等效的。热力学第二定律提出了系统过程发生方向的判据。

1912年，能斯特提出了热力学第三定律，这个定律非常重要，为化学平衡提供了根本性原理。因此，在研究化学反应时，需要确定熵的参考态。

化学热力学主要解决三个基本问题：① 利用热力学第一定律解决热力学系统变化过程中的能量计算问题，重点解决化学反应热效应的计算问题；② 利用热力学第二定律解决系统变化过程的可能性问题，即过程的性质问题，重点解决化学反应变化自发方向和限度的问题；③ 利用热力学基本原理研究热力学平衡系统的热力学性质以及相互关系的一般规律。

1.3.1.5 化学反应热效应

在热化学中，当体系的始态和终态温度相同，而且在反应过程中只做体积功时，发生化学反应所吸收或放出的热称为此过程的反应热效应，简称为反应热。

反应热效应一般分为两种：恒容反应热和恒压反应热。两者之间的关系可通过下列过程来讨论。

假设反应物 A 和 B 的生成物为 C 和 D，反应式如下：

$$aA + bB = cC + dD$$

该反应可设计为如图 1.39 所示的过程。

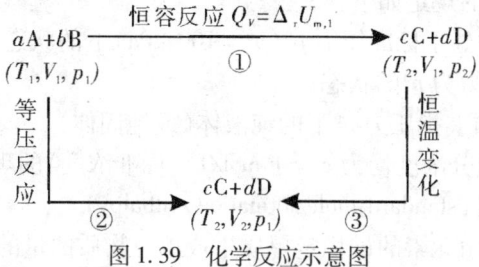

图 1.39 化学反应示意图

从图 1.39 可知，过程①是在恒容条件下进行的反应，有 $Q_V = \Delta_r U_{m,1}$，式中 Δ 表示变化量，下标 r 表示反应；过程②是在等压条件下进行的反应，$Q_p = \Delta_r U_{m,2}$；过程①和②所达到的终态是不一样的（产物虽同，但 p 和 V 不同）。可以经由过程③使产物压力回复到 p_1。

由上述过程可知，ΔU 是状态函数的改变量，所以有：

$$\Delta_r U_{m,1} = \Delta_r U_{m,2} - \Delta_r U_{m,3} \tag{1.33}$$

过程③是恒温非化学变化，通常将 $\Delta_r U_{m,3}$ 近似为零，此时，

$$\Delta_r U_{m,1} \approx \Delta_r U_{m,2} \tag{1.34}$$

如果产物 C 和 D 均为理想气体，则其热力学内能仅是温度的函数，与压力和体积无关，此时，$\Delta_r U_{m,3} = 0$。

在 $\Delta_r U_{m,1} = \Delta_r U_{m,2}$ 的条件下，等压热效应 $\Delta_r U_{m,2}$ 与恒容热效应 $\Delta_r U_{m,1}$ 之差为：

$$\begin{aligned} Q_p - Q_V &= \Delta_r U_{m,2} + \Delta(pV)_2 - \Delta_r U_{m,1} \\ &= (p\Delta V)_2 \end{aligned} \tag{1.35}$$

对于反应物及产物中没有气体的所谓凝聚相反应来说，$(p\Delta V)_2 \approx 0$，因此，

$$Q_p = Q_V \tag{1.36}$$

对于反应物及产物中有气体的反应，把气体视为理想气体，同时忽略液态及固态物质的体积，可有如下结果：

$$\begin{aligned} (p\Delta V)_2 &= p\Delta[\gamma(g)RT/p]_2 \\ &= RT\Delta\gamma(g) \\ &= \sum_B \gamma_B(g)RT \end{aligned} \tag{1.37}$$

式中，$\gamma_B(g)$是气态反应物或产物在反应方程式中的化学计量系数，对于产物γ_B取正值，对于反应物γ_B取负值，$\sum_B \gamma_B(g)RT$是气态产物与气态反应物化学计量系数的代数和。将上式代入式(1.35)得到：

$$Q_p - Q_V = \Delta_r U_{m,2} - \Delta_r U_{m,1} = \sum_B \gamma_B(g)RT \tag{1.38a}$$

或

$$Q_p = Q_V + \sum_B \gamma_B(g)RT \tag{1.38b}$$

若Q_p与Q_V中已知其中之一，则可运用式(1.38)计算另一个。在实验中，通常是使指定反应在容积恒定的"弹式量热器"中进行，直接测出Q_V，然后用式(1.38)换算出Q_p。

1.3.1.6 反应生成焓与反应焓

1) 热力学标准态(standard state of thermodynamics)

热力学函数U,H以及G,S等都是状态函数。不同的系统或同一系统的不同状态，都应有不同的数值，而它们的绝对值又是无法确定的。为比较它们的相对大小，需要规定一个状态作为比较的标准，即所谓的标准态。标准态的规定如下：

① 纯理想气体，指该气体处于标准压力$p^0(p^0 = 100\ \text{kPa})$下的状态。混合理想气体中任一组分的标准态是指该气体组分的分压力为p^0的状态。

② 纯液体(或纯固体)物质，指压力p^0下的纯液体(或纯固体)。

③ 溶液中各组分，指各组分浓度均为$c^0 = 1\ \text{mol/L}$(标准浓度)的理想溶液。

2) 物质的标准摩尔生成焓(standard mole formation enthalpy)

在某温度和标准压力下，由元素的最稳定单质生成单位物质的量的某物质时的热效应称为该物质的标准摩尔生成焓，用$\Delta_f H_m^0$表示。其中，下标 f 表示生成(formation)，上标 0 表示标准态。

3) 化学反应的标准摩尔焓变(standard mole enthalpy change of chemical reaction)

对于任意一个化学反应$aA + bB = cC + dD$，如果所有的物质均处于温度为T的标准态下，则当反应进行了 1 mol，即化学反应进度为 1 mol 时，其反应热就称为反应的标准摩尔焓变，用$\Delta_r H_m^0$表示。$\Delta_r H_m^0$的使用与化学反应计量式(反应基本单元)的写法有关。如反应：

$$\frac{1}{2}O_2(g) + H_2(g) = H_2O(g)$$

在 298.15 K 时，$\Delta_r H_m^0 = -242\ \text{kJ/mol}$。若将反应式写成：

$$O_2(g) + 2H_2(g) = 2H_2O(g)$$

在同等条件下，$\Delta_r H_m^0 = -484\ \text{kJ/mol}$。

由此可见，要计算一个化学反应的焓变，首要的问题就是要明确写出化学反应计量式。

化学反应的标准摩尔焓变$\Delta_r H_m^0$可以通过有关物质的标准生成焓$\Delta_f H_m^0$计算。计算公式如下：

$$\Delta_r H_m^0 = \sum \gamma_i \Delta_f H_{mi}^0 \tag{1.39}$$

式中，γ_i为化学反应计量式中i物质的计量系数。即反应的标准摩尔焓变等于所有产物的标准摩尔生成焓之和减去所有反应物的标准摩尔生成焓之和。因而对于反应$aA + bB = cC + dD$：

$$\Delta_r H_m^0 = d\Delta_f H_m^0(D) + c\Delta_f H_m^0(C) - a\Delta_f H_m^0(A) - b\Delta_f H_m^0(B) \tag{1.40}$$

1.3.1.7 化学反应方向判据及平衡条件

热力学第二定律是指示热过程方向的定律，也适用含化学反应的过程。

1) 恒温恒容反应和恒温恒压反应方向判据和平衡条件

根据热力学第二定律，对于任何过程均需满足：

$$\Delta S \geqslant 0 \tag{1.41}$$

其中 S 为整个物系的熵。这是应用热力学第二定律判断化学反应方向的最根本原理。因为绝大多数的化学反应在恒温恒容和恒温恒压条件下进行,所以下面就两种过程反应方向判据及平衡条件作较具体的论述。根据热力学第一定律,物系在反应中的能量方程式为:

$$\delta Q = dU + \delta W_{tot} \tag{1.42}$$

式中,Q 是反应热;U 是热力学能,它包含内热能 U_{th} 和化学能 U_{ch};W_{tot} 是反应的总功,由有用功 W_U 和体积变化功 W 构成。将其代入式(1.41),得:

$$dS \geqslant \frac{dU + \delta W_{tot}}{T} \tag{1.43}$$

$$TdS - dU \geqslant \delta W_{tot}$$

在恒温反应中,整个物系在反应中温度不变,所以上式可写成:

$$d(TS - U) \geqslant \delta W_{tot}$$

即:

$$-d(U - TS) \geqslant \delta W_{tot} \tag{1.44}$$

式中 $U - TS = F$,称为亥姆霍兹函数,也称为恒容势或恒容位。这样,式(1.44)可写成:

$$-\Delta F \geqslant \delta W_{tot} \tag{1.45}$$

对于始态、终态一定的反应,

$$F_1 - F_2 \geqslant W_{tot} \tag{1.46}$$

恒温恒容反应的容积变化功 $W = 0$,所以总功即为有用功,这时,

$$F_1 - F_2 \geqslant W_{U,V} \tag{1.47}$$

其中 $W_{U,V}$ 是恒温恒容反应中的有用功。对于理想可逆的恒温恒容反应,上式取等号。这时所得到的有用功最大为 $W_{U,V,\max}$,即有:

$$F_1 - F_2 \geqslant W_{U,V,\max} \tag{1.48}$$

即:

$$(U_1 - TS_1) - (U_2 - TS_2) \geqslant W_{U,V,\max}$$

由此可见,在可逆恒温恒容过程中,所能得到的最大有用功并不等于物系热力学能的减少,而是等于 $(U - TS)$ 的减少。$(U - TS)$ 是热力学能中可能转变为有用功的能量,叫做自由能;而热力学能中的另一部分,即等于 TS 的这部分,即使在理想可逆的反应中仍不可转变成有用功,所以叫束缚能。

实际上,能够自发进行的反应都是不可逆的,因此反应物系的 F 都是减小的,过程的有用功小于 $W_{U,V,\max}$。换句话说,只有 F 减小,即 $\Delta F < 0$ 的恒温恒容反应才能自发地进行,F 增大的反应必须有外功帮助,所以 $\Delta F < 0$ 是恒温恒容自发过程方向的判据。最大有用功的大小,亦即在恒温恒容反应时 ΔF 的大小,是反应推动力或叫做化学亲和力的度量。当物系达到化学平衡时,物系的 F 达到最小值,即此时一定有 $\Delta F = 0$。这时,如果按化学反应式再向右或向左进行有限量的反应,都会使物系的 F 增大,因此,这时不可能继续进行自发的反应。

化学上最常见、最重要的反应是定温定压反应,同理可推得:

$$-\Delta(H - TS) \geqslant \delta W_{U,p} \tag{1.49}$$

式中 $H - TS = G$,称为吉布斯函数。根据定义,上式可写为:

$$-\Delta G \geqslant \delta W_{U,p} \tag{1.50}$$

上式中,不可逆恒温恒压反应取不等号,可逆取等号。该式可以作为恒温恒压反应能自发进行的判据。能够自发进行的恒温恒压反应都是使物系的 G 减小,即 $\Delta G < 0$。

2) 化学势

在化学反应系统中，相平衡条件和化学平衡条件都是涉及物质质量转移的化学势，而吉布斯函数(G)和亥姆霍兹函数(F)是化学反应方向和化学平衡的实用判据。对多元化学反应系统，其 G 和 F 分别为：

$$G = G(T, p, n_1, n_2, \cdots, n_r)$$
$$F = F(T, V, n_1, n_2, \cdots, n_r)$$

根据 G 和 F 的定义式，其微分关系有：

$$\left(\frac{\partial G}{\partial T}\right)_p = -S, \quad \left(\frac{\partial G}{\partial p}\right)_T = V, \quad \left(\frac{\partial F}{\partial T}\right)_V = -S, \quad \left(\frac{\partial F}{\partial V}\right)_T = -p$$

可以推得：

$$dG = -SdT + Vdp + \sum_{i=1}^{r} \left(\frac{\partial G}{\partial n_i}\right)_{T,p,n_j(j \neq i)} dn_i \tag{1.51}$$

$$dF = -SdT - pdV + \sum_{i=1}^{r} \left(\frac{\partial F}{\partial n_i}\right)_{T,V,n_j(j \neq i)} dn_i \tag{1.52}$$

两式比较，可知：

$$\left(\frac{\partial G}{\partial n_i}\right)_{T,p,n_j(j \neq i)} = \left(\frac{\partial F}{\partial n_i}\right)_{T,V,n_j(j \neq i)}$$

令

$$\mu_i = \sum_{i=1}^{r} \left(\frac{\partial G}{\partial n_i}\right)_{T,p,n_j(j \neq i)} = \sum_{i=1}^{r} \left(\frac{\partial F}{\partial n_i}\right)_{T,V,n_j(j \neq i)} \tag{1.53}$$

式(1.53)称为化学势，表明 r 种物质组成的体系，在恒温恒压下保持其他组分的物质的量不变，加入 1 mol 第 i 种物质而引起的体系的 G 的变化量，与在恒温恒容下加入 1 mol 第 i 种物质而引起的体系的 F 的变化量相同。将式(1.53)分别代入式(1.51)和式(1.52)得：

$$dG = -SdT + Vdp + \sum_{i=1}^{r} \mu_i dn_i \tag{1.54}$$

$$dF = -SdT - pdV + \sum_{i=1}^{r} \mu_i dn_i \tag{1.55}$$

则在恒温恒压和恒温恒容的反应过程中，可把

$$\sum_{i=1}^{r} \mu_i dn_i \leq 0 \tag{1.56}$$

作为化学反应的反应方向及化学平衡的普遍判据。

上述结果说明，像温差是推动热量传递的驱动力、压力差是容积功传递的驱动力一样，化学势是质量传递的驱动力。正如温差、压差等于零时系统达到热、力平衡一样，生成物与反应物的化学势差等于零时系统达到化学平衡。摩尔吉布斯函数和化学势都是强度量，作为化学反应驱动力的是反应物和生成物的总化学势差，而总化学势差是按化学计量系数加权后的化学势之和。

1.3.2 化学反应动力学和催化化学

化学动力学(chemical kinetics)主要研究各种因素，包括浓度、温度、催化剂、溶剂、光、电等对化学反应速率影响的规律及反应机理。如前所述，化学热力学研究物质变化过程的能量效应及过程的方向与限度；它不研究完成该过程所需要的时间及实现这一过程的具体步骤，即不研究有关速率的

规律；而解决后一问题的学科，则称为化学动力学。所以可以概括为：化学热力学是解决物质变化过程的可能性，而化学动力学则是解决如何把这种可能性变为现实性的科学。一个化学制品的生产，必须从化学热力学原理及化学动力学原理两方面考虑，才能全面地确定生产的工艺路线和进行反应器的选型与设计。

1.3.2.1 化学反应速率

对于一个可逆的化学反应，只要反应时间足够长，它总能达到平衡状态，但是一个化学反应究竟需要多长时间才能达到平衡状态，涉及到反应速率的问题。化学反应速率和化学平衡是化学反应研究工作中十分重要的两个方面，不同化学反应的速率千差万别。另外，反应速率的大小除了主要取决于反应物的化学性质外，还受浓度、温度、压力及催化剂等因素的影响。

1) 化学反应速率的表示方法

不同化学反应的速率可以大不相同，有的可在瞬间完成，如炸药的爆炸、酸碱的中和等；有的反应比较缓慢，如金属的腐蚀、高分子材料的老化等；有的则非常缓慢，以致难以觉察，如岩石的风化等。

化学反应速率可用反应进度随时间的变化率来表示，其严格的数学定义式为：

$$\dot{\xi} = d\xi/dt \tag{1.57}$$

式中，$\dot{\xi}$ 为化学反应速率，其 SI 单位量纲为 mol/s。

对于一般化学反应：$aA + bB = pC + qD$，则有 $\dot{\xi} = d\xi/dt = \dfrac{dn_B}{\nu_B dt}$。对于有限量的变化 $\dot{\xi} = \dfrac{\Delta n_B}{\nu_B \Delta t}$，如果定义反应速率 ν 为单位体积中反应进度随时间的变化率，则：

$$\nu = \frac{d\xi}{Vdt} = \frac{\dot{\xi}}{V} = \frac{1}{\nu_B V}\frac{dn_B}{dt} \tag{1.58}$$

2) 反应速率的实验测定

反应速率的实验测定必须准确测出不同时刻反应物或生成物的浓度。这一点常常是困难的，尤其是对那些反应速率很快的反应。目前较常用的有两类方法：

① 化学分析法。即在反应进行后，在某一时刻突然终止反应（如骤冷反应系统、冲稀或迅速除去反应物质等），再取样做化学分析，测定反应系统中物质的浓度。

② 物理化学分析法。如果反应物和生成物的某种物理性质有较大的差别，则随着反应的进行，这种物理性质就不断出现较显著的改变，测量不同时刻反应系统的这一性质的改变情况，就可计算出浓度的变化和化学反应速率。通常利用的物理参数有压力、体积、颜色、吸光度、折射率、电导和电动势等。物理化学分析的方法可以连续进行，不像化学方法那样要中断反应，但须先确定浓度与物理性质间的关系，需要作出一系列的标准曲线。

3) 影响反应速率的因素

物质的本性对其化学反应能力有决定性的作用。例如，白磷在空气中可以自燃而红磷则不能；氟气和氢气混合，即使在低温时，也能以爆炸的形式完成反应，而同为卤素的碘和氢气则需加热才能反应。但是，目前对物质内部的结构与其反应能力间的关系的研究尚不够，还不可能概括其间的规律。一般来说，溶液中的离子反应速率很快，通常可在毫秒（10^{-3} s）或微秒（10^{-6} s）内完成；共价分子间的反应慢得多，而且彼此间的速率相差很大。这与分子内化学键的强弱、分子的结构等都有密切的关系。

除反应物的本性外，影响反应速率的外部因素还有浓度、气体的压力、温度、催化剂和反应物的聚集态、反应的介质以及扩散速率等。

(1) 浓度对化学反应速率的影响

经验告诉我们，增加反应物浓度能使反应速率加快。但对于不同的反应，或是同一反应中不同物质的浓度变化对反应速率的影响程度却不相同，故不能简单地一概而论。根据大量的实验结果，化学家总结了化学反应速率与反应物浓度之间的关系，称为质量作用定律：在一定温度下，化学反应速率和各反应物浓度的乘积成正比，各浓度项的指数等于化学反应方程式中各反应物质的计量系数。

对于一般化学反应 $aA + bB = pC + qD$，质量作用定律的数学式为：

$$\nu = Kc^a(A)c^b(B) \tag{1.59}$$

式(1.59)称为反应速率方程式，式中，比例常数 K 称为速率常数。当 $c(A) = c(B) = 1$ mol/L 时，则 $\nu = K$，即速率常数是在一定温度下，在数值上等于各反应物为单位浓度时的反应速率，此时，K 称为速率系数。因此，速率常数和速率系数均可作为反应速率大小的量度。K 值大者，反应速率较快，反之则较慢。速率常数的数值由实验测定，其单位随 a 和 b 值的不同而不同。事实上，质量作用定律只适用于那些简单的一步完成的化学反应，即基元反应。例如：

$$NO_2 + CO = NO + CO_2$$
$$2NO_2 = 2NO + O_2$$

然而，大多数的化学反应都不是一步完成的，而是由反应物经过若干步骤后才转变为生成物。例如：

$$2NO + 2H_2 = N_2 + 2H_2O$$

该反应分为两步完成：

$$2NO + H_2 = N_2 + H_2O_2 \quad 慢$$
$$H_2O_2 + H_2 = 2H_2O \quad 快$$

其中每一步都是基元反应。经过两个以上基元反应的总反应称为复杂反应。可见，大多数反应的化学反应式只代表最初的反应物和最后的生成物，并不表示反应的历程，故称为计量方程式。研究基元反应为探索复杂反应的反应历程提供了有用的线索。

值得一提的是，更多的研究证明，质量作用定律在浓度较高时会出现较大偏差，因为产物的位阻效应影响反应物的传质过程，从而影响反应速率。

(2) 温度对化学反应速率的影响

一般来说，温度越高反应进行得越快，温度越低反应进行得越慢。这不仅是化学工作者熟悉的现象，也是人们的生活常识。夏季室温高，食物容易腐烂变质，但放在冰箱里的食物就能储存较长的时间；钢铁在室温下氧化反应速率极慢，随温度的升高而大大加快，红热时，已有大量氧化铁膜产生；氢和氧化合生成水的反应，在常温下几年也察觉不到，若加热到 973 K 时，即以爆炸的速率瞬间完成。对于大多数反应，当温度升高，不管是放热反应还是吸热反应，其反应速率都会显著地增加。Van't Hoff 曾发现，在室温附近，温度每升高 10 ℃，一般化学反应速率增大 2~4 倍。温度对反应速率的影响，主要影响反应速率常数或速率系数。一个确定的反应，在不同的温度下有不同的 K 值，一般是温度升高，K 值增大，反应速率加快。人们在实践中很容易观察到，绝大多数化学反应的速率随温度的升高而加快。因此，加热是提高反应速率最常用的方法。1889 年，瑞典化学家 Arrhenius（由于提出电解质溶液理论，于 1903 年获诺贝尔化学奖）根据实验结果提出了速率常数与温度的关系式——Arrhenius 公式：

$$K = Ae^{\frac{-E_a}{RT}}$$

式中，E_a 为活化能，A 为指前因子。从 Arrhenius 公式中，可得出如下结论：

① 温度变化对化学反应速率影响很大。当温度 T 增加时，$\dfrac{E_a}{RT}$ 项变小，K 值变大，反应速率加快。

② 在相同温度时，活化能 E_a 值越大，其速率常数 K 值越小，反应速率越慢。一般化学反应的活化能 E_a 在 42～420 kJ/mol 之间。当活化能小于 42 kJ/mol 时，其反应的速率很快，不能用一般方法测定，如中和反应等；当活化能大于 420 kJ/mol 时，则反应速率非常慢。

为了寻找化学反应的内在原因，在 Arrhenius 公式的基础上，建立了反应速率的理论解释——碰撞理论。分子之间的碰撞是发生化学反应的首要条件，但并非所有的碰撞都能发生反应。因为反应不仅必须碰撞，而且必须有足够的能量和适当的取向使旧分子中的化学键断裂，新的分子才有可能形成。在常温常压下气体分子间互相碰撞的机会很大，其数量级高达 10^{29} 次/cm³，但只有成功的碰撞才能发生化学反应。这种能够产生化学反应的碰撞称为有效碰撞，能够发生有效碰撞的分子称为活化分子。

与一般分子相比，活化分子的能量高得多。根据气体分子运动论，一般分子的能量大小不等，能量很大的和很小的分子所占比例都很小，大部分分子的能量在平均能量附近。使分子活化所需吸收的能量就是活化能（activation energy）。后来的研究进一步证明，活化能 E_a 等于活化分子的平均能量与一般分子的平均能量之差。

化学反应之所以需要一定的活化能是由于：

① 活化能用来克服分子靠近时所产生的斥力，为分子的有效碰撞提供条件。

② 化学反应过程是破坏旧化学键、建立新化学键的过程。破坏旧键需要消耗一定的能量，只有具有较高能量的活化分子才能在碰撞时把动能转化为分子内部的势能，从而破坏旧的化学键，形成新化学键，使原子间重新组合生成新物质。

化学反应中的能量变化与活化能的关系，可以这样理解：把活化能想象成一座山头，要发生化学反应，反应物分子必须越过这座山头。每一个化学反应都对应着高度不同的山头，即不同的能垒。图 1.40 给出了形象的说明。反应物分子必须越过能垒 E_a，达到"山顶"活化态，变成活化分子，然后才能转化为生成物。所以，活化能实际上是分子反应时所必须越过的一定的"能垒"。显然，山头越高，即能垒越高，表明活化能越大，分子活化越困难，反应速率也就越小。如果反应中反应物的能量高于生成物，则反应中必然有能量释放，为放热反应，见图 1.40(a)；反之，反应物能量低于生成物，是吸热反应，见图 1.40(b)。

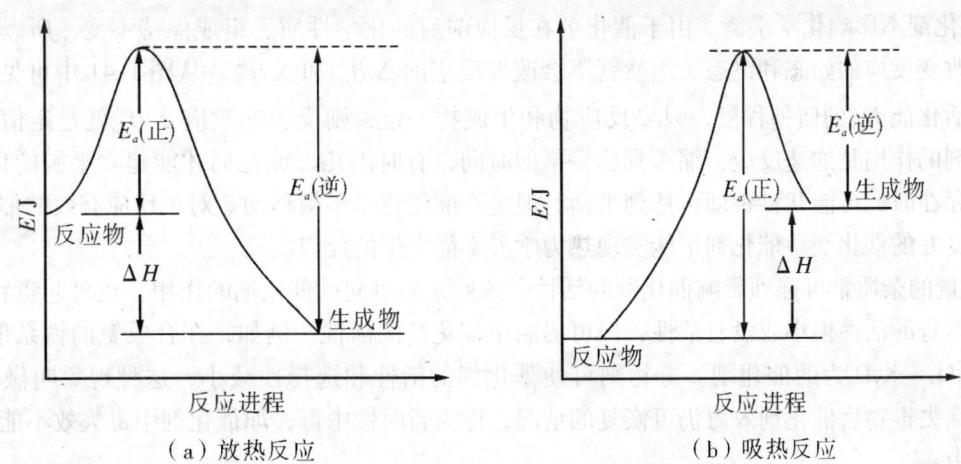

(a) 放热反应　　　　　　　　(b) 吸热反应

图 1.40　化学反应中的能量变化

从图 1.40 看出，反应的活化能与反应热效应有一定关系。标准热效应 $\Delta_r H_m^0$ 等于正、逆反应活化能之差，即 $\Delta_r H_m^0 = E_a(正) - E_a(逆)$。在放热反应中，正反应的活化能小于逆反应的活化能，$E_a(正) - E_a(逆) < 0$，即 $\Delta_r H_m^0 < 0$。

(3) 催化剂对化学反应速率的影响

催化剂能显著改变反应的速率，但不影响反应的平衡位置。催化剂能使反应物沿捷径转变为产物，但它本身的组成与数量都保持不变。凡能加快反应速率的催化剂称正催化剂，而减慢反应速率的催化剂则为负催化剂。当代化学工业的巨大成就与催化剂在工业上的广泛应用是分不开的。例如，硝酸、硫酸、合成氨等无机化工原料的生产，汽油、煤油、柴油的精制，塑料、橡胶以及化纤单体的合成和聚合等，都是因为工业催化剂的产生才得以实现。

1.3.2.2 催化剂与催化作用

能够改变化学反应速率，而本身的质量、组成和化学性质在反应前后保持不变的物质，称为催化剂(catalyst)。催化剂的这种改变反应速率的作用，称为催化作用(catalysis)。

催化剂能降低反应的活化能，改变反应的历程，使更多的分子成为能越过活化能垒的活化分子，从而提高了反应的速率。如图 1.41 所示，在某一化学反应中，由于催化剂的加入，反应途径由①变为②，活化能由 E_{a_1} 降为 E_{a_2}。说明催化剂的存在降低了反应活化能，从而提高了化学反应速率。

催化剂要有效地起催化作用，必须具备两个基本条件：

① 易与反应物作用，即 E_{a_1} 要小。

② 中间络合物稳定性小，即其能量较高，以保证 E_{a_2} 更小，使反应更易进行到底。

因此，催化剂必须具有如下特点：

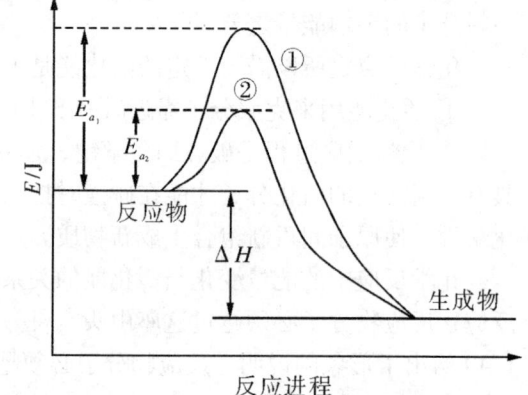

图 1.41 在催化剂作用下化学反应的能量变化

① 催化剂具有不同程度的活性，可使反应物分子活化。它积极地参与反应，又可在反应后再生。因此，少量催化剂常能使大量的反应物发生反应。

② 催化剂不影响化学平衡。由于催化剂在反应前后的化学性质、组成保持不变，所以它的存在与否不会改变反应的始态和终态，当然就不会改变反应的 $\Delta_r H_m$ 和 $\Delta_r H_m^0$。从图 1.41 中可见，无论催化剂降低活化能 E_{a_1} 到何种程度，只要反应物和生成物一定，则反应热效应 $\Delta_r H_m^0$ 就是定值。这就是说，催化剂的作用是加速反应，缩短到达平衡的时间，有时需几天或几周才能建立平衡的化学反应，在催化剂存在时，可能几秒钟即可达到平衡，但是不能使化学平衡移动。对正反应有效的催化剂，也是逆反应良好的催化剂。催化剂不能实现热力学上不能发生的反应。

③ 少量的杂质常可强烈影响催化剂的活性。这些杂质可起助催化剂的作用，也可起毒物的作用。助催化剂本身的活性很小或没有活性，但可提高主催化剂的活性。例如，在合成氨的铁系催化剂中，常加入 $Al_2O_3 - K_2O$ 为助催化剂。毒物则可使催化剂的活性和选择性减小，这种现象叫做催化剂中毒。对于除去毒物后催化剂效力仍可恢复的情况，称为暂时性中毒；如催化剂中毒失效不能恢复，则称永久性中毒。

④ 催化剂具有特殊的选择性。实验证明，没有适合一切反应的共同催化剂，某一类型的反应只能使用某些催化剂；同一反应选择不同的催化剂，可以得到不同的产物。

例如，乙醇在下列不同条件下可得到不相同的产物：

$$2C_2H_5OH \xrightarrow{\text{浓}H_2SO_4} (C_2H_5)_2O + H_2O \qquad (\text{乙醚})$$

$$C_2H_5OH \xrightarrow{Al_2O_3} CH_2{=}CH_2 + H_2O \qquad (\text{乙烯})$$

$$C_2H_5OH \xrightarrow{Cu} CH_3CHO + H_2 \qquad (\text{乙醛})$$

$$2C_2H_5OH \xrightarrow{ZnO \cdot Cr_2O_3} CH_2{=}CH{-}CH{=}CH_2 + 2H_2O + H_2 \qquad (\text{丁二烯})$$

催化反应可分为单相催化(homogeneous catalysis)与多相催化(heterogeneous catalysis)。单相催化又称均相催化，其中反应物质与催化剂都处于同一相中。单相催化的类型很多，如气相反应、溶液中的酸碱催化和配合催化等。例如，NO 催化氧化 SO_2 为 SO_3 的反应，SO_2 氧化反应的活化能很高($E_a = 251$ kJ/mol)，反应速率很慢，加入 NO 后，可发生下列两步反应：

$$2NO(g) + O_2(g) \longrightarrow 2NO_2(g) \qquad (\text{较快反应})$$

$$NO_2(g) + SO_2(g) \longrightarrow NO(g) + SO_3(g) \qquad (\text{快反应})$$

从而使 SO_2 的氧化反应加速。在该反应中 NO 既参与反应，又及时从反应中脱出，保持组成、性质不变。

多相催化，又称非均相反应，其中催化剂与反应物分属不同的相，主要是固体催化气相反应和液相反应。多相催化是在气—固、液—固界面上发生的界面反应。

催化反应至少是连续地通过下列过程进行的：
① 反应物被吸附到催化剂表面上，化学键松弛而活化。
② 反应物在催化剂表面上进行化学反应，生成产物。
③ 产物在表面上解吸、脱离反应区，向外扩散。

由于反应的活化能降低，使活化分子的份额增加；同时，因吸附而增大在催化剂表面上反应物的浓度，这些都将加快反应速率。例如，碘化氢的分解反应，无催化剂时，$E_a = 183$ kJ/mol，如以铂为催化剂，活化能降为 58 kJ/mol；如该反应在 503 K(230 ℃)进行，则速率常数 K 可增加到无催化剂时的 9.6×10^{12} 倍。其他受催化剂影响的反应见表 1.6。

表 1.6 催化剂对反应活化能的影响

反 应	活化能/(kJ·mol^{-1})	
	无催化剂	有催化剂
$2NH_3(g) \longrightarrow N_2(g) + 3H_2(g)$	330	163
$2N_2O(g) \longrightarrow 2N_2(g) + O_2(g)$	245	121
$2H_2O_2(g) \longrightarrow 2H_2O(g) + O_2(g)$	75.3	过氧化氢酶，23.0
$CH_3CHO(g) \longrightarrow CH_4(g) + CO(g)$	190	$I_2(g)$，136

实际上，多相催化主要是由于化学吸附，且催化剂表面只有一小部分能起催化作用，这部分称活性中心。反应物只有被吸附在活性中心上，才能变形并活化，从而加速反应。化学吸附带有化学键性质，故一种催化剂只能催化某些特定的反应，这就是催化剂有选择性的原因。一般来说，粒子越细或表面积越大，表面缺陷越多，其催化活性越好。多相催化剂可连续进行催化，与产物易于分离，使用温度范围很宽，故许多工业反应都采用多相催化。一般将均相催化剂负载于多孔的聚合物或无机载体上，如将酶负载于若干不溶性载体上，获得固定酶，应用极广。

一些有实际用途的催化剂,不管是多相的还是均相的,总是由多种成分组成,由单一物质组成的催化剂种类不多。根据各组分在催化剂中的作用,可分别定义为:

① 主催化剂:这是起催化作用的根本性物质。

② 共催化剂:能和主催化剂同时起催化作用的组分。例如,脱氢催化剂 $Cr_2O_3 - Al_2O_3$,单独的 Cr_2O_3 就有较好的活性,而单独的 Al_2O_3 活性则很小,因此,Cr_2O_3 是主催化剂,Al_2O_3 是共催化剂。但在 $MoO_3 - Al_2O_3$ 型脱氢催化剂中,单独的 MoO_3 和 $\gamma - Al_2O_3$ 都只有很少的活性,但把两者结合起来,却可制成活性很高的催化剂,所以 MoO_3 和 $\gamma - Al_2O_3$ 互为共催化剂。

③ 助催化剂:是催化剂中具有提高主催化剂的活性、选择性,改善主催化剂的耐热性、抗毒性、机械强度和寿命等性能的组分。

催化过程和催化剂作用的本质,一般可以从以下四个方面获得信息:

① 反应的化学机理:通过检测反应中生成的中间产物和产物的分布,探讨反应的化学路径。

② 反应动力学:通过研究反应的动力学,确定反应的基元步骤及各步骤的速度和能量变化,明确反应机理。

③ 催化剂的表征:研究催化剂体相和表面的物理、物理化学和化学性质,并和上述结果相关联,确定影响催化剂催化性能的主要因素。

④ 催化体系的动态分析:在工作条件下追踪反应物和催化剂之间的相互作用,观察催化过程的微观步骤,以及掌握催化过程中各中间状态结构上和化学上的信息。

对固体催化剂的表征,就是对它的体相、表面的物理和化学状态及性质的表征;对催化反应机理的研究,是通过检测反应过程中生成的中间物种和产物的分布,动态地追踪它们之间的联系,并结合原子、分子理论,最后确认催化反应的化学历程。可以用近代研究固体性质的各种物理方法来研究,如研究固体表面性质的化学吸附、程序升温脱附、红外光谱等方法,以及电、磁性的测定,X射线结构分析,热差—热重分析,电子显微镜技术,电子探针显微分析,场发射,等等。

1.3.2.3 电催化

没有催化剂存在的许多电极反应,总是在远离平衡态的高过电位下发生,原因是其动力学特征较差,电极反应的交换电流密度较低。电催化(electrocatalysis)的目的是寻找其他具有较低能量的活化途径,从而使这类电极反应在平衡电位附近以高电流密度发生。由于任何电极过程的能量效率主要由阴极、阳极上的过电位所决定,因此,电催化几乎对所有实际电化学过程都是非常重要的。

电催化可以表述为:电极表面或溶液中的电活性或非电活性催化剂在电场的作用下促进或抑制在电极上发生的电子转移反应,而催化剂本身并不发生变化的一类化学作用。电催化作用的基底电极可以仅是一个电子导体,亦可以既作为电子导体又兼具催化功能。电催化可以分成氧化—还原电催化和非氧化—还原电催化两大类。氧化—还原电催化是指在催化过程中,催化剂本身发生了氧化—还原反应,成为反应物的电荷传递的媒介体,促进了反应物的电子传递,这类催化作用又称为媒介体电催化。

如图1.42(a)所示,图中 A 和 B 分别表示反应物和产物,O_x 和 R 分别表示催化剂的氧化态和还原态。电催化剂的氧化态形式 O_x 在外加电场作用下生成 R,R 与溶液中的反应物 A 反应生成产物 B,并且再生了催化剂的氧化形式 O_x,在外加电势作用下实现电催化的循环过程。

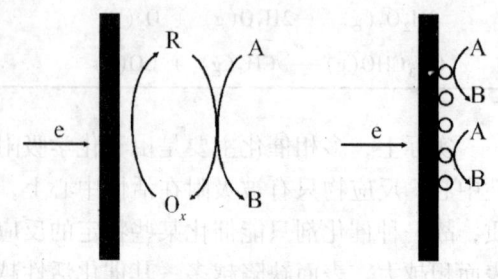

(a) 氧化—还原　　(b) 非氧化—还原

图1.42 电催化过程示意图

非氧化—还原电催化是指催化剂本身在催化过程中并不发生氧化—还原反应，当发生电化学反应时，在电子转移步骤的前、中、后阶段，生成某种化学加成物或电活性中间体，总的活化能被催化剂所降低，这种催化作用又称为外壳层催化。如图1.42(b)所示。

电催化反应的共同特点是反应过程包含两个以上的连续步骤，且在电极表面生成化学吸附中间物：

① 离子或分子通过电子传递步骤在电极表面上产生化学吸附中间物，随后吸附中间物经过异相化学步骤或电化学脱附步骤生成稳定的分子，如酸性溶液中的氢析出反应。

② 反应物首先在电极上进行解离式(dissociative)或缔合式(associative)化学吸附，随后吸附中间物或吸附反应物进行电子传递或表面化学反应，如甲醇的电氧化。

电极上出现多种化学吸附态是一种普遍现象。人们分辨不同吸附态的主要依据是吸附自由能的大小和吸附层中原子相互作用的差异；此外，在氧吸附等情况下，尚需考虑吸附、脱附之间的滞后和不可逆性。目前认为，多态化学吸附可能由以下三个因素引起：

① 表面固有的不均匀性：不仅多晶电极表面上各个部位的吸附能不同，而且在同一单晶面上，由于吸附原子在不同表面位置上可能受到不同的配位作用，也会出现吸附能的差异。

② 诱导的不均一效应：特性吸附离子的局部影响或化学吸附原子与吸附的溶剂分子的相互作用，都会引起吸附态的变化。

③ 吸附质/基体界面上的重构(reconstruction)，形成不同的超晶格 (superlattice)：原子在基体上的化学吸附形成了表面偶极，从而引起吸附层中的排斥作用，只有当吸附原子按一定规则排列(即形成超晶格)时才使排斥能最小。不同超晶格结构的生成自由能不同，因此，可视为不同的吸附态。

大量事实证明，电极材料对反应速率和反应选择性有明显的影响。电极材料对反应速率的影响分为主效应(primary effect)和次效应(secondary effect)。前者是指电极材料对反应活化能的影响，后者是指电极材料通过修改双电层结构进而对反应速率施加的影响。所谓的主次之分在于：活化能变化可使反应速率改变几个数量级，如Pt电极上的析氢反应速率是Hg电极上的1 000多倍，而双电层结构引起的反应速率变化只能是1~2个数量级。显然，不论是电催化反应还是简单的氧化还原反应，电极材料的次效应都将发挥作用，但电催化研究更关心的是主效应。

电极材料电催化作用的主效应是通过化学因素实现的。目前，已知的电催化剂可以是金属、合金、半导体和大环配合物等不同形式，但大多与过渡金属有关。和多相化学催化一样，催化剂的电子因素和几何因素在电催化中也起重要作用。过渡金属在电催化剂中占优势，正是由于它们具有未成对的电子和未充满的轨道，能够与反应吸附物形成吸附键。当然，不同过渡金属会引起不同吸附自由能的变化。电子因素的另一重要表现是过渡金属氧化态的变化，这在电催化反应过程中起着相当突出的作用。催化活化中心的几何排列也很重要，在解释同一催化剂上不同分子的反应活性时，经常涉及几何因素。必须指出，电子因素和几何因素的影响不能截然分开，不同的晶体结构意味着不同的电子能带结构，这两个因素一起决定着电催化活性对化学组成的依赖关系。电极材料的电子性质强烈地影响着电极表面与反应物种间的相互作用。当反应物或反应中间物与电极表面发生强作用时，吸附键的强弱不仅会影响速率方程式中的浓度项，而且会影响活化自由能。

以下介绍几种典型的电催化反应的机理。

1) 有机小分子醇的电氧化

研究有机小分子醇类的电化学吸附、脱附和氧化，不仅具有表面分子过程等基础理论的研究价值，而且具有在燃料电池和电有机合成等方面的应用价值。有机小分子可直接作为燃料电池的燃料，是电催化中最重要的研究对象之一。甲醇是最简单的醇分子，来源丰富，价格低廉，储存、携带方便，而且，当它完全被氧化时能够给出6个电子。甲醇在铂电极上电催化反应的机理得到了充分的研究。酸性溶液中，甲醇氧化总的反应为：

$$CH_3OH + H_2O \longrightarrow CO_2 + 6H^+ + 6e^-$$

用线性质谱对甲醇在铂电极上氧化产物进行研究发现，其主要产物有 CO_2，HCOOH，HCHO 及 $HCOOCH_3$。

一般认为，甲醇在铂电极上的反应机理如下：

$$Pt + CH_3OH \longrightarrow Pt\text{-}(CH_3OH)_{ad}$$

$$Pt + Pt\text{-}(CH_3OH)_{ad} \longrightarrow Pt\text{-}(CH_2OH)_{ad} + Pt\text{-}H_{ad}$$

$$Pt + Pt\text{-}(CH_2OH)_{ad} \longrightarrow Pt\text{-}(CHOH)_{ad} + Pt\text{-}H_{ad}$$

$$Pt + Pt\text{-}(CHOH)_{ad} \longrightarrow Pt\text{-}(COH)_{ad} + Pt\text{-}H_{ad}$$

$$Pt + Pt\text{-}(COH)_{ad} \longrightarrow Pt\text{-}(CO)_{ad} + Pt\text{-}H_{ad}$$

$$Pt\text{-}H_{ad} \longrightarrow Pt + H^+ + e^-$$

实验证明，CO 对 Pt 有强烈的毒化作用，且此毒化作用是不可逆转的。因此，要保证催化剂不被毒化，就必须尽量避免 $Pt\text{-}(CO)_{ad}$ 的产生，或者促使生成的 $Pt\text{-}(CO)_{ad}$ 被迅速氧化掉。只有在电极表面含有大量含氧物时，氧化反应才能发生。当电极表面有活性氧物时发生的反应为：

$$Pt\text{-}(CH_2OH)_{ad} + M\text{-}OH_{ad} \longrightarrow HCHO + Pt + M + H_2O$$

$$Pt\text{-}(CHOH)_{ad} + 2M\text{-}OH_{ad} \longrightarrow HCOOH + Pt + 2M + H_2O$$

$$Pt\text{-}(COH)_{ad} + M\text{-}OH_{ad} \longrightarrow CO_2 + Pt + M + 2H^+ + 2e^-$$

$$Pt\text{-}(CO)_{ad} + M\text{-}OH_{ad} \longrightarrow CO_2 + Pt + M + H^+ + e^-$$

上式中，M 代表 Pt，Ru，Sn 或 WO_3 等第二种催化成分。铂电极在小于 0.6 V（相对于标准氢电极，即 vs. NHE）时不足以生成可氧化掉毒化物的含氧物种，只有引入其他活性成分，才有可能使复合电极表面在较低电势下生成有效的含氧物种，氧化掉毒化物而保持氧化反应的进行。Ru，Sn，WO_3 等的引入，有利于降低甲醇氧化过程中催化剂的中毒，从而促进甲醇氧化反应的发生。

2）氢析出反应与分子氢的氧化

氢是可再生的洁净能源，氢析出反应是非常重要的电极反应。由于该反应本身相对简单，况且气相和溶液中氢吸附的实验资料较为丰富，氢析出反应是迄今了解金属电催化作用的最好例证。氢析出反应的动力学已在大多数金属电极和许多新的合金材料上研究过。氢析出反应一般表示为：

$$2H^+ + 2e^- \Longleftrightarrow H_2 \qquad \text{（酸性溶液中）}$$

$$2H_2O + 2e^- \Longleftrightarrow H_2 + 2OH^- \qquad \text{（碱性溶液中）}$$

目前普遍认为，该反应由如下步骤组成：

① 质子放电步骤（Volmer 反应）：

$$H^+ + M + e^- \Longleftrightarrow M\text{-}H$$

或

$$H_2O + M + e^- \Longleftrightarrow M\text{-}H + OH^-$$

② 化学脱附或催化复合步骤（Tafel 反应）：

$$M\text{-}H + M\text{-}H \Longleftrightarrow 2M + H_2$$

③ 电化学脱附步骤（Heyrovsky 反应）：

$$M\text{-}H + H^+ + e^- \Longleftrightarrow M + H_2$$

或

$$M\text{-}H + H_2O + e^- \Longleftrightarrow M + H_2 + OH^-$$

为了确定具体条件下的反应机理，除进行 Tafel 斜率、传递系数、反应级数以及反应活化能等的测定外，还要通过吸附电容的测定以了解氢吸附的状况；研究同位素效应，即在同时含 H_2O 及其同位素的溶液中研究析氢反应；确定不同条件下气相和液相中的浓度比值；研究添加剂对电极反应的影响等。大量事实表明，氢析出反应的机理及速率决定步骤不仅依赖于金属电极的本质和表面状态，而且随电极电位(或电流密度)、溶液组成和温度等因素而变化。在催化活性很高的金属上，分子氢脱离电极表面的扩散步骤甚至可能成为速率的决定步骤。在 Pd，Fe 和 Ni 等金属上，由于可能发生氢原子向金属内部的扩散，或形成金属氢化物，过程的动力学更加复杂，同时包含氢吸附和氢吸收的析氢反应动力学。表面上氢的吸附可分为欠电位吸附和过电位吸附。与欠电位吸附相比，氢的过电位吸附在较负的电位下继欠电位吸附之后而发生。在表面上参与析氢反应的是过电位吸附氢原子，而不是欠电位吸附氢原子。这些实验的结果为解释铂对析氢反应的特殊电催化作用提供了新的依据。

分子氢的阳极氧化是氢氧燃料电池中的重要反应，而且被视为贵金属表面氧化反应的模型，特别适用于研究金属阳极上反应性氧化膜的性质。在常温下，氢在未氧化 Pt 表面上的离子化过程包括氢的解离吸附和电子传递步骤，但过程受氢的扩散所控制。

3) 氧的电还原

氧还原反应是金属—空气电池和燃料电池中的正极反应，在氯碱工业中用氧还原反应(空气阴极)代替传统的阴极析氢反应已取得明显的效益。氧还原的动力学和机理一直是电化学中的重要研究课题。水溶液中氧的阴极还原是一个多个电子参与的反应，可能由串联或并联的许多基元步骤组成，如图 1.43 所示，过程中包含的反应中间物和速率决定步骤各不相同，反应机理与电极

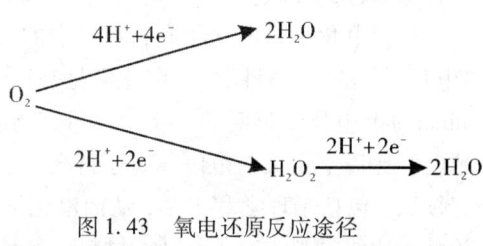

图 1.43　氧电还原反应途径

材料和溶液介质直接相关。不同研究者提出了 10 多种反应机理，并各自有相应的动力学实验结果作为依据。但是，氧还原主要按以下两种途径进行。

① 直接的 4 电子途径：

$$O_2 + 2H_2O + 4e^- \Longrightarrow 4OH^- \quad (碱性溶液中，E = 0.401 \text{ V})$$

$$O_2 + 4H^+ + 4e^- \Longrightarrow 2H_2O \quad (酸性溶液中，E = 1.229 \text{ V})$$

② 间接的 2 电子途径(或称过氧化物途径)：

$$O_2 + 2H_2O + 2e^- \Longrightarrow H_2O_2 + 2OH^- \quad (碱性溶液中，E = 0.065 \text{ V})$$

$$H_2O_2 + 2e^- \Longrightarrow 2OH^- \quad (碱性溶液中，E = 0.867 \text{ V})$$

$$O_2 + 2H^+ + 2e^- \Longrightarrow H_2O_2 \quad (酸性溶液中，E = 0.67 \text{ V})$$

$$H_2O_2 + 2H^+ + 2e^- \Longrightarrow 2H_2O \quad (酸性溶液中，E = 1.77 \text{ V})$$

直接的 4 电子途径实际上经过许多步骤，其间可能形成吸附的过氧化物中间物，但总结果不会导致溶液中过氧化物的生成。而过氧化物途径在溶液中生成过氧化物，后者一旦分解即转变为 O_2 和 H_2O。旋转环盘电极(RRDE)技术常被用于区别这两种途径。

现有的资料表明，直接 4 电子途径主要发生在贵金属(如 Pt，Pd 和 Ag)、钙钛矿型(perovskites)和烧绿石型(pyrochlores)的金属氧化物以及某些过渡金属大环配合物(如修饰在石墨上的四磺基酞菁合铁和四甲氧基苯基卟啉合镍)等电催化剂上；过氧化物途径主要发生在石墨等碳材料、Au 和 Hg、大多数过渡金属氧化物(如 NiO、尖晶石结构的氧化物)和覆盖有氧化物的金属(如 Ni 和 Co)，以及某些过渡金属大环配合物(如四磺基酞菁合钴和四甲氧基苯基卟啉合钴)等电催化剂上。

1.3.3 材料电化学

1.3.3.1 材料电化学的定义

电化学和材料学交叉领域的研究越来越受到关注，其主要原因是电化学反应在很大程度上依赖于材料，而材料的许多作用和性能又与电化学反应有关。材料电化学学科的形成是科学发展的必然，它将促进这一交叉学科领域研究的发展。电化学与材料领域结合的研究由来已久。化学电池的发明使电池材料对电池性能的影响逐渐被人们所认识。例如，人造石墨在氯碱工业中发挥了重要的作用。石墨电极材料、铅阳极、磁铁矿阳极、活性氧化物电极材料均已进入电化学工业应用。

同样，材料科学工作者对电化学的关注可以追溯到更早的时代。比如，英国科学家伊文思认识到金属的腐蚀是由于电化学反应引起的，并建立了金属腐蚀的极化图。腐蚀对材料的破坏是惊人的，对腐蚀电化学机理的研究和认识，是金属防护的必要条件。20世纪50年代以前，金属的高温氧化被归因于化学腐蚀。1952年瓦格纳分析了金属的氧化机理，提出了氧化膜的生长加厚阶段其实是电化学反应，从而为高温腐蚀问题的解决开辟了正确道路。其实，电镀、电铸、电加工等技术均是材料科学工作者感兴趣的领域。

材料电化学是电化学和材料科学的交叉科学。因此，要明确材料电化学这一概念，首先要了解"电化学"和"材料科学"。电化学是一种边缘学科（interdisciplinary），也是跨多领域的学科（multidisciplinary）。电化学早期的定义为：研究物质的化学性质或化学反应与电的关系的科学。当代电化学领域已经比以上定义的范围拓宽了许多。实际上，电化学涵盖了涉及电子、离子和量子的流动现象的所有领域，包括了理学和工学，从而电化学可将光化学、磁学、电子学等包括在内。材料科学也是跨多领域的边缘学科。有人认为，材料科学是研究材料组织结构、加工技术和性能特点之间关系的科学。综上所述，可以认为材料电化学作为电化学和材料科学的交叉科学，涵盖了材料的带电界面上所发生的现象，以及这些现象与材料内部结构之间的关系。

材料电化学一般包括：① 材料的电化学制备科学；② 材料的电化学表征技术；③ 材料的电化学保护；④ 电化学的材料学。材料的电化学制备属于材料制备科学，它是指采用电化学技术制备各种材料，主要包括材料的制备以及材料的电化学加工和表面处理。材料的电化学表征是指利用各种电化学技术对材料进行性能表征。材料的电化学保护就是利用电化学技术对材料进行保护，如阴极保护和阳极保护等。电化学的材料学是指研究电化学所涉及的材料，如电极材料、电催化材料、电解和电池材料等。在电化学技术高度发展的今天，电化学新系统的出现和电化学工业的高要求对电化学材料有了更高的要求，这必将促进电化学和材料科学的融合，促进交叉领域间的相互渗透和相互发展。这一学科的发展，必将在今后的科研、生产和基础设施建设中逐渐发挥积极作用。

1.3.3.2 电化学基础

电化学是一门研究化学能与电能相互转化的科学，电化学原理是化学中的重要理论。

最早的电化学现象的观测是1791年意大利人伽伐尼发现了金属能使蛙腿肌肉抽搐的"动物电"现象。1799年意大利人伏打发明了用不同的金属片夹湿纸组成的"电堆"，这是化学电源的雏形。在直流电机发明以前，各种化学电源是唯一能提供恒稳电流的电源。1834年法拉第电解定律的发现为电化学奠定了定量基础。19世纪下半叶，经过德国人亥姆霍兹和美国人吉布斯的工作，从热力学上明确定义了电池的电动势。1889年德国人能斯特用热力学导出了参与电极反应的物质浓度与电极电势的关系，即著名的能斯特公式。1923年荷兰人德拜和德国人休克尔提出了强电解质稀溶液静电理论，大大促进了电化学在理论探讨和实验方法的发展。20世纪40年代以后，电化学暂态技术的应用和发展、电化学方法与光学及表面技术的联用，使人们可以研究快速和复杂的电极反应，可提供电极界面上的分子信息。电化学一直是物理化学中比较活跃的分支学科，它的发展与固体物理、催化、生命科学等学科的发展相互促进、相互渗透。

在物理化学的众多分支中，电化学是唯一以大工业应用为基础的学科。它的应用主要有：电解工业，其中氯碱工业是仅次于合成氨和硫酸的无机物基础工业；金属冶金工业，如铝、钠等轻金属的冶炼，铜、锌等的精炼；表面处理，如使用电镀、电抛光、电泳涂漆等来完成机械部件的表面精整；环境保护方面，用电渗析的方法除去氰离子、铬离子等污染物；化学电源；金属的防腐蚀等。

1）电动势与热力学函数的关系

1873 年，美国化学家吉布斯引入了一个新的状态函数——吉布斯（Gibbs）函数（也称吉布斯自由焓），用符号 G 表示，将决定某过程的自发性有焓变和混乱度变化两大相反的因素统一起来作为新的判据。吉布斯函数的定义式为：

$$G = H - TS \tag{1.60}$$

即某过程是否能自发产生受过程的焓效应（ΔH）和熵效应（$T\Delta S$）的影响。式（1.60）中，焓 H、熵 S 和热力学温度都是状态函数，因此吉布斯函数 G 是一组合的状态函数。

在恒温、恒压，只做体积功的过程发生变化时，其相应的 Gibbs 函数变量（ΔG）应为：

$$\Delta G = \Delta H - T\Delta S \tag{1.61}$$

式（1.61）称为等温方程式，是一个十分重要的公式。

由此可得到只做体积功的恒温、恒压条件下，某过程自发性的判据，即：

$\Delta G < 0$ 或 $\Delta H - T\Delta S < 0$　　　过程自发

$\Delta G > 0$ 或 $\Delta H - T\Delta S > 0$　　　过程非自发

$\Delta G = 0$ 或 $\Delta H = T\Delta S$　　　过程处于平衡状态

这就是说，在只做体积功的恒温、恒压下的系统发生自发过程时，系统的吉布斯函数将减小；系统达到平衡时，其吉布斯函数将减至最小。对于原电池反应来说，系统所做的最大有用功就是电功。根据物理学原理，电功等于通过的电量 Q 与电动势的乘积：

$$W_{\max} = -QE_{MF} = -zFE_{MF} \tag{1.62}$$

式中，F 为法拉第（Faraday）常量，为 96 485 C/mol，z 为电池反应转移的电子数，E_{MF} 为电池电动势。由上述两式得：

$$\Delta_r G_m = -zFE_{MF} \tag{1.63}$$

如果电池反应在标准状态下进行，则：

$$\Delta_r G_m^0 = -zFE_{MF}^0 \tag{1.64}$$

根据式（1.64），若已知电池电动势 E_{MF}，则可以求出电池反应的吉布斯函数 $\Delta_r G_m$；反之亦然。

2）原电池

1799 年，意大利物理学家伏特（A. Volta）制得世界上第一个原电池——Volta 电池。根据电化学原理，任何一个氧化还原反应对都可装置成一个原电池。原电池产生电流的原因则是由于电极电势差的形成。原电池由两个半电池相互组合而成，每个半电池（电极）由金属（或石墨）和电解质溶液组成。

由图 1.44 所示的原电池可知，电池的两电极材料不同，在构成回路时，负极上发生氧化反应，正极上发生还原反应。电极反应为：

锌电极：$Zn - 2e^- \Longrightarrow Zn^{2+}$　　　（氧化反应）

铜电极：$2H^+ + 2e^- \Longrightarrow H_2\uparrow$　　　（还原反应）

原电池正负极的确定很重要。在图 1.44 中，铜和锌两种金属作为两个电极放在电解质溶液中，用导线连接后便构成原电池的回路。由于 Cu,Zn 两种金属的电势不同,产生了电势差,从而形成电子的流动。电子总是从低电势的电极流向高电势的电极(注意:电流方向与电子流动方向相反)。电势的高低一般可根据金属的活泼性确定:金属越活泼其电极电势就越低,金属越不活泼其电极电势就越高。由于锌比铜活泼,所以电子总是从锌电极流向铜电极。锌电极上电子的减少和铜电极上电子的增加,破坏了两极的双电层。这样,锌电极上有一定数量的 Zn^{2+} 溶入溶液中,同时又有相应数量的 H^+ 在铜板上取得电子而逸出。这样的过程一直持续进行直至反应终止。电化学上把电子流出的电极定为负极,电子流入的电极定为正极。在图 1.44 中,锌为负极,铜为正极。

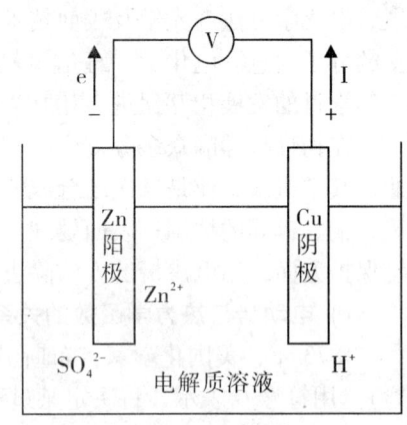

图 1.44 原电池示意图

实际上,当金属放入它的盐溶液中时,会同时出现两个相反的趋向。一方面,金属表面上的金属离子受极性很大的水分子吸引,离开金属而溶解于溶液中;另一方面,溶液中的金属离子可沉积到金属的表面。金属越活泼,金属溶解的趋向越大;溶液浓度越大,金属离子沉积的趋向越大。当金属与溶液间溶解与沉积的速率相等时,就达到动态平衡。此时,如溶解趋向大于沉积趋向,金属表面因自由电子过剩而带负电荷;相反,沉积趋向较大时,可使金属带正电荷。

如果金属带负电荷,则金属附近溶液中的正离子会被吸引到金属的表面附近,而负离子则被金属所排斥,因此,在金属周围就有较多的正离子聚集,在金属与溶液之间形成了双电层,从而产生电势差。当然,这些正离子呈扩散状态分布于金属的周围。这种电势差就是金属电极的电极电势。显然,金属的电极电势的大小和符号,取决于金属的本性和原来溶液中金属离子浓度的大小。

通过电极的电极电势可求原电池的电动势。原电池的电动势(E)就是两极之间的电势差,即正极的电极电势($\varphi_{正}$)减去负极的电极电势($\varphi_{负}$)。影响电极电势的因素很多,对特定的电极来说,温度、溶液浓度(或气体分压)是主要的影响因素。

原电池的电动势可以很方便、很准确地测定,但无法测出每个电极的电极电势绝对值。一般采用参比电极来相对确定电极的电势,通常人为地规定标准氢电极的电极电势为零。标准氢电极的标准态是指溶液中氢离子活度为 1 mol/L,气体分压为 100.0 kPa,温度为 298 K。各种电极和标准氢电极连接,测得的相对平衡电势叫做标准电极电势(standard electrode potential)。在实际测定中,由于标准氢电极的使用条件十分严格,操作较困难,往往使用某些具有稳定电极电势的参比电极,如甘汞电极和银—氯化银(Ag/AgCl)电极等。

甘汞电极是最常用的参比电极之一。其电极反应为:$Hg_2Cl_2 + 2e^- =\!=\!= 2Hg + 2Cl^-$。电极电位在 25 ℃可以按下式计算:

$$E_{Hg_2Cl_2/Hg} = E^{\ominus}_{Hg_2Cl_2/Hg} + (0.059/2)\ln[a_{Hg_2Cl_2}/(a_{Hg}^2 \cdot a_{Cl^-}^2)]$$

$$E_{Hg_2Cl_2/Hg} = E^{\ominus}_{Hg_2Cl_2/Hg} - 0.059 \ln a_{Cl^-}$$

式中,$\ominus$ 表示标准电极电位,a 表示活度。其电极电位在 25℃时的数值见表 1.7。

表 1.7 甘汞电极的电极电位(25 ℃)

	0.1 mol/L 甘汞电极	标准甘汞电极(NCE)	饱和甘汞电极(SCE)
KCl 浓度/(mol·L^{-1})	0.1	1.0	饱和溶液
电极电位/V	+0.336 5	+0.282 8	+0.243 8

饱和甘汞电极(SCE)的电极电位可由下式进行温度校正：
$$E_t = 0.243\ 8 - 7.6 \times 10^{-4}(T-25)\ (V)$$

银—氯化银电极是在银丝上镀一层 AgCl 沉淀，并浸在一定浓度的 KCl 溶液中，即构成了银—氯化银参比电极。电极反应为：
$$AgCl + e^- \rightleftharpoons Ag + Cl^-$$

电极电位在 25 ℃时可以用下式计算：
$$E_{AgCl/Ag} = E^{\Theta}_{AgCl/Ag} - 0.059\ \ln a_{Cl^-}$$

其电极电位的数值见表 1.8。

表 1.8 银—氯化银电极的电极电位(25 ℃)

	0.1mol/L Ag – AgCl 电极	标准 Ag – AgCl 电极	饱和 Ag – AgCl 电极
KCl 浓度/(mol·L^{-1})	0.1	1.0	饱和溶液
电极电位/V	+0.288 0	+0.222 3	+0.200 0

标准 Ag – AgCl 电极的电极电位可由下式进行温度校正：
$$E_t = 0.222\ 3 - 6 \times 10^{-4}(T-25)\ (V)$$

3) Nernst 方程

德国化学家能斯特(Nernst)较好地揭示了电极电势与氧化/还原物质浓度之间的关系，提出了著名的 Nernst 方程式。根据电极反应：
$$氧化态 + ne^- \rightleftharpoons 还原态$$
则电极电势与氧化/还原物质浓度之间的关系可用下式表示：
$$\varphi = \varphi^0 + \frac{RT}{nF} \ln \frac{[氧化态]}{[还原态]} \tag{1.65}$$

式(1.65)称为 Nernst 方程式。式中，φ 为氧化态和还原态物质在某一浓度(或气体分压)时的电极电势，φ^0 为该电极的标准电极电位，[氧化态]、[还原态]分别为氧化态和还原态物质的浓度(或气体的分压)，并应以化学方程式中各自的计量系数为方次。

电极电势是反映物质性质的重要数据，在理论和实践中都有十分广泛而重要的应用，如装配电池并计算电池的电动势，判断氧化剂、还原剂的相互强弱，判断氧化还原反应的方向，判断氧化还原反应的限度，设计新型化学电源、判断电解产物，研究金属腐蚀以及测定溶度积、配离子的不稳定性常数、标准平衡常数等。通过实验测定某电极标准电极电势的方法是：以标准氢电极为对电极，待测标准电极为工作电极组成原电池，测定该电池的标准电池电势。由于标准氢电极电势为零，所以测得的标准电池电动势在数值上就等于待测电极的标准电极电势。

4) 电解池

另一类电化学过程则是用电流做功来推动反应的 Gibbs 函变升高($\Delta G > 0$)的过程，即将电能转换成化学能的过程，是让电流通过电解质溶液(或熔融体系)，在两电极上分别发生氧化和还原反应的过程，亦称电解。

电解装置及原理并不复杂，电解通常在电解池中进行。通过电流引起氧化还原反应的装置称为电解池。电解有着广泛而重要的应用，如工业制碱，铜、银、锌、铝等金属的电解精炼等。

然而，影响电解产物的因素较多，如电解 NaCl 溶液和电解熔融 NaCl 的电解产物不同，所以必须将影响因素综合考虑，才能确定最终的电解产物。电解常常在水溶液中进行，电解液中除了电解质的正、负离子外,还有由水离解出来的 H^+ 和 OH^-。因而在电解时,能在电极上放电的离子有可能不止一种。

1834 年,法拉第(M. Faraday)提出电化学过程的定量学说:在电化学电池中,两电极所产生或消耗的物质的质量与通过电池的电量成正比。当给定的电量通过电池时,电极上所产生或消失的质量正比于它的摩尔质量被相应转移的电子数除的商,此学说称为法拉第定律,也称电解定律:

$$it = nF\frac{W}{M} \tag{1.66}$$

式中,i 为电流。

实际上,电解时有能量损耗,因此,需要计算电解效率。通过下式计算得到电流效率就知道电解效率。

$$\eta = \frac{Q}{Q_t} \times 100\% \quad 或 \quad \eta = \frac{W_t}{W} \times 100\%$$

式中,η 为电流效率,Q 为根据法拉第定律计算所需的电量,Q_t 为实际消耗的总电量,W 为根据法拉第定律计算应得产物的质量,W_t 为实际所获产物的质量。

1.3.3.3 电极过程动力学

电极和溶液接触后,在电极和溶液的相界面会形成双电层,这是电量相等符号相反的两个电荷层。双电层大致有离子双电层、偶极双电层、吸附双电层三类。离子双电层由电极表面的过剩电荷和溶液中相反电荷的离子组成,一层在电极表面,一层在贴近电极的溶液中;偶极双电层由在电极表面定向排列的偶极分子组成;吸附双电层由吸附于电极表面的离子电荷,以及由这层电荷所吸引的另一层离子电荷组成。后两类双电层都存在于一个相中。双电层厚度小则几个纳米,大则几百纳米。双电层可等效于一定大小的电容。

电流通过电极与溶液的界面时发生两类过程:一是非法拉第过程,这一过程使电极表面电荷密度发生变化,改变双电层结构,如脱附和吸附过程,所消耗的电流称为非法拉第电流。在非法拉第过程中,电荷没有越过电极界面,类似于双电层电容器的充电和放电,因此,非法拉第电流也称为充电电流 i_c。二是法拉第过程,这一过程发生电极反应,引起某种物质发生氧化或还原反应。物质反应量与电量的关系服从法拉第定律,所消耗的电流称为法拉第电流 i_f。通过电极的电流为充电电流和法拉第电流之和。

$$i = i_c + i_f \tag{1.67}$$

研究双电层结构时,应采用通电时不发生电极反应、全部电量用于改变双电层荷电状态的电极,这样的电极称为理想极化电极。在一定电位范围内可以找到基本符合理想极化电极条件的电极体系。例如,纯汞与经过去除了氧以及其他氧化还原杂质的 KCl 溶液接触时,在 $-1.6 \sim +0.1$ V 的电位范围内可以认为是理想极化电极。

电极反应速度为 $v = I/nF$,可用电流密度来表示电极反应速度。电流密度的大小与电极电势有关,因而电极反应速度是电极电势的函数,换言之,电流通过电极会引起电位的变化。如果反应很快,则电极电势几乎不变;如反应较慢,则电极积累了流进来的电荷,电极电位将发生变化。通常把电流流过电极时电极电势偏离平衡电势的现象称为极化。

电流通过电极时,电极电位偏离平衡电势的数值称为过电势,用 η 表示。为使过电势为正值,阴极极化时过电势为:

$$\eta_k = E_e - E \tag{1.68}$$

阳极极化时过电势为:

$$\eta_a = E - E_e \qquad (1.69)$$

其中，η_k 为阴极过电势，η_a 为阳极过电势，E_e 为平衡电势，E 为极化电势。电流密度随电位的变化形成的曲线，是极化曲线。因为电流密度是电极反应速度的一种表达，所以极化曲线直观地显示了电极反应速度与电极电势的关系。

电极过程是指电极反应的基本历程，它们在电极和电极/溶液界面附近的液层里发生。一般来说，电极反应是由以下一系列步骤串联组成的。

① 电解质中物质的传质步骤：反应粒子向电极表面传质。

② 反应粒子在电极表面上或表面附近的液层中进行吸附或发生化学变化等反应前的转化过程。

③ 电化学步骤：反应粒子在电极表面得到或失去电子，生成反应产物。

④ 反应产物在电极表面或表面附近的液层中进行从电极表面脱附、复合、分解、歧化等反应后的转化过程。

⑤ 电解质中的传质步骤：反应产物生成新相，或反应产物从电极表面向溶液中或电极内部传递。

在构成电极反应的各个步骤中，液相中的传质步骤进行得比较缓慢，是控制整个电极反应速度的限制性步骤。液相中的传质过程包括对流、扩散和电迁移三种形式。

电极反应一般包含很多步骤，所以电极过程是一种复杂的过程。要研究电极过程，必须首先分析各过程及相互间的联系。一般来说，电化学研究主要有如下三个步骤：即实验条件的选择和控制；实验结果的测量，如测量电势、电流或电量随时间的变化等；实验数据的分析和处理，以确定电极过程和一些热力学、动力学参数等。

当电极表面上进行电化学反应时，随着反应产物不断生成，反应粒子不断在电极上消耗。因此，在电极表面附近的液层中会出现这些粒子的浓度变化，从而导致液相中的浓度平衡状态的破坏，即出现了浓度极化现象。

在开始通电的短暂时间里发生的扩散总是非稳态扩散。非稳态扩散时，扩散层中各点反应物的浓度不但是距离的函数，而且是时间的函数，即 $c = f(x, t)$。在平面电极的情况下，浓度随距离和时间的变化服从 Fick 第二定律：

$$\frac{\partial c}{\partial t} = D \frac{\partial^2 c}{\partial x^2} \qquad (1.70)$$

式中，D 为扩散系数。这个方程是一个两阶偏微分方程，需要初始条件和两个边界条件。求解时可作以下假设：忽略电迁移，假设对流传质不存在，以及扩散系数 D 与浓度无关，是个常数。初始条件 $t = 0$ 时，$c(x, 0) = c^0$，就是电解前扩散粒子完全均匀地分布在液相中；一个边界条件是 $x \to \infty$ 时，$c(\infty, t) = c^0$，就是指距离电极表面无穷远处总不出现浓度极化；另一个边界条件视电解时的极化条件而定。

在构成电极反应的各个分步步骤中，液相的传质步骤由于进行得比较慢而成为控制整个电极反应速度的限制性步骤。

液相中的传质过程一般按以下过程进行。

① 对流。即物质的粒子随着液体的流动而迁移。对流一般分成自然对流和强制对流。引起自然对流的原因是液体各部分之间存在由于浓度差或温度差而引起的密度差。引起强制对流的原因是外加的搅拌作用。

② 扩散。如果溶液中某一组分存在浓度梯度，就会发生该组分自高浓度处向低浓度处转移的现象，称为扩散。描述扩散的宏观规律有以下两个：

Fick 第一定律：在单位时间内通过垂直于扩散方向的单位截面的扩散物质流量(J)与该截面处的

浓度梯度(dc/dx)成正比，这种扩散称为稳态扩散。其表达式为：

$$J = -D\frac{\partial c}{\partial x} \tag{1.71}$$

Fick 第二定律：描述的是非稳态扩散的规律，即扩散物质的浓度是随时间变化的，$dc/dt \neq 0$，实际的扩散过程都是这种情况。扩散物质的浓度变化显然是由于扩散物质流量变化而引起的，即：

$$\frac{\partial c}{\partial t} = \frac{J_1 - J_2}{\partial x} \tag{1.72}$$

式中，J_1 为流入量，J_2 为流出量，将 J 用 Fick 第一定律代入，便得到：

$$\frac{\partial c}{\partial t} = \frac{\partial}{\partial x}\left(D\frac{\partial c}{\partial x}\right) = D\frac{\partial^2 c}{\partial x^2} \tag{1.73}$$

若在空间三个方向均有浓度梯度，且三个方向的扩散系数一样，则 Fick 第二定律可写成：

$$\frac{\partial c}{\partial t} = D\left(\frac{\partial^2}{\partial x^2} + \frac{\partial^2}{\partial y^2} + \frac{\partial^2}{\partial z^2}\right)c = D\nabla^2 c \tag{1.74}$$

③ 电迁移。如果粒子带有电荷，则除了上述两种传质过程外，还可能发生由于液相中存在电场而引起电迁移的现象。

在电解池中，上述三种传质过程总是同时发生的，但是往往只有其中一种或两种起作用。例如，在不搅拌溶液的情况下，在离电极比较远的地方由于自然对流而引起的液流速度比较大，这时扩散和电迁移可忽略不计。但是，在电极表面附近的薄层液体中，起主要作用的是扩散及电迁移过程，液流速度一般很小。若向溶液中加入大量支持电解质（浓度一般大于反应物浓度的 100 倍），则使得电迁移可被忽略，这时只靠扩散来传质。

1) 极化与超电势

可逆电池和电极电势的讨论都是在没有净电流通过的情况下发生的，即进行的是可逆过程。事实上，无论化学电源还是电解过程都必须有电流通过，实际电极过程都是偏离平衡态进行的。这种在电流通过电极时，电极电势偏离平衡值的现象，称为电极的极化(polarization)，见图 1.45。通常把在某一电流密度下的极化电极电势与平衡电极电势间的差值称为超电势(overpotential)，以 η 表示。极化主要包括电化学极化、浓差极化和欧姆极化。欧姆极化(ohmic polarization)主要是由溶液内阻所造成

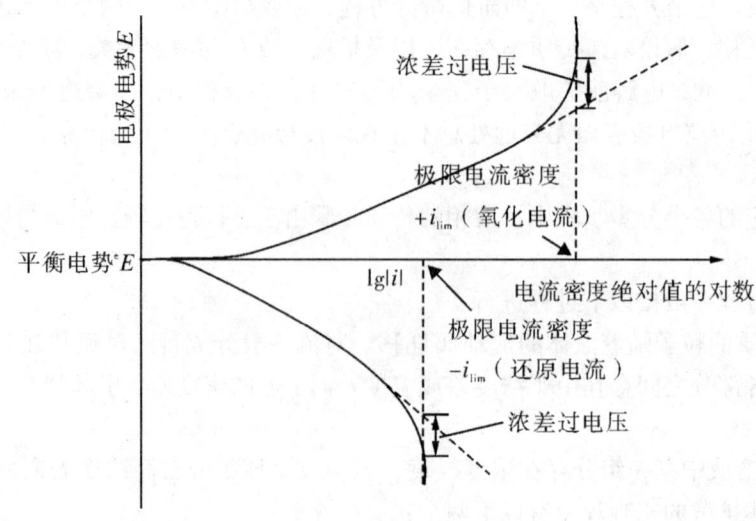

图 1.45　电极极化示意图

的,它相当于一个纯电阻,因此,在实验中可以用断电流法消除它的影响。

(1) 电化学极化(activation polarization)

在电极上发生的电化学反应一般都是由一系列连续步骤组成的,在整个过程中的最慢步骤控制整个电极反应的速率。为此,必须在相应的平衡电势上额外附加电势,以克服此阻力,加速反应的进行。这种由于电化学反应步骤的阻力而引起的极化称为电化学极化。由电化学极化所引起的超电势,称为活化超电势。采用化学动力学的方法推导出由于电化学极化引起的超电势与电流密度的关系,称为电化学极化方程式,也称为巴特勒—伏默尔(Butler-Volmer)方程。

简单的电极与溶液界面发生的氧化—还原过程为:

$$O + ze^- \longleftrightarrow R$$

当处于极化状态下,电极上的阴极极化电流可表示为:

$$j_k = j_R - j_O = j^0 \left[\exp\left(\frac{\alpha z F \eta_-}{RT}\right) - \exp\left(\frac{\beta z F \eta_+}{RT}\right) \right] \tag{1.75}$$

式中,j 为极化电流,α 为阴极电子转移系数,z 为电子转移数,β 为阳极电子转移系数。

同理,阳极电流可表示为:

$$j_a = j_O - j_R = j^0 \left[\exp\left(\frac{\beta z F \eta_+}{RT}\right) - \exp\left(\frac{\alpha z F \eta_-}{RT}\right) \right] \tag{1.76}$$

式(1.75)和式(1.76)均称为电化学极化方程。

(2) 浓差极化(concentration polarization)

影响浓差极化的主要原因是液相传质,主要包括对流、扩散和电迁移。这三种传质过程在发生电化学反应的系统中都有可能发生,但在不同位置或不同情况下会有所不同。

2) 双电层(见图1.46)

在双电层理论的发展过程中,首先是Holmholtz提出了"平板电容器"模型,或称为"紧密双电层"模型。按照这种模型,电极表面上和溶液中的剩余电荷都紧密地排列在界面两侧,形成类似荷电平板电容器的界面双电层结构。这种模型完全无法解释为什么在稀溶液中微分电容曲线会出现极小值。为了摆脱平板电容器模型所遇到的困境,20世纪初叶,Gouy和Chapman提出"分散双电层"模型。他们认为,由于粒子热运动的影响,溶液中的剩余电荷不可能完全紧密地排列在界面上,而应按照势能场中粒子的分布规律分散在邻近界面的薄液层中,即形成电荷"分散层"。按照这种模型,并假设离子电荷为理想的点电荷,可以较满意地解释稀溶液中零电荷电势附近出现的电容极小值。但是,由于他们完全忽略了溶剂化离子的尺寸及紧密层的存在,当溶液浓度较高或表面电荷密度值较大时,按分散层模型计算得出的电容值远大于实验测得的数值。值得指出的是,1910年Gouy-Chapman采用的分散双电层概念与13年后Debye-Hückel建立强电解质溶液中离子氛理论时得到的基本概念与数学方法大致相近。

1924年Stern综合了上述两种模型中的合理部分,建立了Gouy-Chapman-Stern模型(GCS模型)。GCS模型主要是分散层模型。虽然这一模型承认紧密双电层的存在与作用,却并未认真分析紧密双电层的结构与性质,因而常被称为GCS分散层模型。

GCS分散层模型的处理主要基于Boltzmann分布公式和Poissn公式,并根据模型的边界条件求得分散层中剩余电荷的分布与电势分布。根据推导的公式,分散层中的电势呈指数型衰减,则分散层的"有效厚度"(或称为Debye长度)为:

$$L_{\text{分散}} = 1/k = \frac{1}{|z|F}\left(\frac{\varepsilon RT}{8\pi c^0}\right)^{1/2} = 0.096(c^0)^{-1/2} \,(\text{Å}) \quad (25\ ℃\text{时},\ z=1) \tag{1.77}$$

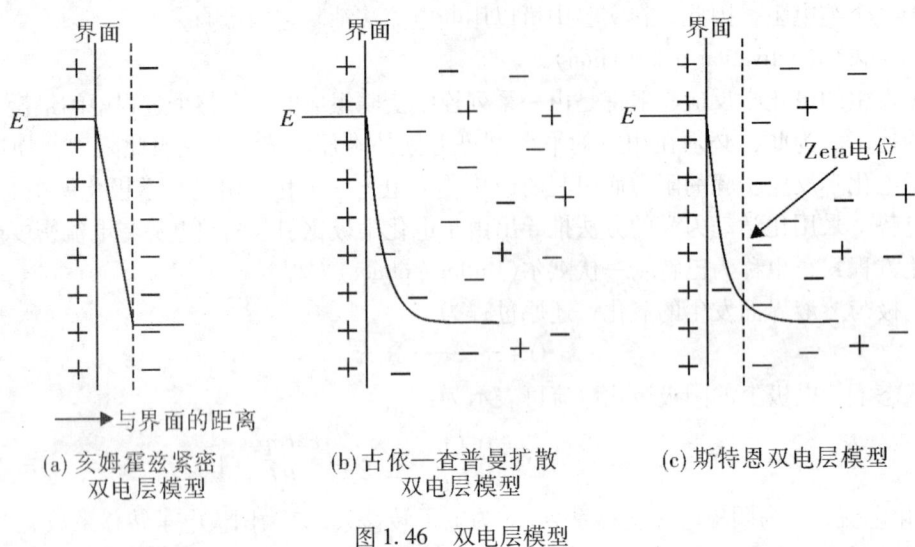

图 1.46 双电层模型

式中，z 为电荷数，c^0 为电解质浓度。将不同的 c^0 值（用 mol/cm^3 表示）代入式(1.77)中，可知在稀溶液中（小于 0.001 mol/L），$L_{分散}$ 可达 100 Å 以上，而在较浓溶液中（大于 0.1 mol/L），$L_{分散}$ 只有几个 Å。

采用分散双层模型可以较好地解释稀溶液中零电荷电势附近出现的电容最小值。在稀溶液中，零电荷电势附近分散层电容比紧密层电容要小，因而前者是决定界面电容的主要因素；但在远离零电荷电势处及较浓溶液中，决定界面电容的主要因素已不再是分散层电容而是紧密层电容了。用实验来验证 GCS 模型比较困难，因为这一模型没有考虑紧密层区域。其实，分散层内侧的电场强度很高，如果将分散层的介电常数 ε 指定为 78.5，即可得到：

$$\left(\frac{dE}{dx}\right)_{x=d} = -1.44 \times 10^5 q \ (V/cm) \tag{1.78}$$

式(1.78)中，q 为电量，用 $\mu C/cm^2$ 表示，d 为双电层厚度。由此可见，分散层内侧的电场强度很容易达到 $10^6 \sim 10^7$ V/cm。在这样强的电场中，必须考虑由于介电饱和而引起的介电常数降低。

GCS 模型的另一个缺点是未考虑剩余电荷的粒子性。即使认为处理金属表面剩余电荷这样做还是可以允许的，但在液相中处理由离子组成的界面双电层时就不应忽视电荷的粒子性。显然，在与电极表面平行的平面上（x 为定值），并不是每一点都是等电势的，因为每一离子附近还存在着由于离子电荷而引起的微观电场。由此可见，按上述理论求出的分散层界面的 E 电势等参数值只能理解为某种平均值，与局部电势有出入。例如，在电极表面正离子附近的局部 E 电势就要比平均值更高一些。如果还考虑到当液相中的点电荷距金属表面很近时将导致金属表面层出现"镜像电荷"，则金属表面电荷分布也不再是均匀的了。假设电极表面上有一层在一定程度上定向吸附的水分子偶极层，而大多数阳离子由于水化自由能较高并不能逸出水化球而进入表面水分子层，如图 1.47 所示。如果假设第一层水分子由于在强电场中偶极定向排列导致介电饱和，因而使介电常数降至约 6，以及正离子周围水化球的介电常数约 40，则界面

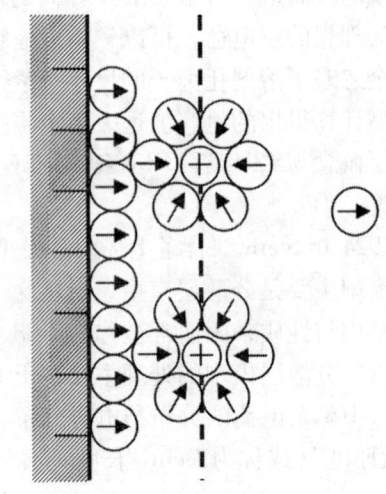

图 1.47 定向吸附的水分子偶极层的结构

电容值主要由第一层水分子所决定而与溶液中正离子的种类几乎无关。

1.3.3.4 电化学研究方法

电化学研究方法笼统地可分为稳态(steady state)和暂态(transient state)两种。稳态是指电极表面状态、电极电势、电流和电极表面物种的浓度等基本上不随时间而改变的状态。对于实际研究的电化学体系，当电极电势和电流稳定不变或变化速度不超过一定值时，就可以认为体系已达到稳态。稳态和暂态是相对的，从暂态到达稳态是一个逐渐过渡的过程。稳态电流代表着电极反应进行的净速度，因为此时的电流全部是由于电极反应所产生的；而暂态电流则包括法拉第电流和非法拉第电流。由电极/溶液界面的电荷传递反应所产生的电流是法拉第电流，通过暂态法拉第电流可以计算电极反应的量。双电层的结构改变引起暂态非法拉第电流，通过非法拉第电流可以研究电极表面的吸附和脱附行为，测定电极的实际表面积。

以下介绍几种常用的电化学测量方法。

1) 循环伏安法

循环伏安法(cyclic voltammetry)是指加在工作电极上的电势从原始电位 E_0 开始，以一定的速度 ν 扫描到一定的电势 E_1 后，再将扫描方向反向进行扫描到原始 E_0，然后在 E_0 和 E_1 之间进行循环扫描。其施加电势和时间的关系为：

$$E = E_0 + \nu t \tag{1.79}$$

式中，ν 为扫描速度，t 为扫描时间。循环伏安法实验所得的电势和时间的关系曲线如图 1.48(a) 所示，电流—电位曲线如图 1.48(b) 所示。

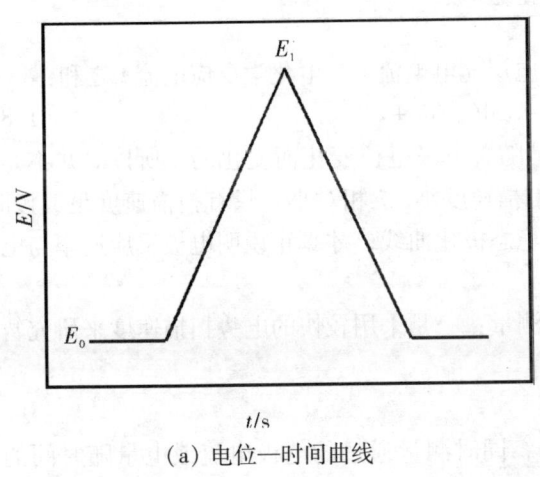
(a) 电位—时间曲线

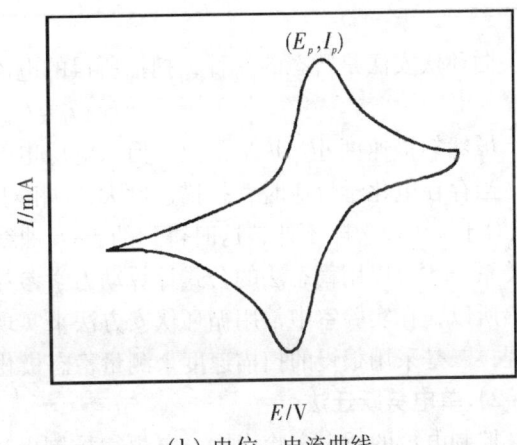
(b) 电位—电流曲线

图 1.48 循环伏安法实验曲线

若电极反应为 $O + ne^- \longrightarrow R$，初始溶液中只含有 O 而不含有 R，且扫描的起始电势 E_0 比 O/R 电对的标准平衡电势更正，则开始扫描的一段时间内，电极上只有很小的充电电流通过。当电极电势接近 E_Ψ^0 时，O 开始得到电子而被还原，阴极电流随着电势变负而越来越大；当电极电势超越 E_Ψ^0 后，电流又趋于下降，这是由于表面层中反应粒子大量消耗，因而得到具有峰值的曲线。当扫描电势达到 E_1 后，扫描开始反向进行。随着电极电势的逐渐变正，O 的浓度进一步极化，还原电流进一步下降，电极附近生成的 R 重新被氧化，产生愈来愈大的阳极电流，随后，又由于 R 的消耗而引起阳极电流的衰减和出现阳极电流峰。

采用循环伏安法，一方面能较快地观测较宽的电势范围内发生的电极过程，为电极过程研究提供丰富的信息；另一方面又能通过对扫描曲线形状的分析，估算电极反应参数。如还原的阴极峰电位与氧化的阳极峰电位相距很远，阴极峰电位随扫描速度的增大而负移，且 $I_p - \nu^{0.5}$ 成线性关系，可认为还原是不可逆过程。

对于完全不可逆电荷转移反应，有关系式：

$$|E_p - E_{p/2}| = 1.857RT/(\alpha nF) \quad (1.80)$$

$$I_p = 0.4958nF(\alpha nFD\nu/RT)^{0.5}Ac \quad (1.81)$$

其中，E_p 为峰电位，$E_{p/2}$ 为半峰电位，是电流为半峰值 $I_{p/2}$ 时的电势，法拉第常数 $F=96\,485$ C/mol，气体常数 $R=8.314$ J/(mol·K)，T 为温度，α 为传递系数，n 为电子转移数，A 为电极面积，D 为扩散系数，c 为物质浓度。不同电极过程的循环伏安判据见表 1.9。

表 1.9　不同电极过程的循环伏安判据

电极过程	电势响应的性质	电流的性质	阴阳极电流比性质
可逆电子传递反应	峰电位 E_p 与扫描速度 ν 无关；25 ℃时，峰电位差为：$E_{p,a} - E_{p,k} = (57 \sim 63)/n$(mV)，且与 ν 无关	峰电流 I_p 与扫描速度 ν 的平方根之比与 ν 无关	阳极和阴极峰电流之比为 1，且与 ν 无关
半可逆电子传递反应	E_p 随 ν 移动；25 ℃时，$E_{p,a} - E_{p,k} = (57 \sim 63)/n$(mV)，随 ν 增加而增大	峰电流 I_p 与扫描速度 ν 的平方根之比与 ν 无关	阳极和阴极峰电流之比仅在 $\alpha = 0.5$ 时为 1，且与 ν 无关
不可逆电子传递反应	ν 增大 10 倍，峰电位 E_p 正移为 $30/(\alpha n)$(mV)	峰电流 I_p 与扫描速度 ν 的平方根之比是常数	反向扫描时没有电流

循环伏安法是暂态的一种，扫描所得的电流是双电层充电电流 i_c 与电化学反应电流 i_f 之和：

$$i = i_c + i_f = C_{dl}dE/dt + EdC_{dl}/dt + i_f \quad (1.82)$$

虽然扫描速度 dE/dt 是常数，但双电层电容 C_{dl} 是随着电极电位变化而变化的，所以 i_c 并不是常数，当存在电化学反应时，扫描速度大，i_c 相对大，扫描速度小，i_c 相对小。只有扫描速度足够慢时，i_c 相对于 i_f 可以忽略不计，这时得到的 $i-E$ 曲线才是稳态极化曲线，才真正说明电极反应速率与电位的关系，才可以用稳态法的公式计算动力学参数。

所以，在实验室中常用循环伏安方法来实现两类测量：一是采用较快的电势扫描速度来研究暂态过程；二是采用很慢的扫描速度来测量稳态极化曲线。

2）单电势跃迁法

控制电位的暂态实验指按一定规律控制电极电势，同时测量通过的电极电流或电量随时间的变化，进而计算反应过程的有关参数的实验。电势阶跃是指电极电势从开路电势或一定的电势突跃到某一指定值，同时记录电流—时间曲线，也叫计时电流法(chronoamperometry)。见图 1.49。

对于扩散控制的电极反应，即电子传递是快步骤，当反应开始前只有反应物，电流—时间关系的方程可由 Cottrell 方程给出：

$$i = nFAD^{0.5}c^0/\sqrt{\pi t} \quad (1.83)$$

式中，A 为电极面积。以 i 对 $t^{-0.5}$ 作图，由直线斜率可求出反应物的扩散系数。

3）电流阶跃实验

控制工作电极的电流，同时测定工作电极电势随时间的变化，叫计时电位法(chronopotentiometry)。也就是说，开始极化后在电极表面通过的极化电流密度保持不变，也称为恒电流极化或电流阶跃法。见图 1.50。

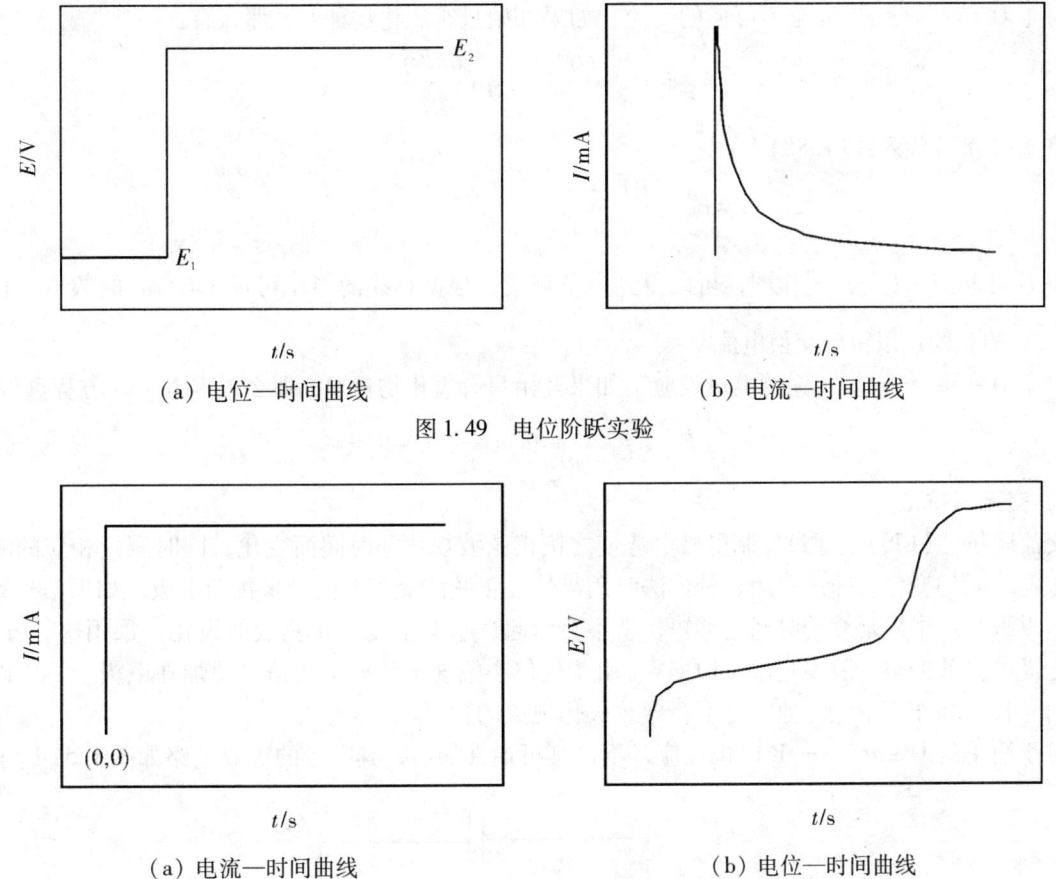

(a) 电位—时间曲线　　　　　　(b) 电流—时间曲线

图 1.49　电位阶跃实验

(a) 电流—时间曲线　　　　　　(b) 电位—时间曲线

图 1.50　电流阶跃实验

在阴极极化维持电流恒定的条件下，另一边界条件是：$(\partial c/\partial x)_{x=0}=i/nFD=$ 常数，i 是恒定的电流密度。根据初始和边界条件，有：

$$c(x,\ t)=c^0+\frac{i}{nF}\Big[\frac{x}{D}\mathrm{erfc}(\frac{x}{2\sqrt{Dt}})-2\sqrt{\frac{t}{\pi D}}\exp(-\frac{x^2}{4Dt})\Big] \tag{1.84}$$

erfc(Z) 是误差函数 erf(Z) 的反函数。erfc(Z) = 1 − erf(Z)。$x=0$ 时，式(1.84)变为：

$$c(0,\ t)=c^0-\frac{2i}{nF}\sqrt{\frac{t}{\pi D}} \tag{1.85}$$

从上式可以看出，当 $t^{0.5}=nFc^0\sqrt{\pi D}/2i$ 时，$c(0,\ t)=0$。因此，经过这段时间后，只有依靠其他电极反应才能维持电流恒定。电极电位突然向负的方向增大，发生新的电极反应。从开始恒电流极化到电位发生突变所经历的时间为过渡时间，用 τ 表示。过渡时间也就是使反应物的表面浓度降为零所需的电解时间，由式(1.85)得到下式：

$$\tau^{0.5}=\Big[1-(\frac{t}{\tau})^{0.5}\Big]\frac{t}{\tau}\frac{nFc^0\sqrt{\pi D}}{2i} \tag{1.86}$$

这个方程叫 Sand 方程。

将式(1.86)代入式(1.84)中，则该反应粒子的浓度变化为：

$$c(0,\ t)=c^0\Big[1-(\frac{t}{\tau})^{0.5}\Big] \tag{1.87}$$

对于 $O + ne^- \longrightarrow R$ 完全不可逆的反应,如果开始只有氧化物种 O,那么有:

$$i = i^0 \frac{c(0, t)}{c^0} \exp\left(\frac{\alpha n F \eta}{RT}\right) \tag{1.88}$$

将式(1.87)代入式(1.88)有:

$$E = E^0 + \frac{RT}{\alpha n F} \ln \frac{i}{i^0} - \frac{RT}{\alpha n F} \ln\left[1 - \left(\frac{t}{\tau}\right)^{0.5}\right] \tag{1.89}$$

将 E 对 $\ln[1 - (\frac{t}{\tau})^{0.5}]$ 作图,可以得到一条直线,根据直线的斜率可以求出 αn 的数值。直线外推到 $t = 0$ 的截距可以得到交换电流 i^0。

对于 $O + ne^- \longleftrightarrow R$ 可逆的电极反应,如果开始只有氧化物种 O,那么根据 Nernst 方程可得:

$$E = E_{\tau/4} + \frac{RT}{nF} \ln\left[\left(\frac{t}{\tau}\right)^{0.5} - 1\right] \tag{1.90}$$

4) 交流阻抗法

交流阻抗法(EIS)是通过控制电极电势使之按正弦波规律随时间而变化,同时测量相应的响应电极电流随时间的变化规律。采用这种方法时用小幅度正弦波交流电信号来扰动电极。如果信号频率足够高,以致每一半周延续的时间足够短,就不会引起严重的浓度变化及表面极化。采用这一方法时,交流电极电势的振幅一般不超过 ±10 mV。由于仅仅小幅度正弦波交流信号叠加在电极上,所以即使测量信号长时间作用于电解池,也不会导致极化现象的积累。

对于简单的 $O + ne^- \longrightarrow R$ 电极反应,不论其可逆性如何,其电极的等效电路如图 1.51 所示。

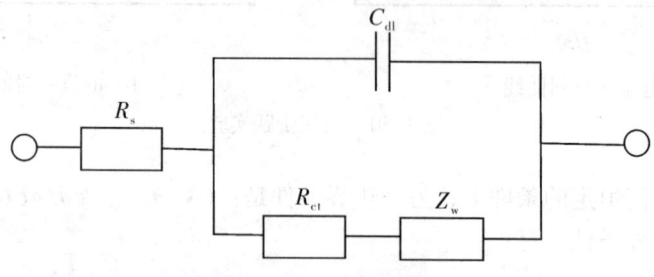

图 1.51 电极等效电路

在图 1.51 中,C_{dl} 表示电极与电解质溶液两相之间的双电层电容,R_s 表示从参比电极的鲁金毛细管口到被测研究电极之间的溶液电阻,R_{ct} 为电荷传递电阻,Z_w 为 Warburg 阻抗。

$$Z_w = \frac{RT}{\sqrt{2}n^2 F^2 c_i^0 \sqrt{\omega D_i}}(1 - j) \tag{1.91}$$

式中,ω 为角频率,D_i 为扩散系数,j 为虚数单位。对于反应 $O + ne^- \longrightarrow R$,刚开始只有 O 存在的情况,研究 O 的还原过程,有:

$$Z_w = \frac{RT}{\sqrt{2}n^2 F^2 c_O^0 \sqrt{\omega D_O}}(1 - j) \tag{1.92}$$

$$Z_{Re} = R_s + \frac{R_{ct} + \sigma \omega^{-0.5}}{(C_{dl} \sigma \omega^{0.5} + 1)^2 + \omega^2 C_{dl}^2 (R_{ct} + \sigma \omega^{-0.5})^2} \tag{1.93}$$

$$Z_{Im} = \frac{nF c_O^0 \sqrt{\pi D}}{2i} \frac{R_{ct} + \sigma \omega^{-0.5}}{(C_{dl} \sigma \omega^{0.5} + 1)^2 + \omega^2 C_{dl}^2 (R_{ct} + \sigma \omega^{-0.5})^2} \tag{1.94}$$

其中,Z_{Re} 为 Warburg 阻抗实部,Z_{Im} 为虚部。

$$\sigma = \frac{RT}{\sqrt{2}n^2F^2}\left(\frac{1}{c_O^0\sqrt{D_O}} + \frac{1}{c_R^0\sqrt{D_R}}\right) \tag{1.95}$$

这里只考虑 O,则有:

$$\sigma = \frac{RT}{\sqrt{2}n^2F^2c_O^0\sqrt{D_O}} \tag{1.96}$$

用不同 ω 下的 Warburg 阻抗虚部 Z_{Im} 对实部 Z_{Re} 作图,可以得到有关反应的数据。这里讨论高频和低频时的极限情况。

(1) 低频极限

当 $\omega \to 0$ 时,函数 Z_{Re} 和函数 Z_{Im} 达到极限形式:

$$Z_{Re} = R_s + R_{ct} + \sigma\omega^{-0.5} \tag{1.97}$$

$$Z_{Im} = \sigma\omega^{-0.5} + 2\sigma^2 C_{dl} \tag{1.98}$$

两式中消去 ω,得到:

$$Z_{Im} = Z_{Re} - R_s - R_{ct} + 2\sigma^2 C_{dl} \tag{1.99}$$

因此,Z_{Im} 对 Z_{Re} 作图呈直线,且斜率为 1,如图 1.52 所示。

外推直线与实轴相交于 $-R_s - R_{ct} + 2\sigma^2 C_{dl}$。从式(1.97)和式(1.98)可以看出,低频时,频率响应仅来自 Warburg 阻抗项,因而,Z_{Re} 和 Z_{Im} 线性相关是扩散控制电极过程的特征。当频率提高时,电荷传递电阻 R_{ct} 和双电层电容就变成较重要的组分。

(2) 高频极限

当频率很高时,Warburg 阻抗相对 R_{ct} 就变得不重要了,阻抗为:

$$Z_{Re} = R_s + \frac{R_{ct}}{1 + \omega^2 C_{dl}^2 R_{ct}^2} \tag{1.100}$$

$$Z_{Im} = \frac{\omega C_{dl} R_{ct}^2}{1 + \omega^2 C_{dl}^2 R_{ct}^2} \tag{1.101}$$

两式中消去 ω,得到:

$$(Z_{Re} - R_s - R_{ct}/2)^2 + Z_{Im}^2 = (R_{ct}/2)^2 \tag{1.102}$$

Z_{Im} 对 Z_{Re} 作图为一半圆形,如图 1.53 所示(虚线),其圆心在 $Z_{Re} = R_s + R_{ct}/2$ 和 $Z_{Im} = 0$ 处,半径为 $R_{ct}/2$。

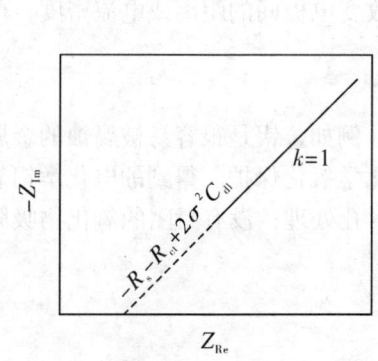

图 1.52 低频时的阻抗平面图

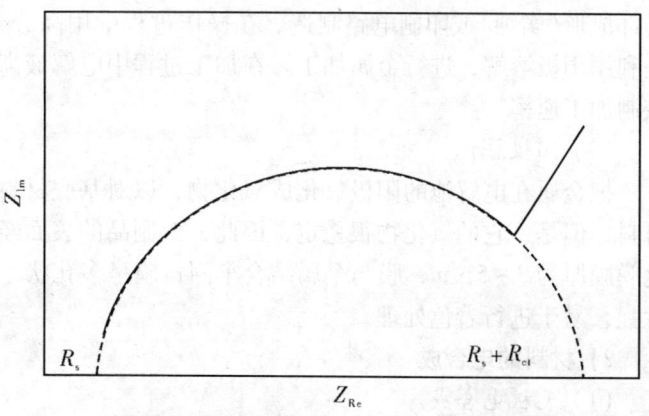

(实线是实验数据,虚线是模拟数据)

图 1.53 典型的等效电路阻抗平面图

1.3.3.5 应用电化学

电化学的发展始终与实际应用相联系。电化学应用最重要的方面之一是电解，即通过外加电压，将电能转化为化学能，包括电镀、微细电加工、金属电解冶炼、电合成等电化学工业。

1）材料的电化学加工

(1) 电镀（电铸）

电镀是指借助直流电的作用在溶液中进行电化学反应，在导电体的表面沉积一层金属或合金。例如，在硫酸铜镀铜中，硫酸铜镀液主要有硫酸铜、硫酸、水和其他添加剂。硫酸铜是铜离子(Cu^{2+})的来源，铜离子会在阴极（工件）得到电子被还原沉积成金属铜。电镀过程会受铜离子浓度、酸碱度(pH)、温度、搅拌、电流、添加剂等影响。阴极主要反应为：

$$Cu^{2+}(aq) + 2e^- \longrightarrow Cu(s)$$

电镀过程溶液中铜离子的消耗使得其浓度下降，影响后继沉积过程。有两个解决方法：① 在溶液中添加硫酸铜；② 用铜作阳极。其中用铜作阳极比较简单。阳极的作用主要是导体，起接通电路回路的作用。但铜作阳极时是氧化溶解成铜离子，补充铜离子的消耗。阳极主要反应：

$$Cu(s) \longrightarrow Cu^{2+}(aq) + 2e^-$$

由于镀液主体是水，所以也会发生水电解产生氢气（在阴极）和氧气（在阳极）的副反应：

$$2H_3O^+(aq) + 2e^- \longrightarrow H_2(g) + 2H_2O(l) \quad \text{阴极副反应}$$
$$6H_2O(l) \longrightarrow O_2(g) + 4H_3O^+(aq) + 4e^- \quad \text{阳极副反应}$$

结果使工件的表面上覆盖了一层金属铜。这是一个典型电镀的机理，但实际情况是十分复杂的。

(2) 化学镀

化学镀是用还原剂使金属沉积在镀件上，特点是不用电，适用于非金属，对表面形状无要求。可为非金属电镀打底。化学镀工艺分为以下五个过程。

① 除油：用有机溶剂、碱液清除污垢。

② 粗化：用酸或氧化剂对表面粗糙化处理，增加表面积。

③ 敏化：在镀件表面预先吸附还原剂（如 Sn^{2+}）。

④ 活化：在镀件表面形成活化中心，如将 Ag^+，Pd^{2+} 或 Au^{3+} 还原成晶核。

⑤ 镀覆：镀液（如 Cu^{2+}）被还原，沉积于镀件表面。

(3) 电化学蚀刻

电化学蚀刻法包括电化学腐蚀和电化学加工，适用于特硬、脆、韧、难切削的金属材料，细微的局部成形（腐蚀）或印刷电路制造。在操作过程中用高分子材料保护保留部分，然后进行加工。原理是利用阳极溶解，进行金属加工。在加工过程中电解液高速流动，改变电极间的距离或电流密度，可控制加工速率。

(4) 阳极氧化

把金属在电解池的阳极氧化成氧化物，以对基底材料进行保护。例如，铝是很容易被腐蚀的金属材料，但是，它的氧化物很稳定，因此，铝制品的表面经常进行电化学氧化保护。得到的电化学铝氧化膜膜厚为 $3 \sim 5 \mu m$，膜与金属结合牢固；膜呈多孔状，需要进行封孔处理；没有封闭的氧化物吸附性强，易于进行着色处理。

2）材料的电合成

(1) 无机电合成

氯碱工业是最具代表性和最重要的无机电合成工业。传统氯碱工业的电化学系统是以铁丝网为阴极，石墨为阳极，并以石棉隔膜将阳极区和阴极区分隔，防止两极产物的混合。

$$2H_2O + 2e^- \longrightarrow 2OH^- + H_2 \qquad E^0 = -0.828 \text{ V} \qquad 阴极反应$$
$$2Cl^- \longrightarrow Cl_2 + 2e^- \qquad E^0 = 1.358 \text{ V} \qquad 阳极反应$$

在石墨阳极上析出的是氯气。要降低析氯的超电势，最重要的途径是选择适当的电极材料。

(2) 有机电合成

有机电合成与一般有机合成相比，其特点是通过调节电流密度、电势或改变电极材料就可提高有机反应的速率和选择性，并且在常温、常压下进行，电子就是反应体。所以，有机电合成是绿色化工过程。而一般的有机合成要提高选择性和速率，则需要调节温度、压力和催化剂，加上有机合成通常需要在高温、高压和有机溶剂条件下进行，因此对生产设备材质和能耗要求更高，污染严重。当然，不能不看到，由于一般有机合成的生产规模和设备的时间—空间产率要比有机电合成高得多，因此，有机电合成更适合于产量不大而产值高的精细化工产品或现有一般有机合成难以生产的产品。

有机电合成可按电极在反应过程中的作用分为直接有机电合成和间接有机电合成。前者是指有机合成反应直接在电极表面完成，后者是指有机合成反应所需的氧化(还原)剂是通过电化学方法获得并可再生循环使用。直接有机电合成的一个最成功的实例是 1965 年就已经工业化的己二腈电合成。它以石油工业的丙烯为原料，首先制成丙烯腈，然后用丙烯腈电合成己二腈。

$$CH_2=CH-CH_3 + NH_3 + 3/2 O_2 \longrightarrow CH_2=CHCN + 3H_2O$$
$$2CH_2=CHCN + H_2O \longrightarrow NC(CH_2)_4CN + 1/2 O_2$$

当有机化合物在电极上直接进行电化学反应的速率较慢或电流效率低，或当电极产物选择性不佳、收率不高，或当反应物在电解溶剂中难以溶解等现象存在时，就可以考虑间接电合成法。间接电合成是指选用氧化(还原)剂使有机物进行还原(氧化)，而氧化(还原)剂分别在阳(阴)极再生，可循环使用。

3) 材料的电化学保护

(1) 阳极保护

凡是在某些化学介质中，通过一定的阳极电流能够引起钝化的金属，原则上都可以采用阳极保护法防止金属的腐蚀。我国化肥厂在碳铵生产中的碳化塔已较普遍地采用阳极保护法，取得了良好效果，有效地保护了碳化塔和塔内的冷却水箱。

使用该方法需注意钝化区的电势范围不能过窄，否则容易由于控制不当，使阳极电势处于活化区，则不但不能保护金属，反将促使金属溶解，加速金属的腐蚀。

(2) 阴极保护

阴极保护就是在要保护的金属构件上外加阳极，这样构件本身就成为阴极而受到保护，处于还原状态。阴极保护又可分为牺牲阳极法和外加阴极电流法两种方法。

牺牲阳极法是在腐蚀金属系统上连接电势更负的金属，即更容易进行阳极溶解的金属(如在铁容器外加一锌块)作为更有效的阳极(见图 1.54)。这时，牺牲阳极金属溶解基本上代替了原来系统中阳极的溶解，从而保护了原有的金属。该方法的缺点是用作牺牲阳极的材料消耗大。外加阴极电流法是在保护闸门、地下金属结构(如地下储槽、输油管、电缆等)、受海水及淡水腐蚀的设备、化工设备的结晶槽、蒸发罐等时采用较多的方法。该方法是利用仪器将被保护金属与仪器电源的负极相连，并在系统中引入另一辅助阳极，与仪器

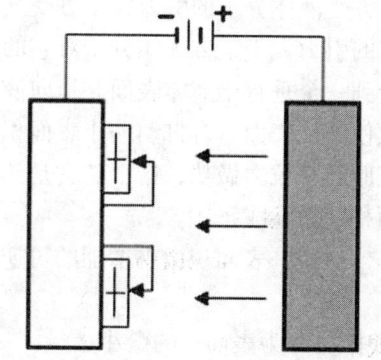

图 1.54 外加阴极电流法系统示意图

电源的正极相连，使被保护金属处于阴极状态。

1.3.4 材料界面化学

界面(interface)是相与相之间的交界所形成的物理区域。根据相的概念，在界面的两侧必然存在着物理性质或化学性质的不均匀。考虑到分子的线度，这种不均匀体相间的界面应该是准三维的界面区域——界面相(表面)。与界面相相邻的相称为体相。相界面不是简单的几何面，而是从一个相到另一相的过渡层，具有一定的厚度，约几个分子厚，通常称为表面相。表面相的分子所处的境况与体相分子有很大的不同，因此，它的性质与相邻的两个体相的性质也不同，这就是表面现象。

根据物质的聚集状态，所组成的界面通常分为五类：固—气(s-g)、固—液(s-l)、固—固(s_1-s_2)、液—液(l_1-l_2)、液—气(l-g)。

1.3.4.1 表面热力学基础

材料的表面现象可以用经典的化学热力学方法来研究。表面能(surface energy)和表面张力(surface tension)是描述表面状态的主要物理量。

1) 比表面吉布斯自由能

从微观上来看，物质表面的分子与其内部的分子所处的状态是不同的。物质表面的分子处于一种特殊的状态。图1.55为纯液体与其蒸气相平衡的表面与内部分子受力示意图。

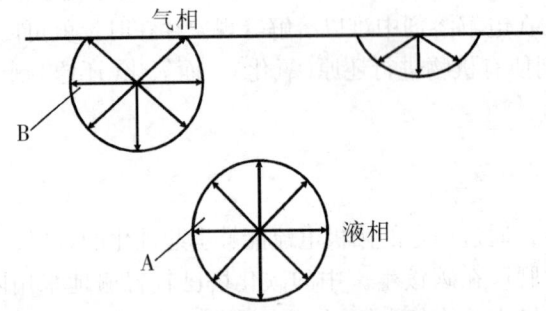

图1.55 分子在液体表面与内部的受力示意图

对液体内部分子A来说，它处于同种分子的包围之中，四周邻近分子对它的作用力是对称的。各个方向的力彼此互相抵消，其合力为零。A分子处于均匀力场中，所以A分子在液体内部移动时无须消耗功，依靠它自身的热运动就能移动。对于处于表面层的分子B，其状态与内部分子不同，它下方受液体分子的引力，上方受气体分子的引力。由于液相分子的密度比气相大，故下方液体分子对它的引力大于上方气体分子对它的引力，因而表面层分子处于不平衡的力场中，其结果是表面层分子受到一个垂直于液体表面并指向液体内部的净拉力。它的作用是力图将表面层的分子拉入液体内部，致使液体表面具有自动缩小表面积的趋势。如果将液体内部分子移至表面即增加液体的表面积，必须克服此净拉力做功，这个功就是热力学中的表面功(surface work)，它属于非体积功，其大小应与表面积的增量成正比。

对于一表面积微小增加的可逆过程，环境所消耗的表面功可表示如下：

$$\delta W' = \sigma dA \tag{1.103}$$

式中，dA 为表面积的微小增量，$-\delta W'$ 为可逆过程环境所消耗的表面功，σ 为比例系数。即可逆地增加单位表面积所需的表面功。

若增大表面积的过程是在恒温、恒压、可逆的条件下进行，则由热力学第二定律可得：
$$\delta W' = dG_{T,p} \tag{1.104}$$
由式(1.103)可知：
$$dG_{T,p} = \sigma dA = -\delta W' \tag{1.105}$$
或
$$\sigma = (\partial G/\partial A)_{T,p}$$

由此可见，σ 的物理意义为：在恒温、恒压的条件下，可逆地增加单位表面积引起体系吉布斯自由能的增量，也就是单位表面积上的分子比相同数量的内部分子多出一部分吉布斯自由能。因此，σ 又称为"比表面吉布斯自由能"，也叫"比表面能"，单位为 J/m^2。

2) 表面张力

液体表面最基本的特性是表面收缩，所以，当外力的影响很小时，小液滴趋于球形，如水银珠和荷叶上的水珠。表面张力是垂直通过液体表面上任一单位长度、与液面相切地收缩表面的力。表面张力是液体的基本物理化学性质之一。一定成分的液体在一定的温度、压力下有固定的表面张力值，通常以 mN/m 为单位。也可以从能量的角度来解释液体表面自动收缩的现象。恒温恒压下增加单位表面积时体系自由能的增量，称作比表面自由能，简称为表面自由能(surface free energy，单位 mJ/m^2)。表面张力和表面自由能分别用力学方法和热力学方法研究液体表面现象，具有不同的物理意义。

各类液体的表面张力的数值分布在 10～103 mN/m 数量级。已经得到的最低液体表面张力是 1 K 时液氦的表面张力，为 0.365 mN/m；最高的是铁在熔点 1 550 ℃时的表面张力，为 1 880 mN/m。在常温下，表面张力最低的液体是氟碳化合物，小于 10 mN/m。表 1.10 列出了一些液体的表面张力值，从中可看出一些规律。

表 1.10 一些液体的表面张力值

液体	温度/℃	表面张力/(mN·m^{-1})	液体	温度/℃	表面张力/(mN·m^{-1})
全氟戊烷	20	9.89	三氯甲烷	25	26.67
全氟庚烷	20	13.19	乙醚	25	20.14
全氟环己烷	20	15.70	甲醇	20	22.50
正己烷	20	18.43	乙醇	20	22.39
正庚烷	20	20.30	硝基苯	20	43.35
水	20	72.80	汞	20	486.50
苯	20	28.88	铂	熔点	1 800.00
甲苯	20	28.52	铁	熔点	1 880.00
四氯化碳	20	26.60	铜	熔点	1 300.00
硝酸钠	308	116.60	银	1 100	878.50

已知任何界面，特别是气一液界面，总有一种收缩力在作用。比如，肥皂泡滴在水面上会立即向四周扩散开，而小水珠会收缩为球形；小心装水可形成高于杯缘的凸面而不溢出；挂在滴管口的液滴，受重力作用但可能不滴下，等等。这种收缩力就是表面张力。

液体有流动性，可以任意改变形状，当对其表面进行受力分析时，常采用表面张力这一概念。而固体是一种刚性物质，它可承受剪切力的作用抵抗表面收缩的趋势，当形成新表面时常用外力所做的可逆功的大小来量度表面能的改变。在讨论固体的表面特性时，通常从能量的角度进行分析，故常采用比表面自由能的概念。但不论在哪种情况下，本质原因都是由于表面相分子所处的状态不同于体相分子，其实质是一样的，量纲 N/m 与 J/m² 也是一致的。

影响表面张力的因素有：物质的本性、接触相的性质和温度。它是物质的一种特性，是强度性质。

3）表面现象的热力学基本规律

我们通常在研究体系的热力学性质如吉布斯函数 G 时，认为 G 只是温度、压力和组分的函数，而忽略了表面大小对它的影响。对于体系是一个很大的连续相来说，这种忽略是可以的，不会影响到所得出的结论。但对高度分散的体系而言，因具有很大的比表面积，表面大小对吉布斯函数 G 值的影响相当大，不但不可以忽略，甚至会对体系热力学性质的影响起着决定性的作用。例如，水在 1.132 5 kPa 下，温度超过 373 K 而不沸腾，液态金属冷却到正常的凝固温度时不结晶等现象，都是由于物质的表面性质所引起的，因此了解表面现象的基本规律是非常重要的。

一个高度分散的体系总的吉布斯函数，可以认为是体相吉布斯函数 $G_体$ 与表面吉布斯函数 $G_表$ 之和，即：

$$G_总 = G_体 + G_表 = G_体 + \sigma A \tag{1.106}$$

如果体系的温度、压力、组成及总量不变，$G_体$ 为一常数，则体系总的吉布斯函数的变化取决于表面吉布斯函数的变化。即：

$$dG_总 = dG_表 = d(\sigma A) = \sigma dA + A d\sigma \tag{1.107}$$

式(1.107)为表面变化的方向提供了一个热力学准则，从它可以得到一些重要结论。

① 当 σ 一定时，$dG = \sigma dA$。

由此可见，只有当 $dA < 0$ 时，dG 才小于零。也就是说，只有缩小表面积，才能降低体系的表面能，使体系趋于稳定，所以缩小表面积的过程是自发过程。例如，钢液中的小气泡合并成大气泡，结晶过程固相中的小晶粒长大，都属于缩小表面积的过程，因而能够自发进行。

② 当 A 一定时，$dG = A d\sigma$。

如果 $dG < 0$，则必须 $d\sigma < 0$。也就是说，表面张力减小的过程是自发过程，所以体系总是力图通过降低表面张力以达到降低表面能，使之趋向稳定。这就是固体和液体物质表面具有吸附作用的原因。

所以，体系可通过降低表面张力 σ 或者/和缩小表面积 A 来降低其表面能，使体系趋于稳定状态。

1.3.4.2 凝聚态体系的界面性质

1）润湿现象

润湿是固体和液体相接触时所发生的一种表面现象。它主要是研究液体对固体表面的亲和情况。如在水平的玻璃板上放一滴水银，它总是呈椭球状，并且滚来滚去，不会黏附在玻璃板上；但如果在水平的玻璃板上放一滴水，水滴就会黏附在玻璃板上，并沿着玻璃板表面展开。前者称为不润湿，后者称为润湿。可见，通常所说的润湿是指液体能否在固体表面上黏附或铺展。

液体对固体的润湿过程是一个自发过程。根据热力学原理可知，润湿过程必将引起吉布斯函数的降低，吉布斯函数降低得越多，润湿程度就越大。但通常并不以体系的吉布斯函数的变化来表示润湿程度，而是用接触角(contact angle) θ 来衡量润湿程度，因为润湿过程体系的吉布斯函数的变化有时不容易计算。

例如，在固体上有一液滴，形状如图 1.56 所示。O 点表示液(l)、固(s)、气(g)三个相界面的交点，它受到三个力的作用，分别是固—气表面张力 σ_{s-g}，固—液表面张力 σ_{s-l} 和液—气表面张力 σ_{l-g}。由图 1.56 可看出，σ_{s-g} 力图使液滴沿固—液界面展开，而 σ_{s-l} 力图使液滴收缩，σ_{l-g} 的作用则视 θ 的大小而定。当 $\theta < 90°$ 时，σ_{l-g} 力图使液滴铺展开；而当 $\theta > 90°$ 时，σ_{l-g} 则力图收缩表面，不利于铺展。当这三个力达到平衡时，三个相界面的交点 O 处的合力为零，故有下列关系：

$$\sigma_{s-g} = \sigma_{s-l} + \sigma_{l-g}\cos\theta \tag{1.108}$$

或

$$\cos\theta = (\sigma_{s-g} - \sigma_{s-l})/\sigma_{l-g} \tag{1.109}$$

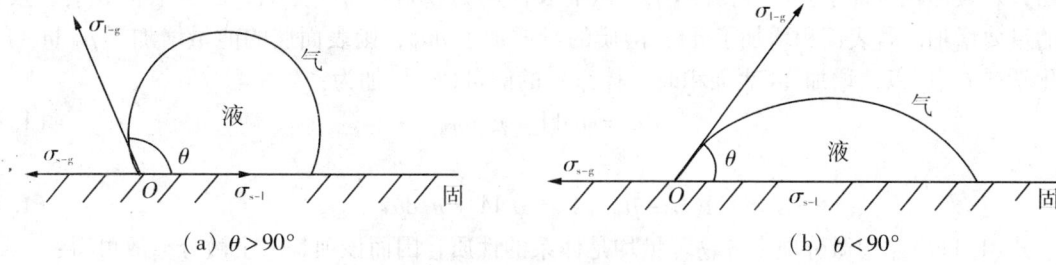

图 1.56 润湿作用与接触角

θ 称为接触角。接触角是指三个相界面的交点 O 处包括液体在内的两界面切线之间的夹角。θ 越小，液体在固体上铺展得越平，润湿性能越好；θ 越大，润湿性能越差，所以 θ 也称为润湿角。由 θ 的大小来表示润湿程度时，常以 $\theta = 90°$ 作为分界线，把 $\theta < 90°$ 称为润湿，$\theta > 90°$ 称为不润湿。

式(1.108)称为 Young 公式，对其进行分析，可得：

① 若 $\sigma_{s-g} > \sigma_{s-l}$，则 $\cos\theta > 0$，$\theta < 90°$，液体能润湿固体。

② 若 $\sigma_{s-g} - \sigma_{s-l} = \sigma_{l-g}$，则 $\cos\theta = 1$，$\theta = 0°$，液体能完全润湿固体。此时液体在固体表面上完全铺展开，成一薄层，并达到了平衡的极限。

③ 若 $\sigma_{s-g} < \sigma_{s-l}$，则 $\cos\theta < 0$，$\theta > 90°$，液体不能润湿固体。当 $\theta = 180°$ 时，则液体完全不润湿固体，若液体量很少，则在固体表面上收缩成一圆球，此时 $\sigma_{s-g} = \sigma_{s-l} - \sigma_{l-g}$。

由式(1.109)可以看出，可以通过改变三个相界面的 σ 值来调整接触角，以改变体系的润湿状况。在实践中通常加入第三种物质人为地改变接触角以达到控制润湿程度。例如，在金属浇铸工艺中，熔融金属和模子间的润湿程度直接关系到浇铸的质量。若润湿性不好，金属液易于渗入模型孔隙，造成机械黏砂，表面不光滑。为保证铸件质量，需添加第三种物质来调节润湿性，如在钢液中加入硅，可达到良好的效果。又如在石英中加入黏土，可减弱金属液对固相的接触，使接触角变小，提高其润湿性；若加入水玻璃，效果则相反。金属陶瓷是一种兼有金属的韧性和抗弯性与陶瓷的刚硬度、耐高温和抗氧化性能等优点的新型材料，广泛应用于空间技术和原子能工业，为了提高金属对陶瓷的润湿性，常常在金属中加入少量物质，以减小其接触角。

润湿现象与热加工工艺有着密切的联系。例如，在细化晶粒、改善和提高金属性能、熔炼时钢液中氧化物杂质的去除、熔模铸造、焊接等方面都会遇到润湿问题。

两种互不相溶的液体接触时，也有类似于上述液—固相接触时的润湿现象。如将一滴石蜡油放在大量水的表面上，石蜡油会缩成圆珠；将某些有机液体滴在水面上，可铺展开形成一层极薄的液膜。

2) 吉布斯吸附公式

如前所述，表面积的缩小和表面张力的降低，都可以降低体系的能量。对于纯液体，当温度不变时，表面张力是一个定值，因此，只有减小表面积才能使表面能降低。而在溶液中，由于溶质和溶剂通常是各不相同的，所以溶液表面张力因溶质不同而发生变化。如果溶质的表面张力小于溶剂的表面张力，溶质就会自动地聚集在表面而使整个溶液的表面张力降低，因而造成溶质在表面层中比在本体溶液中浓度大的现象，反之亦然。溶质在表面层中与在本体溶液中浓度不同的现象称为"溶液的表面吸附"。溶质在表面层的浓度大于本体浓度称为"正吸附"，溶质在表面层的浓度小于本体浓度称为"负吸附"。发生正吸附的溶质称为表面活性物质，发生负吸附的物质称为表面惰性物质。

吉布斯用热力学方法导出了溶质在溶液表面层中的吸附量与一些实验测得的物理量之间的关系，称为吉布斯吸附等温式。它是表面现象中另一个重要的基础公式。其推导如下：已知增大表面积要对体系做功，若表面积增加了 dA，则对体系所做的表面功为 σdA；另一方面，增大表面积时，表面层中溶质的量要增加。若表面积增加了 dA，溶质的量增加了 dn_B，则表面层的能量增加了 $\mu_B dn_B$（μ_B 是溶质的化学势）。所以，增加 dA 表面积时，体系总的能量（E）增加为：

$$dE = \sigma dA + \mu_B dn_B \tag{1.110}$$

或

$$d(E - \mu_B n_B) = \sigma dA + n_B d\mu_B \tag{1.111}$$

由式（1.111）左边微分项中各物理量均是体系的性质，因而该项是一全微分，故可得：

$$-(\partial \sigma / \partial \mu_B)_A = (\partial n_B / \partial A)_{\mu_B} \tag{1.112}$$

令 $(\partial n_B / \partial A)_{\mu_B} = \Gamma$，$\Gamma$ 称为溶质的吸附量，其对应于相同量的溶质时，表面层中单位面积上溶质的量与溶液内部超出的量之比，所以 Γ 又称为表面超量。则可将上式改写为 $d\sigma = -\Gamma d\mu_B$。

理想稀溶液中溶质的化学势可写为：

$$\mu_B(l) = \mu_B^0(l) + RT\ln(C_B/C^\theta) \tag{1.113}$$

恒温下对上式求微分，可得：

$$d\mu_B = RT d\ln(C_B/C^\theta) = RT(\partial C_B/C_B)_T \tag{1.114}$$

式中，T 表示恒温。故：

$$\Gamma = -d\sigma/RT(dC_B/C_B) = -(C_B/RT)(d\sigma/dC_B) \tag{1.115}$$

式（1.115）即为吉布斯吸附等温式。式中，C_B 为吸附平衡时溶液的内部浓度，C^θ 为溶液的平衡浓度，$d\sigma/dC_B$ 为恒温下溶液表面张力随溶液浓度的变化率。

由式（1.115）可看出：

① 若 $d\sigma/dC_B < 0$，则 $\Gamma > 0$。这说明凡能使溶液表面张力降低的溶质会趋于在表面富集，使表面层中溶质的浓度大于溶液内部溶质的浓度，呈正吸附。

② 若 $d\sigma/dC_B > 0$，则 $\Gamma < 0$。这说明凡能使溶液表面张力增加的溶质必然被表面层排斥，使表面层溶质的浓度小于溶液内部溶质的浓度而呈负吸附。这是溶液的表面吸附与固体吸附的不同之处，固体无论吸附气体或液体，均不会出现负吸附现象。

③ 若 $d\sigma/dC_B = 0$，则 $\Gamma = 0$。这说明溶液无吸附作用。

在推导吉布斯吸附公式的过程中，由于未涉及是何种界面，也未限定吸附层的厚度，因而对于液—气、液—液、液—固、气—固各种界面，以及不论是单分子层吸附还是多分子层吸附、物理吸附还是化学吸附皆适用。

3）固体表面的吸附

固体表面具有吸附其他分子的能力，这是由于表面的分子或离子的力场是不饱和的。固体不能像液体那样以减少表面积或降低表面张力的方式来降低表面能，但是，固体表面分子能将碰到表面上的气体分子吸附在表面上以降低固体的表面能，从而使具有大表面积的固体趋于稳定。气体分子在固体表面上被吸附而聚集的现象称为气体在固体表面的吸附。具有吸附作用的固体称为吸附剂，被吸附的气体称为吸附质。高度分散的细粉和多孔性固体，如活性炭和硅胶等都是很好的吸附剂。

从热力学的角度来看，由于吸附过程是在恒温、恒压下进行的，所以 $\Delta G<0$。吸附由三维空间变化为限制在二维空间运动，其有序性提高，混乱度降低，故 $\Delta S<0$，则 $\Delta H<0$，即吸附是一个放热过程，所以吸附量随着温度的升高而下降。实验结果证实，大多数吸附过程是放热过程，只有个别吸附过程如氢在金、铜等表面上的吸附是吸热过程。

吸附现象根据被吸附分子与固体表面作用力的不同分为两类。第一类是无选择性吸附，即任何固体可吸附任何气体。越是易于被液化的气体越容易被吸附。无选择性吸附可以是单分子层也可以是多分子层，解吸也较容易。无选择性吸附热的数值与气体的液化热接近，气体的无选择性吸附与气体在表面上的凝聚很相似。无选择性吸附的实质是一种物理作用，只是依靠范德华力产生吸附，所以这类吸附叫做物理吸附。第二类吸附是选择性吸附，这就是说，特定吸附剂只对特定气体才会发生吸附。其吸附热的数值和化学反应热差不多是一个数量级（42 kJ/mol）。这类吸附总是单分子层的，且不易解吸。选择性吸附与化学反应相似，可以看做表面上的化学反应。选择性吸附过程需要一定的活化能，气体分子与吸附表面的作用力与化合物中原子间的作用力相似。选择性吸附实质上是一种化学反应，所以叫做化学吸附。

可以通过实验证明物理吸附和化学吸附的存在。例如，通过吸收光谱来观察物质吸附后的状态，若在紫外、可见及红外光谱区出现新的特征吸收带，则证明存在化学吸附；而物理吸附不会产生新的特征谱带。物理吸附和化学吸附常常同时发生，如氧在钨上的吸附在一定的条件下为物理吸附，而在另一条件下则为化学吸附。

1.3.4.3 微乳液

当表面活性剂胶团溶液与不溶于水的油相接触，就会发生一系列过程。首先，油分子会自动进入胶团内核，发生加溶作用。油分子与形成胶团的表面活性剂分子的疏水基结合在一起，使胶团长大，成为肿胀的胶团。随着溶油量的增加，油分子在胶团内形成微滴。这时，体系外观均匀、透明或略带乳光，流动性好并具有热力学稳定性，这就是微乳状液（microemulsion），简称微乳。体系含量油达到一定程度后，加入更多的油，则难以自动分散。通过对体系做功，如施以高速搅拌超声处理等，方能使之分散。但所得分散体系的粒子尺寸变大，通常呈现乳白色，黏度上升，并且显示热力学不稳定性。这时已经形成了乳状液，为区别于微乳，有时也称之为宏乳（macroemulsion）。由此可见，微乳状液是能够自发形成的，具有热稳定性，均匀透明，低黏度油、水和表面活性剂的混合物。通常，乳状液中含有的表面活性剂量较大。油溶性表面活性剂在油相中会形成反胶团，加水于反胶团溶液时水将进入反胶团内，与表面活性剂极性基结合，以水合水的形式存在于其中；随着加入水量的增加，逐步形成微水相，得到反相微乳。

微乳状液具有很大的实用价值，也是在实用中偶然发现的。1928 年，美国工程师 Rodawald 在研制皮革上光剂时意外地得到了"微乳状液"。第一个有关微乳状液的研究是 Hoar 和 Sdlmlman 在 1943 年开始的，而微乳状液这个名词则到 1959 年才由 Schulman 提出并被接受。

1) 微乳状液的结构与类型

乳状液有两种基本类型，即水包油型（O/W）和油包水型（W/O）。前者是油为分散相，水为分散介质；后者则反过来。微乳状液不仅有微乳（O/W）和反相微乳（W/O），还有第三种状态——双连续相，又叫微乳中相。

微乳状液的类型主要取决于体系中油水界面的本征曲率。具有自动弯向水相的界面体系趋于形成水包油型微乳，具有自动弯向油相的界面体系趋于形成油包水型微乳，当界面曲率很小的时候则倾向于形成双连续相，即微乳中相。吸附层的本征特点主要取决于表面活性剂在界面上排列的几何形状。

促使水包油型微乳变为油包水型微乳的有效措施有：加醇作为助表面活性剂，减少油相分子碳链长度。对于非离子表面活性剂的体系，还可采取提高密度、减少聚氧乙烯链长的办法。对于离子型表面活性剂的油水体系，则可采取把反离子更换为水合能力较差者，如将钠离子换为钾离子等办法。配制微乳时，通常首先采用改变温度或盐浓度的办法来寻求适宜条件。当体系的温度和盐浓度不能随意改变时，常采用加助表面活性剂的办法来配制微乳状液，最常用的助表面活性剂是脂肪醇。例如，在(+)十二烷基硫酸钠、2.33%氯化钠水溶液和癸烷体系中加入不同量的己醇可形成不同类型的微乳状液。助剂链长不同，效果也不同。己醇利于形成流动性好的界面膜，便于形成连续相微乳。较长碳链的醇则使界面膜变硬，趋于形成分离的粒子。

2）微乳状液的性质

微乳状液最明显的特点是虽然含有相当大量的不相混溶的液体，却能显示透明的外观，因此，在微乳状液这个科学名词诞生之前，它曾被形象地称作"透明乳状液"。微乳状液的这种光学特征是它的分散相的粒子很小的结果。一般认为它的粒度小于100 nm，在8~80 nm的范围。分散相尺寸小带来的第二个特性是拥有极大的界面面积。1 mL油加1 mL水和表面活性剂做成微乳状液，其中将拥有60 m^2以上的油水界面。因而微乳状液具有极好的吸附功能、传热功能和传质功能等。

微乳状液的另一个重要特性是它的界面张力。微乳状液可以与过量的油相或水相形成界面。形成微乳的体系可能有三种相组成情况，即Winsor Ⅰ型、Ⅱ型和Ⅲ型。Winsor Ⅰ型体系由水包油微乳（下相）和不含有表面活性剂聚集体的油相构成，表面活性剂主要存在于下相之中。Winsor Ⅱ型体系是油包水微乳（上相）和不含有表面活性剂聚集体的油相构成。Winsor Ⅲ型则是双连续相微乳和不含表面活性剂聚集体的三相平衡体系。它们随非离子表面活性剂体系的温度变化、离子型表面活性剂体系的盐浓度变化而互相转化。微乳状液与油相或水相间的界面张力随体系相的组成及成分而异。在三相区两界面张力均很低，可达到超低界面张力的水平。微乳溶液与乳状液从外观上就可加以区别，而它与肿胀胶团间的界限则不容易确定。分散相的蒸气压特性有助于解决这个难题。当油加至表面活性剂胶团之中形成肿胀胶团时，与之成平衡的油蒸气压比自身原有的蒸气压低很多；而形成微乳以后，与微乳液成平衡的油蒸气压则与其本身的蒸气压相近。

3）微乳状液的应用

近10年来对微乳状液的研究大量增加，原因就在于它在日用消费品、加工工业以及一些科学和技术的专业领域中具有广泛而重要的应用。

（1）基于微乳状液的产品

① 化妆品。现代化妆品含有多种功能成分，有油溶性的，也有水溶性的。常采取加溶、微乳化或乳化的办法做成外观精美、使用方便、便于成分功能发挥的剂型。微乳剂型有很大优势，它不仅具有外观透明的优势，还有便于各种成分发挥功能的好处。一些需要通过皮肤吸收的成分，因微乳粒子小而更容易被吸收。肿胀胶团虽也有粒子小的优势，但是不及微乳状液分散相的容量大，对于挥发性的香精油又有降低蒸气压、妨碍其功能发挥的缺点。

② 液体上光剂。传统的上光蜡要求抛光，其实质是通过摩擦生热使涂上的蜡表面熔化而得到一个平整光亮的外观。微乳型上光剂由于黏度低而易于施用。微乳型上光剂形成的蜡粒子尺寸小，只通过流平就可得到外观平整的表面而无需抛光。

③ 全能清洁剂。用阴离子型表面活性剂、非离子型表面活性剂配制成W/O型微乳，使用时加适量水稀释，便转相成为O/W型微乳。它既可清除油溶性污垢，也可清除水溶性污垢，而且用这种清洁剂处理后的物品可以不用再清洗。

④ 掺水燃油。用非离子表面活性剂，例如聚乙二醇十二烷基醚，把汽油做成含水20%~30%的

W/O微乳状液,其外观清澈透明,可用于发动机来降低NO的生成量,并且工作情况良好。

⑤ 超滤膜成膜剂。超滤膜广泛用于食品和医药工业,目前主要的工作是研究新方法以控制其孔径分布。用苯乙烯、十二烷基硫酸钠、助表面活性剂等可以制成可聚合的微乳,用水溶性引发剂使之聚合后,将表面活性剂和水相洗出便得到微孔膜。通过改变聚合所用微乳的性质可以控制其特性。

⑥ 微乳剂型的药品。微乳状液可以使水溶性或亲水性的物质共溶在有机溶剂中,形成具有均匀的热力学稳定性的混合物;同时,需要的油溶性药物则可以溶解在油外相之中,使为同一种目的的两类药物集于一剂,同时使用,不仅更加方便,而且可以提高疗效。

(2) 基于微乳的技术

① 蛋白质分离。许多蛋白质都是水溶性的,可以混溶到 W/O 的水核之中。蛋白质的大小和所带电荷、微乳所带电荷及水核大小间的相对关系决定了不同的蛋白质在微乳中的共溶能力,可以分别通过控制溶液 pH、盐浓度及使用添加剂进行调控。这种共溶能力差别的一个重要应用就是实现蛋白质的分离。将几种蛋白质的水溶液与适宜的 W/O 型微乳相混合,共溶能力强的蛋白质便溶入其中,然后将微乳相与水相分离,再从微乳的水核中回收蛋白质。Goklen 和 Hatton 曾用该方法将相对分子质量非常接近而不易分离的核糖核酸酶($M = 13\,683$)、细胞色素($M = 12\,384$)和溶菌酶($M = 14\,300$)从它们的混合溶液中分离开来。

② 干洗。脏衣服主要有三种污垢,一是油溶性的皮脂、矿物油等;二是水溶性的糖、淀粉、胶质等;三是尘土、烟灰等固体污物。用 W/O 型微乳进行干洗可除去这三类污垢。油溶性污物溶解在油相中,水溶性污物溶到水核之中,固体污物吸附在微乳的表面活性剂上使之易于随流体离开衣物。而且,用 W/O 型微乳进行干洗不会造成对水敏感的纤维如羊毛的损伤、缩水、变形等。

③ 化学反应介质。以微乳状液作为反应介质有以下好处:

a. 许多化学反应中既有水溶性的又有油溶性的反应物,要进行化学反应必须首先使反应的两种分子有相遇的机会。通常,反应在油水界面上进行,故受界面面积的限制。微乳状液的结构特点为此类反应提供了最好的场所,可大大提高反应的效率。例如,芥子气是人们熟知的化学武器,它的毒性可通过其分子中氯代硫醚结构的碱性水解而解除。但芥子气不溶于水,因而不易与羟基反应,因此,它的毒性在碱性水面上也可以存留数月之久。如果使用微乳状液处理,则只需很短的时间水解反应即可完成。

b. 在微乳状液中进行聚合反应可以防止反应放热引起的高温,可以克服产物的高黏度对继续反应的阻碍,因而可以得到高质量的终产物。

c. 酶一般在含水的环境中才能发挥其功能,但许多酶反应的物质却溶于有机溶剂而不易溶于水。微乳状液为此类反应提供了极好的反应介质。将酶置于 W/O 微乳的水核之中,反应物溶解于微乳的油相中。此时酶不仅能保持其催化性能,甚至活性还有所提高。

d. 固体的尺寸如果降低到纳米的范围则常常显示出特异的物理化学性质,纳米粒子的制备是全球科学界的一个热点。利用 W/O 型微乳状液作为反应介质是制备纳米材料的重要方法。

e. 利用微乳状液可增加原油产率。在地层中注入一定量的中相乳状液,再注入聚合物增黏的水溶液来控制流动。中相微乳可以分别与油相和水相形成张力很低的界面,同时与油和水混溶,可以携带滞留于地层孔隙中的原油通过地层毛细孔流向生产井。该方法在实验室已取得良好效果,但是,它也同低界面张力注水法一样,存在表面活性剂流失和成本太高的问题。

1.3.4.4 L-B 技术与 L-B 膜

在适当的条件下,不溶物单分子层可以通过非常简单的办法转移到固体基质上,并且基本保持其定向排列的分子层结构。这就是半个世纪前由著名表面化学家 Langmuir 和他的学生 Blodgett 女士首创的膜转移技术。近20年来利用该技术进行分子组装，发展新型光电子材料，成为高新科学技术发展的一个热点。该技术称为L-B技术。

通过将固体基片插入或提出带有不溶膜水面的办法可以将不溶物单分子层转移到固体表面上。如果将一表面具有疏水性的固体基片慢慢地插入水中，则表面不溶膜将以其疏水基朝向固体表面转移到固体上，这使得固体表面变为亲水。如果将亲水表面从带有定向表面不溶膜的水中提出，则定向单分子层将以亲水基朝向固体表面的方式转移到固体上，并使固体表面疏水化。在进行转移时须维持足够的膜压。通常只有凝聚膜才能达到好的转移效果。已经发展了计算机控制的制备L-B膜的成套设备，并有多种商品出售。如果将同一固体基片多次插入或提出带有不溶膜的水面，则可能将定向单分子层一层层地叠加在固体基片上形成层积膜。随着转移方式的不同，可得到三种孔洞结构的L-B膜，分为X型、Y型和Z型。X型层积膜的各单分子层都是按亲水基朝向空气的方式排列，Z型是各分子层均按疏水基朝向空气的方式组合，而Y型则是两分子层按照头对头、尾对尾的方式组合。最容易得到的是Y型转移膜，它可以通过反复地把同一具有疏水表面的固体基片插入和提出带有不溶膜的水面而制成。改变各单层的化学组成，则可得到不同的定向单分子层按照规定排列的复合层积膜。如果再应用混合不溶膜技术，则可在分子水平上控制材料的组成和结构。许多实验技术已被用于L-B膜的研究。例如，接触角测定可以指示转移膜的定向和类型：水对X型膜应显示很小的接触角，对Z型则有较大的接触角；Y型膜对水的接触角虽然应随膜的层数而异，但是具有相当大的接触角。X光衍射技术不仅证实了L-B膜的定向层结构，而且提供了层间距离数据。对于脂肪酸的Y型膜，测定结果证实重复结构层间的距离相当于脂肪酸分子长度的两倍。应用椭圆光度法可测定L-B膜的厚度。20世纪80年代后期，在扫描隧道显微镜基础上发展的原子力显微镜是观测L-B膜形貌的最有力的工具。L-B技术在高新技术发展中有重要意义。由于它使人们能够在分子水平上控制物质的组成、结构和尺寸，所以能够得到性质优异的材料。例如，脂肪酸膜具有非常有效的绝缘功能，单层电阻达到10^9 Ω以上，电击穿场强达到1 MV/cm或100 mV/nm。加上L-B膜具有超薄的优势，因而对于微电子学和分子电子学有重要意义。再者，L-B膜中分子的排列可具有非中心对称结构，有利于构筑各向异性和光学非线性材料。利用不溶膜技术可以把一些不具有成膜能力而具有光学、化学或生物学功能的分子固定在膜内。这种带有功能性分子的L-B膜不仅能发挥功能分子的特性，而且由于L-B膜的结构特点，还可能产生特殊的效果。例如，在光能转化研究中常利用增感剂将光能传递给具有某种特殊功能的受体（例如发出特定波长的荧光），这种转化的有效性取决于增感剂与受体分子间的距离。利用L-B技术制造分子电子学器件、非线性光学器件、光电转化器件、化学传感器和生物光栅的研究和开发工作在国际上已取得很好进展，正引起各国科学家的广泛兴趣。

1.3.4.5 复合材料界面效应

1) 复合材料的概念、分类

航空、航天、海洋等领域的发展，对材料提出了许多新要求，单一材料很难满足这种高要求的综合指标，有时甚至是不可能的。但是，把两种或两种以上化学性质不同或组织结构不同的材料通过物理和化学方法复合，使之性能互补、相互协调就能满足这种需要。这种具有两个或两个以上相态结构的材料就叫复合材料。不同材料互相取长补短，不仅可克服单一材料的缺点，而且通过协同作用可产生某一种材料所不具有的独特性能。按用途复合材料主要可分为结构复合材料和功能复合材料。结构复合材料由能承受载荷的增强体组元（如玻璃、陶瓷等）与能联结增强体成为整体材料同时又起传力作用的基体组元（如树脂、金属等）构成。功能材料是指除力学性能以外还具有其他物理、化学、生物等性能的材料，包括压电、导电、永磁、光致变色等复合材料。功能复合材料比重将超过结构复合材料，成为复合材料发展的主流。

复合材料一般由基体、增强剂两相组成，相与相之间存在界面。以纤维增强塑料为例，纤维是增强剂，起到混凝土中"钢筋"的作用；塑料是基体，其作用是把纤维黏结在一起，使纤维的强度能充分发挥。基体与增强剂之间存在界面，界面对复合材料的性能起重要的作用。复合材料的增强剂一般是纤维，如玻璃纤维、碳纤维，除纤维外还可用颗粒物等增强。复合材料的性能除与基体和增强剂密切相关外，界面也起着至关重要的作用。复合结构材料的性能并不是其组分材料的简单加和，而是产生 1+1＞2 的协同效应。例如，玻璃纤维的断裂能约为 10 J/m^2，聚酯的断裂能约为 100 J/m^2，而复合后的玻璃钢的断裂能达 10^5 J/m^2。复合材料按基体类型可分为树脂基或聚合物基复合材料、金属基复合材料和陶瓷基复合材料等。

2) 复合材料界面结合类型

要形成复合材料，必须在界面上建立一定的结合力。界面结合力大致可分为物理结合力和化学结合力。物理结合力一般指范德华力，包括偶极定向力、诱导偶极定向力和色散力，以及氢键作用力。化学结合力是在界面上产生共价键和金属键而形成的力。陶瓷基和金属基复合材料分类情况类似，树脂基复合材料则与这两者有一定差别，所以下面分两种情况叙述。

（1）金属基和陶瓷基复合材料界面结合类型

① 机械结合。机械结合是指依靠粗糙表面机械结合和依靠基体复合材料中的收缩应力包紧增强体的摩擦结合。机械结合仅限于应力平行于界面时才能承载，而应力垂直于界面时承载能力较小。实践中应避免这种结合方式。例如，Al_2O_3/Ni 之类的复合材料，当复合不充分时发生此类结合。

② 溶解和浸润结合。基体能润湿增强体，相互之间发生扩散和溶解形成结合，其作用力是短程的，只有几个原子间距，如 C/M 即属于此类。当增强体表面存在氧化物时，需要有一种机械力（如超声波）破坏氧化膜才能产生润湿。当增强材料表面能很小不能被润湿时，可以借助涂层予以改善。

③ 反应结合。特征是通过基体与增强体的反应生成化合物。例如，硼纤维增强钛合金在界面上生成 TiB_2。实际上界面反应层不仅仅是一种单纯化合物，而且有时会产生交换反应结合，即发生两个或多个反应。一般情况下，反应程度增加，其结合强度亦随之增加，但到一定程度后反而会有所减弱，这是因为反应物大多是一种脆性物质，界面上形成的残余应力可使其发生破裂。有时在生成化合物的同时还会通过扩散发生元素交换。

④ 氧化结合。增强体表面吸附空气带来的氧化作用或是氧化物纤维与基体的结合。例如，硼纤维增强铝合金时，硼纤维吸附的氧与之形成 BO_2，这层氧化物与铝接触又还原 BO_2 生成 Al_2O_3 形成氧化结合。

⑤ 混合结合。这种结合是上述几种结合方式的组合，其存在较普通，是最重要的一种结合方式。

（2）树脂基复合材料的界面结合类型

① 化学键合。基体表面上的官能团与增强物表面上的官能团发生化学反应，形成共价键结合的界面区。这一结合方式在增强材料表面处理后和偶联剂的使用后较普遍存在。

② 浸润—浸吸附结合。增强材料被基体浸润，即物理吸附产生的界面结合。这种结合有时会超过基体的内聚力。

③ 扩散结合。界面扩散作用使原有平衡的状态破坏，形成界面模糊区。

④ 机械结合。类似于上述金属基复合材料。

⑤ 静电结合。两相物质对电子的亲和力相差较大时（如金属和聚合物），在界面区容易产生接触电势并形成双电层。静电吸引力是产生界面结合力的直接原因之一。氢键可看做一种静电作用。

实际界面结合方式不是单一的，往往是以上几种结合的组合。

3) 复合材料界面的效应

复合材料的界面并不是简单的几何平面，而是包含着两相之间的过渡区域的三维界面相。界面相内的组分、分子排列、热性能、力学性能呈现连续的梯度性变化。界面相很薄，只有微米数量级，却有极其复杂的结构。两相复合过程中，会出现热应力（导热系数、膨胀系数的不同）、界面化学效应（官能团之间的作用或反应）和界面结晶效应（成核诱发结晶，横晶），这些效应引起的界面微观结构和性能特征对复合材料的宏观性能产生直接的影响。

复合材料既然由性质不同与形状不同的材料复合而成，就必然存在着不同材料的接触面，界面接触所产生的现象为如下几种效应。

① 阻断效应：一个连续体被分割成许多区域时，可起到阻止裂纹扩展、中断材料破坏、减缓应力集中等作用。

② 不连续效应：在界面上引起的物理性质的不连续性和界面摩擦出现的现象，如电阻、介电特性、磁性、耐热性、尺寸稳定性等。

③ 散射和吸收效应：光波、声波、热弹性波、冲击波等在界面产生的散射和吸收，如透光性、隔热性、隔音性、耐冲击性及耐热冲击性等。

④ 感应效应：在界面产生感应效应，特别是应变、内部应力和由此而出现的现象，如弹性、低的热膨胀性、耐冲击性和耐热性的改变等。感应（或诱导）可以是一种物质（通常是增强物）的表面结构使另一种（通常是聚合物基体）与之接触的物质的结构由于诱导作用而改变。

⑤ 界面结晶效应：基体结晶时，易在界面上成核，界面成核诱发了基体结晶。

⑥ 界面化学效应：基体与增强材料间的化学反应，官能团、原子分子之间的作用。

界面效应既和界面结合状态、形态，以及物理、化学等特性密切相关，也和界面两侧材料的浸润性、相容性、扩散性等密切相关。正是由于界面效应的存在，导致复合材料各组分间呈现协同作用。

4) 界面相互作用机理

经过对复合材料的深入研究，已提出了多种复合材料界面理论，但是，由于复合材料界面的复杂性，各种理论都只能解释部分实验现象，没有一种理论能完善地解释各种界面现象。界面理论必将随着科学的发展，界面表征技术的进步和人们对界面现象更全面、更深入的认识而进一步发展和完善。

(1) 浸润性理论

Zismsn 提出的浸润性理论认为，浸润是形成界面的基本条件之一，两组分如能实现完全浸润，则能形成界面。在形成复合材料的两相相互接触过程中，浸润性差造成两相接触的接触面有限；浸润性好则使得两相接触面积大，结合紧密，有利于两相的界面接触。但许多界面现象单凭浸润理论是难以解释的，说明浸润性不是界面粘接的唯一条件，因此人们提出了其他理论。

(2) 化学键理论

化学键理论认为，两相之间实现有效的粘接是由于两相的表面含有能发生化学反应的活性基团，以化学键结合形成界面，或通过偶联剂的媒介作用以化学键互相结合。

化学键理论是应用最广，也是应用最成功的理论。硅烷偶联剂就是在化学键理论基础上发展起来的用来提高基体与纤维间界面结合的有效试剂。硅烷偶联剂一头可与纤维表面以硅氧键结合，另一端可参与基体树脂的固化反应。通过硅烷偶联剂的媒介作用，基体与增强纤维实现了界面的化学键结合，有效地提高了复合材料的性能。碳纤维、有机纤维的表面处理也是化学键理论的应用实例，在表面氧化或等离子、辐照等处理过程中，纤维的表面产生了—COOH，—OH 等含氧活性基团，提高了与环氧等基体树脂的反应能力，使界面形成化学键，大大提高了粘接强度。

但是，化学键理论也不是十全十美的，有些现象难以用化学键理论作出令人满意的解释。例如，有些偶联剂不含有与基体材料起反应的活性基团，却有较好的处理效果。按化学键理论，基体与增强剂之间的偶联剂只要单分子层就行，但实际上偶联剂在增强纤维表面不是单分子层结构，而有多层结构。研究表明，基体树脂从固化放热冷却到 50 ℃，可产生 11.5 MPa 的径向压力、5.8 MPa 的横向压力，这种热应力足以使材料破坏。至于这种热应力是如何松弛的，化学键理论也难以作出合理的解释。

(3) 变形层理论

考虑到在复合材料成形时基体和增强剂的膨胀系数相差较大，成形时产生的内应力可能产生不利因素，为了消除这种内应力，基体和增强剂的界面区应存在着一个过渡层，过渡层能起到应力松弛的作用。对于过渡层的形态，变形层理论认为过渡层应是塑性层，塑性层的形变能起到松弛应力的作用，如果产生微裂纹也有自行消除的可能。因此，表面处理剂应能在界面形成一个能松弛应力的过渡层。但是，难以解释的是，用传统的处理方法界面上的偶联剂数量不足以达到应力松弛的要求。在此理论基础上又有经过修正的优先吸附理论和柔性层理论产生，即认为塑性层由偶联剂和优先吸附形成的柔性层组成，柔性层厚度与偶联剂本身在界面区的数量无关。根据变形层理论，有人在增强纤维表面接枝上柔性的橡胶分子，以在形成复合材料时，通过橡胶分子的形变松弛内应力，抑制裂纹的发展，提高界面粘接性。

(4) 拘束层理论

该理论也认为在基体和增强剂之间存在一个松弛应力的过渡层。但是，过渡区的结构不是柔性的变形层，而是模量介于基体和增强剂之间的界面层，起到了均匀传递应力的作用。拘束层是通过优先吸附形成的，增强剂的模量一般比基体树脂高得多。在复合材料成形过程中，因优先吸附作用，增强剂表面附近的基体堆砌得比本体更加紧密，有较高的模量。随着离增强剂表面距离的增大，基体的堆砌渐渐疏松，模量也逐渐减小。这样在增强剂和基体本体之间，形成了一个模量从高到低的梯度减小的过渡区。

(5) 可逆水解理论

1970 年，Pluednmn 提出了可逆水解理论，用来解释硅烷偶联剂的偶联作用机理，同时来说明松弛应力的效应以及抗水和保护界面的作用。硅烷偶联剂的 R 基团与基体作用后，会生成稳定的刚性膜或柔性膜，构成了基体的一部分。偶联剂与基体表面之间能形成氢键，当刚性聚合物膜与增强材料粘接时，在水的存在下处理剂与增强材料表面形成的键被水解，生成的游离硅醇保留在界面上。当刚性聚合物膜与增强材料表面作相对运动时，氢键水解产生的硅醇又马上与邻近的羟基重新形成氢键。所以，处理剂与增强材料表面的氢键破坏和形成，处于可逆的动态平衡状态。动态平衡的总效果是使基体与增强材料之间保持一定量的化学结合，使界面粘接保持完好，同时在键的破坏和形成的过程中，松弛了界面应力。当生成柔性聚合膜时，上述的可逆平衡不能成立。处理剂与增强材料间的键水解后产生的硅醇会随着柔性高聚物表面收缩回去，不能与临近的羟基重新成键，因此不能形成动态可逆的平衡吸附层。另外，柔性聚合物缩回去后，界面上就留下了空隙，水就可能趁机攻击树脂和界面，导致界面脱粘。

(6) 摩擦理论

摩擦理论认为，基体与增强材料界面的形成完全是由于摩擦作用。基体与增强材料间的摩擦系数决定了复合材料的强度。处理剂的作用在于增加了基体与增强材料间的摩擦系数，从而使复合材料的强度提高。该理论可以较好地解释复合材料界面受水等低分子物质浸入后强度下降，干燥后强度又能部分恢复的现象。水等小分子浸入界面使基体与增强材料间的摩擦系数减小，界面传递应力的能力减弱,故强度降低;干燥后界面水分减少,基体与增强材料间的摩擦系数增大,传递应力的能力增加,故强度部分恢复。

(7) 扩散理论

该理论是 Bomznc 等首先提出来的。该理论认为,高聚物的相互间粘接是由表面上的大分子相互扩散所致。两相的分子链互相扩散、渗透、缠结形成了界面层。扩散过程与分子链的相对分子质量、柔性、温度、溶剂和增塑剂等因素有关。相互扩散实质上是界面中发生互溶、粘接的两相之间界面消失,变成了一个过渡区域,因此对粘接强度的提高有利。当两种高聚物的溶解度参数接近时,便容易发生互溶和扩散,得到比较高的粘接强度。具有不同溶解度参数的黏结剂与聚酯粘接。聚酯的溶解度参数为 21.1,与聚酯溶解度参数接近的黏结剂有高粘接强度。

必须指出,扩散理论有很大的局限性,高聚物黏结剂与无机物之间显然不会发生界面扩散问题,扩散理论不能用来解释此类粘接现象。

(8) 静电理论

该理论认为,两相表面若带有不同的电荷,则相互接触时会发生电子转移而互相粘接,有人认为这种静电力是粘接强度的主要贡献者。有人认为,只当电荷密度达到 10^{10} 个/cm^3 电子时,静电引力才有显著作用。但是,对实际体系实验测得的电荷密度只有 10^6 个/cm^3 电子。因此,即使有界面静电作用存在,它对强度的贡献也是有限的。此外,静电理论也不能解释温度、湿度及其他各种因素对粘接强度的影响。

(9) 酸碱作用理论

该理论认为,酸性表面可与碱性表面通过酸碱相互作用结合。这里所说的酸碱是个广义的酸碱。物质的酸碱性可用酸性参数 A 和碱性参数 B 来表示。一些溶剂的 A, B 参数如表 1.11 所示。氯仿和特丁醇碱性参数 B 值较小,酸性参数 A 值大,因而是偏酸性的;四氢呋喃和二氧六环的 B 值大,A 值小,因而是偏碱性的。

表 1.11 一些溶剂的酸性参数 A 和碱性参数 B

溶剂	氯仿	特丁醇	四氢呋喃	二氧六环
A	6.79	4.18	2.00	2.33
B	0.308	0.615	8.750	4.880

当两相发生酸碱相互作用时,酸碱相互作用焓 H 为:
$$\Delta H = B_a B_b + A_a A_b \tag{1.116}$$
式中,下标表示 a, b 相。

对于固体材料表面的酸碱性,可用反相色谱法进行测定,即将欲测材料作固定相,装在色谱柱中,用已知 A 参数值的溶剂作探针分子为流动相,测出探针分子与固定相之间的相互作用焓:
$$\frac{\partial(l_n V_g^0)}{\partial(\frac{1}{T})} = -(\Delta H - \Delta H_V)/R \tag{1.117}$$
式中,ΔH_V 为探针分子的汽化热,l_n 为溶剂量,R 为气体常数,T 为测试温度,V_g^0 为标准保留体积。

用反相色谱法测出在不同温度下的比保留体积 V_g,即可由式(1.117)求出酸碱相互作用焓。若用两种已知 A, B 值的探针分子实验,测其对固定相的 ΔH 值,则由式(1.116)解联立方程组,即可求出固定相表面的酸碱参数 A, B 值,从而判定该材料表面的酸碱性。

表面偏酸性的无机填料宜与偏碱性的基体结合，表面偏碱性的填料则宜与偏酸性的基体结合。若偏酸性的填料欲与偏酸性的基体结合，则应对填料进行表面处理，改变其表面的酸碱性，使其从偏酸性的表面变成偏碱性的表面，从而有利于与偏酸性的基体结合。反之，欲使偏碱性的填料与偏碱性的基体结合，也应对填料作相应的表面处理。

1.3.4.6 表面现象在材料科学中的应用

1) 气—固吸附在陶瓷工艺中的应用

一般来说，薄膜、陶瓷、铁氧体等粉料的粒度越细，其工艺性能和理化性能就越佳。例如，陶瓷坯体采用流延法成型时，只有当粉体达到一定的细度，才能保证制出的坯体具有足够细的表面光洁度、均匀性等。又如随着粒度的细化，陶瓷的烧结温度也将有所下降，这对于像 Al_2O_3 瓷、MgO 瓷和低温独石电容器瓷来说是大有好处的。但是，粉粒越细，表面能越高，自发降低表面能趋势也越大。因此，当粉粒细至一定程度且粒间出现液膜时，强大的表面张力将使粉粒聚集成团以减少其表面能，同时，颗粒上的缝隙会自动愈合以降低表面积。为了克服这种结团现象，常用的解决方法有如下几种。

(1) 添加助磨剂(表面活性剂)

助磨剂这类物质的分子，一端带有极性(亲水)基团，而另一端为中性(憎水或亲油)，由于这种表面活性剂的定向性吸附，可防止粉粒结团。具体来说，对于酸性粉料如 TiO_2，ZrO_2 等，以含羟基、胺基的碱性助磨剂较为有效；而对于碱性粉料如 $BaCO_3$，$CaCO_3$ 等，则以酸性助磨剂较好。助磨剂之所以能起到提高研磨效率以及细化粉粒的效果，原因在于离子性粉料表面的离子电场没有被屏蔽，助磨剂被表面吸附之后大大减弱了粉料之间的相互作用，从而避免了细粉结团。

(2) 加入电解质

在湿法球磨过程中，由于粉粒表面对外来添加物(离子)具有选择性吸附，若在体系中加入适量电解质，让离子表面选择性地吸附一种离子，造成粉粒表面都带有同一种电荷(如黏土粒子带负电荷)，或者具有相同性质的扩散双电层，则由于静电斥力的关系，粉粒不会因过度接近而聚集。

(3) 加入有机物质

在湿法球磨过程中，水是常用的稀释剂。干燥后残余在细粉中的水分，在强大的表面张力作用下迫使细粉结团。若用乙醇取代水作为稀释剂，则可使干燥后细粉的表面张力显著下降，因而可使结团现象大为缓解。在干法球磨过程中，加入不带电荷的有机高分子物质，若能吸附在粉粒表面也可起到防止聚集的作用。

陶瓷的热压成型工艺广泛采用石蜡作为黏合剂。为了使离子性瓷粉更好地与亲油憎水的石蜡结合，常用油酸[$CH_3—(CH_2)_7—CH=CH—(CH_2)_7COOH$]或硬脂酸[$CH_3—(CH_2)_{14}—COOH$]—类两性物质作为粉料的活性剂，其中羧基—COOH一端能与粉料牢固地结合，而另一端羟基是亲油的，与石蜡熔合在一起，即粉粒为石蜡所润湿，从而提高了料浆热流动性和冷凝蜡坯的强度。

2) 气—固吸附在真空镀膜工艺中的应用

对于金属膜、合金膜或氧化物薄膜来说，真空镀膜工艺要求它们与基片之间有牢固的附着力，否则将影响到电路的物理、力学和防潮等性能。附着力不牢的主要原因是在蒸发或溅射之前，基片上尚存在污染物或气体吸附层未清除干净。污染物可通过清洗工序来消除，要求清洗溶剂不仅对污染物和基片有较好的润湿，而且对污染物有较强的溶解能力。常用清洗剂有甲苯、丙酮及无水乙醇等。对气体吸附层消除则需要采取解吸的方法来进行，其方法如下：

① 将基片进行烘焙加热，使其表面上的气体分子随着温度的升高而逃逸。

② 抽真空($10^{-2} \sim 10^{-4}$ Pa)。

③ 在抽真空的基础上，再用惰性气体如氮气或氩气进行气洗，而后进行抽真空，反复几次可以将吸附在基片上的水蒸气或者氧气带走。因为氮气沸点很低，不易被基片表面所吸附，当抽真空时很易被解吸。

④ 用高能离子轰击基片，以使吸附在基片上的气体进行解吸，同时还可使表面部分离子化而产生剩余价力，以便对后来蒸发的金属原子进行牢固的化学吸附。

2 材料的组成与化学性能

2.1 材料的组成和性能

2.1.1 材料组元的结合形式

不论材料的形状、大小如何，其宏观性能都是由其化学组成和组织结构所决定的。只有从不同的微观层次上正确地了解材料的组成、组织结构特征与性能之间的关系，才能有目的、有选择地制备和使用材料。

2.1.1.1 组元、相和组织

组成材料最基本的、独立的物质称为材料的组元(或称组分)。组元可以是纯元素，也可以是稳定的化合物。金属材料的组元大多为纯元素(如普通碳钢的组元是 Fe 和 C)，陶瓷材料的组元大多为化合物(如 Y_2O_3 - ZrO_2 陶瓷的组元是 Y_2O_3 和 ZrO_2)。

材料中具有同一化学成分并且结构相同的均匀部分叫做相(phase)。相与相之间有明显的界面，可以用机械的方法把它们分离开。在界面上，从宏观的角度来看，性质的改变是突变的。若材料是由成分、结构均相同的同种晶粒构成，尽管各晶粒之间有界面隔开，但它们仍属于同一种相；若材料是由成分、结构都不同的几种晶粒构成，则它们属于几种不同的相。一个相必须在物理性质和化学性质上完全均匀，但不一定只含有一种物质，如纯金属是单相材料，钢在室温下由钢素体(含碳的 α - Fe)和渗碳体(分子式为 Fe_3C)组成。

材料内部的微观形貌称为材料的组织。组织是与相有密切联系的概念，它实际上是指由各个晶粒或各种相所组成的图案。在不同条件下，各相的晶粒大小、形态及分布会有所不同，从而材料内部会呈现不同的显微组织。只含一种相的组织为单一组织或单相组织，由多种相构成的组织为复合组织或多相组织。组织是材料性能的决定性因素。

材料组织分为微观组织(结构)与宏观组织。微观组织也叫做微细组织、显微组织，其形状是由原子的种类及其排列状态决定的，可分为晶体结构与非晶态(无定形)结构。宏观组织是用肉眼可以观察到的粗大组织，有时是指用放大倍数为 20~100 倍以下的放大镜可以观察到的组织，可以分为单一组织和复合组织。

在相同条件下，材料的性能随其组织的不同而变化。例如，通过控制和改变钢的组织，可以使其硬度变低或变高；泡沫塑料是在组织内引入气孔以减轻其质量，增大弯曲刚性，同时降低其热导率；而钢筋混凝土和增强塑料是以钢筋或纤维作为增强材料，以获得单一材料所不具备的优良性质。

2.1.1.2 固溶体

两种以上的原子或分子溶合在一起时的状态称为溶体。溶体一般是原子或分子的均匀混合物，不是化合物。液态溶体称为溶液。固态溶体(呈现固体状态的溶体)，即溶质组元溶入溶剂组元的晶格中所形成的单相固体，称为固溶体。合金与陶瓷中有不少属于固溶体，固溶体结构保持溶剂组元的晶格类型。例如，C 溶入 α - Fe 中，形成以 α - Fe 为基的固溶体，该固溶体的晶格与 α - Fe 相同，仍为体心立方结构。

按照溶质原子在溶剂晶格中的位置不同，固溶体可分为以下两种。

① 置换型固溶体（或称取代型固溶体）：溶剂 A 晶格中的原子被溶质 B 的原子取代所形成的固溶体。为此，原子 B 的大小要与原子 A 的大小大致相同。

② 填隙型固溶体（也称间隙型固溶体）：在溶剂 A 的晶格间隙内有溶质 B 的原子填入（溶入）形成的固溶体。为此，填入的 B 原子必须充分小，如碳和氮等是典型的溶质原子，碳和氮与铁形成的填隙型固溶体是钢中重要的合金相。

一种晶体可以同时存在这两种形式的固溶体，如普碳钢中，Mn 原子在 $\alpha - Fe$ 中是取代固溶，而 C 原子是填隙固溶。

与纯金属相比，合金固溶体的物理、化学性能均发生了不同程度的变化。首先，一个重要的现象是溶质原子的溶入，使固溶体的强度和硬度升高，称为固溶强化；其次，不少固溶元素可以明显地改变基体的物理和化学性能。一些要求高磁导率、高塑性和高抗蚀性的合金，其金相组织多数由一种固溶体组成；而要求强韧兼备的结构材料，则往往采用以固溶体为基体、细小质点的第二相呈弥散分布的材料。

2.1.1.3 聚集体

一般金属材料或无机非金属材料等不论是由"单一的元素构成的"，还是由"固溶体构成的"，或者由"两种以上不同元素结晶相构成的"，抑或是"结晶相与玻璃相的共存状态"，都是由无数的原子或晶粒聚集而成的固体，处于这类状态的材料称为聚集体。其中，有的是晶粒间牢固地结合在一起（如金属固溶体等），有的是晶粒间的结合较微弱。后者受外力作用时，晶粒的界面会发生破坏。

石棉和云母是分别具有链状和层状结构的晶体，因纤维和层与层之间的结合力较弱，可以将其分散成细纤维和薄片。具有链状结构的高分子材料，通过链的卷入、某些交联作用以及部分析晶等过程，可使键能有一定程度的增加。

纯金属一般可看做微细晶体的聚集体，而合金则可看做母相金属原子的晶体与加入的合金晶体等聚合而成的聚集体。晶粒间的结合力要比晶粒内部的结合力小。

2.1.1.4 复合体

复合体（复合材料）即指由两种或两种以上的不同材料通过一定的方式复合而构成的新型材料，其各相之间存在着明显的界面。复合材料中各相不但保持各自的固有特性，而且可最大限度地发挥各种材料相的特性，并赋予单一材料所不具备的优良特殊性能。

复合材料的结构通常是：一个相为连续相，称为基体材料；而另一个相是不连续的、以独立的形态分布在整个连续相中，也称为分散相。与连续相相比，分散相性能优越，会使材料的性能显著增强，故常称为增强材料。材料增强的种类有颗粒增强、晶须和纤维增强、层板复合等。例如，先进复合材料以碳纤维、陶瓷纤维、晶须等高性能增强材料与耐高温树脂、金属、陶瓷和碳（石墨）等构成，用于各种高科技领域中量少而性能要求高的场合。目前，复合材料已日益成为材料大家族中发展最为迅速、应用最为广泛的后起之秀。

2.1.2 材料的化学组成

2.1.2.1 金属材料的化学组成

金属材料包括纯金属和以金属为基体所构成的合金。金属材料的特点是具有其他材料无法取代的强度、韧性、塑性、导热性以及良好的可加工性等。为获得需要的性能，须控制材料的成分与组织。

1）单质金属

存在于自然界中的94种元素中，有72种是金属元素。一般是从含金属元素的天然矿物中冶炼出来，然后再用电冶、电解等方法提纯，得到含杂质很少的金属。工业上习惯将金属分为黑色金属和有色金属两大类。铁、铬、锰三种金属属于黑色金属，其余的所有金属都属于有色金属。有色金属又分为重金属、轻金属、贵金属和稀有金属等四大类。

2）金属合金

所谓金属合金（alloy）是指由两种或两种以上的金属元素或金属元素与非金属元素构成的具有金属性质的物质。例如，黄铜是铜和锌的合金，硬铝是铝、铜、镁等组成的合金。为了形成合金所加入的元素称为合金元素。由两种元素构成的合金叫做二元合金，由三种元素构成的合金叫做三元合金。合金有时可以形成固溶体、共溶晶、金属间化合物以及它们的聚集体。非晶态合金具有许多优异性能，如强韧性、抗侵蚀、高磁导率、超导性等。

2.1.2.2 无机非金属材料的化学组成

无机非金属材料包括陶器、瓷器、耐火材料、黏土制品、搪瓷、玻璃和水泥等材料。陶瓷是无机非金属材料的主体。在国际上，陶瓷实际上已经是各种无机非金属材料的通称，同金属材料和高分子材料一起成为现代工程材料的三大支柱。

从化学的角度来看，无机非金属材料都是由金属元素和非金属元素的化合物配合、经一定工艺过程制得的。例如，金属和非金属的氧化物（SiO_2，Al_2O_3，TiO_2，Fe_2O_3，CaO，MgO，K_2O，Na_2O 和 PbO 等）、氢氧化物[$Ca(OH)_2$，$Mg(OH)_2$，$Al(OH)_3$，NaOH 和 KOH 等]、碳化物（SiC，WC，B_4C 和 TiC 等）、氮化物（Si_3N_4，BN 和 AlN 等）等以不同的方式组合而成，化学组分几乎涉及元素周期表中的所有元素。原料处理和制备工艺的日新月异，使新产品层出不穷。

2.1.2.3 高分子材料的化学组成

有机化合物简称为碳氢化合物，以碳元素（C）为主，大多数是同氢元素（H）、氧元素（O）中的任一种或两种以上结合而成；此外，也有与氮（N）、硫（S）、磷（P）、氯（Cl）、氟（F）、硅（Si）等结合构成。尽管构成有机化合物的成分元素种类为数不多，但由它们组合起来可以形成组成和结构不同的、数量庞大的各种化合物，其数量与日俱增。

高分子材料是以高分子化合物（也称为聚合物、高聚物、树脂）为主要组分的材料。所谓高分子化合物主要是指相对分子质量特别大的有机化合物。与低分子化合物相比较，高分子化合物最突出的特点是相对分子质量非常高，通常在 10^4 以上。但是，相对分子质量事实上是一个平均值，存在相对分子质量的分布。高分子化合物的另一个特点是其主链中不含离子键和金属键。

高分子材料根据其不同的来源，可分为天然高分子材料（如木材、皮革、天然纤维、天然橡胶等）与合成高分子材料（如各种塑料、合成橡胶、合成纤维等）。合成高分子化合物由一种或几种简单的低分子化合物聚合而成，如由氯乙烯聚合得到聚氯乙烯，其化学反应式可写成：$nCH_2 = CHCl \longrightarrow [CH_2—CHCl]_n$。从中可以看出，聚氯乙烯是由许多氯乙烯小分子打开双键连接而成的、由相同结构单元多次重复组成的大分子链。这种可以聚合成高分子化合物的低分子化合物称为单体。组成高分子化合物的相同结构单元称为重复单元，每个重复单元又称作大分子链的一个链节，一个高分子化合物中重复单元的数目 n 叫做链节数，在大多数场合下链节数可称为聚合度，记为 DP。例如，聚氯乙烯的单体是氯乙烯，链节是—CH_2—CHCl—，聚合度为 300～2 500，相对分子质量为

2 万 ~ 16 万。

采用加热、光照等给予能量，在引发剂的存在下，通过聚合反应，可以将低分子的单体结合到一起形成高分子化合物。按照应用功能分类，高分子材料可分为通用高分子材料（如塑料、合成纤维和合成橡胶）、特殊高分子材料（如耐热、高强度的聚碳酸酯、聚砜等）、功能高分子材料（指具有光、电、磁等物理功能的高分子材料）、仿生高分子材料（如高分子引发剂、模拟酶）等。

2.1.3 化学键类型

由于不同元素的原子得失电子的能力不同，所以不同原子组成凝聚态固体时，原子间相互作用使电子重新分布，在原子间形成化学键，正是这些化学键使原子结合成固体。根据电子的分布、键形成的物理起源和所涉及的键力性质，可将化学键分成五种类型：离子键、共价键、分子键、氢键和金属键。由前四种键形成的固体一般为绝缘体，而后一种键形成的固体是金属。

2.1.3.1 离子键

将正、负离子结合在一起的静电力，称为离子键，由离子键作用而组成的晶体，称为离子晶体。最典型的离子晶体是 NaCl。由于离子键的作用强，因此离子晶体具有高的熔点、低的挥发性和大的压缩模量。

最典型的离子键结合的材料是通式为 MX 的二元离子晶体，M 代表金属元素，X 代表非金属元素。例如 NaCl，其中碱金属 Na 易于失去外层电子形成钠离子（Na^+），而卤族元素 Cl 却易接受钠原子所给出的电子形成氯离子（Cl^-），在这种正负离子之间的静电库仑吸引作用下便形成了离子晶体（见图 2.1）。正负离子间的静电库仑吸引作用为离子键。由于这种离子具有球对称性，所以这样的离子键束缚力是没有方向性的。这种正负离子间形成离子键的吸引能的数量级约为几个

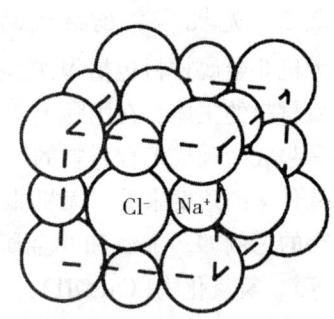

虚线勾画出晶体结构的基本重复单元，每个阳离子与 6 个阴离子配位

图 2.1 NaCl 晶体中的离子排列

电子伏特，因此，靠离子键结合而成的离子晶体有相当高的强度、硬度及很高的熔点。以离子键组成的材料导电性很差，因为电荷的迁移是以整个离子运动的方式进行的，所以离子的运动不像电子那么容易。

2.1.3.2 共价键

因共有电子而产生的结合力称为共价键，如氢分子就是氢原子靠共价键而形成的。2 个氢原子各有 1 个电子在 1s 轨道上，当它们相距很远时没有相互作用，但当它们相互接近时，由于泡利不相容原理的限制，这 2 个电子取自旋相反的两种状态时在 2 个核之间的区域有较大的电子密度，与 2 个核同时有较强的吸引作用，形成氢分子。确切地说，这样一对为 2 个不同原子核所共有的自旋相反配对的电子结构称为共价键，此时，电子为 2 个原子所"共有"。完全由负电性元素组成晶体时，粒子之间的结合力就是共价键。由共价键的作用而组成的晶体称为原子晶体，如金刚石和金刚砂（SiC）为典型的原子晶体。由于共价键的作用强，所以原子晶体硬度大，熔点高，导电性差，挥发性慢。例如，硅、锗、碲这些半导体中的重要材料都是原子晶体。

共价键有两个特点：一个是饱和性，即一个原子只能形成一定数目的共价键，因此，只能与一定数目的电子相键合。另一个是方向性，这是由于从电子的运动空间来看，s 态电子的运动是绕原子核

成球形对称的,但3对p电子的运动则是分别成"棒槌状",互相垂直的。因此,共价键若含有p电子,就具有方向性。例如,每个硅原子通过4个共价键与4个邻近原子结合(见图2.2),每个共价键间的夹角是109°,电子位于这些共价键附近的概率要比位于原子核周围的其他地方高得多。

2.1.3.3 分子键

分子键是组成物质的分子间距离非常小(分子间距$r<10^{-8}$ m)时所显示的相互作用力。分子间力在分子间距$r<10^{-10}$ m时表现为斥力,在10^{-8} m$>r>10^{-10}$ m范围内表现为引力,如图2.3所示。

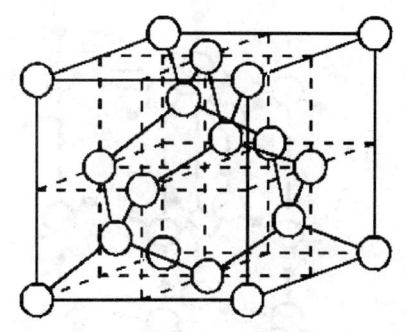

图2.2 硅晶体单位晶胞中的原子排列

分子间的作用同时存在着引力和斥力,由于这两个力随分子间距离变化的情况而不同,所表现出来的合力有时为引力,有时为斥力,有时为零。当$r<10^{-10}$ m时,两分子之间的引力和斥力随距离的缩小而迅速增大,由于引力比斥力增长慢,所以合力表现为斥力;当$r>10^{-10}$ m时,分子间的斥力和引力随距离的增大而减小,但引力减小得慢,合力表现为引力;当$r=10^{-10}$ m时,两分子之间的引力和斥力相等,导致合力为零。分子力的本质与分子的电性结构有密切关系。在一般条件下,气体分子之间的距离较大,分子力可以忽略,但在低温、高压下,分子力不能忽略。固体和液体分子聚集的主要因素是分子力,它使它们有一系列不同于气体的性质。此外,分子之间的作用力在不同的情况下表现的形式是不同的,有时表现为"内聚力",有时表现为"附着力"。

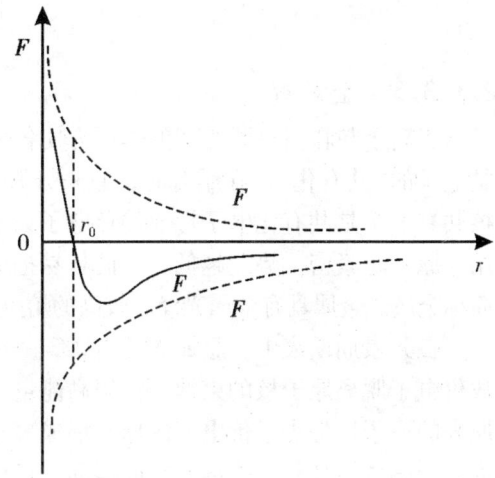

图2.3 分子间作用力与分子间距离的关系

元素周期表最右边的第Ⅷ族元素,其每个原子的外层电子都形成稳定的封闭壳层结构,它们通常不参加化学反应,而且形成单原子气体,此时,要想将属于某个原子的电子以某种方式转移给其他原子则需要相当大的能量。但它们也能结合成固体,这是由于电子在核外不停地绕核运动,但在某一瞬间,电子必定处在某一固定位置上,而电荷在空间的分布是不均匀的,因而会出现瞬间的正、负电中心不重合,产生瞬间的电偶极矩,两个产生吸引作用的电偶极矩就形成了分子键或范德华键。由于这种键很弱,所以靠这种键形成的分子固体的硬度和熔点都很低。

2.1.3.4 氢键

氢原子虽属第Ⅰ族元素,但与其他第Ⅰ族元素不同,它的电离能特别大,达13.6 eV,难以形成离子键。当氢原子与其他原子(如F,O,N等)结合时,电子更倾向于集中在非氢原子一端,使氢核暴露在外,通过库仑力相互作用与电负性较大的另一个原子结合。由于氢核体积很小,若再有第三个负离子要与该氢核结合,就会受到已与氢结合的两个负离子的排斥作用,故氢原子只和两个电负性较强的原子结合,形成一强一弱两个键,称为氢键(见图2.4)。氢键既有饱和性又有方向性。冰、磷酸二氢钾及某些蛋白质分子是靠氢键结合的。

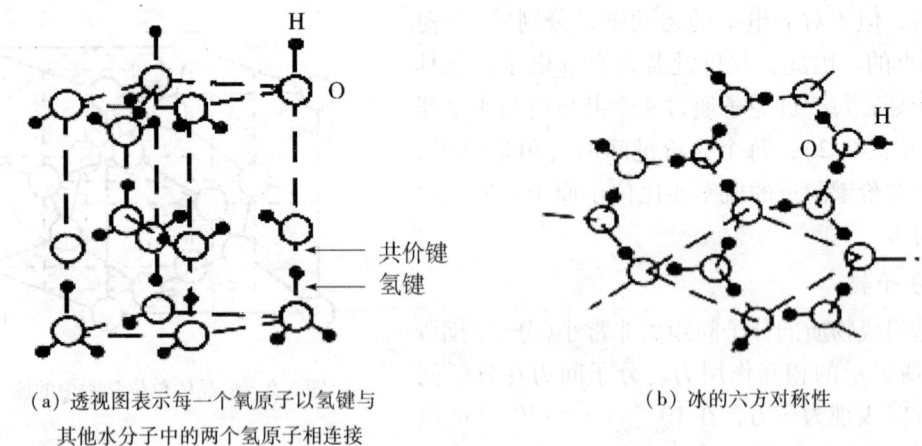

(a) 透视图表示每一个氧原子以氢键与其他水分子中的两个氢原子相连接

(b) 冰的六方对称性

图 2.4 冰晶体模型

2.1.3.5 金属键

正离子与自由电子之间的作用力使各原子结合在一起，这种结合力称为金属键。这种结合的特点是电子的"共有化"。在结合时，原来分属于各个原子的价电子不再被束缚于其本身，而为所有原子核共有。于是共有化电子形成的负电子云和浸在这个负电子云中带正电的原子核之间出现库仑力作用，原子越紧密，势能越低，从而越易把原子聚合在一起。由金属键的作用而形成的晶体叫金属晶体，简称金属。金属具有金属光泽、较高的熔点、高硬度和低挥发性，还具有导电、导热性能好的特性。

在元素周期表中，金属大约占2/3。由于金属原子的价电子的第一电离能较非金属元素小得多，故价电子脱离原子核的束缚不需很高能量。当金属原子聚集起来形成金属晶体时，外层的价电子脱离原来的原子，失去了价电子的原子形成离子占据晶体的点阵，并不停地振动。而脱离了原子的价电子为整个晶体所公有，在离子之间运动，形成了近似均匀分布的电子气。这种公有化的电子运动自由，能够导电，所以金属是良导体。又由于电子的公有，结合键便没有方向性，这样正离子之间改变相对位置并不会破坏电子与正离子间的结合力，故可以经受较大的塑性变形。另外，为了增加晶体的稳定性，即降低体系的内能，金属中原子排列都尽可能地紧密，倾向于有更多的近邻原子。

实际上，凝聚态材料的键合情况往往不是单一的，而是混合的，如周期表中Ⅱ-Ⅵ族元素及Ⅲ-Ⅴ族元素形成的化合物，其结合键就既有离子键的成分也有共价键的成分。对Ⅱ-Ⅵ族化合物来说，离子键是主要的；对Ⅲ-Ⅴ族化合物，共价键是主要的。

此外，元素碳既可结合成金刚石，也可结合成石墨。金刚石是典型的共价键，而石墨的键合情况就要复杂得多。石墨是一种层状晶体，在层面内的3个结合键是共价键，与层面垂直方向还应有1个电子，形成金属键，层面之间又是靠很弱的范德华力结合在一起。由于键合情况的区别，使得石墨与金刚石有完全不同的性能，石墨层片之间非常容易运动，沿层片方向，石墨是一种良导体。

一般采用电负性(electronegativity)来定性判断形成凝聚态所采取的结合类型：

① 当两个成键原子的电负性相差很大时，如周期表中Ⅰ-Ⅶ族元素组成的化合物，其原子之间主要是离子键。

② 电负性相差小的元素的原子之间成键，主要是共价键，也有一定的离子键成分，价电子不仅为两个原子共享，而且应偏向于电负性大的原子一边。

③ 同种原子之间成键，由于电负性相同，可以是共价键，也可以是金属键。

材料的键合方式决定其性能，在熔点、硬度上反映尤其明显。

2.1.4 材料组成与性能的内在关系

材料的组成决定材料的性能。例如，碳与一氧化碳，两种物质的分子中仅相差一个氧原子，但性质完全不同。前者为固体，十分稳定；后者是气体，有毒性。又如钢铁的性质是由碳的含量决定的。熟铁含碳极少（<0.04%），其质较软；铸铁含碳量在2.0%以上，其质硬而脆；钢的含碳量介于上述两者之间，所以兼有较高的强度和韧性。合金钢的性能是以合金元素的一定含量为条件的。钢中加铬至含铬量13%以上便形成耐蚀性强的不锈钢，而钢中硼元素含量若超过0.003%会使钢的塑性和韧性明显下降，脆性提高。

杂质的存在会使材料的机械性能、电性能等恶化，因此，提高材料的纯度是增强材料特性的重要途径。在现代高新技术中，对材料纯度的要求越来越高，比如半导体硅的纯度要求达到小数点后8~12个"9"，才能符合半导体工艺要求；而为了使之具有不同的半导体类型和特性，又要在高纯的硅中有控制地掺入少量杂质。由此可见，材料的组成将控制和改变材料的性能。

化学键的类型与材料性能有重要关系。金属、无机和有机三大类工程材料就是按各类材料中起主要作用的化学键类型划分的。

金属材料的基本结合方式是金属键，金属材料还包括固溶体和金属化合物等合金。金属材料表现出金属的特性，如良好的导热、导电性，金属光泽，较高的强度、硬度和良好的机械加工性能（铸造、锻压、焊接和切削加工等）等。金属材料也具有金属本身固有的两大缺点：易受周围介质影响而发生腐蚀，高温强度差。因此，金属材料的应用受到限制。

无机材料是以离子键或共价键为结合方式的非金属元素或非金属元素与金属元素所组成的材料，以氧化物、碳化物、氮化物等非金属化合物的形式存在。无机材料具有许多独特的性能，如耐热性好、硬度大、耐酸碱、熔点高、对热电绝缘。但是，无机材料存在脆性大和成形加工困难等缺点。

有机高分子材料主要是由以共价键结合的大分子链组成的聚合物。这些大分子链相互间以范德华力结合，或以线形分子链排列形成高聚物晶体，或以共价键相"交联"产生网状结构。由于这类化合物结构上的复杂性，导致有机高分子材料具有多样化的性能。高分子材料具有弹性好、韧性好、质轻、耐腐蚀、耐磨、自润滑、电绝缘性好、不易传热、成形性能好等特点，强度可达到甚至超过钢铁。高分子材料应用日益广泛，目前的产量已超过钢铁。这类材料的主要缺点是：结合力较弱，耐热性差；在溶剂、空气和光线作用下，易产生变软发黏或变硬发脆等老化现象。

材料的晶体结构与性能也有很大的关系。晶体可分为离子、原子、分子和金属晶体四大类型。实践发现不少晶格类型相同的不同物质，也具有相似或相近的性质。例如，碳的两种同素异形体金刚石和石墨由于晶格类型的不同而具有不同性质。金刚石属立方晶型，石墨为六方层状晶型。氮化硼（BN）也有立方和六方两种晶型。立方BN的性质与金刚石相近，硬度近于10，有很好的化学稳定性和抗氧化性；而六方BN性质则与石墨相近，硬度仅为2，高温稳定性好，作为高温固体润滑剂，比石墨效果还好，故有白色石墨之称。

一些晶体材料在外场的作用下会产生新的效应。例如，石英晶体具有压电效应，即晶体在外界机械力作用下会发生极化，导致晶体两端表面出现符号相反的束缚电荷的效应，其电荷密度与外力大小成比例，实现了机械能与电能间的相互转换。其后的研究证明，石英的压电效应是由于其晶体不具有对称中心。后来陆续发现若干物质也具有压电性质，而且晶体中也无对称中心，由此可得出结论，凡是在结构中无对称中心的晶体均有压电性。这样，就大大地开阔了人们的视野，拓宽了寻找新材料的范围。

除晶体外，材料结构中的原子或分子呈不规则排列的称为非晶体或无定形材料。对于非晶态固体,由液态到固态没有突变现象,表明其中粒子的聚集方式和通常液体中粒子的聚集方式相同。近代研究指出,非晶态的结构可用"远程无序、近程有序"来概括。由此,产生了非晶态固体材料的许多重要特性。

2.2 磁性材料

任何物质在外磁场中都能够或多或少地被磁化,只是磁化的程度不同而已。根据分子电流假说,物质在磁场中应该表现出大体相似的特性,但物质在外磁场中的特性差别很大,这反映了分子电流假说的局限性。实际上,各种物质的微观结构是有差异的,这种物质结构的差异性是物质磁性差异的原因。

铁磁性材料之所以能使磁化强度显著增大,在于铁磁材料中存在着磁畴(domain)结构。由于原子磁矩间的相互作用,晶体中相邻原子的磁偶极子会在一个较小的区域内排成一致的方向,导致形成一个较大的净磁矩。图2.5(a)表示 α-Fe 的(110)晶面上的原子,原子中间的小箭头代表磁矩的方向,每个磁矩方向一致的区域就称为一个磁畴。不同类型的磁畴方向不同,两磁畴间的区域就称为磁畴壁,好似晶粒的晶界一样。图2.5(b)表示磁矩方向不同的磁畴和它们的净磁矩方向。在未受到磁场作用时,磁畴方向是无规则的,因而在整体上净磁化强度为零。磁畴的尺寸很小,在0.005 cm左右,一个晶粒内往往有多个不同方向的磁畴。磁畴壁的厚度约为100 nm。

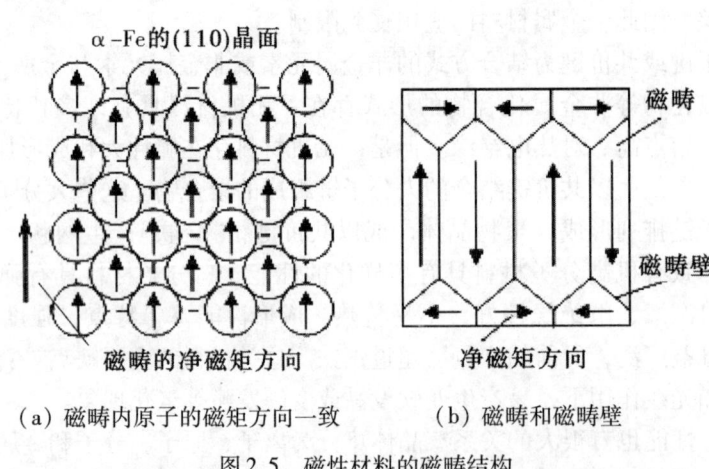

(a) 磁畴内原子的磁矩方向一致　　(b) 磁畴和磁畴壁

图2.5　磁性材料的磁畴结构

材料内的磁感应强度 B 和磁场强度 H 成正比,比例系数就是磁导率 μ。但是,对于铁磁材料,二者的关系不成正比,因为材料的磁化过程与磁畴磁矩改变方向有关。铁磁材料磁化后,在磁场强度再度减小一直到零时,B 的大小不按原曲线变化并减小至零,仍保留有相当的磁化强度,称之为剩磁 B_r(remanence),成为永久磁铁。只有加反向磁场,使相反方向的磁畴形成并长大,磁畴重新回到无规状态,B 才回到零。这时的反向磁场 H_c 就称为矫顽磁力(coercivity)。进一步增大反向磁场强度将使磁畴在反方向上达到饱和 $-B_s$。如果继续改变磁场方向,B-H 曲线便构成一个闭合的回线,称为磁滞回线(hysteresis loop)。

物质按其磁性可分为顺磁性、抗磁性、铁磁性、反铁磁性和亚铁磁性等。其中,铁磁性和亚铁磁性属于强磁性,通常所说的磁性材料是指具有这两种磁性的物质。

磁性材料可分为金属磁性材料和铁氧体磁性材料两大类,它们各自又有多晶、单晶、薄膜等形式。按其磁特性和应用，可分为软磁、永磁、磁记录、矩磁、旋磁、压磁、磁光等材料。

2.2.1 磁性材料的种类及特征

随着科研的深入和高新技术的发展，磁性材料的种类和应用与日俱增。磁性材料可以按其内禀磁性、组成形态或应用特点等进行不同的分类。以下根据磁性材料的磁性和应用综合特点，将其分为永磁材料、软磁材料、磁信息材料、微波磁性材料和其他磁性材料等几类。

2.2.1.1 永磁材料

永磁材料是指去掉磁场后仍能对外产生较强磁场的磁性体，其主要特点是矫顽力高和磁能积大。所谓磁能积，是永磁体退磁曲线上任意点的磁感强度和磁场强度的乘积 BH，其中最大磁能积 $(BH)_{max}$ 是表征永磁材料性能的一个重要参数。磁能积在磁体使用时对应于一定能量的磁体，要求磁体的体积尽可能小。

永磁材料有许多种类，大致可分为以下几类：

① 镍钴系永磁材料。

② 铁氧体永磁材料，其不含镍和钴，价廉，一般分为钡铁氧体和锶铁氧体。

③ 铁铬钴系永磁材料，其永磁性能优良，可机械加工，含钴量较低，故得到了发展。这类合金与 Alnico 型永磁合金（Fe-Al-Ni-Co-Cu 合金）一样，属于脱溶硬化型，需经磁场热处理和时效处理，或采用形变—时效处理等。

④ 稀土钴永磁材料。这是最大磁能积很高的一类永磁材料，目前颇受重视。第一代稀土钴永磁材料是以 RCo_5 为主体（其中，R 为稀土元素），通常有烧结、等静压、黏合的 RCo_5 以及烧结和铸造 RCo-Co-Cu 等几种，比较典型的有 $SmCo_5$，$Sm_{0.5}Pr_{0.5}Co_5$ 等，它们在小型永磁电动机等方面得到良好的应用。现在第二代的 R_2Co_{17} 合金也取得了很大的发展。同时，为了克服烧结法的缺点，最近发展了树脂黏合法和热围压法等新工艺。

⑤ Fe-R-B 永磁材料，如 $Nd_2Fe_{14}B$ 和 $Pr_{16}Fe_{16}B_5Si_3$ 等。这类材料因不含钴、钐，价格较低，并可获得高的最大磁能积，故引起人们的注意。但尚需解决居里温度低、受温度影响大等问题。目前，美国戴顿大学（Dayton University）磁学实验室研发了纳米双相 $Pr_2Fe_{14}B/PrCo_5$ 磁体，克服了这一缺点，矫顽力有可能达到 40 MGOe（1 MGOe 约为 7 957.747 15 J/m^3），使用温度可以达到 200 ℃ 以上，特别是其磁性的温度系数要优于主流 Nd-Fe-B 和 Nd-Dy-Tb-Fe-Co-B 磁体。

⑥ 非晶永磁材料。过去对非晶磁性材料的研究主要集中在软磁材料上，后来发现有些非晶磁性材料具有良好的永磁性能。如上述的 Fe-R-B 材料，通过熔体快速淬火法制备及热处理，就成为一种较好的永磁材料。另一类含 Ga 的 Pr-Fe 非晶永磁材料也已研制成功。

2.2.1.2 软磁材料

容易磁化和退磁的磁性材料称为软磁材料。其特点是矫顽力低，磁导率高，每周期的磁滞损耗小。它可分为金属软磁材料和非金属软磁材料。前者主要用于低频范围，后者可用于高频和超高频范围。在电力工业中，软磁材料常用作变压器和发电机的铁芯；在无线电工业中，软磁材料用于继电器、变压器、电表、磁放大器和各类电感线圈、磁头等。常用的软磁材料有工业纯铁、铁硅合金（含 0.5%～4.0% 的 Si，其余为 Fe）、低镍坡莫合金（40%～50% 的 Ni，其余为 Fe）、锰锌铁氧体、镍锌铁氧体等。自从 1967 年研制成功 $Fe_{30}P_{13}C_7$ 金属玻璃以来，非晶态软磁材料获得了发展，其研究方向主要有以 Co-Fe-B 基合金为主的高磁导率材料、以 Fe-B 基材料为主的高饱和磁感应强度（B_s）材料。它们的性能优于一般的软磁材料，并扩大了软磁材料的应用。

2.2.1.3 磁记录材料

磁记录是一种利用磁性物质作记录、存储和再生信息的技术，它包括录音、录像和录码。前两者为连续记录，后者是分立记录。这种技术与其他记录技术相比，主要优点是：频率范围宽，从直流到十几兆赫的交流；信息密度高，容量大；信息可以长期保存，直接再生，反复再生，成本低；固有失真小；寿命长。

磁记录系统的主要部分是磁头组体、磁带（或磁盘）及其传动装置、记录放大器以及伺服系统。磁头材料是高密度软磁材料。涂覆在磁带、磁盘和磁鼓上面的用于记录和存储信息的磁性材料称为磁记录介质，通常要求有较高的矫顽力和饱和磁化强度，矩形比高，磁滞回线陡直，温度系数小，老化效应小。常用的磁记录介质有氧化物和金属两类。氧化物中以 γ-Fe_2O_3 应用最广泛，其他还有 Fe_3O_4、CrO_2 等。金属磁记录介质有 Fe、Co、Ni 的合金粉末和用电镀、化学镀或蒸发方法制成的磁性合金薄膜。

提高记录密度是磁记录的一个重要方向。目前，磁记录主要采用纵向记录方式，但其记录密度不很高，故有人提出了垂直记录方式，即采用单极型磁头、高饱和磁化强度 M_s 和垂直磁各向异性场的厚膜介质，来记录数字信号，调制记录和直流场抹磁。在几种垂直磁记录的新材料中，目前最受注意的是 Co-Cr 合金。它用射频溅射等方法制成薄膜，可通过磁畴转动来实现磁化过程，估计其极限记录密度可达每毫米 20 千位。此外，在磁（记录）头材料方面也取得了新进展，主要是用晶体生长新工艺制取 Mn-Zn，Ni-Zn-Mn 等铁氧体单晶，它们具有优良的使用性能。

在当前高速发展的信息时代，磁性材料作为信息的转换、记录、存储和处理手段发挥着重要的作用。目前主要的存储设备大部分使用磁存储器。磁存储和记录材料也在不断向前发展，包括磁记录材料、矩磁材料、磁泡材料和其他用作信息载体的磁性材料，统称磁信息材料。这尚未包括通信、雷达、导航等广泛信息技术中使用的多种磁性材料。

2.2.1.4 磁泡材料

把单轴各向异性的磁性材料切成薄片（50 μm）或用晶体外延法生长制成薄膜，使易磁化轴垂直于表面，当未加外磁场时，薄片由于自发磁化，产生带状磁畴，当有外磁场的作用时，反向磁畴局部缩成分立的圆柱形磁畴，在显微镜下，它很像气泡，所以称为磁泡（magnetic bubble），直径为 1~100 μm。磁泡的存在与否很适合表示二进制码"1"和"0"的信息，并且通过磁电转换便于传输，实现信息的存储和处理。这种材料具有比磁矩铁氧体存储器体积小、容量大的优点。磁泡材料可获得每平方英寸①百万位以上的容量，这对增大计算机容量和缩小体积具有很大的意义。

利用液相外延方法在 [111] 方向生长的磁性石榴石单轴磁晶呈各向异性，其易磁化轴垂直于膜面，薄膜厚度约为几微米，对可见光是透明的。利用偏光显微镜可以清晰地观察到薄膜中的畴形，未加外磁场时呈现迷宫状畴，由明暗相间的条状畴构成，两者的面积大体相等，如图 2.6(a) 所示。当外加磁场增加时，磁化方向和磁场方向相同的磁畴变宽，磁化相反的畴形变窄，如图 2.6(b) 所示。磁场再加强时，那些变窄的反向磁畴就要缩成分立的柱状畴，即磁泡，如图 2.6(c) 所示。

磁性晶体一般是由许多小磁畴组成的。在每个磁畴内部，原子中的电子自旋由于交换作用排成平行状态，因而磁畴表现为自发磁化。磁畴之间由一定厚度的畴壁彼此相隔。在畴壁内部，由于各原子磁矩是逐渐由一个方向转到另一个方向的，因此在畴壁上蓄有交换能以及由晶体的磁各向异性加在一起的畴壁能。磁各向异性是磁性晶体所特有的性质，即磁畴的磁化沿着晶体的特定轴向比较容易发

---

① 1 in² (平方英寸) = 645.16 mm²。

(a) 外磁场 $H = 0$　　　(b) 外磁场 $H \neq 0$　　　(c) 进一步增加磁场

图 2.6　磁性薄膜中的磁畴形态

生，这个轴就是前面提到的易磁化轴。沿垂直于晶体的易磁化轴切出薄片，当它的单轴磁各向异性强度大过表面磁化引起的退磁场强度的自发磁化时，在退磁状态下出现弯弯曲曲的条状磁畴。这里磁畴的磁化方向只能取向上或向下任一种方向。垂直于薄片施加向下的磁场，逐渐增加磁场强度，有利于磁化向下的磁畴扩张，于是磁化向上的磁畴逐渐缩小，并且在磁场增加到一定程度时，磁化向上的磁畴便缩成圆柱状。这时，力图使磁畴本身扩大的静磁能同迫使磁畴缩小的磁场能与磁畴能的和正好处于平衡状态，所以形成圆柱状的磁畴。如继续加强向下的磁场强度，圆柱状的磁畴会进一步缩小以至消失。

按计算机存储密度的要求，磁泡单晶材料以形成直径为 19 μm 以下的磁泡为宜。对磁泡晶体材料，要求缺陷尽量少，而透明度尽量高；此外，磁泡的迁移速度要快，材料的化学稳定性和机械性能也要好。能满足这些要求的材料不多，但仍可举出下列几类：六方铁氧体（$MeFe_{12}O_{19}$）、氟化铁（FeF_3）、硼酸铁（$FeBO_3$）、尖晶石（$MeFe_2O_4$）、稀土正铁酸盐和稀土石榴石。

从目前已取得的研究成果看，正铁酸盐和石榴石最有希望满足要求，其中石榴石似乎更优。实验指出，至少有三种石榴石具有单轴磁各向异性，它们是：$Gd_{0.96}Tb_{0.75}Er_{1.29}A_{10.5}Fe_{4.5}O_{12}$，$Gd_{2.32}Tb_{0.59}Eu_{0.09}Fe_5O_{12}$ 和 $Er_{1.98}Tb_{1.02}A_{11}$。

由于供制造磁泡器件的单晶要切成很薄的片，并且其厚度以相当于磁泡直径的 1.5 倍为宜（即 15 μm 以下），因此，人们致力于研究用外延法直接长出单晶薄膜的方法。外延可以用液相、气相外延法，也可以用溅射法和水热条件下的外延法。

2.2.1.5　磁致伸缩材料

具有较大线磁致伸缩系数（或应变，一般磁致伸缩系数 $\lambda_s \geq 40 \times 10^{-6}$）的材料称为磁致伸缩材料。这种材料具有电磁能与机械能或声能相互转换的功能，是重要的磁功能材料之一。它主要应用于水声或电声换能器（如声纳的水声发射与接收器、超声波换能器）、各种驱动器（如机械功率源、精密机加工、激光聚焦控制、微位器、照相机聚焦系统、线性电机、延迟线、机器人的功能器件等）、各种减振与消振系统器件（应用于各种运载工具，如汽车、飞机、航天器等）、液体与燃油的喷射系统等。使用时对该磁致伸缩材料的主要要求是：饱和磁致伸缩应变 λ_s 要大，磁致伸缩应变对磁场的变化率 $\left(\dfrac{d\lambda}{dH}\right)_{max} = d_{33}$ 要大，即要求在低磁场下有很高的 λ 值，电磁能与机械能的相互转换效率要高。通常用与材料形状无关的能量转换系数（称为机电耦合系数）K_{33} 表达材料的能量转换效率。K_{33} 是动态磁致伸缩特性的重要技术指标，一般要求 K_{33} 越大越好。为满足上述要求，材料的磁致各向异性常数 K_1 要小，即 λ/K_1 要大，矫顽力要低，电阻率要高，要有足够高的抗压强度或抗拉强度。

磁致伸缩材料可分为传统磁致伸缩材料和稀土超磁致伸缩材料两大类。传统磁致伸缩材料有 Fe 基、Ni 基和 Co 基合金及铁氧体材料，如 $[(NiO)_x(CuO)_{1-x}]_{1-y}(CoO)_y \cdot Fe_2O_3$。传统磁致伸缩材料的饱和磁致伸缩应变很小，机电耦合系数 K_{33} 也低，虽然已研究用它来制造电声与水声换能器，但始终没有得到广泛的推广应用。发展于 20 世纪 50 年代的压电陶瓷材料（PZT – $PbZrCo_3$ 等），其磁致伸缩系数和能量转换效率都比传统的磁致伸缩材料要高，很快它就取代了传统磁致伸缩材料，而广泛地用来制造水声、电声（如超声波器）换能器等。20 世纪 70 年代以来又发展了稀土超磁致伸缩材料，它与传统磁致伸缩材料和压电陶瓷材料相比有如下特点：饱和磁致伸缩应变量 λ_s 高，能量密度高，应变时产生的推力大，在微秒（10^{-6} s）内响应，响应速度快，$\lambda - H$ 线性好，弹性模量与声速随磁场而变化，可调节，宽频带，可在低频如几十至 1.5 kHz 下工作，经改进后，工作频率可达 30 kHz，无疲劳、过热失效问题。

2.2.2 磁性材料的制备

磁性材料制备时要综合考虑磁性材料的磁性和其应用特点，所采用的制备方法也不尽相同。以下介绍几种典型的磁性材料的制备方法。

2.2.2.1 Nd – Fe – B 永磁体的制备方法

按制备方法不同，Nd – Fe – B 永磁体分为两大类：一类是烧结永磁体，另一类是超急冷永磁体。前者多为块体状，主要满足高矫顽力、高磁能积的要求；后者用做黏结永磁体，主要用于电子、电气设备的小型化应用领域。

1) Nd – Fe – B 烧结磁体的制备方法

制造 Nd – Fe – B 典型的化学成分比为 $Nd_{15}Fe_7B_8$，将原料粉碎后真空或者氩气气氛中 1 100 ℃ 高温烧结，形成的材料以 $Nd_2Fe_{14}B$ 为主相，非磁性 $Nd_{1.1}Fe_4B_4$ 相及富 Nd 相围在主相的晶粒边界。在实际应用中，为了提高该系列的热稳定性，往往添加适量的 Dy 置换 Nd。为了改善 Nd 相耐蚀性很差的缺点，往往用 Co 置换部分 Fe。

Nd – Fe – B 系的主相 $Nd_2Fe_{14}B$ 金属间化合物的晶体结构为正方点阵。Fe 集中配置的原子层面被含 Nd 和 B 的原子层面隔开，具有复杂的晶体结构；而沿 c 轴方向具有很强的晶体磁各向异性。由于单轴各向异性很强，因此饱和磁化强度可达到很高的数值。而且，提高主相含有率及微细化，效果会更好。

Nd – Fe – B 永磁体超急冷制造方法一般是使熔融态 Nd – Fe – B 喷射到快速旋转的冷却辊上，让其超急速冷却。通过改变旋转辊的圆周速度，可以调节甩带产物的晶体结构，使其从薄带（ribbon）到数微米的微晶范围内变化，由此可以得到高矫顽力 Nd – Fe – B 永磁薄带所需要的 0.3 μm（单磁畴颗粒临界粒径）以下的粒径。由这种制法得到的薄带永磁体是非常脆的，通常要经粉末化，使其与树脂或橡胶混合，成形后做成黏结永磁体使用。由于原始晶粒小时，粉末化造成的特性劣化较少，从而即使做成各向同性永磁体使用，性能也能满足要求，而制造工艺要简单得多。目前市场对这种永磁体的需求很大。

若用烧结 Nd – Fe – B 的粉碎方法来粉碎黏结永磁体用的粉末，则随着粉末颗粒变小，矫顽力有大幅度下降的倾向。由日本学者发明的氢化—分解—脱氢—再结合（hydrogenation decomposition desorption recombination, HDDR）方法，可以在保证高矫顽力的前提下，制取 Nd – Fe – B 系的粉末。氢化是使 $Nd_2Fe_{14}B$ 与氢发生不均化反应；分解是使氢化的产物分解为 NdH_7，Fe，Fe_2B；脱氢是在一定氢压下热处理，使 NdH_2 解离产生 Nd；再结合过程是使 Nd，Fe 及 Fe_2B 再结合。由此可得到平均粒径为 0.3 μm 的微细晶粒，从而获得具有高矫顽力的粉末。

2）Nd-Fe-B 黏结磁体的制备方法

(1) 熔淬(M_s)法

超急冷法 Nd-Fe-B 薄带（甩带法）借用非晶态合金的制造方法，即在冷却的旋转轧辊面上喷射熔融态 Nd-Fe-B，使其急冷凝固。依凝固速度不同，可获得从非晶态到粒径为 1~10 μm 的微晶。

(2) 气体喷雾法(gas atomization)

当 Nd-Fe-B 熔液流经一个高速喷嘴时，利用高压氩气将其雾化成细小的金属液滴喷向旋转粉碎盘，凝固成极细的非晶和微晶粉末。这种粉末既可用于制造烧结磁体，也可用于制造黏结磁体。

(3) 机械合金化法

原料在充 Ar 气的高能球磨机中球磨，在 700 ℃ 高温下进行固相化学反应，或者在 600 ℃ 下进行 1~3 h 固相化学反应。机械合金化法如果在氢气气氛中进行，磨碎的粉末吸氢使晶粒细化，平均晶粒尺寸减到 1 μm 左右，然后对合金粉进行热处理，释放出氢。与熔淬法相比，机械合金化法不需要大型的快淬设备，是一种简单的磁粉制造法，而且制出的磁粉性能与快淬法几乎一样。

2.2.2.2 磁性薄膜的制备方法

磁性薄膜的制备方法可分为物理法和化学法。物理制备法主要有分子束外延生长法、溅射法、真空蒸发法、离子助沉积法等。化学法需要一定的化学反应。在热生长和化学气相沉积的过程中，化学反应是靠热效应来实现的，而在电镀和阳极氧化沉积过程中则主要靠离子的电致分离实现。

热生长是指在充气条件下，大量的氧化物、氮化物和碳化物薄膜可以通过加热基片的方式获得的过程。例如，在室温下在 Al 基片上形成氧化铝膜。膜的厚度可以通过升高基片的温度而得到增加，但是膜的厚度会由于氧化生长速率随着厚度的增加而减少甚至消失而受到限制，故热生长不是制备薄膜的常用方法。

化学气相沉积是制备各种薄膜材料的一种重要技术。反应气体在包含基片的真空室中混合，在一定的温度下发生反应，反应物沉积在基片表面形成固态膜。气体流量、气体组分、沉积温度、气压、真空室几何形状等因素是薄膜沉积过程的重要变量。化学气相沉积涉及三个基本过程：反应物的输运、化学反应、反应副产品的去除。化学气相沉积反应器一般有常压式和低压式、热壁式和冷壁式。常压式反应器得到的膜污染程度高，且需要大流量携带气体和大尺寸设备；而低压化学气相沉积系统可在低压下只使用少量反应气体，而且不需要携带气体。在热壁的反应器中，整个反应器都达到发生化学反应所需的温度，而在冷壁反应器中，只有基片需要达到化学反应所需的温度。

化学气相沉积可以在复杂形状的基片上沉积成膜，沉积过程可以在大尺寸基片或多基片上进行，可准确地控制薄膜的组分及掺杂水平，无需昂贵的真空设备，能大幅度改善晶体的结晶完整性，可以利用某些材料在熔点或蒸发时分解的特点而得到其他方法无法得到的材料。缺点是反应气体会与基片或设备发生化学反应，设备较为复杂，化学反应需要高温，变量较多。

电解是在阴极上沉积物质的过程，其原理是电流通过电解液时产生化学反应。电解系统由电解液、阳极和阴极构成，当还原电流通过时，材料便沉积在阴极上。电镀法只适用于在导电的基片上沉积金属和合金。电镀法制备薄膜的原理是金属离子在电场作用下在阴极聚集，经历表面扩散、放电、成核结晶等过程。电镀法制备的薄膜的性质取决于电解液、电极和电流密度等条件，所获得的薄膜大多是多晶的，少数情况下可以获得单晶。优点是薄膜的生长速度较快，基片可以是任意形状。电解法的缺点是电解过程需控制的因素较多。由于电化学沉积方法具有设备简单、易于实现、成本低廉、可以工业化大规模生产等优点，因而得到了广泛的应用。

2.2.2.3 纳米磁性材料的制备方法

1) 化学共沉淀法

化学共沉淀法是将溶液中的金属离子利用化学反应共同沉淀析出，经过滤、洗涤、干燥、焙烧得到所需产物。它具有制备颗粒小、纯度高、活性好等优点，最大的缺点是混合的不均匀性会影响最后产物的成分均匀性和团聚。

2) 溶胶—凝胶法

溶胶—凝胶法是把金属有机物或无机物先进行水解缩聚，由溶胶转变成固态的凝胶，然后烧结成成品。其优点是反应温度低，产物粒径小，分布均匀，易实现高纯化。缺点是成本高，实验中难以避免干燥时开裂等问题。

3) 水热法

水热法又称热液法，属液相化学法的范畴。是指在密封的压力容器中，以水为溶剂，在高温高压的条件下进行的化学反应。这种方法得到的产品分散性好，结晶好，粒径分布较窄。

4) 熔盐法

熔盐法是将反应物与助熔剂 NaCl，KCl 等一起在高温下预烧，冷却后用热水洗去 NaCl 和 KCl，然后干燥得到单晶体。其原理为反应原料溶于高温熔融助熔剂，生成的产物不溶于助熔剂而生成单晶。熔盐法既继承了共沉淀法均匀混合的优点，又克服了共沉淀法粉末过细且易呈胶状等一系列缺点。

2.2.3 磁性材料的应用

2.2.3.1 在传统技术方面的应用

随着近代工业的发展，特别是电工技术和电子技术的兴起，对于磁性材料的需要日益增加。下面介绍各种磁性材料在电力、通信、仪表等传统技术方面的应用。

1) 在电力技术上的应用

各种大中型电机(发电机和电动机)和各种变压器都需要饱和磁化强度 M_s 高的软磁材料(如 Fe-Si 合金)，小型和微型电机还需要永磁材料，高频电机和高频变压器需要高电阻率的铁氧体材料或高 M_s(高 B_s)的非晶合金薄带。电力控制继电器需要软磁材料或半永磁材料，工业上用的磁选机、磁传输带、磁卡等需要使用各种永磁材料，磁饱和式稳压器和各种磁放大器要用多种软磁材料，电力设备上用的断路器、逆弧指示器、逆流切断器等也要用多种永磁材料，电磁泵则需要用永磁和软磁两种材料。

2) 在通信技术上的应用

电报的发报器、收报器和电话受话器要用到软磁材料和半软磁材料，有线电话和载波电话需要利用平衡电路阻抗用的增感器和分开多路电话的滤波器，这些器件都要采用软磁材料制成要求多样的电感元件。无线电广播、电视、收音和电话装置中，要使用磁天线以增强磁力线和提高接收灵敏度，使用几种高频变压器以调整阻抗匹配和改变电压电流，使用磁色纯器的两片永磁体以完成彩色电视机显像管的单色纯光栅作用，使用磁会聚器的 4 极和 6 极永磁体以实现在彩色电视显像管中三色束在荫罩中心部位的静会聚，使用磁偏转扫描器以实现电视显像管中电子束的偏转和扫描，使用永磁扬声器以实现电流—声音的转换，使用磁微音器以实现声音—电平的转换，等等。这些多种多样的磁器件需要分别使用磁特性各不相同的软磁或永磁材料。

3) 在仪器仪表上的应用

各种电测仪表都需要利用永磁材料产生恒定的磁场，再利用待测电流在磁场中的受力偏转来进行测量，因此，这些仪表称为磁电式仪表；还有利用通电流线圈吸引软磁材料片的电磁式仪表。磁测仪表中测量磁场强度的磁通门式磁强计、磁膜式磁强计和磁光式磁强计，测量磁通量的磁通计，测量磁导率的磁导率计，测量磁化强度的振动样品磁强计和磁天平，测量磁各向异性的磁转矩仪等，都需要应用永磁、软磁或其他磁性材料。在测量位移、速度、流量等非电学、磁学量时，可以利用电磁感应、磁致伸缩效应和磁场电效应等将其转换为磁学量或电学量进行测量，这些也需要应用多种磁性材料。

2.2.3.2 在高新技术方面的应用

在20世纪中期以后，由于电子计算机的发明，半导体和微电子学的诞生，微波电子学的发展以及电子核能的作用，在传统技术的基础上开辟了以高新技术为主要标志的新时代。高新技术既需要种类更多和性能更好的磁性材料来推动磁学和磁性材料的发展，又受到新磁性材料和新磁学现象的一定影响。

1) 在信息高新技术中的应用

各种计算机除使用一部分半导体存储器外，仍主要使用磁存储器，从早期的磁芯、磁膜、磁鼓存储器发展到磁带、磁盘、磁泡存储器，正在研制的还有更大容量的垂直布洛赫线存储器和磁光存储器。作为外部存储器的磁记录技术，在记录介质和磁头的材料种类、记录方式及记录密度等方面都有了很大的提高。微波中断通信和卫星通信使用微波技术，旋磁器件在这里起着关键作用。在光通信中，使用磁光调制器可以将信息转到光频载波，使用磁光隔离器可以抑制光路中的发射，使用磁光环行器可分开发送和接受信息，这些新技术需要应用多种磁信息材料、微波磁性材料和其他磁性材料。

2) 在新能源高新技术中的应用

新能源是指在传统能源广泛使用以后开展研究和应用的能源。例如，磁流体发电、核聚变能源和太阳能发电站等。磁流体发电是利用高温电离气体高速流过强磁场切割磁力线而产生电动势，因而获得电能。磁场在这里起着十分重要的作用，磁场越强，发电效率越高。因此，高效率低成本的强磁场技术是提高磁流体发电效率，使其实用化的重要因素。传统发电效率一般只有20%~30%，而磁流体发电效率可达到50%~60%，因而受到重视。再如，利用氢原子核在异常靠近的情况下产生的热核聚变反应，可以获得比传统能源和核裂变反应高得多的产能率，而且原料来源也十分丰富。

3) 在生物高新技术中的应用

生物磁学是当前发展迅速、应用广泛的一门交叉学科，其中也有一些可归属于生物高新技术。例如，核磁共振成像技术可以获得人体内部任一截面的质子浓度和状态的CT像，这与X射线和超声只能得到人体内部截面的密度CT像相比可获得更多的生理和病理状态的信息，因而成为当代生物医学中一项重要的高新技术。这一装置的强磁场设计和制造，产生CT像的磁共振过程都与磁学和磁性材料密切相关。再如，测量人体各部位磁场时间谱的磁图（心磁图、脑磁图）技术出现晚，目前尚未进入临床应用，但由于磁图比相应电图具有更多优点，因而有很大的应用前景。

2.2.3.3 在军事技术方面的应用

许多事例已经表明，科学技术在当代军事活动中起着越来越重要的作用，磁性材料除在一般电子技术中应用外，在军事科技中也有一些专门的应用。

1) 磁性水雷和磁性地雷

一般水雷和地雷在接触到船舰、潜艇和坦克等才爆炸，其作用范围比较小。但是，如果在水雷、地雷上安装磁传感器，便能引爆水雷、地雷，这就显著扩大了水雷、地雷的作用范围和破坏力。当然，也可以在舰船、潜艇等上加退磁装置，抵消其感生磁场，从而不使水雷、地雷上的磁传感器发生引爆作用。这些磁引爆武器和退磁装置已在多次战争中使用，磁性材料和磁技术在其中起到的作用是十分明显的。

2) 电磁炮和电磁导弹

目前的枪炮是利用火药的化学能推进的，导弹也是利用各种燃料的化学能推进的，而正在研究和试验的电磁炮和电磁导弹则是利用电磁能作推进动力。这种电磁炮和电磁导弹的推进原理是：将装置在发射架上的炮弹或导弹通以强脉冲电流，并在脉冲强磁场作用下受到极强的电磁力而获得极高的速度。研制和实验的电磁炮和电磁导弹的速度已达到约 1 km/s。据估计，采用这种方法可用很少的能量就将 500 kg 的密封舱发射到太空。又如用电磁导弹在低轨道上发射到火星的探测器，需要约 6 MA 的脉冲点火电流和 75 m 的最短轨道长度。

3) 军事科技上的其他磁应用

在国外的战略防御计划中，已提出采用束流武器来摧毁导弹的研制计划，其中产生强激光束的自由电子激光器和产生强微波束的电子回旋管都需要复杂位形的强磁场来控制电子的运动，以获得高的能量转换效率，因而需要最大磁能积高的永磁材料或饱和磁化强度高的软磁材料。

2.2.3.4 在科学研究方面的应用

在各种科学研究中使用磁性材料也是很多的，除各种电子学仪器和一些仪器仪表要用多种磁性元件和磁性材料外，在不少标志当代科学发展水平的巨型科研装置及一些高精密仪器中，也都要使用数量大和性能高的多种磁性材料。

1) 高能物理研究中的磁应用

高能带电粒子的导向、加速、聚焦和探测过程中，都需要特殊设计的具有一定磁极数目、磁场强度和磁场分布的多种磁场装置。它们或是对运动的带电粒子施加作用力，约束带电粒子的运动，起到导向和聚焦等作用；或者控制带电粒子在已知磁场中的运动轨迹，由其运动轨迹的测量，以确定这些粒子的电荷符号、运动速度和能量、质量等参量。现在，各种加速器如高能粒子对撞机、重离子加速器和同步辐射加速器都需使用大量的产生各种磁场的磁体装置。如有的加速器曾使用 30 000 t 的大电磁体。

2) 磁性扫描显微镜

利用物质磁性和磁效应研制成的显微镜，目前已有磁力显微镜和自旋扫描显微镜两种，它们都是在电子隧道显微镜发明和应用不久后研制成功的。磁力扫描显微镜是采用强磁性隧道针尖，而不是用一般隧道显微镜的弱磁性刚性隧道针尖，因此它是针尖与样品间形貌和磁力的组合，如可以用来观测硬磁盘和磁迹。目前已利用非接触交流探测式磁力显微镜研究 Fe-Ni 溅射薄膜，采用 Fe 单晶做磁探针，已观测到磁畴和畴壁，其灵敏度和分辨率也可观测畴壁中的布洛赫线。自旋扫描显微镜利用扫描电子显微镜中电子束在强磁体上产生的二次电子自旋极化来观测表面形貌。利用这一技术已观测到 Fe 和 Co 单晶的磁畴、Co-Ni 磁盘的磁迹，以及 Fe-Ni 磁头溅射膜的磁畴和畴壁。此外，一般电子显微镜也可采用磁透镜聚焦和磁扫描。

除以上介绍的各种应用外，磁性材料还有许多其他方面的应用，如磁场处理水、磁吸器等。总之，磁性材料的广泛应用不但满足了实际需要，同时也推动了对磁性材料的研究和生产的不断发展。

2.2.3.5 有机磁性材料

近年来有机磁性材料得到发展。这是一种全新的磁性材料，其独特之处在于有机物质显示出磁性，而过去认为高分子化合物不具有磁性。有机磁性材料是高分子材料研究领域的一个重大突破。

1) 性能特点

有机磁性材料既属于高分子有机材料，又属于磁性材料，其主要的性能特点包括：

① 该材料采用与常规磁性材料完全不同的方法制备，相对分子质量高达数千，有机物结构和化学性能十分稳定。加工过程不需烧结，只需热压成形，不会产生因高温烧结而导致的尺寸偏差。机械

特性好，抗振动、抗冲击性好。

② 从磁性能看，属于软磁。

③ 介电特性较好。

④ 密度低，适应温度宽，耐热冲击好，抗辐射，抗老化等。

⑤ 对有机磁性材料产生磁性的机理尚不清楚。随着材料温度的升高，磁性能变化很小。

2) 应用前景

有机磁性材料预计在以下方面有较好的应用前景：

① 由于有机磁性材料的介电常数高，加工性好，稳定性好，在微波频率范围内做微带基片，可大大缩小器件的体积，减轻重量，而且可以解决用陶瓷基片常出现裂纹的问题，特别适合在航天、航空中应用。

② 有机磁性材料是一种性能良好的电介质材料。如用有机磁性材料做电解电容的介质膜，可使膜厚度增大，使电解电容大大增高，降低成本。

③ 在 200~3 500 MHz 范围内做各类通讯天线。用有机磁性材料做天线可使辐射下降 80% 左右，对人体健康大为有益。

④ 可在 200~3 500 MHz 范围内做各种电感器。

⑤ 可在一定的射频频率范围内制作功率放大器、振荡器、功率分配器、混频器、功率合成器、变频器、滤波器等微波器件。

⑥ 可用作抗电磁干扰器件和电子战中的吸波隐身材料。

⑦ 有机磁性材料还有望用于高级密封的液体磁性材料，用于水下探测的磁致伸缩材料，用于制作脉冲变压器以及电视机、光纤通讯中的某些更新换代产品等。

2.3 电子信息材料

电子信息材料是指在微电子、光电子技术和新型元器件基础产品领域中所用的材料，主要包括以激光晶体为代表的光电子材料，钕铁硼（NdFeB）永磁材料为代表的磁性材料，单晶硅为代表的半导体微电子材料，光纤通信材料，磁存储和光盘存储为主的数据存储材料，介质陶瓷和热敏陶瓷为代表的电子陶瓷材料，压电晶体与薄膜材料，储氢材料和锂离子嵌入材料为代表的绿色电池材料等。电子信息材料技术的提高及新材料的应用，导致了全球经济在信息产业的蓬勃发展中快速前进。由半导体材料及辅料、光电子材料和新型元器件用材料组成的三大系列，涵盖了现代信息新材料领域的主要方面。信息新材料作为现代信息产业的基石，支撑着通信、计算机、信息家电与网络技术的发展。

电子信息材料的总体发展趋势是向着薄膜化、多功能化、大尺寸、集成化、高均匀性、高完整性方向发展。当前的研究热点和技术前沿包括柔性晶体管，光子晶体，SiC、GaN、ZnSe 等宽禁带半导体材料为代表的第三代半导体材料，有机显示材料以及各种纳米电子材料等。虽然光电子技术发展得非常快，但是以集成电路为主的电子和微电子技术仍然在目前的信息技术中占相当大的比重，以硅材料为主体、化合物半导体材料及新一代高温半导体材料共同发展的局面在 21 世纪仍将成为集成电路产业发展的主流。单晶硅材料工业是现代信息产业的基础，在可以预见的将来仍将主宰着微电子产业。硅晶片的生产和技术被日本、美国少数几家大公司所垄断，属于资金密集型和技术密集型行业，在国际市场上产业相对成熟。我国也初步具备了生产大直径单晶的产业化能力，但在产品质量和加工深度等方面与国际水平有较大差距。砷化镓材料被公认为是新一代的通信用材料，随着高速信息产业的蓬勃发展，以砷化镓为代表的第二代电子材料得到快速发展。发光二极管是光电子技术最重要的应用之一，然而，由于成本的原因，发光二极管只在特定应用中使用，要取代白炽灯用于普通照明还有很长的路要走。平板显示技术在信息产业中占据着十分重要的位置，包括无机发光二极管、液晶显示、阴极射线管技术以及近年来发展迅猛的等离子体、场致发射和有机发光二极管等新型平板显示技术。平板化已成为显示技术的发展趋势。

2.3.1 陶瓷材料

陶瓷材料是人类应用最早的材料。它坚硬、稳定，可以制造工具、用具；在一些特殊的情况下也可以用作结构材料。陶瓷材料属于无机非金属材料，是不含碳氢键结合的化合物，主要是金属氧化物和金属非氧化物。由于大部分无机非金属材料是含有硅和其他元素的化合物，所以又叫做硅酸盐材料。它一般包括无机玻璃、玻璃陶瓷和陶瓷三类。作为结构和工具材料，工程上应用最广泛的是陶瓷。按照成分和用途，工业陶瓷材料可分为以下三类：① 普通陶瓷（或传统陶瓷），主要为硅、铝氧化物的硅酸盐材料；② 特种陶瓷（或新型陶瓷、高技术陶瓷、精细陶瓷、先进陶瓷），主要为高熔点的氧化物、碳化物、氮化物、硅化物等烧结材料；③ 金属陶瓷，主要指用陶瓷生产方法制取的金属与碳化物或其他化合物的粉末制品。

作为无机材料的陶瓷，它与金属材料、高分子材料构成三大固体材料。这三者的主要区别是化学键，即原子间的相互作用不同，因而在多方面的性能上表现出极大的差异。它们相互配合，取长补短，相辅相成，基本上能满足现代科学技术对材料的需求。从物质状态的角度，无机材料包括单晶体、多晶体及非晶体三类；从化学组成的角度，无机材料包括纯元素（如碳、硼等）、氧化物（单一的氧化物和复合的氧化物）、非氧化物（如氮化物、碳化物、硼化物、硅化物、砷化物、卤化物和硫族化物等）。因此，现代陶瓷的研究对象极其众多，领域极其宽广。陶瓷在国民经济及实现社会现代化建设中有着重要的作用。除了生活日用品、建筑材料、卫生洁具、化工设备、变电和输配电、切削刀具、钻井钻头、电子技术、自动控制、广播电视、有线通讯、无线通讯等广泛应用陶瓷材料之外，近20年来，空间技术、能源开发、计算技术、激光技术、电子技术等的发展，也越来越多地应用陶瓷新材料。

2.3.1.1 陶瓷材料的力学性能

各种材料在外力作用下会发生形状和体积的变化，当外力超过一定限度时材料就会破坏。研究陶瓷材料在外力作用下发生形变和破坏的规律，对陶瓷材料的制造有重要意义。陶瓷材料的化学键键合牢固并有明显的方向性，这是由于化学键大多为离子键和共价键。与金属相比，陶瓷材料晶体结构复杂而表面能小，因此，它的弹性模量、强度、耐磨性、硬度、耐蚀性及耐热性比金属优越，但韧性、塑性、抗热震性、可加工性及使用可靠性不如金属。搞清陶瓷的性能特点及其决定因素，不论是对研究开发还是使用设计均十分重要。

1) 陶瓷材料的弹性形变

(1) 虎克定律

陶瓷、金属、木材等许多重要材料，在正常温度下，当应力不大时，其形变是简单的弹性形变。对于弹性形变、应力与应变之间的关系已由实验建立，就是人们熟知的虎克定律。设想一长方体，各棱边平行于坐标轴，在垂直于 x 轴的两个面上受有均匀分布的正应力 σ_x，如图2.7所示。实验证明，在各向同性体的情况下，这些正应力不会引起长方体的角度改变。长方体的单位伸长可表示为：$\Delta l = \sigma_x / E$，E 为弹性模量，对各向同性体为一常数。这就是虎克定律，它说明应力与应变之间为线性关系。

陶瓷在外力的作用下原子间距由平衡位产生很小位移而发生弹性变形，超过原子间微小的位移所允许的临界值就会产生原子面滑移塑性变形或键的断裂。弹性模量反映的是原子间距的微小变化所需

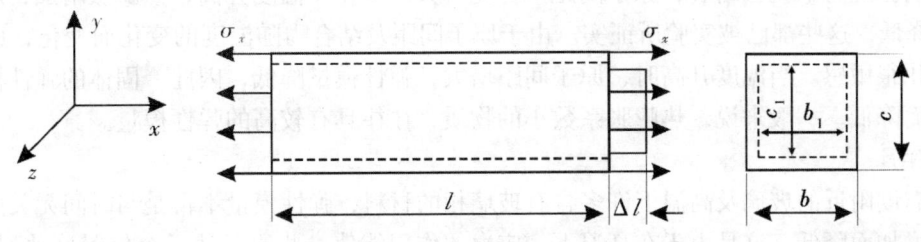

图2.7 长方体受力形变示意图

外力的大小。尽管原子间距所允许的弹性位移范围很小,但所需的外力很大,即弹性模量对原子间距的弹性变化很敏感,所以弹性模量要比塑性变形加工硬化指数高得多。物体的弹性变形对应于原子间距的均匀变化,因此弹性变形所需的外力与原子间结合力及结合能量有关,即影响弹性模量的重要因素是原子间结合力,即化学键。表2.1给出了一些陶瓷在室温下的弹性模量。

表2.1 陶瓷的弹性模量数据

材料	E/GPa	材料	E/GPa
金刚石	1 000	ZrO_2	160~241
WC	400~650	莫来石	145
TaC	310~550	玻璃	35~45
WC−Co	400~530	Cr	250~450
NbC	340~520	AlN	310~350
SiC	450	MgO,SiO_2	90

(2) 弹性模量

弹性模量 E 是一个重要的材料常数。正如熔点、硬度是材料内部原子间结合强度的指标一样,弹性模量 E 也是原子间结合强度的一种指标。从图2.8原子间的结合力曲线可以看出,弹性模量 E 实际上和平衡距离处曲线的切线与水平轴之间的夹角 α 有关,即 $\tan\alpha$ 反映了弹性模量 E 的大小。原子间结合力弱,则如图2.8中曲线 l_1,α_1 较小,$\tan\alpha_1$ 较小,E 也就小;原子间结合力强,则如图2.8中曲线 l_2,α_2 较大,$\tan\alpha_2$ 较大,E 也就大。以共价键、离子键结合的晶体,结合力强,E 都较大;而分子间键结合力弱,E 较低。由图2.8还可看出,改变原子间距离将影响弹性模量。例如,压应力将使原子间距离变小,因而 E 将会增加;张应力将使原子间距离增加,因而 E 下降。但像陶瓷这样的脆性材

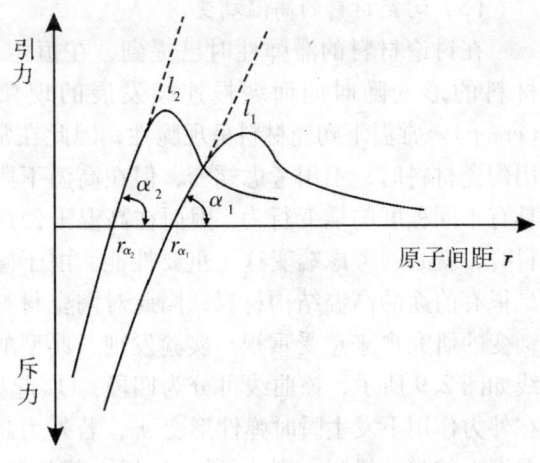

图2.8 原子间的结合力

料，在较小的张应力下就会断裂，原子间距不可能有大的变化，温度升高，热膨胀增加，原子间距变大，E 也就降低，这些都已被实验所证实。由于原子间距及结合力随温度的变化而变化，所以弹性模量对温度变化很敏感。当温度升高时，原子间距增大，弹性模量降低，因此，固体的弹性模量一般随温度的升高而降低。一般来说，热膨胀系数小的物质，往往具有较高的弹性模量。

（3）滞弹性

在转变温度附近的玻璃及高温下许多含有玻璃相的材料，弹性模量不再是与时间无关的常数，而是随时间的增加而降低。这是由于在高温下，应力的作用能使一些原子从一个位置移动到另一位置。这种情况下，形变不是真正的弹性，而叫做滞弹性或黏弹性，这种形变在应力除去后或施加相反符号的应力时，绝大部分可以恢复，但不是瞬时就恢复，而是随着时间逐渐恢复。当对黏弹性体施加恒定应力 σ_0 时，发现其应变随时间增加而增加，这种现象叫做蠕变。此时弹性模量 E_c 随时间增加而减小：

$$E_c(t) = \frac{\sigma_0}{\varepsilon(t)} \tag{2.1}$$

式中，$\varepsilon(t)$ 表示 ε 随 t 变化。如果施加恒定应变 ε_0，则应力将随时间增加而减小，这种现象叫弛豫。此时弹性模量 E_r 亦随时间增加而减小：

$$E_r(t) = \frac{\sigma(t)}{\varepsilon_0} \tag{2.2}$$

（4）陶瓷材料的塑性形变

塑性形变是指外力移去后不能恢复的形变，材料经受此种形变而不破坏的能力叫延展性。这种性能对材料加工、使用都很有用，是一种重要的力学性能。陶瓷材料的致命弱点就是在常温时大都缺乏此种性能，这使得陶瓷的应用大大受到限制。20 世纪 50 年代，研究人员曾经发现 AgCl 离子晶体可以冷轧变薄，MgO，KCl，KBr 单晶也可以弯曲而不断裂，而 LiF 单晶的应力—应变曲线和金属类似，也有上下屈服点。能否将陶瓷做成延性材料呢？这成为近年来极受重视的研究领域之一，但至今在常温下除少数外，大多数陶瓷都不能做成延性材料，也就是说没有或只有很小的塑性形变。这里要说明的是，材料表现出的延性或脆性与加载速度（形变速度）、环境条件（温度等）有关，不同条件下可能表现出不同性能。高温下，许多陶瓷材料都表现出不同程度的延性，而在冲击荷载下延性金属却表现出脆性。

（5）陶瓷材料的高温蠕变

在讨论材料的滞弹性时已提到，在恒定应力下，材料的形变随时间而缓慢连续发展的现象叫蠕变（creep）。常温下陶瓷材料呈现脆性，因此在常温下使用陶瓷材料时，不用考虑蠕变，但在高温下陶瓷材料具有不同程度的蠕变行为，因而在高温下使用陶瓷材料时，就必须考虑蠕变这一重要性能。由于陶瓷材料是很有前途的高温结构材料，因此对陶瓷材料的高温蠕变的研究愈来愈受重视。实验发现，典型的蠕变曲线如图 2.9 所示，该曲线可分为四段：① 起始段 oa，在外力作用下发生瞬时弹性形变 ε_0，若外力超过试验温度下的弹性极限，则 oa 段也包括一部分塑性形变，oa 段形变是瞬时发生的，与时间没有关系；② 第一阶段蠕变 ab，也叫蠕变减速阶段，此段的特点是应变率

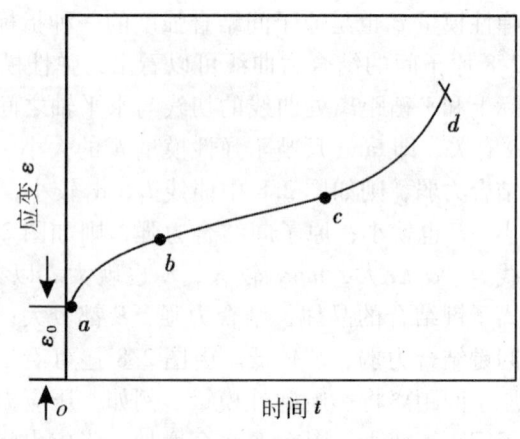

图 2.9　典型蠕变曲线

随时间而下降，即 ab 段的斜率随时间的增加而愈来愈小，曲线愈来愈平缓，这一阶段通常较短暂；③ 第二阶段蠕变 bc，也叫稳定态蠕变阶段，这一段的特点是蠕变率几乎保持不变，这个速率是蠕变曲线中最小的速率；④ 第三阶段 cd 段，也叫蠕变加速阶段，此段特点是蠕变率随时间而增加，即蠕变曲线变陡，最后到 d 点断裂。

2) 陶瓷材料的脆性断裂与强度

常温下大多数陶瓷材料在外力作用下没有或很少发生塑性形变，这就是说呈现出脆性，因此，破坏时往往是脆性断裂，而且抗冲击的性能也很差。对于脆性断裂还没有一个严格的、普遍的定义，有人认为脆性断裂就是材料在受力后，将在低于其本身结合强度的情况下作应力再分配，当外加应力的速率超过应力再分配的速率时，就发生断裂。这种断裂没有先兆，是突然发生的，而且是灾难性的。当然，材料呈现出脆性或延性并不是绝对的，而与材料的成分、结构、受力条件和环境等因素有关。

（1）强度

陶瓷材料在室温下几乎不能产生滑移或位错运动，这是由其化学键所决定的。所以，陶瓷材料很难产生塑性变形，其破坏方式为脆性断裂。陶瓷材料在断裂前几乎没有塑性变形。陶瓷材料的室温强度是当弹性变形达到极限程度而发生断裂时的应力，即弹性变形抗力。强度、弹性模量及硬度都是材料本身的物理参数，它们取决于材料的组织结构及成分，同时也随外界条件（如温度、应力状态等）而变化。陶瓷材料的强度测试，根据其不同的使用要求应采用不同的测试方法，常用的有拉伸、弯曲、压缩、扭转、冲击等。

（2）影响强度的组织因素

陶瓷材料的化学键多是方向性较强的离子键和共价键，结果导致陶瓷材料的脆性。陶瓷晶体中原子间距大，表面能小，在室温下开动的滑移是几乎没有位错的滑移，因此很容易由表面或内部存在的缺陷引起应力集中而产生脆性破坏，所以陶瓷的强度值分散性较大是造成材料脆性的原因。

通常，陶瓷材料的晶界上存在着气孔、裂纹和玻璃相等，晶内也存在有气孔、孪晶界、层错、位错等缺陷，这些都是在烧结过程中形成的。这些微观组织因素对强度也有显著的影响，其中气孔率和晶粒尺寸是两个最重要的影响因素。

材料的强度是抵抗外加负荷的能力。强度是材料极为重要的力学性能，有十分重要的实际意义，是设计和使用材料的一项重要指标。根据使用中受力的情况，要求材料具有抵抗拉、压、弯、扭、循环荷载等不同的强度指标，因此，材料的强度问题一直受到人们的重视。以应用力学为基础，从宏观现象研究材料应力—应变状况，进行力学分析，总结出经验规律，作为设计、使用材料的依据，这是力学工作者的任务。

从材料的微观结构来研究材料的力学性状，也就是研究材料宏观力学性能的微观机理，从而找出改善材料性能的途径，为工程设计提供理论依据，这是材料科学的研究范围。上述两方面的研究是密切相关的。材料科学比起应用力学来说要"年轻"得多，但随着科学技术的进步，对材料要求愈来愈高，使用条件也愈来愈苛刻，迫切需要具有特殊性能的新材料及对现有材料性能的改善，因此近二三十年来材料科学发展很快，取得了很大进展，提出了各种理论，已经可以看出解决材料强度问题的理论苗头。主要是从微观上抓住位错缺陷，阐明塑性形变的微观机理，发展更加完善的位错理论；从宏观上抓住微裂纹缺陷（这是材料脆性断裂的主要根源），发展出一门新的学科——断裂力学。这两种缺陷在材料强度理论中扮演着主要角色。但材料的强度理论尚在发展中，许多问题尚不清楚，看法也不完全一致，有待今后进一步研究。

3) 陶瓷材料的硬度

硬度是材料抵抗局部压力而产生变形能力的表征，是材料的重要力学性能参数。金属材料的硬度与强度之间有直接的对应关系,而陶瓷材料的硬度很难与其强度直接对应起来,这是因为陶瓷材料属脆性材料,在硬度测定时易发生伪塑性变形。但陶瓷材料的硬度与耐磨性有密切关系。陶瓷材料硬度的测定比较方便,可沿用金属材料硬度的测试方法,其测试方法及设备简便,试样小而经济,硬度作为材料本身的物性参数,可获得稳定的数值,而且在测定维氏硬度的同时,可以测得断裂韧性。因此,硬度测定在陶瓷材料的力学性能评价中使用最普遍,占有重要的地位。

目前,用于测定陶瓷材料硬度的方法有维氏硬度(Vickers hardness)、显微硬度(microhardness)和劳克维尔硬度(Rockwell hardness)三种方法,都是采用金刚石压头加载压入法进行测定。

① 维氏硬度。

维氏硬度试验是在 $9.807 \sim 490.3$ N($1 \sim 50$ kgf)的荷载作用下将对面角为 $136°$ 的金刚石四棱锥体压入陶瓷表面,保持一定时间后卸除荷载,使得材料表面产生一个压痕,测量压痕对角线的长度并计算压痕的表面积,求出单位面积上承受的荷载应力,即为维氏硬度值 HV:

$$HV = \frac{P}{S} \cdot \frac{2P\sin(\theta/2)}{d^2} = \frac{18.1855P}{d^2} \tag{2.3}$$

式中,θ 为金刚石压头对面角($136°$),P 为荷载(N),d 为压痕对角线平均长度(mm),S 为压痕表面积(mm^2)。陶瓷硬度的单位一般为 GPa 或 MPa,硬度与应力有相同的量纲。

② 显微硬度。

显微硬度又分为两种,一种是绍氏显微硬度,另一种是努普(Knop)显微硬度。显微硬度使用 $0.4903 \sim 0.9807$ N($50 \sim 100$ gf)的小荷载得到小压痕,可以测定不同晶粒的硬度,或对显微组织中不同的相分别进行测试。努普显微硬度(努氏硬度)的压痕为菱形,金刚石压头对棱角分别为 $172°30'$ 和 $130°$。努氏硬度值 HK 由下式计算得出:

$$HK = \frac{P}{A} = \frac{P}{cd^2} = \frac{P}{0.07028d^2} = \frac{14.299P}{d^2} \tag{2.4}$$

式中,HK 为硬度值,P 为荷载(N),A 为压痕投影面积(mm^2),d 为压痕对角线长度(mm),c 为压头常数:

$$c = \frac{1}{2} \cdot \cot\frac{172.5°}{2} \cdot \tan\frac{130°}{2} \tag{2.5}$$

努氏硬度与维氏硬度一样,其单位与应力相同,可用国际单位制表示。

③ 劳克维尔硬度。

劳氏硬度测试用尖端曲率半径为 0.2 mm,圆锥角为 $120°$ 的圆锥形金刚石压头,先加上基准荷载,再加上试验荷载,然后再回到基准荷载,测出二次荷载下压头压入深度差 $h(\mu m)$,再根据公式求出硬度值。

劳氏硬度测定时试样表面不需加工成镜面,不需要光学显微镜观察压痕,因此,劳氏硬度是较简单的硬度测量方法。

硬度是材料的一种重要力学性能,但在实际应用中由于测量方法不同,测得的硬度所代表的材料性能也各异。例如,金属材料常用的硬度测量方法是在静荷载下将一种硬的物体压入材料,这样测得的硬度主要反映材料抵抗塑性形变的能力,而陶瓷、矿物材料使用划痕硬度反映材料抵抗破坏的能力,所以硬度没有统一的定义,各种硬度单位也不同,彼此间没有固定的换算关系。

陶瓷及矿物材料常用的划痕硬度叫做莫氏硬度,它只表示硬度由小到大的顺序,不表示硬度的程度,排在后面的矿物可划破前面的矿物表面。一般莫氏硬度分为 10 级,后来因为有一些人工合成的硬度大的材料出现,又将莫氏硬度分为 15 级,以便比较。

2.3.1.2 陶瓷材料的热性能

陶瓷材料的热学性质，如熔点、热容、热导率、热膨胀系数等，不仅对陶瓷的制备有重要意义，还直接影响着它们在工程上的应用。陶瓷材料承受温度骤变而不至于破坏的能力即抗热震性，它的高低是陶瓷材料优异的高温性能能否得到充分发挥的关键。陶瓷材料的抗热震性是热学性质、力学性质的综合表现，同时还受到几何因素和环境介质等的影响。由于陶瓷材料和制品往往要应用于不同的温度环境中，很多使用场合还对它们的热性能有特定的要求，因此热学性能也是陶瓷材料重要的基本性质之一。固体材料的一些热性能如比热、热膨胀、热传导等都直接与晶格振动有关。

1) 熔点

与金属和高分子材料相比，耐高温是陶瓷材料优异的特性之一。材料的耐热性一般用高温强度、抗氧化及耐烧蚀性等因子来判断，但要成为耐热材料，首先熔点必须高。熔点是维持晶体结构原子间结合力强弱的反映，结合越强，原子的热振动越稳定，越能将晶体结构维持到更高温度，熔点就越高。单质材料中，碳素材料的熔点最高。陶瓷中，碳化物的熔点高，大量高熔点的碳化物具有 NaCl 型晶体结构；氮化物、硼化物也不乏高熔点的物质，前者中具有 NaCl 型晶体结构的、后者中具有 NaCl 型晶体结构和六方晶 A_1B_2 晶体结构的材料大多熔点很高；对于氧化物，熔点高的则多具有萤石和 NaCl 型晶体结构。

2) 热容

热容是材料热性能中最基本的物性，它是指材料温度升高(或降低)1 K 所需吸入(或放出)的能量，单位为 J/K。热容也往往称为比热。热容有比定压热容 C_p 和比定容热容 C_V 之分，前者是在实际生产中的情况，可定义为单位质量的材料温度每升高(或降低) 1 K 时所吸入(或放出)的热量。

$$C_p = \frac{Q}{m\Delta T} \tag{2.6}$$

式中，Q 为吸收/放出的热量，m 为反应物质量。在恒容条件下，可从理论上导出 C_V 与温度的关系。绝对零度时 $C_V=0$。在低温区域，随着温度的升高，C_V 和 $(T/\Theta)^3$ 成正比例增大(Θ 为特征温度或 Debye 温度，$\Theta = h\nu/k$，其中 h 为普朗克常数，k 为玻耳兹曼常数，ν 为原子绕其晶格阵点振动的频率)。但是，在高温下(大多数陶瓷材料在 1 000 ℃ 左右)，C_V 趋于一定值：

$$C_V = 3R = 24.9 \text{ J/K} \tag{2.7}$$

在温度超过特征温度 Θ(以绝对温度计算，特征温度为熔点的 1/5~1/2)时，热容以适中的速率继续增长。式(2.7)所给出的常数值相应于振动对热容的贡献，这种贡献在低温时是主要因素，在较高温度时，比定压热容 C_p 也增加较快，从而和比定容热容 C_V 发生较大程度的偏离。Frenkel 和 Schottky 缺陷的形成、磁性无序性、电子能量影响等，都对高温下热容的增值有贡献，这种贡献的大小取决于特定的结构和高温下较高能量形式所增加的能量。一般来说，在实际测量精度范围内，高温时比定压热容 C_p 可以适当地表示为随温度线性增加。

3) 热膨胀

在任一特定温度下，我们可以定义线膨胀系数：

$$\alpha = \frac{1}{l} \cdot \frac{\mathrm{d}l}{\mathrm{d}T} \tag{2.8}$$

以及体膨胀系数：

$$\beta = \frac{1}{V_0} \cdot \frac{\mathrm{d}V}{\mathrm{d}T} \tag{2.9}$$

式中，l 为晶体的长度。这里，β 约等于 3α。一般来说，膨胀系数的数值是温度的函数，但在有限的

温度范围内,采用平均值就足够了,即:

$$\alpha = \frac{\Delta l}{l} \cdot \Delta T, \qquad \beta = \frac{\Delta V}{V} \cdot \Delta T \tag{2.10}$$

任何晶体的体积随温度的增加而增加,并且晶体趋于变得更加对称。体积随温度的增加,主要取决于原子围绕一平均位置振动时振幅的加大。原子之间的斥力随着原子间距的变化比引力的变化更快。因此,最小能谷是非对称的,随着点阵能的增加,在平衡能量位置之间非简谐振动振幅加大,导致原子间距变大,此即相应于点阵的膨胀。

4) 热导率

热导率 k 是指热量流过材料的速率,它可用以下方程来定义:

$$\frac{\mathrm{d}Q}{\mathrm{d}t} = -kA \frac{\mathrm{d}T}{\mathrm{d}x} \tag{2.11}$$

式中,$\mathrm{d}Q$ 是在时间 $\mathrm{d}t$ 内与热流方向垂直的面积 A 内流过的热量,热流正比于温度梯度 $-\mathrm{d}T/\mathrm{d}x$,比例系数 k 是一种材料常数,即热导率,单位一般用 $W/(cm \cdot K)$ 来表示。

2.3.1.3 陶瓷材料的磁学性能

近代科学技术的进步离不开各类磁性材料的发展和应用,金属和合金磁性材料由于它的电阻率低($10^{-8} \sim 10^{-6} \Omega \cdot m$),损耗大,无法用于高频。陶瓷质的磁性材料自从出现并自20世纪40年代中期开始商品化生产以来,得到迅速的发展。陶瓷质的磁性材料,通常是含铁及其他元素的复合氧化物,通称铁氧体,它的电阻率一般在 $10^{-8} \sim 10^{-6} \Omega \cdot m$ 之间,属于半导体范畴。铁氧体是人类最早利用的磁性材料,我们祖先发明的方向指示器——司南,就是用天然磁铁矿制作成的。

铁氧体除了有高电阻、低损耗这个优点外,不同种类的铁氧体又分别具有多种不同的特殊的磁学性能,它们在现代无线电电子学、自动控制、微波技术、电子计算机、信息储存、激光调制等方面都有着广泛的应用。可以设想,没有铁氧体磁性材料的发展,正如没有半导体材料一样,现代电子科学的进展是难以想象的。

自然界中有五种元素及其合金有特别强的相对磁导率 μ_r,它们是铁、钴、镍和稀土元素钆(Gd)、镝(Dy),如工业纯铁(Fe 99.5%)的最大磁导率 μ_{max} 为 18 000 H/m,坡莫合金(Ni 78.5%,Fe 21.5%)的 μ_{max} 高达 100 000 H/m。它们的原子有很大的固有磁矩,能排列到很高的整齐程度,并达到在某一温度范围内基本上不受粒子热运动的干扰。这一类物质就是铁磁性物质。

1) 从结构角度讨论铁氧体的类型

铁氧体是含铁酸盐的陶瓷质磁性材料。按材料的结构分,目前已有尖晶石型、石榴石型、磁铅石型以及钙铁矿型、钛铁矿型和钨青铜型六种,新的类型还将陆续出现。但从研究详尽、生产和使用已普及的角度来看,重要的是前面三种。

尖晶石型铁氧体品种最多,应用最广,研究得也最为透彻。这种铁氧体与天然的尖晶石 $MgOAl_2O_3$(镁铝尖晶石)的结构相同,其通式为 $MOFe_2O_3$,其中 M 为二价离子。人类最早发现和使用的天然铁氧体——磁铁矿就属于这种结构类型,即铁——铁尖晶石。

石榴石型铁氧体的结构与天然石榴石的结构相同,其化学通式可用 $M_3^{2+} M_2^{3+} [SiO_4]_3$ 来表示。其中 M^{2+} 可以是 Ca^{2+}、Mg^{2+}、Fe^{2+} 或 Mn^{2+};M^{3+} 可以是 Al^{3+}、Cr^{3+}、Fe^{3+} 或 Mn^{3+}。石榴石属等轴晶系,体心晶胞,天然石榴石的晶胞参数为 11.5~12.0 Å,每个元晶胞含有 8 倍化学式量。磁性石榴石的通式为 $M_3^{3+} Fe_5^{3+} O_{12}$,它是用 $M^{3+} Fe^{2+}$ 组置换 $M_3^{2+} M_2^{3+} Si_3^{4+} O_{12}$ 中的 $M^{2+} Si^{4+}$ 组而得来的。在这里 M^{3+} 可以是钇或者是从钐到镥等较重的稀土元素。由于这些阳离子半径比较大(M^{3+} 的半径 r 为 0.85~1.00 Å),这样大小的阳离子填进氧离子间的空隙显得太大,而直接取代部分氧离子一起参加密堆积(阳离子与氧离子混合的密堆积)又太小,因此在石榴石的结构中,不能维持氧离子的密堆积,其结构要比尖晶石的复杂一些。

磁铅石型铁氧体的结构与天然的磁铅石 $Pb(Fe_{7.5}Mn_{3.5}Al_{0.5}Ti_{0.5})$ 相同,属六方晶系,它的结构比较复杂,其中氧离子作密堆积,但由六方密堆积与等轴面心堆积交替重叠。受天然磁铅石结构的启发,20世纪50年代初制成了称为"钡恒磁"的永磁铁氧体,它是含钡的铁氧体,化学式为 $BaFe_{12}O_{19}$,结构与天然磁铅石相同。单个晶胞包括10层的氧离子密堆积层,每层有4个氧离子,2层一组的六方与4层一组的等轴面心交替出现,即按密堆积的 ABABCA……层依次排列。在2层一组的六方密堆积中有1个氧离子被 Ba^{2+} 所取代,并有3个 Fe^{3+} 填充在空隙中。4层一组的等轴面心堆积中共有9个 Fe^{3+} 分别占据7个B位和2个A位,类似尖晶石的结构,故这4层一组的又叫"尖晶石块"。因此1个单晶胞中共含 O^{2-} 为 $4\times10-2=38$(个), Ba^{2+} 为2个, Fe^{2+} 为 $2\times(3+9)=24$(个),即每一个单晶胞中包含2个 $BaFe_{12}O_{19}$ "分子"。

2) 从用途角度讨论铁氧体的类型

(1) 软磁材料

这类材料需要达到磁导率高、饱和磁感应强度大、电阻高、损耗低(特别是应用在高频的场合下截止频率高)、稳定性好等要求,其中尤以高磁导率和低损耗最重要。起始磁导率 μ_0 高,即使在较弱的磁场下也有可能储藏更多的磁能;损耗低,当然要求电阻率高,也要求有尽可能小的矫顽力,另外,也要求截止频率 f_0 高,这样才可以用于更高的频段。但磁导率和截止频率的要求往往是矛盾的,而在不同频段下和作不同器件使用时又有不同的要求,因此,通常是根据不同频段下的使用情况而选用系统、成分、性能各不相同的铁氧体。例如,在音频、中频和高频范围用尖晶石型铁氧体,基本上是含锌的尖晶石,最主要的是 Ni-Zn 铁氧体、Mn-Zn 铁氧体和 Li-Zn 铁氧体,也有用 Ca-Zn 铁氧体和 Mg-Zn 铁氧体等系统;在超高频范围(大于 10^8 Hz)则用磁铅石型的六方铁氧体。

(2) 硬磁材料

硬磁材料也称为永磁材料,其主要特点是剩磁 B_r 要大,这样保存的磁能就多,而且矫顽力也要大,才不容易退磁,否则留下的磁能不易保存。因此,用最大磁能积可以全面地反映硬磁材料储存磁能的能力。最大磁能积越大,则在外磁场撤去后,单位面积所储存的磁能也越大,即性能越好;此外,对温度、时间、振动和其他干扰的稳定性也好。这类材料主要用于隙磁系统中作永磁以产生恒稳磁场,如扬声器、微音器、拾音器、助听器、录音磁头、电视聚焦器、各种磁电式仪表、磁通计、磁强计、示波器以及各种控制设备等。最重要的铁氧体硬磁材料是钡恒磁 $BaFe_{12}O_{19}$,它与金属硬磁材料相比,优点是电阻大,涡流损失小,成本低。

(3) 旋磁材料

有些铁氧体会对作用于它的电磁波发生一定角度的偏转,这就是旋磁现象。例如,平面偏振的电磁波投射到磁性物质表面上时,反射波发生了一定程度旋转的现象,称为克尔效应。而平面偏振的电磁波透过磁性物质传播时其偏振面发生一定程度的旋转(转动了一个角度)的现象,称为法拉第旋转效应。利用这些旋磁效应可以制成不同用途的微波器件。例如,法拉第旋转效应有反倒易性,即当传播方向与磁场方向一致时偏振面右旋,而当传播方向与磁场方向相反时,偏振面左旋,利用这一效应可以研制回相器、环行器、隔离器和移项器等非倒易性器件。微波倒易性器件有衰减器、调制器、调谐器等。利用旋磁铁氧体的非线性,可制作倍频器、混频器、振荡器、放大器等。

(4) 矩磁材料

有些磁性材料的磁滞回线近似矩形,也有不少种类的铁氧体有矩形的磁滞回线,并且某几种材料有很好的矩形度。图 2.10 表示了比较典型的矩形磁滞回线。我们可以用 B_r/B_m 的比值来表征回线的矩形度，称为剩磁比。另一个可用 $B_{-1/2H_m}/B_m$，或简写成 $B_{-1/2}/B_m$ 来描述回线的矩形度（其中 $B_{-1/2H_m}$ 表示静磁场达到 H_m 一半时的 B 值）。可以看出，前者是描述Ⅰ，Ⅲ象限的矩形程度，而后者是描述Ⅱ，Ⅳ象限的矩形程度。因为 B_r/B_m 在开关元件中是重要的参数，因此可以称为开关矩形比；而 $B_{-1/2}/B_m$ 在记忆元件中是重要的参数，故也可以称为记忆矩形比。我们在一个磁芯上绕上初级和次级线圈，如在初级线圈上加上一个脉冲电流，则根据电流的方向和磁芯原来的剩磁状态，在次级线圈中感生一个由磁通量变化决定的电压，如磁通量由 $-B_r$ 变为 $+B_m$，则产生较大的讯号电压 V_s，或磁通量由 $+B_r$ 变为 $+B_m$，则产生较小的杂音电压 V_n。由于回线的矩形度很高，故 $V_s > V_n$。V_s/V_n 称为信噪比，是表征磁芯性能的重要参数之一。这样，从一定的脉冲电流产生的感应电压的大小便可以判断磁芯原来处于 $+B_r$ 还是 $-B_r$ 的剩磁状态。利用这种性质就可以使磁芯作为记忆元件、开关元件或逻辑元件。

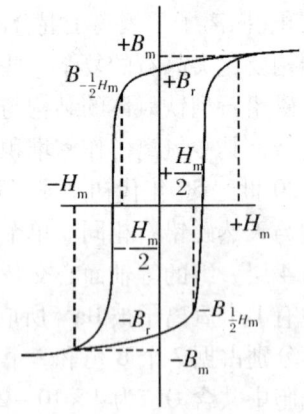

图2.10 典型的矩形磁滞回线及表示矩形比的意义

(5) 压磁材料

压磁性是指应力引起磁性的改变或磁场引起的应变，狭义的压磁性是指已磁化的强磁体中一切可逆的与叠加的磁场近似成线性关系的磁弹性现象，而不包括未磁化强磁体中不可逆的与磁场成近似关系的磁弹性现象。广义的压磁性也就是磁致伸缩效应，它包括了上述两种现象。压磁材料有着广泛的用途，如在超声工程方面作为超声发声器、接收器、探伤器、焊接机等；在水声器方面作声纳、回声探测仪等；在电讯器件中作滤波器、稳频器、振荡器、微音器等；在计算机中作各类存储器。

2.3.1.4 陶瓷材料的电学性能

陶瓷材料一般包含晶相及玻璃相，故其电导情况就是这两种情况的综合。对相同组成的物质来说，在一般情况下，结构完整的较大晶体比玻璃相和微晶相的电导率要低，这是因为玻璃相结构疏松，微晶相的缺陷较多，它们的活化能都比较低的缘故。陶瓷坯体中数量最多的主晶相通常是熔点较高的矿物，而全部低熔点物质几乎不进入玻璃相中，这是从化学组成方面来考虑；另外，从坯体结构来考虑，玻璃相填补了坯体晶粒间的空隙并形成连续的网络，因此玻璃相是漏导的主要因素。陶瓷材料的电导问题基本上就是坯体中玻璃相的电导问题。例如，几乎不含玻璃相的刚玉瓷，其绝缘电阻很高，而玻璃相含量高（且多由碱金属氧化物组成）的绝缘子瓷的电阻却比较低。玻璃相的绝缘电阻低也不是绝对的，如石英玻璃和硼氧玻璃，足可以和性能最好的陶瓷材料相媲美，因此重要的还是玻璃相的组成。利用中和效应和压抑效应可大大降低玻璃相的电导。如有人用压抑效应把一般硬质瓷（电瓷等）中的长石熔剂全部用含二价金属的熔剂代替，制成一类高电阻低损耗瓷，如钡长石瓷，可作高频瓷使用。

分析陶瓷材料中各种漏导的微观机理，给我们指出了改善陶瓷材料绝缘电阻的方向。首先从组成方面来考虑，我们知道，结构紧密的离子晶体基本上没有离子电导，电子电导也十分微弱，在低温下基本不起什么作用，因而结构紧密的晶体是陶瓷材料理想的主晶相，如刚玉、钡长石等。但是，由于瓷件所要求的基本性能如介电常数、介电损耗、耐电强度等往往决定了主晶相的成分，一般没有选择的余地，因此，改善陶瓷材料绝缘电阻的关键在于玻璃相。在磁坯中除了主晶相外，大部分物质都进入了玻璃相中，为了使磁件有较高的绝缘电阻，应当尽量避免碱金属氧化物的存在，组成玻璃主体结构的可以是硅玻璃、硼玻璃或铝硅、硼硅玻璃等。加入碱土金属氧化物来改良工艺性能时最好不少于两种，这样容易满足制品的性能要求，对降低烧成温度、扩大烧结范围都有好处。另外，从工艺方面考虑，最主要的是控制气氛及烧成温度。从前面的讨论可知，瓷件之所以发生严重的电子式电导常常是因为烧成时(或使用温度过高)瓷件内部发生氧化还原反应，则不管主体结构或杂质中是否含变价离子，都会由于氧化还原反应而出现自由电子或空穴。另一方面要控制引进不等价杂质。因为不等价杂质的引入也是产生自由电子或空穴的一个原因，一般来说要尽量避免。然而，当材料中含有的变价离子有可能产生自由电子(或空穴)时，却可用引进能产生电子空穴(或自由电子)的不等价杂质的补偿办法来降低电子式电导。

例如，含钛陶瓷在高温或还原气氛下，变价离子 Ti^{4+} 还原为 Ti^{3+} ($Ti^{4+} + e^- \rightleftharpoons Ti^{3+}$)，生成的三价钛离子不稳定，容易氧化而放出自由电子($Ti^{3+} \rightleftharpoons Ti^{4+} + e$)。含钴陶瓷在高温下氧化($Co^{2+} - e^- \rightleftharpoons Co^{3+}$)，生成的 Co^{3+} 不稳定，容易还原产生电子空穴。

2.3.2 半导体材料

2.3.2.1 半导体材料概况

1) 半导体材料的发展历史

1833 年法拉第发现，当 $\alpha - Ag_2S$ 被加热时，电阻率急剧下降，法拉第预言有更多的物质具有这种类似的性质。1873 年史密斯(W. Smith)发现了硒的光电导现象。1874 年布朗(F. Braund)发现硫化铅与硫化铁具有整流现象，后来发现金属的硫化物、氧化物以及金属硅等都有这种性质。1906 年邓伍迪(H. Dunwoody)发明了碳化硅的检波器，从而开始了半导体在无线电方面的应用。研究发现，黄铜矿、方铅矿、硅、碲铅矿等都可以制作检波器，但很快被电子管取代。20 世纪 20 年代开始将硒整流器和氧化亚铜整流器用于生产，部分取代了水银整流器或电动机、发电机整流器，从此半导体材料得到初步的工业应用。不论是作光导二极管、伏波器，还是作整流器，在这个阶段，所用的半导体材料都是从自然界直接采集的，或是取自工业上的通用产品，均未经专门的提纯与晶体制备过程。

在第二次世界大战期间，英国、美国曾联合研制雷达以抵御德国的空袭。由于雷达朝高频率方向发展，其检波方面的要求已超出了当时电子管的极限，研究人员于是想到了原来在无线电中所使用的用工业硅制作的晶体检波器。它可以在雷达的频率下正常工作，但是它的一致性与可靠性满足不了要求。改进的第一步是用提纯过的硅粉经熔化掺杂后铸锭，用它做出的检波器的性能得到了改善，从而激励了人们研究提纯硅技术的积极性，其中美国杜邦公司的四氯化硅锌还原法得到了发展。与硅研究进行的同时，锗检波器也得到了发展，主要是用锗烷热分解法或用偏析法进行提纯，获得了良好的耐高压的晶体二极管。

第二次世界大战证实了电子设备在战争中的巨大作用，同时也暴露了以电子管为基础的电子设备的诸多缺点，如重量大、耗电高、启动慢、怕震动等。人们自然就会想到，既然半导体二极管可替代真空二极管，那么能否做出半导体器件来取代真空二极管？这就是晶体管发明的历史背景。为了研制这种器件，研究人员开始使用制作整流器常用的氧化亚铜作半导体材料，但没有获得成功，后来改用锗，于 1947 年 12 月制出了第一个晶体管，自此揭开了电子学的新篇章。当时所用的是锗的多晶锭，它是经过偏析法提纯的，其电阻率为 $10\ \Omega \cdot cm$，纯度约为 6 个"9"。正是由于上述的雷达发展所引起的半导体材料的进步，给晶体管发明提供了前提条件。

为了提高晶体管的性能，改善其生产的稳定性，半导体材料在制备方面实现了两个突破。1950 年，由蒂尔(G. Teal)等用乔赫拉斯基法(直拉法)首先拉制出锗单晶，1952 年由蒲凡(W. Pfann)发明了区熔提纯法，使锗能提纯到本征纯度。这两项成果的应用满足了晶体管工业化生产的要求，也使半导体锗材料的制造能够实现产业化，同时，这两项突破构成了半导体材料制备工艺的基础，即超提纯与晶体制备。

硅的优异性能早已为人们所注意,但上述的杜邦法在纯度上满足不了半导体器件的要求,又因硅在熔点下性质活泼,难以找到偏析或区熔提纯所用的容器材料。但锗提纯的成功,以及纯度对晶体管的重要性推动了人们去解决硅的提纯技术。1956年德国西门子公司研究成功了三氯氢硅氢还原法,使硅中有害杂质含量降到10^{-9}级或更低,并实现了工业化生产。用这种多晶硅作原料,用直拉法制出的单晶用做晶体管已显示出许多优越性,但还满足不了大功率的电力电子器件整流器与晶闸管等的要求。1952年发明的悬浮区熔法,使用这种高纯多晶硅棒作原料,制得了纯度很高的硅单晶,并用这种单晶成功地制备出大功率的电力电子器件。1958年发明的集成电路是电子学的又一次革命,同时它对硅的发展产生新的推动力,硅的工艺在单晶的大直径、高完整性、杂质可控等方面取得显著的进步,硅片精密加工工艺也得到巨大的发展。

在研究硅、锗材料的同时,人们还努力寻找别的半导体材料。早在1952年,德国人威克尔(H. Welker)就系统地研究了Ⅲ-Ⅴ族化合物的半导体性质。在20世纪50年代后期,科学界加强了对砷化镓等材料的研究,这时用于合成化合物的组成元素都已能提纯到很高的纯度。但是大多数化合物半导体在其熔点下,都有一定的分解压。针对这一特点,一般使用水平布里吉曼法生长单晶,后来又开发了几种改进的直拉法,如液封直拉法等。微波器件以及光电子器件等的发展进一步推动了化合物半导体晶体材料朝着高纯度、高完整性、大直径等方向发展,得到应用的化合物半导体的品种也随之增多。

薄膜在半导体材料中占有重要的地位。在熔体生长单晶的方法出现不久,就开始了气相生长薄膜的工作,但直到硅晶体管的平面工艺出现以后,硅的外延生长才被提上日程,因为这种器件要求在一个有一定厚度的低电阻率的硅片上,有一较高电阻率单晶的薄层。发展起来的化学气相外延法,一直到今天仍旧是生产硅外延片的唯一方法。外延技术为化合物半导体解决了一系列晶体制备的难题,包括提高纯度、降低缺陷、改善化学配比、制作固溶体或异质结等。一些微波二极管、激光管、发光管、探测器等,都是在外延片上做成的。除采用化学气相外延法外,1963年又开发成功了液相外延,不久又出现了金属有机化学气相外延等。1969年在美国工作的江畸玲于奈和朱肇祥首先提出了超晶格的概念,但用当时的晶体生长与外延技术无法生长出这种材料,因为它要求材料有原子级的精度,为此他们研究成功了分子束外延法,并用该方法于1972年生长出超晶格材料,从此开始了半导体的性能在微观尺度上可剪裁的阶段。

半导体的非晶及纳米晶材料也得到了应用。1975年英国人斯皮尔(W. Spear)在硅烷气体中进行辉光放电,所得非晶硅薄膜可进行掺杂,现在这种方法已成为生产非晶硅薄膜的主要工艺。用上述辉光放电化学气相沉积法、微波激励化学气相沉积、磁控溅射等方法可获得纳米级的微晶半导体材料,这种材料已初步显示了应用前景。

2) 半导体材料的现状

现在已在工业上得到应用并能批量供应的半导体晶体材料有硅、锗、砷化镓、磷化镓、锑化铟、磷化铟、锑化镓及碲化镉等。批量供应的外延片除硅、砷化镓和磷化镓的同质外延片外,还有一些Ⅲ-Ⅴ族固溶体(如GaAsP)、Ⅱ-Ⅳ族固溶体(如HgCdTe)等;正在研究开发中的有Ⅲ-Ⅴ族、Ⅱ-Ⅳ族的量子阱超晶格材料,以及一些难以制备的金刚石、碳化硅、硒化锌等薄膜材料。非晶硅薄膜材料已大批量地生产,目前产量最大的是半导体硅材料,每年生产约10 000 t多晶硅,用它制成约4 000 t单晶硅。半导体锗材料在100 t左右,化合物半导体材料为几十吨。这些材料虽然比钢铁、铝材、铜材、塑料的产量与产值都低,但以半导体为基础的信息技术产业却是世界上最庞大的产业之一。同时,半导体已应用到社会生活的各个方面,提高了人类生活的水平,从这个意义上讲,把我们的时代称为硅时代是合适的。以下我们从信息、能源、材料这世界文明的三大支柱中看看半导体材料的地位。

3) 半导体材料的应用

(1) 信息技术的主体

信息技术的发展日新月异、五花八门，令人眼花缭乱。但从其功能而言，可以分为信息的获取与转换、信息的传递、信息的处理、信息的存储、信息的显示。我们从以下几方面看看半导体材料所起的作用。

① 信息的获取与转换。各种信息源的信息是以它本身的形态存在的，人类可以通过自己的感官感知其中的一部分。如果作为信息技术的信息来源，则必须把这些信息变成信息技术所能接受的形态，在大多数的情况下是变成电信号，于是各种传感器应运而生。用作传感材料的有半导体材料、金属材料、无机材料、有机材料和生物材料等，其中半导体材料占主要地位，作为半导体传感器材料容易和信号的放大装置（这些装置的主要部件都是用半导体材料做成的）相衔接。已使用的有硅制压敏器件，如硒、硫化镉制光敏器件，砷化镓、锑化铟制磁敏器件，等等。

② 信息的传递。包括振荡、放大、发射、接受。在这方面主要的有源元件几乎都是用半导体材料做成的。例如，晶体二极管、晶体三极管、微波二极管、激光三极管、光电晶体管及各种集成电路等。

③ 信息的处理。电脑是信息处理的主要设备，而电脑的核心部分是由半导体集成电路及半导体器件构成的。

④ 信息的存储。所用的材料有磁性材料、光磁盘材料、光盘材料、半导体材料等，半导体存储器则构成电脑的内存储，为电脑运算直接提供信息。

⑤ 信息的显示。信息显示是人机对话的主要手段。现在阴极射线管是显示的主要设备，这是真空电子设备。但是，驱动显示的仍是半导体的元器件，由半导体发光二极管构成的指示灯、数码管和显示屏已大量应用。另一种正在发展中的平面显示屏，则由半导体材料构成的薄膜晶体管驱动的液晶显示。

(2) 能源技术的巨匠

随着社会的发展与人口的增多，所需的能源日益增多，其中大部分来自非再生性能源，如煤、石油、天然气等；另一方面，用这些材料生产能源时，会造成环境污染与生态的破坏。太阳能是取之不尽、用之不竭的清洁能源，只有半导体也就是太阳能电池可以把太阳能直接转换成电能。现在太阳能电池的年产量约为 27.2 GW（2010 年统计数字），目前还主要用于灯塔、无人中继微波站、偏远地区供电等。研究人员正在为降低太阳能电池的成本、提高转换效率而进行研究开发，并已取得明显的成效。据测算，如果大规模地使用太阳能电池，只需占用地球荒漠土地的 4%，就可以满足世界能源的需要。另一个设想的方案是把太阳能电池发射到太空，然后再将所得的电能用微波传送到地球，便可获得巨大的能源，满足世界日益增长的能源需要。能源的节约也是非常重要的方面，半导体在这方面起着重要的作用。例如，对远距离大功率输电、海底电缆输电等采用交流电先变成直流电，输电后再把直流变成交流的这个系统称之为"交直交"系统，比使用交流输电具有造价低、可靠性高、线路损耗低等优点，而这种"交直交"的变换都是靠半导体的电力电子器件来完成的。采用半导体器件进行工业设备的调节可节电 10% ~ 40%。例如，在一台 5 600 kW 的交流传动机车上采用先进的半导体器 GTO 调控，一年可节电 1.5×10^6 kW·h。

(3) 材料中的先锋

在新材料中，半导体材料已获得广泛的应用，而且其技术发展快，需求增长快，对人类社会生活的各个方面都有显著影响。半导体材料对材料科学与工程的发展和进步起着重要的作用，这表现在以下几个方面。

① 能制备出最大的单晶。目前生产的硅单晶直径可达 200 mm,少量的已达 400 mm,单晶的重量已超过 100 kg。每年生产的半导体单晶超过 4 000 t。这是任何其他材料所不能比拟的。

② 能制备出最纯的物质。现在最纯的物质要算高纯锗,它的净载流子浓度可达 $1.0 \times 10^9 \text{ cm}^{-3}$,其纯度至少在 12 个"9"以上。

③ 中子嬗变技术的应用。中子嬗变是一种核反应,它将一种元素变成另一种元素。这种 20 世纪的新技术可用于半导体的掺杂。生产出高均匀性的单晶硅,也是中子嬗变技术最大规模的工业化应用。

④ 高精度加工工艺。超大规模集成电路等高集成度电路对半导体晶片的加工精度有很高的要求。例如,对直径 200 mm 的硅抛光片的平坦度要求小于 3 μm,尺寸不小于 0.2 μm 的灰尘颗粒在一个硅片上不能超过 10 个,表面的杂质浓度小于 10^{-11} g/cm^2。不难想象,达到这种加工要求有多大的难度,而且这不是少数几片,而是每年要生产几百万平方米。

⑤ 低维量子材料。利用现代的外延技术已制出半导体量子阱、超晶格材料,材料的制备已达到原子或分子尺度的精度。这就可以人为地改变材料的能带结构和载流子输运特性,并已做出一些新的光电子器件与微波器件。这为电子学、光电子学的革命性的发展提供了前提,同时也为固体物理开辟了新的视野,为材料设计开创了新的前景。

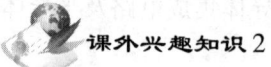
太阳电池

太阳电池(solar cell)是将太阳辐射直接转换成电能的器件,或者说以吸收太阳辐射能并转化为电能的装置。其原理是太阳光照在半导体 p-n 结上,产生新的空穴—电子对,在 p-n 结电场的作用下,电子由 p 区流向 n 区,空穴由 n 区流向 p 区,电路接通后就形成电流。

太阳能发电有两种方式,一种是通过利用太阳辐射产生的热能发电的光—热—电转换方式,由太阳能集热器将所吸收的热能转换成水蒸气,再驱动汽轮机发电,与普通的火力发电一样。太阳能热发电的缺点是效率很低而成本很高,其投资要比普通火电站贵 5~10 倍,只能小规模地应用,而大规模利用在经济上还不能与普通的火电站或核电站相竞争。太阳能发电的另一种方式是光—电直接转换方式,利用光电效应,将太阳辐射能直接转换成电能。太阳电池具有寿命长、无污染和灵活性高等优点。

太阳电池可分为晶体和非晶体两大类,前者又分为单晶和多晶。太阳电池根据所用材料的不同,可分为硅太阳电池、多元化合物薄膜太阳电池、聚合物多层修饰电极型太阳电池、纳米晶太阳电池、有机太阳电池。硅太阳电池分为单晶硅太阳电池、多晶硅薄膜太阳电池和非晶硅薄膜太阳电池三种;多元化合物薄膜太阳电池主要包括硫化镉、砷化镓Ⅲ-Ⅴ族化合物、铜铟硒薄膜电池等;聚合物多层修饰电极型太阳电池以有机聚合物代替无机材料制造太阳电池,具有制作容易、材料来源广泛、成本低等优势;纳米晶太阳电池主要有纳米 TiO_2 晶体太阳电池;有机太阳电池是由有机材料构成核心部分的太阳电池。

2.3.2.2 半导体材料的特征及分类

1) 特征

半导体材料在自然界及人工合成的材料中是一个大类。顾名思义,半导体在电的传导性方面,其电导率低于导体,而高于绝缘体。它具有如下主要特征:

① 在室温下,半导体的电导率 γ 在 $10^{-9} \sim 10^3$ S/cm 之间。S 为西门子,是电导的单位。$\gamma = 1/\rho$

(其中，ρ 为电阻率，单位为 $\Omega \cdot m$)，一般金属的电导率为 $10^4 \sim 10^7$ S/cm，而绝缘体则小于 10^{-10} S/cm，最低可达 10^{-17} S/cm。同时，同一种半导体材料因其掺入的杂质量不同，电导率可在几个到十几个数量级的范围内变化，受光照和射线辐照，电导率也会发生明显的改变；而金属的导电性受杂质的影响，一般只在百分之几十的范围内变化，不受光照的影响。

② 当纯度较高时，其电导率的温度系数为正值，即随着温度增高，其电导率增大；而金属导体则相反，其电导率的温度系数为负值。

③ 有两种载流子参加导电。一种是大家所熟悉的电子，另一种则是带正电的载流子，称为空穴。同一种半导体材料，既可以形成以电子为主导电，也可以形成以空穴为主导电；而在金属中仅靠电子导电；在电解质中，则靠正离子和负离子同时导电。

2) 分类

半导体材料可从不同的角度进行分类。例如，根据其性能可分为磁性半导体、热电半导体、高温半导体，根据其结晶程度可分为晶体半导体、非晶半导体、微晶半导体，根据其晶体结构可分为纤锌矿型、金刚石型、黄铜矿型、闪锌矿型、半导体。但比较通用的是按其化学组成分类，可分为元素半导体、化合物半导体和固溶半导体三大类。

(1) 元素半导体

已知有 12 个元素具有半导体性质。处于Ⅲ-A 族的只有硼，其熔点高(2 300 ℃)，制备单晶困难，而且其载流子迁移率很低，对它研究得不多，未实际应用。Ⅳ-A 族中第一个是碳，它的同素异形体之一金刚石具有优良的半导体性质，但制备单晶困难，是目前研究的重点；石墨是碳的另一个同素异形体，层状结构，难以获得单晶，故作为半导体材料未获得应用。Ⅳ-A 族的第二个元素是硅，具有优良的半导体性质，是现代最重要的半导体材料。再往下是锗，它具有良好的半导体性质，是重要的半导体材料之一。锡在常温下的同素异形体为 β-Sn，属六方晶系，但在 13.2 ℃以下可变为立方晶系灰锡(α-Sn)。灰锡具有半导体性质，属立方晶系。在从 β-Sn 转化为 α-Sn 的过程中，体积增大并变为粉末，故难以在实际中应用。在磷的同素异形体中，只有黑磷具有半导体性质，但由于制备黑磷及其单晶的难度较大，未获工业应用。砷的同素异形体之一的灰砷具有半导体性质，但由于制备单晶困难，且其迁移率较低，故未获应用。锑的同素异形体之一的黑锑具有半导体性质，但它在 0 ℃以上不稳定，亦未获应用。硫的电阻率很高，属绝缘体，但它具有明显的光电性质；硫作为半导体材料还未获得应用。硒的半导体性质发现得很早，现用于制作整流器、光电导器件等。对碲的半导体性质已有较多的研究，但因尚未找到 n 型掺杂剂等原因，未得到应用。

(2) 化合物半导体

化合物半导体材料种类繁多，性能各异，因此其用途多种多样。化合物半导体按其构成的元素数量可分为二元、三元、四元等，按其构成元素在元素周期表中的位置可分为Ⅲ-Ⅴ族、Ⅱ-Ⅳ-Ⅴ族等。如何判断哪些化合物是半导体，哪些不是半导体，常用的方法是先找到一个已知的化合物半导体，然后按元素周期表的规律进行替换。例如，砷化镓，它是导体，如果把 Ga 下面的 In 替换，砷化镓就变成 InAs，也是半导体；同样，如果把 As 换成 P 或 Sb，也是半导体。这种替换是垂直方向的，它服从周期表的规律，即从上往下金属性变强，最后就不是半导体了。也可以在周期表中进行横向置换，仍以 GaAs 为中心，Ga 向左移变成 Zn，As 向右移变成 Se，ZnSe 是半导体。这些置换都要注意原子价的平衡。在垂直移动时，原子价不发生变化，但在横向移动时，就要考虑两个元素间的原子价。同时，在原子价总和不变的前提下也可以用两元素取代一个。例如，ZnSe 中 Zn 是二价，可以用其左右的 Cu 与 Ga 取代，即 $CuGaSe_2$ 也是半导体材料。这样可以导出三元化合物半导体。另外，可用美塞(Mooser)—皮尔逊(Pearson)法则进行推算，该方法能预测大多数化合物是否具有半导体性质，但对某些化合物，如金属的硼化物的判断就不够准确。

（3）固溶半导体

由两个或两个以上的元素构成的具有足够含量的固体溶液，如果具有半导体性质，就称为固溶半导体，简称固溶体或混晶。因为不可能做出绝对纯的物质，材料经提纯后总要残留一定数量的杂质，而且半导体材料还要有意地掺入一定的物质，在这些情况下，杂质与本体材料也形成固溶体。但因这些杂质的含量较低，在半导体材料的分类中属于固溶半导体。另外，固溶半导体又区别于化合物半导体，后者是靠其价键按一定化学配比所构成的；而固溶体则在其固溶度范围内，其组成元素的含量可连续变化，其半导体及有关性质也随之变化。固溶体增加了材料的多样性，为应用提供了更多的选择性。

2.3.2.3 半导体材料的性质与性能

1）半导体的导电机理

我们首先研究一下靠热激发的本征导电。在一定温度下，由于电子能量的分布不均匀，一部分原子或分子中的电子由价带升到导带上的能级。这在常温下只有当半导体材料很纯、晶体完整性很好时，才能显示出来。在这种本征导电的情况下，被热激发的载流子是成对的。如 n 表示电子数、p 表示空穴数，此时 $n=p$。当温度明显地高于绝对零度时，本征激发的浓度可近似地看做按玻耳兹曼的统计分布，即：

$$n(p) \approx A e^{-\frac{\Delta E}{2kT}} \tag{2.12}$$

式中，A 为比例常数，ΔE 为禁带宽度（eV），k 为玻耳兹曼常数，T 为热力学温度（K）。其中，本征电阻率是指当材料很纯时，仅由本征激发时所形成的电阻率。从这里可以看出，半导体材料在特定温度下，其电阻率是有上限的，即本征电阻率。当经过提纯，材料的杂质浓度低于其本征载流子浓度时，称为本征材料，如高纯锗，称为本征锗。这时，室温电阻率就不能随杂质浓度的进一步降低而增高，由此不能对应地反映材料的纯度，这就需进行低温测量。但对一些禁带宽度较大的材料如硅，至今尚未能提纯到本征纯度。

另一种导电机制是靠电活性杂质形成的载流子导电，称为杂质导电。以杂质导电为主、能向导带贡献电子的杂质，称为施主杂质。对IV族元素半导体而言，V族元素就是施主杂质。从价带俘获电子，而在价带形成空穴的杂质称为受主杂质。对IV族元素半导体而言，III族元素就是受主杂质。施主或受主分别向导带或价带释放电子或空穴所需的能量称为电离能，分别用 ΔE_D，ΔE_A 表示。其电离能比较小（小于 0.1 eV）的称为浅施主或浅受主，其电离能比较大的、能级位置在禁带的中部附近的称为深能级杂质，包括深能级施主杂质和深能级受主杂质。浅能级杂质在室温下一般可全部电离。杂质导电所形成的载流子，并非是电子与空穴成对产生的。例如，施主杂质原子将其电子送到导带后，它本身就成为带正电的离子；对受主杂质也是一样。因此，在杂质半导体内，其正负载流子数目是不相同的。以 n 型材料的载流子浓度 L_n 与温度的关系为例可以看出本征导电与杂质导电之间的关系（见图 2.11）。

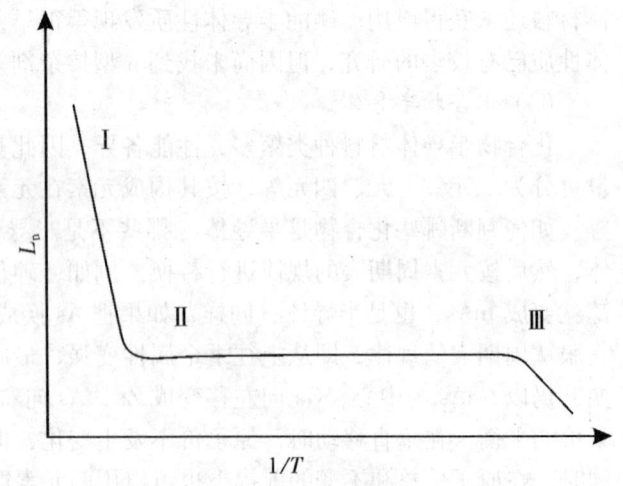

图 2.11 n 型半导体的载流子浓度与温度的关系示意图

图 2.11 中，Ⅰ为高温区，这时本征激发的载流子浓度超过杂质所提供的载流子浓度，其斜率应为 $\frac{\Delta E}{2k}$；Ⅱ是中温区，为杂质载流子的饱和区，因为杂质的电离能比禁带宽度小得多，所以在相当大的温度范围内杂质全部电离，在此温度范围内，载流子浓度无变化；Ⅲ区是在温度相当低时，本征激发的载流子与杂质激发的载流子都随温度下降而减少时所出现的载流子浓度与温度的关系。从这些变化中我们可以看出，半导体与金属在导电性能方面的本质区别，不仅表现为金属的电导率比半导体高、电导率的温度系数有差异，而且半导体的导电性能与温度之间有非常复杂的关系，而金属的导电性能基本上受其迁移率制约。

2) p-n 结

p-n 结是大多数半导体器件的基本结构，因此弄清 p-n 结的原理十分必要。当一块 p 型半导体和一块 n 型半导体分开存放时，p 型由空穴作载流子，n 型由电子作载流子，这时它们都是电中性的，它们的载流子都与它们的离子形成平衡。当这两块半导体结合成一个整体时，p 型半导体中有大量的空穴，而 n 型半导体中有大量的电子，它们向相对方向扩散。但这种扩散并非无休止的，因为这种扩散打破了边界附近的电中性，空穴进入 n 型区与电子复合，而失去电子的离子便形成正电势，在 p 型区则因同样的道理而形成负电势，这样便在边界附近形成了电位差，称为内建势场（电场），或称扩散电势。这个势场根据同性相斥、异性相吸的原理，会防止空穴与电子的进一步扩散，而达到平衡，这个平衡的电势用 $V_{扩}$ 表示，这就构成了 p-n 结。而在边界两端这个区内电子与空穴已经被复合掉，所以称其为耗尽区（层），分别用 d_p 与 d_n 表示。这时从动平衡的角度，可以认为 p 型区的空穴、n 型区的电子都不再向对方扩散，等于起了阻挡作用，因此，p-n 结构这一区域又称为阻挡层。当加上外加电场 $V_{外}$ 时，如果正极接到 p 型区，负极接到 n 型区，因为半导体材料具有一定的电导率，因此电压降的主要部分落在了阻挡层上，这时外加电场与内建电场相反，于是降低了内建电场，减少了阻挡层的厚度，使电流顺利通过；而当电场方向相反时，内建电场与外加电场相叠加，增加了阻挡层的厚度，使电流不能通过，这就是 p-n 结的整流作用。当电压方向使 p-n 结导通时，称为正向偏置，当电压方向使阻挡层加厚时，称为反向偏置。

3) 金属—半导体接触

在一般情况下，金属与半导体材料相接触时，不易形成欧姆接触。也就是说，正、反向电流的电阻不相同。我们首先要弄清逸出功的概念。电子从材料移到真空中所需的能量称为逸出功，或称功函数。假如一块 n 型半导体与金属相接触，一般半导体的逸出功比金属小，这样半导体中的电子就流入金属，达到平衡后形成势垒，称肖特基势垒，由此形成的结为肖特基结，这个势垒有如 p-n 的势垒，它所起的作用也与 p-n 结相似。一些器件是以这种势垒为基础制成的。对所有的半导体器件而言，最终都要达到无肖特基势垒与金属的欧姆接触，以便和电源或其他器件相连接。为了克服金属与半导体间的上述势垒，在与金属接触的半导体材料部位掺入高浓度的杂质，在这种情况下会产生隧道效应而形成欧姆接触。以硅为例，其掺杂浓度要达到 $10^{10}\,\mathrm{cm}^{-3}$。

4) 异质结

两种不同半导体材料所组成的结构为称异质结。例如，材料 A 生长在材料 B 上，在 A 与 B 的交界处就形成了异质结。这两种材料之间的过渡区厚度如只有几个原子距离则称为突变结，如厚度较大，则称为缓变结，在结处产生了能带的不连续。在器件中大多用突变结。异质结的材料 A 与 B 可以是同一导电类型的，即 p-p 或 n-n，称同型异质结；也可以是不同导电类型的，即 p-n 或 n-p，称为异型异质结。在同型异质结中，电子与空穴向不同方向流动所需的能量不同，在这一点上异质结也可起到 p-n 结的作用。此外，由于异质结的两种材料的禁带、介电常数、折射率、吸收系数等不同,故具有许多不同于同质结构的特性,如光学上的窗口效应和电子的定域效应等。异质结主要用外延生长方法制备,包括气相外延、液相外延、分子束外延、金属有机化学气相外延等。异质结用于制作半导体激光器、异质结双极型晶体管、高电子迁移率晶体管等。

5) 量子阱与超晶格

如果半导体材料 A 与 B 织成多层异质结,A 被夹在 B 之间,且 A 的导带 E_{c_1} 低于 B 的导带 E_{c_2},A 的价带顶 E_{v_1} 高于 B 的价带顶 E_{v_2}。当 A 层的厚度小至可以与量子力学中电子的德布罗意波长(10 nm)相当时,就形成量子阱。量子阱可分为单量子阱与多量子阱,后者为单量子阱的周期性多次重复。在多量子阱中,如果 B 层的厚度也减小,使每一个单层的厚度达到 1~10 nm,这时就小于电子的平均自由程,那么相邻层之间的电子波函数能够相互耦合,而不是相互孤立的。这种多势垒结构在垂直结(z 轴)方向以量子效应为主,这种结构称为超晶格。因为这是在晶体的晶格点阵势场外,加一个周期更长的势场。每种材料层的厚度通常为晶格常数的 2~20 倍,而周期数可以做到几十、几百甚至上千层。如果周期较多,由于电子波函数的耦合,原来的各单量子阱的能级展宽成能带。超晶格材料可分为组分超晶格、掺杂超晶格、复型超晶格、应变层超晶格、短周期超晶格、非晶超晶格等。考虑到异质结界面处能带的不连续性有不同情况,组分超晶格又分为 Ⅰ 型、Ⅱ 型、Ⅲ 型。现在研制出的超晶格材料已有几十种。

6) 热电效应

早在 1821 年,德国人塞贝克(Seebeck)发现在锑与铜相接触所形成的回路中,如果一个接触点与另一个接触点的温度不同,就会产生电动势,即塞贝克效应。到了 1834 年,法国人波尔帖(Peltier)发现,当电流通过两种金属的接点时,往一个方向的接触点放热,而换成相反方向变成接触点吸热,此现象称为波尔帖效应。在很长一段时间里,这两方面的研究都集中在金属材料方向,所取得的应用主要是作测温的热电偶。研究人员曾想利用塞贝克效应进行发电,但试验证明利用金属材料所得的热电转换效率很低,最高不超过 0.6%。当对半导体材料进行研究时发现,它的热电转换效率可超过 3.5%。为什么半导体的热电效应比金属强?首先,我们要弄清它的热电效应是怎样产生的。如果取一个半导体,将一端加热,另一端冷却,那么热端的载流子数量增多,动能增大,就向冷端扩散,冷端自然也向热端扩散,最后达到平衡。其结果是载流子离开热端的数量大于由冷端进入热端的数量。如果这是一根 n 型半导体,那么热端由于缺少电子而带正电,冷端则带负电;同理,如果是 p 型半导体,它的热端带负电,冷端带正电。在实际中利用这一现象可测量半导体的导电类型。如果我们将热端放到 p-n 结处,则 p 型冷端的正电位和 n 型冷端的负电位相加而形成热电动势。而金属的热电效应则只利用不同金属的逸出功不同及电子密度不同而形成。

7) 光学性质

我们对半导体材料进行观察会发现,除了少数材料如金刚石、磷化镓等外,大多数材料对可见光是不透明的,但是半导体材料对一定波长的红外光是透明的。根据量子力学的概念,具有一定波长的光具有能量 $h\nu$,其中 h 为普朗克常数,ν 为光波的频率。当能量为 $h\nu = E_g$ 时(E_g 为禁带宽度),这个光子便可把价带的电子激发到导带,而形成电子—空穴对,这样光子的能量 $h\nu$ 就被消耗在这种激发过程中。所以 $h\nu_0 = E_g$,ν_0 就成为光吸收的边界,这种吸收称为本征吸收。除此之外,还有自由载流子的吸收。不同的杂质对光亦有不同的吸收作用。晶格本身,特别是具有离子性的晶体,具有显著的吸收作用。红外光学可根据这些关系选择相应波长的半导体透过材料。从这里也可以看出半导体与金属的区别。金属无论在可见光区还是在红外区均是不透明的。既然光子可形成本征激发,那么所形成的电子—空穴对就增大了材料的电导率,这种现象就称为光电导。

2.3.2.4 半导体材料的制备

已有一系列的半导体材料制备工艺在工业规模下得到实现。这些工艺大体可分为提纯、合成、单晶制备、晶片加工、外延生长等。每种工艺都有相应的分析检测方法以进行质量控制,不同的器件所要求的加工深度、质量参数不尽相同。

1) 提纯方法

用于导体材料的提纯方法较多,可分为两大类:一类是有其他物质参加化学反应,称为化学提纯;另一类是不改变其化学主成分而直接进行提纯的,称为物理提纯。化学提纯的方法有热解法、萃取法、化合物精馏法、络合物法、化学吸附法等;物理提纯的方法有真空蒸发法、区熔法、直拉单晶法等。每种方法都有自己的提纯原理,正因如此,每种方法不是对所有的主体物质、所有的杂质都有效。而半导体材料所要求的是很高的整体纯度,因此通常的做法是用两种或两种以上的方法组成工艺流程,这样就可通过方法间的相互补充以达到所需的纯度。例如,区熔法可将锗提纯到很高的纯度,但该方法要求原料有较高的纯度(大于99.9999%),且去除杂质砷的效果不佳。为此,先将锗进行萃取或精馏,将整体纯度提高并有效地除去砷,再进行区熔提纯,就可达到很高的纯度。

2) 合成

所有的化合物半导体材料都是通过合成而形成的。有的材料的合成与单晶制备是在同一过程中实现的,如化合物的化学气相外延、分子束外延、砷化镓的原位合成拉晶等。对大多数化合物,特别是制备体单晶材料时,其合成是作为单独的工序进行的。合成可分为直接合成与间接合成。直接合成是指合成过程中只有化合物的组成元素参加,如 In + Sb ══ InSb;间接合成是指有组成元素以外的元素参加,如 $H_2S + CdSO_4$ ══ $CdS + H_2SO_4$。直接合成含两种情况:一种是化合物的组成元素在化合物的熔点下均没有明显的蒸气压,如 InSb, GaSb 等,一般只需将组成元素按化学配比配料,然后进行熔融与化合;另一种情况则是有部分或所有的组成元素在化合物的熔点下有较高的蒸气压,对这类化合物多采用两温区法或高压法进行合成。以 InAs 为例,它的熔点为 942 ℃,此时化合物的砷分压为 33 kPa,而元素砷在此温度下的蒸气压为几十个大气压。如果把铟与砷直接混合熔融,则容器必须能在高温下承受这么大的压力;采用两温区法合成 InAs 则可在常压或低于常压下进行。对于那些在其熔点下平衡蒸气压还大于一个大气压的化合物,其合成方法为:① 在高压设备中按化学配比进行合成,如 InP。② 在高温下合成偏离化学配比的溶液,然后在拉晶过程中再调整到化学配比,如 GaP。③ 用间接合成法进行合成,如 ZnS。

3) 单晶的制备

这里指的是体单晶,也就是块状单晶的制备。这是制备半导体材料最关键的一环,因为它决定了单晶的取向、晶体完整性(晶体缺陷的种类、密度、分布)、掺杂的浓度及其均匀性等。制备方法按生长的体系分类见图 2.12。

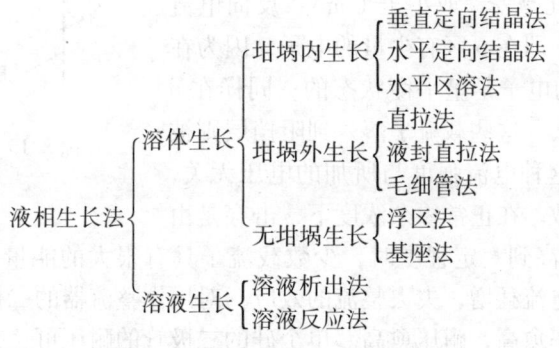

图 2.12 半导体单晶生长的主要方法

4) 晶片的加工

半导体器件几乎都是在晶片上制作的。在半导体生产的初期，晶片加工只被认为是一个加工成形的工艺。但是，随着微电子技术和各种外延结构的发展，晶片加工的精度、抛光表面无损伤层的获得、表面的污染程度等就成为决定器件性能的关键因素。硅的制片工艺最完整，而且早已大批量生产。

5) 外延生长

外延生长是指在单晶衬底上与衬底的晶体结构按一定的关系连续生长单晶层的过程。因此，外延生长的结构是衬底与外延层呈一个连续的单晶体，但是衬底与外延层的物质成分不一定相同，晶体结构也不一定相同。根据衬底材料与外延层材料的化学组成，可分为真同质外延、赝同质外延、真异质外延和赝异质外延。真同质外延是指衬底与外延层的化学组成，包括掺杂剂及其浓度完全相同，这种材料尚未实际应用；赝同质外延是指衬底与外延层的主体构成元素是相同的，但掺杂剂的种类和（或）浓度不相同，这是用途最广、用量最大的外延片，通常简称同质外延（片）；真异质外延是指衬底与外延层的化学构成完全不同；赝异质外延是指衬底与外延层的化学组成中有一个或部分组元是相同的。后两种外延简称异质外延（片）。外延生长的方法比较多，其中重要的有化学气相外延、金属有机化学气相外延、液相外延、分子束外延、化学分子束外延、离子束外延等。

2.3.2.5 半导体材料的应用

半导体器件可分为两大类，一类为分立器件，另一类为集成电路。

分立器件可分为：① 晶体二极管；② 晶体三极管；③ 发光二极管；④ 激光管；⑤ 电力电子器件；⑥ 电子转移器件；⑦ 能量转换器件；⑧ 敏感元件。

集成电路可分为：① Si 集成电路；② GaAs 集成电路；③ 混合集成电路。其中 Si 集成电路按其结构又可分为：a. 双极型电路；b. 金属—氧化物—半导体（MOS）型电路；c. 双极 MOS（BiMOS）电路等。

下面就一些有代表性的器件作简要介绍。

1) 晶体二极管

二极管是只有一个 p-n 结，或具有与 p-n 结相类似的肖特基势垒的器件。二极管主要应用于控流与检波。交流电压加在 p-n 结上，如使正电压接于 p 型区，负电压接于 n 型区时电流就通过，而当电压方向相反时电流就被阻挡，其伏安特性如图 2.13 所示。从图中可以看出，当电压为正向偏置时，所获电流为正向电流，可达几千安培；而电压为反向偏置时，通过的电流为几毫安，或小于 1 mA。反向电流是由于少数载流子产生的，即在 p 区有少量的电子，因为在 p 区主要是空穴，而少量的电子是呈平衡状态的；同样在 n 区也有少数载流子——空穴。这些载流子落入到阻挡层则被吸引到对方，形成电流。这种电流强度与所加的电压无关，因此在被击穿前是一个常数。在正常掺杂浓度下，击穿是由于 p-n 结的反向偏置电压高到一定程度时，少数载流子具有很大的能量，以致发生碰撞电离现象，顿时产生大量的载流子使电流猛增，失去整流的效应。对用作整流器的二极管而言，耐反向电压是个重要的指标，材料的电阻率愈高，耐压愈高。单个硅的二极管的耐压可达几千伏。

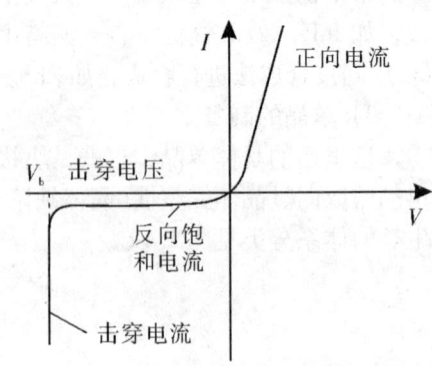

图 2.13　p-n 结二极管的伏安特性

二极管可用于整流、检波、混频、稳压、参量放大等，所用的材料为硅、锗、硒、砷化镓等。有的器件在 p-n 结中间加一个高阻层，称 i 层，这就是 pin 二极管，如微波用碰撞的雪崩二极管（IM-PATT）就是这种结构。利用肖特基势垒的二极管称肖特基二极管。利用异质结构成的二极管称为异质结二极管。耿氏器件也有两个端子，但没有 p-n 结，也称为耿氏二极管，它是利用电子的导电的转移而产生微波振荡，又称转移电子器件。作这种器件的材料有砷化镓与磷化铟。

太阳电池的基本结构亦为 p-n 结（也简写为 pn 结），通常只有一个 pn 结。它的工作原理见图 2.14。太阳光是由不同频率的电磁波所组成的。电磁波的能量可用 $h\nu$ 来表示，其中 h 为普朗克常数，ν 为电磁波的频率。当太阳光照到带 pn 结的半导体表面时，其中 $h\nu$ 大于等于 E_g，即能量大于等于其禁带宽度的光就可以激发价带中的电子，使之形成电子—空穴对。这些电子与空穴受 pn 结内建电场的作用，p 区与 n 区的少数载流子可穿过 pn 结向对方流动。也就是说，p 区中的电子流入 n 区，而 p 区中的空穴则受内建电场的排斥而留在 p 区，n 区的少数载流子空穴也同样流向 p 区，这样 pn 结就起了分割载流子的作用而形成电势。这种效应称为光生伏打效应。将 p 区与 n 区用导线连接，就可形成电流，这就是太阳电池发电的原理。

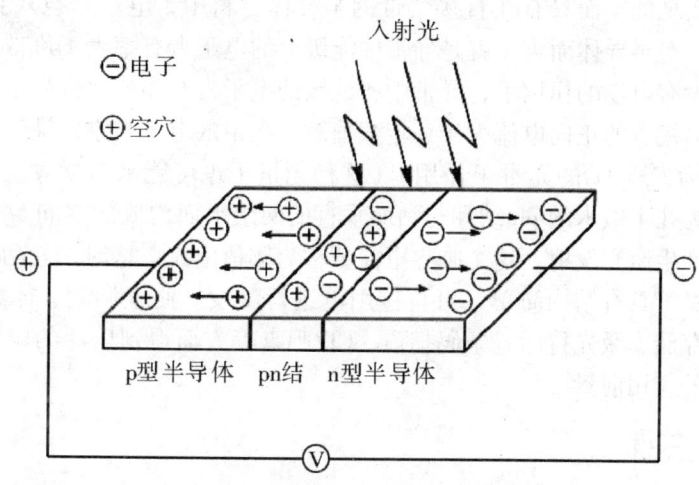

图 2.14　太阳电池的发电原理

太阳电池分空间应用和地面应用两大类。空间应用要求光电转换效率高、耐辐照、重量轻等，主要材料用硅单晶，其次是砷化镓或磷化铟等；地面用则主要考虑发电成本和转换效率，所用材料是单晶硅、多晶硅、非晶硅、碲化镉、铜铟硒等。现在太阳电池发电成本明显高于火力发电，因此降低太阳电池的成本仍是今后的主要任务。

2）**晶体三极管**

晶体三极管是用半导体材料制成的具有 3 个端子的器件，简称晶体管。它是重要的分立器件，也是构成集成电路的主要元件。晶体三极管的种类很多，基本可分为两大类：结型晶体管和场效应晶体管。

3）**发光二极管**

发光二极管是利用 pn 结进行发光的器件，当向其 pn 结通入正向电流时，可发出红外光或可见光。我们在前面已经说过，半导体材料的导带与价带间存在着禁带，导带中的电子数与价带中的空穴数取决于材料的禁带宽度、温度与杂质。当这些条件被确定并达到平衡后，其载流子浓度即为常数，这种载流子称为平衡载流子。要想实现发光需有某种激发过程以不断提供过剩的载流子，也称非平衡载流子。通过这些非平衡载流子的复合以实现发光。所谓复合，就是被激活的电子又回到价带与空穴复合并释放出能量。要想使这个过程不断地发生，可以通过 pn 结。当在 pn 结上加上正向电压时，大量的空穴进入 p 区，大量的电子流入 n 区，就可形成不断复合、不断提供载流子的过程。如果禁带是直接跃迁型的（即直接禁带），那么该复合所释放的能量就可以变成光，光的波长为：

$$\lambda = hc/E_g \tag{2.13}$$

式中，h 为普朗克常数，c 为光速，E_g 为禁带宽度。因 h 与 c 均为常数，当 E_g 的单位为电子伏（eV）时，$\lambda = 1\,240/E_g$(nm)。

4) 激光二极管

半导体材料可用来制作激光发射器件，它的激发方式有两种，一种是电注入激光二极管，它靠电能直接激发发射出激光；另一种则靠光泵进行激发。对于注入式激光二极管，当向 pn 结施加正向偏置时，根据上述发光二极管的原理可产生 pn 结发光，这种发光属于上述的自发发射。如果继续提高电压与电流，有可能产生受激发射而产生激光。对注入式激光二极管而言，产生这种受激发射的条件是：半导体材料应具有直接禁带，产生粒子数反转，具有光谐振腔。激光是高密度的单色光，没有很高的复合概率是无法实现的，而只有在直接禁带的半导体材料中，电子与空穴直接复合概率才能很高。所谓粒子的反转，对半导体而言，就是导带中能级上的电子占有率大于价带中相对应能级电子占有率。我们知道，在没有电场的作用下，导带中各能级的电子占有率要比价带中能级的电子占有率低几个数量级。当激光二极管的正向电流大于一定数值时，大量的电子与空穴被注入，就可能产生这种"反转"，当受到能量为 $E_g = h\nu$ 的光量子作用时（这种光量子也可能来自激发发射），就产生受激发射。谐振腔是由厚度为几十微米的 pn 结和与结面垂直的两组平面构成的空间。上面所说的当电流增大到一定临界值时就产生激光发射，这个临界电流值称为阈值电流，这时，光功率与电流的关系发生突变。半导体激光二极管具有结构简单、可直接用电进行激发、便于调制、体积小等优点，在光通信、测距、制导、光存储、激光打印、条码扫描、CD 唱盘等方面得到广泛的应用，随着信息技术的发展，将会有更广阔的应用前景。

2.3.3 发光材料与器件

2.3.3.1 发光材料的发展

1) 发光材料简介

自然界中存在大量的发光物质。例如，我国民间流传的"夜明珠"、叙利亚的"孔雀暖玉"和印度的"蛇眼石"等宝石。这些发光物质可以在无光的条件下发出不同颜色的光。在外加能量的激发下能发光的固体物质叫做固体发光材料（或荧光粉）。发光材料按照不同的激发方式可以分为：光致发光材料，由紫外光、可见光和红外光激发而发光；阴极射线发光材料，由电子束激发而发光；电致发光材料，由电场激发而发光；化学发光材料，由于物质的化学反应而引起发光；X 射线发光材料，由 X 射线辐射而发光；放射性发光材料，由于放射性物质辐射而发光。

发光材料已经在国民经济和人民生活中发挥了重要的作用。人类历史上，很早就有发光材料的应用记载。例如，我国宋朝记载的用"发光颜料"绘制的"牛"画，晚上还可以看到画中的牛；Titus livius (Livy) 在他的著作 "History of the Romans" 中记录了公元前 186 年，酒神节的女侍在头发上插上"发光火炬"（CaS 发光）；1603 年，意大利人 Casciarolus 在焙烧当地矿石炼金时，得到了红光发光材料（BaS）。

人们将发光分为两种：磷光（phosphorescence）和荧光（fluorescence）。磷光一词是从荧光粉（phosphor）引申出来的，指激发停止后仍持续较长时间发光的现象；荧光是指余辉时间较短（小于 10^{-8} s）的发光现象。磷光和荧光都是辐射跃迁过程，跃迁的终态都是基态，两者的不同点就是前者的跃迁始态是激发三重态，而后者是激发单重态。现在，人们一般不对荧光和磷光进行严格区分，把余辉时间短至人眼难以分辨的情况都称作荧光。

许多天然矿石本身就是蓄光型发光材料，人们也早就开始利用这些材料制作各种物品，"葡萄美酒夜光杯"就是很好的写照。因此，蓄光型发光材料是发现和应用得最早的一类发光材料。

在19世纪，人们对无机磷光体进行了系统的研究。1852年，Stokes等规定了第一个荧光的定义，并发表了著名的Stokes定律；1866年，Sidot发现了ZnS的发光现象；1887年，Verneuil意识到重金属离子在无机发光材料中的重要作用；1898年，居里夫妇提炼出镭，放射性发光材料开始在各方面得到应用。

2）发光材料在显示器件中的应用

显示器件作为发光材料的一个重要应用领域，其完善和创新的过程就反映了发光材料的发展历程。因此，下面对显示器件的发展进行概述。

阴极射线管（CRT）显示器发展较早，技术成熟。其采用普通荧光粉材料，因此价格低廉；CRT能以真色彩显示出稳定的图像，并且具有高亮度和高清晰度；另外，CRT还具有响应速度快、寿命长和可靠性高的优点。

第一台液晶显示装置出现在1971年，这就是最初的TN-LCD（扭曲向列液晶显示器）。尽管是简单单色的显示工具，但仍然在某些领域得到了推广应用，如电子表、计算器和掌上游戏机等。我国的液晶显示技术始于1969年，基本上与世界同步。

液晶显示器工作电压低，无辐射，体积小，重量轻。随着该项技术的不断发展和完善，视角太小、亮度和对比度不够大等缺陷也已经被克服。与CRT相比，LCD在色彩鲜艳、饱和度以及响应时间上仍需进一步完善，价格也是限制其取代CRT的主要原因。

场致发射显示器（FED）是最新发展起来的彩色平板显示器件。与LCD相比，FED的亮度和视角增加了，功耗却减少了。它集中了CRT和LCD的优点，同时避开了它们的缺点，而且制造的复杂性及价格都低于LCD，是一种性能优良、极具竞争力的显示器件，应用前景非常好。从技术发展观点看，FED最终会逐步取代LCD。我国FED的研究与其他国家相比水平相差不大。

等离子显示器（PDP）将是未来显示技术的主流之一。PDP利用充电的气体释放出的紫外线轰击红、绿和蓝色荧光体发光。从技术进步的角度而言，PDP画面大，视角宽，色彩更丰富，画质更清晰，而且不受磁场干扰。技术体系和结构的不同，使得PDP的面积可以达到CRT，LCD不可企及的60英寸[①]，视角宽度增加到160°。

现在，人们通常将CRT称为第一代显示器件，LCD称为第二代显示器件，而有机发光二极管（OLED）则被称为第三代显示器件。由此可见OLED的重要性。

作为显示器件，OLED驱动电压低，视角更宽，响应时间更快（纳秒级），色彩更丰富（由有机材料的多样性决定）；作为纳米器件，重量更轻，易携带；而可卷曲的特点使其前景更加诱人。因此，OLED完全可以代替CRT和LCD，具有直接的和巨大的市场。这也是国内外众多的企业和科研部门投入大量的人力和物力进行该项研究的重要原因。

在过去的十几年中，世界上很多研究单位和企业加入到OLED的研发中来，这也促进了OLED的快速发展。1997年，日本Pioneer公司推出了全球第一个商品化的OLED产品，即用OLED显示屏作为车载显示器，连续使用寿命超过10 000 h。2000年，美国Motorola公司推出了采用OLED显示屏的时梭P8767手机，三色发光屏大大提高了产品的定位和附加价值，使之售价超过同类机种近百美元。

---

① 1 in（英寸）=25.4 mm。

2001年，日本Sony公司对外展示了13英寸的全彩OLED屏原型。2003年，美国Kodak公司推出了全球第一款采用全彩有机发光二极管显示屏的家用数码相机。

在OLED领域，我国一改在彩色显示屏，尤其在液晶显示屏方面的落后状态，不但有了自主知识产权，还在国内外申请并获得了20多项OLED专利。我国从20世纪90年代就开始进行OLED的研制工作，其中上海大学嘉定校区的研究团队成绩最为突出，吉林大学、天津理工学院、中国科学院长春物理所等很多单位也都先后开展了这方面的工作，并取得了很好的成绩。1997年，清华大学建成中国内地第一个OLED超净实验室；1999年，清华大学与长虹集团达成协议，合作进行OLED项目的开发，建设我国第一条OLED中试生产线；2002年，清华大学研制成功国内第一款全彩OLED显示屏；国内首款OLED外屏手机Emol 910也在熊猫集团诞生。

2.3.3.2 有机发光二极管

1) 有机发光材料(organic light-emitting Diode，OLED)

电致发光现象于1936年首先在无机材料中被发现。Destriau等发现，将ZnS磷光粉掺杂到绝缘体中，加上电压，在高电场下会发光。20世纪60年代初，General Electric推出了以无机半导体GaAsP为发光材料的商业LED(light-emitting diode)。由于发光的能量和颜色取决于半导体材料的能带，因此早期的LED只能发出红光。半导体材料的进一步发展使得LED可以发出橙色、黄色和绿色以及红外光。

无机LED材料一般都是由元素周期表中第Ⅲ和第Ⅴ主族的元素组成的化合物，如GaAs、GaP、AlGaAs、InGaP等。蓝光LED很难得到，因为要求半导体材料具有较大的能带，尽管基于SiC、ZnSe和GaN的蓝光器件被开发成功，但是与其他器件相比效率很低。

现在LED的研究集中在发展新型的高效材料和技术(就像制造硅集成线路)。由于制造LED的材料比元素硅复杂，也难于生产和加工，因此这种技术的发展仍然落后于硅集成线路的制造技术。但是，自动化、费用降低、晶体生长的尺寸降低、缺陷度降低和器件的体积降低等都促进了LED制造技术的进一步发展。

新型的器件结构，特别是金属有机气相外延生长法(metal-organic vapor-phase epitaxy，MOVPE)作为晶体生长技术的出现，使得器件效率不断提高。到20世纪90年代末，无机LED的发光效率、器件将电能转化为光能的效率已经超过10 lm/W(白炽灯的发光效率在15 lm/W左右)，预计在未来的10年将会有更大的提高。

1963年，有机晶体的电致发光现象首次被发现，所用有机晶体为蒽(anthracene，1)(见图2.15。为方便介绍，本章将一系列有机化合物按出现顺序标记为1，2，……)。因为有机晶体的寿命和效率都明显低于同时代的无机材料，所以当时的研究主要集中在无机材料上。直到20世纪80年代早期才由美国Kodak公司的Tang首次研制出有实用价值的低驱动电压(小于10 V)的OLED。1987年，Tang等第一次证实了可以用新的小分子有机材料来制作高效率和高亮度的OLED。这项研究成果引起了人们的广泛关注，随后掀起了全球范围的研究热潮。

OLED的另一项重大突破是在英国剑桥大学卡文迪许实验室工作的博士生Burroughes研究证明了大分子的聚合物也有电致发光效应，这种发光器件被称为PLED(polymer LED)或LEP(light emitting

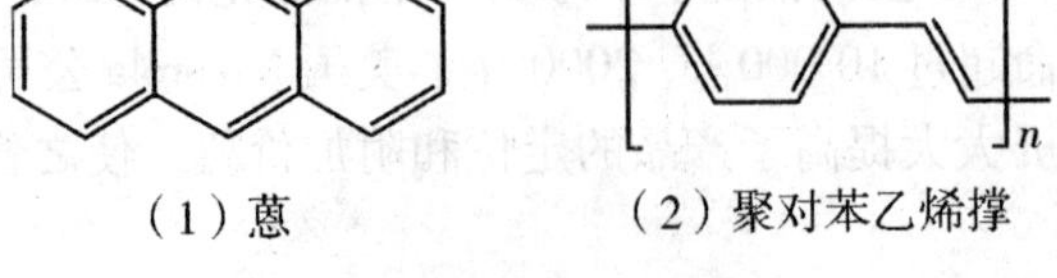

(1) 蒽　　　　　(2) 聚对苯乙烯撑

图2.15　蒽和聚对苯乙烯撑的结构

polymer)。他们使用高荧光共轭聚合物聚对苯乙烯撑[poly(p-phenylenevinylene), PPV, 2](见图 2.15)作为单层 OLED 的发光材料,制造工艺使用自旋涂布法(spin-coating)。这种制备方法克服了蒸镀带来的一些问题,如成本昂贵、操作困难等。尽管 PPV 本身不溶,难以加工,但制作者首先将可加工的聚合物前驱体涂布成膜,然后加热使化合物发生聚合生成 PPV 膜。这种方法第一次展现了用简单的涂布技术制造大面积显示器的可能性。

典型的 OLED 由阴极(cathode)、电子传输层(electron transport layer, ETL)、发光层(light emission layer, EL)、空穴传输层(hole transport layer, HTL)和阳极(anode)组成。其中一个电极要求透明或半透明,这样有机层发出的光才可以被观察到(图 2.16)。

图 2.16 OLED 的结构

2) 阳极材料

ITO(indium tin oxide)是一种透明的导电材料,电阻率较低($2 \times 10^{-4} \sim 4 \times 10^{-4}$ Ω·cm),能带宽(3.3~4.3 eV),在可见和近红外光区没有吸收,因而被广泛用作阳极材料。尽管 ITO 被广泛地用于平板显示器上(如 LCD 和 PDP),但是由于 OLED 特别薄,所以对 ITO 的表面有特殊要求。ITO 的表面粗糙度和功函数对提高 OLED 的稳定性和有效性都很重要,非常平滑的 ITO 表面对于制造一个长寿命的 OLED 是非常重要的。不均匀的 ITO 表面是产生缺陷的一个关键原因,因为有机薄膜要沉积到 ITO 上,ITO 的表面形态直接转移给了这些有机材料,而 OLED 中的有机层一般只有约 100 nm 的厚度,所以不均匀的表面会降低 OLED 的效率和稳定性。Castro-Rodriguez 等研究了 ITO 基底的形态对沉积在其上的 CdS 薄膜的结构和光学性质的影响,结果表明 CdS 薄膜的剩余形变随 ITO 表面粗糙度的增加而增加。Do 等认为,有机层/电极或有机层/有机层界面的不稳定性是 OLED 衰减和黑点(dark spot)形成的一个原因。Jonda 等用原子力显微镜(AFM)分析 ITO 上各种单体和聚合物薄膜的形态变化,研究 ITO 表面粗糙度对 OLED 衰减的影响。表征 ITO 表面形态的参数有几种术语,如平均粗糙度 R_a(average roughness)、标准粗糙度 $R_{r.m.s}$(root-mean-square roughness)和峰谷差 R_{pv}(peak to valley roughness)。Tak 等研究了各种型号的 ITO 膜(具有不同表面形态),发现 R_{pv} 与可逆漏电电流成正比,最适合表征 ITO 表面的形态。用 AFM 和 X 射线光电子能谱(X-ray photoelectron spectroscopy, XPS)研究 8-羟基喹啉合铝(Alq$_3$, tris(8-hydroxyquinoline) aluminum, 3)(见图 2.17)和 ITO 的表

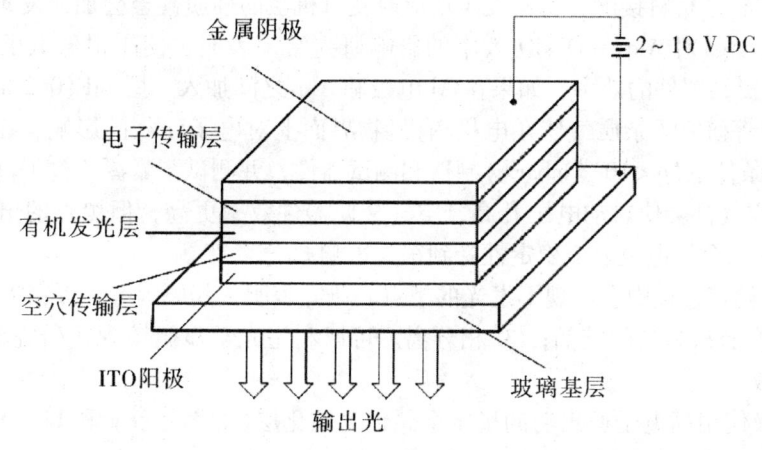

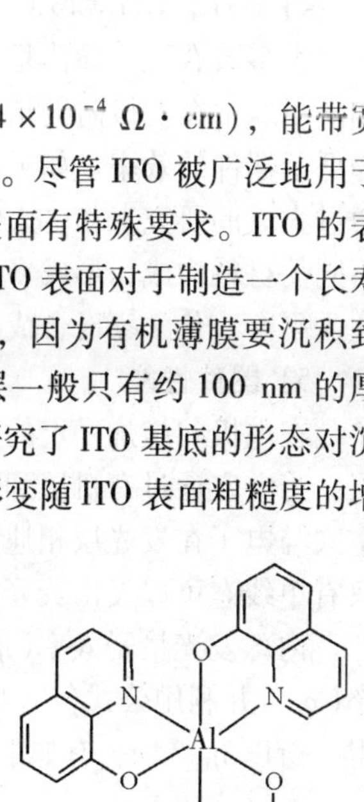

(3)

图 2.17 羟基喹啉合铝的结构

面和界面，发现 Alq₃ 膜不是非常均匀，有很多针尖，一些 Alq₃ 纳米颗粒像针尖平行排列，Alq₃ 和 ITO 形成相互扩散的体系。也有文献报道，在透明导电氧化物（transparent conductive oxide，TCO）和有机层之间加上一层绝缘薄膜能够提高 OLED 的性能。

3）阴极材料

阴极材料通常由金属或合金构成，Ag，Al，Mg，In，Li 和 Ca 都可以做阴极材料。电子和空穴的注入平衡对于获得高效和高发光强度的器件是非常重要的，因此电子的注入速率也是影响 OLED 整体性能的一个因素，特别是在含有 Alq₃ 的器件中。理想的阴极是具有低电子逸出功的金属，提供有效的电子注入。但是，这类金属非常活泼，容易与 O_2 和 H_2O 发生反应，所以必须将 OLED 密封；另外，活泼的金属层直接与有机材料接触，也会发生反应改变有机层的性质甚至会加速发光淬灭过程。阴极层（如 Yb，Ca，Mg，Ag）对 Alq₃ - OLED 效率的影响研究结果表明，使用很低电子逸出功（$\Phi < 3.7$ eV）的纯金属并不能提高器件的效率，如果在 Al 电极和 Alq₃ 之间加入一层 LiF（0.2 nm），器件的效率会有很大提高。Ono 等研究了杂质气体在电极/有机物界面上对电子注入的影响，在超高真空（ultra-high-vacuum，UHV）条件下（$p < 10^{-9}$ mbar①）制造和测试器件，并测试了暴露于纯 O_2 和空气中的性能。结果表明，纯 O_2 和空气都会使启动电压升高，空气会使器件效率更高，但黑点的出现会造成器件衰减；阻抗谱也表明空气会使电极表面稳定性受到很大影响。

OLED 在使用和储存过程中会出现不发光的黑点。研究表明，其原因有三点：① 阴极材料和发光材料的氧化分解；② 有机材料的结晶；③ 相分离。可以利用光学显微镜现场研究黑点的生长过程，预测整个器件的衰减。

现在，很多阴极使用高电子逸出功的稳定金属作为钝化层（如 Mg - Ag 和 Li - Al 合金），这种新型阴极对空气敏感性降低，大大提高了器件的性能和工作寿命。

4）HTL，ETL 和 EL

大多数有机半导体是 p 型，非常适合传输空穴。最初的 OLED 是"三明治"式的单层结构，空穴和电子通常在阴极附近结合，有一部分空穴会通过有机层直接到达阴极，没有与电子结合发光，所以降低了器件的效率。如果能够将空穴和电子的结合位置转移到有机层的中心，就可以解决这个问题。通过大量的研究工作，人们终于找到了解决问题的方法，一种是改变器件结构，HTL 和 ETL 分别由不同的材料构成，形成多层结构的 OLED；另一种是合成电子亲和势高的寡聚物和聚合物，保证电荷注入平衡。化学家已合成了各种类型的有机材料，极大地促进了 OLED 的发展。

5）器件性能

在电极间施加一定的电压后，电子从阴极注入到电子传输层，同样，空穴由阳极注入到空穴传输层。当空穴通过有机层到达阴极时，发生非辐射淬灭，这个过程没有光放出，会降低器件的效率。当空穴与电子在发光层相遇，结合形成激发态，包括单线态（singlet state）和三线态（triplet state），但是只有单线态可以发出荧光，而单线态和三线态的比率为 1:3，所以发光效率的上限为 25%。

内部发光量子效率（η_{int}）是指发出光子的数目与电子注入数目的比值，可以通过测量外部量子效率（η_{ext}）并利用公式（2.14）计算出来。因为折射，器件发出的所有光子并不能全部被外部探测器测得，所以 η_{int} 和 η_{ext} 有如下关系：

$$\eta_{int} = 2n^2 \eta_{ext} \tag{2.14}$$

式中，n 是有机层折光系数。

能量效率（η_{pow}）是输出的光能与输入的电能的比例，可以通过式（2.15）求得：

---

① 1 bar（巴）= 10^5 Pa。

$$\eta_{\text{pow}} = \eta_{\text{ext}} E_p U^{-1} \qquad (2.15)$$

式中，E_p 是发出光子的平均能量，U 是操作电压。

发光效率（η_{lum}）可以利用国际照明委员会（International Commission on Illumination，CIE）确定的视觉灵敏度曲线 S 与 η_{pow} 的关系获得：

$$\eta_{\text{lum}} = \eta_{\text{pow}} S \qquad (2.16)$$

这是基于人眼对不同颜色的光有不同的灵敏度。

另外，亮度（brightness，单位：cd/m^2）和电流—电压曲线（$I-V$）也被用来评估 OLED 的性能。例如，传统的膝上型电脑显示器的亮度能够达到约 100 cd/m^2。

6）颜色

有机发光材料的资源非常丰富，在可见光范围内所有波长的光都可以找到对应的荧光材料。另外，有机合成研究人员可以按照设计方便地进行分子合成和结构改造。到目前为止，各种单色光的 OLED 制造技术已经非常成熟。其中，调节发光波长的方法大体有三种：① 使用不同的荧光材料作发射层；② 将少量的染料掺杂在主体发光层中，掺杂剂可以直接激发或与主体材料进行能量转移发光，如以 Alq_3 作主体材料；③ 利用 OLED 结构中的绝缘层和金属薄膜产生光干涉调节发光颜色。

但是，OLED 的高端应用在于实用的显示屏，所以必须能够发出多种颜色的光，实现彩色显示。按照传统彩色显示的原理，只需同时发出红（R）、绿（G）、蓝（B）三种颜色的光就可以实现彩色显示。利用简单的并排平版印刷设计，结合造影法，可以在同一基底上构造 RGB 三色 PLED，但是分辨率很低。

另外，白光 OLED 通过光过滤可以产生 RGB 三色，但是由于滤光片的大量光吸收会造成器件效率的很大浪费。白光 OLED 是一种多层结构器件，有机小分子和聚合物都可以制造出白光 OLED。稀土配合物也可以用作白光材料，但是器件效率会大大降低。

如果使用蓝光 OLED 作激发光源，则可产生红光和绿光，能量损失较小。在制造器件时，将红光和绿光发光层放置在蓝光下面，这两层荧光材料吸收高能量的蓝光后分别发出红光和绿光。这种体系量子转化率可达 100%。但是，发出光子的能量小于吸收光子的能量，所以器件的能量效率降低。

因为 OLED 本身可以进行发光颜色的调节，不必将 RGB 三色分开，每个像素的面积是并排放置时的 1/3，所以分辨率提高到原来的 3 倍。但是，这种 OLED 的结构更加复杂，对同时控制颜色、亮度和灰度的驱动电路的要求更高。

利用聚合物混合物和聚合物电致化学发光器件可以制备颜色可调的 OLED。在早期的器件结构中，混合物中的每种成分发出不同颜色的光，可通过调节电压来改变发光颜色。蓝光需要更高的电压，这时器件的注入电流就会增加，亮度也增加了。由于低能量的光不能全部淬灭，所以器件不能发出饱和的蓝光。另外，发光强度取决于脉冲电流源，工作循环是像素被点亮的时间与脉冲电流时间的比值。在彩色显示强度很低的工作循环条件下，蓝光像素需要更高的电压，这就加速了器件的衰减。一个有价值的显示器要求可以同时独立地调节亮度、颜色和对比度，同时也可以用脉冲低工作循环的驱动电流进行扫描、连续更新图像。由于亮度会随着颜色发生变化，所以不可能同时获得上述的控制。极性控制的双色 OLED 也被制造出来，但不方便运用到显示器中。

有机薄膜可以实现全新样式的显示屏。使用透明有机薄膜可以制造透明的 OLED，用于透明悬挂的显示屏。作为透明发光体，第一层 OLED 的 ITO 可以作为第二层 OLED 的电极。在这种堆积型器件中，各层可以独立控制并独立发光。器件整体则可以发出两种光的混合光。颜色可调的 OLED 也已有报道。

CIE 的颜色表格展示了堆积 OLED 的颜色调节范围。因为在堆积型 OLED 中每种颜色可以独立控制，所以颜色、亮度和灰度也可以独立调节。将上述体系推广到三重堆积的 OLED，就可以得到颜色可独立调节的 RGB 三色,从而为实现彩色显示奠定了基础。

2.3.3.3 聚合物发光材料

近年来,荧光基团分别作为主链和侧链的聚合物成为一种新型电致发光材料,这类材料代表了将聚合物的可加工性和寡聚物的确定的结构及光电性质结合起来的趋势,这样就可以将不同材料的优点结合起来。这种方法可以通过控制共轭链的长度调节发射波长,同时也减小了 π-π 堆积形成后造成的非辐射跃迁的可能性。小分子噁二唑类和三芳基胺类衍生物共价连接成网状聚合物后,可以抑制材料的重新结晶,并阻止混合物体系出现相分离现象。最后,聚合物形成无定形膜,形态非常稳定。

共轭聚合物是一种沿着聚合物主链形成离域 π 分子轨道的有机半导体。各种类型的聚合物都被深入地研究过,化学和物理性质也被总结过,如聚乙炔(polyacetylene,PA)、聚对苯炔[poly(p-phenylene),PPP]、聚对苯乙烯撑[poly(p-phenylenevinylene),PPV]、聚苯胺(polyaniline,PAni)、聚吡咯(polypyrrole,PPy)、聚噻吩(polythiophene,PT)等。

1) PPVs

PPV 是第一个用于 OLED 的共轭聚合物。当电压小于 14 V 时已经观察到材料发出黄绿色光,η_{ext} 为 0.05%,器件结构为(ITO/PPV/Al)。随着器件结构和制造技术的不断发展,在过去的十几年中它的性能有了很大的提高,在 1999 年初 η_{lum} 已经超过 2 lm/W。PPV 不溶于有机溶剂,这给加工造成了很大的不便。目前,制备 PPV 薄膜的方法是通过可溶性前体旋转涂布成一层薄膜,加热聚合就形成了 PPV。前体加工步骤不同对 PPV 薄膜的性质影响很大,特别是最后聚合温度的影响。

PPV 薄膜还可以利用自组装或 Langmuir-Blodgett 法进行加工,分子规整性和器件效率都有增加。结合开环聚合(RCMP)的化学蒸镀(CVD)提供了合成 PPV 膜的另一种有潜在价值的方法。

在 PPV 主链中引入取代基,一方面可以改变电子性质(如能带、电子亲和势、电离势),另一方面能够使其溶于有机溶剂进行涂布成膜。1991 年,Heeger 和 Braun 报道了含有不对称取代基的可溶性 PPV 衍生物聚[2-甲氧基-5-(2-乙基己氧基)-对苯乙烯撑](MEH-PPV,4)作为有机层的 OLED,结构为 ITO/4/Ca,发出红—橙色光,η_{ext} 为 1%。

随后,一系列含长链烷基和烷氧基、胆甾烷氧基和寡聚乙烯氧基等取代基的 PPV 衍生物被合成出来(缩聚反应、Wittig 反应或 Heck 反应)。含有可溶性烷氧基长链的 PPV 衍生物在有机溶剂中(如 THF 或 CHCl₃)是可溶的,这就提供了充分的可加工性。引入取代基以后,PPV 的最大发射波长红移,而且,较长的侧链使聚合物主链彼此分开,防止了非辐射弛豫点的形成,有利于提高荧光和发光效率。聚[2-甲氧基-5-(2-乙基己氧基)-对苯乙烯撑](4)、聚-5-申硅基-对苯乙烯撑(5)和聚(2,3-二苯基苯乙烯撑)(6)的结构如图 2.18 所示。

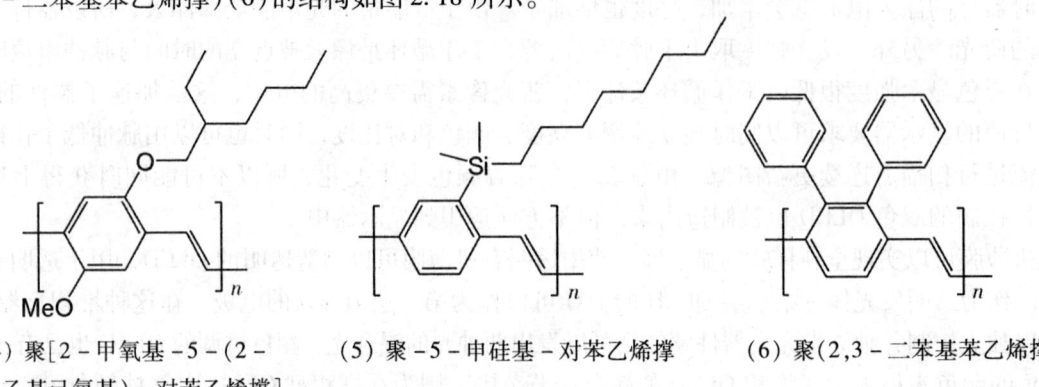

(4) 聚[2-甲氧基-5-(2-乙基己氧基)-对苯乙烯撑]　　(5) 聚-5-申硅基-对苯乙烯撑　　(6) 聚(2,3-二苯基苯乙烯撑)

图 2.18　含可溶性烷氧基长链的 PPV 衍生物

目前，单层 OLED 的 η_{ext} 最高已达 2.1%，是 1996 年由荷兰 Philips 公司制造的，其发光层是双烷氧基取代的 PPV 衍生物，亮度为 100 cd/m² 时，η_{lum} 为 3 lm/W，驱动电压为 2.8 V。Hoechst 实验室设计的以聚对苯二甲酸乙二醇酯[poly(ethylene terephthalate)，PET]作基底(ITO 覆盖在上面)的可弯曲的 OLED 也达到了类似的水平。在 ITO 和 MEH-PPV 之间涂一层 PAni 很明显地提高了器件的效率，η_{ext} 提高到 2.0%~2.5%，η_{lum} 提高到 3.0~4.5 lm/W。这是因为阳极表面发生了明显的形态变化，PAni 使粗糙的 ITO 表面更平滑，层间接触更好，使空穴注入更加有效，明显降低了操作电压；同时，聚合物阳极防止了 O_2 扩散进电致发光层，所以器件的寿命和亮度都提高了。当用聚(3,4-乙烯二氧基噻吩)(PEDOT)代替 PAni 时，OLED 的性能进一步提高。

含有硅烷基的 PPV 衍生物聚-5-申硅基-对苯乙烯撑(5)溶解度增加了，能带也拓宽了，可以发出绿光。将苯炔和取代苯炔按一定的比例共聚，产物发出橙色光。另一种成功调节能带的方法是加入寡聚对苯乙烯撑或间苯乙烯撑单元。能带的可调性以及有机材料的电学性质对器件的发射波长和制作工艺都很重要，器件的性能取决于材料之间的能级匹配。另外，前面提到 PPV 膜的热聚温度对膜的性质影响很大，因此也是调控能带的一种方法。

消除反应如果不完全，就会有一些 C 原子保持 sp^3 杂化态，打断了聚合物的共轭链。这种缩短有效共轭长度的方法可以使发射波长蓝移，还减少了激发态向非辐射弛豫点的扩散，提高了荧光效率。

在 PPV 主链中不同的位置引入苯环也能有效增加聚合物的溶解度。苯环也可以连接在主链的亚乙烯基上。例如，以聚(2,3-二苯基苯乙烯撑)(6)作有机材料的器件中(ITO/6/Al)，η_{ext} 为 0.04%。

除了改善加工性能，苯基取代基还可以提高材料的光稳定性，并具有更高的光致发光效率。发光基团的堆积会形成激态复合物或极化子对，导致自淬灭。苯基的空间张力可以阻止上述过程的发生，提高光致发光效率。因此，烷氧基苯基 PPV 的单层 OLED 的 η_{pow} 达到 16.1 lm/W(100 cd/m²)，最大亮度可达 10 000 cd/m²。

苯基蒽基 PPV 衍生物的单层 OLED 的 η_{lum} 比 PPV-OLED 提高了 10 倍。取代基增加了聚合物分子链之间的距离，并且增加了主链与取代基之间的能量转移，降低了激发态的衰减。因为有机化合物特别是聚合物具有低的电子亲和势，导致电子比空穴更难注入。一个解决的方法就是使用活泼金属作阴极。例如，用 Ca 代替 Al 作阴极可以使 PPV 器件的效率提高 10 倍，但是 Ca 在空气中很不稳定。相比之下，提高聚合物的电子亲和势显得更有前途，这个概念是 Friend 和 Holmes 等人在 1993 年首次提出的。他们通过 Knoevenagel 缩聚反应将吸电子的腈基连接到二己氧基 PPV 的亚乙烯基上，这种聚合物(CN-PPV)具有红色荧光，ITO/8/Al[或 Ca。化合物(8)见图 2.19]的 η_{int} 为 0.2%。

为了平衡电荷注入和提高器件效率，双层结构 OLED 被设计出来，即 HTL 和 ETL/EL 连续沉积到 ITO 上。在两层半导体界面上设立电荷转移障碍就可以很好地控制电子和空穴的注入速率。ITO/PPV/8/Ca(或 Al)可以使 η_{int} 提高到 4%，这样使用稳定的 Al 作阴极也可以得到高效的 OLED。这种器件中只有能带低的聚合物才发光，所以只有 CN-PPV 发光。以 Knoevenagel 法合成 CN-PPV 衍生物，如长链烷基、烷氧基、噻吩同系物取代基，都已有报道。ITO/PPV/MEH-CN-PPV/Al 在 6V 电压驱动下发出红光，亮度为 1 000 cd/m²，η_{lum} 为 2.5 lm/W，寿命可达几千小时，η_{int} 超过 10%，η_{ext} 超过 2.5%，已经满足低水平背光源和计算机显示器的要求。

2) PPPs

无机蓝光 LED 较难制造，因此蓝光聚合物 OLED 成为研究的热点。蓝色荧光材料要求 HOMO/LUMO 能级差在 2.7~3.0 eV 之间。1992 年 Leising 等首次报道了蓝光 OLED，发光材料为聚对苯炔[poly(p-phenylene)，PPP]。ITO/PPP/Al 的 η_{ext} 为 0.05%。就像 PPV，PPP 不溶且难熔，因此也必须通过可溶性前驱体来加工。

为了增加加工性能，引入烷基、烷氧基、芳香基和全氟烃基后，PPP 衍生物可以溶于溶剂。取代基的空间张力会影响主链上苯环间的扭转角，所以 PPP 衍生物的能带(E_g)也受到影响。Brédas 等发现，随着扭转角增加，E_g 超线性增加。从所得经验值可知，E_g 可以在 2.8~3.5 eV 范围内逐渐变化。

尽管 PPP 及其衍生物具有特别高的热稳定性和抗氧化性，但是单层结构器件的发光效率都很低。利用聚合物混合物和双层结构明显提高了发光效率。

PPP 衍生物和少量聚(3-癸烷基噻吩)混合物的 OLED 的 η_{ext} 超过了 4%，随着混合物中各种聚合物比例的变化，发光颜色也在蓝色和黄色之间变化。

3) 聚芴衍生物(polyfluorenes)

因为 PPP 以及梯子型 PPP 衍生物的结构，聚芴类化合物引起了人们的兴趣。这类化合物溶解度高，固相荧光量子产率高，而且热稳定性和化学稳定性好。聚(9,9-二己基芴)在彩色 OLED 中作蓝色光源，聚(9,9-二辛基芴)在 OLED 中作绿色光源，η_{lum} 可达 8.2 lm/W。将 PEDOT 嵌入到聚苯乙烯磺酸盐[poly(styrene sulfonate), PSS] 作为空穴传输/注入层可以增加器件的寿命。英国剑桥显示技术公司(Cambridge Display Technology)测得一个聚芴衍生物 OLED，η_{lum} 超过 20 lm/W，这是目前为止测得的最高值。而且，聚(9,9-二烷基芴)被用作定位仪中的极化电致发光。

聚芴也会形成激发态复合物。为了防止团聚发光及调节 E_g，聚烷基芴和蒽的随机共聚物被合成出来。芴和烷氧基取代的苯炔的共聚物发出深蓝色光($\eta_{ext} = 0.60\%$)。将苯乙烯基团引入聚(9,9-二己基芴)中，可以得到交联聚合物。不溶性化合物的热转化在 OLED 中形成多层聚合物膜，可以控制超分子的顺序，并且抑制激发态的团聚。利用这种方法做成的蓝光 OLED 的 η_{ext} 超过了 1%。

4) 稠环芳烃类

稠环芳烃容易形成激发态复合物并且容易结晶，限制了这类化合物在 OLED 中的应用。如果将稠环芳烃作为聚合物的侧链就可以克服以上问题。聚丙烯酸酯衍生物悬挂苯并菲基团，是一种有效的 HTL。这种聚合物不溶，所以需要先合成含有 2 个或 3 个丙烯酸酯链节的单体。

5) 缺电子杂环聚合物

缺电子杂环类共轭聚合物，特别是含 N 杂环化合物，广泛地用于电子传输材料。高电子亲和势的聚杂环化合物可以提高 OLED 的效率。

(1) 咔唑类

PVK(咔唑)可以平衡电荷注入，有利于改善器件性能。侧链为咔唑、TPD 或类似的亚芳基胺单元的聚合物作为空穴传输材料，可形成形态稳定的非晶薄膜。PVK 是最重要的聚合物空穴传输材料，并被用作聚合物混合材料和小分子掺杂的主体聚合物。

(2) 吡啶类

像 PPV 一样，聚吡啶乙炔(polypyridinevinylene, PPyV) 不溶也不熔，要通过可溶性前驱体进行加工。从结构上看，相邻两个吡啶环的相对方向(即区域异构体)的统计分布有三种：头对头、尾对尾和头对尾。

化合物 PPyV 在一些多层结构器件中用作 ETL。ITO/PPyV/Al 发光亮度很弱，但是启动电压很低。在前面提到的 PPV/CN-PPV 二极管中加入 PPyV 的薄膜，则只有 PPyV 发光，这是因为 PPyV 的 E_g 最小。

一系列含有吡啶环的共轭聚合物被合成出来，这类化合物具有较高的电子亲和势，如 PPyV 和 PPV 的嵌段共聚物。

(3) 喹啉类(见图 2.19)

聚喹啉衍生物(polyquinolines)和喹啉噻吩共聚物也被用作电子传输发光材料[如化合物(7)]。为了将电子传输能力和空穴传输能力集中在一层，联喹啉片断也被引入到烷氧基取代 PPV 主链中。

聚喹啉衍生物(8)用作电子传输/蓝光材料，η_{int}为4%。

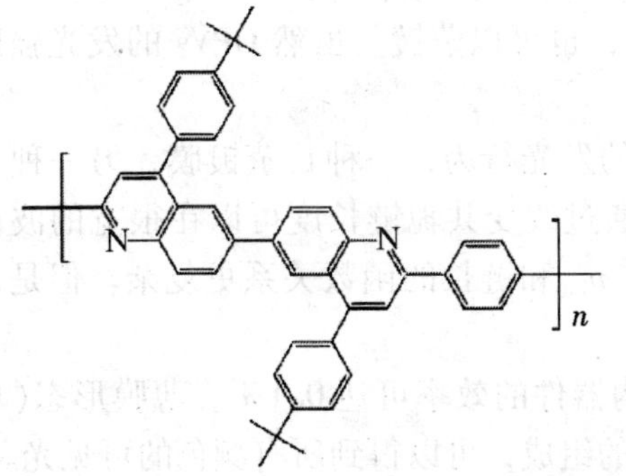

图2.19 聚喹啉衍生物

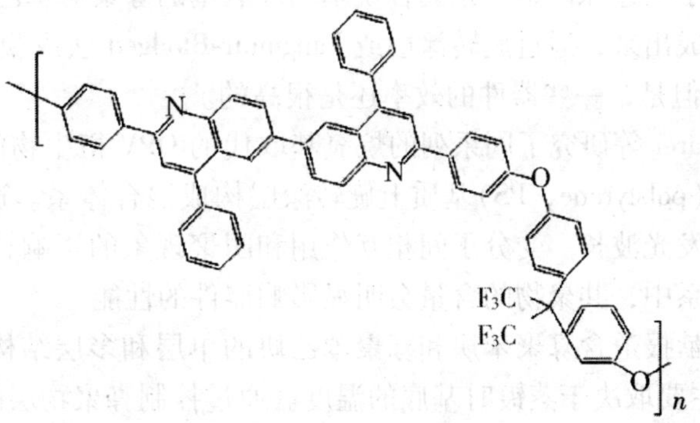

(4) 喹喔啉类（见图2.20）

聚喹喔啉衍生物（polyquinoxalines，PQxs）具有电子亲和势高、热稳定性好、折射率低和良好的加工性能等优点，在OLED中作ETL。按照结构可以分为两类：2,6位聚合产物和5,8位聚合产物。聚[2,2'-对苯基-6,6'-联(3-苯基喹喔啉)]（PPQ，9）属于第一类；5,8位聚合物，如聚-2,3-二苯喹喔啉(10)也被合成出来并用于OLED的研究。引入苯基和烷基取代基后，PQxs具有了很好的加工性能。

文献报道，PQxs作为ETL可以提高器件效率。OLED的输出效率与发光材料的折光率密切相关，低的折射率有利于提高发光效率。PQxs折射率低，有望将OLED的η_{ext}提高到20%左右。

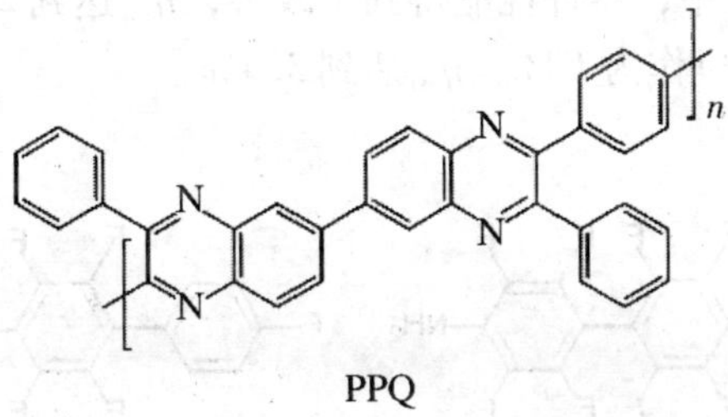

(9) 聚[2,2'-对苯基-6,6'-联(3-苯基喹喔啉)] 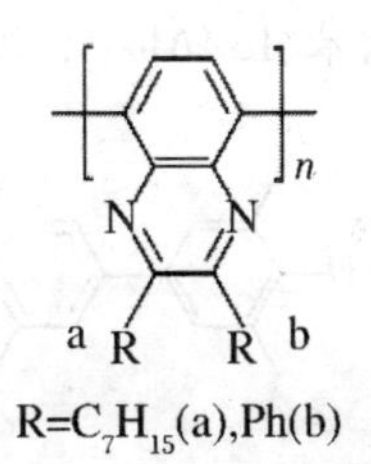　　(10) 聚-2,3-二苯基喹喔啉

图2.20 聚喹喔啉衍生物

2.3.3.4 寡聚物发光材料

与聚合物相比，这类化合物可以严格控制有效共轭链的长度。最初为了深入了解聚合物的结构与电化学特性的关系，寡聚物是作为模型化合物被合成出来的。然而，由于寡聚物的可调节性以及确定的结构，共轭聚合物被当做新型的光电材料。

共轭寡聚物可以通过自旋涂布和蒸镀两种方法在器件上形成一层或多层半导体材料。具体制备过程中可以通过材料的溶解度和相对分子质量选择不同的方法。很多有机小分子是刚性共平面结构，在很多有机溶剂中不溶，因此需要蒸镀成膜。溶液法要求有充分的溶解度，可以通过引入可溶性取代基满足要求。

1) 寡聚对苯乙烯撑衍生物

鉴于上述原因,一系列含烷基和烷氧基的寡聚对苯乙烯撑[oligo(p-phenylenevinylene),OPV]衍生物被合成出来,通过旋转涂层或 Langmuir-Blodgett 法成膜,也可以蒸镀。虽然 OPVs 的发光强度小于PPVs,但是,一些器件的效率还是很高的。

Haarer 等研究了同系列的烷氧基取代的 OPV 衍生物的发光行为,一种是蒸镀膜,另一种是在聚苯乙烯(polstyrene, PS)基质上旋转涂层构成混合体系。通过改变共轭链长度可以在很宽的波长范围内调节发光波长。受分子间相互作用和团聚现象的影响,η_{ext} 和链长的函数关系更复杂。但是,在混合物体系中,共聚物的含量会明显影响器件的性能。

文献报道含寡聚苯炔和寡聚苯乙炔的单层和多层结构器件的效率可达 0.1%。薄膜形态(单晶或多晶)主要取决于蒸镀时基底的温度。通过控制寡聚物层的组成,可以得到所有颜色的可见光。

2) 寡聚对苯炔衍生物

(1) 联苯衍生物

寡聚对苯炔被用作蓝光材料。最常用的是联六苯,ITO/联六苯/Al 发蓝光,亮度为 500 cd/m²。通过仔细沉积 Al 电极,最大 η_{ext} 从 1% 上升到 2%。降低沉积速率,使界面之间接触更紧密,可以降低启动电压。

在 OLED 中,其他颜色的光都可以通过蓝光转换得到,所以蓝光 OLED 对彩色显示器的实用化至关重要。Leising 等开发了一种有效的 RGB 器件,由联六苯、染料层和介电过滤层构成。蓝光激发光转化层中的绿色荧光染料,而绿光激发二次光转化层中的红色荧光染料(Lumogen F300)。联六苯 OLED 的 η_{lum} 为 0.5 lm/W,绿光和红光分别为 3.5 lm/W 和 1.3 lm/W。

(2) 含吸电子取代基的联苯衍生物(见图 2.21)

Schiff 碱型共聚物(11)和八氟联苯二胺(12)分别作为 HTL 和 ETL 加入到 ITO/联六苯/Al 中,以空穴和电子有效注入。在 ITO/11/联六苯/12/Al 中,器件性能得到了改善,η_{ext} 达到 2%。

在 ITO/联六苯/13/Al 中,氟代寡聚苯炔(13)作为 ETL,η_{ext} 达到 3.4%。

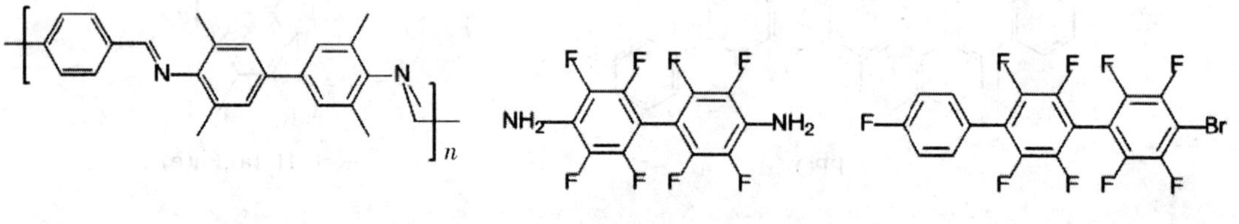

(11) Schiff 碱型共聚物　　(12) 八氟联苯二胺　　(13) 氟代寡聚苯炔

图 2.21　含吸电子取代基的联苯衍生物

(3) 含螺环的联苯衍生物(见图 2.22)

OLED 在使用和保存中经常遇到非晶形膜的结晶问题,导致器件性能快速衰减。非晶分子材料具有形态稳定、易加工、透明、各向同性和没有晶粒边界等优点,因而成为研究的热点。Salbeck 等合成了高 T_g 的含有刚性螺环的寡聚对苯炔衍生物(14)。Tour 等在此之前合成了四甲基和四(三甲基硅烷)基取代的衍生物(14a),ITO/14b/Al:Mg 发出很亮的蓝光,但是驱动电压高达 9 V。为了降低驱动电压,引入 Alq₃ 作 ETL,ITO/14b/Alq₃/Al:Mg 的亮度达到了 900 cd/m²,但是发光材料变成了 Alq₃,颜色变成绿色。

文献报道,含螺环的化合物发光波长范围窄,没有任何浓度淬灭效应。由于具有很高的固相光致发光量子产率,螺环连接的寡聚对苯炔已经被用于分子固相激光领域的研究。

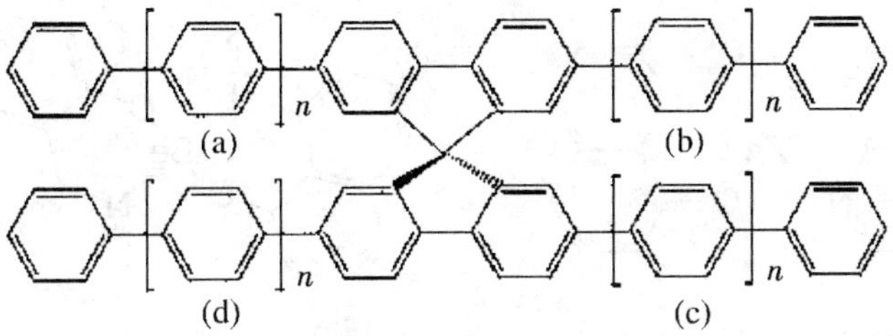

(14) $n=0(a)$, $1(b)$, $2(c)$, $3(d)$

图 2.22 寡聚对苯炔衍生物

2.3.3.5 有机小分子发光材料

有机小分子容易结晶(有机溶剂除外),在熔点以下以晶体存在。尽管有文献报道过芳香烃衍生物在低温下蒸镀可以形成非晶或准非晶膜,一些化合物在室温下形成非晶玻璃态,但是直到 20 世纪 80 年代有机小分子的非晶玻璃态才开始引起注意。

非晶分子材料或玻璃态分子处于热力学非平衡态,因此会表现出玻璃化转变现象。一般认为这类化合物有很多状态,如非晶玻璃、超冷液体和晶体等。这些化合物可以用自由体积、分子间距离和取向进行表征。通过蒸镀和自旋涂布法,它们可以形成均匀透明的非晶薄膜。单晶和液晶表现出各向异性,而非晶材料由于没有颗粒边缘的影响表现出各向同性。

OLED 将发光、传输电子和空穴三种功能分开,分别由不同的材料来承担。在 OLED 发展的早期阶段,材料的设计要求是使其具有一两种功能。有机小分子发展到今天,按照它的功能可以分为五类:① 电子传输发光材料;② 掺杂发光材料;③ 电子传输/空穴阻碍材料;④ 空穴传输材料;⑤ 电子和空穴传输发光材料。

随着 OLED 研究的不断深入,人们发现了很多影响器件性能和寿命的因素。其中,小分子材料在使用过程中,结晶、团聚和降解等是造成器件衰减的重要原因,所以寻找稳定的无定形材料成为研究的热点。一些规律在研究过程中不断被发现,这些规律指导人们去设计分子,促进了有机发光材料的发展。

在研究了玻璃态的形成和稳定性、TG 与分子结构的关系后,人们发现无定形材料的设计一般要遵循以下基本规律:① 非平面结构单元增加有利于无定形玻璃态的形成;② 体积大或相对分子质量大的取代基有利于小分子玻璃态的稳定性;③ 分子体积增大也有利于小分子玻璃态的稳定性;④ 分子结构中含有刚性基团有利于形成稳定的小分子玻璃态;⑤ 分子间氢键有利于稳定小分子玻璃态。

1) 金属配合物

金属配合物是一类广泛使用的电子传输发光材料。自从 1987 年首次报道它的电致发光现象以来,Alq_3 被广泛应用于 OLED 的研究中。受 Alq_3 及其衍生物的启发,其他金属配合物、含稀土和硼的配合物也被用作 OLED 的电子传输发光材料。这些配合物在蒸镀时形成的薄膜非常稳定,具有良好的电荷传输速率。

(1) 8-羟基喹啉合铝(Alq_3)

Alq_3 在光激发下发出绿光,量子效率为 32%,蒸镀时自动形成形态稳定的薄膜,电子迁移率高。以 Alq_3 作 ETL 的器件都表现出很好的发光效率、亮度和 η_{ext}。为了调节发光波长和前沿轨道的能级,很多衍生物被合成出来,并应用于 OLED 的研究中。

(2) 其他金属配合物(见图 2.23)

含 Zn 配合物(15)在 ITO/TPD/15/Mg:In 中发出黄光,亮度可达 16 200 cd/m^2。除了 Alq_3 以外,最有效的电子传输发光材料是含铍配合物 16,ITO/TPD/16/Mg:In 的亮度可达 19 000 cd/m^2,η_{lum} 为 3.5 lm/W。Sanyo 公司用 5-羟基-4-苯并吡喃酮与铍和铳的配合物作蓝绿色荧光掺杂剂,制造白光 OLED。

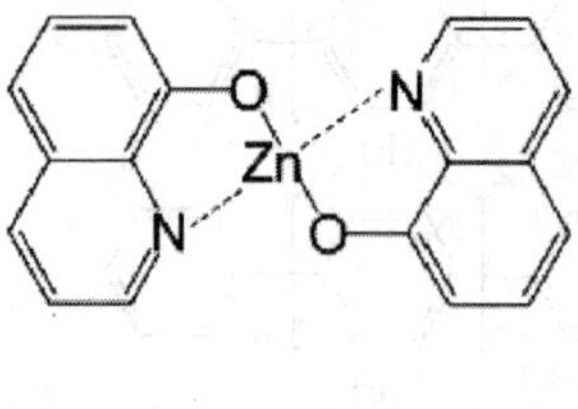

(15) 含 Zn 配合物 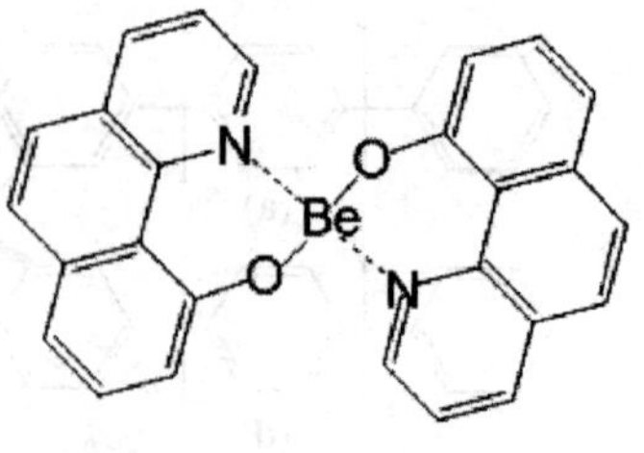　　(16) 含铍配合物

图 2.23　金属配合物

(3) 稀土配合物

在稀土螯合物中，配体的三线态可以转化为稀土离子的单线态，因此稀土螯合物被认为是一种能够使 η_{ext} 达到理论上限 25% 的可能途径，引起了人们极大的兴趣。尽管到目前为止，稀土螯合物器件的性能还不是很好，但是从长远来看，仍然是最好的选择。

稀土配合物用作 OLED 中的掺杂染料和电子传输发光材料，η_{ext} 可达 1%。含 Eu^{3+} 和 Tb^{3+} 的配合物具有法布里—珀罗 (Fabry-Perot) 微孔，可以使多层结构 OLED 发光波长范围变窄，亮度提高。

2) 芳香烃

高效的有机荧光染料（特别是固相）会产生不同程度的淬灭，造成发光波长红移和波长范围变宽。将荧光染料掺杂或分散到空穴或电子传输材料 (host) 中就可以使淬灭降到最低，客体分子通过能量转移发光。

掺杂染料首先必须可以蒸镀；其次荧光量子产率高，与主体材料能级匹配可以进行有效的能量转移；最后要求发光波长范围窄，保证色彩的纯度。

稠环芳烃 (condensed aromatics) 和 1,2-二苯乙烯衍生物掺杂到 Alq_3，TPD 或 PVK 中可以增加光致发光量子效率，还会增加材料的形态稳定性，因此也增加了电致发光量子产率和 OLED 的寿命。

3) 三芳香胺衍生物

很多有机小分子可以用作空穴传输材料。三芳香胺衍生物最初用作静电印刷中的空穴传输材料，可以蒸镀成膜，并且空穴迁移率高，所以非常重要。N,N′-二苯基-N,N′-二(3-甲苯基)联苯二胺 (TPD) 和 N,N′-二(1-萘基)-N,N′-二苯基联苯二胺 (NPD) 是性能最好的两种三芳香胺衍生物，广泛地用作 OLED 的 HTL。

但是，三芳香胺衍生物容易结晶，这是造成器件衰减的一个重要原因。在室温下，TPD 的蒸镀膜几个小时后就会结晶，与 PBD 类似。

很多方法被用来克服这个问题。一种成功的方法是将 TPD 分散到聚合物中（如 PMMA、PS、聚砜和聚碳酸酯等）。然而，相分离现象降低了器件的使用寿命。将 TPD 作为主链或支链连接到聚合物分子中可以得到形态稳定的膜。

另一种方法是设计高 T_g 的无定形材料，这也使制备高质量、形态稳定的薄膜成为可能。对 TPD 分子进行桥联、增环和取代等化学手段改造及不同的结构排列对分子性质有影响。含吩噻嗪取代基的三芳香胺衍生物 (17) 具有良好的热阻性和导电性，可以提高器件的效率（见图 2.24）。在低电压下，器件的亮度和效率都很高。

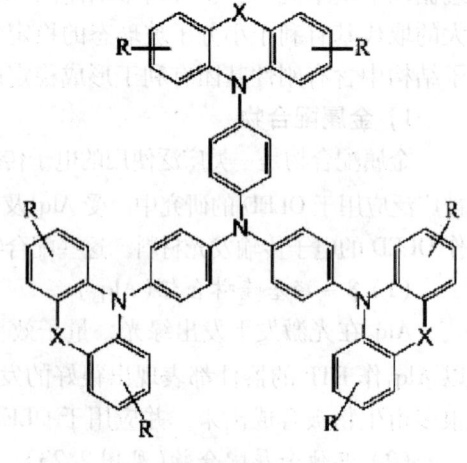

(17)

X = S,O; R = alkyl

图 2.24　含吩噻嗪取代基的三芳香胺衍生物

2.3.4 超导材料

2.3.4.1 超导材料的发展

荷兰雷登学院的 Onnes 在 1908 年成功地将氦气液化后,于 1911 年首次观察到汞金属(Hg)在 4.15 K 时出现电阻突然消失的现象,经过多次重复实验后确认,汞的特性转移到一个新的状态,因而将具有此特殊电性的状态定名为超导态(superconducting state),并称发生此突然变化的温度为超导临界温度(superconducting critical temperature,以 T_c 表示)。随后,又发现其他金属具有超导现象,如铅(Pb,$T_c=7.2$ K)、锡(Sn,$T_c=3.8$ K)等。1933 年,Meissner 和 Ochsenfeld 发现超导体内部的磁场感应强度为零,即具有完全抗磁性,后人称之为迈斯纳效应(Meissner effect)。而零电阻现象和完全抗磁性即为超导体两个独立的基本性质。

1950 年,科学家们发现,临界温度与原子平均质量的平方根及乘积都为一定;若以较重的同位素取代超导体中的原子,则 T_c 会降低,此即所谓的同位素效应,说明超导体中不仅传导电子,也有离子的运动。而后又有研究提出超导体的自由电子与晶格振动有关的理论,此结果对于日后超导理论的研究有很大的影响。Cooper 提出电子会因声子(phonon,即量子化的晶格振动)而产生相互作用,当其克服电子之间的库仑斥力时,便会形成电子对,称为库柏对(Cooper pair);形成库柏对的电子彼此自旋相反,而动量和守恒。随后,1957 年美国伊利诺依大学的 Bardeen、Cooper 及 Schrieffer 发表了著名且完整的超导微观理论,称为 BCS 理论。

1973 年发现的锗化铌(Nb_3Ge)将 T_c 提高至 23.2 K,此后虽然陆续发现许多新的超导体,但对 T_c 的提升没有突破,Nb_3Ge 停留在最高 T_c 之位长达 13 年之久。直到 1986 年,瑞士 IBM 苏黎世研究所的 Bednorz 和 Muller 发现一类具有 K_2NiF_4 型结构的超导体材料,名义上的成分(nominal composition)为镧钡铜氧($La_{4.25}Ba_{0.75}Cu_5O_{15-x}$),其 T_c 高达 35 K,再度引起全世界对新兴高温超导体领域研究的高度兴趣。紧接着在 1987 年,由吴茂昆与朱经武教授等发现 T_c 高达 90 K 以上的超导体钇钡铜氧化合物($YBa_2Cu_3O_{7-x}$),首度将 T_c 提高至液态氮温度(77 K)以上。此发现突破了 BCS 理论预测的极限,因此科学家对于高温超导理论的研究及更高 T_c 的超导体化合物的发展燃起了新的希望。

1987 年法国的 Michel 等人发现铋锶铜氧化合物,虽然其 T_c 仅约 20 K,但随后由 Maeda 等人将 Ca 加入此系统中,却获得 T_c 高达 110 K 的超导体化合物。同年,Sheng 和 Hermann 亦发现 T_c 为 125 K 的铊钡钙铜氧化合物。Putilin 等人又于 1993 年发现 T_c 为 94 K 的含汞超导材料,之后 Schilling 等人发现将 Ca 加入含汞超导材料中,所形成的超导体,其 T_c 高达 135 K,是目前 T_c 最高的超导材料。美国华裔科学家朱经武教授所领导的得克萨斯州高温超导研究中心发现,若将此超导体加压至 150 kBar,可再将 T_c 提升至 153 K,此温度已经高于一般常用的冷冻剂 CF_4 的沸点(145 K)。2001 年,在 Sendai 举行的国际会议上,Akimitsu 公开宣布他发现 MgB_2 的超导性。Akimitsu 和他的研究团队尝试制作出 CaB_6(六硼化钙)的化学类似物。六硼化钙是半导体材料,当掺杂少许的电子后,居然会像铁一样具有铁磁性。他们试着以镁取代钙(在周期表上,镁就在钙的上方),而他们一开始选择的材料之一就是这个简单化合物二硼化镁。二硼化镁在 1953 年就为人所知,在置换反应中,二硼化镁是常用的试剂之一;在商业上,某些硼元素的制备也是使用二硼化镁。然而,Akimitsu 他们从药瓶中拿出来的东西居然在 39 K 就变成超导体,比任何其他简单金属化合物还高出 16 K(指 1973 年发现的 Nb_3Ge 的超导临界温度为 23 K)。

综观以上超导材料的发展历史,可看出在提升 T_c 方面有迅猛的发展。若能将超导零电阻和强反磁性的特性应用普遍化,有人预测这将会引发另一次的工业革命。

2.3.4.2 超导电性的微观解释

超导是一种很多物质在低温下体现出的特别现象,主要表现在电阻在一定的温度下完全消失,变为零电阻,使导电没有任何阻力。超导是一种宏观的量子现象,实现超导必须具备一定的条件,如温度、磁场、电流都必须足够。超导较早在很低的温度被发现,是用昂贵的液氦作制冷剂,温度在零下270℃以下。液氦在大气中含量极少,使用起来很不方便,因此费用非常昂贵。20世纪80年代末,发现了高温氧化物超导体,就可以用比较廉价的液氮替代液氦,空气中近80%是氮气,因此使用起来既方便又便宜。目前的超导临界温度已提高到零下120℃左右。

现已查明在常压下具有超导电性的元素金属有32种,而在高压下或制成薄膜状时具有超导电性的元素金属有14种。超导体分成两种类型。

第Ⅰ类超导体。主要包括铝、锌、镓、镉、锡、铟等,在常温下具有良好的导电性。该类超导体的熔点较低、质地较软,亦被称作"软超导体"。第Ⅰ类超导体由正常态过渡到超导态时没有中间态,并且具有完全抗磁性。第Ⅰ类超导体由于其临界电流密度和临界磁场较低,因而没有很好的实用价值。

第Ⅱ类超导体。主要包括金属化合物及其合金,以及金属元素钒、锝和铌等。

第Ⅱ类超导体和第Ⅰ类超导体的区别主要在于:① 第Ⅱ类超导体的混合态中有磁通线存在,而第Ⅰ类超导体没有;② 第Ⅱ类超导体由正常态转变为超导态时有一个中间态(混合态);③ 第Ⅱ类超导体根据其是否具有磁通钉扎中心而分为理想第Ⅱ类超导体和非理想第Ⅱ类超导体;④ 第Ⅱ类超导体比第Ⅰ类超导体有更高的临界磁场、更大的临界电流密度和更高的临界温度。

非理想第Ⅱ类超导体的晶体结构存在缺陷,体内各处的涡旋电流不能完全抵消,出现体内电流,其体内的磁通线排列不均匀,从而具有高临界电流密度。理想第Ⅱ类超导体的晶体结构比较完整,其体内无电流通过,从而不具有高临界电流密度,当磁通线均匀排列时,在磁通线周围的涡旋电流将彼此抵消。实际上,真正适合于应用的超导材料是非理想第Ⅱ类超导体。

从微观的角度对超导导电机理作出合理解释的最富有成果的探索,是 Bardeen,Cooper 与 Schrieffer 在 1957 年提出的,后人称之为 BCS 理论。BCS 理论认为,超导电性来源于电子间通过声子作媒介所产生的相互吸引作用,当这种作用超过电子间的库仑排斥作用时,电子形成束缚对(也称为库柏对),从而导致超导电性的出现。

根据金属电子理论,当晶格处于理想的周期结构,并忽略电子间的库仑排斥作用时,在金属中作共有化运动的价电子能自由地通过晶格而不损失任何动量和能量。这种理论导出了金属准连续能带结构,能很好地解释金属处于常导态下的许多性质,如金属热容等。如果再考虑金属原子热振动对电子产生的散射,还能很好地解释金属的电导率。

但是,大量的超导电性实验表明,超导态所具有的一些特定性质是常导态所不具有的。首先,热容测量和辐射吸收的实验结果都表明,在 $T<T_c$ 时,粒子存在最小激发能,即超导系统的基态与准粒子的激发态之间存在能隙,这与金属常导态的能带结构有极大的不同。其次,许多实验结果都证实了超导电子存在着某种相互作用,这种相互作用使电子发生凝聚,形成高度有序的长程相干的状态。

BCS 理论解释,两个电子形成库柏对的相互吸引力源于电子与声子的相互作用。当某个电子 A 经过晶格时,由于电子与离子的库仑力相互作用,使得正离子发生局部聚集,造成正电荷密度局部增加;在 A 电子运动到其他地方后,正离子来不及回复到原来的位置,于是形成一个正电荷区域,从而对另外一个电子 B 产生吸引作用。这种物理现象还可以进一步从声子的角度分析,当电子通过晶格某处时,与晶格发生相互作用,引起晶格某个振动模式的激发。由于晶格振动能是量子化的,所以也可以说,在相互作用的过程中,电子发射了一个声子,这个声子被另一个电子立即吸收。这种发射和吸收声子的过程,在满足一定的条件下,可以在这两个电子之间产生吸引作用。当这种吸引作用超过电子之间的库仑排斥作用时,两个电子就形成束缚的电子对,即库柏电子对。形成库柏电子对的两个电子,动量大小相等,方向相反,自旋取向也相反,所以束缚对的总动量在没有电流时为零。电子对在运动过程中,所有电子对具有共同的动量,且动量保持不变。理论计算给出,只有在费米①面附近动量 $\Delta k = m\omega_D / \hbar k_F$($m$ 是电子质量,ω_D 是德拜频率,k_F 是费米波矢)的球壳内的电子可以参与交换声子的相互作用过程而形成库柏对,费米球内其余的电子仍与正常态电子一样。由于形成的电子对其总动量和总自旋为零,它们不再受泡利原理的限制,因此所有的电子对可以凝聚在比费米面低的同一级的单一状态上,从而出现最低能量状态(基态),这种状态也称为凝聚态。于是,在费米面附近就留下空隙,形成能隙。能隙中没有电子态,因而不存在电子对。值得提出的是,在常导态能带中,电子分布服从泡利原理;而在超导态能带中,费米球内部低能量的那些能级,电子分布仍服从泡利原理,如同常导态电子一样,但是在费米面附近形成库柏对的电子,是占据在同一能级上的。

美国、加拿大科学家们在最新的研究中发现了一个新的现象,可以解释为什么物质在一定的条件下具有超导电性。科学家们在研究超导化合物时发现,化合物内部电子的分布是不均衡的,在电子分布稀少或者没有电子的地方会形成一个"空穴",而这个空穴可能就是让物质具备超导能力的原因。

科学家们研究了由锶、铜和氧等成分组成的超导化合物($Sr_{14}Cu_{24}O_{41}$,SCO),这种化合物是铜酸盐的一种。在 SCO 超导化合物中,科学家们发现了一个"结晶体空穴",它是由一些小的空穴按一定的规律严格排列而成的。科学家们表示,这些空穴肯定发生了一些变化,也许这就是让化合物具有超导性能的原因所在。负责这项研究的物理学家彼得·阿伯玛特表示,研究中发现的结晶空穴是一种非常奇特的现象,它的形成是那些小的空穴相互之间直接作用的结果。以此类推,科学家们认为其他的铜酸盐也有可能在一定的温度条件下具有超导性能。SCO 化合物的结构就像一个三明治,两层不同的铜氧化物中夹着一层锶原子。在第一层中,铜氧化物的分子形状是呈长形平行排列的,而在另一层,铜氧化物分子的分布是一种阶梯式的结构,其中就含有许多的晶体空穴。晶体空穴实质上是物质内部电荷排列的一种形式。科学家们认为,物质内部电荷排列方式是非常重要的,因为超导性能可能就是因为某种特殊的电荷排列而造成的,或者说当物质内部的电荷排列接近两种排列方式的界限时就会出现超导现象。阿伯玛特和他的同事们利用美国国家同步加速器光源发射出的 X 射线对 SCO 化合物进行研究发现,当 X 射线的能量达到一个特定的数量时,SCO 化合物会强烈地对其产生反应,而这种反应就是由结晶体空穴产生的。科学家们认为这些结晶体的空穴排列是一种有序的晶格,因为混乱的排列是无法对 X 射线产生如此强烈的反应的。

美国贝尔实验室的科学家发现一种有机聚合物在低温下表现出超导特性,这是人们首次发现有机聚合物能够成为超导材料。向有机聚合物中掺入一些杂质,能使它具备较强的导电性,这已为科学界所熟知。但此前从未发现任何有机聚合物具有超导特性。科学家利用有机聚合物——聚-3-己基噻吩[poly(3-hexylthiophene)]的溶液,制造出结构有规则的聚-3-己基噻吩薄膜,并用场效应晶体管往薄膜中注入电荷。结果发现,在温度降到绝对温度 2.35 K(约 -270.8 ℃)时,薄膜表现出了超导特性。尽管这一成果中超导材料的临界温度很低,但这已经是相当重要的新进展。它意味着有机聚合物材料导电性的可调整范围比人们原先认为的更宽,不仅能用作绝缘体、导电体,还有希望在超导领域一展身手。

2.3.4.3 超导材料的性能

超导体处于临界温度(critical temperature,T_c)以下时具有超导现象,而主要的超导现象为零电阻

---

① 费米:也译为费密。

及抗磁性(diamagnetism)。零电阻指电流流通时无阻力的现象,即产生永久电流(persistent current);抗磁性则是将超导体放入磁场中,会将其内部的磁场完全排除,即是使其内部磁通量(magnetic flux)保持为零,此即所谓的迈斯纳效应(Meissner effect),因此超导也具有磁浮现象。必须同时具备以上两种特性,才可称为超导体。

1) 超导体的零电阻特性

19世纪末液化气体的实验技术取得了突破性进展,曾一度被视为"永久气体"的空气于1895年被液化。1898年杜瓦(J. Dewar)首次把氢气变成液体氢,液化点为-253 ℃;在利用液体空气和液氢的基础上,当时的实验室已能实现-259 ℃。1908年,卡末林·昂纳斯经过长期努力实现了氦气的液化。在约1个大气压[①]下,测得氦气的液化点是4.25 K;但如果降低液氦的蒸气压,那么随着蒸气压的下降,液氦的沸点也会相应降低(减压降温法)。通过卡末林·昂纳斯和荷兰莱顿大学实验室的研究人员的努力,终于获得了1.15~4.25 K这个当时所能达到的低温度区,从而为研究低温下的物理特性开辟了广阔的前景。

随着温度的降低,金属的电导率(即电阻率的倒数)会变大。在1.15~4.25 K的低温区,莱顿实验室的研究人员观察到一些金属的电导率显著增加,进而在1911年揭开了人类研究超导现象的第一页。当他们观察低温下水银电导率的变化时,在4.2 K附近发现水银的电阻突然消失了。经过反复多次实验发现,当温度下降时,水银的电阻先是平缓地减小,而在4.2 K附近电阻突然降为零。实际上,此时水银的电阻值与摄氏零度时水银的电阻值之比,由大约为1/500突然下降到小于1×10^{-6},这时的水银电阻实际上可视为零。卡末林·昂纳斯把这种显示出超导电性的物质状态定名为超导态。此后,他们又发现其他许多金属也有超导现象。经过反复多次实验,卡末林·昂纳斯指出:在4.2 K以下,水银进入一种新的物态。在这种新物态中,通常用超导体一词表示当冷却到一定温度以下时,能表现出超导电性的材料。当超导体显示出超导电性时,超导体处于超导态,否则处于正常态。超导体失去电阻时的温度为超导转变温度或临界温度,以T_c表示。

2) 超导体的迈斯纳效应

1937年,迈斯纳(W. Meissner)和奥森菲尔德(R. Ochsefeld)发现,具有上述完全导电性的物质还具有另外一个基本特性——完全抗磁性。当物质由常导态进入超导态后,其内部的磁感应强度总是为零,即不管超导体在常导态时的磁通状态如何,当样品进入超导态后,磁通量一定不能穿透超导体,这一现象也称为迈斯纳效应。它表明了超导体和理论上的完美导体有所不同。零电阻和迈斯纳效应是超导电性的两个基本特性。这两个基本特性既相互独立又相互联系,因为单纯的零电阻现象不能保证迈斯纳效应的存在,但它又是迈斯纳效应存在的必要条件。

超导体可大致分为金属类和铜氧化物类,两者各有所长、各有所短。金属类具延展性,容易加工,有些已经实用化;铜氧化物类简单地说就是陶瓷类,延展性差、脆弱,须费工夫才能加工成导线。

金属类与铜氧化物类的临界温度大不相同。以前金属类最高只能在20 K左右的极低温出现超导现象,必须使用极昂贵的液态氦来冷却。铜氧化物类的临界温度最高可超过绝对温度130 K(约为-143 ℃),可用比矿水(mineral water)便宜的液态氮(约为77 K)冷却。虽然以我们平常的感觉,130 K非常冷,但是这个临界温度在超导体中相当高,因而铜氧化物类有高温超导体的别称。

在金属相对固定的原子点阵中充满了可以自由运动的电子,自由电子既充当导电载体,又充当导

---

① 1 atm(大气压) = 101 325 Pa

热载体，导致热导率和电导率的相关性。20世纪50年代，前苏联物理学家朗道（Landau）从微观角度解释了自由电子的这种行为，他提出"费米液体"理论，把金属中大量的电子视作"费米液体"。

2.3.4.4 纳米超导材料

随着纳米科技的发展，人们发现超导材料在尺寸上或结构上达到纳米数量级时，性能也出现特殊变化。比如，科学家早就发现，当超导体放置于强磁场中，电子"库柏对"会被磁场破坏，电子的自旋也受影响，超导性会被抑制甚至彻底消失。但当超导体的尺寸缩小时，磁场的破坏作用也随之变小，当超导体的尺寸达到纳米尺度时，磁场就已经不能破坏"库柏对"了。美国伊利诺依大学物理学教授别兹里亚金等人用实验证实了这一点。他们把单层碳纳米管安放在硅晶片上蚀刻出的约 100 nm 宽的"沟"里，然后在碳纳米管表面涂上一层钼—锗超导材料，将其温度降到临界温度以下，并观察这一纳米级超导材料在强磁场中的反应。结果发现，强磁场对纳米级超导材料的影响明显减弱。别兹里亚金等人猜测，由于超导线的直径非常微小，只有大约 10 nm，电子"库柏对"之间会互相影响，抵消磁场对超导性的影响。纳米级材料的这一特性将使超导的应用前景更为广阔。例如，一般超导线圈不能输送强电流，因为电流产生的磁场可能削弱或破坏线圈的超导性，而如果在普通超导线圈中掺入纳米级的超导细丝，输送强电流就不是难题了；此外，纳米级的超导材料还可用于核磁共振成像等领域。别兹里亚金还说，纳米级超导材料的尺寸也不能无限缩小，否则电子"库柏对"之间会互相干扰，也会削弱其超导性。另外，纳米级超导材料与大尺寸超导材料类似，不能完全实现零电阻，而且材料尺寸越小，其本身的电阻就越大。

香港科技大学物理学系的研究人员发现，直径只有 0.4 nm 的单壁纳米碳管在温度 15 K 以下呈现出特殊的一维超导特性。这是科学家第一次在单根纯碳纳米碳管中观察到超导特性。纯碳是所有生命最重要的元素之一，但从未被发现具有超导特性。

2.3.4.5 超导材料的应用

正常导体（如金属）有电阻，通过电流时就会发热，这不仅浪费电能，而且还会使设备性能变差，过量的电流甚至会烧坏设备，所以大容量的输变电设施，往往配有各种冷却设备。如果应用超导技术，使用超导材料制成导线，因为没有电阻，不会发热，就可以节省大量电能，也使设备轻巧。高温超导材料的用途非常广阔，大致可分为三类：大电流应用（强电应用）、电子学应用（弱电应用）和抗磁性应用。大电流应用即前述的超导发电、输电和储能，电子学应用包括超导计算机、超导天线、超导微波器件等，抗磁性主要应用于磁悬浮列车和热核聚变反应堆等。

1）超导电缆

2004 年我国第一条 75 m，10.5 kV/1.5 kA 三相交流高温超导电缆顺利完成系统集成，通过了系统检测和调试，它是目前世界上正在并网试验运行的最长的高温超导电缆。有关研究表明，高温超导电缆在长度上有一个经济临界点。当高温超导电缆长度不到 50 m 时，其损耗等于甚至大于相同容量的常规电缆；而当高温超导电缆长度大于 50 m 时，就能显示出很好的节能效应和经济效益，并且高温超导电缆越长，其节能效果越好。

高温超导电缆具有体积小、重量轻、损耗低和传输容量大的优点，采用无阻的、能传输高电流密度的超导材料作为导电体，能低损耗、高效率地传输大电流。高温超导电缆将用于短距离传输电力，以及大型或超大型城市电力传输。

在重量、尺寸相同的情况下，与常规电力电缆相比，高温超导电缆的容量可提高 3~5 倍，损耗下降 60%。高温超导电缆的传输损耗仅为传输功率的 0.5%，而常规电缆的损耗为 5%~8%。用高温超导电缆改装现有地下电缆系统,能将总费用降低20%,将传输容量提高3倍以上。利用高温超导电缆,采用低电压大电流传输电能,改变了传统输电方式,因此,高温超导电缆可以大大降低电力系统的损耗,提高电力系统的总效率,具有可观的经济效益。

2) 超导磁悬浮列车

我国在2008年已经开始运行时速高达350 km的"高铁",但是,要进一步提高轨道列车的时速,必须采取车辆与地面轨道脱离接触的途径。为了使车辆悬浮起来,可以采用超导磁体或常规磁体的磁场悬浮。但后者在实际应用时存在着较难克服的困难,只有耗能少、体积小、重量轻的超导磁体才能达到目的。

超导磁体悬浮是在车辆底部安装超导磁体,在轨道上埋设一些闭合的铝环,整个列车由埋在地下的直线电机来驱动。列车开始运行后,超导磁体产生的磁场将在铝环内产生感应电流。由于铝环不是超导的,所以,感生电流要衰减。但是,当列车的运动速度足够快(大于120 km/h)时,磁体所在位置的铝环内电流来不及明显地衰减,磁场和电流之间就相互作用,产生一个向上的"浮力",当"浮力"大于列车的自重时,列车就被悬浮起来(离开轨道10 cm)。列车停止时,环内无感应电流,故在开车和停车时仍需车轮。

磁悬浮列车分为常导型和超导型两大类。常导型也称常导磁吸型,以德国高速常导磁浮列车Transrapid为代表,它利用普通直流电磁铁电磁吸力的原理将列车悬起,悬浮的气隙较小,一般为10 mm左右。常导型高速磁悬浮列车的速度可达400~500 km/h,适合于城市间的长距离快速运输。而超导型磁悬浮列车也称超导磁斥型,以日本Maglev为代表。它是利用超导磁体产生的强磁场,在列车运行时与布置在地面上的线圈相互作用,产生电动斥力将列车悬起,悬浮气隙较大,速度可达500 km/h以上。这两种磁悬浮列车各有优缺点和不同的经济技术指标。磁悬浮列车快速、低耗、安全、舒适、经济、无污染,它的高速使其在1 000~1 500 km之间的旅行距离内比乘坐飞机更优越。运行成本和能耗低是它的又一优点,在500 km/h速度下,每座位每公里的能耗仅为飞机的1/3~1/2,比汽车也少耗能30%。

3) 超导计算机

高速计算机要求集成电路芯片上的元件和连接线密集排列,但密集排列的电路在工作时会发生大量的热,而散热是超大规模集成电路面临的难题。超导计算机中的超大规模集成电路,其元件间的互连线用接近零电阻和超微发热的超导器件来制作,就不存在散热问题,同时计算机的运算速度大大提高。此外,科学家正研究用半导体和超导体来制造晶体管,甚至完全用超导体来制作晶体管。

4) 核聚变反应堆"磁封闭体"

科学工程和实验室是超导技术应用的一个重要方面,它包括高能加速器、核聚变装置等。高能加速器用来加速粒子产生人工核反应以研究物质内部结构,是基本粒子物理学研究的主要装备。核聚变装置是人们长期以来梦想解决能源问题的一个重要方向,其途径是将氘和氚加热后,使原子和弥散的电子成为一种等离子状态,并且在将这种高温等离子体约束在适当空间内的条件下,原子核就能够越过电子的排斥而互相碰撞产生核聚变反应。在这些应用中,超导磁体是高能加速器和核聚变装置不可缺少的关键部件。

核聚变反应时,其内部温度高达上亿度,没有任何常规材料可以包容这些物质。而超导体产生的强磁场可以作为"磁封闭体",将热核反应堆中的超高温等离子体包围、约束起来,然后慢慢释放。受控核聚变将成为21世纪前景广阔的新能源。

2.4 能源材料

2.4.1 储氢材料

2.4.1.1 氢能系统

一直以来，人类的能源主要来自化石燃料。然而，目前，资源日趋枯竭和环境污染问题日益严重。科学界将氢气作为可替代能源来研究，提出"氢能经济"的概念。摆脱对化石燃料的依赖性，逐步过渡到氢能经济时代是当今世界的主要发展趋势。氢本身无毒，不会像化石燃料那样产生大量烟尘及一氧化碳、二氧化碳、碳氢化合物、氮氧化物等对环境有害的污染物质，所以氢是一种最清洁的能源。除核燃料外，氢的发热值是所有化石燃料、化工燃料和生物燃料中最高的，为 1.2×10^5 kJ/kg，是汽油发热值的 3 倍，是焦炭发热值的 4.5 倍，可直接用作发动机燃料和燃料电池的燃料。氢可以以气态、液态或固态的金属氢化物出现，能适应储运及各种应用环境的不同要求。作为二次能源，氢的输送与储存损失比电力小。

氢是自然界中存在最普遍的元素，它构成了宇宙质量的 3/4。除了空气中含有少量氢气之外，它主要以化合物的形式存在于水中，而水是地球上最广泛的物质，总量约为 2.1×10^{26} t。据推算，若把海水中的氢全部提取出来，它所产生的总热量比地球上所有化石燃料放出的热量还大 9 000 倍。而且，氢反应又生成水，这是一个取之于水又还原于水的自然循环过程，所以氢是一种不受资源限制、取之不尽、用之不竭的能源。目前，世界上每年的氢需求量是 $10^{10}\sim10^{11}$ m^3。工业制氢方法主要以天然气、石油和煤为原料，在高温下与水蒸气反应而制得，也可以用部分氧化法制得。这些制氢方法在工艺上都比较成熟，但是由化石能源和电力来换取氢能，在经济上和资源利用上并不合适。现有的工业制氢主要是维持目前化工、炼油、冶金及电子等部门的需要。水电解制氢和生物质气化制氢等方法已形成规模，其中，低价电电解水制氢方法是当前氢能规模制备的主要方法。最理想的方法是利用太阳能制氢，把无穷无尽的、分散的太阳能转变成高度集中的清洁能源；利用储氢材料把获得的氢储存起来；再用燃料电池技术高效利用氢能，完成能量的获得、储存和使用的全过程。

鉴于以上种种优点，氢能源的开发引起了人们极大的兴趣。以氢气为原料的燃料电池和氢气发动机的问世，使世界范围内的汽车工业面临着一场深刻的革命。其短期目标是氢燃料电池汽车的商业化，并以地区交通工具氢能化为前导，在 20 年左右的时间内，使氢能在包括发电在内的总体能源系统中占有相当的份额。1993 年加拿大 Ballard 公司研制出世界第一辆燃料电池公共汽车，1997 年德国奔驰汽车公司推出质子交换膜型燃料电池汽车，1998 年又推出以甲醇为原料的重整式燃料电池汽车，1999 年美国福特公司和日本丰田公司推出以氢为原料的质子交换膜燃料电池汽车，2002 年德国大众汽车公司也推出了第一款质子膜燃料电池汽车，注入一次燃料行驶距离为 160 km，中国在 2003 年相继推出了燃料电池示范公共汽车和轿车。但是，随着燃料电池技术的逐步成熟，氢源成为阻碍燃料电池应用的瓶颈。解决氢的制备、储存、运输和应用是一个整体行为，而制氢技术则是首要问题。氢作为燃料电池的可行性最主要是取决于氢的成本。长期目标是在化石能源枯竭时，氢能自然地承担起主体能源的角色。

2.4.1.2 储氢技术

在整个氢能系统中，储氢是最关键的环节之一。总体来说，氢气储存有物理和化学两大类。各国对储氢技术的开发尤为重视，目前也已取得较大进展。物理储氢方法主要有：碳纤维和碳纳米管储存、高压氢气储存、液氢储存、玻璃微球储存、活性炭吸附储存等。化学储氢方法有：无机物储存、金属氢化物储存、铁磁性材料储存、有机液态氢化物储存等。

1) 液化储氢

常温、常压下液氢的密度为气态氢的845倍，液氢的体积能量密度比压缩氢气高好几倍。氢气经过压缩之后，深冷到21 K以下变为液氢，然后存储到特制的绝热真空容器中。液氢储存特别适宜储存空间有限的运载场合，如汽车发动机、火箭发动机和洲际飞行运输工具等。若仅从质量和体积上考虑，液氢储存是一种极为理想的储氢方式。但液化储氢存在下列缺点：一是液氢储存容器必须使用超低温用的特殊容器，因为液氢的温度为 -259.21 ℃，储槽内液氢与环境温差大，为控制槽内液氢蒸发损失和确保储槽的安全，必须严格绝热；二是氢气液化要消耗很大的冷却能量，液化1 kg氢需耗电 4 ~ 10 kW·h，这就增加了储氢和用氢的成本。因此，目前这种做法只用于火箭等特殊场合。

2) 氢气高压储存

目前，工业上常用高压气瓶储氢，即将氢气加压到15 MPa储存于钢制圆筒形容器中。氢气的质量只占容器质量的1% ~ 2%，且高压容器本身笨重，不易搬动。该方法在经济上和安全上均不可取。

3) 金属氢化物储氢

金属氢化物储氢，氢以原子状态储存于合金中；重新释放出来时，经历扩散、相变、化合等过程。这些过程受热效应与速度的制约，不易爆炸，安全性强。金属或合金与氢反应后以金属氢化物形式吸氢，生成的金属氢化物加热后释放出氢气。金属氢化物储氢密度可达标准状态下氢气的1 000倍，与液氢相同甚至超过液氢。由于金属氢化物既可做储氢材料，又可做功能材料，所以备受人们青睐。

4) 非金属材料储氢

非金属储氢有两种形式，一种是物理吸附形式，另一种是化合形式。氢可与许多非金属的元素或物质相作用，构成各种非金属氢化物，如碳氢化合物和氮氢化合物等。

吸附氢材料主要有活性炭、分子筛、高比表面积活性炭、新型吸附剂等。吸附储氢能力以比表面积高的活性炭为最佳。新型吸附剂是20世纪90年代初才出现的新型材料，以碳纳米管最为引人注目。

比表面积高的活性炭储氢量比常规活性炭大25%，其吸附储氢性能比常规活性炭优越，这是因为其单位质量表面积大得多。活性炭吸附储氢温度越低，压力越高，储氢量就越大。据报道，在77 K时活性炭的储氢量可达5.3%（质量分数），但低温时氢残留量也较大，需通过真空加热活化。活性炭主要应用于汽车燃料的低压储氢系统。

碳纳米管储氢的储氢量大大超过了传统的储氢系统。由于碳纳米管独特的晶格排列结构，对氢的吸附量可达9.9%；吸附速度快（数小时内完成），而且在室温下进行；解吸速度快（数十分钟内完成），可直接获得氢气，使用方便。缺点是需要高压(10 MPa)，价格较高。碳纳米管作为新的超级吸氢剂是一种很有前途的储氢材料，目前尚未商业化。

玻璃微球也是一种很好的吸氢材料，常温下储氢量达15% ~ 42%，与其他储氢方法相比，储氢量最大，是一种具有发展前途的储氢技术。但目前研究较少，更未见应用报道。

5) 有机液体储氢

有机液体氢化物储氢技术始于20世纪80年代。该技术作为一种新型储氢技术有很多优点：① 储氢剂和氢载体的性质与汽油类似，便于利用现有的油类储存和运输设施，设备简便；② 可多次循环使用，寿命可达20年；③ 储氢量大，苯和甲苯的理论储氢量分别为7.19%和6.18%。

2.4.1.3 储氢材料

储氢材料在适当的温度和压力下,可与氢反应生成金属氢化物,吸收并储存氢气;而在另一温度和压力下,金属氢化物又会分解并释放氢气。利用这一反应的可逆性,可将这些氢化物作为储存氢气的"仓库"。

金属或合金(M)生成氢化物(MH_x)的反应通式可表示为:

$$\frac{2}{x}M + H_2 \Longleftrightarrow \frac{2}{x}MH_x, \quad \Delta_r H_m^0 < 0 \tag{2.17}$$

根据上述原理,通常可用降低温度来促使金属氢化物的生成,再用加热法使氢化物析氢并使用氢能。

理论上只要能有上述可逆反应的金属或合金均可作储氢材料,但在实际上,该类材料必须满足下列要求:① 材料活性大,吸附氢量大并易于获得,价格低廉;② 材料用于吸附氢时,标准生成焓要小,用来储热时要大;③ 材料吸氢—解析的速率要大,氢的平衡压差要小;④ 在使用过程中,材料破碎和粉化率要低,力学性能不能有明显的降低。

储氢材料尚无明确的、公认的分类方法,我们把它分为金属储氢材料、非金属储氢材料以及有机液体储氢材料三类。下面进行分类介绍。

1) 金属(或合金)储氢材料

元素周期表中所有金属元素都能与氢化合生成氢化物。这些金属元素与氢的反应有两种:一是金属与氢的亲和力小,但氢很容易在其中移动,氢在这些元素中的溶解度小,通常条件下不生成氢化物。这些元素主要是ⅥB - ⅧB族(Pd除外)过渡金属,如 Fe, Co, Ni, Cr, Cu, Al 等,氢溶于这些金属时为吸热反应($\Delta H > 0$)。二是容易与氢反应,能大量吸氢,形成稳定的氢化物,并放出大量的热。这些金属主要是ⅠA - ⅤB族金属,如 Ti, Zr, Ca, Mg, V, Nb, 稀土元素等,它们与氢的反应为放热反应($\Delta H < 0$)。我们把氢在一定条件下溶解度随温度上升而减小的金属称为放热型金属,相反的则称为吸热型金属。把前者与氢生成的氢化物称为强键合氢化物,这些元素称为氢稳定因素;氢与后一种金属生成的氢化物称为弱键合氢化物,这些元素称为氢不稳定因素。前者控制着储氢量,是组成储氢合金的关键元素;后者控制着吸放氢的可逆性,起调节生成热与分解压力的作用。目前已开发的具有实用价值的金属型氢化物有:锆、钛系拉夫斯相 AB_2 型,钛系 AB 型,稀土系 AB_5 型,镁系 A_2B 型,以及钒系固溶体型等几种。其中,A 是指可与氢形成稳定氢化物的放热型金属(如 Zr, Mg, La, Ce, Ti, V, 混合稀土金属等),B 是指难与氢形成氢化物但具有氢催化活性的吸热型金属(如 Mn, Al, Ni, Fe, Co, Cu 等)。这些 AB_x 型金属,其中 x 由大变小时储氢量有不断增大的趋势,但随之而来的是反应速度减慢、反应温度增高、容易劣化等问题增大。这类材料的储氢量一般在3%以下,应用较广。

(1) 储氢合金的能量转换机制

氢化的化学反应具有能量变换功能,这是一般化学反应本质上都有的功能,不过与其他固—气相比,氢化反应的可逆性好、反应速度快,而且反应热大。有效地利用金属与氢的可逆反应,就可实现化学能(氢)、热能(反应热)和机械能(平衡氢压)间的相互转换,吸氢合金就可以成为具有极大魅力的能量变换功能材料。金属或合金与氢反应后生成氢化物,吸收大量的氢气,同时产生相当于生成热的热量;反之,如果使这种氢化物受热进行分解反应,就会放出氢。吸氢放热反应,相当于把化学能(氢)变为热能;吸热放氢反应,相当于把热能变为氢化学能,这一过程称为化学蓄热。另外,从金属氢化物分解放出的氢,产生的压力相当于该温度下的平衡分解压,可以把这种压力变为机械能,即由热能变为机械能;相反,把氢气提高到合金的离解压以上,便生成金属氢化物而放热,也可以说是把机械能转化为热能。如果把合金的吸氢、放氢反应以电化学方式进行,在二次电池的氢电极上成为充放电反应,可以形成化学能与电能的相互变换。

(2) 储氢合金的化学和热力学原理

在一定温度和压力下,许多金属、合金和金属间化合物(Me)与气态 H_2 可逆反应生成金属固溶体 MH_x 和氢化物 MH_y。反应分三步进行:① 开始吸收少量氢后,形成含氢固溶体(α 相),合金结构保持不变;② 固溶体进一步与氢反应,产生相变,生成氢化物相(β 相);③ 再提高氢压,金属中的氢含量略有增加。

图 2.25 表示合金—氢系的理想等温线形状。横轴表示固相中的氢与金属原子比,纵轴为氢压。温度不变时,从 O 点开始,随着氢压的增加,氢溶于金属的数量增加,其组成变为 A,OA 段为吸氢过程的第一步,金属吸氢,形成含氢固溶体,我们把固溶氢的金属相称为 α 相。点 A 对应于氢在金属中的极限溶解度。达到 A 点时,α 相与氢反应,生成氢化物相,即 β 相。继续加氢时,系统压力不变,而氢在恒压下被金属吸收。当所有 α 相都变为 β 相时,组成达到 B 点。AB 段为吸氢过程的第二步,此区为两相(α+β)互溶的体系,达到 B 点时,α 相最终消失,全部金属都变成金属氢化物。这段曲线呈平直状,故称为平台区(坪区或平高线区),相应的恒定平衡压力称为平台压(坪压、分解压或平衡压)。在全部组成变成 β 相组成后,如再提高氢压,则 β 相组成就会逐渐接近化学计量组成。氢化物中的氢仅有少量增加,B 点以后为第三步,氢化反应结束,氢压显著增加。p_1, p_2, p_3 分别代表 T_1, T_2, T_3 下的反应平衡压力。

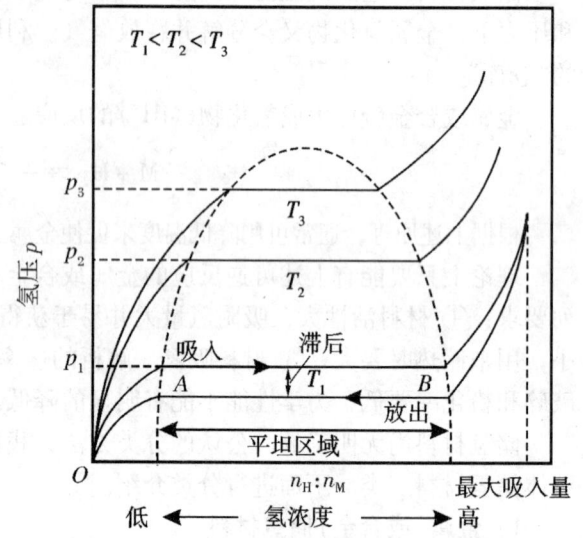

图 2.25 合金—氢系的压力—浓度—温度曲线

(3) 储氢合金的吸氢反应机理

一般来说,氢与金属或合金的反应是一个多相反应,这个多相反应由下列基础反应组成:① H_2 传质;② 化学吸附氢的解离:$H_2 \rightarrow 2H_{ad}$;③ 表面迁移;④ 吸附的氢转化为吸收氢:$H_{ad} \rightarrow H_{abs}$;⑤ 氢在 α 相的稀固态溶液中扩散;⑥ α 相转变为 β 相:$H_{abs}(\alpha) \rightarrow H_{abs}(\beta)$;⑦ 氢在氢化物(β 相)中扩散。所以,了解氢在金属本体中扩散系数的大小有助于掌握金属中氢的吸收—解吸过程动力学参数。合金的吸氢反应机理可用图 2.26 的模式表示。氢分子与合金接触时,就被吸附于合金表面上,氢的 H—H 键解离,成为原子状的氢。原子状氢从合金表面向内部扩散,侵入比氢原子半径大得多的金属原子与金属的间隙中(晶格间位置)形成固溶体。固溶于金属中的氢再向内部扩散,这种扩散必须有由化学吸附向溶解转换的活化能。固溶体一旦被氢饱和,过剩氢原子就与固溶体反应生成氢化物。

(4) 储氢合金中氢的位置

氢同金属或合金反应,氢侵入其晶格间位置里,金属晶格可看成容纳氢原子的容器。典型的金属晶格有面心立方晶格(fcc)、体心立方晶格(bcc)和六方密堆积晶格(hcp)。钯和 VB 族金属分

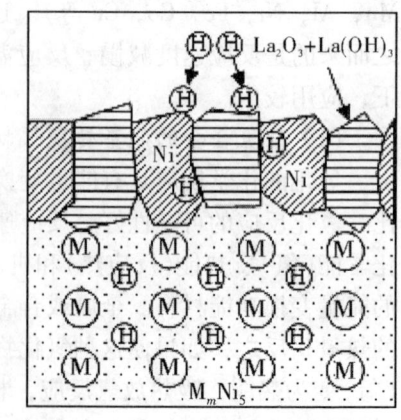

图 2.26 合金的吸氢反应机理

别形成面心立方体晶格和体心立方体晶格。在面心立方体晶格和体心立方体晶格中,六配位的八面体晶格间位置和四配位的四面体晶格间位置是氢稳定存在的两个位置。金属晶格的晶格间位置及其数量见表 2.2 和图 2.27。

表 2.2 金属晶格的晶格间位置与每个金属原子的位置

晶格结构	fcc 晶格	bcc 晶格	hcp 晶格
八面体位置	1	3	1
四面体位置	2	6	2

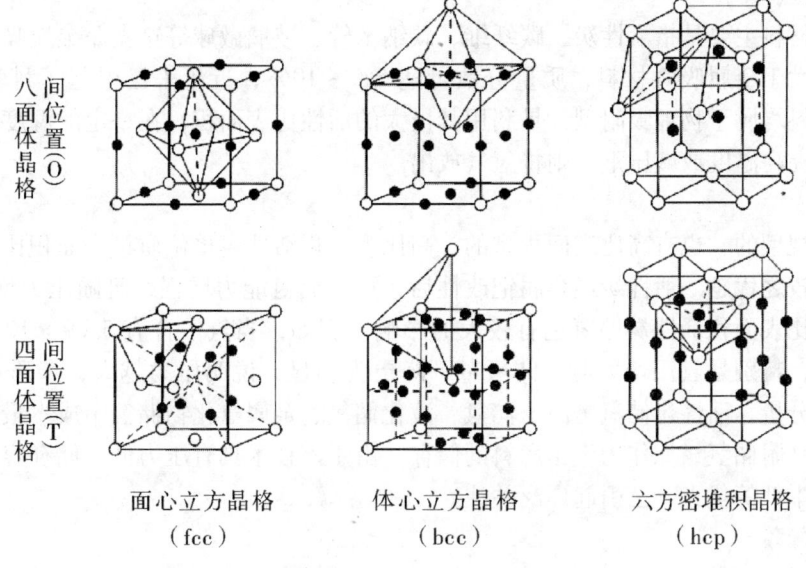

图 2.27 金属晶格中的晶格间位置

通过中子衍射或离子沟流实验来探索氢的位置与金属原子半径间的关系,发现在母体金属为六方最密充填的场合,即原子半径大的金属(如 Zr,Sc,Y,稀土金属),氢主要进到其四面体晶格间位置里(T 位置);在母体金属为体心立方晶格的场合(如 V,Nb,Ta 等),氢进入四面体晶格间位置(T 位置);母体金属为面心立方晶格的场合,对于原子半径小的金属(Ni,Cr,Mn,Pd),氢进入其八面体晶格间位置(O 位置)。每个金属原子的晶格间位置数如表 2.2 所示,通常这些位置只有部分被占有。进入晶格间位置的氢,简单地称为氢原子,但其电子状态与原子状态不同,氢原子不是存在于一个点上,而是在图 2.27 中所示的晶格间位置的周围一定范围内存在。

图 2.28 所示为 $LaNi_5$ 中氢的占有位置。在 $z=0$, $z=1$ 面上,由 4 个 La 原子和 2 个 Ni 原子构成一层;在 $z=1/2$ 面上,由 5 个 Ni 原子构成一层。氢原子位于由 2 个 La 原子与 2 个 Ni 原子形成的四面体晶格间位置(T 位置)上,以及由 4 个 Ni 原子与 2 个 La 原子形成的八面体晶格间位置(O 位置)上。也就是说,氢原子进入的位置,是在 $z=0$ 面的位置上 3 个,与 $z=1/2$ 面的位置上 3 个。当氢原子进入 $LaNi_5$ 的全部晶格间位置后,成为氢化物 $LaNi_5H_6$。由于氢原子的进入,金属

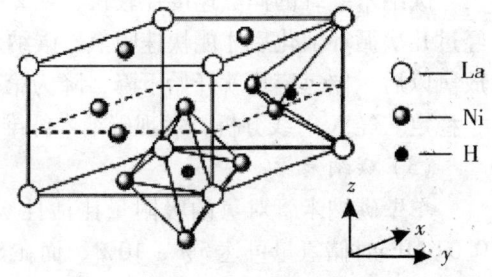

图 2.28 $LaNi_5$ 中氢原子的位置

晶格发生膨胀(约23%)而扩宽,从而发生变形,形成裂纹甚至微粉化。

氢原子进入金属中,有三种存在状态:以中性原子(或分子)形式存在;获得多余电子后变为氢阴离子(H^-);放出1个电子后,氢本身变为带正电荷的质子(H^+)。大多数金属在氢化反应过程中,其晶格要发生重新排列,产生与金属晶格不同的结构;少数金属氢化后,金属晶格不变。除离子型氢化物外,都伴随着体积增加,发热量较小;而生成离子型氢化物的金属,在氢化反应中发热量大,而且体积收缩。金属形成氢化物后,氢化物中的金属晶格结构有和金属相一样的,也有变为与金属相完全不同的另一种结构。前者称为溶解间隙型,如 Pd–H 和 $LaNi_5$–H 系等,后者为结构变态型,如 Ti–H 和 Mg_2Ni–H 系等。金属中的氢非常容易扩散,其扩散系数为氧和氮在同金属中的 $10^{15} \sim 10^{20}$ 倍。

2) 非金属储氢材料

非金属储氢材料主要是指活性炭、碳纤维、碳纳米管、玻璃微球等这类非金属吸氢材料。由于它们的吸氢一般均大于金属吸氢材料,质量分数可达 5%~10%,近年来已引起了科学家们的极大兴趣。这类储氢材料均属于物理吸附型,是利用其极大的活性比表面积,在一定的温度与压力下,吸取大量氢气,而在提高温度或减压下,则将氢气放出。

(1) 活性炭

活性炭有常规型的,也有高比表面积型的。高比表面积活性炭单位质量表面积比常规活性炭大得多,储氢性能也较之优越。活性炭经金属钯改性后,可使储氢能力增强,且随压力增大储氢量增大。氢气的纯度对高比表面积活性炭储氢也有较大的影响。例如,当氢中含有 5.09×10^{-6} 氮气时,活性炭的储氢量下降,特别是氢压增大时,储氢量下降更为明显,说明压力越大,杂质氮气的影响越严重。从经济效果分析,活性炭储氢是高压储氢、液化储氢、金属氢化物储氢中成本最低的。活性炭储氢主要用于低压吸附储氢,如作为汽车燃料的储存。由于该技术具有压力低、储存容器自重轻、形状选择余地大、成本低等优点,已引起广泛关注。

(2) 碳纳米纤维

碳纳米纤维是近几年才发现的一种吸氢材料。由于碳纳米纤维表面具有分子级细孔,内部具有直径大约 10 nm 的中空管,比表面积大,而且可以合成石墨层面垂直于纤维轴向或与轴向成一定角度的鱼骨状特殊结构的纳米碳纤维,大量氢气可以在纳米碳纤维中凝聚,从而可能具有超级储氢能力。

石墨纳米纤维由含碳化合物经所选金属颗粒催化分解产生。例如,气相生长碳纳米纤维一般以过渡金属 Fe,Co,Ni 及其合金等为催化剂,以低碳烃化合物为碳源,以氢气为载气,在 600~1 200 ℃下生成一种纳米级尺寸的碳纤维。主要形状有管状、鱼骨状、层状等。其中鱼骨状石墨纳米纤维(GNF)的吸氢量最高;通常,层状 GNF 长 10~100 μm,石墨层间隙(0.334 nm)大于氢分子直径(0.289 nm)。纤维表面具有直接开口于表面的分子级细孔,内部具有直径约为 10 nm 的中孔管。据报道,一种鱼刺状的碳纳米纤维在室温、12.0 MPa 下储氢量达 67%。

碳纳米纤维的储氢速度比较快,在 2~3 h 内可以达到饱和状态,不像金属储氢材料那样,必须经过几次循环活化后才能快速吸氢。碳纳米纤维的放氢速度很快,但是衰减也很快,经过 3 次循环吸放氢以后,储氢容量就开始下降,降为第一次储氢量的 70%,但随着循环次数的增加,储氢容量趋于稳定。经 X 射线分析,发现碳纳米纤维经多次循环后其结构在某种程度上遭到破坏。

(3) 碳纳米管

单壁碳纳米管对氢的吸附量比活性炭大得多,其吸附热约为活性炭的 5 倍。例如,在 133 K,0.04 MPa 时储氢量可达 5%~10%,而在 80 K,10.0 MPa 下,利用高纯度的多壁碳纳米管吸附储氢,吸附量达 8.25%。对碳纳米管进行碱金属处理可大大提高其吸氢量,在较温和温度、常压下,用 Li 处理过的碳纳米管的吸氢量在 653 K 时达 20%,用 K 处理过的碳纳米管在室温下吸氢量为 14%,指标完全可与汽油或柴油的性能媲美。碳纳米管的表面特性决定了同氢的交互反应，对碳纳米管有效的表面处理是获得表面活性的重要步骤。例如，用硝酸和 NaOH 对碳纳米管进行表面处理后的样品，在室温、10 MPa 下可吸收 5.15% 的氢。

3) 有机液体储氢材料

某些有机液体，在合适的催化剂作用下，在较低压力和相对高的温度下，可做氢载体，达到储存和输送氢的目的。其储氢功能是借助储氢载体（如苯和甲苯等）与 H_2 的可逆反应来实现的，储氢量可达 7% 左右。

有机液体氢化物储氢是借助不饱和液体有机物与氢的可逆反应，即加氢反应和脱氢反应实现的。加氢反应实现氢的储存（化学键合），脱氢反应实现氢的释放。不饱和有机液体化合物做储氢剂，可循环使用。烯烃、炔烃、芳烃等不饱和有机液体均可做储氢剂，但从储氢过程的能耗、储氢量、储氢剂物理性能等方面考虑，以芳烃特别是单环芳烃做储氢剂为佳。一般来说，这些有机液的加氢反应必须选择合适的催化剂。氢经过催化加氢装置储存于有机液体如甲苯(TOL)或甲基环己烷(MCH)等中；甲苯或甲基环己烷载氢体在常压下呈液态，储存和运输简单易行；输送到目的地后，经催化脱氢装置使储存的氢脱离载体，有机液又变回非饱和状态。如此反复循环使用。

4) 其他储氢材料

除了上述三类储氢材料外，还有一些无机化合物和铁磁性材料可用来储氢，如 $KHNO_3$ 或 $NaHCO_3$ 作为储氢剂，其储氢量约为 2%；磁性材料在磁场作用下可大量储氢，储氢量比钛铁材料大 6~7 倍。

2.4.2 锂离子电池材料

2.4.2.1 锂离子电池发展简介

金属锂的相对原子质量为 6.94，密度为 0.534 g/cm^3，是最轻的金属，其氧化还原电位为 -3.045 V，在所有金属中质量能量密度最大，所以锂电池成为应用非常广泛的电源之一。锂电池在 20 世纪 70 年代初实现了商品化。在 20 世纪 80 年代末以前，锂离子电池的研究主要集中在以金属锂及其合金为负极的锂二次电池。由于金属锂电极表面不均匀，循环过程中会产生锂的枝晶，枝晶会刺破隔膜，连接正负极，引起短路，带来安全隐患；另外，在充电过程中，沉积在负极表面的高纯锂异常活泼，能够与有机电解液以及其他无机物质快速地发生不可逆的反应，形成钝化膜，造成容量下降；有些沉积的锂粉末与锂基底脱落，失去放电能力，造成循环性能差、充电时间长、容量下降、使用寿命短以及安全性能差等缺点，从而限制了锂原电池的商品化发展。1980 年，随着 M. Amand 提出"摇椅电池"(rocking-chair battery)的概念和 B. Goodenough 等发现可以将 $LiCoO_2$ 作为锂电池正极材料，锂离子电池初具雏形。1985 年，发现了碳材料可以作为锂电池的负极材料。20 世纪 90 年代初，美国 Moli 公司和日本 Sony 公司推出以锂与过渡金属的复合氧化物为正极、具有石墨结构的碳材料为负极的锂离子电池，成功解决了以金属锂或其合金为负极的锂二次电池存在的安全隐患，并且在能量密度上高于充放电池；另外，碳材料便宜，无毒性，且处于放电状态时在空气中比较稳定，避免了枝晶的产生和金属锂的使用，明显改善了循环寿命，从根本上解决了安全问题。1993 年，美国贝尔电讯公司首先报道了采用聚偏氟乙烯(PVDF)凝胶聚合物电解质制造的聚合物锂离子电池。这种电池可以设计成任意形状，可以不用金属外壳，适合作为各类电子设备的支撑电源，而且重量轻、安全性高。聚合物锂离子电池在低于 40 ℃下储存 6 年以上几乎没有显著的自放电现象。随着新型电极材料的相继开发，锂离子电池得到了空前的发展，并且有着广阔的市场前景和发展前途。

2.4.2.2 锂离子电池工作基本原理

锂离子电池由正极、负极、隔膜和电解质四部分组成。锂离子电池电极材料的选择和质量直接决定电池的性能。正极材料通式可写作 Li_xMO_z，其中 M 为过渡金属，是一种嵌锂式化合物，在外电场作用下，化合物中的 Li^+ 可以从晶格中嵌入和脱出；负极采用锂—碳层状化合物 Li_xC_6；电解质为溶解有锂盐的有机溶剂。在电池充电、放电过程中，Li^+ 可逆地在两个电极之间反复嵌入与脱嵌。当电池充电时，正极活性物处于贫锂状态，Li^+ 从正极嵌锂化合物中脱出，经过电解质溶液嵌入负极化合物晶格中；电池放电时，正极活性物为富锂状态，Li^+ 则从负极化合物中脱出，经过电解质溶液再嵌入正极化合物中。因此，锂离子电池实质上是一个 Li^+ 浓差电池。为保持电荷平衡，充放电过程中应有相同数量的电子经外电路传递，与 Li^+ 一起在正、负极之间来回迁移，使正、负极发生相应的氧化还原反应，保持一定的电位。工作电位与构成电极的可嵌入化合物的化学性质、Li^+ 浓度等有关。其工作原理如图 2.29 所示。以过渡金属氧化物 Li_xMO_2 为正极活性材料，石墨为负极活性材料组成的锂离子电池为例，其充放电反应式可表示为：

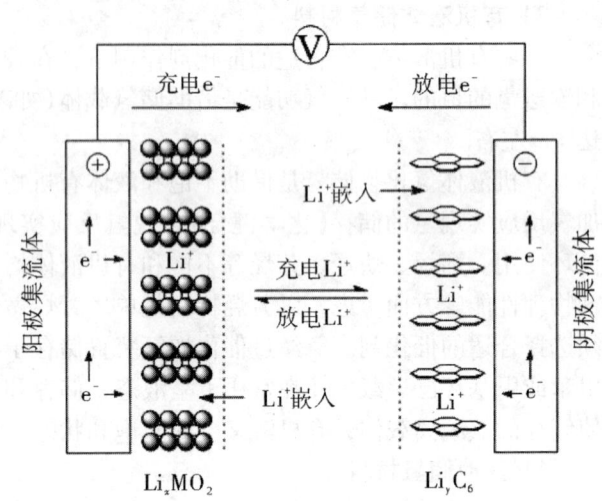

图 2.29 锂离子电池的工作原理

正极反应：$Li_xMO_2 \longrightarrow Li_{x-y}MO_2 + yLi^+ + ye^-$

负极反应：$6C + yLi^+ + ye^- \longrightarrow Li_yC_6$

电池反应：$Li_xMO_2 + 6C \longrightarrow Li_{x-y}MO_2 + Li_yC_6$

锂离子电池的电化学表达式为：

$$(-)C_6 \mid LiX\text{-}EC + DEC \mid Li_xMO_2(+) \tag{2.18}$$

式中，LiX 为 $LiClO_4$，$LiAsF_6$ 或 $LiPF_6$ 等电解质盐；EC 为碳酸乙烯酯；DEC 为碳酸二乙酯；M 为 Co，Mn，Ni，V 或 Fe 等过渡金属离子。

2.4.2.3 锂离子电池的正极材料

在锂离子电池中，正极材料约占整个电池成本的 40%。锂离子电池正极材料的研究相对于负极材料较为滞后，成为制约锂离子电池整体性能进一步提高的关键因素。在充放电过程中，正极材料不仅要提供在正负极嵌锂化合物间反复嵌脱所需的锂，而且还要提供负极材料表面形成 SEI 膜所需的锂；正极材料对锂离子电池的安全性也起着非常重要的作用。理想的嵌入正极材料须满足以下条件：① 化合物应有较高的吉布斯自由能，锂的嵌入和脱出有高的氧化还原电位，以获得较高的工作电压；② 化合物在充放电过程中，锂的脱出和嵌入应可逆，且材料不发生晶体结构改变，以确保较好的循环稳定性；③ 化合物有较高的锂扩散系数、离子电导率及电子电导率，有利于降低电池内阻，以便能够进行大电流充放电；④ 化合物可以在大范围内发生嵌脱锂反应，以获得较高的容量；⑤ 化合物含有易于进行氧化还原反应的金属离子(大多为过渡金属离子)；⑥ 化合物化学稳定性好，与有机电解液具有良好的相容性；⑦ 化合物原料丰富、成本低，对环境友好等。

目前，已发现符合上述要求的锂离子电池正极材料主要有尖晶石型 $LiMn_2O_4$，橄榄石型的 $LiFePO_4$，层状的 $LiCoO_2$，$LiNiO_2$，以及三元复合材料 $LiMn_xNi_yCo_{1-x-y}O_2$ 等。

1) 层状 $LiCoO_2$

$LiCoO_2$ 是商业化最早、目前应用最广泛的正极材料。$LiCoO_2$ 作为正极材料具有比能量大、循环寿命长、开路电压高、能快速充放电、电化学性能高等优点。但是，由于 $LiCoO_2$ 中的钴资源有限、价格昂贵，以及 $LiCoO_2$ 高温性能和安全性的缺陷，限制了锂离子电池的应用和性能的进一步提高，还需找到更为安全、价格更加低廉的材料来替代。常用的 $LiCoO_2$ 为 α-$NaFeO_2$ 型层状岩盐结构，如图 2.30 所示。在理想层状 $LiCoO_2$ 结构中，Li^+ 和 Co^{3+} 各自位于立方紧密堆积氧层中交替的八面体位置，$a = 2.816$ Å，$c = 14.056$ Å，c/a 一般为 4.899。但是实际上，由于 Li^+ 和 Co^{3+} 与氧原子层的作用力不一样，氧原子的分布并不是理想的密堆结构，而是有所偏离，呈现三方对称性。在充放电过程中，Li^+ 从所在的平面发生可逆脱出/嵌入反应，Li^+ 电导率高，扩散系数为 $10^{-9} \sim 10^{-7}$ cm²/s。共棱的 CoO_6 的八面体中，Co 与 Co 之间以 Co—O—Co 形式发生相互作用，电子电导率也比较高。$LiCoO_2$ 的理论容量为 274 mAh/g，实际比容量只有理论容量的 50% 左右，约为 137 mAh/g。这是由于只有部分 Li^+ 能够可逆地脱出和嵌入。Li^+ 从 $LiCoO_2$ 中可逆脱嵌量最多为 0.5 单元（137 mAh/g）。当大于 0.5 单元时，$Li_{1-x}CoO_2$ 在有机溶剂中不稳定；同时，CoO_2 不稳定，容量发生衰减，并伴随钴的损失。$LiCoO_2$ 的制备工艺比较简单，通常为固相反应。$LiCoO_2$ 在反复充放电的过程中，由于锂离子的反复嵌入与脱出，使活性物质的结构在多次收缩和膨胀后发生改变，同时导致 $LiCoO_2$

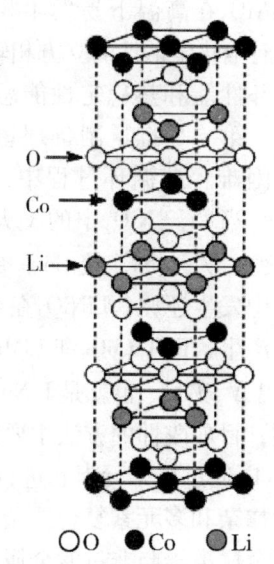

图 2.30 $LiCoO_2$ 层状岩盐结构

发生粒间松动而脱落，使内阻增大，活性物质利用率降低，容量减小，循环性能恶化，所以尽管 $LiCoO_2$ 与其他正极材料相比，循环性能比较优越，但是仍会发生衰减。为了提高 $LiCoO_2$ 的容量及改善其循环性能，目前可采用的主要改性方法有：

① 引入 Na^+ 或 H^+，从而产生一个正电荷空穴，使氧负离子容易移动，改善导电性能，提高电极材料利用率和快速充放电性能。

② 加入过量的锂，得到高含锂化合物，可以增加电极的可逆容量，改善循环的稳定性。

③ 引入 P，V 等杂质原子以及一些非晶物如 SiO_2，Sb 的化合物等，可以使 $LiCoO_2$ 的晶体结构部分发生变化，以提高 $LiCoO_2$ 电极结构变化的可逆性，从而增强循环稳定性和提高充放电容量。

④ 用过渡金属和非过渡金属（Ni，Mn，Mg，Al，In，Sn 等）替代 $LiCoO_2$ 中的 Co 来改善其循环性能，降低成本。过渡金属代替 Co 可以改善正极材料结构的稳定性，而掺杂非过渡金属会牺牲正极材料的比容量。

⑤ 用 SnO，MgO，Al_2O_3，AlF_3 等对 $LiCoO_2$ 正极材料的表面进行包覆。在不损害其电化学性能的条件下，充放电容量和放电电压有所提高。

2）**层状 $LiNiO_2$**

$LiNiO_2$ 是替代 $LiCoO_2$ 最有前景的正极材料之一，在价格和资源上比 $LiCoO_2$ 更具优势。理想的 $LiNiO_2$ 晶体属 R3m 空间群，具有 α-$NaFeO_2$ 型层状结构。O^{2-} 在三维空间作紧密堆积，占据晶格的 6c 位，Ni^{3+} 和 Li^+ 填充于 O^{2-} 围成的八面体孔隙中，二者相互交替隔层排列，分别占据 3b 位和 3a 位。也可把 $LiNiO_2$ 晶体看做由 $[NiO_6]$ 八面体层和 $[LiO_6]$ 八面体层交替堆垛而成。事实上，实际的 $LiNiO_2$ 晶体结构中，总会有少量的 Ni^{3+} 占据在 Li^+ 位置，形成错位结构，很难得到化学计量比的 $LiNiO_2$。理想和实际的晶体结构如图 2.31 所示。

$LiNiO_2$ 的理论容量为 274 mAh/g，实际容量可大于 190 mAh/g，明显高于 $LiCoO_2$，其工作电压范围为 2.5～4.1 V，略低于 $LiCoO_2$。$LiNiO_2$ 作为锂离子正极材料仍存在一些不足之处：首先 $LiNiO_2$ 在高温下易发生相变，从六方相向不具有电化学活性的立方相转变，导致 $LiNiO_2$ 的循环性能和热稳定性能恶化，易产生安全问题。第二是批量制备理想的 $LiNiO_2$ 层状结构较困难。在循环过程中，$LiNiO_2$ 像 $LiCoO_2$ 一样，当 $Li_{1-x}NiO_2$ 中的 x 大于 0.5 时，也发生相变，另外 Ni^{4+} 较 Co^{4+} 更易在有机电解质溶液中发生还原，$LiNiO_2$ 在 4.2 V 时就观察到气体产生，而 $LiCoO_2$ 和 $LiMn_2O_4$ 要到 4.8 V 以上才能观察到气体产生，因此，充电终止电压必须控制在 4.1 V 以下，也就是 $LiNiO_2$ 的可逆容量限制在约 200 mAh/g（约 0.75 单元 Li^+）以下。为了解决这些问题，目前改性的方法主要有：

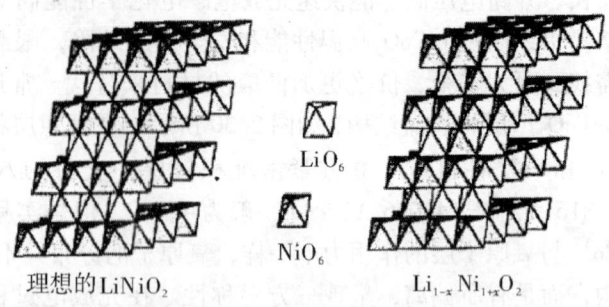

图 2.31　$LiNiO_2$ 晶体层状结构

① 通过掺杂元素和进行包覆来提高 $LiNiO_2$ 六方晶体结构在循环过程中的稳定性。掺杂方式有单元素掺杂和多元素复合掺杂。复合掺杂的形式有过渡金属离子复合掺杂、非过渡金属离子复合掺杂、过渡金属离子与非过渡金属离子复合掺杂、阴阳离子复合掺杂等，如 Ti-Mg，Co-Ti-Mg，Co-Al，Mn-Al。为了克服结构稳定性差的问题，将 $LiNiO_2$ 进行包覆也是一种很好的选择。包覆材料包括 TiO_2、CeO_2、$AlPO_4$、SiO_2、$Li_2O \cdot 2B_2O_3$ 玻璃体、MgO、ZrO_2 和 $KMnF_3$ 等。

② 采用低温技术合成 $LiNiO_2$。目前常采用溶胶—凝胶法。用溶胶—凝胶法制备的 $LiNiO_2$ 热稳定性能提高到 400 ℃ 以上，以 0.5 mA/cm² 的电流充放电，充放电比容量分别为 183.4 mAh/g 和 169.5 mAh/g。

3）尖晶石 $LiMn_2O_4$

我国锰储量位居世界第四，应用 $LiMn_2O_4$ 正极材料，可大大降低电池成本，因此，$LiMn_2O_4$ 成为正极材料研究的热点。锰的氧化物比较多，主要有三种结构：隧道结构、层状结构和尖晶石结构。尖晶石相 $LiMn_2O_4$ 具有四方对称性，属于 F3dm 空间群。如图 2.32 所示，在结构中氧以立方密堆积形式进行堆积，Li^+ 和 $Mn^{3+/4+}$ 分别占据立方密堆氧分布的四面体 8a 位置和八面体 16d 位置。晶胞中有 64 个 8a 四面体空隙，锂占据其中的 8 个位置；32 个八面体空隙（16d）中的一半共 16 个位置由锰占据；每个晶胞中有 32 个氧，占据在 32e 位置上。其中四面体晶格 8a 和 48f，八面体晶格 16e 共面而构成互通的三维离子通道，使得锂离子能够在这种结构中自由地脱出和嵌入。其理论放电容量为 148 mAh/g，实际放电容量为 110～120 mAh/g。$LiMn_2O_4$ 在充电过程中有 4 V 和 3 V 两个电压平台。前者对应于锂从四面体 8a 位置发生脱出，后者对应于锂嵌入到空的八面体 16c 位置。$LiMn_2O_4$ 制备工艺简单，主要有高温固相合成和低温合成两种方法，易于工业化。但由于 $LiMn_2O_4$ 在放电过程中放电比容量衰减严重，导致其循环性能差，而难以实现商品化。一般认为其放电比容量衰减的原因有以下几个方面：

① Mn^{4+} 的高氧化性。在有机溶剂中，高度脱锂的尖晶石粒子在充电尽头不稳定，即 Mn^{4+} 具有高氧化性。

② 锰的溶解。在放电末期，Mn^{3+} 的浓度最高，粒子表面的 Mn^{3+} 发生歧化反应：$2Mn^{3+} \longrightarrow Mn^{4+} + Mn^{2+}$；歧化反应产生的 Mn^{2+} 溶于电解液中，损失一部分活性物质。

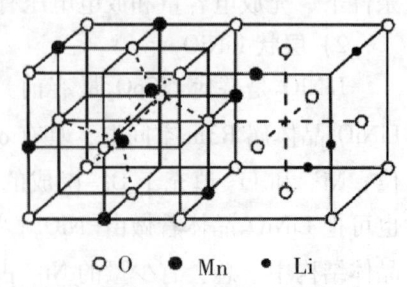

图 2.32　尖晶石的晶体结构

③ John-Teller 效应。LiMn₂O₄在充电电压平台 3 V 时，对应着 Mn 从 3.5 价还原为 3 价，Mn^{3+} 的电子组态为 d4，这些 d 电子不均匀地占据着八面体场作用下分裂的 d 轨道上，导致氧八面体偏离球对称，畸变为变形的八面体构型，即所谓的 John-Tellar 效应。而 John-Tellar 效应引起了尖晶石结构的破坏，即尖晶石 LiMn₂O₄的立方结构向四面体结构转变，降低了晶体的对称性。这种结构的转变往往发生在粉末颗粒的表面或局部，产生颗粒间的接触不良，致使锂离子的扩散和电极的导电性下降，导致锂离子 LiMn₂O₄材料容量衰减。

④ 电解液的分解。电解液在高压下氧化也可以产生酸，并且随电压的升高而增多。电解液的分解还会受到尖晶石的催化作用的影响。尖晶石的比表面积越大，这种作用越强。针对尖晶石 LiMn₂O₄容量衰减问题，人们采用掺杂阳离子(锂、钴、镍、铜、锌、硼、镁、铝、钛、铬、铁、镓、钇等)、阴离子(氯、氟、硫、硒和碘等)和两种以上的离子及表面包覆的方法对 LiMn₂O₄的性能进行优化，提高其循环性能。金属离子的掺杂可以提高电极材料的循环性能，但是其初始比容量降低。掺杂阴离子不仅提高了材料的初始比容量，并且随着氟、氯、碘等非金属离子含量的增加，其初始比容量逐渐增加，同时电极材料表现出良好的循环性能。总的来说，杂质离子的引入不仅可以抑制 John-Teller 效应，提高锰的平均化合价，而且还可提高金属与氧之间的结合力，使八面体骨架更加坚固，增强了尖晶石结构的稳定性，使其循环性能显著增加。表面包覆包括用无机氧化物和导电物质进行包覆。常用的无机氧化物有氧化钴、氧化铝和二氧化硅等，表面包覆的导电物质有炭黑、银、金和导电性聚合物如聚吡咯、聚噻吩等。表面包覆层的作用一方面起着保护膜的作用，抑制表面反应，防止锰的溶解，提高正极的稳定性和循环性能，另一方面又可提高结构的稳定性，减缓或抑制因 John-Teller 效应造成的扭曲。

4) 层状 $LiMn_{1/3}Ni_{1/3}Co_{1/3}O_2$ 正极材料

层状结构 $LiMn_{1/3}Ni_{1/3}Co_{1/3}O_2$ 综合了 LiCoO₂，LiNiO₂，LiMnO₂三种层状材料的优点，是三元掺杂的锂离子电池正极材料，其综合性能优于以上任一单一组分正极材料，存在明显的三元协同效应。层状结构 $LiMn_{1/3}Ni_{1/3}Co_{1/3}O_2$ 空间点群为 R3m，具有单一的 α–NaFeO₂型层状岩盐结构，如图 2.33 所示。Li⁺占据岩盐结构的 3a 位，过渡金属离子占据 3b 位，氧离子占据 6c 位。其中 Ni，Co，Mn 的化合价分别为 +2，+3，+4 价，在 $LiMn_{1/3}Ni_{1/3}Co_{1/3}O_2$ 中 Co 的电子结构与 LiCoO₂中的 Co 一致，而 Ni 和 Mn 却不同于 LiNiO₂和 LiMnO₂中 Ni 和 Mn 的电子结构，这说明 $LiMn_{1/3}Ni_{1/3}Co_{1/3}O_2$ 结构稳定。

$Li_{1-x}Mn_{1/3}Ni_{1/3}Co_{1/3}O_2$ 的脱锂过程分为三个阶段：

① 当 $0 \leqslant x \leqslant 1/3$ 时，对应的反应是将 Ni^{2+} 氧化成 Ni^{3+}；

② 当 $1/3 < x < 2/3$ 时，对应的反应是将 Ni^{3+} 氧化成 Ni^{4+}；

③ 当 $2/3 \leqslant x \leqslant 1$ 时，将 Co^{3+} 氧化成 Co^{4+}。

锰在整个过程中不参与氧化还原反应，电荷的平衡通过氧上的电子得失来实现。因此，在充放电过程中没有 John-Teller 效应，Mn^{4+} 提供稳定的母体，不会出现层状结构向尖晶石结构的转变。所以 $LiMn_{1/3}Ni_{1/3}Co_{1/3}O_2$ 既具有层状结构较高容量的特点，又保持层状结构的稳定性。$LiMn_{1/3}Ni_{1/3}Co_{1/3}O_2$ 的制备方法主要有固相法、共沉淀法、溶胶—凝胶法、简单燃烧法和喷雾热解法。其中共沉淀法是合成多元 $LiNi_{1/3}Co_{1/3}Mn_{1/3}O_2$ 正极材料最适合的方法，可制备出成分均匀、形貌规整、电化学性能好的材料。$LiMn_{1/3}Ni_{1/3}Co_{1/3}O_2$ 的电化学性能同样也可以通过掺杂和包覆改性而进一步提高。研究报告的掺杂元素有 Li，F，Mg，Al，Si 和 Fe 等，掺杂后不仅

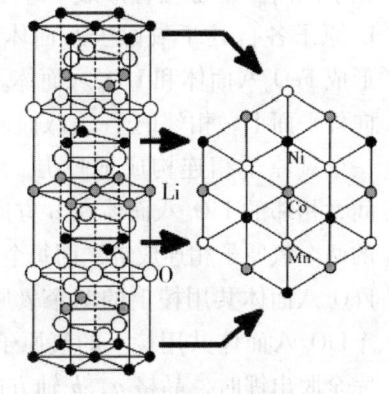

图 2.33 层状 $LiMn_{1/3}Ni_{1/3}Co_{1/3}O_2$

可以提高 $LiMn_{1/3}Ni_{1/3}Co_{1/3}O_2$ 的容量和循环性能，而且热性能也有明显改善。$LiMn_{1/3}Ni_{1/3}Co_{1/3}O_2$ 的表面包覆有金属氧化物如 Al_2O_3 等，包覆层的存在可抑制循环过程中电解液所产生的 HF 扩散，减少了活性材料的分解，从而降低了电池的阻抗，改善了材料的电化学性能。

5) $LiFePO_4$ 正极材料

美国得克萨斯州立大学 J. B. Goodenough 小组首先发现橄榄石型的 $LiFePO_4$ 可用作锂离子电池正极材料。与 $LiCoO_2$，$LiNiO_2$，$LiMn_2O_4$ 等正极材料相比，$LiFePO_4$ 有如下优点：在橄榄石结构中，阳离子与 P^{5+} 通过强的共价键结合形成 PO_4^{3-}，即便是在全充态，O 原子也很难脱出，因而提高了材料的稳定性和安全性；$LiFePO_4$ 的理论比容量为 170 mAh/g，在小电流充放电下，实际比容量可以达 140 mAh/g 以上，与 $LiCoO_2$ 的比容量相当；由于其氧化还原对为 Fe^{3+}/Fe^{2+}，当电池处于充满电时与有机电解液的反应活性低，因此安全性能好；当电池处于充满电时，正极材料体积收缩 6.8%，刚好弥补了碳负极的体积膨胀，循环性能优越。橄榄石结构的 $LiFePO_4$ 的这些特点以及价格低廉、对环境友好、放电曲线平坦等优点，使得其在各种可移动电源领域，特别是电动车所需的大型动力电源领域有着极大的市场前景。因此，$LiFePO_4$ 是最具开发和应用潜力的新一代锂离子电池正极材料。锂离子电池各正极材料性能比较如表 2.3 所示。

表 2.3 锂离子二次电池正极材料性能比较

正极材料	电压/V	理论比容量/(mAh·g⁻¹)	实际比容量/(mAh·g⁻¹)	价格	毒性
$LiCoO_2$	3.7	274	130~150	高	大
$LiNiO_2$	3.5	274	170~200	较高	较大
$LiMn_2O_4$	4.0	148	100~120	较低	较小
$LiFePO_4$	3.5	170	140~160	很低	无

(1) $LiFePO_4$ 的结构

$LiFePO_4$ 为有序的橄榄石结构，属于正交晶系，如图 2.34 所示。晶体中氧原子呈稍微扭曲的六方最密堆结构，交替排列的 FeO_6 八面体、LiO_6 八面体和 PO_4 四面体形成层状脚手架结构，P 原子处于氧原子四面体中心位置形成 PO_4 四面体，Fe 原子和 Li 原子各自处于氧原子八面体的 4c 位和 4a 位，形成 FeO_6 八面体和 LiO_6 八面体。在 c 轴垂直纸面向外平面上，相邻的 FeO_6 八面体通过共用顶点的一个氧原子相连构成 FeO_6 层。在 FeO_6 层与层之间，相邻的 LiO_6 八面体在 b 方向上通过共用棱上的两个氧原子相连成链，而每个 PO_4 四面体与一个 FeO_6 八面体共用棱上的两个氧原子，同时又与两个 LiO_6 八面体共用棱上的氧原子。$LiFePO_4$ 电化学完全脱出锂时，晶格 a，b 轴方向分别收缩 5% 和 3.6%，c 轴垂直纸面向外方向伸长 2%，晶格体积减小约 6.6%。以碳材料为负极组成的锂离子电

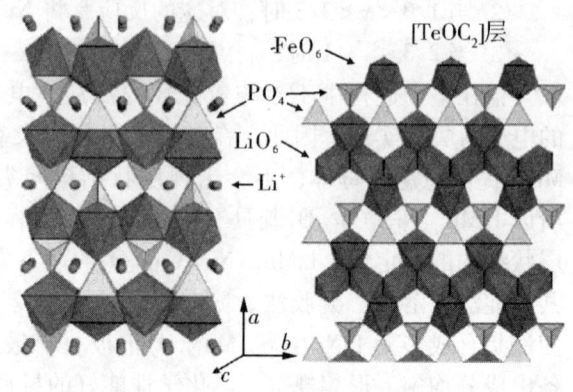

图 2.34 $LiFePO_4$ 的结构

池,有利于减少充放电过程中电池的体积变化。$LiFePO_4$和$FePO_4$的结构和体积差异很小,因而在充放电中,体积的收缩和膨胀不会导致晶体结构的破坏,保持了材料的稳定性,提高了电池的循环性能。

(2) $LiFePO_4$的充放电原理

室温下,Li_xFePO_4的嵌脱锂行为实际是一个形成$FePO_4$和$LiFePO_4$的两相界面的两相反应过程(见图2.35)。充电时,锂离子从FeO_6层面间迁移出来,经过电解液进入负极,发生Fe^{2+}至Fe^{3+}的氧化反应,为保持电荷平衡,电子从外电路到达负极;放电时则发生还原反应。

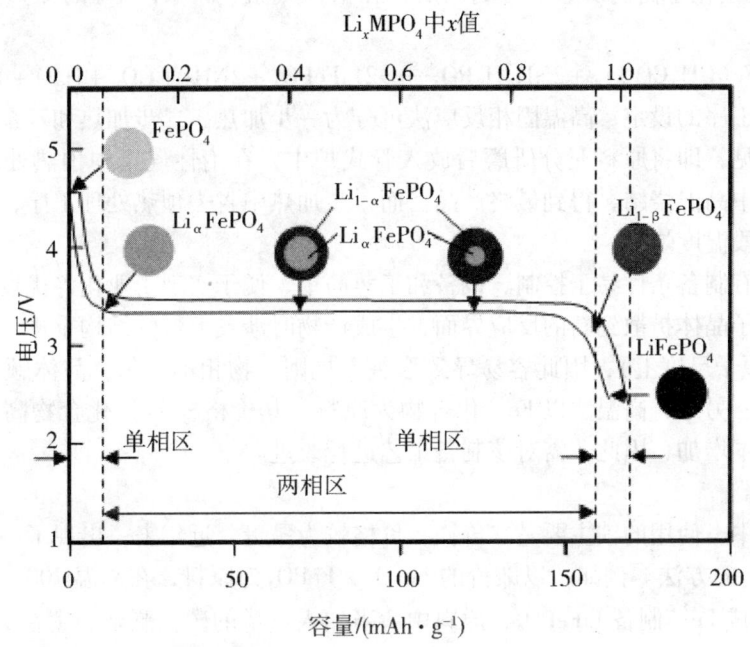

图2.35 $LiFePO_4$充放电原理

其充放电反应机理如下所示:

充电反应:$LiFePO_4 - xLi^+ - xe^- \longrightarrow xFePO_4 + (1-x)LiFePO_4$

放电反应:$FePO_4 + xLi^+ + xe^- \longrightarrow xLiFePO_4 + (1-x)FePO_4$

Li_xFePO_4是一种典型的电子离子混合导体,禁带宽度为0.3 eV,室温下电子电导率相当低,约为10^{-9} S/cm;Li_xFePO_4的室温离子电导率也相当低,为10^{-5} S/cm。在Li_xFePO_4脱、嵌锂的两相反应中,$LiFePO_4$和$FePO_4$中的理论锂离子扩散系数约为10^{-8} cm²/s 和 10^{-7} cm²/s,而实际测量发现锂离子在$LiFePO_4$和$FePO_4$中的"有效"扩散系数可能比理论值低6~9个数量级,分别为1.8×10^{-14} cm²/s 和 2×10^{-16} cm²/s。在$LiFePO_4$的结构中,存在两种可能的Li^+扩散通道(见图2.36)。用第一性原理对$LiFePO_4$的扩散路径进行计算,结果表明,$LiFePO_4$中的Li^+在晶体内仅沿c轴方向一维扩散。因而,$LiFePO_4$的Li^+

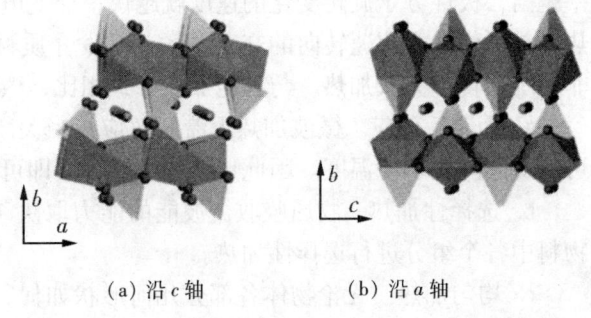

(a) 沿c轴　　　　(b) 沿a轴

图2.36 $LiFePO_4$的两种可能的Li^+扩散通道

扩散系数必然比较低，使 $LiFePO_4$ 用作锂离子电池正极材料必须同时提高其电子电导和离子电导，改善其电化学界面特性。

(3) $LiFePO_4$ 的合成

$LiFePO_4$ 合成方法大致可分为固相合成法和软化学合成法两类。固相合成法中有高温固相合成法、微波合成法，软化学合成法中有水热合成法、溶胶—凝胶合成法、共沉淀法等。

① 高温固相法。

高温固相反应法是目前制备 $LiFePO_4$ 最常见、最成熟的方法。通常以 Li_2CO_3，$Fe(CH_3COO)_2$，$NH_4H_2PO_4$ 为原料，按化学比例研磨混合均匀后，在惰性气氛(如 Ar，N_2)的保护下高温烧结得到产品。其反应式为：

$$Li_2CO_3 + 2Fe(CH_3COO)_2 + 2NH_4H_2PO_4 \longrightarrow 2LiFePO_4 + 2NH_3 + CO_2 + H_2O + 4CH_3COOH$$

按照加热温度工序的设定，高温固相反应法可分为一步加热、二步加热和三步加热法合成，其中以二步加热法最常见，即将原料充分研磨后放入管式炉中，在惰性气氛中预热处理，取出样品再研磨，再在惰性气氛中高温烧结，得到最终产品。而一步加热中省去预热处理工序，三步加热是在预热处理工序后按照两段温度烧结。

高温固相法具有制备条件易于控制、设备和工艺简单、便于实现工业化等优点。但由于需要极高的温度使原子或离子晶体扩散到新的反应界面，生成产物时涉及大量的结构重排，而且原子或离子要迁移相当大距离(原子尺度上)，因此容易导致形貌不规则，物相不均匀，晶体颗粒粒度分布范围较宽，且煅烧时间长。另外，高温法以 Fe^{2+} 化合物为原料，其价格较 Fe^{3+} 化合物高，制备过程需要惰性气氛保护，使成本增加，因此，需对该制备工艺进行改进。

② 热还原法。

在固相合成法中，使用的铁主要是二价铁，价格较为昂贵。近年来，出现了一些以三价铁化合物为原料制备 $LiFePO_4$ 的方法。例如，以廉价的 Fe_2O_3，$FePO_4$ 为原料，在高温 700～950 ℃ 的惰性气氛下用碳将 Fe^{3+} 还原成 Fe^{2+} 制备 $LiFePO_4$，原料中适当加入过量的碳，剩余的碳在 $LiFePO_4$ 产物中起导电剂作用。其主要反应为：

$$Fe_2O_3 + Li_2CO_3 + 2(NH_4)_2HPO_4 + C \longrightarrow 2LiFePO_4 + CO_2 + 4NH_3 + 3H_2O + CO$$

$$2FePO_4 + Li_2CO_3 + C \longrightarrow 2LiFePO_4 + CO_2 + CO$$

③ 微波法。

近年来，采用微波技术合成 $LiFePO_4$ 已有较多的文献报道，该方法是将被合成的材料与微波场相互作用。微波是一种高频率的电磁波，其频率范围在 300 MHz～300 GHz(相应的波长为 100～0.1 cm)之间。微波加热的原理是由于介质材料具有剩余偶极矩(正负电荷不重合)，当提供外电场后，极性分子就会旋转到沿电场方向排列，电场方向改变，极性分子也相应旋转改变。交变电场的频率越高，极性分子旋转变化的速度就越快，交变电场的强度越强，极性分子摆动的幅度越大。微波加热正是提供一个快速转向的交变电场，激发介质材料内部分子快速"摩擦"，实现材料自身发热，而非传统热传递方式加热。与其他加热方式相比，微波法具有以下特点：

a. 无滞后效应。微波加热无滞后效应，当关闭微波源后，再无微波能量传向物质，物质的温度可以瞬间降到环境温度。因此，控制微波功率即可实现开始加热或终止加热。

b. 选择性加热。物质吸收微波能的能力取决于自身的介电特性，利用微波法制备样品可对混合物料中各个组分进行选择性加热。

c. 均匀加热。无论物体各部分几何形状如何，微波加热均可使物体表面和内部同时均匀渗透电磁波，因此加热均匀性好。

d. 加热速度快。微波加热与传统加热方式完全不同，它是使被加热物体本身成为发热体，加热过程不需要热传导的过程。因此，尽管是热传导性较差的物体，也可以在极短的时间内达到很高的加热温度。

e. 节能高效。在微波加热过程中，微波能只能被加热对象吸收，加热室内的空气与相应的容器都不能吸收微波能。因此，微波能转换成物质的热量的热效率极高，有高效节能的特点。

传统的微波加热方法均为持续加热，整个加热过程中被加热物质的温度很难控制。中山大学沈培康实验室发明了交替微波法（intermittent microwave heating, IMH）来制备纳米材料。交替微波加热技术是一种全新的微波加热方式。与传统的微波加热方式相比，交替微波法加热的过程中，被加热物质的温度可以通过改变加热时间和弛豫时间来控制，从而控制合成物质的晶型及粒径大小。连续微波加热法是利用微波设备对材料进行快速、高温的微波合成，达到能耗低、效率高的目的；但是，温度一般不能控制（见图2.37）。而交替微波合成法（见小图）则是将持续的微波加热方式转变为脉冲式的程序微波加热，这一重要的技术转变更有利于获得纳米粒径的材料。在交替微波加热程序下，利用适当的微波脉冲开时间 t_{on} 使反应物快速达到所需的合成温度，然后，微波加热停止。随着微波的停止，反应物急剧降温，从而抑制产物晶核的

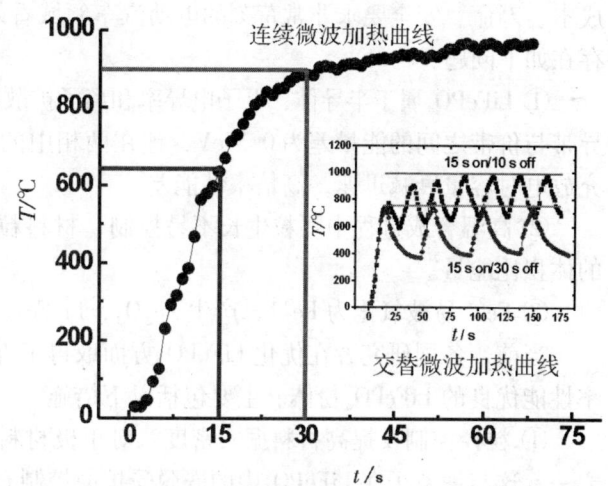

图2.37 连续、交替微波法加热温度与时间的关系

继续生长。而降温的幅度取决于脉冲停止前材料的温度以及脉冲关时间 t_{off}。这种过程可重复进行。在下一个微波脉冲作用下，反应再次发生，此时目标产物一般会在新的反应点上形成更多新的晶核。重复次数取决于样品的情况，多个脉冲程序能确保反应的完全进行。通过选取不同的脉冲程序，包括控制脉冲开时间 t_{on}、关时间 t_{off} 以及脉冲次数，可以控制合成温度，从而控制反应产物。不足的微波脉冲次数导致化学反应不完全，影响反应效率，降低目标产物的获得率；而过量的微波脉冲次数容易造成反应过度、产物晶粒的长大等不良效果，因此，需要选取适合的脉冲次数。

利用交替微波法可以快速、批量制备纳米 $LiFePO_4$ 材料。

④ 水热合成法。

水热法是利用高压反应釜为反应容器，以可溶性亚铁盐、锂盐和磷酸为原料，在水热条件下直接合成 $LiFePO_4$ 材料的方法。由于水热合成反应在密闭容器中进行，氧气在水热体系中的溶解度很小，水热体系为 $LiFePO_4$ 的合成提供了优良的惰性环境，因此，水热合成不需要惰性气体保护。用水热合成的产物的晶型和粒径易于控制，但需要耐高温高压设备，工业化生产的困难较大。

⑤ 溶胶—凝胶法。

溶胶—凝胶法是一种基于胶体化学的粉体制备方法。它以可溶性盐为原料，将其分散在溶剂中，通过水解和缩聚反应形成溶胶，调节pH值并加热形成凝胶，经过干燥和热处理制备出粉体。溶胶—凝胶法的前驱体溶液可以达到分子级别的混合，凝胶热处理温度低，制备得到的材料粒径小且均匀，反应容易控制，设备简单；但是，该方法合成周期长，工艺复杂，较难工业化生产。

⑥ 共沉淀法。

共沉淀法是以可溶性盐为原料，在溶液中混合均匀，加入沉淀剂使之沉淀，沉淀物经过煅烧后得

到目标产物的方法。共沉淀法制备的材料具有活性大、粒度小且粒度分布均匀等特点，此外还可以降低热处理温度，缩短热处理时间，减少能耗；但是，由于各组分的沉淀速度存在差异，可能会导致组成的偏析。

除了上述常用的方法外，高温喷雾分解法、模板法、乳液干燥法、$FePO_4$锂化法和脉冲激光沉积法等也被研究者用来制备$LiFePO_4$。

(4) $LiFePO_4$合成存在的问题和改进措施

$LiFePO_4$具有价廉、安全、环保等多种优势，是应用前景很好的锂离子电池正极材料，特别被对成本、寿命、安全要求非常苛刻的电动汽车领域看好。但在$LiFePO_4$正极材料的合成和实用化过程中存在如下问题：

① $LiFePO_4$属于半导体，电子电导率和离子扩散速率极低，室温下电子电导率为$10^{-10} \sim 10^{-9}$ S/cm。导带与价带之间的能量差为0.3 eV，锂在两相中的扩散速率成了速控步骤。由于电导率低，大电流充放电时容量衰减迅速，高倍率性能差。

② 高温合成过程中颗粒生长不易控制，材料粒径均匀性较差，而且振实密度比较低，影响材料的体积比能量。

③ Fe^{2+}易被氧化为Fe^{3+}，产生Fe_2O_3、$Li_3Fe_2(PO_4)_3$等杂质。

当前，各国研究者在优化$LiFePO_4$方面取得了许多重大突破，并产生了许多新工艺，制备出高倍率性能优良的$LiFePO_4$粉体。主要包括以下措施：

① 粒径控制及提高材料振实密度。对正极材料而言，颗粒尺寸是影响其电化学性能的关键因素之一，这与锂离子在$LiFePO_4$中的嵌脱受扩散控制有关。$LiFePO_4$的离子和电子传导率都很低，减小粒径、增大比表面积有利于离子和电子传导。目前，在制备中减小粒径的方法主要有控制烧结温度、原位引入成核促进剂及采用均相前驱体合成。适宜的煅烧温度有利于控制产物的晶粒生长，但很难得到超细粉体和纳米粉体；用超细导电粒子作为成核促进剂，不但产物的粒径小，而且可提高材料的电导率；采用均相前驱体可得到分布均匀的纳米粉体，但不能同时提高材料电导率；碳包覆$LiFePO_4$的壳—核结构表现出优异的电化学性能。$LiFePO_4$具有很低的振实密度，也是制约$LiFePO_4$商品化的一个重要因素。$LiFePO_4$的理论密度仅为3.6 g/cm^3，远远低于$LiCoO_2$。目前，国内外所报道的$LiFePO_4$都是由无规则的片状或粒状颗粒组成，振实密度一般为1.1 g/cm^3左右，远远低于商业化的$LiCoO_2$振实密度（大于2.2 g/cm^3），导致体积比容量低，阻碍了该材料的实际应用；粉体材料的振实密度与粉体颗粒的形貌、粒径及其分布密切相关；由规则的球形颗粒组成的材料将具有很高的振实密度。

② $LiFePO_4$的纯度控制。常规的制备方法均采用Fe^{2+}化合物作铁源，而Fe^{2+}易被氧化为Fe^{3+}，其杂质会严重影响$LiFePO_4$的电化学性能。目前，在合成过程中常采用惰性、还原性气氛来抑制Fe^{2+}的氧化，但尽管严格控制反应条件，产物中仍不可避免Fe^{3+}杂质的产生。因此，寻找一种工艺简单、能获得高纯度、适合产业化的制备方法一直是学者们研究的重点之一，现已取得了一些进展。例如，以Fe_2O_3、LiH_2PO_4为原料，碳为还原剂，采用碳热还原法在Ar气氛750 ℃中保温8 h，成功地制备了纯度高、电化学性能优的正极材料。该方法的优点不仅在于以Fe^{3+}原料，降低了生产成本，碳热还原提供的还原气氛有利于保持Fe^{2+}的稳定，提高产物纯度，而且多余的碳还原剂作为成核剂阻碍了晶粒的聚集长大，控制了产物形貌，作为导电剂提高了$LiFePO_4$的电导率。因此，碳热还原法是一种能同时降低生产成本及颗粒大小，提高$LiFePO_4$纯度及电导率的新型制备方法。

③ 加入导电性物质。向$LiFePO_4$加入导电性物质，可以提高颗粒之间的导电性能，减少电极极化，提高活性物质的利用率和循环性能。常添加的导电性物质有碳和金属粉末。加入导电性碳来提高

LiFePO$_4$的电子电导率是应用最多的一种有效的方法。碳的加入方法多种多样，可以采用简单的机械加入法，也可以将亚铁有机磷酸酯与Li$_2$CO$_3$反应，或与蔗糖溶液混合进行喷雾热解，或与聚合物一起混合后热处理等。加入方法不一样，材料的结构和最佳的热处理条件也有些不同，但是，总体而言，加碳后得到的材料的大电流充放电性能均较没有加碳的有明显提高。比较乙炔黑、蔗糖和葡萄糖三种不同的碳源对LiFePO$_4$电化学性能的影响，以葡萄糖做碳源得到的LiFePO$_4$/C复合物表现出最好的性能，该LiFePO$_4$/C复合物的电导率提高了6个数量级，在0.1 C下放电容量为155 mAh/g。主要原因是在LiFePO$_4$的合成过程中，葡萄糖发生了无氧热分解反应，产生的细小碳颗粒充当了LiFePO$_4$颗粒生长的成核剂，与产物之间的接触更为紧密，使产物颗粒细小均匀；更为重要的是，这样便于降低电极的内阻，形成良好的导电通路。高比表面积的无定形乙炔黑加入后能够减小产物的粒径，但由于其分散性较强，与LiFePO$_4$颗粒之间的接触较差，不利于电荷的转移。而石墨粉表面积较小，是一种结晶的碳材料，无法保证其均匀程度，因此不利于产物颗粒间良好的导电接触，增大了LiFePO$_4$电荷转移过程的阻抗。由此可以看出，采用有机物热解制备的覆碳材料比直接添加炭黑具有更高的放电容量和更好的倍率特性，因此，使用有机物作为碳源的方法得到了越来越广泛的应用。但是，由于碳的存在形态多样，并且正极材料中是非活性的，因此，碳的量以及生成碳的形态对覆碳材料的性能影响很大。研究发现，碳含量为3.2%，碳层厚度为1~2 nm的LiFePO$_4$/C复合物表现出很好的电化学性能。并发现随着碳含量的增大，会有非活性物质Fe$_3$P生成。这是由于在中等倍率下，厚的碳层阻碍了离子的传输，同时碳过多会降低材料的密度。研究还发现，不同的碳源经过热解可以得到不同形态的碳，而只有当无定形态/石墨化形态比值低，sp^{2}杂化态的碳含量较多时，材料的导电性才可以增强。这些研究结果表明，在制备覆碳电极材料过程中，一定要选取合适的碳源种类以及用量；加入导电性碳能够提高LiFePO$_4$的电导率，加入具有导电性能的金属也能够达到同样的效果；研究还发现，添加质量分数为1%的金属粉末(Cu，Ag)，合成出金属包覆的LiFePO$_4$的性能有较大提高。

以上所述的利用碳和金属颗粒等导电剂分散或包覆的方法制备LiFePO$_4$/导电剂复合材料，主要是改善LiFePO$_4$活性颗粒之间的导电性，而不能提高LiFePO$_4$颗粒本体导电性。当LiFePO$_4$颗粒的尺寸不足够小时，要得到大电流、高容量的充放电性能比较困难。因此，如何提高LiFePO$_4$材料的本征电导率仍是问题的关键。

④掺杂金属离子。通过在LiFePO$_4$材料中掺杂少量的高价金属离子(W^{6+}，Nb^{5+}，Ti^{4+}，Zr^{4+}，Al^{3+}，Mg^{2+})，LiFePO$_4$的电导率提高了8个数量级，超过了传统的LiCoO$_2$，LiMn$_2$O$_4$的电导率。掺杂的金属离子倾向于占据Li位，即掺杂后的产物化学式为Li$_{1-x}$M$_x$FePO$_4$(M = W^{6+}，Nb^{5+}，Ti^{4+}，Zr^{4+}，Al^{3+}，Mg^{2+})。在未掺杂LiFePO$_4$脱锂过程中，Li$_{1-x}$FePO$_4$中的Fe不是以Fe^{3+}/Fe^{2+}出现，而是LiFePO$_4$和FePO$_4$两相共存。掺杂后的粒子为p型半导体，而未被掺杂的为n型半导体。随着Li浓度改变的过程是p型半导体相(Li$_{1-x}$M$_x$FePO4)和n型半导体相(M$_x$FePO4)两相共存的过程。混合价态Fe^{3+}/Fe^{2+}的存在对电导率的提高起重要作用。

2.4.2.4 锂离子电池负极材料

锂离子电池负极材料的发展经历了曲折的过程。早期的负极材料采用的是金属锂和锂合金。锂是电极电位最低的金属，其比容量非常高，但是，在电池充电过程中，金属锂负极表面会形成枝晶，刺破隔膜引起电池短路，使电池内局部温度升高，电池会着火甚至发生爆炸，存在严重的安全隐患。为解决这一问题，人们进行了大量的工作，各种各样的负极材料被开发和研究。

1) 锂离子电池负极材料的性能要求

锂离子电池作为一种新型的高能电池在性能上的提高仍有很大的空间，而负极材料性能的提高是其中的关键因素之一。作为锂离子电池的负极材料一般应满足以下要求：① 具有较高的电活性容量密度，以保证电池具有较高的体积和质量比能量密度；② 锂离子嵌—脱反应可逆性好，具有较高的充放电效率，从而降低充放电过程中的能量损失；③ 在锂离子嵌—脱反应过程中，自由能变化小，电极电位低，最好接近于金属锂，以保证电池具有较高且平稳的输出电压；④ 在电极材料内部和表面，锂离子具有较大的扩散速率，以确保电极快的动力学过程，从而使电池能以较高的倍率充放电，提高电池的功率密度，满足动力型电源的需要；⑤ 具有良好的导电性，以减小电池的内阻，提高输出功率密度；⑥ 具有良好的结构稳定性、化学稳定性和热稳定性；⑦ 具有良好的界面稳定性，与电解质不发生反应，以保证电池具有长的使用寿命；⑧ 在锂离子嵌—脱反应过程中，材料的结构变化小，以确保电极良好的机械稳定性；⑨ 电极的成形性能要好，方便电池制备；⑩ 从商业化角度而言，材料应具有制备容易、资源丰富、价格低廉、对环境无污染等特征。

2) 碳负极材料

碳材料是替代金属锂、最早成功实现商业化的锂离子电池负极材料。石墨碳材料理论比容量为 372 mAh/g，而且由于其具有电极电位低（<0.5 V, vs. Li^+/Li）、可逆性好、充放电效率高（大于 95%）、循环寿命长和安全性能良好等优点，因而被广泛地用作锂离子电池的负极材料。碳材料的种类很多，目前用作锂离子电池负极的碳材料主要有石墨、焦炭、中间相碳微球（MCMB）、碳纳米管、碳纤维和低温热解碳材料等。

(1) 石墨材料

石墨类碳材料主要包括天然石墨和人造石墨两类，它们的结晶度高，导电性好，具有良好的层状结构，碳原子呈六角形排列，层间距（d_{002}）约为 0.336 nm。锂嵌入石墨的层间形成 LiC_6 插层化合物，其理论容量为 372 mAh/g，充放电效率大于 90%，首次不可逆容量损失低于 50 mAh/g。锂离子在石墨碳层中的嵌入—脱出反应的电极电位低（0~0.25 V vs. Li^+/Li），且具有良好的充放电电压平台，对应的电池具有较高的输出电压。但是，石墨类碳材料与有机电解液体系的相容性差，在锂离子嵌入的同时容易发生有机溶剂分子的共嵌，造成石墨层逐步剥落、石墨颗粒发生崩裂和粉化，从而降低电池的循环性能；另外，由于其晶体结构具有高度的取向性，锂离子的插入方向单一，使得石墨类材料的大倍率工作性能较差。通过对石墨结构修饰，即采用物理方法或化学手段改性石墨，可对以上问题有所改进。

(2) 低温热解碳

低温热解碳材料主要包括硬碳和软碳两类。它们一般都为无定形结构，结晶度低，晶面间距（d_{002}）较大；起始嵌锂电位较高（1.0 V 左右），充放电电压平台不明显；可与锂形成 Li_xC_6 插层化合物，x 受材料的热处理温度和表面状况影响，但一般均小于 1。中间相碳微球（MCMB）是将沥青类化合物在低温（400 ℃）下经热缩聚碳化反应，所形成的一种微米级球形软碳材料。MCMB 结构规整，为高度有序的层堆积结构，相比石墨具有高的嵌锂容量（750 mAh/g），但其嵌锂电位也相对比较高（1.1 V）；同时，MCMB 具有弯曲的片层组成的球形结构特点，这有利于锂离子从各个方向嵌入和脱嵌，改善了石墨类材料由于各向异性过高而导致的大电流放电能力差的缺点。Huang 等通过以表面修饰的 Si 球为模板，包覆酚醛树脂，再低温碳化制备了硬碳微球，该材料具有 500 mAh/g 左右的嵌锂容量，并且与 MCMB 相比展示了较小的首次不可逆容量损失。

(3) 碳纳米管（CNT）

碳纳米管（CNT）是当前碳负极材料研究的一个分支。CNT 是由单层或多层石墨层片围绕中心轴按一定的角度弯曲而成的无缝纳米管，其直径为几个纳米到几十纳米，长度通常为微米级。宏观上根据管壁包含石墨片层数量的不同，可将其分为单壁碳纳米管（SWCNT）和多壁碳纳米管（MWCNT）。

CNT 的基本结构与石墨类似,在嵌脱锂性能方面与石墨类材料也有一些相似之处,但是,由于 CNT 独特的纳米结构特性,为锂离子提供了大量的嵌入—脱出空间,有利于提高电池的容量和大倍率特性。以纳米铁粉为催化剂,分别通过热解乙炔和乙烯得到的碳纳米管,它们的直径分别为 30~35 nm 和 10~15 nm,前者石墨化程度较低,存在褶皱、错层和微孔等结构缺陷,具有较高的储锂容量,首次放电容量为 640 mAh/g,但循环稳定性较差;而后者结构比较规则,循环稳定性较好,但储锂容量较低,首次放电容量仅为 282 mAh/g。

(4) 碳纤维

具有新型纳米结构的碳纤维材料,其作为负极材料的研究也引起了大家的关注。现有的一些研究表明,表面缺陷少、石墨化程度高的碳纤维材料用于负极材料具有较好的循环能力和大倍率充放电性能,通过与 Sn,Co,石墨等其他材料复合可进一步改善其性能。

3) 锡基负极材料

碳材料较好地解决了电池安全性问题,然而,由于单纯的碳材料实际比容量低(300~330 mAh/g),已经远远不能满足实际应用体系所提出的更高要求。尽管人们对碳材料进行了掺杂改性或表面处理,以提高碳材料的实际比容量,但是受到其理论容量的限制,实际容量难以大幅度提高。因此,积极探索容量高、容量衰减率小、安全性能好、温度适用范围宽的新型锂离子电池负极材料体系,已成为国际上研发高性能锂离子电池材料的关键性问题。由于锡基负极材料具有较高的理论容量(Sn 和 SnO_2 的理论容量分别为 990 mAh/g 和 780 mAh/g)、绿色无毒等优点,同时其储量丰富,现已成为国际上研究的主流新型负极材料之一。

对于锡基负极材料的储锂机理,目前一般认为不同于石墨的插层嵌脱锂机理,而是通过与锂形成合金化合物的合金嵌脱锂机理。锡与锂能形成多种原子比的 Li_xSn 合金,包括 LiSn, Li_7Sn_3, Li_5Sn_2, Li_3Sn_5, Li_7Sn_2, $Li_{22}Sn_5$ 等,一个 Sn 原子最多可以结合 4.4 个 Li。在充放电过程中,Li^+ 逐步插入 Sn 中,由贫锂态的锂锡合金逐渐转变成富锂态合金,每一种合金相对应一定的嵌锂电位,在充放电曲线上表现出多个电压平台,可通过控制电池的截止电压以选择性地控制不同合金相的生成。

表 2.4 列出了有关 Li-Sn 合金的一些数据。从表 2.4 可知,随着锂离子配位数的增加,锂锡合金储锂容量也随之增大,但是同时合金的体积也迅速膨胀,当形成 $Li_{22}Sn_5$ 合金时,其对应的体积膨胀到原来的两倍以上。在充放电过程中,电极材料体积的急剧变化将产生很大的形变应力。当电极材料的宏观机械性能并不能抵抗由此而产生的应力时,电极易发生变形与开裂,从而迅速失效。这一原因造成了单纯的锡基负极材料的循环性能不佳。从表 2.4 还可看到,贫锂态的锂锡合金密度与锡(7.29 g/cm³)接近,因此合金化时体积变化也较小,所以,当放电深度不大时,电极的循环性能较好。若要进行深度放电,则应该对锡基材料的形貌和结构进行设计。

表 2.4 Li-Sn 合金的有关数据

	Li_2Sn_5	LiSn	Li_3Sn_2	Li_7Sn_3	Li_5Sn_2	$Li_{13}Sn_5$	Li_7Sn_2	$Li_{22}Sn_5$
Li_xSn 中的 x	0.40	1.00	1.50	2.33	2.50	2.60	3.50	4.40
密度/(g·cm⁻³)	6.11	5.10	—	3.67	3.54	3.46	2.96	2.56
质量比容量/(mAh·g⁻¹)	88.3	220.8	331.1	514.3	551.9	574.1	772.8	971.5

为了提高锡基负极材料的循环稳定性能,近年来,人们应用新概念、新技术和新方法对其进行研究。目前的研究表明,纳米化、合金化、非晶化和复合化是改善锡基负极材料循环稳定性能

的有效手段。

(1) 纳米化

采用纳米化技术,可减少锡基材料体积变化的绝对值,使体积变化局部化,分散形变应力,提高材料结构的稳定性。减小锡颗粒的尺寸,而且通过一定的方法防止其团聚,能有效地改善其循环性能。锡基材料的颗粒尺寸、形状、质地、孔结构等因素强烈地影响着合金材料的维度稳定性,进而影响在充放电过程中的合金化和去合金化反应,最终影响电极的循环性能。材料尺寸纳米化后,其循环性能得以改善。

(2) 非晶化

在 SnO 和 SnO_2 中引入一些非金属和金属氧化物,如 SnO,B_2O_3,P_2O_5,Al_2O_3 等并进行高温热处理,可以得到无定形的复合氧化物,称为非晶态锡基复合氧化物(amorphous tin-based composite oxide, ATCO)。该复合氧化物是均匀的单相玻璃复合物,可看做均匀的、各相异性分散的插锂活性中心 SnO 被 B_2O_3,P_2O_5,Al_2O_3 形成的不规则网状结构所包围。ATCO 的初始放电容量可达 1 030 mAh/g,充电容量 650 mAh/g,初始容量损失率为 37%,在以后的循环中保持 100% 的库仑效率,不可逆容量损失和循环性能都比纯的 SnO 和 SnO_2 有很大的改善。

(3) 合金化

将锡与另一种金属形成合金,该金属组分一方面提供稳定的框架结构,另一方面提供导电性能,从而获得更好的循环性能。采用这种策略,发展了许多合金类锡基负极,如 Sn-Al,Sn-Cu,Sn-Ni,Sn-Fe,Sn-Co 等。

(4) 复合化

锡复合材料利用各组分间的协同作用,优势互补,目前已经大量用于锡基负极材料的研究。在改善 Sn 基材料性能的结构设计上,一般都是采用添加一种或多种非活性相来抑制充放电过程中体积膨胀所导致的 Li-Sn 电极的"粉化"或"团聚"。碳这种"基体"不但为"客体"提供机械和电导支持,而且本身也具有嵌锂、脱锂活性,为改善锡基材料性能的结构设计提供了一个新的思路。锡基材料可以提供较大的容量,碳材料则具有良好的循环稳定性,因而碳与锡所形成的复合材料弥补了各自的缺点,可获得新型的容量高和循环性能好的负极材料。

2.4.3 燃料电池材料

能源从其产生的方式以及可否再利用的角度分为一次能源和二次能源,可再生能源和不可再生能源。一次能源包括可再生的水力资源和不可再生的煤炭、石油、天然气资源。其中,水、石油和天然气是当今世界一次能源的三大支柱,它们构成了全球能源结构的基本框架;另外,一次能源也包括太阳能、风能、地热能、海洋能、生物能以及核能。二次能源包括电力、煤气、汽油、柴油、焦炭、洁净煤、激光、沼气及可再生的氢能等。根据能源消耗后是否造成环境污染可分为污染型能源和清洁型能源。污染型能源包括煤炭、石油等,清洁型能源包括水力、电力、太阳能、风能、氢能和核能等。根据使用的类型又可分为常规能源和新型能源。常规能源包括一次能源中可再生的水力资源和不可再生的煤炭、石油、天然气等资源,新型能源包括太阳能、风能、地热能、海洋能、氢能、生物能以及用于核能发电的核燃料等。

实现可持续发展的社会,必须具有持续的能源,面向 21 世纪,开发代替化石燃料的新能源是迫在眉睫的大事。所谓再生能源,是指不随本身的变化或被利用而日益减少的能源,如风能、海洋能、地热能、太阳能、氢能、核聚变能和生物能,它们可以从自然界源源不断地得到补充;与其相反,非再生资源如化石燃料、核燃料等,是随着被人类利用而逐渐减少的能源,特别是化石燃料将面临枯竭的危机。氢是宇宙中分布最广泛的物质，氢能被称为人类的终极能源。目前，氢能技术在美国、日本、欧盟等国家和地区已进入系统实施阶段。美国政府已明确提出氢计划，宣布今后4年政府将拨款17亿美元支持氢能开发，并计划到2040年美国每天将减少使用1 100万桶石油，这个数字正是现在美国每天的石油进口量。许多科学家认为，氢能在21世纪有可能在世界能源舞台上成为一种举足轻重的二次能源。

人类对氢能自200年前就产生了兴趣，自20世纪70年代，世界上许多国家和地区就广泛开展了氢能研究。早在1970年，美国通用汽车公司的技术研究中心就提出了"氢经济"的概念。1976年美国斯坦福研究院开展了氢经济的可行性研究。20世纪90年代中期以来，多种因素的汇合增加了氢能经济的吸引力，这些因素包括：持久的城市空气污染问题、对较低或零废气排放的交通工具的需求、减少对外国石油进口的需要、CO_2排放和全球气候变化问题、储存可再生电能供应的需求等。氢能作为一种清洁、高效、安全、可持续的新能源，被视为21世纪最具发展潜力的清洁能源，是人类的战略能源发展方向。世界各国如冰岛、中国、德国、日本和美国等国家之间在氢能交通工具的商业化方面已经出现了激烈的竞争。虽然其他利用形式是可能的(如取暖、烹饪、发电、航行器、机车)，但氢能在小汽车、卡车、公共汽车、出租车、摩托车和商业船上的应用已经成为焦点。

中国对氢能的研究与开发可以追溯到20世纪60年代初，中国科学家为发展本国的航天事业，对作为火箭燃料的液氢的生产、H_2/O_2燃料电池的研制与开发进行了大量而有效的工作。将氢作为能源载体和新的能源系统进行开发，则是从20世纪70年代开始的。为进一步开发氢能，推动氢能利用的发展，现在，氢能技术已被列入"科技发展"十五"计划和2015年远景规划(能源领域)"。上海是中国氢燃料电池研发和应用的重要基地，包括上海汽车集团公司、上海神力科技有限公司、同济大学等企业、高校，也一直在研发氢燃料电池和氢能车辆。随着中国经济的快速发展，汽车工业已经成为中国的支柱产业之一，2007年中国已成为世界第三大汽车生产国和第二大汽车市场；与此同时，汽车燃油消耗也达到每年8×10^7 t，约占中国石油总需求量的1/4。在能源供应日益紧张的今天，发展新能源汽车已迫在眉睫，用氢能作为汽车的燃料无疑是最佳选择。

2.4.3.1 燃料电池概述

1) 燃料电池的热力学性质

1839年，英国的W. Grove首先用铂黑为电极催化剂制成了原始而简单的氢氧燃料电池，并把多个电池串联起来作为电源，点亮了伦敦演讲厅的照明灯。过了100多年，到20世纪60年代，美国航天管理局才成功地把离子隔膜式的氢氧燃料电池应用于双子星(Gemini)载人宇宙飞船上。

通过热机来产生电力，燃烧反应的焓变(ΔH)转换为电能的理论效率，要受热机卡诺循环所表示的卡诺效率的制约，在最好的条件下也只有35%左右。但是，燃料在燃料电池中，可连续和直接地把化学反应的自由焓变(ΔG)转换为直流电能，它的能量转换的理论效率ξ定义为：

$$\xi = \frac{-\Delta G}{-\Delta H} = \frac{nFE}{-\Delta H} \tag{2.19}$$

式中，E为电池反应形成可逆电池的电动势，F为法拉第常数，n为每摩尔燃料氧化反应中所含电子的物质的量。在表2.5中列举了一些燃料在标准状态下氧化反应的标准摩尔焓变$\Delta_r H_m$，标准自由焓变$\Delta_r G_m$，标准电动势E和能量转换的理论效率ξ。由表中可见，燃料电池的ξ都大于80%，几乎超过热机理论效率的一倍以上。另外，燃料在空气中燃烧时要产生大量的烟、雾、尘和有害气体(如NO_2，SO_2等)，污染大气，危害生态环境；而燃料电池要求输入的反应气体相对地"洁净"，否则会使电极催化剂中毒，为此，在把燃料转化为电池用气体的过程中，有分离有害物的处理步骤，使燃料电池不会产生大的污染问题。

表2.5 一些燃料氧化反应下的 $\Delta_r H_m$，$\Delta_r G_m$，E 和 ξ (25 ℃)

反应	$-\Delta_r G_m$/kJ	$-\Delta_r H_m$/kJ	E/V	ξ/%
$H_2 + \frac{1}{2}O_2 == H_2O$	237.19	285.850	1.229	83
$CH_4 + 2O_2 == CO_2 + 2H_2O$	817.97	890.360	1.060	92
$CH_3OH + \frac{3}{2}O_2 == CO_2 + 2H_2O$	698.56	719.230	1.207	97
$CO + \frac{1}{2}O_2 == CO_2$	257.11	282.960	1.332	91
$NH_2NH_2(aq) + O_2 == N_2 + 2H_2O$	602.10	605.840	1.559	99
$HCHO(aq) + O_2 == CO_2 + H_2O$	502.08	519.000	1.301	97
$HCOOH(aq) + \frac{1}{2}O_2 == CO_2 + H_2O$	269.32	1.425	87.000	81

2) 燃料电池的分类

按工作温度的不同，燃料电池可分为常温（20～80 ℃）、中温（150～300 ℃）和高温（300 ℃以上）三类；按燃料化学成分的不同，可分为氢、一氧化碳、联氨、醇和烃等类；按电解液的性质不同，可分为碱性、酸性、熔融盐和固体电解质（高聚物电解质离子交换膜）等类。表2.6中列举了一些燃料电池的电解质、阳极和阴极材料的名称及其工作性能。

表2.6 燃料电池的分类和基本参数

电池类型	工作温度/℃	电解质	阳极	阴极	燃料	电极反应	优点	缺点
碱性燃料电池（AFC）	室温～100	KOH 或 NaOH	高分散 Ni	高分散 Ni	高纯 H_2	$H_2 + 2OH^- \longrightarrow 2H_2O + 2e^-$；$1/2 O_2 + H_2O + 2e^- \longrightarrow 2OH^-$	Ni催化剂价格低，工作温度低，效率高	对CO敏感 ≤350 μL/L，电解液使用过程中浓差极化大
质子交换膜燃料电池（PEFC）	25～120	质子交换膜（Nafion膜）	高分散 Pt（-Ru）	高分散 Pt	H_2	$H_2 \longrightarrow 2H^+ + 2e^-$；$1/2 O_2 + 2H^+ + 2e^- \longrightarrow H_2O$	功率密度高，工作条件温和，无溶液渗透及腐蚀，启动快，工作可靠	膜及催化剂造价高，对CO敏感，水控制困难
直接甲醇燃料电池（DMFC）	60～80	质子交换膜	高分散 Pt（-Ru）	高分散 Pt	甲醇	$CH_3OH + H_2O \longrightarrow CO_2 + 6H^+ + 6e^-$；$3/2 O_2 + 6H^+ + 6e^- \longrightarrow 3H_2O$	燃料易运输与存储，重量轻，体积小，结构简单，能量效率高	甲醇穿过Nafion膜渗透，甲醇的电催化过程缓慢
磷酸盐燃料电池（PAFC）	180～210	浓 H_3PO_4	高分散 Pt	高分散 Pt	H_2	$H_2 \longrightarrow 2H^+ + 2e^-$；$1/2 O_2 + 2H^+ + 2e^- \longrightarrow H_2O$	抗CO_2，可用于建立电站	贵金属催化剂对CO敏感 ≤1%，电解质电导率低

续上表

电池类型	工作温度/℃	电解质	阳极	阴极	燃料	电极反应	优点	缺点
熔融碳酸盐燃料电池（MCFC）	600~700	Li_2CO_3-K_2CO_3（Na_2CO_3）	高分散 Ni	高分散 Ni	CO 或 H_2	$2CO + 2CO_3^{2-} \longrightarrow 4CO_2 + 4e^-$；$O_2 + 2CO_2 + 4e^- \longrightarrow 2CO_3^{2-}$	无需贵金属催化剂,电池内部重整容易,Ni 催化剂不怕 CO 毒化	电极材料寿命短,机械稳定性差,阴极需补充 CO_2,易腐蚀
固体氧化物燃料电池（SOFC）	900~1000	ZrO_2	多孔 Pt	多孔 Pt	H_2 或 CO	$H_2 + O^{2-} \longrightarrow H_2O + 2e^-$；$1/2 O_2 + 2e^- \longrightarrow O^{2-}$	无需贵金属催化剂,无需 CO_2 再循环,效率高	制备工艺复杂,工作温度高,价格昂贵

(1) 碱性氢氧燃料电池

这种电池用 35%~50% KOH 为电解液,渗透于多孔而惰性的基质隔膜材料(如石棉)中,在 100 ℃ 以下工作。该电池的优点是氧在碱液中的电化学反应速度比在酸性液中的速度大,因此,可有较大的电流密度和输出功率。电池中反应生成的水会较多地积累于阳极室,问题是不能让水在电池中的任一室积累,解决的方法是利用反应气体在电池与供气源之间循环流动,从而把水蒸气带出电池,再经冷凝为液体水而分离。这种把产物水带出电池的方法有它的优点,就是在一定温度下,电池中的水量会自动地调整和保持平衡。例如,若气流带出电池的水蒸气量少了,则水在电池中的积累会使 KOH 溶液的浓度变稀,从而增大溶液上水蒸气的分压,使气流可带走更多的水蒸气;反之,若气流带出的水量过多,则 KOH 溶液会变浓而降低溶液上水蒸气的分压,使气流带出的水蒸气量减少。该电池的另一优点是工作温度低,材料的耐腐蚀问题易解决;缺点是若电池在地面工作而使用空气中的氧时,要配备一套除二氧化碳的装置,因为二氧化碳与碱液作用会产生溶解度小的碳酸盐沉淀,妨碍电池的正常工作。

已有用纯氧工作的这类电池应用于航天飞机上的报道。电池在 470 mA/cm² 电流密度下的端电位为 0.86 V,电池组的功率正常下为 18 kW,比功率为 150 W/kg。阳极催化剂为涂在镀银镍网上的铂黑,载量 10 mg/cm²;阴极催化剂为涂在镀金镍网上的 90% Au + 10% Pt,载量 20 mg/cm²。电池中贵金属用量较大,但利用率并不高。

(2) 磷酸型燃料电池

这类电池采用磷酸为电解质,工作温度为 200 ℃ 左右。它的优点是由于提高了电池的工作温度,故电极催化剂的活性提高了很多,贵金属催化剂的用量比碱性燃料电池中的减少一个数量级以上;改制气中一氧化碳的含量可允许达到 5%,催化剂仍可承受而不中毒,而电池自身产生的水蒸气可应用于燃料转化为改制气;电池可利用廉价的碳材料为骨架。鉴于以上种种原因,这类电池的经济成本已接近可供民用的程度。

美国 UTC(United Technology Corp.)公司新建的这类电池的工作温度已提高到 205 ℃,电池在 216 mA/cm² 电流密度下工作的电位为 0.73 V,电池可用煤或甲烷裂解的重整气为燃料气。但 H_2S 和 CO 含量要降到 50 μg/g 以下。

美国 ERC(Energy Research Corp.)公司建成的磷酸燃料电池有空气冷却装置,电极用复极式组合,单块极板面积 30 cm × 42 cm,阴极铂催化剂载量 0.5 mg/cm²,阳极铂载量 0.25 mg/cm²,用

40%聚四氟乙烯(PTFE)乳液把催化剂黏结于石墨纸上,电极的制备采用喷雾法和碾压法两种工艺。

(3) 高温固体氧化物燃料电池

掺入钙、镱或钇等金属氧化物的氧化锆晶体在高温下会成为固态良导电体。这是由于Ca^{2+},Yb^{3+}或Y^{3+}等掺入离子的价态低于Zr^{4+}的价态,使有些氧负离子晶格位空出来,在高温下,氧负离子能够穿越几个空位的距离而导电。这种固体氧化物可用作高温燃料电池中的电解质。目前,世界各国都在研制这类电池。例如,美国West-inghouse公司开发的氢、空气高温燃料电池,用Y_2O_3稳定化的ZrO_2制成薄壁圆管,管的内、外壁分别涂上氢电极反应和氧电极反应的催化剂,管内通氢,管外走空气,单只电池已有9 000 h的寿命。目前要研究的是如何把各种固体粉料压制烧结成电池的各个坚实的组成部分。

(4) 熔融碳酸盐燃料电池

用两种或多种碳酸盐的低熔混合物(如52% Li_2CO_3 + 48% Na_2CO_3)为电解质,把它渗透进多孔性的基质(如MgO粉末)中,形成导电性隔膜,膜的两侧分别加上阳极和阴极。电极材料均为烧结镍粉,阴极粉末中含多种过渡金属元素作为稳定剂。将各种燃料改制成以含一氧化碳为主要成分的阳极燃气,阴极燃气为空气和二氧化碳的混合气,在650 ℃电池中的反应如下:

$$\text{阳极反应:} \quad 2CO + 2CO_3^{2-} \longrightarrow 4CO_2 + 4e^- \tag{2.20}$$

$$\text{阴极反应:} \quad O_2 + 2CO_2 + 4e^- \longrightarrow 2CO_3^{2-} \tag{2.21}$$

$$\text{电池总反应:} \ 2CO + O_2 \longrightarrow 2CO_2 \tag{2.22}$$

日本已有11 MW级的碳酸盐燃料电池发电厂投入示范运行,电池中能量转换的实际效率约为45%~60%。

(5) 质子交换膜燃料电池

质子交换膜燃料电池在100 ℃以下工作,采用全氟磺酸膜等为电解质,典型的是用氢气作为燃料,氧气或者空气作为氧化剂。在电池反应中,氢和氧通过电化学反应生成水,并释放出电能。燃料电池单体主要由四部分组成,即阳极、阴极、电解质和外电路。其阳极为氢电极,阴极为氧电极,阳极和阴极上都含有一定量的催化剂,两极之间是电解质。其工作原理为:氢气通过管道或导气板到达阳极,在阳极催化剂的作用下,氢气发生氧化,释放出电子,如反应式(2.23)所示,氢离子穿过电解质到达阴极。而在电池的另一端,氧气(或空气)通过管道或导气板到达阴极,同时,电子通过外电路也到达阴极。在阴极侧,氧气与氢离子和电子在阴极催化剂的作用下反应生成水,如反应式(2.24)所示。与此同时,电子在外电路的连接下形成电流,可以向负载输出电能。燃料电池总的化学反应为反应式(2.25)。

$$\text{阳极反应:} \quad H_2 \longrightarrow 2H^+ + 2e^- \qquad E^0 = 0.00 \text{ V} \tag{2.23}$$

$$\text{阴极反应:} \quad 1/2 O_2 + 2H^+ + 2e^- \longrightarrow H_2O \quad E^0 = 1.23 \text{ V} \tag{2.24}$$

$$\text{电池总反应:} H_2(g) + 1/2 O_2(g) \longrightarrow H_2O(l) \quad E^0_{cell} = 1.23 \text{ V} \tag{2.25}$$

(6) 醇类燃料电池

醇类燃料电池是质子交换膜燃料电池的一种,但是其燃料不是氢气,而是各种液体醇溶液。各类醇中甲醇最为重要和实用,而长链醇的电化学活性差,反应的中间产物易使电极催化剂中毒。甲醇燃料电池有直接式和间接式两种。直接式电池中,甲醇直接加入电解液,使甲醇在固—液界面上发生电化学氧化,酸性电解液中采用铂或合金为电极催化剂,电氧化反应为:

$$CH_3OH + H_2O \longrightarrow CO_2 + 6H^+ + 6e^- \tag{2.26}$$

在碱性液中,醇通过醛、酸等中间产物,最终生成产物为二氧化碳,总反应式为:

$$CH_3OH + 8OH^- \longrightarrow CO_3^{2-} + 6H_2O + 6e^- \tag{2.27}$$

其反应是复杂的多步骤机制，平衡电位不易达到，中间产物在电极表面的吸附易使电极失去活性。酸性电解液的优点是产物二氧化碳不会与酸作用，可采用硫酸或磷酸为电解液，电池在低温下工作，工作电位较低，输出的功率也低，大规模合成的甲醇比氢更为价廉。

在间接式甲醇燃料电池中，先用高温水蒸气与甲醇作用把它转化为氢和二氧化碳，再利用氢来做电池的燃料气，有60%~65%的氢可用于产生电力，目前这类电池已用于军事。

3）燃料电池的用途

各类燃料电池都有其自身的特点，这就决定了它们的应用领域也有所不同。简单地说，燃料电池作为一种新能源，可以用于生活的各个方面。大型燃料电池可以作为固定电站，向外输出电能，供用户使用；小型燃料电池则可以作为便携式电源，有望跻身于现有的化学电池市场；另外，迫于环境污染和石油短缺的压力，全世界掀起了研制电动汽车的热潮，世界著名的汽车生产商如通用、福特、奔驰、丰田、本田等公司十几年来一直致力于研发燃料电池电动车，已有多种样车面世。燃料电池的用途可分为如下三大方面。

(1) 燃料电池作为固定发电站

按燃料电池输出电能功率的大小，主要可以分为住宅用小型（分置式）发电装置（功率小于10 kW）、工业用中型发电站（功率在10~300 kW之间）和大型发电站（功率可达20 MW以上）。

① 燃料电池小型发电站主要用于家庭、医院等的小规模供电，也可用于UPS电源、备用电源和应急电源。

② 燃料电池中型发电站由于能够可靠地输出几百千瓦级的功率，可以满足区域用户的电源需要，也可应用于建筑物独立供电或协助供电。

③ 燃料电池大型兆瓦级的发电站，可以进行规模发电。

(2) 燃料电池作为便携式器件的电源

便携式电子器件销售量的飞速增长与其对所使用电池容量的要求的复杂性，引起了器件制造商关于能量需求的思考。而小型燃料电池所具有的高能量密度则能满足这种新一代电子设备的要求。毫无疑问，这将会使许多电子制造商开始关注燃料电池的发展潜力。

便携式燃料电池具有如下特点：

① 用于电源附加值比较高，对成本问题比较不敏感的电子仪器。

② 使用功率（电流）不大，比如手机拨打时的总工作电流仅为300 mA左右，而用于电动车辆或电站，可能就要求达到800 mA/cm^{2}以上，相比之下对电池的技术要求不高。

③ 小型电池的使用管理比较简单，可以简化水热管理的问题，因而电池结构大为简单，工程复杂性降低，有利于规模化生产，成本大幅降低。

④ 市场巨大。便携式燃料电池可为手机、笔记本电脑、便携式录像机、无线设备、火警、救护车、应急灯不间断电源、备用电源及军事、休闲、露营设备以及警察提供持久使用电源。

(3) 燃料电池作为汽车动力

燃料电池在汽车中可以作为普通内燃机的辅助电动发动机，或与化学电池构成混合电动汽车，也可直接作为汽车的电动发动机。纯燃料电池汽车可以氢直接作为燃料进行发电，也可以其他燃料经重整制氢进行发电。燃料电池汽车将是真正意义上的无污染汽车。

2.4.3.2 燃料电池的氢燃料

在众多的新能源中，氢能将会成为21世纪最理想的能源。这是因为，在燃烧相同重量的煤、汽油和氢气的情况下，氢气产生的能量最多，而且它燃烧的产物是水，没有灰渣和废气，不会污染环境；而煤和石油燃烧生成的是二氧化碳和二氧化硫，可分别产生温室效应和酸雨。煤和石油的储量是有限的，而氢主要存于水中，燃烧后唯一的产物也是水，可源源不断地产生氢气，永远不会用完。

氢是一种无色的气体。燃烧 1 g 氢能释放出 142 kJ 的热量，是汽油发热量的 3 倍，酒精的 3.9 倍，焦炭的 4.5 倍。氢的重量特别轻，比汽油、天然气、煤油都轻，因而携带、运送方便，是航天、航空等高速飞行交通工具最合适的燃料。氢在氧气里能够燃烧，氢气火焰的温度高达 2 500 ℃，因而人们常用氢气切割或者焊接钢铁材料。

在大自然中，氢的分布很广泛。水就是氢的大"仓库"，其中含有 11% 的氢；泥土里约有 1.5% 的氢；石油、煤炭、天然气、动植物体内等都含有氢。氢的主体是以化合物水的形式存在的，而地球表面约 70% 为水所覆盖，储量很大，因此可以说，氢是"取之不尽、用之不竭"的能源材料。如果能用合适的方法从水中制取氢，那么氢将是一种价格相当便宜的能源材料。

氢的用途很广，适用性强。它不仅能用作燃料，而且金属氢化物具有化学能、热能和机械能相互转换的功能。例如，储氢金属具有吸氢放热和吸热放氢的本领，可将热量储存起来，作为房间内取暖和空调使用。

氢作为气体燃料，首先被应用在汽车上。1976 年 5 月，美国研制出一种以氢作燃料的汽车；后来，日本也研制成功一种以液态氢为燃料的汽车；20 世纪 70 年代末期，前联邦德国的奔驰汽车公司对氢气进行了试验，他们仅用了 5 kg 氢，就使汽车行驶了 110 km。

用氢作为汽车燃料，不仅干净，在低温下容易发动，而且对发动机的腐蚀作用小，可延长发动机的使用寿命。由于氢气与空气能够均匀混合，完全可省去一般汽车上所用的汽化器，从而可简化现有汽车的构造。更令人感兴趣的是，只要在汽油中加入 4% 的氢气，用它作为汽车发动机燃料，就可节油 40%，而且无需对汽油发动机作多大的改进。

氢气在一定压力和温度下很容易变成液体，因而用铁罐车、公路拖车或者轮船运输都很方便。液态的氢既可用作汽车、飞机的燃料，也可用作火箭、导弹的燃料。美国飞往月球的"阿波罗"号宇宙飞船和我国发射人造卫星的长征运载火箭，都是用液态氢作燃料的。

另外，使用氢—氧燃料电池还可以把氢能直接转化成电能，使氢能的利用更为方便。目前，这种燃料电池已在宇宙飞船和潜水艇上得到使用，效果不错。当然，由于成本较高，一时还难以普遍使用。

现在世界上氢的年产量约为 3.6×10^7 t，其中绝大部分是从石油、煤炭和天然气中制取的，这就须消耗本来就很紧缺的矿物燃料；另有 4% 的氢是用电解水的方法制取的，但消耗的电能太多，很不划算。因此，人们正在积极探索研究制氢新方法。

随着太阳能研究和利用的发展，人们已开始利用阳光分解水来制取氢气。在水中放入催化剂，在阳光照射下，催化剂便能激发光化学反应，把水分解成氢和氧。例如，二氧化钛和某些含钌的化合物，就是较适用的光水解催化剂。人们预计，一旦更有效的催化剂问世，水中取"火"制氢就成为可能，到那时，人们只要在汽车、飞机等油箱中装满水，再加入光水解催化剂，那么，在阳光照射下，水便能不断地分解出氢，成为发动机的能源。

20 世纪 70 年代，人们用半导体材料钛酸锶作光电极，金属铂作暗电极，将它们连在一起，然后放入水里，通过阳光的照射，铂电极上就释放出氢气，而在钛酸锶电极上释放出氧气，这就是我们通常所说的光电解水制取氢气法。

科学家们发现，一些微生物能在阳光作用下制取氢。人们利用在光合作用下可以释放氢的微生物，通过氢化酶诱发电子，把水里的氢离子结合起来，生成氢气。前苏联的科学家们已在湖沼里发现了这样的微生物，他们把这种微生物放在适合它生存的特殊器皿里，然后将微生物产生出来的氢气收集在氢气瓶里。这种微生物含有大量的蛋白质,除了能放出氢气外,还可以用于制药和生产维生素,以及用它做牧畜和家禽的饲料。现在,人们正在设法培养能高效产氢的这类微生物,以适应开发利用新能源的需要。

引人注意的是,许多原始的低等生物在新陈代谢的过程中也可放出氢气。例如,许多细菌可在一定条件下放出氢。日本已找到一种叫做"红鞭毛杆菌"的细菌,就是个制氢的能手。在玻璃器皿内,以淀粉作原料,掺入一些其他营养素制成的培养液就可培养出这种细菌,这时,在玻璃器皿内便会产生出氢气。这种细菌制氢的效能颇高,每消耗 5 mL 的淀粉营养液,就可产生出 25 mL 的氢气。

美国宇航部门准备把一种光合细菌——红螺菌带到太空中去,用它放出的氢气作为能源供航天器使用。这种细菌的生长与繁殖很快,而且培养方法简单易行,既可在农副产品废水废渣中培养,也可以在乳制品加工厂的垃圾中培育。

对于制取氢气,有人提出了一个大胆的设想:将来建造一些为电解水制取氢气的专用核电站。譬如,建造一些人工海岛,把核电站建在这些海岛上,电解用水和冷却用水均取自海水。由于海岛远离居民区,所以既安全又经济。制取的氢和氧,用铺设在水下的通气管道输入陆地,便可供人们随时使用。

2.4.3.3 燃料电池催化剂

1) Pt 基贵金属催化剂

(1) 阴极催化剂

对于阴极催化剂而言,目前广为采用的催化材料为 Pt/C 催化剂。氧气在 Pt 上的还原反应是一个四电子的过程,其交换电流密度与氢相比要低两个数量级,还原过程受氧气传质速度的控制。因此,采用高 Pt 负载量的催化剂以降低催化层厚度,减小传质的阻碍,提高反应效率。氧在 Pt 表面的还原反应可以一步还原成水,也可分两步进行:

$$O_2 + 4H^+ + 4e^- =\!=\!= 2H_2O \qquad E^0_{25℃} = 1.23 \text{ V (vs. NHE)} \tag{2.28}$$

$$O_2 + 2H^+ + 2e^- =\!=\!= H_2O_2 \qquad E^0_{25℃} = 0.68 \text{ V (vs. NHE)} \tag{2.29}$$

$$H_2O_2 + 2H^+ + 2e^- =\!=\!= 2H_2O \qquad E^0_{25℃} = 1.77 \text{ V (vs. NHE)} \tag{2.30}$$

式中,NHE 表示标准氢电极。式(2.28)表示为直接四电子还原,还原电位为 1.23 V,这是最想要的还原途径。但是,在一些催化剂上,氧的还原过程分两步进行,即通过中间产物 H_2O_2 的形成再将两电子还原成水[式(2.29)和(2.30)]。由于氧还原的动力学较慢,为了提高氧的还原速度,降低动力学电压损失,人们将注意力集中在以下两个方面来开发新型氧催化剂:一是改善已有的贵金属催化剂,通过化学还原或高温热处理等物理、化学手段,向贵金属催化剂中添加其他过渡金属元素,并使其合金化,以改善催化剂的催化活性和电化学稳定性,达到减少催化剂中贵金属用量、降低催化剂成本的目的;二是开发基于非贵金属材料的催化剂,比如通过热解碳负载的或非负载的过渡金属有机/无机化合物的方法,得到完全基于非贵金属的氧还原电催化剂。但是,至今没有性能满意的新型催化剂研制成功。在本章中我们重点介绍 Pt 基阴极催化剂的研究进展情况。

碳载铂催化剂是成熟的氧还原催化剂,研究发现,Pt 与 Fe、Cr、Mn、Co、Ni、Ti、Zr 等元素构成的二元、三元合金催化剂与纯 Pt 相比对氧具有更高的活性。Fe 的添加有利于 H_2O_2 的分解,PtFe/C 的氧还原催化活性高于 Pt/C,300 ℃ 处理的 PtFe/C 表现出最佳的活性。对 PtM/C 合金(M = Fe、Co、Ni、Cu)的全电池性能研究发现,PtM/C 与 Pt/C 相比,对氧的催化性能有明显的提高,其中 Pt 与 Co 的摩尔比为 7:1 时表现出最佳的催化效果。对 PtM/C 进行 200 ℃ 的适度焙烧有利于催化剂催化性能的提高,这主要是由于催化剂表面氧化物的减少所引起的。实验结果表明,二元合金及三元合金催化剂的交换电流密度 J_0 比纯 Pt 约高 2 倍,而三元合金加金属氧化物催化剂的交换电流密度 J_0 则提高了 6

倍。进一步研究发现，Cu 氧化物的添加改变了 Nafion 溶液在活性催化剂颗粒周围的润湿状态，增大了催化剂与电解质之间的三相界面，另外 Raney 型 Pt 合金的形成也增大了催化剂的表面粗糙度，增加了催化剂的活性比表面积。在工作稳定性方面，人们发现 PtFe/C，PtMn/C，PtNi/C 催化剂在工作 200 h 后，由于阴极的酸性环境和强氧化条件，Fe、Mn、Ni 就会从合金中溶解出来，使催化活性大大降低，只有 PtCr/C，PtZr/C 和 PtTi/C 具有很好的稳定性，其中 PtCr/C 表现出最好的活性。

在 Pt 基合金对氧的催化机理研究方面，有如下一些观点：① 合金的形成改变了 Pt—Pt 原子间距，使之更易于氧的吸附；② 改变了 Pt 的电子结构，促进了电子的转移，优化了 Pt 的晶体结构；③ 原子大小的差别引起结构变形，从而增强活性等。

对于阴极催化剂，还可以通过添加一些金属氧化物的方法来改善催化剂的性能，金属氧化物已被广泛作为多种类型的催化剂，而很多金属氧化物都有半导体的性质。氧是电负性很强的分子，在半导体氧化物表面吸附后，能夺取从施主能级跃迁到导带中的自由电子，而且 p 型半导体氧化物（NiO，CoO，Cu_2O，MoO，Cr_2O_3，WO_3）的电导率随着氧压的增加而增加。这些物质的添加可使催化活性或选择性发生改变，从而产生反应物种的移动效应，控制和改变吸附特性和反应特性，促进电荷移动，在氧化还原循环中起作用。

(2) 阳极催化剂

对阳极催化剂而言，在纯氢工作条件下，均以 Pt 为主要催化材料。但是，在目前的制氢方法中，只有以电解水制氢的方法才能获得纯氢，而以其他方法，如天然气、甲醇重整、生物质制氢等，产物通常含有 1%～2% 的 CO。CO 对 Pt 具有很强的吸附能力，占据了氢在 Pt 的吸附位点，使得其难以进行吸附解离，阳极过电位提高，电池效率下降，即使 CO 的浓度在 10×10^{-6} g/mL 的情况下也有明显的影响。在以甲醇为燃料的 DMFC 中，由于甲醇在 Pt 上氧化时，有类 CO 中间物形成，对 Pt 催化剂产生严重的毒化。为了解决阳极 Pt 催化剂的毒化问题，在催化剂方面通常采用添加异质金属和金属氧化物的方法来提高催化剂的抗毒化能力。

目前，在二元阳极催化剂中，PtRu 是应用最为成熟、最为广泛的抗 CO 毒化催化剂，其也是甲醇氧化研究最多的催化剂。PtRu 催化剂具有较高的活性，它可以在低的电位条件下氧化 CO，从而提高 CO 存在条件下的电池性能。它的催化原理可通过双功能机制（bifunction-effect）来解释。最近的一些试验显示，Ru 含量的降低对甲醇具有更好的活性，一般认为 Ru 占 20% 左右。它被解释为 3～5 个 Pt 原子活化吸附甲醇，通常一个 Ru 原子用于水的活化。

此外，在 Pt 基二元体系中，如 $PtWO_3$，PtMo，PtSn 也有很好的抗 CO 毒化性能。$PtWO_3$ 对甲醇的动力学性能提高有明显的作用，其原因主要为氢表面溢流效应，即 Pt 上的电化学反应可以转移至 WO_3 载体上进行，WO_3 起着活化载体的作用。通过这种效应，H_2 的电催化氧化或甲醇的脱氢氧化都可通过 WO_3 进行，WO_3 以 H_xWO_{3-x} 的形式传递质子，使甲醇脱氢形成 $(CO)_{ads}$，同时使 H_2O 分解形成 $(OH)_{ads}$，Pt 也可同时形成 $(OH)_{ads}$，使 $(CO)_{ads}$ 在低电势下被氧化。PtMo 在 H_2SO_4 中对 CO 的电化学氧化行为与 PtRu 相似。$Pt_{0.75}Ru_{0.25}$ 表现出最佳催化活性，其对 CO 的催化机理与 PtRu 相似，Ru 的作用是可以产生 $Ru(OH)_{ads}$，而 Mo 原子表面则形成 $MoO(OH)_{ads}$，它们均可以作为氧化吸附态 CO 的氧化剂。Pt_3Sn 在硫酸溶液中对 CO 的氧化的起始电位与纯 Pt 相比负移了 0.5 V，在 H_2/CO 体系中 CO 氧化电位负移了约 0.35 V。PtSn 的抗 CO 能力体现在两方面：一是通过协同机理降低 CO 的氧化电势；二是合金改变了 CO 吸脱附反应的热力学及动力学特征，使吸附的 CO 得到活化。对 PtSn 系统而言，并没有发现对甲醇的共催化性质，反而表现出比纯 Pt 更差的活性。PtSn 系统现在还存在着许多争论，在不同的条件下，PtSn 对甲醇的催化活性有着显著的不同，还需进一步研究。

Pt 基三元体系催化剂方面，人们研究了 $PtRuWO_3$ 的 CO 电氧化性能，正如预料的那样，由于 WO_3

的氢表面溢流效应的存在，提高了整个 PtRu 的催化活性。此外，还研究了 PtRuW，PtRuMo，PtRuSn 对 H_2，CO 和甲醇的氧化性能，发现 PtRuW，PtRuMo 比 PtRu 具有更高的催化活性，而 PtRuSn 没有表现出比 PtRu 更好的活性。PtRuOs 对甲醇也可显著地提高氧化速率，由于 Os 的存在，催化剂表面—OH 基团更丰富，活性氧的供给更迅速，因而该催化剂表现出较 PtRu 或 PtOs 更高的催化活性。60 ℃ 条件下，催化剂对甲醇氧化的特性电流密度 $[i_m(CO_{norm.\ surface})(mA/cm^2)]$ 的降低顺序依次为：$PtRuVO_x > PtRuMoO_x > PtRu > PtRuWO_x$。由此可见，氧化物的添加对 PtRu 合金的电氧化性能有促进作用。

此外，在三元体系中，PtRuMo 表现出最好的催化活性，与 PtRu 相比活性提高了近 8 倍。其他体系除了 PtRuSn 和 PtRuAu 外均具有不同程度的提高。Ni 的掺杂对 PtRu 体系的催化活性具有促进作用。$PtRuW_2C/C$（Pt，Ru，W 的原子比为 1:1:0.4）在低电位的催化活性是 PtRu/C 的两倍。

在 Pt 基四元催化剂方面，PtRuSnW 催化剂半电池实验结果优于 Pt 催化剂，在低甲醇浓度范围内，高电流密度区的催化活性随甲醇浓度的增加而增加。研究发现，四元体系 PtRuOsIr 与 PtRu 相比对甲醇的氧化性能提高明显，从经济上考虑该催化剂的各组分均为贵金属，限制了其进一步的应用，但所采用的筛选方法是可快速调查多种元素组成的合金的催化性能，对新型催化剂的开发提供了十分有效的方法。

从目前 Pt 基催化剂的总体来看，对 Pt 基二元合金体系已经进行了全面的研究，PtRu 二元合金体系仍为最好的催化剂；在三元体系中虽然看到了可喜的结果，但对所发现的体系没有进一步的测定，对其实际的应用价值还不能得出可信的判断；四元体系目前研究得比较少。

2）非铂基催化剂

开展非贵金属阳极催化材料的研究对燃料电池的发展是非常必要的。稀土铜酸类物质 $Ln_{2-x}M_x$-$Cu_{1-y}M'_yO_{4-\delta}$（Ln 为 La 和 Nd；M 为 Sr，Ca 和 Ba；M′ 为 Ru 和 Sb；$x \leqslant 0.4$，$y = 0.1$）可以直接作为甲醇燃料电池的阳极催化剂，在高电位下，对甲醇氧化具有明显的活性。材料中三价铜的含量与材料对甲醇的电催化活性成线性关系，并认为三价铜是甲醇氧化的活性位点，甲醇氧化初始电位取决于二价铜向三价铜的氧化反应情况。材料中的晶格氧具有活性，可为甲醇氧化过程中生成的 CO 氧化成 CO_2 提供所需的氧原子。Co 与 W 形成的硬质合金具有良好的表面抗毒化、抗酸碱能力。由于钴钨合金的这一性质，甲醇在硫酸介质中可以在较低的过电位下在钴钨合金上氧化，并且电氧化活性随着钴钨合金复合物的热处理温度的提高而增加，与甲醇在 KOH 溶液中氧化相比，表现出更好的电化学活性，同时研究人员还发现甲醇在钴钨合金上的电氧化过程中有甲醛生成。

另外，金属的碳化物也引起了人们的关注。我们知道钽可被矿质酸钝化，钝化形成的氧化膜是电子的导体，所以这种表面不适合作为任何形式的电催化剂，但碳化钽可与多种物质构成复合体，具有导电性，这就为其作为电催化剂提供了可能。NiTaC 合金对甲醇和氢气的电氧化均表现出良好的活性，并对甲醇的活性高于对氢的活性。此外，无定形的合金催化剂材料作为一种新的催化剂材料也引起了人们的兴趣。在一般条件下，金属和合金都呈结晶状态，但在特殊条件下，某些金属或合金可以呈类似于普通玻璃的非晶态结构，称为无定形合金，又称为金属玻璃。无定形合金不存在通常晶态合金结构中所存在的晶界、位错和偏析等缺陷，其原子排列呈所谓的短程有序、长程有序状态。这就使无定形合金有既均匀又充满缺陷的微观结构，并有较高的电阻率、半导及超导特性和较高的抗腐蚀性能。其表面自由能往往比晶态合金高，可能对反应分子具有较强的活化能力和较高的活化中心密度。因此，无定形合金催化剂具有较高的比活性和较好的选择性。无定形合金材料的这些性质符合燃料电池用催化剂的基本要求：导电、耐酸碱和对电化学反应有特定的活性。铜基无定形合金（Cu-Zr 和 Cu-Ti）可用于甲醇和甲醛在碱性介质中的电氧化，Cu-Zr 合金与纯铜和 Cu-Ti 合金相比显示了更高的电流密度,但对甲醇来说,并没有发现催化活性。以 PtSn 修饰的无定形合金 NiNb 对甲醇的电氧化性能有明显的提高。尽管人们对无定形合金用于阳极催化剂的性质研究还较少,但无定形合金具有的优良的材料性能和高效的催化活性已经在多相催化领域受到了关注。这也必将影响到低温燃料电池阳极催化剂材料的发展,为催化材料的创新以及 CO 毒化问题的解决提供了一种新的思路。

从催化材料整体上看,低温燃料电池的电催化材料为贵金属基催化剂的主要为 Pt,PtRu,PtPd。虽然非贵金属催化剂的研究也有一定的进展,但是要用于实际还有很长的路要走。由于 Pt,Ru 等是稀有贵金属,资源有限,价格昂贵,在燃料电池的成本组成中占有很大的比重。为了降低它们在催化剂的使用量,人们通常采用纳米负载型催化剂,即将催化剂分散成纳米颗粒,分散在合适的载体上,提高贵金属的利用率,能在很大程度上降低成本。所用载体一般为碳材料,包括炭黑、碳纤维以及新发展的碳纳米管等。在各种催化剂载体中,Vulcan XC-72 碳粉以其具有适宜孔结构和高比表面积、良好的导电性等特性,成为制备燃料电池催化剂常用的载体材料。此外,组成燃料电池的膜电极组件(MEA),包括了催化层,为了燃料电池系统的高效运转,必须保证在催化层中燃料、电子和质子的充分导通,在此过程中催化层的厚度和空间构成起着关键作用。在电极相同 Pt 载量的条件下,催化层过厚不仅增加了电子和质子的传导阻力和燃料的扩散阻力,并且会降低与电解质的接触面积,从而降低电池的效率。因此,为了降低催化层的厚度和增加在单位体积中与电解质的空间接触面积,必须制备高负载量的催化剂,并且催化剂活性组分载量不小于 40%,粒径颗粒不大于 5 nm。

3) 电催化剂的制备方法

(1) 浸渍法

浸渍法是将碳载体在异丙醇和水的溶液中润湿,加入一定量的前驱体(如 $H_2PtCl_6 \cdot 2H_2O$)水溶液,调节 pH 值至碱性,并在一定温度下滴加过量的还原剂(如 HCHO 或 HCOOH),即可制得 Pt/C 电催化剂。由浸渍法制备的 Pt/C 电催化剂,其金属颗粒为 2~7 nm。反应机理如下:

$$[PtCl_6]^{2-} + 2HCHO + 2H_2O \longrightarrow Pt + 2HCOOH + 6Cl^- + 4H^+ \tag{2.31}$$

$$[PtCl_6]^{2-} + 2HCOOH \longrightarrow Pt + 2CO_2 + 4HCl + 2Cl^- \tag{2.32}$$

浸渍法的颗粒分布和粒径控制受多种因素的影响,如载体的处理、反应温度、反应体系的浓度、还原剂等。总的来说,浸渍法虽然方法简单,可以大规模制备,但是在制备过程中,金属 Pt 的形成可以在液相中和载体表面进行。当 Pt 在载体表面上形成时,由于形成的金属 Pt 会在载体上的 Pt 上继续生长,所以会造成所得的催化剂颗粒分布广,电化学性能不佳,这种情况尤其会发生在载量大于 20% 时。同时,浸渍法也可制备多元催化剂,其将多种活性组分共同浸渍载体,加入还原剂进行制备。在制备 PtRu/C 催化剂时,$Na_2S_2O_4$ 和 HCOOH 经常采用,但该方法除了粒径难以控制外,还会造成 Pt 和 Ru 的沉积性较差,Ru 的沉积率一般为 30%,引起 Ru 的损失。在采用 $Pt(NH_3)(NO_2)_2$ 和 $RuNO(NO_3)_x$ 时较易得到高分散的 PtRu/C 催化剂,而采用氯化物时则很难得到理想的粒径分布。关于此方法,尚未有更多制备过程和解释高分散 PtRu/C 的形成机理的报道。浸渍还原反应中铂化合物与碳载体上的配位基(碳平面上的 C=C 或含氧基团)相互作用时,被还原剂还原为零价金属,所以,凡是影响碳载体及 Pt^{2+} 质点相互作用的因素,如还原剂浓度(影响 Pt^{2+} 与载体之间的吸附)、溶液的 pH 值(增大或减小载体和 Pt^{2+} 质点之间的静电排斥)及载体表面酸性基团的含量均可影响 Pt 金属颗粒的分散性。此外,碳载体与水的界面张力也较重要,水对碳表面的浸润程度较小,会导致载体上的金属颗粒分布不均匀。

(2) 胶体法

以铂化合物为原料,在一定的介质和氧化剂条件下进行水解反应,使溶液中的 $[PtCl_6]^{2-}$ 变成含铂的稳定胶体,再经干燥、热处理得到铂基催化剂的方法称为胶体法。

胶体法的介质通常采用 $NaHSO_3$ 和 $Na_2S_2O_4$,氧化剂可使用高锰酸盐、过硫酸盐、H_2O_2。若采用 H_2PtCl_6,$NaHSO_3$,H_2O_2 反应体系,则反应式如下:

$$H_2PtCl_6 + 3NaHSO_3 + 2H_2O \longrightarrow H_3Pt(SO_3)_2OH + Na_2SO_4 + NaCl + 5HCl \quad (2.33)$$

$$H_3Pt(SO_3)_2OH + 3H_2O_2 \longrightarrow PtO_2 + 3H_2O + 2H_2SO_4 \quad (2.34)$$

在胶体法中,载体材料上的金属铂晶粒尺寸较小,为 1.5~5.0 nm,分散性较高,但在水解反应过程中,溶液中 OH^- 含量(pH 值)将影响到能否形成胶体,陈化时间则影响胶体颗粒的粒径和胶体的稳定性。如在 $NaHSO_3$,H_2O_2 反应体系中,陈化时间过长,胶体颗粒会逐渐长大,必须及时加入 H_2O_2 以抑制胶体生长。总的来说,胶体法制备催化剂过程复杂,难以控制,制备过程难度较大。

(3) 醇还原法

醇还原法是使用 α 醇(如甲醇、乙醇、乙二醇等)对贵金属盐类物质进行还原来制备贵金属催化剂的方法。

(4) 离子交换法

碳载体表面存在各种类型的结构缺陷,缺陷处的碳原子较为活泼,可以和羧基、酚基、醌基等官能团相结合。这些表面基团在恰当的介质中能与溶液中离子进行交换。离子交换法即利用碳材料的这个特性制备高分散性的电催化剂。其反应式如下:

$$2ROH + [Pt(NH_3)_4]^{2+} \longrightarrow (RO)_2Pt(NH_3)_4 + 2H^+ \quad (2.35)$$

制备过程是将四氨铂盐溶液添加到悬浮着碳载体的氨水中,经过一定时间后,将固体过滤,洗涤干燥,然后利用氢气流对产物进行还原,即可得到铂金属颗粒。

离子交换法可以分别控制碳载体上的铂载量和颗粒粒径。碳载体上铂载量受载体的交换容量所限,而交换容量与载体表面的官能团含量有关,故需对碳载体进行适当的预处理(如将碳在 NaClO 溶液中进行液相氧化)以增加官能团含量。催化剂中的金属颗粒尺寸受还原条件制约。

(5) Bönnemann 法

Bönnemann 方法是指在有机溶剂中,利用有机硼酸盐还原金属盐、金属氧化物及金属胶体来制备纳米金属的方法。$Pt(CN)_2$ 还原为 Pt 的反应机理为:

$$Pt(CN)_2 + 2NaBEt_3H \longrightarrow (BEt_3 \cdots H \cdots Pt \cdots H \cdots BEt_3) + 2NaCN \longrightarrow [PtH] + 2BEt_3 + \frac{1}{2}H_2 + 2NaCN \quad (2.36)$$

Bönnemann 方法的制备过程较复杂,常用有机溶剂为四氢呋喃(THF),铂盐为 $PtCl_2$,还原剂为 $Li[BEt_3H]$。各种反应类型都要经过步骤 $Pt^{2+} \longrightarrow [PtH] \longrightarrow Pt$,因此,由 Bönnemann 方法得到的金属产物均含有不同含量的氢,其铂颗粒粒径在 10 nm 之内。

(6) 表面活性剂包裹胶体法

表面活性剂包裹胶体法是采用表面活性剂溴化四甲基铵(TOAB)稳定分散 Pt 胶体粒子,负载在碳载体上的方法制备 Pt/C 催化剂。首先将 H_2PtCl_6,TOAB 溶解在四氢呋喃溶液中,室温并 N_2 气氛下搅拌,90 ℃下采用甲酸还原,制得 TOAB 包裹的 Pt 胶体溶液,过滤烘干后,再经甲醇溶液分散,形成稳定的 Pt 胶体溶液,加入碳粉 Vulcan XC-72 充分搅拌后,经乙醇反复洗涤,去除 TOAB,得到 20% Pt/C 催化剂。用 TEM 观察发现,TOAB 的添加量对 Pt 粒子的颗粒大小和分散度有很大的影响。所得催化剂对甲醇电化学氧化性能优于美国 E-Tek 公司的同类产品。该方法过程制备冗长,需 72 h 以上,此外还需要多次洗涤去除表面活性剂,实用价值不大。

(7) 辐照化学合成法

辐照化学法制备 Pt/C 催化剂时，首先将 K_2PtCl_6 溶解在异丙醇和水的溶液中，在 1 atm 下，通入 CO 使之饱和，随后加入载体炭材料，充分混合后，在此过程中形成 $[Pt_3(CO)_6]_n^{2-}$ 等 Pt 羰基化合物，再在辐射源 Co_{60}，以 5 KGy/h 的辐射量进行辐照，异丙醇在辐照时形成大量的强还原性自由基 $[(CH_3)_2C\cdot OH]$ 将 Pt 彻底还原为金属 Pt，洗涤干燥后得到 Pt/C 催化剂。该方法制备的催化剂 Pt 粒径与负载量没有相关性，即使在 Pt 载量为 60% 时，Pt 粒径与载量为 20% 时相比也没有明显的区别，其粒径为 2.0~3.0 nm；电化学测试显示该催化剂具有极高的催化性能。该方法虽可制备高载量高活性催化剂，但是其工艺对设备的要求高，需要辐射源。

(8) 微波辐照法

微波辐照法是较新颖的制备技术，是采用微波介电加热作用，加快催化剂制备的化学反应，来制备催化剂的方法。中山大学沈培康教授研究团队将微波辐照法应用于燃料电池催化剂的大批量制备，发明了制备催化剂的间歇微波加热法，设计发明了程控间歇微波加热实验炉。这种全新的制备工艺不仅可以用于制备催化剂载体材料，也可以控制铂在载体材料上的还原。这种方法的最大特点就是可以实现催化剂的规模制备，单批催化剂制备可得 10 g 产品，而且产品性质均匀。

(9) 微乳法

微乳法是在化学还原法的基础上发展起来的。以油包水为例，首先制备均相微乳溶液，水相在微乳液中以纳米级液滴的形式分布在油相中，形成彼此分离的微区。如果将颗粒的形成空间限定于水相微乳化液滴的内部，则化学反应集中在微乳化液滴内进行，颗粒也在小液滴内形成。颗粒直径与微乳化液滴直径大致相同，颗粒粒径大小可通过改变小液滴直径来控制。该方法的关键是如何采取有效的破乳技术，使活性纳米粒子均匀地负载在载体上，而不发生团聚。由于该方法采用大量的有机溶剂，且需后处理阶段去除表面活性剂的过程，使得此方法制备成本增加，制备过程烦琐，难以广泛应用。

2.4.3.4 燃料电池催化剂载体材料

催化剂中载体的作用主要体现在三个方面：分散、稳定和助催化。通常使用的是碳载体，因为它具有较高的比表面积、良好的电子导电性和一定的化学稳定性。虽然碳载体具有上述优点，但也不是尽善尽美。传统的碳载体 Vulcan XC-72 是直径约为 30 nm 的碳球，比表面积约为 250 m^2/g，已经能够较好地分散 Pt 催化剂；但是，由于碳颗粒较小，催化层比较致密，在燃料电池大电流工作的情况下，反应物的传质跟不上，影响了电池性能的发挥；另外，质子交换膜燃料电池工作的环境非常苛刻（例如强酸性条件、阴极较高的电势、频繁启动和制动、燃料供应不足和环境温度变化等），对催化剂提出了更高的要求，碳载体在这种复杂的环境中会发生腐蚀，导致纳米 Pt 颗粒的团聚和流失。我们对载体的要求不仅仅是能分散、稳定 Pt 催化剂，也希望载体对贵金属具有助催化作用或者其自身就具有催化活性，这样可以进一步提高催化活性，降低成本。

催化剂影响膜电极（MEA）及整个电池的性能，因此，所选择的载体必须具备四个基本条件：① 较好的导电性能，以提高电池的电效率；② 较大的比表面积，以提高负载贵金属的分散性和减少贵金属的用量；③ 较强的抗腐蚀能力，防止电池中电解质的腐蚀；④ 合适的结构，以提高膜电极催化层三维立体结构的稳定性。

1) 碳材料

碳元素是地球上一切生物有机体的骨架元素，广泛存在于茫茫的宇宙中。碳材料因 C—C 原子间化学键合的多样性，致使其微观结构也具有多样性。碳材料有多种同素异形体，形态从一维到三维。其独特的物理与化学性质和多种多样的形态随着人类科学的进步而逐渐被发现、认识和利用。由于具有良好的力学性能、导电性能、耐腐蚀性能和吸附性能等，各种各样的碳材料在能源材料、催化材料、医用材料和环境材料等诸多的领域得以广泛的应用。

从晶体学的角度,碳材料可分为晶体碳和无定形碳,金刚石和石墨是晶体碳的两种典型结构。根据堆积方式,碳材料可分为石墨、碳纤维、玻璃碳和炭黑等;根据石墨化程度的不同,碳材料可分为石墨化碳和无定形碳。石墨化碳材料包括天然石墨、人造石墨、碳纤维、石墨化的中间相碳微球等;无定形碳材料根据其结构特性可分为两类:易石墨化碳和难石墨化碳,也就是常说的软碳和硬碳。

(1) 石墨碳

石墨是由三配位的 sp^2 杂化碳原子形成的平面片层结构,基本单元是平面六元环。石墨晶体中,每个碳原子以 sp^2 杂化与相邻碳原子形成 3 个等距离的且共平面的 σ 键,具有强烈的相互作用,碳原子与碳原子之间通过连续的 sp^2 键形成巨大的六环网络结构,碳原子垂直于该平面的 sp^2 轨道彼此互相重叠而形成共轭的离域大 π 键。在层与层之间范德华力的作用下,平面片层互相平行、相互定向排列。对于理想的石墨单晶而言,层与层之间的晶面间距(d_{002})为 0.335 4 nm。由于片层之间堆积方式的不同,石墨具有六方形和菱形两种典型的结构,如图 2.38 所示。由于石墨具有层状结构,其中层与层之间仅有范德华力的作用,容易平行移动,使得石墨基面和端面的性能明显不同,宏观性能表现出明显的各向异性。例如,石墨片层基面方向(a 轴方向)的热膨胀系数是 -1.5×10^{-6} K^{-1},端面方向(c 轴方向)为 2.8×10^{-6} K^{-1};电导率在 a 轴方向为 2.5×10^6 S/cm,几乎和金属相近,而在 c 轴方向还不及 a 轴的千分之一。

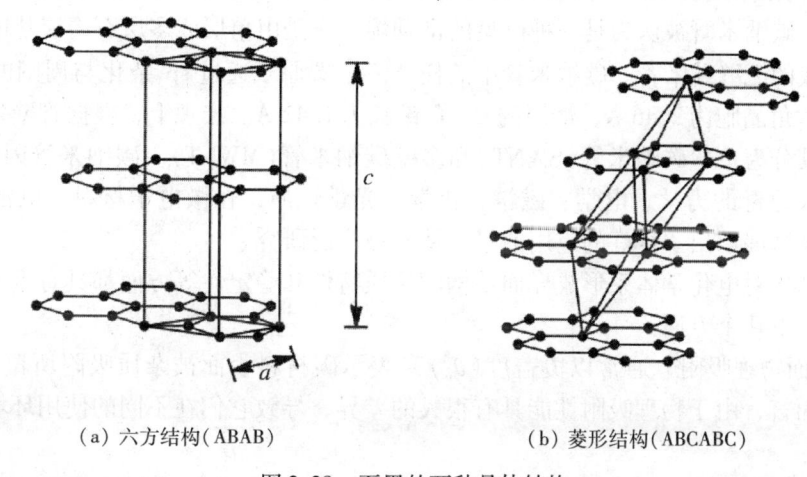

(a) 六方结构(ABAB)　　　　　(b) 菱形结构(ABCABC)

图 2.38　石墨的两种晶体结构

(2) 无定形碳

无定形碳是指结晶度低、晶粒尺寸小、晶面间距(d_{002})较大的碳材料。在无定形碳中,实际上也包含许多细小的石墨微晶区,但是形成的微晶区较石墨要少,只有少量的平面层互相平行,其他的方向却是杂乱的。按石墨化的难易程度,无定形碳可分为软碳和硬碳两类。软碳即易石墨化的无定形碳,经高温处理后能形成石墨化结构,如焦炭、石油焦、碳纤维、碳微球等;由于硬碳在碳化初期便经由 sp^3 杂化形成立体交联,从而妨碍了碳层平面的平行生长,即使在很高温度(大于 2 800 ℃)下进行热处理也难以石墨化。

无定形碳材料主要是由天然有机物、小分子有机化合物和高分子聚合物在低温下热解碳化(500~1 200 ℃)或者使用强氧化剂脱水碳化而制得。目前研究的小分子有机物主要包括甲烷、乙烷、苯、酚酞、硅烷等。而用于无定形碳材料制备的高聚物的种类则比较多,如聚苯、酚醛树脂、纤维素、聚氯乙烯、环氧树脂、聚苯乙烯、呋喃树脂等。大部分聚合物的热解过程为固相碳化过程，一般都发生了下述三种方式的反应：

① C—C 链断裂，生成小分子，产物以气体形式逸出。

② C—C 链塌陷，形成芳香片层，然后形成塑相，生成球形液晶。

③ C—C 链基本维持不变，仅仅与周围的 C—C 链发生结合。

聚合物的热解碳化过程主要包括以下三个阶段：

① 预碳化阶段，该过程主要发生在大量失重的初期，经过该过程聚合物颜色变深。

② 碳化过程，该过程表现为快速的质量损失，主要在 300~500 ℃下进行，氧、氢等杂质原子从结构中脱掉。经过该过程，得到彼此分离的共轭体系的松散网络。

③ 在碳化过程末期，材料进一步脱氢，形成芳香族的梯形聚合物，主要在 500~1200 ℃下进行。随着分离的共轭体系相互结合，形成导电网络，材料的导电性能迅速增加。

由于在制备过程中包含了大量的小分子脱去过程，形成了许多的微观孔洞结构，因而无定形碳与石墨相比，往往具有大得多的比表面积。而且，还可通过加入造孔剂，应用其他多孔材料模板等，获得具有非常高的比表面积和规则孔径结构的无定形碳材料，在多相催化、化学吸附等领域得以广泛应用。

(3) 富勒烯和碳纳米管

富勒烯为20世纪末期发现的一类具有封闭笼状结构的碳分子簇的统称，目前已经发现的富勒烯包括 C_{60} 和 C_{70} 等。碳纳米管被认为是一种巨型的富勒烯，它是由单层或多层石墨层片围绕中心轴按一定的角度弯曲而成的无缝纳米管。碳纳米管中的任意一个碳原子通过 sp^2 杂化与周围的其他3个碳原子键合，其平面六角晶胞为 2.46 Å，最短的 C—C 键长为 1.42 Å。宏观上，根据管壁包含石墨片层数量的不同，可将其分为单壁碳纳米管(SWNT)和多壁碳纳米管(MWNT)。碳纳米管因其独特的结构，而表现出许多令人惊奇的力学、电学、磁学、化学、光学性质，在微电子材料、电池材料、催化材料、储氢材料等领域展示出了良好的应用前景，从而被广泛研究。

碳材料表面结构对电化学体系形成界面结构的传质特性和稳定性等方面都具有重要的影响，其表面结构主要包括以下几个方面：

① 杂质的表面物理吸附。通常以覆盖度(θ_p)来表示碳材料表面被杂质吸附所覆盖的面积比例。对于各种碳材料而言，由于物理吸附性能具有很大的差异，导致它们在不同的使用环境中电化学性能不同。

② 化学吸附。由于碳材料表面碳原子的价态没有饱和，易于化学吸附其他各种杂质分子，特别是含氧原子物种。表面氧化物对碳材料的表面化学特性往往有很大的影响。

③ 粗糙因子。碳材料表面总存在某种程度的粗糙，我们将粗糙因子定义为微观面积与几何面积之比。微观面积可利用气体吸附和动力学测量得出，几何面积则用外观测量或计时安培分析法确定。粗糙因子为大于或者等于1的常数。

④ 端面比例。碳材料中端面面积与基面面积之比可以变化很大，由于端面与基面性能的差异，不同端面比例的碳材料表现出明显的性能差异。

(4) 石墨烯

石墨烯(Graphene)，又称单层石墨，是一种由碳原子以 sp^2 杂化轨道组成六角形呈蜂巢晶格的平面薄膜、只有一个碳原子厚度的二维材料。其结构见图 1.6。

石墨烯一直被认为是假设性的结构，无法单独稳定存在，直至2004年，英国曼彻斯特大学物理学家安德烈·海姆和康斯坦丁·诺沃肖洛夫成功地在实验中从石墨中分离出石墨烯，而证实它可以单独存在，两人也因"在二维石墨烯材料的开创性实验"，共同获得2010年诺贝尔物理学奖。石墨烯目前是世上最薄却也是最坚硬的纳米材料，它几乎是完全透明的，只吸收2.3%的光；导热系数高达5 300 W/(m·K)，高于碳纳米管和金刚石；常温下其电子迁移率超过15 000 cm^2/(V·s)，比碳纳米管或硅晶体高，而电阻率只有6~10 Ω·cm，比铜或银更低，为目前世界上电阻率最小的材料。因为它的电阻率极低，电子跑的速度极快，因此被期待用来发展出更薄、导电速度更快的新一代电子元件或晶体管。由于石墨烯实质上是一种透明、良好的导体，也适合用来制造透明触控屏幕、光板，甚至是太阳能电池。

石墨烯的碳原子排列与石墨的单原子层雷同，是碳原子以 sp^2 杂化呈蜂巢晶格(honeycomb crystal lattice)排列构成的单层二维晶体。石墨烯可以想象为由碳原子和其共价键所形成的原子尺寸网。石墨烯的命名来自英文的 graphite(石墨) + -ene(烯类结尾)，也可称为"单层石墨"。石墨烯被认为是平面多环芳香烃原子晶体，其结构非常稳定，碳碳键(carbon-carbon bond)仅为 1.42 Å。石墨烯内部碳原子之间的连接很柔韧，当施加外力于石墨烯时，碳原子面会弯曲变形，使得碳原子不必重新排列来适应外力，从而保持了结构稳定，这种稳定的晶格结构使石墨烯具有优秀的导热性。另外，石墨烯中的电子在轨道中移动时，不会因晶格缺陷或引入外来原子而发生散射。由于原子间作用力十分强，在常温下，即使周围碳原子发生挤撞，石墨烯内部电子受到的干扰也非常小。

石墨烯是构成下列碳同素异形体的基本单元：石墨、木炭、碳纳米管和富勒烯。完美的石墨烯是二维的，它只包括六边形(等边六边形)。如果有五边形和七边形存在，则会构成石墨烯的缺陷。12个五角形石墨烯会共同形成富勒烯。石墨烯卷成圆桶形可以作为碳纳米管；另外，石墨烯还被做成弹道晶体管(ballistic transistor)，并且引起了大批科学家的兴趣。在2006年3月，美国佐治亚理工学院的研究人员宣布，他们成功地制造了石墨烯平面场效应晶体管，观测到了量子干涉效应，并基于此结果研究出以石墨烯为基材的电路。石墨烯的问世引发了全世界的研究热潮。它是已知材料中最薄的一种，质地非常牢固坚硬，在室温下，传递电子的速度比已知的导体都快。石墨烯的原子尺寸结构非常特殊，必须用量子场论才能描绘。

① 石墨烯的发现历史。

在本质上，石墨烯是分离出来的单原子层平面石墨。按照该说法，自从 20 世纪初，X 射线晶体学创立以来，科学家就已经开始接触到石墨烯了。1918 年，V. Kohlschütter 和 P. Haenni 详细地描述了石墨氧化物的性质(graphite oxide paper)。1948 年，美国的 G. Ruess 和 F. Vogt 发表了最早用穿透式电子显微镜拍摄的少层石墨烯(层数在3~10层之间的石墨烯)图像。

关于石墨烯的制造与发现，最初，科学家试着使用化学剥离法(chemical exfoliation method)来制造石墨烯。他们将大原子或大分子嵌入石墨，得到石墨层间化合物。在其三维结构中，每一层石墨可以被视为单层石墨烯。经过化学反应处理，除去嵌入的大原子或大分子后，会得到一堆石墨烯烂泥。由于难以分析与控制这堆烂泥的物理性质，科学家们并没有继续这方面的研究。还有一些科学家采用化学气相沉积法，将石墨烯薄膜外延生长(epitaxial growth)于各种各样的基板(substrate)上，但初期品质并不优良。

2004 年，英国曼彻斯特大学(University of Manchester)和俄国切尔诺戈洛夫卡微电子理工学院(Institute for Microelectronics Technology)的两组物理团队共同合作，首先分离出单独石墨烯平面。海姆和团队成员偶然地发现了一种简单易行的制备石墨烯的新方法。他们将石墨片放置在塑料胶带中，折叠胶带粘住石墨薄片的两侧，撕开胶带，薄片也随之一分为二。不断重复这一过程，就可以得到越来越薄的石墨薄片，而其中部分样品仅由一层碳原子构成——他们制得了石墨烯。当然，仅仅制备是不够的，通常，石墨烯会隐藏于一大堆石墨残渣中，很难得会理想地紧贴在基板上，所以，要找到实验数量的石墨烯，犹如大海捞针，甚至在范围小到 1 cm^2 的区域内，使用那个时代的尖端科技，都无法找到。海姆的秘诀是，将石墨烯放置在镀有一定厚度的氧化硅的硅片上，利用光波的干涉效应，就可以有效地使用光学显微镜找到这些石墨烯。这是一个要求非常精准的实验。例如，假若氧化硅的厚度相差超过5%，不是正确的数值 300 nm，而是 315 nm，就无法观测到单层石墨烯。

近期，学者们研究在各种不同材料基底上的石墨烯的可见度和对比度，同时也提供了一种简单易行的可见度增强的方法。另外，使用拉曼显微学(Raman microscopy)的技术作初步辨认，也可以增加筛选效率。

2005 年，该曼彻斯特大学团队与哥伦比亚大学的研究者证实石墨烯的准粒子(quasiparticle)是无质量的迪拉克费米子(Dirac fermion)。这样的发现引起一股研究石墨烯的热潮。现在，众所周知，每当石墨被刮磨时，像用铅笔画线，就会有微小石墨烯碎片被制成，同时也会产生一大堆残渣。在 2004/2005 年以前，没有人注意到这些残渣碎片有什么用处，因此，石墨烯的发现应该归功于海姆团队，他们为固体物理学发掘了一颗闪亮的新星。

② 石墨烯的制备方法。

在 2008 年，由机械剥离法制备得到的石墨烯是世界上最贵的材料之一，人的头发截面尺寸的微小样品需要花费 1 000 美元。渐渐地，随着制备程序的规模化，成本降低了很多。现在，能够以吨为计量单位来买卖石墨烯。同时，生长于碳化硅表面的石墨烯晶膜的价格主要取决于基板成本，在 2009 年每平方厘米大约为 100 美元。使用化学气相沉积法将碳原子沉积于镍金属基板，形成石墨烯，浸蚀去镍金属后，转换沉积至其他种基板，这样，可以更便宜地制备出尺寸达 30 in 宽的石墨烯薄膜。

a. 撕胶带法/轻微摩擦法。

制备石墨烯最普通的是微机械分离法，即直接将石墨烯薄片从较大的晶体上剪裁下来。2004 年，海姆等用这种方法制备出了单层石墨烯，并可以在外界环境下稳定存在。典型制备方法是用另外一种材料膨化或者引入缺陷的热解石墨进行摩擦，体相石墨的表面会产生絮片状的晶体，这些絮片状的晶体中就含有单层的石墨烯。缺点是该方法利用摩擦石墨表面获得的薄片来筛选出单层的石墨烯薄片，其尺寸不易控制，无法可靠地制造长度足供应用的石墨薄片样本。

b. 碳化硅表面外延生长。

该方法是通过加热单晶碳化硅脱除硅，在单晶(0001)面上分解出石墨烯片层。具体过程是：将经氧气或氢气刻蚀处理得到的样品在高真空下通过电子轰击加热，除去氧化物，用俄歇电子能谱确定表面的氧化物完全被移除后，将样品加热使温度升高至 1 250～1 450 ℃ 后恒温 1～20 min，从而形成极薄的石墨层。经过几年的探索，克莱尔·伯格(Claire Berger)等人已经能可控地制备出单层或多层石墨烯。在 C-terminated 表面比较容易得到高达 100 层的多层石墨烯，其厚度由加热温度决定。制备大面积具有单一厚度的石墨烯比较困难。

c. 金属表面生长。

取向附生法是利用生长基质原子结构"种"出石墨烯，首先让碳原子在 1 150 ℃ 下渗入钌，然后冷却，冷却到 850 ℃ 后，之前吸收的大量碳原子就会浮到钌表面，镜片形状的单层的碳原子"孤岛"布满了整个基质表面，最终它们可长成完整的一层石墨烯。第一层覆盖80%后，第二层开始生长。底层的石墨烯会与钌产生强烈的相互作用，而第二层后就几乎与钌完全分离，只剩下弱电耦合，得到的单层石墨烯薄片表现令人满意。但采用这种方法生产的石墨烯薄片往往厚度不均匀，且石墨烯和基质之间的黏合会影响碳层的特性。另外，彼得·瑟特(Peter Sutter)等使用的基质是稀有金属钌。

d. 氧化减薄石墨片法。

石墨烯也可以通过加热氧化的办法一层一层地减薄石墨片，从而得到单、双层石墨烯。

e. 肼还原法。

将氧化石墨烯纸(graphene oxide paper)置入纯肼溶液(一种氢原子与氮原子的化合物),这个溶液会使氧化石墨烯纸还原为单层石墨烯。

f. 乙氧钠裂解。

一份于 2008 年发表的论文描述了一种程序,能够制造达到克数量的石墨烯。首先用金属钠还原乙醇,然后将得到的乙醇盐(ethoxide)产物裂解,经过水冲洗除去钠盐,得到黏在一起的石墨烯,再用温和声波振动(sonication)振散,即可制成克数量的纯石墨烯。

g. 切割碳纳米管法。

切割碳纳米管也是制造石墨烯带的尚在试验中的方法。其中一种方法是用过锰酸钾和硫酸切开在溶液中的多层壁碳纳米管(multi-walled carbon nanotubes),另外一种方法是使用等离子体刻蚀(plasma etching)一部分嵌入聚合物的纳米管。

③ 石墨烯的重要性质。

在发现石墨烯以前,大多数(如果不是所有的话)物理学家认为,热力学涨落不允许任何二维晶体在有限温度下存在,所以,石墨烯的发现立即震撼了凝聚态物理界。尽管理论和实验界都认为完美的二维结构无法在非绝对零度稳定存在,但是单层石墨烯在实验中被制备出来了。这些可能归结于石墨烯在纳米级别上的微观皱纹。石墨烯还表现出异常的整数量子霍尔效应,其霍尔电导为 $2e^2/h$,$6e^2/h$,$10e^2/h$,…,为量子电导的奇数倍,且可以在室温下观测到。这个行为已被科学家解释为"电子在石墨烯里遵守相对论量子力学,没有静质量"。2007 年,先后有 3 篇文章声称在石墨烯的 p-n 结或 p-n-p 结中观察到了分数量子霍尔效应行为,物理理论家已经解释了这一现象。2009 年,美国两个实验小组分别在石墨烯中观测到了填充数为 1/3 的分数量子霍尔效应。

a. 电子性质。

石墨烯的性质与大多数常见的三维物质不同,纯石墨烯是一种半金属或零能隙半导体。理解石墨烯的电子结构是研究其能带结构的起点。石墨烯的电子和空穴的有效质量(effective mass)都等于零,因为这种线性色散关系,电子和空穴在这 6 点附近的物理行为,好似由迪拉克方程描述的相对论性自旋 1/2 粒子。所以,石墨烯的电子和空穴都被称为迪拉克费米子,布里渊区的 6 个转角被称为"迪拉克点",又称为"中性点"。在这位置,能量等于零,载子从空穴变为电子,从电子变为空穴。

b. 电子传输。

电子传输测量结果显示,在室温状况,石墨烯具有惊人的高电子迁移率(electron mobility),其数值超过 15 000 $cm^2/(V \cdot s)$。测量得到的电导数据的对称性显示,空穴和电子的迁移率应该相等,在 10~100 K 之间,迁移率与温度几乎无关,可能是受限于石墨烯内部的缺陷所引发的散射。在室温和载子密度为 1 012 cm^{-2} 时,石墨烯的声子散射体造成的散射,将迁移率上限约束为 200 000 $cm^2/(V \cdot s)$。与这数值对应的电阻率为 10^{-6} $\Omega \cdot cm$,稍小于银的电阻率 1.59×10^{-6} $\Omega \cdot cm$,而在室温,电阻率最低的物质是银。所以,石墨烯是优良的导体。对于紧贴在氧化硅基板上面的石墨烯而言,与石墨烯自己的声子所造成的散射相比,氧化硅的声子所造成的散射效应比较大,这约束了迁移率,上限为 40 000 $cm^2/(V \cdot s)$。虽然在迪拉克点附近载子密度为零,但石墨烯展示出最小电导率的存在,大约为 $4e^2/h$ 数量级。造成最小电导率的原因仍不清楚,石墨烯片的皱纹或者在 SiO_2 基板内部的离子化杂质,可能会引致局域载子群集,因而容许电传导。有些理论建议最小电导率应该为 $4e^2/\pi h$,但是,大多数实验测量结果为 $4e^2/h$ 数量级,而且与杂质浓度有关。在石墨烯内嵌入化学掺杂物可能会对载子迁移率产生影响,通过实验可以探测出影响程度。有一组实验者将各种各样的气体分子(有些是施体,有些是受体)掺入石墨烯,他们发现,当化学掺杂物浓度超过 1 012 cm^{-2} 时,载子迁移率并没有任何改变。另一组实验者将钾掺入处于超高真空(ultra high vacuum)、低温的石墨烯中,发现钾离子的物理行为与理论相符合,迁移率会降低 20 倍。假若将石墨烯加热,除去钾掺杂物,则迁移率降低效应是可逆的。由于石墨烯的二维性质,科学家认为电荷分数化(低维物质的单独准粒子的表观电荷小于单位量子)会发生于石墨烯。因此,石墨烯可能是制造量子计算机所需要的任意子元件的合适材料。

c. 光学性质。

根据理论推导,石墨烯会吸收某种白光。一个单原子层物质不应该有这么高的不透明度,而单层石墨烯的独特电子性质造成了这种令人惊异的高不透明度。由于单层石墨烯不寻常的低能量电子结构,在迪拉克点,电子和空穴的圆锥形能带(conical band)会相遇,因而产生这种结果。实验证实这个结果正确无误,石墨烯的不透明度为 2.3% ±0.1%,与光波波长无关。但是,由于准确度不够高,这个方法不能用来作为决定精细结构常数的度量衡标准。近来,有实验示范,在室温通过施加电压于一个双闸极双层石墨烯场效晶体管,石墨烯的能隙可以从 0 eV 调整至 0.25 eV(大约 5 μm 波长)。通过施加外磁场,石墨烯纳米带的光学响应也可以调整至太赫兹(THz)频域。

当输入的光波强度超过阈值时,这种独特的吸收性质会开始变得饱和。这种非线性光学行为称为可饱和吸收(saturable absorption),阈值称为饱和流畅性(saturable fluency)。给予强烈的可见光或近红外线激发,由于石墨烯的整体光波吸收和零能隙性质,石墨烯很容易就可以变得饱和。石墨烯可以用于光纤镭射(fiber laser)的锁模(mode locking)运作。用石墨烯制备成的可饱和吸收器能够达成全频带锁模。由于这种特殊性质,在超快光子学(photonics)里,石墨烯有很广泛的应用空间。

d. 自旋传输。

科学家们认为,石墨烯会是理想的自旋电子学材料,因为其自旋—轨道作用很小,而且碳元素几乎没有核磁矩(nuclear magnetic moment)。使用非局域磁阻效应可以测量出,在室温状况,自旋注入石墨烯薄膜的可靠性很高,并且观测到自旋相干长度超过 1 μm。使用电闸可以控制自旋电流的极性。

④ 石墨烯的应用。

a. 作为电催化剂的载体。

燃料电池电催化剂的传统载体是高比表面的碳粉,其比表面为 250 m^2/g。而石墨烯的比表面更高,可达 2 600 m^2/g,如此高的比表面将大大有利于贵金属在其上的分散,从而提高贵金属的利用率。而且,石墨烯独特的电子结构也可能在电子传导以及电子得失方面对燃料电池电催化剂反应形成正面的影响。

b. 单分子气体检测。

石墨烯独特的二维结构使它在传感器领域具有广阔的应用前景。巨大的表面积使它对周围的环境非常敏感,即使是一个气体分子的吸附或释放都可以检测到。这个检测目前可以分为直接检测和间接检测。通过穿透式电子显微镜可以直接观测到单原子的吸附和释放过程,通过测量霍尔效应可以间接检测单原子的吸附和释放过程。当一个气体分子被吸附于石墨烯表面时,吸附位置会发生电阻的局域变化。当然,这种效应也会发生于其他物质,但石墨烯具有高电导率和低噪声的优良品质,能够探测这个微小的电阻变化。

c. 透明导电电极。

石墨烯良好的电导性能和透光性能,使它在透明导电电极方面有非常好的应用前景。触摸屏、液晶显示、有机光伏电池、有机发光二极管等,都需要良好的透明导电电极材料。特别是石墨烯的机械强度和柔韧性都比常用材料氧化铟锡优良,氧化铟锡脆度较高,比较容易损毁。在溶液中的石墨烯薄膜可以沉积于大面积区域。

通过化学气相沉积法，可以制成大面积、连续的、透明的、高电导率的少层石墨烯薄膜，主要用于光伏器件的阳极，并可得到高达1.71%能量转换效率；而用氧化铟锡材料制成的元件的能量转换效率大约为其55.2%。

d. 场发射源及其真空电子器件。

早在2002年，垂直于基底表面的石墨烯纳米墙就被成功地制备出来，它被看做非常优良的场致发射电子源材料。最近，关于单片石墨烯的电场致电子发射效应也已有报道。

e. 超级电容器。

由于石墨烯具有特高的表面面积对质量的比值，因而可以用于超级电容器的导电电极。科学家认为这种超级电容器的储存能量密度会大于现有的电容器。

f. 石墨烯生物器件。

由于石墨烯的可修改化学功能、大接触面积、原子尺寸厚度、分子闸极结构等特色，应用于细菌探测与诊断器件是个很好的选择。

科学家希望能够发展出一种快速与便宜的电子DNA定序科技，他们认为石墨烯是具有这种潜能的一种材料。他们想要用石墨烯制成一个尺寸大约为DNA宽度的纳米洞，让DNA分子游过这个纳米洞。由于DNA的4个碱基(A, C, G, T)对石墨烯的电导率有不同的影响，因此，只要测量DNA分子通过时产生的微小电压差异，就可以知道到底是哪一个碱基正在游过纳米洞，这样就可以达到目的。

g. 抗菌物质。

中国科学院上海分院的科学家发现，石墨烯氧化物对于抑制大肠杆菌的生长很有效，而且不会伤害到人体细胞。假若石墨烯氧化物对其他细菌也具有抗菌性，则可能发现一系列新的应用，像自动除去气味的鞋子，或保存食品新鲜的包装。

(5) 碳基复合功能材料

复合材料是随着材料科学的发展而涌现出的一种新型材料，它是由两种或两种以上性质不同的材料，通过各种工艺方法组合而成的一种多相固体材料。碳基复合功能材料是针对某一特定的应用领域，将碳材料和其他材料组合在一起，通过一定的方法使它们形成具有特定结构和特殊功能的复合材料。这些碳基复合材料综合了碳材料的化学活性、力学、电学、磁学性能，以及复合组分的固有特性，具有组成、结构、性能多样化的特点。近年来，研究者逐渐将注意力从纯碳形式的材料转移到碳与其他各种材料的复合体。现阶段，被广泛研究的碳基复合材料体系主要包括以下几类：

① 碳/聚合物复合材料。将碳纳米管、碳纤维等纳米碳材料均匀分散在聚合物基体中，所制备的复合材料与单一的聚合物基体材料相比，机械性得以大幅度提高。这一方法已经被广泛地使用在各种聚合物体系中，如环氧树脂、酚醛树脂、聚氯乙烯等。

② 碳/碳复合材料。在基体碳材料表面再包覆一层功能性碳涂层，所制备的碳/碳复合材料具有优异的耐烧蚀能力、良好的高温强度和低密度等许多优点，被广泛应用于军事和航天等领域。

③ 碳/贵金属复合材料。利用碳材料良好的稳定性和可设计的孔洞结构的特点，以高比表面积的碳材料为载体，将贵金属催化剂以纳米粒子的形态均匀分散在其表面，所形成的碳载贵金属复合材料作为催化剂，已被广泛应用于各种各样的化学和电化学催化反应中。这种复合材料催化剂与单纯的贵金属催化剂相比，具有高的活性面积，其贵金属利用率、活性面积和比催化活性等得以大幅度地提高，从而可大大节约贵金属的使用量。

④ 碳包覆纳米金属复合材料。碳包覆纳米金属是一种新型纳米碳/金属壳核结构的复合材料，其中碳层紧密围绕着纳米金属颗粒有序排列，纳米金属粒子处于核心位置。碳层的包覆可避免环境对纳

米金属材料的影响,提高纳米金属粒子的稳定性,改善金属与生物体之间的相容性,因而在医学方面具有广阔的应用前景。此外,通过对金属粒子和碳基体种类的选择,该材料有望用作磁存储材料、电波屏蔽材料、环保材料、精细陶瓷材料、抗菌材料、锂离子二次电池负极材料等。目前,人们已成功地制备出包裹一个或多个金属原子的富勒烯分子和包覆金属或金属碳化物纳米晶体的碳纳米颗粒,并发现这类新奇结构的材料具有奇特的电学、光学和磁学性质,成为继富勒烯和碳纳米管之后又一纳米碳材料研究的热点。

⑤ 其他碳基复合材料。由于无机非金属材料普遍导电性能差,而碳材料具有良好的导电能力,因而将无机非金属材料与碳材料复合可改善材料的电学性能。

由于碳基复合材料种类繁多,结构多样化,针对在某一特定体系中的特殊应用要求,设计、开发具有特殊优异功能的新型碳基能源功能复合材料,已经成为当前材料学研究的一个热点。

2) 新型非碳载体材料

(1) 纳米金属颗粒载体

传统的催化剂都是用高比表面的碳载体分散 Pt,通常可以做到 2~3 nm。虽然表/体原子比极大地增加,但是不可能做到100%。用化学还原法在纳米 Au 颗粒表面沉积近乎单层的 Pt,即得 Au@Pt(Au 在 Pt 上形成合金)催化剂,当 Pt/Au 的质量比小于0.05 时,Pt 原子利用率接近100%,并且在甲醇电催化氧化中表现出非常高的稳定性。用 Pt 金属离子置换纳米颗粒 Cu,得到单原子层的催化剂,Pt 的利用率被极大地提高,并且对氧还原的活性也大幅提高。

(2) 金属氧化物载体

某些金属氧化物除了具有良好的电子导电性外,还具有较好的化学稳定性,采用金属氧化物载体可以缓解催化剂的衰减,甚至起助催化的作用。

① 提高稳定性的金属氧化物载体。Tsutomu Ioroi 等用 Ti_4O_7 为载体,进行恒电势极化,结果显示用 Ti_4O_7 为载体的电池性能基本不变,而用碳为载体的电池性能随恒定电势的增加而下降明显。Liu 等用 ZrO_2/C 作为载体负载 Pt 催化剂,用循环伏安法考察催化剂的电化学稳定性,结果表明该催化剂具有一定的抗烧结和抗腐蚀的优点。在基于 H_3PO_4 掺杂的聚苯并咪唑(PBI)的高温质子交换膜燃料电池中也表现出较高的稳定性和电池性能。

② 具有助催化作用的金属氧化物载体。Shanmugam 等用碳包覆 TiO_2 的核/壳材料作为载体负载 Pt 催化剂,实验结果表明该催化剂的甲醇电催化氧化活性高于普通 Pt/C 催化剂,作者把性能的提高归因于金属/载体间的相互作用。Shen 等制备的 Pt/WO_3 催化剂的甲醇电催化活性比 Pt/C 高,并且氧化物表面的吸附水有利于 CO 的氧化剥离。类似的载体还有 SnO_2 纳米线和 $Nb_{0.1}Ti_{0.9}O_2$。

有些金属氧化物载体除了可以稳定纳米 Pt 外,还有助催化作用。Lee 等用 ATO(Sb 掺杂 SnO_2)作为载体负载 Pt 催化剂,发现在低载量的时候对 CO 氧化、甲醇氧化和乙醇氧化的活性比 Pt/C 好,并且可以减缓 Pt 的衰减。作者认为是载体的双功能效应或者电子效应起了作用,并且载体与 Pt 之间有强的相互作用。Adzic 课题组用 NbO_2 为载体负载 Pt 催化剂,发现对 CO 氧化、甲醇氧化和氧还原都有很好的催化作用,并且将催化剂在室温下进行 30 000 次循环伏安扫描,结果发现该催化剂的氧还原活性基本不变。这是因为一方面载体对纳米 Pt 的电子结构进行了修饰;另一方面氧化物载体表面的含氧基团有利于 CO 的氧化剥离,并且对 Pt 表面生成的—OH 具有排斥作用,可以减少—OH 在 Pt 表面的覆盖度,利于氧分子在 Pt 表面的断键和加氢还原。某些非化学计量比的过渡金属氧(氮)化物自身就具有较好的氧还原催化活性。

$$WO_3 + xPt-H \longrightarrow H_xWO_3 + xPt \tag{2.37}$$

$$H_xWO_3 \longrightarrow xH^+ + xe^- + WO_3 \tag{2.38}$$

(3) 过渡金属碳(氮)化物

某些过渡金属碳化物具有类 Pt 的性质,被称为"准 Pt 金属催化剂",这些金属碳化物可以用作催化剂载体。中山大学沈培康课题组用间歇微波加热法(IMH)制备了 WC 载体,负载 Pd 催化剂用于碱性介质中的乙醇氧化,表现出比 Pd/C 更好的催化性能。作者认为这是载体与催化剂之间的协同效应。另外,用同样的载体负载 Pt 催化剂,在酸性介质中的氧还原电催化实验中也观察到了类似的协同作用。

课外兴趣知识 3
碳化钨(WC)的制备及其在燃料电池中的应用

1781 年,Scheele 首次发现碳化钨,但直到 100 多年以后,Henri Moissan 才用人工的方法合成出了碳化钨。碳化钨是将碳原子填隙到钨晶格内形成的间隙化合物,这种碳化物材料具有独特的物理和化学特性。它们综合了三种材料的性质:共价化合物、离子晶体和过渡金属。即具有共价化合物的高强硬度和脆性,具有离子晶体的高熔点和简单晶体结构的特点,而它们的电和磁特性又和过渡金属相似。碳化钨的熔点在 2 600~2 850 ℃,硬度为 16~22 GPa,拉伸强度为 300 GPa,断裂强度为 28 MPa/m^2,压缩强度为 5 GPa(20 ℃),这些性质都和陶瓷材料的性质相似;同时,它们的电导率、磁化系数和热容都和金属相同。碳化钨的难熔和导电特性使得它在材料学中有广泛的应用。例如,广泛应用在切割工具、耐磨工具和硬涂层。由于其独特的性质,碳化钨可以用作保护性涂层。碳化钨涂层具有一些有趣的性质,如高硬度、耐腐蚀、优良的附着性、高弹性、化学惰性、高耐磨性等,使得碳化钨在很多工程应用中成为首选。它们在高温工具中有广泛的应用,如用作高速工具、喷塑模具、滚筒和钻头;它们可以用作电磁材料和超导材料,在半导体工艺中用作扩散屏障;最近的报道表明,它们在空间通信技术领域已经有了实际应用。

对于碳化钨的键合作用已经有很多的探讨,综合来说,这些探讨认为碳化钨的键合是基于共价键、离子键、金属键和联合结构模型。其中联合结构模型的计算最能解释碳化钨独特的物理性质,因此得到最广泛的认可。由于碳化钨原子间的键合力有共价键、离子键和金属键,碳化钨具有与这三类材料共有的一些特性。

碳化钨的离子键来源于碳和钨不同的电负性,二者的电负性差值为 0.8。但碳化钨的离子键作用非常微弱,因此对其性质影响不大。碳化钨的共价键来自于钨的未满的 5d(6s 是满的)轨道和碳的 2p 轨道,这是一种非常强的键和作用,正是共价键的作用碳化钨才具有高硬度、高脆性、高熔点和其他间隙化合物的特性。然而,金属钨也具有这些特性,而且金属钨的熔点比碳化钨还要高。共价键对碳化钨的线性热膨胀性质也有部分贡献。碳化钨中最强的键是金属键,其颜色、导电和导热性质都是由金属键决定的。强的金属键也解释了碳化钨为什么能像合金一样化合。碳化钨的普遍存在状态有 WC 和 W_2C,就像形成了碳钨合金。

(1) 碳化钨的结构

碳化钨是一种间隙化合物,碳原子掺杂在密堆积金属阵列的空缺处。通常碳原子总是占据最大的间隙位,如在 fcc 和 hcp 结构中占据八面体位,在六方结构中占据三棱位。第Ⅳ族和第Ⅴ族碳化物的主要结构是 fcc-NaCl 结构。这些材料可以容许碳空位的混乱造成的结构上的非化学计量性,如 TiC 从 $TiC_{0.61}$ 到 $TiC_{1.00}$ 都有稳定态存在。而对于第Ⅵ族碳化物 WC 和 Mo_2C 就不容许这种非化学计量比结构的存在,所以它们一般是六方结构。

W_2C 具有六方密堆积结构,而 WC 是简单六方结构。如图 2.39 所示,在 W_2C 中每两层钨中间夹着一层碳,这种结晶面比 WC 更具有金属特性。

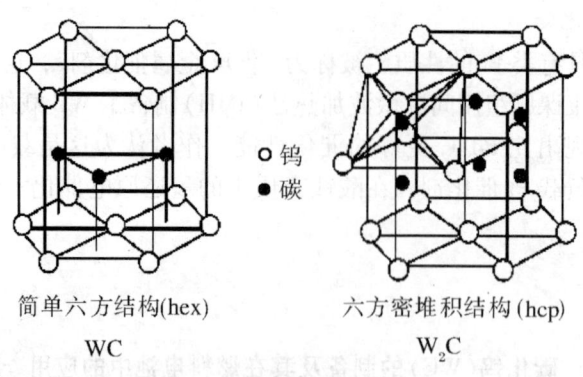

图2.39 碳化钨的晶体结构

碳化钨的结构是由两个密切相关的因素决定的：几何结构和电子性质。几何结构是基于 Hägg 的经验公式，该公式认为当非金属与金属原子半径的比小于 0.59 时，间隙化合物的结构是简单结构，像 fcc、hcp 和 hex 等。这种结构在第Ⅳ族到第Ⅵ族金属的碳化物和氮化物中非常常见。虽然这些碳化钨的结构是简单晶体结构，但它们和其源金属的结构还是有很大不同的。例如，纯钨是体心立方结构，而碳化钨是六方密堆结构。源金属和其碳化物结构上的区别可以用电子性质来解释。根据 Engel-Brewer 理论，金属或金属原子部分被取代而形成的合金的结构是由 s-p 电子数决定的。当 s-p 电子数增加时，晶体结构从 bcc 变到 hcp 再到 fcc；而对于碳化物，非金属的 s-p 轨道和金属的 s-p 轨道混合再杂化会增加化合物中的总 s-p 电子数。这种电子数的增加遵循源金属小于碳化物的原则，从而造成结构的转变。

一般来说，碳化钨两个最重要的电子特性是电子转移的方向和数量以及碳化过程中对金属 d 轨道的杂化作用。关于过渡金属碳化物和氮化物中电子转移的方向和数量是一个争论了很久的问题，有很多甚至是完全相反的意见。利用扩散平面波的方法可证明在碳化钨结构中的金属—非金属键包含大量离子特性，此特性表现为电子从金属向非金属的传递。而实验的结果往往是矛盾的。Ramqvist 利用 X 射线光电子能谱(XPS)研究了碳化钨中主峰的化学位移。然而，XPS 化学位移的结果和电子转移数之间的关系很复杂，常被称为"非化学键合"作用。例如，在化学键合作用中除了电子转移的贡献外，还有基态原子并列状态的改变引起基态效应，后者通常会降低表面电位，同样会造成 XPS 中的化学位移。原则上讲，利用近边 X 射线吸收精细结构(NEXAFS)技术可以在很大程度上避免出现上述的这种复杂作用，如应用在钒的碳化物中电子转移的报道。目前，关于碳化物中电子转移方向的普遍接受的观点是从金属向非金属转移。电子转移的数量决定了碳化物的离子性，从第Ⅳ到第Ⅵ族金属的碳化物的离子性是逐渐增强的，这种趋势是由于源金属的电负性逐渐减弱造成的。碳化物或氮化物的形成改变了源金属的 d 轨道特性，这就造成碳化物或氮化物具有不同于其源金属而和第Ⅷ族贵金属相似的催化特性。一种简单的解释是，在形成间隙化合物的过程中，金属晶格会扩张导致金属—金属之间的距离增加。例如，碳化后，钒的晶格常数从 0.26 nm 增加到 0.42 nm，钼的晶格常数从 0.27 nm 增加到 0.30 nm。这种金属—金属距离的增加会导致金属 d 轨道的收缩，而这种收缩和金属—金属间距的第五反转力具有比例关系。相对于源金属来讲，此 d 轨道收缩会在费米能级附近造成更大的态密度(density of states, DOS)，尽管电子是从金属转移到碳原子。

在众多过渡金属的碳化物和氮化物中，碳化钨的电子性质被广泛地利用各种技术进行了研究。这些研究的绝大多数都是追随 Levy 和 Boudart 的报道，是他们首次指出碳化钨在某些催化反应中具有和铂类似的性质，并研究比较了钨在碳化前后的电子性质。总体来讲，这些研究得到一个结论，认为钨的 d 轨道杂化是一个非常复杂的过程，d 轨道的满态和未满态在碳化过程中有各种不同的杂化方式。例如，XPS 研究指出，钨的满态 d 轨道在碳化后会变窄，造成在费米能级以下碳化钨和铂具有相似的电子结构；然而，在费米能级以上，碳化后钨的未满态 d 轨道会宽化，造成更大的空能级密度。Johansson 等利用角分辨光电子能谱（ARP）和反转光电子能谱（IPE）技术研究了满态和未满态 d 轨道的键结构，表明在费米能级以上和以下存在着不同的密度状态。然而，这些关于键结构的研究没有直接应用到碳化前后金属表面电子性质的变化情况。目前，由于缺少源金属及其碳化物的直接比较，无法解释源金属的 d 轨道在碳化过程中是怎样被杂化的。

(2) 碳化钨在催化反应中的应用

自从 Levy 和 Boudar 首次披露碳化钨和铂在催化方面的相似性之后，碳化钨的催化性质引起学术界很大的兴趣。由于贵金属储量少，价格昂贵，而碳化物的源金属储量丰富，因此用碳化物有效地代替贵金属是很有意义的研究。对碳化物的研究从碳化钨扩展开，延伸到了对过渡金属的碳化物和氮化物的研究。碳化钨首次应用为催化剂是在烷烃的异构化中，该反应是一个典型的贵金属催化反应；碳化钨的另一个应用是异相催化。碳化钨相对钨来说具有完全不同的催化性质，像活性、选择性和抗毒化性。碳化钨应用为催化剂已经有了广泛的实验和理论研究，这些研究证明了其在一系列第Ⅷ族贵金属催化的反应中具有很好的催化性能，而且对于一些反应，如加氢反应，碳化钨的催化性能接近甚至超过贵金属。碳化钨的另一个优势是它的耐火性，这相对于贵金属来说扩大了应用范围，在一些有摩擦、高温或灼烧的情况下也可应用。

碳化钨在酸性环境中有可能作为阳极催化剂。铂很容易被 CO 毒化而失去活性，因而大大降低了催化剂的使用效率；但碳化钨作为阳极催化剂不仅具有催化性能，还不易被 CO 毒化，具有较强的抗毒化能力。

Henry 等人利用程序控温脱附（TPD）、高分辨率电子能损失谱（HREELS）和俄歇光电子能谱（AES）研究对比了甲醇在洁净钨(111)面和碳化钨修饰的钨(111)面上的分解。甲醇在未修饰的(111)面上的分解主要是生成原子碳和 H_2，只有15%处于吸附态的甲醇分解成 CO，CH_4 和 H_2。而(111)面一旦被碳化钨修饰，55%的甲醇还是直接分解，但是会有更多的 CO 和 CH_4 产生。如果碳化钨表面再进一步用氧气修饰，生成 CO 的反应被大大加强而成为主要反应，同时相对于未修饰的(111)面，CH_4 的产量略有降低。这种结果可以和甲醇在铂系催化剂表面的分解进行比较，说明碳化钨有潜力代替铂系金属作为燃料电池的阳极催化剂。Liu 等人进行了类似的研究，他们研究了甲醇、水和氢气在碳化钨表面的反应。结论是在 Pt/C/W(111)表面49%的甲醇分解成 CO 和 H_2，其他51%甲醇分解成原子碳、原子氧和氢气。相对于 C/W(111)，在甲醇的分解中 Pt/C/W(111)很明显体现了一种协同作用，而且，Pt/C/W(111)和 C/W(111)都对水和氢气的分解有催化作用。这些结果证明用铂修饰的碳化钨很有可能应用在直接甲醇和氢空燃料电池中作为阳极催化剂。

此外，McIntyre 等人研究了氢气在碳化钨上的电化学氧化，证明 CO 几乎不会影响这一反应。Bodoardo 也研究了碳化钨催化氢气的氧化，通过测量一个密闭容器中气体压力的变化而证明了氢和氧发生了反应，同时在不同的电位收集到氢气氧化的电流。结论证明，碳化钨对氢气氧化具有一定的催化活性，但活性远不及铂。

(3) 碳化钨的制备

碳化钨制备工艺继承于冶金工业，是在还原性气氛中，金属、金属氢化物或金属氧化物和一定比例的碳直接反应，反应温度通常很高（高于 1 500 K），所得的产物具有很低的比表面和纯度，这些工业材料不适合用作催化剂。为了适应碳化钨在催化和吸附方面的应用，研究人员研发了很多制备高比表面碳化钨的方法，如挥发性金属化合物的气相反应，气相反应气和固相金属化合物的反应，金属化合物的高温分解和液相反应。研究发现，碳化钨的催化和吸附性能与其表面结构和成分有很大关系，而其表面结构和成分又受到制备工艺的影响。一种制备高比表面纳米碳化钨的方法是程序控温法，它使氧化物前驱体和含碳气体与氢气的混合气反应，这一方法广泛应用于制备催化用途的碳化钨上。

到目前为止，碳化钨制备的方法主要有：程序控温法、固态反应法、直接加热法、声化学方法、化学还原法、热分解方法、置换法、化学气相浓缩法、磁电管溅射合成法、低压化学气相沉积法、气态反应合成法和微波法等。

中山大学沈培康研究团队发明了制备纳米碳化物的新技术，制备的产品颗粒小于 5 nm。技术的核心是以离子交换树脂为基体，通过离子交换定域地将目标离子交换到树脂上；颗粒的大小可以通过调节交换条件进行调控。这一成果为纳米碳化物材料的批量制备开辟了新的途径。

2.4.3.5 质子交换膜燃料电池电解质材料

1) Nafion 膜的结构和性能介绍

质子交换膜燃料电池使用的电解质隔膜，似乎在出现全氟磺酸膜后，就没有其他材料可与之竞争。全氟磺酸膜（如 Nafion 膜）可以制得很薄而具有足够的强度，因而可以显著地降低膜电阻。

(1) Nafion 膜的结构

Nafion 膜的分子结构如图 2.40(a)所示，其中的 H^+ 也可以是 Li^+，Na^+ 等其他平衡离子。最常用的 Nafion212，Nafion115 和 Nafion117 等薄膜外观为无色透明，平均相对分子质量为 $10^5 \sim 10^6$。由分子结构可看出，Nafion 膜是一种不交联的高分子聚合物，在微观上可以分成两部分：一部分是离子基团群，含有大量的磺酸基团，它既能提供游离的质子，又能吸引水分子；另一部分是憎水骨架，与聚四氟乙烯类似，具有良好的化学稳定性和热稳定性。

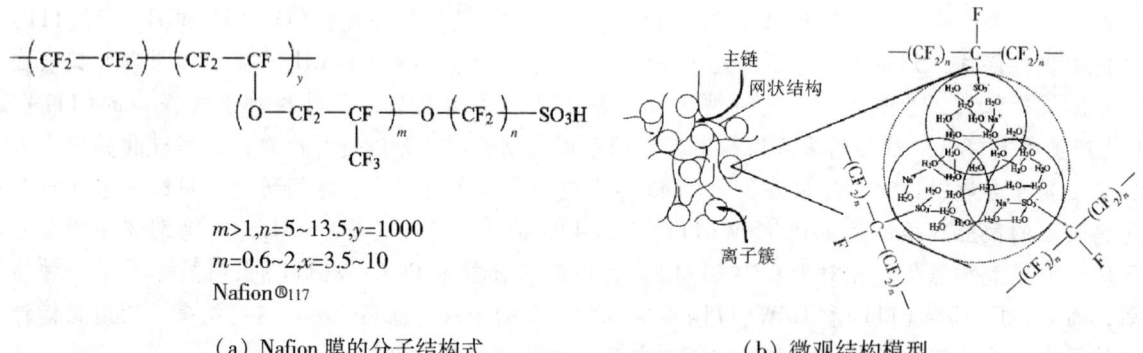

(a) Nafion 膜的分子结构式　　　　(b) 微观结构模型

图 2.40　Nafion 膜的分子结构和微观结构

Nafion 系列膜具有体型网络结构，其中有很多微孔(孔径约 10^{-9} m)。人们普遍用"离子簇网络结构模型"来描述这种结构，并把它分为三个区域：① 憎水的碳氟主链区；② 由水分子、固定离子、对离子和部分碳氟高聚物侧链所组成的"离子簇区"；③ 与前两个区域相间的过渡区。膜中—SO_3H 是一种亲水性的阳离子交换基团，当阴极反应时，—SO_3H 中离解出的 H^+ 会参与结合生成水，同时放热。H^+ 离去后，—SO_3^- 会因静电吸引邻近的 H^+ 填充空位，加上电势差的驱动，使 H^+ 在膜内由阳极向阴极移动。在有水存在的条件下，—SO_3H 上的 H^+ 与 H_2O 形成 H_3O^+，从而削弱了—SO_3^- 与 H^+ 间的引力，有利于 H^+ 的移动。由于膜的持水性，在 H^+ 摆脱—SO_3^- 后，膜中进行了"连锁式的水合质子传递",即质子沿着氢键链迅速地转移,所以水是质子传递必不可少的条件。质子传递使得两电极反应顺利进行,维持了电池回路,所以,质子传递快慢,直接影响电池的内阻和输出功率。

(2) Nafion 膜中的物质传输机理

在直接甲醇燃料电池(DMFC)中,Nafion 膜分隔阳极与阴极,传输离子与分子。水的存在对于物质在膜内的传输起着举足轻重的作用。当 Nafion 膜被水溶胀之后,由于 Nafion 膜分子中极性与非极性的相互作用,使得膜在微观上形成一种胶束网络结构,如图 2.40(b)所示,憎水的聚四氟乙烯骨架支撑于胶束的外围,而侧链及侧链上的磺酸根延伸于球状胶束的内部。研究结果表明:球状胶束的直径为 4~6 nm,连接球与球之间的通道直径约为 1 nm。离子及分子在膜内的传输主要依赖于这些球状胶束和连接球状胶束的通道,而胶束和通道直径的大小是决定分子及离子传输速度的主要因素,直径越大,分子及离子穿过胶束和通道的速度越快,直径越小,分子及离子受到的阻隔作用越强。

(3) Nafion 膜在 DMFC 中的应用

在 DMFC 中应用,Nafion 膜具有其他质子交换膜无可比拟的诸多优点。如上所述,由于 Nafion 膜的独特分子结构,使它具有极佳的物理性能和化学性能,适合于 DMFC 的工作条件及使用要求。但是,Nafion 膜应用在 DMFC 中存在一个难以克服的技术问题,即 Nafion 膜具有优良导电性的同时,它的透过选择性较差,甲醇燃料分子可以在阳极未经氧化而直接穿透 Nafion 膜到达阴极,致使 DMFC 的能量效率大为降低,这已成为 DMFC 的效率提高及大范围使用的一个主要障碍。一方面,通过直接穿透 Nafion 膜而流失的甲醇量占燃料总量的比例可高达 40%,这使得甲醇燃料大量损失;另一方面,甲醇直接到达阴极,在阴极发生反应,会导致阴极催化剂中毒,大大缩减电池的使用寿命。由此可见,要想提高 DMFC 的能量效率,降低甲醇渗透率是必须解决的一个问题。

2) 复合质子交换膜的研究概况

为提高 Nafion 膜的高温电导率,降低甲醇渗透性,对 Nafion 膜的修饰与改性的研究一直非常活跃。电池堆的散热,也需要耐 100 ℃以上的高温且廉价的复合膜来较好地解决燃料电池系统工作过程中膜的干涸问题。

由于磷钨酸($H_3PW_{12}O_{40} \cdot 29H_2O$,PWA)、硅钨酸(SWA)、磷钼酸(PMA)、钨锑酸(WSA)等杂多酸具有质子传导能力,并且沸点高(100~200 ℃),可用其改性 Nafion 制备有机—无机混合的聚合物膜,虽然此膜的电导率比 Nafion 膜要高(0.2 S/cm),并在 DMFC 上使用(110~115 ℃)取得了较好的实验结果,但长时间运行的话,由于杂多酸溶于水,从 C—F 链脱离,随水排出到膜体之外而导致性能下降。因此,这种膜只能用于较为干燥的环境。

为解决上述问题,研究人员采用不可流动的固体材料,如氧化物 SiO_2 或锆磷酸盐 $Zr(HPO_4)_2$,来取代液态无机酸或杂多酸获得有机—无机复合型膜。采取溶胶—凝胶(sol - gel)工艺把亲水无机粉末 SiO_2 掺杂在 Nafion 膜中制得多孔架构复合膜。由于颗粒尺寸小,比表面大,这种膜作为储存水的介质,可有效防止水分蒸发损失,在 145 ℃显示出良好的质子传导性能,并且无机纳米粒子增加了膜的醇水分离功能,组装的 DMFC 性能优良,在 0.4 V、0.6 A/cm² 时功率密度达到 0.24 W/cm²。或者将 $\gamma - Zr(PO_4)(H_2PO_4) \cdot nH_2O$ 引入膜中,在完全润湿(RH 为 100%)的条件下,质子电导率达到 5×10^{-2} S/cm。实验发现,Nafion/SiO_2 复合膜可有效降低电池工作过程中 CH_3OH 的渗透率,且复合膜中 SiO_x 含量越高,效果越明显。关于其作用机理,Miyake 认为是由于复合膜中的 SiO_2 对水有较强的亲和力,因而在甲醇溶液中,它首先吸收水分,再吸收 CH_3OH,可大大地降低甲醇的摄入量;高含量的 SiO_2 复合膜在膜的表面形成了一个富硅层,对 CH_3OH 的进入也会产生特别的阻力。125 ℃时,Nafion/SiO_2 复合膜 DMFC 的电流密度在 650 mA/cm² 时,电压可达到 0.5 V,而且电池电阻随温度的升高而减小。

制备这种复合膜采用 sol-gel 法，即在预先形成的膜上进行，限制了膜内无机物含量的变化范围。干燥过程中，残留前驱体、溶剂小分子的挥发使材料内部产生收缩应力，致使材料脆裂，所以还需完善工艺。应选择有良好溶解性能的共溶剂，以保证无机纳米粒子前驱体与膜前驱体具有很好的相容性，这样形成凝胶后不会发生相分离。纳米 SiO_2 的含量与成膜性能也有很大关系。SiO_2 含量较低时，很容易均匀分散，与聚合物基体非常相融，但对聚合物增强补效作用不显著，达不到要求；SiO_2 含量较多时，很难均匀分散，给离子导电带来不利，失去了优势，过多的 SiO_2 也会自成膜使聚合物破碎。合适的 SiO_2 加入量可以均匀地分散在聚合物链之间，与聚合物很好地衔接，有利于离子传输，电导率较高，而且成膜能力明显改善，可形成自支撑膜。所以，要控制好反应物质的配比，确保无机氧化物在全氟磺酸膜中的含量以及分散性提高，不至于使膜的力学强度下降。

也有人用对醇水分离效果比较好的聚乙烯醇(PVA)与 Nafion 膜复合。PVA 材料是醇的不良溶剂，对水的选择性优于醇。当醇浓度较高时，亲水的 PVA 分子链发生不同程度的卷曲收缩，使聚合物分子链自由体积减小。由于水分子的尺寸比醇分子小，膜的收缩有利于提高膜对水的扩散选择性，明显降低甲醇渗透性；醇浓度增大，膜内水浓度远大于原料液中水的浓度，使膜对水的溶解选择性和醇—水分离系数提高。对于纯 Nafion 膜，因为醇的极性大于水，醇分子更容易进入 Nafion 的笼状结构而优先被吸附，所以醇浓度升高时，Nafion 对醇的阻拦作用不但不会升高，反而会降低。由于 PVA-Nafion 复合膜的力学强度下降，电导率降低，因此后来采用戊二醛交联和后磺化来改善。

用碱土金属离子 Rb^+，Cs^+ 代替 Nafion 膜中的部分 H^+ 进行修饰，由于 Rb^+，Cs^+ 弱的亲水性，减少了 RbM，CsM 膜的吸水量（$[H_2O/—SO_3^-] = 8.6 \sim 10.1$），亲水畴的容积也相应缩小，可降低甲醇渗透量，但导电性有一定程度的减小。

采用 Ar 等离子刻蚀和溅射 Pd 对膜表面进行修饰，降低了膜表面的亲水性，减小了 Nafion 膜的微孔直径，使膜表面粗糙度增加，从而增加了比表面积，延长了甲醇渗透的距离，相应地甲醇分子在膜中的传递速度减慢、沉积，甲醇渗透性大大降低。此膜相对于甲醇而言，对质子有更好的选择性，不会影响质子电导率。经过改性的膜，甲醇渗透率下降，而经过等离子蚀刻及 Pd 溅射的膜甲醇渗透率最低。但由于膜表面的不平整性，可能会增加催化层与膜之间的接触电阻。

总之，随着 DMFC 基础研究的不断深入和实验技术的逐渐完备，克服 Nafion 膜的缺陷并开发一种价格较低、质量高，兼具良好的质子导电性能、耐高温和甲醇渗透性低的优异复合质子交换膜将会受到人们更多的关注，并可能成为 DMFC 研究领域里的一个新方向。这是一项既艰巨又非常紧迫的任务，必须设计出合理的质子交换膜的分子构型，控制膜的微观结构，提高其质子电导率。

2.4.4 太阳能电池材料

地球的化石燃料资源是有限的，而且燃料燃烧的副产品和核电站的投放物对环境有很大程度的污染。所以，人们对于利用太阳能直接转换为电能的研究兴趣与日俱增，太阳能电池（亦称太阳电池）就是这些研究的成果之一。自从第一个太阳电池诞生以来，随着理论的发展、设计的改进以及工艺的完善，其价格日趋下降。作为一种新能源，从太空到地面，从生产到生活，从军事到民用，太阳能电池正被逐步推广利用。太阳电池最早主要应用于宇航技术中，试验证明，这类电池是完成宇航任务的最好能源。1957 年之后，前苏联发射的两颗人造地球卫星所使用的电源都是电化学电池。太阳电池阵列首次成功地应用于太空是 1958 年 3 月 17 日美国发射的先锋 1 号地球卫星。由 6 块太阳电池平板组成的太阳电池阵列，镶嵌在球形的宇宙飞行器表面，每一块平板上装有 18 个大小为 2.0 cm×0.5 cm 的 p/n 太阳电池（28 ℃时的能量转换效率为 10%）。该太阳电池阵列系统可以持续工作 6 年以上。从 20 世纪 60 年代初到 70 年代末这 20 年期间，总共有 1 000 多枚人造卫星使用了太阳电池。美国一直把太阳电池列为重点研究项目。

2.4.4.1 太阳电池的发电原理及构造

1) 太阳电池的发电原理

当光照射在半导体上时，不纯物中的电子被激励，由于带间激励，价电子带的电子被传导带激励而产生自由载流子，从而导致电子传导度增加的现象称为光传导现象。当大于禁止带宽 E_g 的能量的光照射在半导体上时，由于带间迁移作用，价电子带中的电子被激励而产生电子—空穴对，使电子传导度增加。当半导体中的内部电场 E 存在时，半导体受到光照射便产生电子—空穴对，由光所产生的电子在传导带中的电场的作用下向某侧运动，价电子中的空穴则向反侧运动，由于产生电荷载流子的分极作用，半导体的两侧产生电位差，这种现象称为光电效应。

2) 太阳电池的构造

太阳电池的构造多种多样，一般的太阳电池的构造如图2.41所示。现在多使用由 p 型半导体与 n 型半导体组合而成的 pn 结型太阳电池，主要由 p 型半异体、n 型半导体、电极、反射防止膜等构成。对于由两种不同的硅半导体(n 型与 p 型)结合而成的太阳电池，当太阳光照射时，太阳的光能被太阳电池吸收，产生正离子(+)(空穴)和负离子(-)(电子)。正离子向 p 型半导体集结，而负离子向 n 型半导体集结，当太阳电池的表面和背后的电极之间接上负载时，便有电流流过。

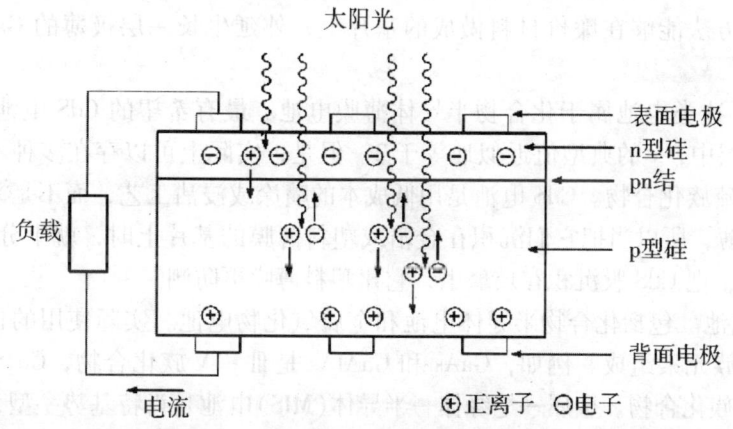

图 2.41 太阳电池的发电原理及构造

2.4.4.2 太阳电池的种类

太阳电池的种类很多，但目前对于多数批量生产和研制的太阳电池，还没有公认的命名法。现将它们大致的分类情况介绍如下。

(1) 按照应用分类

① 地面太阳电池。在设计、制造和测试等方面，没有空间太阳电池那样严格。其特点是价格较低。由于大多数紫外太阳能已被大气层吸收，因此电池的最佳光谱响应在长波区。

② 空间太阳能电池。它是按照严格的质量标准和工艺要求制造的器件。它的可靠性很高，能经受极高的温度和其他太空环境的考验。在太空应用中，对其重量要求很严格，所以，设计空间电池时，必须使单位重量的实际输出功率(W/kg)达到最大。

③ 一个天文单位电池。所谓一个天文单位，就是地球到太阳的平均距离，等于 1.496×10^{11} m。实际上，这样的电池是无需特殊设计的。因为大多数地面和空间电池都设计成在距太阳接近一个天文单位处的太阳强度下工作，其效能为最佳。而在极低或极高的照射强度下工作都较差。

④ 低强度电池。这类电池在比较低的光照强度下，工作效能为最佳。与高强度电池相比，它们的串联内阻较大，而分路电阻较低。一般来说，这种电池是在低温和低光强状态下工作的。

⑤ 高强度电池。这类电池在高太阳强度下，工作效能为最佳。它的主要特点是栅线密度高，电池的串联内阻小。这种电池一般是在高温和高强度状态下工作的。

(2) 按照使用的材料和工艺分类

太阳电池根据使用的半导体材料分为硅、砷化镓、硫化镉等多种。

① 硅太阳电池。又可分为单晶硅太阳电池和多晶硅太阳电池。前者的原材料是从单晶硅棒上切割下来的硅片，目前，直径大于 10 cm，长 50 cm 以上的硅棒已经能容易地生长；多晶硅电池的原材料是通过铸造和热处理而获得多晶硅，在热处理过程中，单个的小晶粒联合长成线度为几厘米的大晶粒。硅太阳电池形成结的方法是不同的，大多数是用扩散法，也可以用离子注入法，用离子枪把杂质原子"射入"基底半导体材料中。掺锂的硅太阳电池是一种改进的电池，它具有相当高的质子和中子辐射硬度。该电池是在 n 型硅的基底上加入锂而制成的，锂可以明显消除辐射的有害影响，使电池在辐照后部分地恢复输出性能。硅太阳电池还有 n-p 和 n-p-p$^+$ 之分。上述的电池是单 pn 结型。

② 砷化镓(GaAs)太阳电池。这种电池目前仍处于试制阶段，有可能代替硅电池应用于空间和地面。这种 p 在 n 上的电池，在 AM0(大气质量0) 条件下效率已达到 16%。近年来，已经可以利用外延生长法，在单晶的 GaAs 基片上生长外延层来制造这类电池。然而，GaAs 是一种昂贵和稀少的材料，目前正寻找一种方法能够在廉价材料做成的基片上，外延生长一层极薄的 GaAs 来制造这种电池。

③ 硫化镉电池。这类电池属于化合物半导体薄膜电池。最有希望的 CdS 电池类型具有 Cu_xS-CdS 结构。在硫化铜层中，x 的典型值近似地等于 2。但是，实际上可以存在多种不同形式的铜—硫化合物，一般通称为硫族化合物。CdS 电池是用低成本的喷涂或浸沾工艺，而不是采用晶体生长工艺制成的，CdS 层非常薄，所以当把它们沉积在金箔或塑料薄膜的基片上时，就十分柔软，容易变形。因此，在近代工艺中，把 CdS 膜沉积在玻璃上，它比塑料薄膜更防潮。

④ 其他类型的电池。包括化合物半导体电池和金属氧化物电池。实际使用的化合物半导体可以由Ⅲ-Ⅴ族和Ⅱ-Ⅳ族元素组成。例如，GaAs 和 GaAlAs 是Ⅲ-Ⅴ族化合物，Cu_2S 是Ⅱ-Ⅳ族化合物，而 CdS 是Ⅲ-Ⅴ族化合物。金属—绝缘体—半导体(MIS)电池是肖特基势垒型，除了在金属和半导体间存在一层极薄的绝缘层(通常是氧化物)外，完全与肖特基势垒电池相同，但电池的效率有所提高。由于它的绝缘层总是氧化物，所以又称为金属—氧化物—半导体(MOS)电池。

⑤ 敏化太阳电池。染料敏化太阳电池主要是模仿光合作用原理研制出来的一种新型太阳电池。染料敏化纳米薄膜太阳电池(DSCs)主要由纳米多孔金属氧化物(TiO_2，SnO_2，ZnO 等)薄膜、染料光敏化剂、电解质、反电极(光阴极)等几个部分组成，通过优化 DSCs 各项关键技术和材料的性能，光电转换效率可达到 11%。染料敏化太阳电池的主要优势是：原材料丰富，成本低，工艺技术相对简单，在大面积工业化生产中具有较大的优势；同时，所有原材料和生产工艺都是无毒、无污染的，部分材料可以得到充分的回收，对保护人类生存的环境具有重要的意义。自从 1991 年瑞士洛桑高工(EPFL)的 M. Gratzel 教授领导的研究小组在该技术上取得突破以来，欧、美、日等发达国家和地区投入了大量资金对其进行研发。

敏化太阳电池中，纳米多孔半导体薄膜作为敏化太阳电池的负极，对电极是镀上铂的透明导电玻璃，作为还原催化剂，正负极间填充的是含有氧化还原电对的电解质，最常用的是 I_3^-/I^-，敏化染料吸附在纳米多孔膜上。

敏化太阳电池的工作原理为：a. 染料分子受太阳光照射后由基态跃迁至激发态；b. 处于激发态

的染料分子将电子注入到半导体的导带中；c. 电子扩散至导电基底，后流入外电路中；d. 处于氧化态的染料被还原态的电解质还原再生；e. 氧化态的电解质在对电极接受电子后被还原，从而完成一个循环；f. 注入到半导体导带中的电子和氧化态染料间复合；g. 导带上的电子和氧化态的电解质间复合。

研究结果表明，只有非常靠近 TiO_2 表面的敏化剂分子才能顺利地把电子注入到 TiO_2 导带中去，多层敏化剂的吸附反而会阻碍电子运输；染料色激发态寿命很短，必须与电极紧密结合，最好能化学吸附到电极上；染料分子的光谱响应范围和量子产率是影响 DSC 的光子俘获量的关键因素。到目前为止，电子在染料敏化 TiO_2 纳米晶电极中的传输机理还不十分清楚，现有的理论包括 Weller 等的隧穿机理、Lindquist 等的扩散模型等，有待于进一步研究。

(3) 按照结构分类

太阳电池如果属于 n 在 p 上，或 p 在 n 上的类型，那么可分别用 n/p 或 p/n 代号表示。第一个字母表示光敏表面的材料，第二个字母表示基体材料。光生电压的极性是：n 为负极，p 为正极。在某些电池的设计中，p+ 或 p++ 层与 p 层的极性相同。

① 平面结太阳电池。这类电池属于普通的、平面形的或片状类型。众所周知，生产晶体管时应用的是平面工艺，但这类电池在制造时不一定采用平面工艺。pn 结处于电池的上表面下，并已扩展到电池较上面的区域，包括覆盖着 n 型接触汇流条和指状栅条的区域。

② 垂直结太阳电池。在单晶硅片上，用腐蚀的方法刻出许多窄而深的槽，经过扩散后，槽壁的表面、槽的顶部和底部形成 pn 结，因此结的表面积比同样大小硅片的平面结电池要大许多倍。

③ 均匀结太阳电池和异质结太阳电池。硅 pn 结太阳电池就是均匀结太阳电池的一例。pn 结或 np 结是在同一半导体中形成的。而异质结太阳电池的 pn 结或 np 结是在不同的半导体材料间形成的，CdS/Cu_2S 结构就是异质结太阳电池。

(4) 按照光学特点分类

在实际工作时，电池的最高效率主要取决于两个因素，即射入电池有源部分的阳光总量和电池的工作温度。减反射膜可促进对光伏转换有用的阳光进入电池；而在电池的正面、背面或电池的玻璃盖上的覆盖能反射阳光光谱中只提供加热电池的那些波长的光，使它们不进入电池。

① 抛光的太阳电池。用机械精加工或化学腐蚀的方法，抛光电池的正表面，其光洁度范围可以从几乎无光到类镜面。这主要取决于所用的腐蚀液是酸溶液还是碱溶液；电池是浸入腐蚀液中，还是把腐蚀液喷洒到电池的表面。经常是依次使用几种不同的腐蚀步骤。表面修整也影响少数载流子的收集过程和金属接触的黏附强度。抛光表面的反射率很高，因此，必须在它的上面覆盖减反射膜，以减少光的反射损失。对于常用的太阳电池，用 SiO_2 作减反射层；而高效率的以及混合的电池，使用更透明的 Ta_2O_5 或多层(ML)减反射膜。后者是在氧化钛(Ti_xO_y)上再覆盖 Ta_2O_5，其总厚度不到 1 μm，用真空沉积工艺形成。

② 无光表面电池。用化学腐蚀方法处理电池的正表面，使其光滑平整。无光表面比抛光表面更能使光漫反射。

③ 无反射表面电池。这种电池的表面采用化学腐蚀的方法，生成一层类似棱锥的微结构。在各种类型的电池中，它的正面反射率最低。

④ 背反射电池(BSR)。这类电池在它的背表面和背面电接触层之间带有高度反射的金属表面，波长大于电池能够吸收并转变为电能的那些光(对于硅，波长大于 1 150 nm)，很容易穿过半导体材料到达背面反射器。反射时，这部分能量直接从电池发散到空间。因此，对阳光的吸收率比非反射接触小得多。

2.4.4.3 太阳电池的材料

用于太阳电池和其他器件的半导体材料有许多种。根据半导体材料的理论和器件的原理,可以预测它们的性能及其极限。一定材料的太阳电池,其转换效率对入射光的光谱分布和环境温度特别敏感,因此,必须标定这些重要参量,它们不同于常用的AM1(大气质量1)太阳光谱和室温时的值。例如,转换太阳能的方法中有利用聚光镜,将阳光转变为高温热能,使辐射器的温度上升到几百摄氏度,再利用太阳电池把辐射器的辐射转变为电能。这种热光伏系统的最佳半导体与AM0或AM1光谱下使用的最佳半导体不同。另一例子是平板太阳能集热器,其表面用太阳能电池覆盖,这样的"混合"装置安装在建筑的顶部,可向居民提供电能和热能。这种系统中的电池工作于高温下,因此,对它的设计和半导体材料的选用应特殊考虑。在任何条件下,影响选用电池材料最重要的参量是它们的禁带宽度 E_g。

1) 单晶硅和多晶硅

近来,单晶硅太阳电池在地面和AM0条件下,最大效率分别超过20%和15%,已接近理论效率22%。但是,从经济效益来看,对于地面的应用,单晶硅仍然较差。为了将来大规模的地面应用,必须寻找新的途径。硅的先进工艺和丰富的资源,注定它是一种主要材料。关于多晶硅和单晶硅已经在第2.3.2节半导体材料中进行了详细论述,此处不再介绍。

2) 非晶硅材料

硅材料电池的三种新进展是:① 多晶硅 p-n 结电池;② 多晶硅 MIS 电池;③ 非晶硅电池。非晶硅薄膜电池特别引人注意,它在 1.55 eV 处显示出很强的吸收。其制作方法是用 SiH_4 的辉光放电并在其中加入 PH_3 或 B_2H_6(1%),在衬底上沉积生长薄膜。它的效率可以达到 5.5%,开路电压为 0.80~0.87 V,但是,在改善短路电流和填充因子方面,仍然困难较大。

3) 非硅材料

(1) Ⅲ-Ⅴ族化合物

这类材料的特点是:① 效率高。$GaAs/Ca_{1-x}Al_xAs$ 缓变结电池的最高效率约为 22%;CaAs 单晶均匀结电池的效率已有显著提高,其效率达到 20.5%;多晶 MIS 二极管效率已经超过 16%,向生产高效率的多晶薄膜电池的目标迈进了一大步。② 高效率 InP/CdS 异质结电池显示出很高的热稳定性,在与聚光器连用时,特别有利。③ 对改进这类电池仍有大量的工作要做。例如,pGaAs/nZnSe 异质结二极管的效率还会有较大的提高。

(2) Ⅱ-Ⅳ族化合物

用这类材料制作出廉价的薄膜电池的可能性很大。目前,单晶 pCdTe/nCdS 电池的最高效率是10.5%,而最好的多晶电池最高效率为 8.1%。但是,异质结电池结构复杂。浅的 CdTep/n 均匀结埋在靠近 CdTe/CdS 的界面处,用 CdS 钝化 CdTe 表面(即减少表面状态数,以减少对光生载流子的表面复合),同时,又作为窗孔。在这些化合物中,只有 CdTe 和 CdSe 最适宜做薄膜电池。CdTe 电池的缺点是电子寿命短,80 ℃以上时热稳定性差且表面复合速率较高。

(3) 其他各种二元化合物

除了Ⅲ-Ⅴ族和Ⅱ-Ⅳ族化合物外,在二元化合物中还有一些值得注意的化合物。例如,GaSe, GaTe, InS 和 InSe 等Ⅲ-Ⅳ族化合物,但是它们的效率更低。近年来,还发现过渡金属半导体 WSe_2 可制作光伏二极管。初步研究表明,Cu_2O, Zn_3P_2, GeS, SnS 和 $ZnAs_2$ 有被采用作为太阳电池材料的可能。实际所采用的二元化合物的种类十分有限,这是因为受到以下条件的限制,即要求有合适的直接带隙、化学稳定性、可掺杂性、无毒、资源丰富、容易制造。

(4) Ⅱ-Ⅲ-Ⅳ族黄铜矿结构化合物

在复杂的半导体化合物中,最好的是黄铜矿结构的化合物。其中,$pCuInSe_2-nCdS$ 作为单晶和薄膜电池材料是最重要的系统。预计 $CuInS_2$ 的 pn 结的最高效率是 27% ~ 32%。

(5) 有机半导体

有机半导体肖特基势垒的研究工作引起了人们的极大关注。有时,它们可以有很高的开路电压,但是,这类半导体的电阻率很高(一般是由于光生载流子的迁移率很低,表面状态密度较高,即过剩载流子被俘获所导致),结合欧姆接触的形成比较困难,光照增强时效率降低。尽管这些材料有较高的经济效益,但鉴于存在这些潜在的困难,许多专家放弃了这个重要的研究领域。在地面条件下,有机太阳电池的最大效率与无机太阳电池相比,约低 3 个数量级。

综上所述,太阳电池材料发展迅速。此外,价格上的突破很可能发生于硅材料,因为与价格相当的薄膜电池比较,硅太阳电池在获得更高效率方面仍然有着极大的潜力。

2.4.4.4 太阳电池材料的制造方法

太阳电池的种类很多,如单晶硅、多晶硅、非晶硅太阳电池等。种类不同,其材料制造方法也不同。这里主要介绍单晶硅、多晶硅、非晶硅以及化合物半导体的制造方法。

1) 单晶硅的制造方法

单晶硅的制造是将高纯度的硅加热至 1 500 ℃,生成大型结晶(原子按一定规则排列的物质),即单晶硅,然后将其切成厚 300 ~ 500 μm 的薄片,利用气体扩散法或固体扩散法添加不纯物并形成 pn 结,最后形成电极以及防止光线反射的反射防止膜。这种方法的制造工艺比较复杂,而且制造温度较高,因此会使用大量的电能,成本较高。目前正在研究开发利用自动化、连续化的制造方法以降低成本。硅衬底晶体过去大部分采用以拉晶法制备的单晶,最近也采用以铸造法制备的多晶体或从熔融硅液直接拉出的带状晶体。目前,这种工艺是改进的旧方法和新研究的方法的并用。

(1) 单晶拉晶法及其改进

拉晶法是使结晶源与熔融硅液接触,然后边旋转边拉出单晶的方法。最近研究改近的工艺方法可使结晶大口径化,并能连续拉出数条单晶锭。

(2) 铸造法

这种方法是把熔融硅液注入铸型使其凝固来制备多晶硅或单晶硅锭的方法。与拉晶法相比较,该方法的优点是在简易的设备上,短时间内可制出晶体,而且还易于制出方形晶体。

① 铸造多晶体。德国 Wacker 公司销售的商品 SiISO 的衬底和 Semix 公司的 Semicrystalline 的衬底,都是从用铸造法制得的多晶体上切割下来的。Semix 公司制得的多晶锭尺寸为 20 cm × 20 cm × 15 cm,生长速度为 2.3 kg/h。

② 用热交换法铸造单晶。这是美国 Crystal Systems 公司研究出来的一种方法。在坩埚的底部装有结晶源,在它下面装有用吹气方法散热的热交换装置,硅熔融液从结晶源开始往上凝固,生长单晶。用这种方法制得的单晶硅锭尺寸为 34 cm × 34 cm × 17 cm,生长速度为 9 kg/h,单晶化率可达 95% 以上。

(3) 板状晶体的制法

上述的单晶和多晶体都是块状体(锭),要做成薄片就要切割,这样材料就会浪费。为了避免切割损失,已研究出从熔融液直接制成板状晶体的各种方法,有的已用于实际生产中。

① 带状晶体。带状晶体是用结晶源拉出的条带状晶体。按拉制方法可分为纵向拉晶法和横向拉晶法。纵向拉晶法有两种:拉条状时,用碳制拉模控制其厚度的方法和不用拉模的方法。典型的拉模法有日本东芝公司按"太阳能利用计划"研究的方法和 Mobil-Tyco 公司研究的规定尺寸薄带生长法。

该方法中熔融硅液根据毛细管原理通过拉模中间的细缝升到拉模上端，并与位于拉模上端的结晶源相接触，这时把结晶源往上拉，经固化便得到带状晶体。研究人员正在试用该方法来提高带状面积生长速度，在拉制周长为 48.8 cm 的多边形管状带晶时，得到了 146 cm^2/min 大的面积生长速度。另外，不用拉模的纵向拉制带状晶体也有几种方法，其中有代表性的是美国 Westinghouse 公司研究的树枝状薄膜的方法。该方法是从结晶源延伸的两根树枝状结晶之间因表面张力形成薄膜，经固化而得到带状晶体。目前，可以做到宽 4 cm，面积生长速度为 27 cm^2/min。横向拉晶法是使板状结晶源与熔融硅液面接触，并把冷却气体吹到固体和液体的交界面上，边进行凝固边横向拉晶，得到带状晶体。这种方法不用拉模，所以很难得到 0.2~0.3 mm 厚的带状晶体，但生长速度较快，可达到 20 cm^2/min。日本硅公司按"太阳能利用计划"研究的横向拉晶法在完全水平方向拉出带状晶体。另外，日本 Energy Material 公司正在研究把拉晶方向从水平方向往上倾斜 5°左右，能从较浅的坩埚的熔融液中拉出带状晶体的方法，他们把这种方法称为低角度带状生长法。

② 用超急冷法制造多晶带。该方法是日本东北大学研究出来的，把熔融硅液从喷管吹到下面的轧辊上，使它在轧辊表面骤冷并成为多晶带向横向生长。它的独特之处在于，生长速度可以达到 30 m/s 的超高速度。

③ 用旋转法制造圆板状多晶体。这是日本北山公司研究的方法。它把熔融硅液滴到旋转台上的石墨或石英盘上，制造圆板状多晶体。当旋转速度为 100~250 r/min，旋转盘温度为 50~900 ℃时，可制得直径为 10 cm、厚 0.3~0.4 mm 的多晶板。

④ 异种衬底上的多晶体。这种方法是使熔融硅液与陶瓷或碳衬底接触，在异种（不是硅）衬底上形成多晶硅层的方法。这种方法的工艺较简单，因而一些公司研究应用这种方法。用陶瓷衬底的方法是美国 Honey Well 公司研究出来的。在石英制成的流槽里装入熔融硅液之后，里侧涂覆碳膜的陶瓷衬底与熔融硅液接触，同时使衬底横向移动，于是在衬底上形成 0.1~0.2 mm 厚的硅的多晶层。

2) 多晶硅的制造方法

为了解决单晶硅制造工艺复杂、能耗较大的问题，人们研究开发了多晶硅的制造方法。多晶硅是一种将众多单晶硅的粒子集合而成的物质。多晶硅的制造方法有两种，一种方法是将被熔融的硅块放入坩埚中慢慢地冷却使其固化，然后与单晶硅一样将其切成厚 300~500 μm 的薄片，添加不纯物并形成 pn 结，形成电极以及反射防止膜；另一种方法是从硅溶液直接得到薄片状多晶硅，这种方法不仅可以直接做成薄片状多晶硅，有效利用硅原料，而且太阳电池的制造也比较简单。

为使太阳电池材料价格大幅度下降，人们进行了很多研究工作，内容大致可分为：由金属硅制备多晶硅的原有工艺方法的改进，即由金属硅（MG-Si）或硅砂（SiO$_2$）经过 SiCl$_4$ 制备多晶硅的方法；只靠 SiO$_2$ 的还原工序制备 SOG-Si 的方法，以及用 SiO$_2$ 以外的其他物质做原料制备多晶硅的方法等。

(1) 由金属硅制备多晶硅的原有工艺及其改进

由金属硅（MG-Si）制备多晶硅的改进法是对生产 SOG-Si 的现行工艺——西门子法的改进，其目的主要是为了降低价格。西门子法就是使 MG-Si 与 HCl 进行反应，形成硅氯仿（SiHCl$_3$），蒸馏提纯之后，用氢进行还原，使硅析出在电加热的硅棒上。对经过 SiHCl$_3$ 制备多晶硅的方法进行改进的具有代表性的方法有两种。

一种是被列入日本"太阳能利用计划"并由日本大阪钛公司和信越化学公司所研究的方法。这一方法使 SiHCl$_3$ 在反应槽底板的硅粒表面上进行反应，并析出硅，反应副产物 SiCl$_4$ 回收，再生 SiHCl$_3$，以便提高回收率。反应式如下：

$$5SiHCl_3 + H_2 = 2Si + 3SiCl_4 + 3HCl + 2H_2 \tag{2.39}$$

另一种方法是由美国联合碳公司发明的，即把 MG-Si 与 SiCl$_4$ 进行反应得到的 SiHCl$_3$ 经 SiH$_2$Cl$_2$

变成 SiH_4，然后用热分解方法制备多晶硅。该方法的整个过程反应温度较低，耗电少，还能再利用反应生成物，所以成本较低。该方法的反应过程用反应式可表示如下：

$$Si(MG) + 3SiCl_4 + 2H_2 \Longleftrightarrow 4SiHCl_3 \tag{2.40}$$

$$2SiHCl_3 \Longleftrightarrow SiH_2Cl_2 + SiCl_4 \tag{2.41}$$

$$3SiH_2Cl_2 \Longleftrightarrow SiH_4 + 2SiHCl_3 \tag{2.42}$$

$$SiH_4 \Longleftrightarrow Si + 2H_2 \tag{2.43}$$

(2) $SiCl_4$ 金属还原法

这种方法是在 SiO_2 用碳还原时引入氯气（式 2.44）制备 $SiCl_4$，然后用金属还原成硅。在美国 Battelle Columbus 研究所，用金属 Zn 进行还原；在 Westinshouse 公司则用 Na 进行还原。金属还原生成的金属氯化物，用电解法分解为金属和氯气。用 Zn 还原时，其反应过程如式（2.45）和式（2.46）所示。

$$SiO_2 + 2C + 2Cl_2 \Longleftrightarrow SiCl_4 + 2CO \tag{2.44}$$

$$SiCl_4 + 2Zn \Longleftrightarrow Si + 2ZnCl_2 \tag{2.45}$$

$$ZnCl_2 \Longleftrightarrow Zn + Cl_2 \tag{2.46}$$

(3) 高纯度 SiO_2 的碳还原法

这种方法是在制备 MG – Si 用的电弧炉中，只用 SiO_2 的碳还原工序制备 SOG – Si。通常，MG – Si 的纯度只有 98.5%，但要制造 SOG – Si，杂质含量最少也要降到万分之一。因此，要使用高纯度的 SiO_2 和碳电极，电弧炉构件材料也要使用高纯度的。美国 Dow Corning 公司用拉晶方法使被还原的硅再结晶，利用杂质偏析效应把有害的 Cr，Ti，Ni 等跃迁金属的含量大幅度地降低到 0.05 μg/g。另外，西门子公司对 SiO_2 采用熔解法和酸处理法，使它在原料阶段降低杂质含量（有害金属含量小于 1 μg/g），对碳电极也进行酸处理，以降低杂质含量。

(4) 使用特殊原料的方法

① 由原料 H_2SiF_6 经 SiF_4 用钠还原的方法。H_2SiF_6 是生产磷肥时的副产物，过去是把它扔掉，现在可用它做原料制备 SOG – Si。其反应过程如式（2.47）、式（2.48）和式（2.49）所示，合成 SiF_4 之后再用钠进行还原：

$$H_2SiF_6 + 2NaF \Longleftrightarrow 2HF + Na_2SiF_6 \tag{2.47}$$

$$Na_2SiF_6 \Longleftrightarrow 2NaF + SiF_4 \tag{2.48}$$

$$SiF_4 + 4Na \Longleftrightarrow Si + 4NaF \tag{2.49}$$

② 硅藻土的高温电解法。这种方法是以硅藻土为原料，采用像铝精炼法一样的高温电解法，制备 99.98% 纯度硅。这种高纯度硅形成再结晶后，利用偏析效应去掉有害杂质，这样可以达到 SOG – Si 的水平。电解是在碳酸钡和氟化钡熔液中、高于硅熔点的温度下进行的。电解时电力消耗要比铝电解时高 40%，但铝电解时原料需要提炼，因此总的电力消耗与铝电解几乎相等，因而，纯度为 99.98% 的 Si 价格预计可降低到与铝相同。

3) 非晶硅太阳电池的制造方法

将含有硅的原料气体（如 SiH_4）放入真空反应室中，利用放电所产生的高能量使原料气体分解而得到硅，然后将硅堆积在已被加温至 200～300 ℃ 的带有电极的玻璃或不锈钢的衬底上。如果原料气体中混入 B_2H_6 则得到 p 型非晶硅，如果原料气体中混入 PH_3，则得到 n 型非晶硅，从而形成 pn 结。

众所周知，可用蒸镀法或溅射法制备非晶体硅（α – Si）膜，但在非晶体所特有的悬挂键（不参与晶格结合的外层电子）的影响下，其电导率无法控制，因此一直不能作为 pn 结半导体元件来使用。后来研究发现，在辉光放电所产生的等离子气体中，分解由 SiH_4 所制备的非晶体膜，不再表现出悬挂键的上述影响，因此可用掺加杂质的方法形成 pn 结。从此以后，应用于太阳电池方面的研究工作得到了迅速的发展。用辉光放电法制成的 α-Si 膜，可以认为是由于悬挂键与氢结合而消除了不利的影响，所以严格地说，它是非晶体硅—氢合金，可以写成 α-Si:H。目前，达到实用水平的 α-Si 膜是用辉光放电法制造的，使用的原料是 SiF_4 与氢或者 SiF_4 与 SiH_4，由此得到非晶体硅—氟氢合金（α-Si:F:H）膜。除了辉光放电法以外，还有以提高膜的生长速度和质量为目的的溅射法、特殊的真空蒸镀法等。下面简要说明有代表性的 α-Si 膜制备方法。

(1) 辉光放电法

辉光放电是在装有低压气态原料的容器中，加上直流电或高频电场时产生的。它把气体激发为等离子体，在其发生分解反应的同时，在衬底上析出 α-Si 膜。这种工艺设备的基本结构按施加电场的方法可分为：适用于直流或交流的平行电极型（电容耦合法，二极管型）和只适用于交流电的无电极型（电感耦合法）。目前，平行电极型装置已得到广泛的使用。在批量生产时，p，i，n 各层分别在独立的反应室中依次形成。

(2) 反应性溅射法

溅射法是在低压氩气（Ar）容器内安装的两个电极之间施加电压引起放电，使得放在一个电极上的硅晶体板把硅溅射到气体中，而在另一侧电极上放的衬底上析出硅膜的方法。为了得到 α-Si:H 或 α-Si:F 膜，在氩气中加入 H_2 或 SiF_4，又为了把杂质元素掺进去而加入 B_2H_3 或 PH_3，然后进行溅射。对这种方法也进行了很多研究，但把它用于太阳电池时，其转换效率只有 2% 左右，不及用辉光放电法制造膜的转换效率，目前利用辉光放电所得到的膜已达到优质水平。

(3) 化学气相沉积法（CVD）

CVD 法是在温度 400~700 ℃，恒压条件下，用热分解 SiH_4 的方法析出 α-Si 膜，但由于与氢直接结合不充分，需要在氢等离子体中进行处理。日本广岛大学用这种方法所得到的 α-Si 膜可以达到 2.7% 的光电转换效率。

(4) 离子镀法

这种方法是在真空中用电子束使固态硅蒸发，然后把它引到在真空容器中形成的等离子区使它离子化，并与引入容器中的氢进行反应，而被离子化的粒子在蒸发源和衬底之间所加的直流电压作用下，加速奔向衬底并析出。形成等离子的方法有两种：加直流电场的方法和加高频电场的方法。用高频激发法进行离子镀的工艺方法，膜的生长进度为 7 nm/s，比辉光放电法约大 20 倍，而且是在硅离子向衬底加速的状态下析出的，所以硅膜结合牢固。因此，研究人员对这种工艺抱很大的希望。

(5) 离子群束法

所谓群是指数百个原子在真空中的凝聚物，它受电子的冲击而形成离子之后，在电场作用下加速，在衬底上析出。用这种方法也可以形成 α-Si 膜，而且往真空容器中引入氢时可制备 α-Si:H 合金。

4) 化合物半导体材料的制造方法

化合物半导体是使用两种以上元素的化合物构成的半导体，如 GaAs 太阳电池就是一种化合物半导体。由于这种化合物半导体太阳电池的波长感度与太阳频谱一致，因此具有较高的转换效率。其中有代表性的是 CdTe/CdS 太阳电池的制造方法。该方法用印刷法，形成太阳电池的主要材料是 CdTe 和 CdS 膜。该方法包括制造元件核心部分——半导体层在内全部采用印刷法，这是批量生产技术的典型方法之一，印刷好的料浆经炉中加热变成烧结半导体层。

由于 GaAs 的光吸收系数大，元件厚度有 10 μm 就足够了。于是，为了降低材料价格，研究人员研究出了两种剥离薄膜的方法（其原理就是在 GaAs 衬底晶体上形成太阳电池用 GaAs 膜，然后进行剥离):一种是用化学法剥离薄膜。在 GaAs 衬底上,中间隔着 GaAlAs 膜使 GaAs 层生长,然后用氢氟酸溶解掉 GaAlAs 膜,从而分离出薄膜层。另一种是用机械法剥离薄膜。在 GaAs 衬底上,部分形成光致抗蚀剂膜(感光性树脂膜)之后进行碳化,并在其上面使 GaAs 膜生长,然后以打楔子的方法分离薄膜。

2.4.5 核能材料

2.4.5.1 核物理的兴起

1) 核物理产生的基础

核能是以几个世纪以来的经典科学(包括对化学和物理学的研究)和 100 多年的现代科学对原子和原子核结构的研究为基础的,现代纪元开始于 1879 年,这一年,克鲁克斯(Crookes)通过放电完成了气体电离实验。1897 年汤姆森(Thomson)验证了电子是构成电荷的带电粒子。1895 年伦琴(Roentgen)由放电管发现了 X 射线,1896 年贝克勒尔(Bcquerel)从元素铀中发现了类似的射线[现在已知是 γ(伽玛)射线],铀显示出天然放射性。1898 年居里夫妇分离出放射性元素镭。作为运动论的革命的一部分,爱因斯坦在 1905 年提出:任何物体的质量都随其速度的增加而增加,并发表了著名的表示质能当量的公式:$E = mc^2$。但那时无法用实验证实这个公式,爱因斯坦也没有预见到这个关系式的含义。

在 20 世纪的前 30 年,人们用放射性物质发射的各种粒子进行了大量的实验,通过这些实验对原子和原子核结构的了解大大深入了。人们从玻尔和卢瑟福的工作了解到,从电学上来讲,中性原子是由带负电的电子和电子所围绕着的中心带正电的原子核构成的,原子核包含着原子的绝大部分质量。1919 年,卢瑟福在英国的进一步工作揭露出,即使是原子核本身,也是由许多粒子组成的,这些粒子被强大的力束缚在一起。人们能够诱导原子核的转变,如用氦轰击氮核产生氧和氢。

1930 年博思(Bothe)和贝克尔(Becker)用钋的 α 粒子轰击铍并找了他们所认为的 γ 射线,但是 1932 年查德威克(Chadwick)证明那不是 γ 射线而是中子。现在,在核反应堆中使用类似的反应可以提供中子源。1934 年居里和约里奥(Joliot)第一次报道了人工放射性,把 α 粒子射入硼核、镁核和铝核后,产生了几种元素的新的放射性同位素。把荷电粒子加速到高速的设备的研制,为研究核反应提供了新的途径。1932 年,由劳伦斯研制的回旋加速器是不断增加可能输出功率的一系列装置中的第一台。

2) 裂变的发现

在 20 世纪 30 年代,费米和他的助手们在意大利用新发现的中子进行了大量的实验,他得出下述正确推论:因为中子不带电,所以它贯穿原子核特别有效。1936 年布雷特(Breit)和维格纳(Wigner)提出了中子慢化过程的理论解释。费米测量了快中子和慢中子的分布,并解释了中子在弹性散射条件下的行为、化学约束的影响和靶分子中的热运动。在此期间人们还测量了许多中子反应截面,包括铀的中子反应截面,但是没有发现裂变过程。直到 1939 年 1 月,德国的哈恩(Hahn)和斯特拉斯曼(Strassmann)报道了他们的发现:用中子轰击铀得到了元素钡。弗罗施(Frisch)和迈特纳(Meitner)猜想钡是铀裂变的产物,因为它的质量只有铀的一半。当时费米产生了一种想法,他认为,在这个过程中如果有中子发射,那么释放出大量能量的链式反应也许能够实现,这种想法一发表,就出现了许多结论惊人的文章。玻尔从丹麦到美国访问时带去的裂变资料活跃了几所大学的学术空气,到 1940 年已有近百篇论文出现在技术文献中。链式反应的全部定性特征——中子被轻元素慢化,热中子俘获和共振俘获,由热中子引起的 ^{235}U 裂变的存在,裂变碎片的巨大能量,中子的释放,产生超铀元素(在元素周期表中位与铀后面的那些元素)的可能性等,都很快被弄清楚了。

3) 核武器的研制

1939 年爆发了第二次世界大战,在这一特殊的历史时刻发现了核裂变,而且链式反应有可能产生猛烈的爆炸,这就具有非常特殊的重要性。由于裂变过程的军事潜力,1940 年由科学家建立了一个自愿检查组来检查关于这个问题的出版物。证明 ^{235}U 易裂变的研究暗示,1941 年由西博格(Seaborg)发现的新元素钚也可能是易裂变的,因此也可作为武器材料。而早在 1939 年 7 月,4 位重要科学家——西拉德、维格纳、萨克斯和爱因斯坦就与当时的美国总统罗斯福交涉,解释用铀制造原子弹的可能性。结果用军部拨的一小笔补助金(6 000 美元)获得了链式反应实验用的材料(而第二次世界大战结束前该项研究共花掉 20 亿美元的经费,远远超过了那笔款项)。经过一系列的研究、报告和决策之后,这一工程的主要职能由在陆军中将格罗夫斯将军领导下的美国陆军工程兵执行。虽然人们对各种核反应已经有了许多了解,但在具体问题上仍有许多东西不确定:链式反应究竟能否实现?如果能够实现,那么能否生产足够的 ^{239}Pu 呢?能否发生核爆炸?能否大规模地分离 ^{235}U?在几个研究所着手攻关这些问题时,生产工厂的设计几乎是同时开始的。1941 年 12 月日本偷袭珍珠港之后,美国卷入了第二次世界大战,为解决上述问题提供了巨大的动力。德国人显然在积极从事原子武器的研制,这大大地刺激了美国科学家。这些科学家中的大多数在各大学工作,他们和学生们放下正常工作而加入到这个工程,从事其中某一方面的研究。整个工程是在几支并行的力量参加下进行的,主要力量在美国,也得到了英国、加拿大和法国的支持,并在美国芝加哥大学做了第一个原子反应堆结构的各种预备实验。1942 年 2 月 2 日费米和他的助手们在斯塔格运动场看台下第一次获得了链式反应;1944 年,在华盛顿州的汉福特钚生产堆投入运转,提供了千克级新元素钚;在伯克利的加利福尼亚大学完善了分离 ^{235}U 的电磁型同位素分离方法;1943 年在田纳西州的橡树岭建成了政府经营的生产工厂;在哥伦比亚大学,研究了同位素分离的气体扩散方法,为现在的生产系统奠定了基础;第一套气体扩散系统就建在橡树岭;在新墨西哥州的洛斯阿拉莫斯美国国家实验室,理论和实验使核武器得到发展,第一个核武器于 1945 年 7 月 16 日在新墨西哥州的阿拉莫果多进行了试验,后来的原子弹投在日本的广岛和长崎。

4) 核能的和平利用

第二次世界大战结束之后,最重要的事件之一是美国原子能委员会的创立。这个非军事联邦机构负责管理和发展美国的和平利用核计划。为了继续研究核能,美国在橡树岭、阿贡(在芝加哥附近)、洛斯阿拉莫斯和布鲁克海汶(在长岛)等地建成了几个国家实验室。美国原子能委员会的主要目标之一是探索和研究解决生产实用的商用核动力问题。在 1948 年至 1953 年短短的几年内,许多技术问题得到了解决。在爱达荷州建成了一个原型潜艇反应堆并进行了试验。在研制过程中,美国西屋电气公司帮助设计和建造,生产的反应堆安装在第一艘核潜艇鹦鹉螺号上,该潜艇于 1955 年下水。压水堆概念经西屋电气公司修改后用于宾夕法尼亚希平港的第一座商用电站,并于 1957 年开始运转,输出电功率为 60 MW,在设计中第一次引用二氧化铀芯块作燃料。

在 20 世纪 50 年代的 10 年中,试验了几种反应堆堆型,但由于各种原因都放弃了。其中一种是用高沸点的液态有机物联苯作冷却剂,然而辐射破坏了这种化合物;另一种是均匀水溶液反应堆,用放在水溶液中的铀盐作燃料,该溶液通过堆芯和热交换器进行循环,铀的沉积物导致过热并腐蚀了器壁材料;钠冷石墨反应堆有液态金属冷却剂和碳慢化剂,只建设了一个这种类型的商用反应堆;由美国通用原子公司研制的高温气冷反应堆没有被广泛采用。而高温气冷堆用石墨作慢化剂,氦气作冷却剂,用铀—钍作燃料循环,效果较好,最终代替了轻水堆。

在同一时期,另外两个反应堆的研究和发展计划也在美国阿贡进行。第一个计划目标是既取得动力又增殖钚,使用的是具有液态钠冷却剂的快堆概念,1951 年末,在实验增殖反应堆中首先由核能源产生了电能,证明了增殖的可能性。这项工作为现在的快增殖反应堆研制打下了基础。第二个计划是研究允许反应堆中的水沸腾并直接产生蒸汽的可能性,主要担心的是与沸腾关联的起伏与稳定性问题,该研究进行了名为 BORAX 的试验。BORAX 试验证明,沸水反应堆能够安全运行,并于 1955 年开始发电。后来,美国通用电气公司进一步发展沸水反应堆(BWR)概念,第一个这种类型的商用反应堆于 1960 在伊利诺伊州的德累斯顿投入运行。

在压水反应堆和沸水反应堆最初成功的基础上,美国西屋公司和通用电气公司具有商用反应堆设计和建造的知识。在 20 世纪 60 年代早期,他们就宣称能够建造电功率为 500 MW 的大型核电站,在电的成本方面,核电站可以和化石燃料电站进行竞争。此后不久,一部分电力公司迅速转向订购核电站,20 世纪 60 年代后期核电站得到快速发展。1965 年至 1970 年,核蒸气供应系统的订货单总电功率约为 88 000 MW,占包括化石燃料电站在内的全部订单的 1/3 还多。在核电站迅速增长的末期,相应的核电站的装机容量约占美国电站总装机容量的 1/4。

可以看到,1970 年至 1980 年这一时期美国核电站的安装率显著减小。理由是:① 设计、申请执照和建造核设施时间过长(约 10 年);② 由于 1973 年至 1974 年阿拉伯国家石油禁运而采取了节能措施,结果电的销售量的增长率较低;③ 与其他类型电站的造价相比,核电站的造价逐年上升;④ 某些地区的公众反对。美国原子能委员会在第二次世界大战后的 20 多年间为美国的利益做了许多有益的工作,但由于它作为核电站的发起者和管理者的双重身份而受到越来越多的批评。1975 年美国原子能委员会分成两个组织,即能源研究与发展署(ERDA)和核管理委员会(NRC),其后在 1977 年,为了管理各种能源(包括核能),成立了能源部(DOE)。

2.4.5.2 核反应

1) 核反应的一般概念

为了解释实验观察的结果,已经提出了核反应堆系统的描述方法。代数符号被用来表示在一系列事件中所涉及的粒子。假设一个标记为 a 的粒子轰击一个原子核 X,产生一个复合核 C^*,这里 * 表示复合核包含额外的运动内能(称为激发能),然后,复合核衰变并释放粒子 b 和一剩余核 Y。此反应可以写为如下反应方程式的形式:

$$a + X \longrightarrow C^*$$
$$C^* \longrightarrow Y + b \tag{2.50}$$

最后的结果是:

$$a + X \longrightarrow Y + b \tag{2.51}$$

这个核反应可简写为 X(a, b)Y,意思是粒子 a 进去而粒子 b 出来,符号 a 和 b 可以代表中子(n)、α 粒子(α)、氘核(d)、γ 射线(γ)、质子(p)和氚核(t)等。

对于低能反应(低于 10 MeV),同一复合核能由不同的几对相互作用的原子核形成,并衰变为几对不同的最终产物。考虑卢瑟福的嬗变反应,在该情况下,复合核 C^* 是同位素 $^{18}_{9}F$,它也能以其他方式形成,如通过 $^{1}_{1}H$ 和 $^{17}_{8}O$ 或 $^{1}_{0}n$ 和 $^{17}_{9}F$ 的结合来形成;它亦能衰变为 $^{16}_{8}O$ 和 $^{2}_{1}H$ 或 $^{18}_{9}F$ 和 γ 射线。

这些反应中的一些反应释放能量,而其他一些反应则需要吸收能量,这要由核的结合能来决定。对于后一种情况,如果入射粒子能量太低,核反应将不会发生,入射粒子将仅仅被靶散射。如涉及的所有粒子的精确质量已知,运用能量和动量的守恒定律,由任何能量的任何粒子轰击一种核的结果都可以推导出来。

核反应是使原子核特性发生某种变化的过程,或者是自发进行的(如放射性现象),或者是由粒子或射线轰击而引起的。

2) 核反应和化学反应间的相似性

核反应和化学反应这两种反应类型间有许多相似之处，尽管它们发生在相当不同的能量区域，并且其反应机制也不同。在两种反应中所涉及的单个粒子分别是原子核中的核子和分子中的原子，电荷守恒、所涉及的粒子数守恒和质—能守恒定律对这两类反应都适用，表面上看起来这两种反应是类似的。为了说明，我们首先写出形成水的简单反应式：

$$2H + O \longrightarrow H_2O$$

氢原子数和氧原子数在等式两边是相同的，即存在着价平衡，氢离子为 +1，氧离子是 -2，在该反应过程中，每个水分子释放 2.4 eV 的能量。将此反应与一个中子同一个质子（氢原子核）形成一个氘核的反应相比较：

$$_0^1n + _1^1H \longrightarrow _1^2H + \gamma \tag{2.52}$$

在反应式两边，总核子数是相同的，总核电荷是平衡的。这里，以 γ 射线的形式释放出的能量大约为 2.2 MeV。我们看到，在这种核反应中所释放的能量大约是在化学或原子反应中释放的能量的 100 万倍。由于已知的元素有 100 多种，因此，可能发生大量的化学反应；同样的，有涉及约 2 000 种同位素的许多核和若干种粒子，这些粒子可用来诱发核反应，或者可能是反应产物，如光子、电子、质子、中子、α 粒子、氘核和比较重的带电粒子。

3) 核嬗变

将一种元素用人工方法转化为另一种元素（即嬗变过程）的第一个例子是由卢瑟福在 1919 年发现的。该反应就是用来自放射源的 α 粒子（氦核）去轰击氮的一种同位素，其反应产物是氧的一种同位素和质子。这一过程的反应式是：

$$_2^4He + _7^{14}N \longrightarrow _8^{17}O + _1^1H \tag{2.53}$$

由于两个带正电的相互作用核的静电排斥力，α 粒子要进入氮原子核是困难的，因而 α 粒子必须具有几百万电子伏的能量。也可用电的方法加速到高速的带电粒子来引起核嬗变。被发现的第一个嬗变是：

$$_1^1H + _3^7Li \longrightarrow 2\,_2^4He \tag{2.54}$$

另一个产生氮的放射性同位素的反应是：

$$_1^1H + _6^{12}C \longrightarrow _7^{13}N + \gamma \tag{2.55}$$

^{13}N 发射一个正电子（电子对中带正电的粒子），其半衰期为 10 min。

4) 中子反应

与带电粒子相反，作为中性粒子的中子穿透原子核则不需要高的能量，因此，用中子作为入射粒子引起的核反应是特别有效的。在前面的描述里，实际上能量为零的中子能被氢俘获，该反应产生自然界中通常存在的稳定同位素氘。一种放射性同位素可以由如下反应产生：

$$_0^1n + _{27}^{59}Co \longrightarrow _{27}^{60}Co + \gamma \tag{2.56}$$

^{59}Co 同位素已变成较高原子质量的 ^{60}Co。在产生放射性同位素的反应中，能量以俘获 γ 射线的形式立即释放；而以俘获 β 粒子、中微子和衰变 γ 射线的形式时，能量释放是相当迟的。另一个例子是在 Cd 中的中子俘获，它常常用于核反应堆的控制棒中，其反应式为：

$$_0^1n + _{48}^{113}Cd \longrightarrow _{48}^{114}Cd + \gamma \tag{2.57}$$

将来可能有一天如下反应会被用于产生氚，氚是可控热核反应堆的燃料之一：

$$_0^1n + _3^6Li \longrightarrow _1^3H + _2^4He \tag{2.58}$$

5) 裂变

在许多已知的核反应中，裂变反应的实际意义最大。本节将叙述裂变过程的机理，指出其副产物，介绍链式反应的概念，并考察消耗核燃料所得到的能量。

(1) 裂变过程

大多数同位素吸收一个中子之后发生辐射俘获，激发能以 γ 射线形式释放出来，但在某些重元素中，特别明显的是铀(U)和钚(Pu)，则会看到另一种结果，即核分裂成两个大碎片，此过程叫做核裂变。以下以 ^{235}U 核反应为例说明裂变的各个阶段。首先是一个中子接近 ^{235}U 核，形成 ^{236}U，并处于一种激发态。在某些相互作用中，多余能量也许以 γ 射线形式释放出来，但更常见的是这种能量使核畸变成哑铃状，哑铃状核的两部分以类似液滴运动的方式振动。由于静电排斥力大于吸引力，使这两部分分离开来。分开后的部分叫做裂变碎片，它们带着释放出的大部分质能；它们高速飞开，以动能方式带走的能量约为 166 MeV，整个过程释放的总能量约为 200 MeV。这些碎片分开时，失去原子的电子变成高速离子，这些离子在飞行过程中与周围介质的原子、分子相互作用又损失掉能量。如果裂变是在核反应堆中发生的，那么可以以热能形式回收这部分能量。

(2) 关于能量问题

一个原子核(如 ^{235}U)吸收一个中子之后，产物的内能过剩，因为这两个相互作用的粒子的总质量大于正常 ^{236}U 的质量。我们写出这个反应的第一步，即：

$$^{235}_{92}\text{U} + ^{1}_{0}\text{n} \longrightarrow (^{236}_{92}\text{U})^{*} \tag{2.59}$$

这里的 * 表示激发态，按照原子质量单位计算的 U 的质量是 235.043 925 + 1.008 665 = 236.052 590 (原子质量单位)，而处于基态的 ^{236}U 质量仅为 236.045 563，比激发态的要少 0.007 027 原子质量单位或 6.5 MeV。这种过剩能量足以引起裂变。

由于 ^{235}U 吸收非常慢的中子就能发生裂变，所以上述计算没有包括中子带进来的动能。不过，只有这种天然同位素 ^{235}U 能这样发生裂变，虽然 ^{239}Pu 和 ^{233}U 也能这样发生裂变，但它们是主要的人造同位素。大多数其他的重同位素要发生裂变，则需要使复合核得到比这大得多的激发能，以达到发生裂变所需要的能量水平，而且必须靠入射中子的动能提供额外能量。例如，要使 ^{238}U 发生裂变，至少需要中子带有 0.9 MeV 的动能。其他同位素需要的能量就更高了。

仅仅引入 6.5 MeV 的激发能怎么能导致一个能量产额高达 200 MeV 的核反应呢？这从反应过程来看是不明显的。该激发能是起触发作用使两个碎片(包括几个中子)分开，而这两个碎片的总质量比它们分开前的质量小得多，这才是能量产额高的原因。每放出 1 MW 有效热能需要消耗燃料 1.3 g。在一个产生 3 000 MW 热功率的典型反应堆中，^{235}U 燃料的消耗约为 4 kg/d；而如果用化石燃料，如煤、石油或气体燃料来产生相同的能量，那么将需要这个重量的几百万倍。

6) 聚变

两个轻核结合或"聚变"在一起就会放出能量，因为生成核的质量比原始粒子的质量要小。用加速器加速带电粒子轰击靶核或把气体温度升高到足以发生核反应的水平就能发生聚变反应。

把低原子序数核的质量作一番比较，我们就会明白释放大量核能的可能性。假定能使两个氢核和两个中子结合形成氦核：

$$2^{1}_{1}\text{H} + 2^{1}_{0}\text{n} \longrightarrow ^{4}_{2}\text{He} \tag{2.60}$$

那么在反应中，质能差(采用原子质量单位)是 2×1.007 825 + 2×1.008 665 − 4.002 603 = 0.030 377 (原子质量单位)，相当于 28.2 MeV 能量。

4 个氢核结合，形成 1 个氦核和 2 个正电子，即：

$$4^{1}_{1}\text{H} \longrightarrow ^{4}_{2}\text{He} + 2^{0}_{1}\text{e} \tag{2.61}$$

也能够得到相当大的能量。在太阳和其他星球上，通过所谓碳循环发生的就是这种反应，这是一个包含氢和碳、氧、氮元素同位素的复杂的一系列事件。但是，这种循环非常慢，不适合在地球上应用。

太阳的巨大能量是由于它的巨大质量的缘故,而不是由于单位体积核反应的速率大。

两个轻元素的核结合时释放出核能,而最有希望实现聚变反应的元素是氘。氘是水的天然成分,因此它是非常丰富的燃料。只有当粒子具有足够高的速度克服它们本身电荷产生的静电排斥力时,聚变反应才能发生。在高度被电离的介质(就是等离子体)中,温度在 4×10^8 K 量级时,聚变释放的能量能够超过辐射损失的能量。

2.4.5.3 核装置

1) 粒子加速器

加速器是通过电磁场的某些组合对带电粒子施加作用力,并使粒子获得高速度和动能的一种装置。随着对更高能量的粒子日益增长的需要,已经研制出许多形式的研究核反应和基本核结构的加速器。

2) 高压加速器

将离子加速到高速的一种方法是在电荷源和靶之间提供一大的电势差。实际上,在实验室可以产生由带电的云到地上发生的闪电放电现象。通常采用两种形式的这类设备。第一种是高压倍加器,它有一并联的电荷电容器电路,并且能连续地放电。第二种是静电发生器,通过输电带将电荷带到绝缘金属壳上,以形成高电势,使得正电荷(如质子或氘核)能够被加速。尽管有非常小的能量离散,5 MeV 数量级的粒子能量还是可能达到的。

3) 直线加速器

在直线加速器中,不是用高压给电荷以一次大的加速度,而是通过比较小的电势差,经过一系列加速使带电粒子获得高速度。直线加速器由加有交变电势的一系列管形加速电极组成。电子或离子在管子之间的间隙获得能量,而在管子里面做没有能量变化的漂移,管子里电场接近于零。电荷到达下个间隙时,电压仍然适合来加速,因为离子在整个一排管子的路径上不断获得速度,为了使离子在每一个管中的飞行时间保持不变,管子的长度必须逐级加长。在两英里①长的斯坦福加速器中,可获得 2×10^{10} eV 的粒子能量。

4) 回旋加速器

在回旋加速器中,是将电极的连续电加速和在磁场内的圆周运动结合起来。离子(如质子、氘核或 α 粒子)由真空室中心的离子源提供,真空室处在一大电磁铁的磁极之间。真空室中有两个空的金属盒,称为"D形电极",在盒上加上适当频率和极性相反的交变电压,在 D 形电极的间隙中,离子像在直线加速器中一样获得能量,然而离子在磁场所控制的无电场区里是做圆周运动的。离子每次通过具有电势差 V 的间隙时获得加速能量,并且其运动半径按 $r = v/\omega$ 增加,式中 ω 是角速度。离子轨道近似于螺旋线。当到达最大的半径时,离子具有最大的能量,用一专门的电磁场将离子束从 D 形电极引出,并让它打在靶子上,在靶中发生核反应。

5) 电子感应加速器

在感应加速器或电子感应加速器中,电子获得高的速度。当电子被引入到固定半径的轨道时,变化的磁通量在电荷上产生电场和力。如果在圆环里面磁场不是完全的平均场,当电荷保持在同一半径时,就连续不断地获得能量。在交变磁流通过 1/4 周期的几分之一秒时间里,能将能量加速到百万电子伏范围。

2.4.5.4 核材料的获得

核工业用的几种物质,需要元素的单一同位素或特殊结合的同位素。^{235}U 和 ^{2}H 就是两个重要的

---

① 1 mile(英里) = 1 609.344 m

例子。由于给定元素的同位素具有相同的原子序数 Z，所以它们的化学性质基本上是相同的，这样就需要靠质量数 A 来辨认粒子之间的差别，这是一种物理方法。我们将叙述三种分离铀同位素的设备。一种是基于离子在磁场中运动的差别，另两种是基于粒子通过膜或靠离心力扩散的差别。

1) 质谱仪

一个质量为 m、电荷为 q、速度为 v 的粒子，如果它注入的方向垂直于强度为 B 的磁场，那么它将做以 r 为半径的圆周轨道运动，$r = mv/qB$。在质谱仪中，被进行同位素分离的元素的离子是通过放电产生的，并通过一个电位差 V 加速，使其具有动能 $1/2\ mv^2 = qV$。离子在一个气体压力保持在非常低的小室中做自由运动，加上磁场它们就被引导到半圆形轨道上运动。较重离子的运动轨道半径比较轻的要大，所以可以分别收集两种离子。人们发现，收集到离子的各点之间的距离正比于离子质量的平方根之差。质谱仪可以较精确地测量粒子质量，或确定样品中同位素的相对丰度，或把一种元素浓缩成某种所需要的同位素。

电磁法对于分离轻同位素和需要量不大的同位素是特别有用的。但是，这种方法需要用大量的电产生磁场和加速离子，因此成本太高，不适用于大规模分离铀同位素。而另一种方法，即气体扩散法，是生产反应堆燃料的主要方法。

2) 气体扩散分离机

这种方法的原理可以用一个简单的实验来说明。一个容器被一个多孔膜分成两部分，在膜的两边充入空气。我们知道，空气是由约 80% 氮 ($A = 14$) 和 20% 氧 ($A = 16$) 组成的混合物。如果提高一边的压力，在另一边氮的相应比例就增加。

对于分离铀同位素 ^{235}U 和 ^{238}U 的气体扩散法，扩散膜由薄的镍合金做成。在这一级，呈气体状态的六氟化铀 (UF_6) 作为供料被泵入，出料分成两股。$^{235}UF_6$ 在一股气流中被浓缩，而在另一股气流中被贫化，相应的，$^{238}UF_6$ 的变化也是如此。

由于相对分子质量为 349 和 352 的粒子质量的差别很小，所以分离的量也很小，因此需要串联许多级，这种串联叫做级联。

任何同位素分离方法都会引起两种分子的相对数目的变化。n_H 和 n_L 为气体样品分子的数目，它们的丰度比被定义为 R，$R = n_L/n_H$。例如，普通空气的 $R = 80/20 = 4$。

同位素分离方法的效率取决于一个叫做分离系数的量 r。如果我们供给丰度比为 R 的气体，那么在扩散膜低压这边的丰度比 R' 由下式给出：

$$R' = rR \tag{2.62}$$

如果只有很少量的气体能够通过扩散膜，那么分离系数 r 由 $\sqrt{m_H/m_L}$ 给出，UF_6 的 r 是 1.004 3；但对一种更为实际的情况 (在此情况下有一半气体通过)，分离系数是比较小的，只有 1.003 0。通过用 s 级串联处理气体，级联的每一级分离系数都为 r，因此丰度比增大 r^s 倍。如果 R_f 和 R_p 分别指供料和产品的丰度比，那么 $R_p = r^s R_f$。

对于 $r = 1.003\ 0$，我们不难看出，从 $R_f = 0.007\ 25$ 浓缩到 U^{235} 的浓度高达 90%，需要 2 375 个浓缩级。

3) 气体离心机

气体离心机由于具有非常高的转速，所以又叫做超级离心机。离心机是由一个在真空中以非常高的速度转动的圆柱形容器和转筒组成的。转筒依靠磁力驱动和支撑。供料呈气体状态，离心力在它的外区压缩气体，而热扰动要使整个容积内的气体分子重新分布。轻分子受到离心力的作用小，靠近中心轴处它们的浓度比较高。要设法建立一股气流，让它把重、轻同位素分别带到转筒的两端，然后把被贫化的和浓缩的气体分别带走。当转筒表面速度达到 350 m/s 时，大约 1 英尺①长的离心机的分离系数可达 1.1 或更高。离心机每级的流速比气体扩散机的低很多，因此需要大量的单元并联，但在分离能力相同的情况下，离心法的电力消耗量比较低，为气体扩散法的 1/10~1/6。气体扩散厂必须建得很大才合算。

4）激光分离同位素

激光分离同位素是一种根据分子内部结构而不是按照质量差分离同位素的方法。这种方法利用激光使 $^{235}UF_6$ 分子发生一种特殊的光化学作用，该分子的振动频率与 $^{238}UF_6$ 分子的振动频率稍有不同。因为激光束的亮度极强，能使所需要的分子离解为另一种物质，再用化学方法很容易地把这种物质分离出来。先用红外激光照射来自气体扩散的贫料 UF_6 和载带气体的混合物，然后用紫外激光照射，结果产生一种粉剂化合物 $^{235}UF_6$。可以设计出这种把贫化铀转变成天然铀的系统，这种天然铀可以作为原料供应其他浓缩装置。残余物基本上是纯 ^{238}U。

5）氘的分离

氢的重同位素 ^2H（氘）在核领域主要有两种用途：① 作为反应堆（特别是应用天然铀的反应堆）的慢化剂，它对中子的吸收很少。② 作为聚变过程的反应物。虽然轻水和重水在化学性质方面差别很小，但也有几种方法足以把 ^1H 和 ^2H 分离。这些方法有：电解法，在电解中轻水比较容易分解；分馏法，该方法的理论依据是利用 D_2O 的沸点比 H_2O 的沸点约高 1 ℃；催化交换法，往水里通入 HD 气体产生 HDO 和 H_2。

2.5 纳米材料

2.5.1 纳米材料概述

纳米材料和纳米结构是纳米科技中最为活跃、最接近应用的重要组成部分。在过去的数十年中，在纳米领域发现的新现象、认识的新规律、提出的新概念、建立的新理论等，已经为构筑纳米材料的科学体系新框架奠定了基础，极大地丰富了纳米物理和化学等新领域的研究内涵。近年来，复杂纳米结构的设计，异质、异相和不同性质的纳米结构基元的组合，纳米结构材料的改性等，形成了当今纳米材料的研究焦点。利用新物性、新原理、新方法设计纳米结构的原理性器件，以及对传统材料的纳米改性正孕育着新的突破。然而，随着研究的深入，人们逐渐意识到其中最具挑战性的关键环节是对材料合成、器件组装的可控性操纵，只有切实解决了这一难题，才可能更多、更自由地按人们的主观意愿制备具有特殊性能的新材料。

研究纳米材料和纳米结构的重要科学意义在于，它开辟了人们认识自然的新领域。由于纳米结构单元的尺度（1~100 nm）与物质中的许多特征量，如电子的超导相干长度、德布罗意波长、铁磁性临界尺寸、隧穿势垒厚度等相当，从而导致纳米材料具有传统材料所不具备的奇异或反常的物理、化学特性，这些特性主要表现为表面效应、体积效应（小尺寸效应）、量子尺寸效应和宏观量子隧道效应四大效应。

2.5.1.1 纳米材料的概念

人类对物质的认识可分为宏观和微观两个层次。宏观的时间、空间坐标的下限是有限的，而上限

---

① 1 ft（英尺）= 0.304 8 m

是无限的，宏观所研究的对象尺寸很大；微观时空的上限一般定义为原子和分子，下限是无穷尽的，微观研究的是原子、分子，以及原子内部的原子核和电子、中子、质子、介子（π介子）、超子等比原子核更小的基本粒子。然而，在原子、分子和宏观物体中间的领域，人们尚未认识和开拓。这个领域中的体系出现了许多既不同于宏观物体也不同于微观体系的奇异现象。团簇的尺寸范围一般定义为 1 nm 以下原子聚合体，它是由几个到几百个原子构成的。在团簇和亚微米级体系之间又存在一个十分引人注目的新的微小体系，即纳米体系，这个体系的范围通常定为 1~100 nm 左右。纳米（nanometer）是长度单位，用 nm 表示，$1\text{ nm} = 10^{-9}\text{ m}$，即 1 纳米等于 10 亿分之一米。氢原子的直径为 0.08 nm，非金属原子直径一般为 0.1~0.2 nm，而金属原子直径一般为 0.3~0.4 nm，因此，1 nm 大体上相当于数个金属原子直径之和。可见，纳米微粒的尺度大于原子簇，但用肉眼和一般的光学显微镜仍然观察不到，而必须用电子显微镜放大几万倍甚至十几万倍才能看见单个纳米微粒的大小和形貌。

著名物理学家、诺贝尔奖获得者理查德·费曼早在 1959 年就预言，人类可以利用纳米材料制作更小的机器，甚至可以根据人类的意愿操纵原子或分子，可以制造超晶态产品。20 世纪 70 年代，科学家开始从不同角度提出有关纳米技术的构想。纳米技术（nano-technology）一词最早于 1974 年被科学家唐尼古奇用来描述精密机械加工。1982 年，扫描隧道显微镜（STM）的发明为科学家提供了观察纳米结构，直接探测原子、分子世界的重要工具。1990 年 7 月，第一届国际纳米科学技术会议在美国巴尔的摩举办，标志着纳米科学技术的正式诞生。

介观是指介于宏观和微观之间的概念，这是一个比微观尺度（原子大小为 0.1 nm）大，又比宏观尺度（光学显微镜分辨极限的微米尺度）小的世界。纳米是一个介观尺度的度量单位，1 nm 是人类毛发直径的 1/10 000，是可见光最短波长的 1/400。纳米尺度上的结构（纳米结构，nano-structure）表现出许多奇异特性。例如，考察电子通过纳米圆环所组成的电路，它的行为将不遵守欧姆定律，而表现出彼此之间的关联性（AB 效应）。在这个尺度上的物质无法区分是长程有序（晶态）、短程有序（液态），还是完全无序（气态）；表面原子或分子占了相当大的比例，成为物质的一种新的状态——纳米态。纳米态的性质主要取决于表面或界面上分子排列的状态，而不主要取决于其体内的原子或分子。纳米材料由于具有量子力学上的强关联性而表现出完全不同于宏观和微观世界的介观性质，是由几十个到数千个原子或分子组合成的介观体系。这些数量不多的原子或分子"组合"在一起时，被称为"超分子"或"人工分子"。"超分子"的性质如电容性、熔点、磁性、导电性、发光性和水溶性等由于内部的强关联性而有重大变化。当"超分子"继续长大聚集成大块材料时，奇特的性质又会失去。通俗来说，纳米材料一方面可以被当作一种"超分子"，它对可见光是完全透明的，这是由于它的尺寸太小（是可见光波长的 1/3），达不到能对可见光散射的尺度，充分地展现出微观世界的量子效应；另一方面，它也可以被当做一种非常小的"宏观物质单元"来构建宏观物质，所构筑的宏观物质表现出前所未有的特性。许多化学和生物反应的过程也发生在纳米尺度。因此，探测纳米尺度内物理、化学和生物性质的变化，将加深人们对物质世界和生命科学的理解。当今纳米科学技术的主要研究热点之一是对由数量不多的电子、原子或分子组成的体系中新规律的认识和操纵或组合。

纳米材料也叫超分子材料，是在三维空间中至少有一维处于纳米尺度范围或由它们作为基本单元构成的材料。纳米材料一般是由粒径尺寸介于 1~100 nm 之间的超细颗粒组成的固体材料。纳米材料按材料结构，可分为纳米晶体、纳米非晶体和纳米准晶体；按空间形态，可分为零维纳米颗粒、一维纳米线、二维纳米膜、三维纳米块；按宏观结构，可分为纳米块、纳米膜、纳米线以及纳米纤维等。

纳米材料的基本单元按维数可以分为：① 零维，三维尺度均在纳米尺度的材料，如纳米颗粒、纳米孔洞、人造超原子、原子团簇等。② 一维，有两维处于纳米尺度的材料，如纳米管、纳米丝、纳米棒等。③ 二维，有一维在纳米尺度，如超晶格、超薄膜、多层膜等。因为这些单元往往具有量子性质，所以，零维、一维和二维基本单元又分别有量子点、量子线和量子阱之称。④ 三维，是由纳米单元组成的纳米复合材料，包括纳米微粒与纳米微粒复合(0-0复合)、纳米微粒与薄膜复合(0-2复合)、纳米微粒与常规块体复合(0-3复合)、不同材质纳米薄膜层状复合(2-2复合)等。通过物理或化学方法将纳米微粒填充在介孔固体(如气凝胶材料)的纳米孔洞中，这种介孔复合体也是纳米复合材料。

纳米材料按照形态一般分为四类：① 纳米固体材料，由纳米尺寸颗粒组成的致密型固体材料；② 纳米磁性液体材料，由超细微粒包覆一层表面活性剂，高度弥散于一定基液中构成的稳定且具有磁性的液体；③ 纳米颗粒材料；④ 颗粒膜材料，颗粒嵌于薄膜中所生成的复合薄膜。

纳米材料的晶粒结构主要是用透射电子显微镜(TEM)、高分辨透射电子显微镜(HRTEM)直接观察，无论是使用化学法、力学形变法、气相沉积法，还是非晶晶化法，制备的纳米材料的晶粒尺寸都是用透射电子显微镜来测量的，也可以使用X射线衍射方法来测定。

2.5.1.2 纳米材料的研究内容

纳米材料及纳米材料科学是凝聚态物理、胶体化学、化学反应动力学、原子物理、配位化学、表面界面科学等多种学科交叉汇合而出现的新学科。纳米体系的光、热、电、磁等物理性质与常规材料不同，而它的另一个特点，即表面效应，又使得它具有特殊的化学性质。

纳米科技主要包括：① 纳米化学；② 纳米物理学；③ 纳米力学；④ 纳米电子学；⑤ 纳米材料学；⑥ 纳米生物学；⑦ 纳米加工学。

纳米材料科学的研究主要包括两个方面：一是发展新型的纳米材料。纳米尺寸的合成为发展新材料提供了新途径，大大地丰富了纳米材料制备科学。目前，世界上的材料有近百万种，而自然的材料仅占1/20，这就是说，人工材料在材料科学发展中占有重要的地位。纳米尺度合成为人们设计新型材料，特别是为人类按照自己的意志设计和探索所需要的新型材料打开了新的大门。二是系统地研究纳米材料的性能、微结构和谱学特征，通过和常规材料对比，找出纳米材料特殊的规律，建立描述和表征纳米材料的新概念和新理论，发展完善的纳米材料科学体系。

纳米技术的研究热点集中表现在如下几个方面。

(1) 纳米结构器件

研究新型纳米结构，设计和制备新型纳米器件，可以推动信息、能源、环境、医疗、农业及航天技术的革新和发展。例如，信息技术中的新型存储、读取、显示和运算器件的研究和发展，将使现有计算机的硬盘存取密度提高100万倍，并使体积进一步缩小。

(2) 纳米探测技术

纳米加工和纳米探测技术的实践应用，像原子力显微镜(AFM)的发展，已经使人类能够在原子尺度上对单个原子进行搬移，对原子之间的价键结合态进行观测。一种能方便进行活体检测，探测出只有几个癌变细胞的手段也正在研究之中，这将使生命科学的研究在一个完全量化的领域内严格进行。

(3) 纳米强度支撑材料

进行具有特殊性能的纳米材料和纳米结构的研究，以探索和改善传统材料的综合性能及其应用。例如，以纳米技术为依托，开发比现有的钢的强度高10倍，而密度大大降低的结构材料，将使常规材料工业发生革命性突破。

(4) 二元协同纳米界面材料

利用异质材料的接触与融合所产生的表面和界面的奇异功能特性来制造新型材料和器件，已成为技术和材料研究的主要指导思想。二元协同纳米界面材料的研究就是从改变纳米材料表面或界面性质入手，针对纳米材料表面或界面性质进行研究，实现性质不同的材料的界面重组，在介观尺度上构建出新的材料。从物理的观点看，凝聚态物质的表面相和界面相具有不同于体相的对称性和自由能，当物质由宏观尺寸减小到介观尺寸时，表面相和界面相对材料物性的影响将不容忽视。因此，表面相和界面相的设计及控制，必然是研究新型界面材料的关键。二元协同纳米界面材料是将二元协同性推广到纳米界面所研制出的新型界面材料。例如，通过界面性质改变将油和水这两类在宏观和微观尺度上完全不相容的材料相容，将可以制造出许多新的热力学稳定体系，根据这一技术可以使燃油的物理活性，化妆品、保健品和中药有效成分的利用率和医学中靶向药物的命中率提高100万倍以上。在这个技术平台上发展的纳米孔涂料、纳米布、纳米超滤膜将使人类的生活发生突破性变化。

物性的二元协同互补性是一个普遍适用的概念，可以表现为多种形式。例如，导电性与绝缘性、亲水性与疏水性（亲油性与疏油性）、表面几何结构的互补性（凸与凹）、氧化性与还原性、顺磁性与抗磁性、半导体的 p 型与 n 型、稳定结构与亚稳结构、左旋光性与右旋光性、强诱电体与反强诱电体等。在通常情况下，体材料的表面相和界面相都表现为单一的特性。利用二元协同界面材料的设计思想，可以在纳米尺度形成二元协同界面，表现出超常的界面物性。借助介观物理和介观化学的基本原理进行界面材料的分子设计，可以实现上述的二元协同性质。下面从几个例子来阐述二元协同纳米界面材料的应用。

① 超双亲性界面物性（同时具有超亲水性及超亲油性的表面）材料。双亲二元协同原理可以用来指导设计和研制在其他基材上使用超双亲性修饰剂。光照射可引起二氧化钛（TiO_2）表面的超双亲性，在二氧化钛表面形成亲水性及亲油性两相共存的二元协同纳米界面结构。利用这种原理制作的新材料，可以得到具有自清洁及防雾等功能的玻璃表面及建筑材料；使用修饰剂使纤维及衣物上具有超双亲性，洗涤衣物便不需要使用传统的洗涤剂而仅用清水；对人体血管和人体器官进行表面修饰可以防止血栓的形成；对人造器官进行修饰可以改善同活体组织的兼容性。

② 超双疏性界面物性（同时具有超疏水性及超疏油性的表面）材料。在特定的表面上建造纳米尺寸的几何形状，利用由下到上、由原子到分子、由主分子到聚集体的外延生长纳米化学方法得到互补的（如凸与凹相间）表面结构。由于纳米尺寸材料凹凸的表面可强力吸附气体分子，并让其稳定存在，就相当于在宏观表面上形成一层稳定的气体薄膜，使油和水均无法与材料的表面直接接触，从而使材料的表面呈现出超常的双疏性；水滴或油滴与界面的接触角会趋于最大值，从而失去浸润性。在输油管的管道内表面修饰一层超双疏性涂层，可以实现石油与管壁的无接触、低黏滞运输，这对于输油管道的安全运行有重要价值。当然，这种超双疏性在纺织、包装工业等领域也同样具有广泛的应用前景。

③ 高效光催化界面材料。借助光电化学和光化学的研究思想，利用介观化学方法，可以研制多种具有光化学活性的纳米杂化界面材料。例如，TiO_2 表面在紫外光的照射下具有更高的光催化效果，可以用来分解甲醛、苯、氧化氮等有毒气体，还可以杀死与其表面接触的细菌，该材料可以应用在空气净化和杀菌抑菌方面。

2.5.1.3 我国在纳米技术研究领域的地位和所取得的成就

纳米技术从介观物理和介观化学脱胎出来的时代，恰逢中国改革开放，中国知识分子从桎梏中解放出来以后所迸发出的蓬勃活力令世人瞩目。1985年，设在北京大学的人工微结构和介观物理国家实验室就已经启动，设在南京大学的固体微结构国家重点实验室也于1985年对外开放，中国科学院北京物理研究所和沈阳金属研究所的科学家们也于同期开展了后来称之为纳米结构和纳米材料的基础科学研究。仅用了十几年的时间，我国科学家就先后取得了一系列令世界瞩目的科研成果。1991年，碳纳米管被人类发现，它的力学性质尤其引人注目。这种材料的质量只是相同体积钢的1/6，强度却是钢的10倍，一度成为纳米技术研究的热点。诺贝尔化学奖得主斯莫利教授认为，碳纳米管将是纤维的最佳首选材料，也将被广泛用于纳米电子元器件、超微开关和超微导线。北京大学的科学家们也在同期制备出当时世界上最长的碳纳米管。1993年，中国科学院北京真空物理实验室操纵原子成功写出"中国"二字，标志着我国开始在国际纳米技术领域占有一席之地。这是继1989年美国斯坦福大学搬运原子团写下斯坦福大学英文名字，1990年美国国际商用机器公司在镍表面用36个氙原子排出"IBM"之后，世界上在纳米操纵领域的又一创举。1996年，中国科学家利用核技术成功地解决了油—水二元协同纳米界面的化学结构和成分的稳定性问题，研究出热力学稳定的、能够克服极限破乳等问题的水相尺度为6 nm的油包水型燃油添加剂，使燃油的物理活性提高了上百万倍，在1/8 000的添加量下取得发动机每台架节省燃油10%的结果。1997年，美国科学家首次成功地用单电子移动单电子，利用这种技术可望研制成功存储容量和运算速度比现在提高成千上万倍的量子计算机，1999年，巴西和美国科学家利用碳纳米管发明了能够称量10^{-9}g物体的世界上最小的秤，即相当于一个病毒的重量。北京大学的科学家则研制出能称量单个原子重量的"秤"，打破了巴西和美国科学家联合创造的纪录。到2000年，纳米技术逐步走向市场，全球全年纳米产品的销售额达到500亿美元。在2000年，我国纳米技术领域捷报频传。10月，中国科学院化学所的科学家在二元协同纳米界面的技术平台上，成功地对人造纤维的表面进行了纳米结构处理，在纤维表面形成20 nm尺度的凸凹结构，改变了纤维表面油和水的浸润性，在世界上率先研发成功纳米布。这种纳米技术还可以使经过处理的建筑材料表面具有自清洁和防雾、防冰霜的效果。11月，北京大学方正博雅纳米技术工程中心的纳米燃油添加剂在北大博雅科技实业有限公司实现了产业化，该产品在1/8 000的添加比例下，经过了数万吨燃油的多种车型路用实验，结果表明节油率达10%~20%。11月，我国还在世界上首次直接观察到纳米金属材料在室温下的自然伸延现象，之后，又在纳米材料热物理性能研究中首次发现固体纳米薄膜能在超过它正常熔点60 ℃以后保持不熔。我国已经利用碳纳米管研制出新一代显示器样品，标志着我国在碳纳米管应用上取得了重要突破，并跻身世界先进行列，为通用平板显示器的研发开辟了新的捷径，在碳纳米管平板显示器实用化进程中做出了中国人的独特贡献。

2.5.2 纳米材料的制备方法与性能

2.5.2.1 纳米材料的特性

纳米材料的物理、化学性质既不同于微观的原子、分子，也不同于宏观物体，当常态物质被加工到极其微细的纳米尺度时，会出现特异的量子尺寸效应、表面效应、宏观隧道效应、体积效应等，其光学、力学、热学、化学、电学、磁学等性质也就相应地发生了十分显著的变化。

当材料的尺寸达到纳米量级时，材料就具有普通块体材料所不具备的三大效应：① 宏观量子隧道效应。微观粒子具有贯穿势垒的能力称为隧道效应。一些宏观量，如纳米粒子的磁化强度、量子相干器件中的磁通量也具有隧道效应，称为宏观量子隧道效应。② 表面效应。表面效应取决于纳米微粒表面原子数与总原子数之比。纳米微粒尺寸小，表面能高，位于表面的原子占相当大的比例。随着粒径减小，表面原子数迅速增加。由于表面原子数增加，原子配位不足及高的表面能，使得这些表面原子具有高的活性，极不稳定，因而在催化、吸附等方面具有常规材料无法比拟的优越性。③ 小尺寸效应。当纳米粒子的尺寸与传统电子的德布罗意波长以及超导体的相干波长等物理尺寸相当或更小时，其周期性的边界条件将被破坏，光吸收、电磁、化学活性、催化等性质发生很大变化。

正是由于纳米材料具有上面的三大效应，因而表现出奇特的宏观物理特性：① 异常的电导率和磁化率；② 高强度和高韧性；③ 极强的吸波性；④ 高热膨胀系数、高比热容和低熔点；⑤ 高扩散性等。

1）量子尺寸效应

量子尺寸效应是指，当粒子尺寸下降到某一最低值时，费米能级附近的电子能级由准连续变为离散能级的现象。量子尺寸效应一词早期用于描述金属或半导体因尺寸减小而导致光吸收峰蓝移的现象,后来将材料尺寸减小导致电子运动受限,从而产生能隙增大的现象称为量子尺寸效应。按固体能带理论,金属和半导体中电子的能级结构存在很大差别,大块的金属中电子能级为准连续结构,即相邻能级间隔远小于室温时的热能 K_BT。根据久保理论,金属粒子能级间隔可表示为:

$$\delta = \frac{4E_F}{3N} \propto \alpha^{-3} \tag{2.63}$$

式中,δ 为能级间隔,N 为一个微粒子的总导电电子数,E_F 为费米能级,α 为金属粒子半径。对于大粒子或宏观物体包含无限个原子,导电电子数 $N \to \infty$,由上式可知,能级间距 $\delta \to 0$,即能级是连续的;而对于纳米微粒,所包含原子数有限,N 值很小,于是 δ 就有某一定值,即能级分裂。当能级间距 δ 大于静磁能、热能、静电能、磁能、超导态的凝聚能或光子能量时,必须考虑量子尺寸效应,这就会导致纳米微粒的电、磁、热、光、声、超导电性与宏观特性有着显著的不同。按此公式估算,要在室温下表现出可观察到的量子尺寸效应,金属微粒的粒径应小至约 1 nm。

与金属情况不同,半导体材料的导带和价带之间本身就存在较大的能隙,由于半导体中电子波长可达 1 μm,因此即使在微米和亚微米区域,这种因量子尺寸效应产生的能带结构变化也很容易通过吸收光谱等方法测量。

2) 宏观量子隧道效应

隧道效应是指微观粒子具有贯穿势垒的能力。一些宏观量如量子相干器件中的磁通量和微颗粒的磁化强度等具有隧道效应,称为宏观量子隧道效应。宏观量子隧道效应的研究对基础研究及实用都有着重要意义。磁带、磁盘等介质进行信息存储的时间极限就是由宏观量子隧道效应决定的。量子尺寸效应、隧道效应确立了现有微电子器件进一步微型化的极限,是未来研究微电子器件的基础。因此,当微电子器件进一步细微化时,必须考虑上述的量子效应。科学研究表明,当微粒尺寸小于 100 nm 时,由于量子尺寸效应、小尺寸效应、表面和界面效应及宏观量子隧道效应,物质的很多性能将发生质变,从而呈现出既不同于宏观物体又不同于单个独立原子的奇异现象,如熔点降低,蒸气压升高,活性增大,声、光、电、磁、热、力学等物理性能出现异常。

3) 表面和界面效应

由于组成纳米材料的粒子尺寸小,纳米微粒表面的原子数目远远多于相同质量的非纳米材料表面的原子数目。纳米微粒表面粒子数目随着微粒子粒径变小呈几何级数增加。10 nm 的纳米微粒,表面原子数占总原子数的 20%,1 nm 的纳米微粒表面原子数占总原子数的 99%。表面原子数目的骤增和单位质量粒子表面积的增大,使原子配位数严重不足。高表面积带来的高表面能,使粒子表面原子极其活跃,很容易与周围的气体反应,也容易吸附气体。这是许多小尺寸金属纳米簇具有高催化活性和不稳定性的重要原因。这一现象被称为纳米材料粒子的表面效应。

4) 小尺寸效应

小尺寸效应是当纳米材料中的微粒尺寸小到与超导态的相干长度、德布罗意波波长或光波波长等物理特征相当或更小时,非晶态纳米微粒的颗粒表面层附近原子密度减小,晶体周期性的边界条件被破坏,使得材料的电、磁、声、力学、光、热等特性出现改变而导致新的特性出现的现象。例如,磁有序态转变为磁无序态;声子谱发生改变;超导相变为正常相;光吸收显著增加,并产生吸收峰的等离子共振频移等。这些现象称为纳米材料的小尺寸效应。

5) 纳米效应举例

纳米材料由于具有量子尺寸效应、小尺寸效应、表面和界面效应、宏观量子隧道效应,从而呈现出如下的客观物理、化学特性:① 低熔点、高比热容、高膨胀系数;② 高反应活性和高扩散率;

③ 高强度、高韧性、高塑性；④ 奇特磁性；⑤ 极强的吸波性。

(1) 膨胀系数

纳米 Pd 的热膨胀是传统材料的 2 倍。80 nm 的纳米 Al_2O_3 的热膨胀系数(室温至 700 ℃)也是 5 μm 粗晶 Al_2O_3 的 2 倍。纳米非晶 Si_3N_4 的热膨胀系数为常规晶态 Si_3N_4 陶瓷的 1～26 倍。

(2) 表面能

当铜粉的粒径从 100 nm 减小至 10 nm 和 1 nm 时，相应的纳米粉末的表面积从 6.6 m^2/g 增大至 66 m^2/g 和 660 m^2/g，表面能从 590 J/mol 增大至 5 900 J/mol 和 59 000 J/mol，因而微粒表面原子具有极高的反应活性。纳米金属微粒在空气中会燃烧；纳米无机微粒暴露于空气中会吸附气体，并与气体反应。

(3) 熔点

普通块状金(Au)的熔点为 1 064 ℃，而 2 nm 的金微粒的熔点仅 327 ℃；普通银(Ag)的熔点为 900 ℃，而纳米银微粒的熔点为 100 ℃；大块铜(Cu)的熔点为 327 ℃，而 20 nm 铜微粒的熔点降为 39 ℃。

(4) 导电性

传统金属是导体，但纳米金属微粒强烈地趋向电中性。如纳米铜就不导电，且电阻随粒径减小而增大，电阻温度系数也下降甚至出现负值。而原本绝缘的 SiO_2，在 20 nm 尺度开始导电。一般的，$PbTiO_3$，$BaTiO_3$ 和 $SrTiO_3$ 等是典型的铁电体，但当尺寸进入纳米量级时就会变成顺电体。纳米氧化物和氮化物在低频下介电常数增大几倍，甚至增大一个数量级，表现出极大的增强效应。

(5) 吸波性

6 nm 的 Si 在靠近可见光范围内就有较强的光致发光现象；在纳米 Al_2O_3，TiO_2，SiO_2，ZrO_2 中也观察到在常规材料中看不到的发光现象。纳米金属微粒的光反射能力显著下降，通常可低于 1%。由于小尺寸效应和表面效应，纳米微粒具有极强的光吸收能力。纳米氧化物和氮化物对红外和微波具有良好的吸收特性；纳米复合多层膜在 7～17 GHz 频率的吸收峰高达 14 dB，在 2 GHz 频率的吸收峰为 10 dB。与大块材料相比，纳米微粒的吸收带普遍存在"蓝移"现象，即吸收带向短波长方向移动，如纳米 CdS 微粒等。

(6) 烧结温度

10 nm 的纳米陶瓷粉末的烧结速度比 10 μm 的粉末提高 12 个数量级(即 10^{12} 倍)，1 nm 粉末的致密化速率比 1 μm 粉末提高 8 个数量级(即 10^8 倍)。常规 Al_2O_3 粉末的烧结温度高达 1 800～1 900 ℃，而纳米 Al_2O_3 粉末可在 1 150～1 500 ℃ 烧结到理论密度的 99.7%。纳米 TiO_2 在 500 ℃ 加热即呈现明显的致密化，而晶粒尺寸仅有微小的增加。纳米 ZrO_2 的烧结温度比微米级 ZrO_2 的烧结温度降低 400 ℃。常规 Si_3N_4 的烧结温度高于 2 000 ℃，而纳米 Si_3N_4 的烧结温度可降至 1 500～1 600 ℃。

(7) 催化性能

将通常的金属催化剂铁(Fe)、钴(Co)、镍(Ni)、钯(Pd)、铂(Pt)制成纳米微粒，可大大改善催化效果。30 nm 的纳米 Ni 粉可将有机化学加氢和脱氢反应速率提高 15 倍。在甲醛的氢化反应生成甲醇的反应中，以纳米 Ni 粉和纳米 TiO_2，SiO_2 或 NiO_2 粉分别作催化剂和载体，可将选择性提高 5 倍。利用纳米 Pt 作催化剂放在 TiO_2 载体上，在含甲醇的水溶液中可通过光照射制取氢，且产出率比原来提高几十倍。

(8) 磁性

铁磁性物质达到纳米尺度(5 nm)时，由于多畴变成单畴，显示出极强的顺磁效应。10～25 nm 的铁磁性金属微粒的矫顽力比相同的常规材料大 1 000 倍；而当微粒尺寸小于 10 nm 时，矫顽力变为零，表现出超顺磁性。纳米磁性金属的磁化率是常规金属的 20 倍，而饱和磁矩是普通金属的 1/2。将纳米 Co 微粒嵌于 Cu 膜中，发现了巨磁电阻效应。

(9) 硬度

纳米晶体 Cu 的强度比普通 Cu 高 5 倍，在室温轧制过程中出现超塑性延展，延展率超过 5 000%，且不出现普通 Cu 冷轧过程中的加工硬化现象。纳米 Fe 多晶体的强度比常规 Fe 高 12 倍。纳米晶体 Cu 或 Ag 的硬度和屈服强度分别比常规材料高 50 倍和 12 倍。许多纳米陶瓷的硬度和强度比普通陶瓷高出 4~5 倍。

2.5.2.2 纳米材料的化学制备方法

目前，纳米材料的制备有三种分类方法：第一种按反应物状态分为干法和湿法；第二种根据制备原料状态分为固相法、液相法和气相法；第三种按是否发生化学反应分为物理法、化学法和综合法。以下主要介绍化学法制备纳米材料。

(1) 溶胶—凝胶法

溶胶—凝胶法制备纳米粉体的工作开始于 20 世纪 60 年代，利用该方法可以制备一系列纳米氧化物、复合氧化物、金属单质及金属薄膜等。溶胶—凝胶法是利用无机盐类或金属醇盐的水解或者聚合反应形成均匀溶胶，再使溶质聚合浓缩成透明凝胶，经过干燥、热处理等可以得到金属单质、氧化物等纳米材料。该方法大量用于制备纳米微粒、纳米薄膜、纳米复合材料及纳米矩阵。

溶胶—凝胶法的优点有温度低（可以比传统方法低 400~500 ℃），粒度小，过程易控制，制品纯，制得的产品颗粒分布均匀、粒径小、团聚少、介电性能较好。对同一原料，改变工艺过程可获得不同的产品。但是，溶胶—凝胶法采用金属醇盐作为原料，成本高，排放物对环境有污染。

(2) 化学气相沉积法（CVD）

化学气相沉积法广泛用于沉积各种单晶，研制新晶体，提纯物质，制备多晶或玻璃态无机薄膜材料，是利用气态物质在一定温度、压力下在固体表面进行反应生成固态沉积物的方法，沉积物首先是纳米粒子，然后形成薄膜。该方法所得产品纯度高、粒度分布窄，但设备和原料要求高。

(3) 沉淀法

沉淀法是最常见的一种制备方法，是在含有一种或多种金属离子的盐溶液中，在一定的温度下，使溶液水解或加入沉淀剂形成不溶性的盐类、水合氧化物或氢氧化物，从溶液中析出，然后经洗涤、热分解、脱水等得到纳米氧化物或复合化合物的方法。沉淀法分为直接沉淀法和共沉淀法。直接沉淀法是先制成醇盐的醇溶液，然后加水分解生成纳米级的氧化物或复合氧化物纳米粒子；共沉淀法是在含有多种金属阳离子的溶液中加入沉淀剂使离子得以全部沉淀的方法。该方法具有工艺过程易于控制、设备简单、易于商业化等优点，但制品纯度低、颗粒半径较大。

(4) 微乳液法

微乳液法是在表面活性剂的作用下，使两种互不相溶的溶剂形成一种均匀的乳泡。微乳液通常是由表面活性剂、助表面活性剂、油和水所组成的透明的各相同性的热力学稳定体系。剂量小的溶剂被包裹在剂量大的溶剂中形成一个微泡，微泡的表面由表面活性剂组成，纳米颗粒从微泡中生成，可使成核、生长、凝结、团聚等过程局限在一个微小的球形液滴内，从而形成球形颗粒，避免颗粒之间的进一步团聚。在微乳液法制备纳米颗粒的过程中，影响粒径大小及质量的主要因素有：① 表面活性剂；② 反应物浓度；③ 界面醇含量及醇的碳氢链长；④ 微乳液的组成。微乳液法制品单分散性好，粒径小，试验操作简单、容易。

(5) 水热合成法

水热合成法是一种高效的纳米材料合成方法，是使物质在高温高压下的水溶液或蒸汽等流体中进行反应，再经分离和热处理而合成纳米粒子的一种无机制备方法。水热合成法主要有制品纯度高、分散性好、制备条件温和、体系稳定、合成温度低、粒度分布窄等优点。

二氧化钛（TiO_2）的可控合成一直是人们关注的热点，这主要是由于 TiO_2 的各种性质与其晶粒尺寸、材料形貌、晶体学结构等都密切相关。因此，具有特定晶型和尺寸大小的 TiO_2 纳米材料的可控合成，在纳米材料合成化学领域和实际应用中具有非常重要的意义。2008 年，Yang 等人报道成功制备了具有高活性的{001}晶面显露的片状锐钛矿 TiO_2，引起了全世界的广泛关注，紧接着，很多关于合成具有高比例{001}面的锐钛矿 TiO_2 的文章陆续发表，掀起了一个可控合成具有高能面 TiO_2 研究的新高潮。这些工作虽然用的方法不尽相同，但是其基本原理都相似，大都是基于在反应过程中，通过表面活性剂（如异丙醇、F^- 等）对{001}晶面的螯合作用，降低其表面能，使其可以在晶体生长过程中稳定存在并最终显露出来。然而，这种方法为了将吸附在高能面上的表面活性剂或螯合离子去除，得到高效能的产物，往往需要进一步的后续处理，这就使得其应用受到一定的限制。对于金红石 TiO_2 来说，其{001}面也是高能面，而热力学最稳定的是{110}面。在生长过程中，晶体往往优先沿着{001}方向生长，最终形貌几乎都是纳米棒、纳米线等一维纳米结构，而此前，没有关于{001}面能够抑制生长的金红石 TiO_2 的材料被合成的报道。杨贤锋等人发现，钽离子（Ta^{5+}）具有与金红石 TiO_2 中钛离子（Ti^{4+}）非常接近的离子半径，可以在几乎不影响晶体基本骨架的前提下，代替 Ti^{4+} 插入 TiO_2 的晶格中。经过理论模拟计算，发现在 Ta 掺杂的金红石 TiO_2 中，各晶面的表面能会发生很大变化，由此可以预测，利用 Ta 掺杂有可能改变金红石 TiO_2 原有的生长习性，获得具有特殊形貌和独特应用前景的新型 TiO_2 微纳结构材料。他们选用金属钽薄片作为衬底材料，选用 HCl 水溶液为反应介质，在 180 ℃下水热反应 6 h 后，得到了有趣的"十字勋章"纳米阵列结构（见图 2.42）。

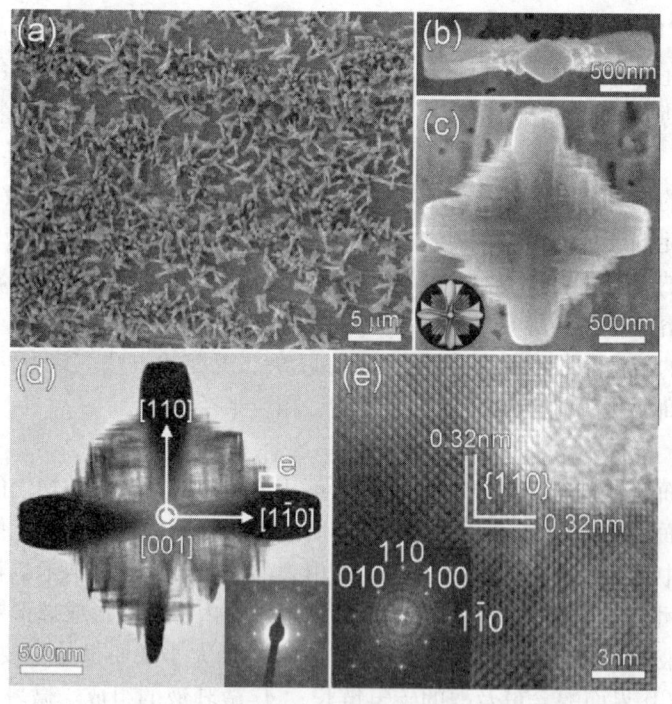

(a)在 180 ℃反应 6 h 后，所得"十字勋章"金红石纳米阵列的低倍扫描电镜照片(SEM)；(b)和(c)是一个具有代表性的"十字勋章"晶体的顶部和侧面视图；(d)从基片上刮下来的一个"十字勋章"晶体沿[001]晶带轴方向拍摄的透射电镜照片(TEM)，右下角的插图是整个晶体的选区电子衍射花样(SAED)；(e)为(d)中白色框内区域的高分辨透射电镜照片(HRTEM)，左下角的插图是其对应的傅里叶转换图(FFT)

图 2.42 "十字勋章"纳米阵列结构

图 2.43 是"十字勋章"电镜照片。从图 2.43 可以看到，每个"十字架"主要有两个纺锤形纳米棒垂直交叉组合而成，每个纳米棒长约 1.8 μm，最粗处的直径约为 200 nm。结合晶体结构分析认为，这两个交叉的纺锤形纳米棒就是"十字勋章"的骨架，每个棒应该都是沿着 <110> 方向生长的金红石单晶。

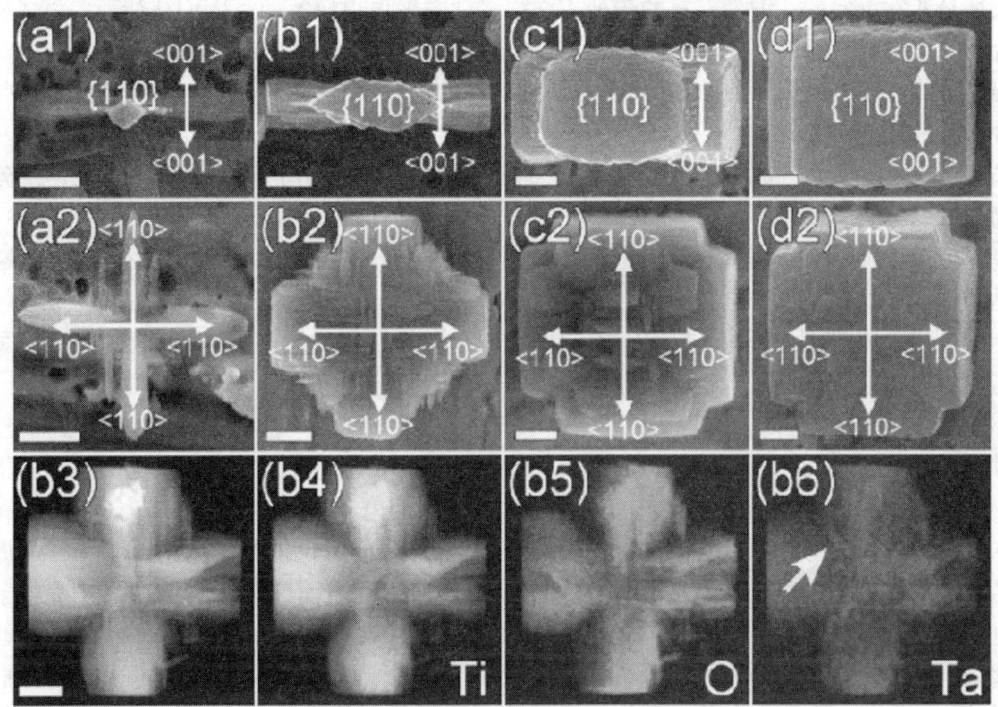

(a1)~(d1)、(a2)~(d2) 分别是单个样品 a，b，c，d 的顶端及正面视图；(b3) 是样品 b 的高角度环形暗场扫描透射电镜照片(HAADF-STEM)，(b4)~(b6) 分别是该模式下得到的 Ti，O，Ta 的元素分布图(标尺: 500 nm)

图 2.43 "十字勋章"电镜照片

用离子掺杂的方法调控合成具有特定显露晶面的纳米材料的报道还没有出现过。特别是对于金红石 TiO_2 来说，{001} 面的反应活性很高，很难抑制其生长。因此，这项工作在金红石 TiO_2 晶体的控制生长领域具有较大的学术价值。

(6) 超声化学方法

超声化学方法是研究声能量与物质间的一种独特的相互作用，利用超声空化能量，加速和控制化学反应，引发新的化学反应，提高反应速率的方法。由于超声空化产生持续时间非常短的微观极热，因而可产生非常规的反应。超声空化现象是液体中的微气核在声场的作用下振动生长和崩溃的动力学过程。在空泡崩溃时，泡内的气体或蒸汽被压缩而产生高温及局部高压，并伴随着发光、冲击波。超声空化过程可以为化学反应创造一个独特的条件。本法已用于由 SiO_2 合成纳米材料。

(7) γ 辐射法

1992 年，γ 辐射法作为制备纳米材料的一种新方法迅速发展起来。利用 γ 辐射的电离辐射使水溶液发生电离和激发，生成还原性的粒子自由基和水合电子，可以制备活泼金属、贵金属纳米粉末。据报道，通过控制条件，已用这种方法合成 Cu_2O，MnO_2，Mn_2O_3 纳米晶体粉末以及 MnO_2，Fe_2O_3 等氧化物非晶粉末。

2.5.3 纳米材料的表征和操纵技术

2.5.3.1 纳米材料的表征方法

纳米材料的化学组成及其结构是决定其性能和应用的关键因素，在原子尺度和纳米尺度对纳米材料进行表征是非常重要的。纳米材料的表征方法很多，发展也很快，而且人们往往需要将多种测试技术相结合，才能得到可靠的信息。纳米材料测试技术有以下几种。

① 定性分析。研究纳米材料的化学成分，对材料的组成进行定性分析，包括材料由哪些元素组成，每种元素的含量。

② 结构分析。对材料结构的分析包括：三维、二维纳米材料结晶结构，物相组成，组分之间的界面，物相形态等。

③ 颗粒分析。研究纳米材料的物理指标。对材料颗粒的分析包括：颗粒大小、粒度、粒度分布、颗粒结晶结构、形状等。

④ 性能分析。化学性能分析包括化学反应性、反应能力，在空气和其他介质中的化学性质等；物理性能分析包括纳米材料电、磁、光、声和其他新性能的分析。

1) X 射线光电子能谱仪

X 射线光电子能谱仪(X-ray photoelectron spectroscopy，XPS)是目前应用最广泛的表面分析方法之一，主要用于成分和化学状态的分析，也称为化学分析用的电子能谱(electron spectroscopy for chemical analysis，ESCA)。其原理是用单色的 X 射线照射样品，具有一定能量的入射光子与样品原子相互作用，光致电离产生了光电子，这些光电子从产生之处输运到表面，然后克服逸出功而发射，即 X 射线光电子发射。根据具有某种能量的光电子的数量，便可知道某种元素在表面的含量，即 X 射线光电子谱的定量分析。用能量分析器分析光电子的动能，得到的就是 X 射线光电子能谱。根据测得的光电子动能可以确定表面存在什么元素以及该元素原子所处的化学状态，即 X 射线光电子谱的定性分析。

如果用离子束溅射剥蚀表面，用 X 射线光电子谱进行分析，两者交替进行，还可得到元素及其化学状态的深度分布，这就是深度剖面分析。X 射线光电子能谱仪的最大特色是可以通过测量化学位移很方便地获取丰富的化学信息；此外，它对样品的损伤是最轻微的，有的材料在离子束或电子束作用下表面很容易发生变化，但 X 射线照射影响却很小；它的定量也是最好的；与俄歇法相比，分析绝缘材料时荷电问题也比较小。它的缺点是由于 X 射线不易聚焦，因而照射面积大，不适于微区分析。不过，近年来这方面已取得一定进展，分析者已可对几十微米直径的小面积进行分析。此外，成像的 X 射线光电子谱仪也已经实现，除了可以获得 X 射线光电子谱外，还可以得到 XPS 的元素像和化学态像，空间分辨率可以优于 10 pm。

2) X 射线衍射分析

X 射线衍射分析(XRD)可给出材料中物相的结构及元素的存在状态信息。通常的 XRD 物相分析包括定性分析和定量分析两部分，此外，XRD 可用于一些特殊信息分析，如晶粒度测定、介孔结构测定等。

(1) 物相定性分析

每种物质都有特定的晶体结构和晶胞尺寸，而这些又都与衍射角和衍射强度有着对应关系。因此，可以根据衍射数据来鉴别晶体结构。XRD 物相定性分析可以鉴定未知样品是由哪些物相所组成的，其根据是各衍射峰的角度位置所确定的晶面间距 d，以及它们的相对强度与物质的固有特性的关系。可以利用粉末衍射卡片(PDF)进行直接比对，也可以通过计算机数据库直接进行检索，通过将未知物相的衍射花样与已知物相的衍射花样相比较，可以逐一鉴定出样品中的各种物相。

(2) 物相定量分析

由于每一种物相都有各自的特征衍射线，而衍射线的强度与物相的质量成正比，各相衍射线的强度随该相含量的增加而增加，因此，利用 XRD 不仅可以对物相进行定性分析，还可以进行定量分析；而普通的分析方法只得到元素的含量，并不能提供物相的含量。利用这一原理就可以对固体中物相的强度进行定量分析。目前，对于 XRD 物相定量分析最常用的方法主要有单线条法、直接比较法、内标法、增量法以及无标法。

(3) 晶粒大小的测定

多晶材料的晶粒尺寸是决定其物理化学性质的一个重要因素，尤其是对于纳米材料，其晶粒尺寸大小直接影响到材料的性能。XRD 可以很方便地提供纳米材料晶粒度的数据。用 XRD 测量纳米材料晶粒大小的原理是基于衍射线的宽度与材料晶粒大小有关这一现象。利用 XRD 测定晶粒度的大小是有一定的限制条件的，当晶粒大于 100 nm 时，其衍射峰的宽度随晶粒大小的变化不敏感；而当晶粒小于 10 nm 时，其衍射峰随晶粒尺寸的变小而显著宽化。晶粒大小一般可采用 Scherrer 公式进行计算：

$$D = K\lambda / B_{1/2} \cos\theta \tag{2.63}$$

式中，D 为沿晶面垂直方向的厚度，也可以认为是晶粒大小；K 为衍射峰形 Scherrer 常数，一般取 0.89；λ 为 X 射线的波长；$B_{1/2}$ 为衍射峰的半高宽，单位为弧度；θ 为布拉格衍射角。在晶粒大小的计算过程中，还必须考虑到仪器因素的影响，尤其是仪器的宽化效应，必须进行校准。

3) 俄歇电子能谱仪

俄歇电子能谱仪(Auger electron spectroscopy，AES)的原理是，一束电子射到样品表面，根据发射俄歇电子的数量，可以确定元素在表面的含量；根据从样品表面发射的俄歇电子的能量，可以确定表面存在什么元素。不同的化学环境，会使俄歇峰位置移动，峰形发生变化，所以俄歇谱包含着丰富的化学信息。不过，与 X 射线光电子能谱相比，利用俄歇谱获得化学信息比较困难。涉及价带的俄歇跃迁，其峰形与价态密度有关，可根据峰形获取能带结构信息；电子束可以聚得非常细，偏转、扫描也很容易，让一束聚得很细的电子在样品表面扫描，就可测得元素在表面上的分布；如果用离子束溅射，逐渐剥蚀表面，还可以得到元素在深度方向的分布；现代的扫描俄歇谱仪一般都具有扫描电镜的功能，可观察样品的形貌。俄歇电子能谱可以分析除氢、氦以外的所有元素，现已发展成为表面元素定性、半定量分析、元素深度分布分析和微区分析的重要手段。

新型的俄歇电子能谱仪具有很强的微区分析能力和三维分析能力，其微区分析直径可以小到 10 nm，大大提高了在微电子技术及纳米技术方面的微分析能力。此外，俄歇电子能谱仪不仅可以进行元素化学成分分析，还可以进行元素化学价态分析。俄歇电子能谱分析是目前最重要和最常用的表面分析和界面分析方法之一，尤其适合于纳米薄膜材料的分析，在金属、半导体、电子材料、陶瓷材料和薄膜材料等研究方面有重要的作用。AES 具有很高的表面灵敏度，其检测极限约为原子单层的 1/1 000，采样深度为 -2 nm，比 XPS 还要浅，更适合于表面元素定性和定量分析，同样也可以应用于表面元素化学价态的研究。配合离子束剥离技术，AES 还具有很强的深度分析和界面分析能力，常用来进行薄膜材料的深度剖析和界面分析。此外，AES 还可以用来进行微区分析，且由于电子束束斑非常小，具有很高的空间分辨率，可以进行扫描和在微区上进行元素的选点分析、线扫描分析和面分布分析。因此，AES 在纳米材料尤其是纳米薄膜材料和纳米器件等研究领域具有广阔的应用前景，可用于纳米薄膜表面清洁程度的测定、表面吸附和化学反应的研究、纳米薄膜厚度测定、纳米薄膜的界面扩散反应研究、固体表面离子注入分布及化学状态的研究、纳米薄膜制备的研究、纳米薄膜化学反应研究、纳米薄膜表面扩散研究、薄膜催化剂的研究等。

4) 激光散射

激光散射又可称为动态光散射或准弹性光散射。粒子和光相互作用,能发生吸收、散射、反射等多种形式,在粒子周围形成各角度的光;强度分布则取决于粒径和光的波长,通过记录光的平均强度能表征一些颗粒比较大的粉体。以激光作为相干光源,可以通过探测微粒布朗运动所引起的散射光的波动速率,来测定粒子的大小分布。粒子的尺寸参数与光散射方程无关,而是由 Stocks-Einstein 方程计算得到:

$$D_0 = \frac{k_B T}{3\pi \eta_0 d} \tag{2.64}$$

式中,D_0 为微粒在分散系中的平动扩散系数,k_B 为玻耳兹曼常数,T 为绝对温度,η_0 为溶剂黏度,d 为等价圆球直径。只要测出 D_0 的值,就可得到 d 值。

该方法已被广泛地应用在纳米颗粒粒度分布的测定。其特点是制样方便,其样品为制成溶液,在超声波分散后,可以立刻测定;能在分散性最佳的状态下进行测定,可获得精确的粒径分布;测试速度快,测定一次只用十几分钟,而且一次可得到多个数据。

5) 透射电子显微镜

透射电子显微镜(transmission electron microscope,TEM)是以高能电子(50~200 keV)穿透样品,根据电子透过晶体样品的衍射方向不同或样品不同位置的电子透过强度不同,经过电磁透镜的放大后,在荧光屏上显示出图像。样品可放在直径为 2~3 mm 的铜网上进行测试,透射电子在加速电压 E_p 为 100 keV 时,电子的波长为 3.7 pm。TEM 分辨率达 0.3 nm,晶格分辨率达到 0.1~0.2 nm。TEM 可以最直观地给出纳米材料颗粒大小、形状、粒度分布等参数,还可以得到有关晶体结构的信息。利用透射电镜的电子衍射能够较准确地分析纳米材料的晶体结构。

6) 扫描电子显微镜

扫描电子显微镜(scanning electron microscope,SEM)是利用电子与物质的相互作用进行成像的。当高能入射电子束轰击样品表面时,由于入射电子束与样品间的相互作用,约 1% 的入射电子能量从样品中激发出诸如二次电子、透射电子、俄歇电子、X 射线等各种有用的信息;而 99% 以上的入射电子能量转变成样品热能。扫描电镜的功能就是根据不同信息产生的机理,采用不同的信息检测器,得到样品本身不同的物理、化学性质,形成扫描电镜的图像。如图 2.44 所示。

扫描电镜分辨率小于 60 Å,成像立体感强、视角范围大,主要用于观察纳米粒子的形貌,粒径的测量,在基体中的分散情况等。另外,扫描电镜的图像不仅仅是样品的形貌像,还有反映元素分布的 X 射线像以及反映结性能的感应电动势像,等等。

7) 近场光学显微镜

近场光学显微镜(scanning near optical microscope,SNOM)是由电子探针探测在材料表面近场的光学特性变化,将光信号转换成图像而测知材料表面

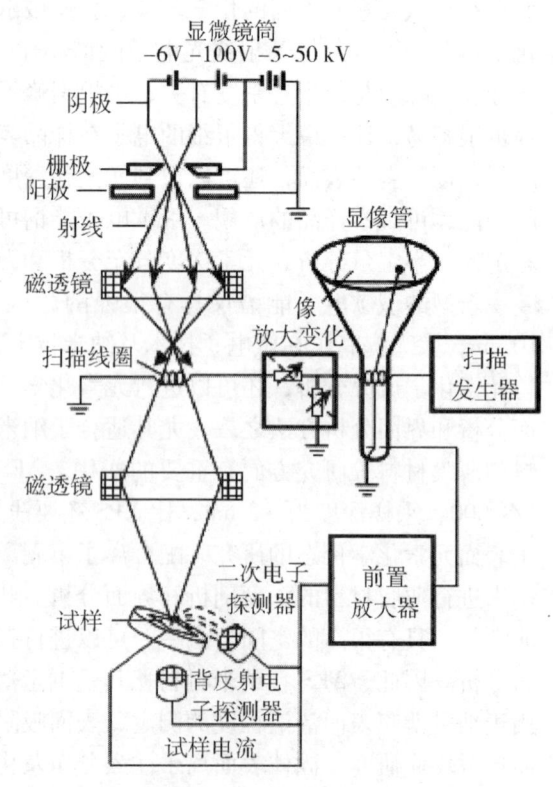

图 2.44 扫描电镜的结构

结构。电子探针的光学显微技术的分辨率受衍射规律的影响被限制在 500 nm 的范围内。将光学扫描仪器定位于目标表面以上的 50 nm 处可消除衍射现象。在这种情况下,该仪器就处于光学的"近场"。可用锥形波束导向器探测被研究材料表面的辐射光量子,横向分辨率可达 10 nm。近场光学显微镜可用来研究纳米微区的光学性质。

8) 场离子显微镜

场离子显微镜(FIM)是一种具有高分辨率、高放大倍数并能直接观察表面原子的研究装置。该设备使 H,He 等成像气体原子在带正高压的针尖样品的附近被场离子化,然后受电场加速,并沿着电场方向飞行到阴极荧光屏,在荧光屏上得到一个对应于针尖表面原子排列的场离子像,即尖端表面的显微图像。FIM 可以比较直观地看到一个个原子的排列,便于从微观角度研究问题,分辨率能达到原子级。FIM 在固体表面研究中占有相当重要的位置,尤其是在表面微结构与表面缺陷方面。

9) X 射线小角度散射法

X 射线小角度散射(SAXS)是指 X 射线衍射中倒易点阵原点(000)附近的相干散射现象。散射角 ε 为 $10^{-2} \sim 10^{-1}$(rad)数量级,散射线的强度在入射线方向最大,并随着散射角增大而减弱,在某个散射角度 ε_0 处则变为零。ε_0 与波长 λ、粒径 d 之间近似满足下列关系式:

$$\varepsilon_0 = \lambda/d \tag{2.65}$$

在实际测量中,假定粉末粒径是大小均匀的,粒径大小为几个至几十个纳米,无团聚现象,则散射线的强度 I 与散射角 ε 的关系式为:

$$\ln I \propto \varepsilon^2 \tag{2.66}$$

假设颗粒为球形,由 $\ln I - \varepsilon^2$ 直线的斜率 σ,可计算粒径 d:

$$d = 1.273\sqrt{-\sigma} \tag{2.67}$$

由上可知,用 X 射线小角度散射法测量粒径时,是有一定的假设前提的:① 颗粒是均匀球形;② 粒径在几个至几十个纳米范围内;③ 颗粒是分散的,无团聚。如果不满足这些条件,则测出的结果会有很大的误差。

10) 谱分析法

(1) 红外及拉曼光谱

红外光谱的强度依赖于振动分子的偶极矩变化,而拉曼光谱的强度依赖于振动分子的极化率的变化。红外及拉曼光谱可用于揭示材料中的位错、晶界和相界、间隙原子、空位等方面的关系,用作纳米材料分析。根据纳米固体材料的拉曼光谱进行计算,可望得到纳米表面原子的具体位置。

(2) 傅里叶变换远红外光谱

傅里叶变换远红外光谱可检验金属离子的配位、金属离子与非金属离子成键等化学环境情况及变化,而红外、远红外分析精细结构也很有效。可表征产物表面含有的—OH、C═O、C═C 等功能基团。

(3) 紫外—可见光谱

通过紫外—可见光谱能够获得关于粒子颗粒度、结构等方面的许多重要信息。由于带间吸收或金属粒子内部电子气(等离子体)共振激发,材料在紫外—可见光区具有吸收谱带,不同的元素离子具有其特征吸收谱。紫外—可见光谱可观察能级结构的变化,通过吸收峰位置变化可以考察能级的变化。紫外—可见光谱简单方便,是表征液相金属纳米粒子最常用的技术。

(4) 穆斯堡尔(Mossbauer)谱

物质的原子核与其核外环境(指核外电子、邻近原子以及晶体等)之间存在细微的相互作用,从而出现超精细相互作用。穆斯堡尔谱是一项能够得到有关原子最外层化学信息的有效的表面研究技术,是提供这种超精细相互作用信息的有效手段。

(5) 广延 X 射线吸收精细结构光谱(EXAFS)

广延 X 射线吸收精细结构光谱是分析缺少长程有序体系的有效表征手段，能提供 X 射线吸收边界之外所发射的精细光谱，从而获取有关配位原子种类、键长、配位数、原子间距等信息。

(6) 正电子湮没(PAS)

正电子射入凝聚态物质中与周围达到热平衡后，与带等效负电荷的缺陷或空穴以及电子发生湮没，同时发射出 γ 射线。正电子湮没光谱通过对这种湮没辐射的测量分析，可得到有关纳米材料电子结构或缺陷结构的有用信息。

(7) 热分析

纳米材料的热分析主要是指示差扫描热法(differential scanning calorimetry, DSC)、差热分析(differential thermal analysis, DTA)以及热重分析(thermal gravimetry, TG)。三种方法常常相互结合，并与 XRD，IR 等方法结合用于研究纳米材料或纳米粒子的以下性能：① 升温过程中的相转变情况及晶化过程；② 表面成键或非成键有机基团或其他物质的存在与否、含量、热失温度等；③ 升温过程中的粒径变化；④ 表面吸附能力的强弱(吸附物质的多少)与粒径的关系。

2.5.3.2 纳米材料的操纵技术

1) 扫描隧道显微镜(STM)

美国国际商用机器公司(IBM 公司)苏黎世实验室的 G. Binnig 和 H. Roher 在 20 世纪 80 年代初期，利用量子理论中的隧道效应，发明了扫描隧道显微镜(STM)。针尖与样品表面之间的距离对隧道电流强度影响很大，因此，用电子反馈线路控制隧道电流使之恒定，并用针尖在样品表面扫描，则针尖在垂直于样品方向上高低的变化就反映出样品表面的起伏。将针尖在样品表面扫描时运动的轨迹直接在荧光屏或记录纸上显示出来，就得到了样品表面态密度的分布或原子排列的图像。扫描隧道显微镜对表面科学、材料科学、生命科学以及微电子技术的研究有着重大意义和重要应用价值，它使人类能够实时地观测到原子在物质表面的排列状态和与表面电子行为有关的物理化学性质。为此，这两位科学家与电子显微镜的创制者 Errska 教授一起荣获了 1986 年的诺贝尔物理奖。STM 以其独特的性能在表面科学、材料科学及生命科学等研究领域中获得广泛应用，STM 仪器本身及其相关仪器也获得了蓬勃发展，相继诞生了一系列在主要性能、组成结构、工作模式与 STM 相似的显微仪器，用来获取用 STM 无法获取的有关表面结构的各种信息。这一系列仪器被称为扫描探针显微镜(scanning probe microscope, SPM)，成为人类认识微观世界的有力工具。

扫描隧道显微镜实际上就是一个由电子计算机操纵控制的长探针，它的一头越来越细，到尖端就只有几个原子的厚度。利用探针和材料平面间的电流，科学家们可以用 STM 调度材料平面上的原子，而且通过调节电流的大小，可逐个地把原子吸起来并放置到其他地方。STM 具有空间的高分辨率(横向可达 0.1 nm，纵向可优于 0.01 nm)，能直接观察到物质表面的原子结构，把人们带到微观世界。它的基本原理是基于量子隧道效应和扫描。它是用一个极细的针尖去接近样品表面，当针尖和表面靠得很近时(小于 1 nm)，针尖头部原子和样品表面原子的电子云发生重叠，在针尖和样品之间的偏压作用下，电子便会通过针尖和样品构成的势垒而形成隧道电流。控制针尖与样品表面间距的恒定，并控制针尖沿表面进行精确的三维移动，就可把表面的形貌和电子态的信息记录下来。由于 STM 具有原子级的空间分辨率和广泛的适用性，因而推动了纳米科技的发展。

利用 STM，可以通过对原子、分子的操纵，对表面进行刻蚀来实现对材料表面进行纳米加工。用 STM 操纵原子、分子已得到了一系列结果。美国 IBM 公司的研究人员于 1990 年用扫描隧道显微镜操纵氙原子，用 35 个氙原子排出了"IBM"字样(见图 2.45)；该公司的研究人员又于 1991 年将单个或成团的硅原子移动到预定的位置上。同时，利用 STM 对表面进行纳米刻蚀也获得了一些令人鼓舞的结果。我国科学家用自制的 STM 在石墨表面刻写出线宽为 10 nm 的字符和图案,为制作高密度的存储信息元件和纳米尺度的电子元件提供了经验。

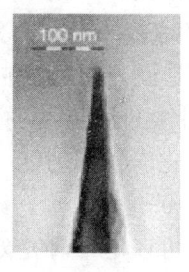 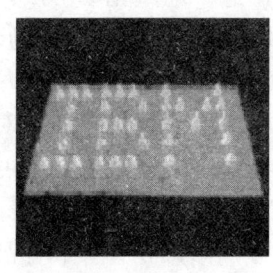 

　　　STM针尖　　　　　　　原子写字　　　　　　　硅表面

图 2.45　STM 针尖以及用 STM 得到的原子像

2) 原子力显微镜(AFM)

STM 基于量子的隧道效应工作时,要监测探针和样品之间的隧道电流,只限于直接观测导体或半导体的表面结构;对于非导电材料,须在其表面覆盖一层导电膜。导电膜的存在掩盖了表面结构的细节,而使 STM 无法在原子尺度上研究非导电材料的表面结构。即使是导电样品,STM 观测到的是对应于表面费米能级处的态密度;当表面存在非单一电子态时,STM 得到的是表面电子性质和表面形貌的综合结果。为了弥补 STM 的不足,1986 年,Binnig 等人发明了原子力显微镜(Atomic Force Microscope,AFM)。

原子力显微镜的设计思想是这样的:在一个对力非常敏感的微悬臂尖端有一个微小的探针,当探针轻微地接触样品表面时,由于探针尖端的原子与样品表面的原子间产生极其微弱的相互作用力而使微悬臂弯曲,将微悬臂弯曲的形变信号转换成光电信号并进行放大,就可以得到原子之间力的微弱变化的信号。原子力显微镜设计的高明之处在于利用微悬臂间接地感受和放大原子之间的作用力,从而达到检测的目的。原子力显微镜同样具有原子级的分辨率。由于原子力显微镜既可以观察导体,也可以观察非导体,从而弥补了 STM 的不足。

作为表面研究的工具,AFM 对工作环境和样品制备的要求比电镜简单。AFM 能以极高的分辨率研究绝缘体的表面,其横向分辨率可达 2 nm,纵向分辨率为 0.1 nm,远远超过了普通扫描电镜的分辨率。第一台 AFM 通过用隧道电流检测力敏元件的位移来监测力敏元件探针尖端原子与表面原子之间的排斥力,进而得到表面形貌像。由于不需要在探针与样品间形成回路,突破了样品导电性的限制,因而有更加广泛的应用领域。AFM 由探头、计算机控制及软件系统、步进电机样品自动逼近控制电路、电子控制系统四部分构成。样品同探针的距离调整采用步进电机带动螺杆使样品台升降来控制,开始工作时启动样品逼近开关,样品台上升带动样品向探针逼近,当样品距探针到达设定的工作距离时,检测系统自动发出一负脉冲信号,从而使步进电机迅速停下来,此时系统进入工作状态。半导体激光器发出的激光束,经透镜会聚到微探针头部,由微探针反射回来,再经一反射镜到达二象限光电检测器上,转化为电信号后,由前置放大器放大后送给反馈电路。计算机发出的数字信号转化为模拟信号,以高压运放放大后驱动压电陶瓷管作 XY 平面扫描。由于反馈电路的作用,扫描时微悬臂保持不动,样品表面的起伏通过压电陶瓷管 Z 方向伸缩进行补偿。同时,计算机通过采集每个 X,Y 坐标点所对应的反馈电路输出值,再转化为灰度级,在监视器上显示出扫描范围中样品的表面形貌。

3) 扫描探针显微术

扫描探针显微术(SPM)本质上是一种近场探测技术。在针尖与样品表面的至近距离，形成一个高度局域化的"场"，如电场、力场、磁场等。这个局域化场可以作为眼睛的延伸，用以观察表面上的原子、分子的排列情况和纳米尺度的超微结构；也可以作为手的延伸，用来操纵原子、分子，对表面进行纳米尺度的结构加工。然而，SPM通常不具备化学识别能力，也就是说，它虽然能"看"到表面上原子级的结构细节，但不能给出这些细节的化学属性。通过对SPM针尖进行能动的功能化设计，可以开展诸多富有化学特色的研究工作。经过化学设计的针尖可以具有化学识别功能、化学响应功能，因此可以用作探针对样品表面进行化学组分成像，或跟踪表面上发生的化学反应，给出局域的化学反应性质。将特定的分子(如生物分子)分别修饰在针尖和样品表面，可以定量研究分子之间的相互作用。功能化的SPM针尖还可以起化学反应"透镜"的作用，将化学反应限域在纳米尺度的空间范围内进行，从而既可以研究有限分子体系的反应特性，也可以对样品表面实施纳米尺度的化学修饰与加工。

(1) 化学力滴定

利用单分子膜修饰的AFM针尖作为化学反应"探针"，可以研究表面局域酸碱性质。通常测定表面酸碱基团的解离用接触角滴定技术，即在表面上滴一滴水溶液，测量接触角随水滴pH值的变化。但是，接触角滴定技术不适用于酸性或碱性特别强的表面，对于不同区域酸碱性不同的非均相表面更加无能为力。化学力滴定是通过测定化学修饰的AFM针尖与样品间的黏滞力，连续跟踪自组装单分子膜的末端官能团在不同pH值溶液中的电离过程。当针尖与被测样品接触后再拉开时，随着末端官能团电离状态的变化，针尖与样品间的相互作用亦发生显著的改变，因此可通过黏滞力的测定来跟踪表面解离过程，最后给出表面解离常数，也就是表面上的官能团电离一半时溶液本体的pH值。因为是测量力的变化，我们可以称之为"力滴定"。

(2) 表面化学识别

SPM针尖经化学修饰后可以对表面进行化学组分成像，具有一定程度的分子识别功能。如果在STM针尖上修饰一种对被测表面基团敏感的或与之能发生化学反应的官能团，对表面上的不同基团区域也会产生截然不同的STM图像衬度，就可以实现化学识别的功能。美国哈佛大学的Lieber研究小组是开展这方面工作的先驱，他们利用羧基修饰的AFM针尖成功地识别了表面上的羧基和甲基官能团。

(3) 表面化学反应的监测

如果在SPM针尖上修饰一种对被测表面基团敏感的或与之能发生化学反应的官能团，则表面基团的化学变化可以引起针尖和样品之间黏滞力的变化，监测黏滞力的变化就可以研究各种表面化学反应，给出表面局域化学性质等。

(4) 键能与键强度的测定

利用针尖化学方法，可以定量地研究各种相互作用，如研究较多的氢键相互作用，这是针尖化学的巨大魅力所在。将待研究的两种相互作用的分子分别组装到AFM针尖和平整基底表面，在一定的环境(通常为液相环境)下测定AFM力曲线，针尖逐渐逼近基底表面并接触成键，再逐渐拉开使键断裂，针尖与样品之间黏滞力的大小即反映了相互作用力的强度。如果二者之间形成化学键，则可以计算出键能。改变分子所处的环境，如离子强度、溶剂以及温度等，便可以考察各种因素对键强度的影响。基于这种原理，科学家们测定了形形色色的相互作用，包括抗范德华力、抗原抗体作用、双电层力、DNA互补碱基间的作用力、疏水作用力、氢键等。

(5) 化学反应的限域

SPM 针尖还可以当做"化学透镜"使用，把化学反应限制在一个非常微小的纳米空间内进行，正像光学透镜能够把光聚焦到一个小点上一样。针尖化学方法通过化学过程的限域，可以对样品表面进行纳米尺度的修饰、加工，以制备纳米点、纳米线及各种纳米结构。有两种聚焦反应方式，一种是直接利用针尖与样品间产生的高度局域化的场诱导化学反应的发生；另一种是利用该局域化场富集反应物质等效应，间接地把化学过程限域在针尖附近的小区域内进行。

(6) 单分子性质测定

纳米科技的终极目标是从原子、分子等结构单元出发，来设计和制造新材料和新器件。SPM 的发明为单个分子水平的物性研究提供了强有力的手段。利用 SPM 技术，可以研究小至原子的被测对象的某种性质，真正把测量对象聚焦到一个特定的原子或分子上。通过对 SPM 针尖进行能动的化学设计，利用针尖化学方法，可以实现各种单分子性质的测量、单原子与单分子操纵。利用 SPM 针尖与样品之间的相互作用，可以搬动样品表面的原子、分子和纳米颗粒，甚至搬动、弯曲、剪切生物分子和碳纳米管，从而研究样品分子的各种物理化学性质，或者构建特殊的纳米器件结构。如图 2.46 所示。碳纳米管因其优异的电学特性和力学特性受到人们的广泛关注。利用 SPM 操纵方法将碳纳米管固定到需要的位置并且对其进行弯折、剪切以构建纳米器件一直是一个研究的热点。由于碳纳米管是一种尺度比原子和小分子大得多的大分子，所以它在表面的位置移动相对比较容易。AFM 还可以实现对碳纳米管的弯曲、旋转等操纵，从而将一根或者几根碳纳米管加工成特殊的结构或图形。有人经过多步操纵将碳纳米管加工成了复杂的图形。利用 AFM 针尖还可以拨动单根碳纳米管，创造出结构、构造基于单根碳纳米管的纳电子器件。

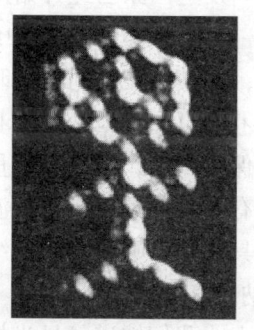
Pt 表面的 CO 分子
排列成纳米人

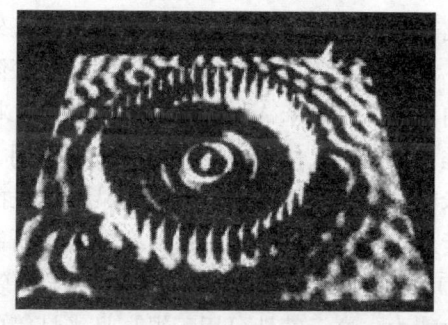
Cu (111) 表面铁原子组成围栏

图 2.46 SPM 的分子和原子操纵

上述研究结果表明，利用 SPM 技术，可以根据意愿对分子进行操纵，从而实现特定纳米结构的构建和性能的调制，为单分子水平的研究和新一代纳米器件的探索开拓了广阔的前景。

2.5.4 纳米材料的应用

由于纳米微粒的小尺寸效应、表面效应、量子尺寸效应和宏观量子隧道效应等，使得它们在磁、光、电、敏感介面呈现出常规材料不具备的特性，因此纳米微粒在磁性材料、电子材料、光学材料、高致密度材料的烧结、催化、传感、陶瓷增韧等方面有广阔的应用前景。利用其力学性能可制备超硬、高强、高韧、超塑性材料，特别是陶瓷增韧和高韧高硬涂层；利用光学性能可制备光开关、光导电体发光材料、光学非线性元件、红外线传感器；利用磁性可制备磁流体、磁记录、永磁材料、磁存储器、磁光元件、磁探测器、磁致冷材料、吸波材料、细胞分离、智能药物等；利用电学特性可做导电浆料、电极、超导体、量子器件、压敏电阻、非线性电阻、静电屏蔽等；利用催化性能可作为催化剂；利用热学性能可做耐热材料、热交换材料、低温烧结材料；利用敏感特性可制备湿敏、温敏、气敏等传感器、热释电材料等。

另外，纳米材料还可以应用于医学(细胞分离、细胞染色、医疗诊断、消毒杀菌、药物载体)、能源(电池材料、储氢材料)、环保(污水处理、废物料处理、空气消毒)、助燃剂、阻燃剂、抛光液、印刷油墨、润滑剂等。

2.5.4.1 纳米材料在光学上的应用

1) 光学纤维

光纤在现代通信和光传输上占有极重要的地位，纳米微粒作为光纤材料已显示出优越性，如用经热处理后的纳米 SiO_2 光纤对波长大于 600 nm 的光的传输，损耗小于 10 dB/km。

2) 红外反射材料

纳米微粒用于红外反射材料，主要是制成薄膜和多层膜来使用。纳米微粒的膜材料在灯泡工业上有很好的应用前景。高压钠灯以及各种用于摄影的碘弧灯都要求强照明，但灯丝被加热后有 69 % 的电能转化为红外线，表明有相当高的电能转化为热能而被消耗掉，仅有少部分电能转化为光能来照明；同时，灯管过度发热也影响灯具寿命。如何提高发光效率，增加照明度，一直是亟待解决的关键问题。纳米微粒为解决该问题提供了一条新的途径。

3) 红外吸收和紫外吸收材料

红外吸收材料在日常生活和国防上都有重要的应用前景。一些发达国家已经开始用具有红外吸收功能的纤维制成军服。这种纤维对人体释放出来的红外线(波长一般在 4～16 μm 的中红外频段)有很好的屏蔽作用，从而可避免被敌方非常灵敏的红外探测器所发现，尤其是在夜间行军时。具有这种红外吸收功能的纳米粉末有纳米 Al_2O_3，纳米 TiO_2，纳米 SiO_2，纳米 Fe_2O_3 及其复合粉末。添加了上述纳米粉末的纤维，由于对人体红外线有强的吸收作用，可以起到保暖作用，减轻衣服重量可达 30 %。

此外，纳米微粒的量子尺寸效应使它对某种波长的光吸收带有蓝移现象，对各种波长光的吸收带有宽化现象，紫外吸收材料就是利用这两个特性而研制成功的。具有紫外吸收功能的纳米粉末有纳米 Al_2O_3，纳米 TiO_2，纳米 SiO_2，纳米 ZnO，纳米云母等。其中，纳米 Al_2O_3 对波长 250 nm 以下的紫外光有很强的吸收能力，这一特性可用于提高日光灯管的使用寿命上。我们知道，日光灯管是利用水银的紫外谱线来激发灯管壁的荧光粉导致高亮度照明。一般来说，185 nm 的短波紫外线对灯管寿命有影响，而且紫外线从灯管内往外泄漏对人体也有损害，这一问题一直是困扰日光灯管工业的关键问题。如果把纳米 Al_2O_3 粉末掺入到稀土荧光粉中，就可以利用纳米微粒的紫外吸收蓝移现象来吸收掉这种有害的紫外光，却不降低荧光粉的发光效率。30～40 nm 的纳米 TiO_2 对波长 400 nm 以下的紫外光有极强的吸收能力。我们知道，紫外线主要位于 10～400 nm 波段，阳光对人体有伤害的紫外线也在此波段。防晒油和化妆品中添加的纳米微粒，就是要选择对这个波段的紫外线有强吸收能力的纳米粉末。纳米粉末的粒度不能太小，否则会堵塞汗孔，不利于身体健康，但也不能太大，否则紫外线吸收又会偏离这个波段，达不到应有的吸收效果。为此，一般先将纳米微粒表面包覆一层对人体无毒害的高聚物，然后再加入到防晒油和化妆品中。纳米 Fe_2O_3 对 600 nm 以下的紫外光有良好的吸收能力，可用作半导体器件的紫外线过滤器。塑料、橡胶制品和涂料在紫外线照射下很容易老化变脆，如果在它们表面涂上一层含有上述纳米微粒的透明涂层，或在其中掺入上述纳米微粒，就可以防止塑料和橡胶老化，防止油漆脱落。

4) 隐身材料

纳米 SiO_2，纳米 Al_2O_3，纳米 TiO_2，纳米 Fe_2O_3 的复合粉末曾用于隐身材料。它们与高分子纤维结合对红外波段有很强的吸收性能，因此对这个波段的红外探测器有很好的屏蔽作用。纳米磁性微粒，特别是类似铁氧体的纳米磁性材料，既有良好的吸收和耗散红外线的性能，又有优良的吸波特性，还可以与驾驶舱内的信号控制装置相配合，改变雷达波的反射信号，使其波形发生畸变，从而有效地干扰、迷惑雷达操纵员，达到隐身目的。纳米的硼化物、碳化物也将在隐身材料方面大有作为。

2.5.4.2 纳米材料在生物和医学上的应用

纳米技术在 21 世纪将给医学带来极大的变革。在纳米生物和医学的成功应用中，心脏病、艾滋病、中风、糖尿病等人类未能彻底攻克的主要的疾病都有望得到解决；纳米医学探测技术也将得到迅速发展。例如，利用光学相干层析术（OCT）制造的分子雷达的分辨率可达到 1 μm，比现在常用的核磁共振术和人体外诊断和监测仪器 CT（计算机断层造影术）的精密度要高出上千倍。分子雷达可以实时观察活细胞的动态过程和变化，能够以 2 000 次/s 的速度快速完成生物体内活细胞的动态成像，这样，即使是单个细胞出现的病变也可以准确地检测出来；并且，分子雷达不会像 X 光、CT、核磁共振那样杀死人体内活细胞。

利用纳米技术能制造出可以直接插入活细胞内进行探测的微型探测器，这种微型传感器的尖端很小，可以在不干扰细胞正常生理过程的前提下直接插入活细胞内，从而获取活细胞内反映其功能状态的动态信息，为临床疾病的诊断和治疗提供客观的指标。根据不同的诊断和检测目的，这种探测器可以随血液在体内流动，也可以植入人体内不同部位，用以实时检测人体的各种生物状态信息。

今后，如果能把药物制成纳米微粒，将会使药物在人体内的传输更为方便。纳米药物不仅可以自由地在血管和人体组织内运动，更由于纳米微粒比表面积大，而能和人体内组织充分接触，便于人体的吸收，具有更好的医疗效果。为了提高药物的疗效，也可以把药物放入磁性纳米微粒的内部。这种被称之为智能药物的纳米微粒，可以通过人体外部的特定磁场进行导向，使药物能够集中到患病的组织，也可以主动搜索并攻击癌细胞或修补损伤的组织。在人工器官移植领域，如在器官的外表面涂上纳米微粒，就可以预防器官移植的排异反应，使人工器官移植更容易获得成功。

纳米技术在基因生物学上的应用前景十分广阔，潜力巨大，它们的结合将成为 21 世纪基因生物学变革的巨大动力。一方面，应用纳米技术可以在微小空间重新排列基因遗传密码，利用基因芯片迅速查出人的基因密码中的错误，并利用纳米技术迅速将错误基因进行修正，治疗遗传缺陷疾病。另一方面，纳米技术还可以通过观测直接发现遗传缺陷或病毒中原子或分子结构的缺陷，并通过分子手术将有缺陷的部分切割去除，然后将好的原子和分子结构移植上去，这样可以从根本上治愈遗传缺陷或病毒。可以这么说，纳米技术将会使人类真正消灭各种遗传缺陷和病毒成为可能。

纳米微粒的尺寸一般比生物体内的病毒（小于 100 nm）、细胞、红血球（200～300 nm）小得多，这就为生物学研究提供了一个新的途径，即利用纳米微粒进行细胞分离、细胞染色，以及利用纳米微粒制成智能药物或新型抗体进行局部定向治疗等。目前，纳米材料在生物和医学上的应用研究还处于初级阶段，但一定会有广阔的应用前景。

1) 细胞分离

生物细胞分离是生物细胞学中一项十分重要的技术，它关系到研究需要的细胞标本能否尽量快速获得。20 世纪 80 年代初，人们开始利用纳米 SiO_2 粉末，将其表面包覆单分子层和形成 30 nm 左右的复合体（包覆层一般选择与所要分离的细胞有亲和作用的物质作为附着层），然后制取含有多种细胞的聚乙烯吡啶烷酮胶体溶液，最后将纳米 SiO_2 包覆粒子均匀分散到含有多种细胞的聚乙烯吡啶烷酮胶体溶液中，通过离心技术，利用密度梯度原理分离出需要的细胞。这种细胞分离技术在医疗临床诊断上有广阔的应用前景。例如，妇女怀孕 8 个星期左右，其血液中就开始出现非常少量的胎儿细胞，为了判断胎儿是否有遗传缺陷，过去常常采用价格昂贵并对人体有害的羊水诊断等技术；而纳米微粒能很容易地将血样中极少量的胎儿细胞分离出来，方法简便，价钱便宜，并能准确地判断出胎儿细胞是否有遗传缺陷。这种先进技术已在美国等发达国家获得临床应用。又如，癌症的早期诊断一直是医学界亟待解决的难题。美国科学家利贝蒂指出，利用纳米微粒（如 50 nm 的 Fe_3O_4 微粒）进行细胞分离技术很可能在肿瘤早期的血液中检查出癌细胞，从而实现癌症的早期诊断和治疗。同时，他的研究团队还在研究利用细胞分离技术检查血液中的心肌蛋白，以帮助治疗心脏病。

2）细胞内部染色

细胞内部染色在研究细胞生物学中起到极为重要的作用，对用光学显微镜和电子显微镜研究细胞内各种组织是一项十分重要的技术。未加染色的细胞很难用光学显微镜和电子显微镜进行观察，这是由于未加染色的细胞衬度很低，细胞内的器官和骨骼体系很难观察和分辨。为此需要寻找新的染色方法，以提高观察细胞内组织的分辨率。纳米微粒的出现为建立染色技术提供了新的途径。最近比利时的 DeMey 等人用乙醚的黄磷饱和溶液、抗坏血酸或柠檬酸钠把 Au 从氯化金酸（$HAuCl_4$）水溶液中还原出来，形成 3～40 nm 的纳米 Au 微粒，然后制备多种纳米 Au 粒子不同抗体的复合体。不同的抗体对细胞内各种器官和骨骼组织的敏感程度不同，就相当于给各种组织贴上了标签。由于不同的复合体在显微镜下衬度差别很大，就很容易分辨各种组织。此外，采用纳米 Au 微粒制成的 Au 溶胶，接上抗体就能进行免疫学的间接凝集试验，可用于快速诊断。例如，将 Au 溶胶妊娠试剂加入到被检妇尿中，未妊娠呈无色，妊娠则呈显著的红色，判断结果清晰可靠，仅用 0.5 g Au 即可制备 1 000 mL Au 溶胶，可测 10 000 人次。

3）表面包覆的纳米磁性微粒在药物上的应用

10～50 nm 的纳米 Fe_3O_4 磁性微粒表面涂覆高分子（如聚甲基丙烯酸）后，尺寸达到约 200 nm，再与蛋白相结合，就可以注入到生物体中。动物临床实验表明，这种载有高分子和蛋白的纳米磁性微粒作为药物载体，静脉注射到动物（如小鼠、白兔等）体内，在外加磁场下，通过纳米 Fe_3O_4 微粒的磁性导航，使药物移向病变部位，达到定向治疗的目的。这种局部治疗效果好，正常组织细胞未受到伤害，副作用少，很可能成为未来治疗癌症的方向。值得注意的是，纯金属 Ni 和 Co 纳米磁性微粒由于有致癌作用，不宜使用；另外，如何避免包覆高分子层在生物体中发生分解是影响这项技术在人体应用的一个重要问题。

2.5.4.3 纳米材料在计算机中的应用

1）量子计算机

以原子或分子为基本结构的量子计算机存储信息是基于量子位，即利用处于量子状态的粒子的向上和向下自旋来分别代表 0 和 1。因此，量子计算机可以不像常规电子计算机那样按顺序把所有数值相加，而是能够同时完成所有数值的加法。这一特点使得量子计算机具有强大的运算功能，使用数百个串接原子组成的量子计算机可以同时进行几十亿次运算。因此，量子计算机有望应用于非常广泛的领域。

2）分子开关

现有的电子计算机基于二进制，以晶体管的开和关状态来表示二进制的 1 和 0；而分子开关则有特殊的开和关状态。美国加利福尼亚大学洛杉矶分校的科学家发明了一种新型分子开关，这种分子开关只有头发丝那么细，是以一种叫套环烃的物质为基础而制成的。它包括衔接在一起的两个小环，每个小环由原子连接而成。这两个小环以互锁的方式衔接,类似于一小段链条,每个小环上都有两个叫做"识别位置"的结构,它们能够相互发生电化学作用。当一个电脉冲通过套环烃分子时,其中一个环失去一个电子并绕另一个环转动,这时分子开关处于"开"状态;失去电子的环重新得到原来的电子,则分子开关又处于"关"状态。套环烃开关能够被反复打开和关闭,且可在常温和固态下工作。实现分子开关的"开"和"关"状态,等于制造出了用于电子计算机的最简单的逻辑门。而逻辑门是现有电子计算机中央处理器工作的基础。形容人员以碳纳米管作导线将分子开关连接起来,并通过整体设计将其开发成计算机元件,如分子芯片等。

2.5.4.4 纳米材料在催化方面的应用

纳米微粒由于表面的键态和电子态均与颗粒内部不同,以及尺寸小、表面原子配位不全、表面所占的体积分数大等因素,导致表面活性增加,这就使它具备了作为催化材料的基本条件。随着粒径减小,表面光滑程度变差,形成了凹凸不平的原子台阶,这就增加了化学反应接触面。利用纳米微粒的高比表面积和高活性等特性,可以显著提高催化效率,因而纳米微粒在催化方面的应用方兴未艾。例如,30 nm 的纳米 Ni 粉可将有机化学加氢和脱氢反应速度提高 15 倍;超细 Fe,Ni,γ-Fe_2O_3 混合轻烧结体可以代替贵金属 Pt 粉和 WC 粉作为汽车尾气净化剂。但是,纳米金属微粒作催化剂有一个使用寿命问题,因为在反应过程中,随着温度升高,微粒会长大,从而降低催化效率。另外,纳米金属微粒可作为助燃剂掺入燃料中使用,如纳米 Ag 和 Ni 粉已被用于火箭燃料中,还可以作为引爆剂掺入炸药中,提高爆炸效率。

半导体光催化效应自发现以来,一直受到人们的重视。所谓半导体光催化效应是指在光的照射下,价带电子跃迁到导带,价带的孔穴把周围环境中的羟基电子夺过来,羟基变成自由基,作为强氧化剂的酯类发生如下变化:酯→醇→醛→酸→CO_2,从而完成了对有机物的降解。对太阳光敏感的、具有光催化物性的半导体能隙一般为 1.9~3.1 eV。常用的光催化半导体纳米粒子有 TiO_2(锐钛矿),Fe_2O_3,CdS,ZnS,PbS,$PbSe$,$ZnFe_2O_4$。半导体的光催化效应在环保、水质处理、有机物降解、失效农药降解等方面有着重要应用。例如,美国和日本将上述材料制成气心球,浮在含有有机物的废水表面上或被石油泄漏所污染的海水表面上,利用阳光进行有机物或石油的降解;在汽车挡风玻璃和后视镜表面涂覆一层纳米 TiO_2 薄膜,可以起到防污和防雾作用;将纳米 TiO_2 等粉末添加到陶瓷釉料中,可以使其具有保洁杀菌功能,也可以添加到人造纤维中制成杀菌纤维。锐钛矿相纳米 TiO_2 微粒表面用 Cu^+,Ag^+ 离子修饰,杀菌效果比单一的纳米 TiO_2 或 Cu^+,Ag^+ 更好,在电冰箱、空调、医疗器械、医院手术室的装修等方面有着广泛的应用前景。一般常用的杀菌剂 Cu^+,Ag^+ 等杀死细菌后,由于释放出致热和有毒的组分如内毒素,因而可能引起伤寒和霍乱;而利用纳米 TiO_2 光催化降解细菌,使之转化为 CO_2,H_2O 和有机酸,就不存在这个问题。利用纳米 TiO_2 光催化效应可以从甲醇水合溶液中提取 H_2 气;利用 Pt 化的纳米 TiO_2 微粒可以使丙炔与水蒸气反应,生成可燃性的甲烷、乙烷和丙烷;Pt 化的纳米 TiO_2 微粒通过光催化可使醋酸分解成甲烷和 CO_2。为了提高光催化效率,人们还试图将纳米 TiO_2 组装到多孔固体中以增加比表面,或者将铁酸锌与纳米 TiO_2 复合以提高太阳光利用率。利用多孔有序陈列 Al_2O_3 模板,在其纳米柱形孔洞的微腔内合成锐钛矿型纳米 TiO_2 丝阵列,再将该复合体黏到环氧树脂衬底上,将模板去掉后,就在环氧树脂衬底上形成了纳米 TiO_2 丝阵列。由于纳米丝比表面积大,比同样平面面积的 TiO_2 膜接受光的能力增加几百倍,最大的光催化效率可以提高 300 多倍,对双酚、水杨酸和带苯环一类的有机物光降解十分有效。

20 世纪 60~70 年代,光催化研究的重点在应用基础方面,主要是探讨催化剂的光催化作用与催化活性、光催化剂的表面性质、电子结构与光催化活性的关系,以及光催化反应的电子理论、反应机理等。20世纪70年代后，光催化研究更多地关注应用研究方面。1972年，日本Fujishima和Honda公司报道了TiO_2电极上光电解水现象后，半导体光催化研究引起了国际化学、物理学和材料学等领域科学家的广泛关注。这一研究成果被认为是光催化在太阳能转化和利用方面开拓性的成果。

进入20世纪80年代，以太阳能转化和利用及光催化制氢为目的的研究课题，因其在开发新能源、改变能源结构及保护生态环境方面有深远意义而成为光催化应用领域的热点。各种各样的过渡金属元素掺杂均被进行了研究。Ni, Cr和Zn掺杂到多晶TiO_2中，在波长大于400 nm时，光电子流的量子效率非常低，并且Zn, Cr沉积的TiO_2在主要吸收光谱区小于400 nm，量子效率明显降低。但是，掺杂Cd后，不仅扩展了光响应范围，而且量子效率略有提高。

20世纪80年代末到90年代初，人类又面临新的课题，即全球性的环境污染。如何防止环境污染、提高人类生存质量成了各国政府和科学家关注的焦点。随着全球可持续发展计划的实施，保护环境、开发新的环境功能材料成为研究重点，而光催化技术以其具有常温常压下可进行、费用低、无二次污染等优点得到了快速的发展。美国Ollis课题组于1993年首次较详细地对半导体光催化剂降解有机污染物进行了理论探讨，之后许多研究者进入这个领域。至今，各国的研究者已对200多种有机物、几十种有毒无机物、数种气体污染物进行了广泛的研究。

半导体光催化技术在环境治理领域有着巨大的经济、环境和社会效益，预计它可在以下几个领域得到广泛应用：

① 污水处理。可用于工业废水、农业废水和生活废水中的有机物及部分无机物的脱毒降解。
② 空气净化。可用于油烟气、工业废气、汽车尾气、氟利昂及氟利昂替代物的光催化降解。
③ 保洁除菌。如含有TiO_2膜层的自净化玻璃用于分解空气中的污染物，含有半导体光催化剂的墙壁和地板砖可用于医院等公共场所的自动灭菌。

但是，从总体上看，该技术仍处于实验室和理论探索阶段，尚未达到产业化规模，主要原因是现有的光催化体系的太阳能利用率较低，总反应速度较慢，催化剂易中毒，同时，太阳能系统受天气的影响较大。因此，研制具有高量子产率、能被太阳光谱中的可见光甚至红外光激发的高效半导体光催化剂是当前光催化技术研究的重点和热点。

2.5.4.5 纳米材料在陶瓷增韧方面的应用

陶瓷材料作为三大支柱材料之一，在日常生活及工业生产中起着举足轻重的作用。但是，传统的陶瓷材料很脆，韧性和强度较差，应用领域受到了很大的限制。用纳米微粒烧结而成的纳米陶瓷材料则能够具有很高的硬度和良好的韧性，其耐磨性等机械性能也可得到明显的改善。纳米陶瓷材料不仅能够在低温条件下像金属材料那样可以任意弯曲而不产生裂纹，而且也能够像金属材料那样进行机械切削加工，甚至可以做成陶瓷弹簧。纳米陶瓷材料的这些优良力学和机械性能，将使其在切削刀具、轴承、汽车发动机部件等诸多方面得到广泛的应用，并在许多超高温、强腐蚀等苛刻的环境下起着其他材料不可替代的作用。

纳米陶瓷晶粒大大细化，晶界数量大幅度增加，可使陶瓷的强度、韧性和超塑性大为提高，并对材料的电、磁、光、热等性能产生重要的影响。由于纳米粉末具有巨大的比表面积，使作为粉末性能驱动力的表面能剧增，扩散速率增大，扩散路径变短，烧结活化能降低，因而烧结致密化速率加快，烧结温度降低，烧结时间缩短，既可获得很高的致密度，又可获得纳米级尺度的显微结构组织，这样的纳米陶瓷将具有最佳的力学性能，还有利于减少能耗，降低成本。近年来，纳米陶瓷的一个重要发展方向是纳米复合陶瓷。纳米复合陶瓷一般分为三类：① 晶内型，即晶粒内纳米复合型，纳米粒子主要弥散于微米或亚微米级基体晶粒内；② 晶间型，即晶粒间纳米复合型，纳米粒子主要分布于微米或亚微米级基体晶粒间；③ 晶内/晶间纳米复合型，由纳米级粒子与纳米级基体晶粒组成。在陶瓷基体中引入纳米级分散相粒子进行复合，能使陶瓷材料的强度、韧性及高温性能大大改善。

2.5.4.6 纳米材料在其他方面的应用

1) 在化妆品中的应用

防晒剂的开发研究是化妆品研究中的一个热点。美国50%以上的化妆品中都添加了防晒剂。近年来，纳米 TiO_2，ZnO 和氧化铁红等一批无机防晒剂代替了以往的有机化合物防晒剂。无机防晒剂无毒，无味，不分解，不变质，对皮肤无刺激性，热稳定性好。纳米 ZnO 价格便宜，本身为白色，可以简单地加以着色，吸收紫外线能力强，对 UVA（长波320～400 nm）和 UVB（中波280～320 nm）均有屏蔽作用。在化妆品中添加纳米 ZnO，既能屏蔽紫外线防晒，又能抗菌除臭。据有关单位对纳米 ZnO 的定量杀菌试验，纳米 ZnO 的浓度为1%时，在 5 min 内对金黄色葡萄球菌的杀菌率为 98.86%，对大肠杆菌的杀菌率为 99.93%。这是由于纳米 ZnO 在阳光下能自行分解出自由移动的带负电的电子（e^-），同时留下带正电的空穴（h^+）。这种空穴可以激活空气中的氧变为活性氧，活性氧有极强的化学活性，能杀死大多数病菌和病毒。一些固体变成纳米微粒后，不仅黏附力增强，还增添了对紫外线光吸收的性质，可开发出防紫外线的高级化妆品。

2) 在橡胶工业中的应用

纳米 Al_2O_3 粒子加入到橡胶中可提高橡胶的介电性和耐磨性。纳米 ZnO 是制造高速耐磨橡胶制品（如高级轿车用的子午线胎以及飞机轮胎等）的原料，具有用量小、防老化、使用寿命长、抗摩擦着火等优点。纳米 SiO_2 可以作为抗红外反射、抗紫外线辐射、高介电绝缘橡胶的填料。添加纳米 SiO_2 的橡胶，耐磨性、弹性都会明显优于白炭黑作填料的橡胶。

3) 在涂料中的应用

涂料可以美化居室，但是传统涂料由于耐洗刷性差，时间不长，墙壁就可能变得斑驳。纳米技术的运用，使涂料的许多指标都大幅度提高。添加纳米 TiO_2，可以制造出防污、除臭、杀菌、自洁的抗菌防污涂料，广泛应用于医院和家庭内墙涂饰。在涂料中添加纳米 SiO_2，可使其强度、光洁度及抗老化性能成倍地提高。同时添加纳米 SiO_2 和 TiO_2，可以制造出防紫外线涂料，应用于需要紫外线屏蔽的场所。例如，可以制造出吸波隐身涂料，用于隐形军舰、隐形飞机等国防工业领域及其他需要电磁波屏蔽场所的涂覆；涂覆在阳伞的布料上，可以制成防紫外线阳伞。在涂料中添加纳米材料还可使涂料的光洁度、强度、抗老化性能、催干性成倍提高，如纳米 ZnO 添加到汽车金属闪光面漆中，可制造出一种汽车专用变色漆。

4) 在黏合剂和密封胶中的应用

将纳米 SiO_2 作为添加剂加入到黏合剂和密封胶中，可以大大提高黏合剂的黏结效果和密封胶的密封性。其作用机理是在纳米 SiO_2 的表面包覆一层有机材料而使其具有亲水性，将它添加到密封胶中会形成一种硅石结构，这种纳米 SiO_2 形成网络结构抑制胶体流动，加快固化速度，提高了黏结效果，由于颗粒尺寸小，增加了胶的密封性。

5) 在塑料中的应用

在塑料加工过程中添加纳米 ZnO、纳米 $CaCO_3$ 等纳米材料，可以提高塑料制品的使用强度，增加塑料制品的致密性，而且还可以提高塑料薄膜的防水性、抗老化性、透明度、强度和韧性等性能。在聚丙烯树脂中添加2%～5%的纳米 SiO_2 制成的塑料制品，有极好的表面光洁度和良好的低温冲击性能，且尺寸稳定，其强度和韧性明显提高，加工性能改善，可代替尼龙改性聚苯醚和塑料合金等高级材料，用于制造汽车保险杠、车身防护板和设备仪表组件等，从而降低汽车的生产成本。

6) 在纺织工业中的应用

在合成纤维树脂中添加纳米 SiO_2、纳米 ZnO、纳米 SiO_2、复配粉体材料，经抽丝、织布，可制成防霉、除臭、杀菌、抗紫外线辐射的内衣和服装，以及满足国防工业要求的抗紫外线辐射的功能纤维。近年来不断研制出各种新型的功能纤维。应用纳米技术在化纤布料中加入少量的金属纳米微粒，就可以消除静电现象；采用纳米 ZnO 和 SiO_2 混合消臭剂的除臭纤维，能吸收臭味，净化空气；将 ZnO 微粉掺入异形截面的聚酯纤维或长丝中，可制成具有屏蔽紫外线、抗菌、消毒、除臭的防紫外线纤维。

7) 在建筑材料中的应用

添加纳米 ZnO 的玻璃耐磨、抗菌、抗紫外线、除臭，可用做建筑用玻璃和汽车玻璃。在玻璃表面涂一层掺有纳米 TiO_2 的涂料，可使普通玻璃变成自洁玻璃，无需人工擦洗。在石膏中掺入纳米 ZnO 及金属过氧化物粒子后，可制得不易退色、色彩鲜艳的石膏产品。

8) 在各种检测仪器中的应用

半导体纳米材料做成的各种传感器，可灵敏地检测温度、湿度和大气成分的变化，传感器是超微粒最有前途的应用领域之一。利用纳米材料随周围气氛中组成气体的改变而发生的电阻变化，可对气体进行检测和定量测定；利用纳米 ZnO 的压电性能，可制得压电音仪、振子表面波滤器等；利用纳米 ZnO 的电阻变化可制备气体报警器和湿度计；利用纳米 SnO_2 可检测煤气等。

9) 在信息材料中的应用

由于纳米磁性微粒尺寸小，具有单磁畴结构和很高的矫顽力，用其制作磁记录材料，可以提高信噪比，改善图像质量。纳米材料具有导电体、半导体和光导电体等的不同性质，利用这些性质，可作为图像记录材料用于电子摄影。利用导电性质可作电热记录纸，利用半导体性质可作放电击穿记录纸等。其优点是画面质量好，能吸附色素进行彩色复印，可高速记录，无"三废"公害，酸蚀后有亲水性，可用于胶片印刷等。

除了上述应用之外，纳米磁性微粒还可用作光调节器、抗癌药物磁性载体、光快门、复印机墨粉材料、磁墨机、激光磁艾滋病病毒检测仪细胞磁分离介质材料、磁印刷等。

目前，纳米微晶软磁材料沿着高频、多功能方向发展，其应用领域将遍及软磁材料应用的各个方面，如脉冲变压器、互感器、磁屏蔽、功率变压器、振流圈磁开关、高频变压器、磁头、可饱和电抗器、传感器等，将成为铁氧体的有力竞争者。

10) 在机械工业中的应用

采用纳米技术对机械关键零部件进行金属表面纳米粉涂层处理，可以提高机械设备的耐磨性、硬度和使用寿命。将铝、镍、铜等纳米金属粉加入到普通金属中，可以使金属材料具有很高的强度和硬度。

11) 新型纳米光源和太阳能转换器

半导体纳米材料在光源方面最大的用处是可以发出各种颜色的光，用纳米氧化物材料做成的广告板，在电、光的作用下，会变得更加绚丽多彩。它可以做成超小型激光的光源，还可以吸收太阳光中的光源，把它们直接变成电能。这种技术一旦实现，太阳能汽车、太阳能住宅就会成为现实。

12) 纳米电子元器件

把自由运动的电子囚禁在一个小的纳米颗粒内，或者在一根非常细的短金属线内，线的宽度只有几个纳米，由于颗粒内的电子运动受到限制，电子动量或能量被量子化了。自由电子能量量子化最直接的结果表现在：当在金属颗粒的两端加上合适的电压时，金属颗粒导电；而电压不合适时，金属颗粒不导电。当金属纳米颗粒从外电路得到一个额外的电子时，金属颗粒具有负电性，它的库仑力足以排斥下一个电子从外电路进入金属颗粒内，从而切断了电流的连续性。这使得人们想到是否可以发展用一个电子来控制的电子器件，即单电子器件。单电子器件的尺寸很小，一旦实现，把它们集成起来做成电脑芯片，电脑的容量和计算速度将提高上百万倍。

纳米加工技术可以使不同材质的材料集成在一起做成集成器件,它既具有芯片的功能,又可以探测到光波、电磁波信号。如果将这一集成器件安装在卫星上,代替现有的卫星系统,可以使卫星的重量大大减小,卫星将更容易发射,成本也更便宜。

13) 纳米激光器和高密度信息存储器

被囚禁在小尺寸内的电子会使材料发出强的光。"量子点列激光器"或"级联激光器"的尺寸极小,但发光的强度很高,用很低的电压就可以驱动它们发生蓝光或绿光,用来读写光盘可使光盘的存储密度提高几倍。如果用"囚禁"原子的小颗粒量子点来存储数据,制成量子磁盘,存储度可提高成千上万倍,会给信息存储的技术带来一场革命。

14) 防护材料

由于某些纳米材料透明性好和具有优异的紫外线屏蔽作用,在产品和材料中添加少量(一般不超过含量的2%),就会大大减弱紫外线对这些产品和材料的损伤作用,使产品和材料更加具有耐久性和透明性,因而被广泛用于护肤产品、装饰材料、外用面漆、木器保护、天然和人造纤维以及农用塑料薄膜等方面。

15) 精细陶瓷材料

使用纳米材料可以在低温、低压下生产质地致密且性能优异的陶瓷,因为这些纳米粒子非常小,很容易压实在一起。此外,这些纳米陶瓷组成的新材料是一种极薄的透明涂料,喷涂在诸如玻璃、塑料、金属、漆器甚至磨光的大理石上,具有防污、防尘、耐刮、耐磨、防火等功能;涂有这种陶瓷的塑料眼镜片既轻又耐磨,还不易破碎。

16) 催化剂

纳米粒子表面活性中心多、表面积大,为做催化剂提供了必要的条件,可大大提高反应效率。利用纳米镍粉作为火箭固体燃料反应催化剂,燃烧效率可提高100倍。纳米粉材,如银、氧化铝、铂黑和氧化铁等,可直接用于高分子聚合物合成反应及氧化、还原反应的催化剂。用硅载体镍催化剂催化丙醛的氧化反应,镍粒径在5 nm以下,反应选择性发生急剧变化,醛分解反应得到有效控制,生成酒精的转化率急剧增大。

17) 纳米电子学

纳米器件随着集成度的大幅度提高,同时还具有结构简单、可靠性强、成本低等诸多优点。纳米电子学的发展,可能会在电子学领域引起一次新的电子技术革命。纳米电子学涉及基于量子效应的纳米电子材料的表征、纳米结构的光/电性质、原子操纵和原子组装、纳米电子器件的合成等。现有的硅和砷化镓器件的最低功耗只能到1 μW,响应速度最高只能达到10~12 s;而量子器件在响应速度和功耗方面可以比这个数据优化1 000~10 000倍。

各种传统电子元器件都是通过控制电子数量来实现信号处理的,随着集成度的提高,功耗大、速度低成为严重的问题。利用电子的量子效应原理制作的器件称为量子器件或单电子晶体管。在量子器件中,只要控制一个电子的行为即可完成特定的功能,因此,量子器件具有更高的响应速度和更低的功耗,从根本上解决了日益严重的功耗问题。

18) 高分子基纳米复合材料

高分子基纳米复合材料是21世纪很有发展前途的重要复合材料。例如,树脂基纳米氧化物复合材料的静电屏蔽性能优于常规树脂基与炭黑的复合材料,同时,可以根据纳米氧化物的类型来改变这种树脂基纳米氧化物复合材料的颜色。将微米级(41 μm)Fe和Cu粉按一定比例混合后,经高能球磨制备纳米晶粉体,粉体中的颗粒是由极小的纳米晶体构成,晶粒间为高角晶界。将这种粉体与环氧树脂混合可制成具有很高硬度的类金刚石刀片。将纳米TiO_2,ZnO等具有半导体性质的粉体掺入到树脂中有良好的静电屏蔽性能。纳米 Al_2O_3 与橡胶的复合材料与常规橡胶相比，介电常数提高了将近一倍，耐磨性大大提高。

19）仿生材料

随着高技术的飞速发展和对新型材料的需求，特别是人类的健康对新材料的需求，仿生材料的研究越来越受到材料科学家们的重视。仿生材料的研制是当前材料科学中学科交叉的前沿领域，随着纳米材料的发展，仿生材料研究的热点已开始转向纳米复合材料。自然界生物的某些器官实际上是一种天然的纳米复合材料。例如，动物的筋、软骨、皮，以及鸟头骨、猪脊骨等动物的骨骼，昆虫表皮等都属纳米复合材料。动物的骨头是由胶质的基体与纳米或亚微米的羧基磷灰石增强的一种复合体；动物的牙齿是由定向的羟基磷灰石纳米纤维与胶质基体复合而成。胶质的基体柔软，有着良好的韧性，长形、片状粒子致密堆垛羟基磷灰石起着结构增强作用，使骨头既具有刚性又具有良好的韧性。如何仿照自然界动物骨头这一特点设计研制人造骨头，关键要解决以下几个问题：一是选择具有良好柔性的基体；二是在基体中模仿沉淀高强度的纳米或亚微米的粒子，控制粒子取向和形状，长形、片状粒子在基体中有取向的性质，沉淀粒子和基体最好要有良好的相容性，更重要的一点是整个复合材料与生物体要有好的相容性。

3 材料的化学制备

我们知道，现有的材料大部分是人工合成的，因为，自然界的天然材料并不能满足我们生活和生产的需要，要求不断创造新材料。新材料是指新近发展或正在发展中的具有传统材料所不具备的性能优异的材料，它的研发可以带动和促进基础材料和传统材料的改进与更新。世界上现有800多万种化合物，且仍在以每年5%的速度增长。材料的设计合成需要借助一定的方法或技术。在微观、介观和宏观不同层次上的新材料设计技术发展迅速，按预定性能设计和制备新材料的技术日趋成熟。现代材料科学在很大程度上依赖于对材料的性能与结构、显微组织、成分及其制备加工工艺之间关系的理解，并按需求的实用性能，依据现代材料科学理论，在微观、介观和宏观的不同尺度上，用经验或理论的推理和计算方法对材料进行设计。我国在无机非线性人工晶体研究方面，在国际上首创阴极基团理论，发现偏硼酸钡（BBO）等晶体就是一个成功的实例。此外，在超晶格、量子阱半导体、超导材料等方面材料的微观设计也有许多成功的实例。对金属、陶瓷、高分子结构材料方面的微观、介观和宏观设计也逐渐发挥越来越重要的作用。

高分子合成材料的迅速发展，使材料结构发生了很大变化。从1950年到1990年，世界钢产量增长了3倍，而塑料产量增长了65倍；1992年美国塑料产量已达钢产量的1/3；我国钢产量虽已超过美国，但塑料产量只及美国的1/9。20世纪70年代，石油化工技术的发展更使高分子合成材料的生产技术水平和产品性能达到了新的高度。高分子材料原料来源丰富，价格低廉，加工方便，并具有橡胶弹性、强度高等独特的性能，因而获得了极其广泛的应用。现代的工业和日常生活都离不开三大高分子合成材料——塑料、合成纤维和合成橡胶。在全世界的塑料通用品种中，聚乙烯、聚苯乙烯、聚氯乙烯、聚丙烯四大品种的总产量在亿吨左右。其他如透光性好的有机玻璃，称为"塑料王"的耐腐蚀塑料聚四氟乙烯，作为工程塑料的聚砜、聚碳酸酯、聚甲醛、聚酰亚胺和常用作泡沫塑料的聚氨酯等，都是人们所熟知的塑料品。在合成纤维中，腈纶、涤纶、尼龙早已进入千家万户。在合成橡胶中，丁苯橡胶和顺丁橡胶已经部分代替天然橡胶。

传统的有机合成方法，需要化学家熟知并应用大量典型的有机反应，根据合成原料和目标产物，设计合成路线。这是纯经验性的，合成是否成功，在很大程度上取决于化学家的丰富经验、智慧和技巧。如今，化学合成经历了从简单的天然产物到复杂的天然产物再到自然界没有的新型分子，正向着"分子设计"的战略目标前进。所谓分子设计，是指按预定的性能要求设计新型分子，运用量子化学方法处理分子结构与性能间的关系，按科学理论计算得出最佳的合成路线，再用各种手段与技能来合成目标产物。分子设计突破了纯经验合成方法的框架。1967年，美国化学家Corey提出了有严格逻辑性的"逆合成分析原理"以及各种官能团的转变、加成和消去的原则和方法，1969年，他和助手Wipke在此基础上，吸收计算机程序设计的思维方法，开发了第一个计算机辅助有机合成程序OCSS（organic chemical systhesis simulation），成为具有革命性的创举，并因此而获诺贝尔化学奖。OCSS设计的发展，使化学家的合成工作从根本上摆脱了纯经验的探索。计算机辅助合成路线设计系统分为两类：经验性系统与非经验性系统。经验性计算机辅助合成系统中存储有大量的有机化学反应，当确定了要合成的目标分子结构之后，计算机按一定的规律切断目标分子的一个或几个化学键，使目标分子形成一些较简单的分子片段或化合物。正确的切断具有合理的反应机理，按一定机理切断的键一定会有相应的合成反应。计算机从数据库中查询可能获得该目标分子结构的前驱体结构和应该使用的有机化学反应，前驱体结构可能有几个。在逆向合成分析中，还需考虑碳碳键的连接或骨架的重排，官能团的转化、加成和消去，使合成适应合成过程中激烈的反应条件并选择性地进行反应。计算机所找到的前体结构又成为下一步转换反应的目标分子，根据这些前驱体结构，逆向推理合成树，用计算机继续查寻能获得该前体分子结构的有机化学反应，获得新的前驱体结构，依此类推，直到在数据库中找到的前体结构是易于得到的比较简单的合理的起始化合物——合成原料为止，这样便构成了以目标分子为根、逐渐生长起来的逆向推理的所谓"合成树"。

目前很多理论预测存在的化合物尚无法合成，制备和加工材料的方法非常有局限性，制备无机非金属材料多采用高温固相反应，金属材料多采用熔炼法。人们对于物质的认识和掌握还只限于一个较窄的"窗口"，只能在目前技术水平所能达到的条件下，在地面上的环境中去认识和掌握。从化学的角度可以采取硬化学(hard chemistry)和软化学(soft chemistry)两个途径去扩展认识的"窗口"。

硬化学是在极端条件下，如强辐射、无重力、仿地、仿宇宙超高温、超高压等，探索新物质的合成，并原位、实时地研究其反应、结构和物性。例如，利用金刚石双顶砧压机在 3×10^6 atm 和 4 000 K 的条件下合成 C - Si - Ge 体系中的未知化合物，同时用显微镜直接观察、X 射线衍射、NMR、电导、Raman 散射、IR - VIS - UV 光谱、Brillouin 散射等手段，研究反应过程及产物的性质和结构。又如自蔓延高温合成(self-propagating high temperature synthesis)或固体火焰燃烧反应(solid flame combustion)，反应物是可以燃烧产生高温并迅速发生反应、且具有巨大的化学能、一般处于高分散状态的物质，产物则是耐高温的固体化合物(碳化物、氧化物、氮化物、硅化物、硼化物、硫属化物等)。这种反应可以大量、快速地进行，一旦点燃反应物，立刻就获得产物。燃烧温度在 1 500 ~ 3 500 K，自蔓延速度为 0.1 ~ 10.0 cm/s，起始反应时间为 0.5 ~ 3.0 s。已有 500 多种化合物用这种方法合成出来。例如，用 Y_2O_3、BaO_2、Cu 和 O_2 作为反应物，可以合成出高温超导材料 $YBa_2Cu_3O_{7-\delta}$。

软化学则是以可控的步骤，在温和的反应条件下，一步步地进行缓慢的化学反应以制备材料。例如，金属有机化学气相沉积、酶促合成骨骼和人齿都属于软化学反应，这样得到的材料其物性优于常规反应合成的材料。另一个例子是用溶胶—凝胶法可以制备得到具有指定组成、结构和物性的纳米薄膜、纤维、微粒、致密或多孔陶瓷、致密或多孔玻璃、复合材料等，也可以直接形成器件，其过程是经过源物质→分子的聚合、缩合→团簇→胶粒→溶胶→凝胶→热解等步骤。用软化学方法制备材料和器件，已得到新的产品，形成新的产业，如具有特殊微结构的玻璃态陶瓷，化学性质均一和粒度分布集中的陶瓷粉末，新型光学玻璃(UV - IR 全透明玻璃，径向折射梯度玻璃等)，修饰表面学、光学、化学及改善机械性能用的涂层，复合陶瓷，以及可以调节室温的电色窗玻璃等。可以说，一切好的材料都来源于化学，而只有好的材料才能赋予器件以优异的功能。

在材料的制备过程中，一旦原材料确定，工艺过程与方法就十分重要。在整个材料领域，各类材料均有其相对应的制备工艺和方法，但归纳起来可分为气相法、液相法和固相法三大类。

3.1 气相法

气相法是使物质在气体状态下发生化学反应，然后在冷却过程中凝聚长大形成纳米微粒的方法。气相法大致可分为：气体中蒸发法、化学气相反应法、化学气相凝聚法和溅射法等。

气体中蒸发法是将金属、合金或陶瓷在惰性气体(或活泼性气体)中蒸发气化，然后与惰性气体接触，冷却、凝结而形成纳米微粒。若采用活泼性气体，则是使原料气体与活泼性气体反应，再冷却凝结形成纳米微粒。

化学气相反应法也叫化学气相沉积法(chemical vapor deposition，CVD)。用化学气相反应法制备纳米微粒是将挥发性的金属化合物加热生成蒸气，在气态下通过化学反应生成目标产物，在保护气体环境下快速冷凝，从而制备各类物质的纳米微粒。

化学气相凝聚法的主要应用是通过金属有机前驱物分子热分解获得纳米陶瓷粉体。化学气相凝聚法利用气相原料通过化学反应形成基本粒子，并进行冷凝聚合成纳米微粒。在纳米陶瓷粉体的制备中利用高纯惰性气体作为载气，携带金属有机前驱物如六甲基二硅烷等，进入温度达 1 100 ~ 1 400 ℃ 的电炉，气氛的压力保持在 100 ~ 1 000 Pa，使原料热分解成团簇，进而凝聚成纳米粒子附着在内部充满液氮的转动衬底上，经刮刀刮下进入纳米粉收集器。

溅射法是在惰性气氛或活性气氛下，在阳极和阴极材料间加上几百伏的直流电压，产生辉光放电，使离子撞击阴极靶材料，靶材料的原子就会由表面蒸发出来，被惰性气体冷却而凝结或与活性气体反应而形成纳米微粒；靶材料在这种反应过程中并没有熔融。用溅射法制备纳米微粒有如下优点：可以具有很大的蒸发面，不需要坩埚，高熔点金属也可制成纳米微粒，使用反应性气体的反应性溅射可以制备化合物纳米微粒，蒸发材料位置任意放置，可形成纳米颗粒薄膜，等等。

3.1.1 化学气相反应法

化学气相反应法也叫化学气相沉积法（CVD 法）。用气相反应法制备纳米微粒具有很多优点，如颗粒均匀、纯度高、粒度小、分散性好、化学反应活性高、工艺可控和过程连续等。化学气相反应法制备纳米微粒首先要产生金属化合物的蒸气，然后通过化学反应生成所需要的化合物，在保护气体环境下快速冷凝得到各类物质的纳米微粒。化学气相沉积技术可广泛应用于原子反应堆材料、刀具和微电子材料、特殊复合材料等多个领域，适合于制备各类金属、金属化合物以及非金属化合物纳米微粒，如碳化物、氮化物、各种金属、硼化物等。自 20 世纪 80 年代起，CVD 技术又逐渐用于粉状材料、块状材料和纤维等的制备。

化学气相反应法按反应前原料物态划分，可分为气—固反应法、气—气反应法和气—液反应法，按体系反应类型划分，可分为气相合成和气相分解两类方法。为使化学反应发生，一般利用加热和射线辐照方式来活化反应物系的分子。通常，气相化学反应物系活化方式有化学火焰加热、等离子体加热、激光诱导、电阻炉加热、X 射线辐射等多种方式。

3.1.1.1 热管炉加热化学气相反应法

热管加热技术普遍应用于材料工程、化工及科学研究的各个领域，属于传统式的热工技术。它的特点是成本低廉，结构简单，适合于工业化生产，特别适合于从实验室技术到工业化生产的放大。热管炉加热化学气相反应合成纳米微粒的过程主要包括原料处理、反应操作参量控制、成核与生长控制、冷凝控制等。

1) 原料处理

原料处理主要有两个方面，即纯化与蒸发。为了避免高温下某些副反应的发生和某些杂质的污染，提高产品的纯度，在合成反应前要对各路反应气体与惰性气体进行纯化处理。反应气体与惰性气体中的杂质主要是氧和水分，通常选用各类分子筛、活性氧化钙、氢氧化钠、变色硅胶等高纯化学试剂除去气体中的水分，而采用贵金属或活性炭作为高效气体脱氧剂除去气体中的微量氧。对于 NH_3 一类的还原性气体，纯化时要特别注意两点：一是要选择碱性除水剂除水，否则会发生酸碱中和反应，释放出大量的反应热损害净化器；二是 NH_3 的溶解度很大，常有一定量的水分溶于其中，这些水分一般会阻碍高温下的化学合成反应，必须在合成反应前除去。

对于固态原料，在合成反应发生前，要先对其进行蒸发处理以预制相应的原料气体。气化一般在蒸发室里进行，由于原料的蒸发温度通常远低于相应的化学合成反应温度，可以将蒸发室根据不同的要求和条件设在反应器内部或外部。如果将蒸发室设在反应器外部，要考虑蒸发气在进入反应器之前的保温问题，以及原料气的输运技术，否则高蒸发温度下的原料在蒸发的同时还会在输运过程中发生凝结现象；如果将蒸发室设在反应器内部，还需要解决连续性供应固态原料问题，以保证连续化的生产过程。

2）预热与混气

对反应气预热处理一般在反应气混合之前进行，这是反应气均匀化混合的先决条件。预热处理是为了提高原料的利用率，增加反应收率。在热管炉加热法合成纳米微粒技术中，要根据需要设计多层管状反应气预热室和反应气预热区，一般设计成多级分段管式加热器和多段多层管状特定反应器。

混气是对各路反应气体在合成反应前进行均匀化混合的一种处理技术。通过适当的技术，使反应气在一定的温度下达到分子级的均匀混合，从而为高温下的均匀成核反应创造条件。根据需要和实验条件，可以选择射流、湍流、搅拌等不同的技术手段使反应体系气体分子达到均匀混合。为了实现均匀混气，通常要在反应器内专门设计混气室。

3）合成参量控制

化学气相反应合成纳米微粒的主要合成参量有：反应气配比、反应压力、反应温度以及载气流量等，纳米微粒的产率与物性是由这些合成参量所决定的。在热管炉加热气相合成纳米微粒的过程中，一般采用接触式热电偶配备相应的温控仪来测量蒸发区、预热区、混气区和反应区的温度值。为了获得足够细的颗粒，反应区的压力应尽量设置得低一些。在各路气体导入反应器之前，首先要对气体进行稳流、稳压处理，并配备监测仪表测量相应气体的分压值。反应区压力控制主要以各路反应气分压的控制为基础，采用气体微调针阀实现对反应气、保护气和载气的精确控制。对于石英玻璃反应器，反应区压力应预置在 0.1 MPa 以下。反应气流量配比通常以气相反应所需的化学计量比来得到各反应气的摩尔比或体积比，换算成相应的气体流量比，据此控制各路反应气的进气流量。对于某些还原性反应，为了对反应过程进行控制，还要根据反应要求，设定适当的还原气过量比例。

4）成核与生长控制

影响成核的因素很多，如反应压力、反应温度、反应体系的平衡常数与过饱和比、反应气流速等。成核与生长是化学气相反应合成纳米微粒过程中的关键技术。影响成核的各种因素中，反应温度可以通过温控系统按反应要求调节；反应气流速与反应压力可以根据反应体系的要求在各路气体导入反应器时进行控制；反应体系化学平衡常数属于反应设计问题，为了得到纳米微粒，要尽量设计大的反应体系的化学平衡常数。这是化学热力学的基本问题，同时又涉及反应设计中的动力学问题，在均匀的单一气相中产生纳米微粒晶核，要求成核化速率足够大，相应的过饱和比要大。实际上，平衡常数和过饱和比要根据反应体系实际分压与平衡分压来确定，通常反应体系的平衡常数与过饱和比及反应物分压成比例。一般都要采用大流量的反应气才能保证较高的过饱和比值。

控制核生长在纳米微粒合成中同样是一个关键技术。实验中只要控制颗粒的冷却速率，就可以控制颗粒的生长。这是由于在远低于物质熔点的成核与生长过程中，晶核生长速率的极值点的温度总是高于晶核的成核速率极值点的温度。因此，通常可以通过控制反应物的浓度（特别是金属反应物）和加大载气流量来实现对颗粒生长的控制，也可以采用急冷措施来抑制晶核的生长。为了使成核与生长尽量均匀，还要考虑成核与生长区温度的控制及反应器的结构设计，即采用同轴加热均匀成核与生长技术。

5）冷凝控制技术

在纳米微粒制备过程中，产生凝聚的因素很多，如范德华力、颗粒间的化学反应、粒子间的静电力、磁力等。冷凝技术是作为控制纳米微粒凝聚和生长而提出的一项技术，主要是在颗粒生长后期采用惰性保护气体稀释反应体系。可以在反应器出口处直接通入冷氮气，从而防止出口气体中纳米微粒发生凝聚与生长；或采用在颗粒出口端设计冷却系统，如水冷、气冷，使反应器生长区域的外壁得到迅速冷却。

3.1.1.2 激光诱导化学气相沉积

激光诱导化学气相沉积法（LICVD）制备超细微粉是近几年兴起的。LICVD法具有清洁表面、粒子大小可精确控制、无黏结、粒度分布均匀等优点，并且容易制备出几纳米至几十纳米的非晶态或晶态纳米微粒。目前，LICVD法已制备出多种单质、无机化合物和复合材料超细微粉末。LICVD法制备超细微粉目前已进入规模生产阶段。

激光制备超细微粒的基本原理是利用反应气体分子（或光敏剂分子）对特定波长激光束的吸收，引起反应气体分子激光光解（紫外光解或红外多光子光解）、激光热解、激光光敏化和激光诱导化学合成反应，在一定的工艺条件下（激光功率密度、反应池压力、反应气体配比和流速、反应温度等），获得超细粒子空间成核和生长。

激光法与普通电阻炉加热法制备纳米微粒具有本质区别，主要表现为：① 反应区条件可以被精确地控制；② 反应具有选择性；③ 激光能量高度集中，反应区与周围环境之间温度梯度大，有利于生成核粒子快速凝结；④ 原料气体分子直接或间接地吸收激光光子能量后迅速进行反应；⑤ 由于反应器壁是冷的，因此无潜在的污染。由于激光法具有上述技术优势，因此，采用激光法可以制备超细、粒度窄分布、均匀、高纯的各类微粒。可见，激光法是制备纳米微粒的一种理想方法。下面介绍激光法制备纳米微粒的基本原理、实验过程以及反应机制。

1）原理

简单来说，激光诱导化学气相反应法合成纳米微粒就是利用激光光子能量加热反应体系，从而制备纳米微粒的一种方法。其基本原理是利用大功率激光器的激光束照射反应气体，反应气体分子或原子通过对入射激光光子的强吸收在瞬间得到加热、活化，在极短的时间内获得化学反应所需要的温度后迅速完成反应、成核与凝聚、生长等过程，从而制得相应物质的纳米微粒。

2）实验装置

激光诱导化学气相反应合成纳米微粒的实验系统包括激光器、反应器、纯化装置、真空系统、气路与控制系统。经过聚焦的激光束进入预真空后充以惰性气体的反应器，反应器按要求调至适当压力，经过预混合的反应气由喷嘴喷出，在与激光束正交中心处形成高温反应区，反应区边缘由载气限定，形成夹心式的微小火焰区。在短时间内反应气体吸收入射激光能量后达到自发反应温度，并瞬间完成核化反应过程。核粒子在载气吹送下迅速脱离反应区并凝聚成纳米微粒，由膜式捕集器收集。反应尾气经过处理后排放。

3.1.1.3 等离子体加强化学气相反应法

等离子体电离由导电粒子组成，包括正离子、负离子、激发态的原子或分子、基态的原子或分子、电子以及光子，是物质存在的第四种状态。事实上，等离子体就是由上述大量正负带电粒子和中性粒子组成的表现出集体行为的一种准中性气体。目前，产生等离子体的技术很多，如直流电弧等离子体、射频等离子体、混合等离子体、微波等离子体，等等。按等离子体的火焰温度，可将等离子体分为热等离子体和冷等离子体。这里的区分标准一般是按照电场强度与气体压强之比，即将该比值较低的等离子体称为热等离子体，该比值高的称为冷等离子体。无论是热等离子体还是冷等离子体，相应的火焰温度都达到3 000 K以上，这样高的温度可以应用于材料切割、焊接、表面改性，甚至材料合成。

采用等离子体化学气相反应法制备物质的纳米颗粒具有多方面的优势。与激光法比较，等离子体技术更容易实现工业化生产，这是等离子体法制备纳米颗粒的一个明显优势；等离子体反应空间大，可以使相应的物质化学反应完全；等离子体中具有较高的电离度和离解度，可以得到多种活性组分，有利于各类化学反应的进行。利用等离子体空间作为加热、蒸发和反应空间，可以制备出各类物质的纳米颗粒。由于该方法气氛容易控制，可以得到很高纯度的纳米微粒，也适合制备多组分、高熔点的化合物。处于等离子体状态的物质微粒通过相互作用可以很快地获得高焓、高温和高活性。这些微粒将具有很高的化学活性和反应性，在一定的条件下可获得比较完全的反应产物。

等离子体法制备纳米微粒的基本原理是，等离子体高温焰流中的活性分子、原子、电子或离子以高速射到各种金属或化合物原料表面时，离子体会大量溶入原料中，使原料瞬间熔融并蒸发。蒸发的原料与等离子体或反应性气体发生相应的化学反应，生成各类化合物的核粒子，核粒子脱离等离子体反应区后，就会形成相应化合物的纳米微粒。直流与射频混合式的等离子体技术，或采用微波等离子体技术，可以实现无极放电，这样可以在一定程度上避免因电极材料污染而造成的杂质引入，制备出高纯度的纳米微粒。

3.1.2 气体中蒸发法

早在1963年，Ryozi Uyeda及其合作者通过在纯净的惰性气体中的蒸发和冷凝过程获得了较干净的纳米微粒。20世纪80年代初，Gleiter等人首先提出将气体冷凝法制得的具有清洁表面的纳米微粒在超高真空条件下紧压致密得到多晶体(纳米微晶)，从而建立了气体中蒸发法制备纳米材料的方法。气体中蒸发法是在惰性气体(或活泼性气体)中将合金、金属或陶瓷蒸发气化，然后与惰性气体接触、冷却、凝结，或与活泼性气体反应后再冷却、凝结，而形成纳米微粒。气体中蒸发法可以用多种前驱体如CaF_2，FeF_3，$NaCl$等离子化合物，金属，过渡金属氮化物及易升华的氧化物等，将欲蒸发的物质置于坩埚内，通过石墨加热器或电阻加热器等加热装置逐渐加热蒸发，将前驱体气化形成烟雾。由于惰性气体的对流，烟雾向上移动，并接近充液氮的冷却棒(冷阱，77 K)。在蒸发过程中，前驱体气体的原子由于与惰性气体原子碰撞，迅速损失能量而冷却。这种迅速的冷却是一种有效的冷却过程，很容易在前驱体蒸气中造成很高的局域过饱和，形成均匀的成核过程。因此，在接近冷却棒的过程中，前驱体蒸气首先形成原子簇，然后形成单个纳米微粒。在接近冷却棒表面的区域内，单个纳米微粒由于聚合而长大，最后在冷却棒表面上积聚起来，用刮刀刮下并收集起来即获得纳米粉。

虽然气体中蒸发法主要是以金属的纳米微粒为对象，但是，也可以使用这一方法制备无机化合物(陶瓷)、有机化合物(高分子)以及复合金属的纳米微粒。用气体中蒸发法制备的纳米微粒主要具有如下特点：① 粒度容易控制；② 粒度齐整，粒径分布窄；③ 表面清洁。

根据加热源的不同，可将气体中蒸发法分为高频感应加热法、等离子体加热法、电阻加热法、激光加热法、电子束加热法、流动油面上真空沉积法、通电加热蒸发法和爆炸丝法八种方法。

3.1.2.1 电阻加热法

电阻加热法蒸发源采用真空蒸发通常使用的螺旋纤维或者舟状的电阻发热体。因为蒸发原料通常是放在W，Mo，Ta等的螺线状载样台上，所以有两种情况不能使用这种方法进行加热和蒸发：① 两种材料(发热体与蒸发原料)在高温熔融后会形成合金；② 蒸发原料的蒸发温度高于发热体的软化温度。目前使用这一方法主要是进行Cu，Au，Ag，Al等低熔点金属的蒸发。电阻发热体用Al_2O_3等耐火材料将钨丝进行包覆，所以熔化了的蒸发材料不与高温的发热体直接接触，可以在加热的氧化铝坩埚中进行比上述银等低熔点金属具有更高熔点的(熔点在1 500 ℃左右)金属(如Fe，Ni等)的蒸发。

虽然发热体的功率在1.5 kW左右就已经足够了，但在一次蒸发中，放入1~2 g原料，而蒸发后从容器内壁等处所能回收的纳米微粒也只不过几十毫克;如果需要更多的纳米微粒,只有进行多次蒸发。因此,该方法只是一种用于研究的纳米微粒制备方法。

3.1.2.2 高频感应加热法

该方法是将耐火坩埚内的蒸发原料进行高频感应加热蒸发而制得纳米微粒的一种方法。高频感应加热在诸如真空熔融等金属的熔融中应用具有许多优点,用该方法熔化金属主要基于以下几点:① 可以将熔体的蒸发温度保持恒定;② 熔体内合金均匀性好;③ 可以在长时间内以恒定的功率运转;④ 在真空熔融中,作为工业化生产规模的加热源,其功率可以达到 MW 级。由于感应搅拌作用,熔体在坩埚内得以搅拌,致使蒸发面中心部分与边缘部分不会产生温度差,而且坩埚内的合金也一直保持着良好的均匀性。

这一加热法的特征是规模越大(使用大坩埚),纳米微粒的粒度越趋于均匀。高频感应加热中,在耐火坩埚内进行金属的熔融和蒸发时,由于电磁波的作用,熔体会发生由坩埚的中心部向上、向下以及向边缘部分的流动,合金纳米微粒的粒度分布比较均匀。

3.1.2.3 等离子体加热法

等离子体按其产生方式可分为直流电弧等离子体和高频等离子体两种,由此派生出的制备微粒的方法有四种:① 双射频等离子体法;② 直流电弧等离子体法;③ 混合等离子体法;④ 直流等离子体射流法。等离子体合成纳米微粒的机理如下:等离子体中存在大量的高活性物质微粒,与反应物微粒迅速交换能量,从而有助于反应的正向进行;此外,等离子体尾焰区的温度较高,反应物微粒在尾焰区处于动态平衡的饱和态,反应物迅速离解并成核结晶,离开尾焰区温度急剧下降,反应物处于过饱和态,成核结晶同时淬灭而形成纳米微粒。

下面重点介绍目前使用最广泛的直流电弧等离子体法、混合等离子体法和氢电弧等离子体法。

1) 直流电弧等离子体法

该方法是在惰性气氛或反应性气氛下,通过直流放电使气体电离产生高温等离子体,使原料熔化、蒸发,蒸气遇到周围的气体就会被冷却或发生反应形成纳米微粒。在惰性气氛中,由于等离子体温度高,几乎可以制取任何金属的微粒。

反应在生成室内进行,生成室内被惰性气体充满,通过调节由真空系统排出气体的流量来确定蒸发气氛的压力。增加等离子体枪的功率可以提高电蒸发而生成的微粒数量。当等离子体被集束后,熔体表面产生局部过热,由生成室侧面的观察孔就可以观察到烟雾(含有纳米微粒的气流)的升腾加剧,即蒸发生成量增加。生成的纳米颗粒黏附于水冷管状的铜板上,气体被排除在蒸发室外,运转一段时间后,进行慢氧化处理,然后再打开生成室,将附着在圆筒内侧的纳米颗粒收集起来。

由于这一方法的熔融与蒸发表面具有温度梯度(等离子体喷射到的中心部分温度较高,而与水冷坩埚接触的边缘部分温度较低),所以无论如何生成的纳米颗粒都存在着较大的粒度分布。另外,发生等离子体的阴极(通常是钨制的细棒)、等离子体枪的尖端部分及等离子体集束作用的冷却铜喷嘴都必须在长时间的运转中不发生形状变化。

2) 混合等离子体法

该方法是一种以应用于工业生产中的射频(RF)等离子体为主要加热源,并将直流(DC)等离子体、RF 等离子体组合,由此形成混合等离子而加热的方式。RF 等离子体是由石英管外侧的感应线圈产生数兆赫的高频磁场而发生的等离子体,具有如下优点:① 由于不使用电极,所以不会有电极材料的物质(或熔融,或蒸发)以杂质的形式混入所发生的等离子体中;② 可以使用反应气体;③ 因为等离子体空间大,该空间内的气体流速比 DC 等离子体中的气体流速要慢,所以,物质在等离子体空间的滞留时间延长，可以使物质充分地进行反应和加热，等等。将这种 RF 等离子体用于纳米微粒的制备时，一旦向 RF 等离子体空间内供给气体或者原料，RF 等离子体的火焰就会发生紊乱（特别是由半径方向供给对比轴方向更甚），这是一个缺点。为解决这一缺点，在此基础上又加上 DC 等离子体，使之由轴方向喷射而出，起到火种的作用，以此作为维持 RF 等离子体的能量供给源。使用混合等离子体作为加热源，可以输入金属和气体制备金属纳米微粒，或者在输入金属和气体的同时再输入反应性气体制备化合物纳米微粒。

3) 氢电弧等离子体法

该方法的原理是 M. Uda 等人提出的。之所以称为氢电弧等离子体法，主要原因在于制备工艺中使用氢气作为工作气体，其作用是可大幅度地提高产量。其原理被归结为氢原子化合为氢分子时放出大量的热，从而产生强制性的蒸发，使产量大幅度增加。以纳米金属 Pd 为例，该装置的产率一般可达 300 g/h。另外，氢的存在可以降低熔化金属的表面张力，从而增加蒸发速率。

使用该方法已经制备出几十种纳米金属和合金，也有部分氧化物。其中有 Fe，Co，Ni，Cu，Zn，Al，Ag，Bi，Sn，Mo，Mn，In，Nd，Ce，La，Pd，Ti，C，还有合金和金属化合物 CuZn，PdNi，Ce-Ni，CeFe，CeCu，ThFe，以及纳米氧化物 Al_2O_3，Y_2O_3，TiO_2，ZrO_2，等等。

使用氢电弧等离子方法制备的纳米金属粒子最显著的特性有下面几点。

① 储氢和吸氢性能。由于制备中使用氢气为工作气体，制备出的纳米粒子中含有一定量的氢，这个性能为热脱附和质谱实验所证实。随着温度的增加，纳米粒子释放的氢的量也增加，大约在 400 ℃ 释放的氢的量达到一个极大值；然后，随着温度的增加释放氢的量逐渐减少；大约在 600 ℃ 以上，粒子中的氢基本释放殆尽。

② 特殊的氧化行为。由于储氢特性的影响，导致用该方法制备的粒子的氧化行为不同于其他方法制备的粒子。

③ 薄壳修饰。使用氢电弧等离子体法，在制备工艺中使用添加第二种特定元素的方法，可制备出一种具有稀土外壳和过渡金属内核的纳米复合粒子。

④ 再分散特性。使用氢电弧等离子体方法制备的纳米金属粒子，在一定大小的机械力作用下，平均粒径为 50 nm 的金属粒子可以再分散为 3~5 nm，加到载体的孔中。这是一种纳米粒子的再分散和组装技术。这种特性是使用物理方法制备纳米金属催化剂的基础。

3.1.2.4 电子束加热法

电子束加热通常是在高真空中使用，用于微加工、溅射、熔融以及焊接等方面。电子在高真空（0.1 Pa）的电子枪内由阴极放射出来，为了使电子从阴极表面高速射出而加上高电压。即使是电子枪后面的电子束系统，只要电压稍微上升，就会发生异常放电，而且电子会与残留气体碰撞而发生散射，使电子束不能有效地到达需要去的地方（靶）。为此，将电子束加热用于熔融时，为了保持靶所在的熔融室内的压力在高真空状态，都安装有排气速度很高的真空泵。

对于 W，Mo，Ta，Nb 等高熔点金属以及 Zr，Ti 等活性大的金属的蒸发（等离子体喷雾加热中使用），除等离子体加热法外，现在还无法避免这些熔融金属与坩埚间的反应（还没有发现不与这些熔融金属反应的坩埚）。如果将飞行到蒸发室的电子束对准纤维状原料的尖端部，根据该处熔融、蒸发的速度连续地供给原料，则不需要坩埚，防止了由于与坩埚反应而引起的杂质的混入。

3.1.2.5 激光加热法

激光作为一种光学加热方法在许多方面得到应用。激光的利用可以说是纳米微粒制备中的一种很有特点的方法，它具有如下优点：① 加热源（激光器）不会受蒸发物质的污染；② 不论是金属、化合物,还是矿物都可以用它进行熔融和蒸发;③ 加热源可以放在系统外,所以它不受蒸发室的影响,等等。

3.1.2.6 通电加热蒸发法

通电加热蒸发法是通过金属与碳棒相接触,通电加热使金属熔化,金属与高温碳棒反应并蒸发形成碳化物超微粒子。碳棒与 Si 板(蒸发材料)相接触,在蒸发室内充有 Ar 或 He 气、压力为 1~10 kPa,在碳棒与 Si 板间通交流电(几百安培)。Si 板被其下面的加热器加热,随 Si 板温度上升,电阻下降,电路接通。当碳棒温度达白热程度时,Si 板与碳棒相接触的部位熔化。当碳棒温度高于 2 473 K 时,在它的周围形成了 SiC 超微粒的"烟",将它们收集起来,即得 SiC 超微粒。随电流的增大可获得大量的 SiC 超微粒。惰性气体种类对超微粒的大小也有很大影响,He 气中形成的 SiC 为小球形,Ar 气中为大颗粒。用这种方法还可以制备 Zr, Hf, Cr, Nb, Ta, V, Mo, Ti 和 W 等的碳化物超微粒子。

3.1.2.7 爆炸丝法

爆炸丝法适用于制备纳米金属和合金粉体,先将金属丝固定在一个充满惰性气体的反应室中,金属丝的两端卡头为两个电极,连接到一个大电容上形成回路,加 15 kV 的高压,通过金属丝的电流高达 500~800 kA,金属丝被迅速加热。金属丝熔断后在电流停止的一瞬间,卡头两个电极产生高压放电,使熔融的金属在高压放电作用下进一步加热变成蒸气,在反应室中与惰性气体碰撞形成纳米粒子沉降在容器的底部。金属丝可以通过供丝系统自动进入两卡头之间,从而使上述过程重复进行。

3.1.3 化学气相凝聚法

从前面介绍的几种方法可以看出,纳米微粒的合成关键在于得到纳米微粒合成的前驱体,并使这些前驱体在很大的温度梯度条件下迅速成核、生长为产物,以控制团聚、凝聚和烧结。气体中蒸发法的优点在于颗粒的形态容易控制,其缺陷是可以得到的前驱体类型不多。而化学气相凝聚法(CVD)正好相反,由于化学反应的多样性使得它能够得到各种所需的前驱体,但其产物形态不容易控制,易团聚和烧结。所以,如将热 CVD 中的化学反应过程和气体中蒸发法的冷凝过程结合起来,则能克服上述弊端,得到满意的结果。

1994 年 W. Chang 等人提出了一种新型的纳米微粒合成技术——化学气相凝聚技术(见图 3.1),简称 CVC 法。化学气相凝聚法是利用气相原料以气体状态进行化学反应形成基本粒子,所产生的粒子进行冷凝聚合而成纳米微粒的方法。这种方法的主要应用是通过有机高分子热解获得纳米陶瓷粉体。具体过程是利用高纯惰性气为载气,携带有机高分子原料,如六甲基二硅烷,进入温度为 1 100~1 400 ℃ 的钼丝炉,压力保持在 100~1 000 Pa 的低气压状态,在此环境下,原料热解形成团簇,进一步凝聚成纳米级颗粒。这种方法的优点是产量大,颗粒尺寸小,分布窄。

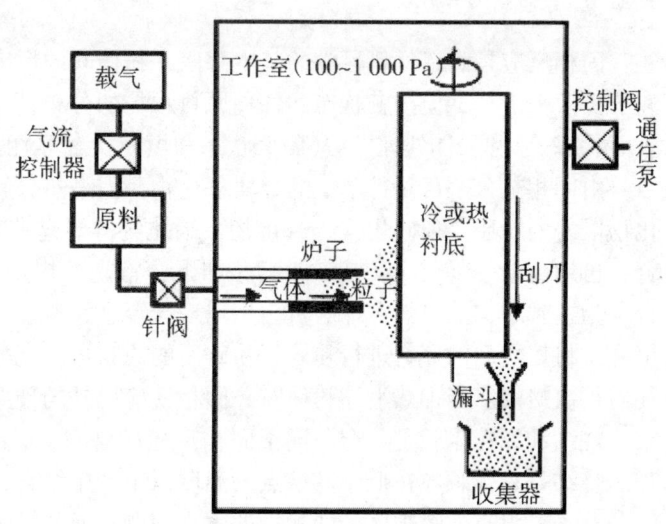

图 3.1 化学气相凝聚法制备纳米微粒示意图

3.1.4 流动液面真空蒸镀法

流动液面真空蒸镀制备法的基本原理是：在高真空中蒸发的金属原子在流动的油面内形成超微粒子，产物为含有大量超微粒的糊状物。高真空中的蒸发是采用电子束加热，当水冷铜坩埚中的蒸发原料被加热蒸发时，打开快门，使蒸发物镀在旋转的圆盘表面上形成超微粒子。含有超微粒子的油被甩入真空室沿壁的容器中，然后将这种超微粒含量很低的油在真空下进行蒸馏，使它成为浓缩的含有超微粒子的糊状物。该方法的优点有：① 超微粒分散地分布在油中；② 粒径均匀，分布窄；③ 可制备 Fe、Ni、Co、Ag、Cu、Al、Au、Pd、In 等超微粒，平均粒径约 3 nm，而用惰性气体蒸发法很难获得这样小的微粒；④ 粒径的尺寸可控，可通过改变蒸发条件来控制粒径大小，如蒸发速度、油的黏度、圆盘转速等。圆盘转速高，蒸发速度快，油的黏度高均可使粒子的粒径增大，最大可达 8 nm。

3.2 固相法

固相法不像气相法和液相法伴随有气相/固相、液相/固相那样的状态（相）变化，而是通过从固相到固相的变化来制造粉体。气相或液相反应对外界条件的变化很敏感，这是由于气相或液相分子（原子）集合状态是均匀的，具有大的易动度；而固相的集合状态是多样的，分子（原子）的扩散很迟缓。固相法其原料本身是固体，跟液体和气体有很大的差异。固相法所得的固相粉体和最初固相原料可以是同一物质，也可以不是同一物质。

固相法是以固态物质为原料，通过各种固相反应和烧结等过程来制备材料的方法，如陶瓷和耐火材料的高温烧结、金属材料的粉末冶金、人工晶体的固相生长、高分子材料的固相缩聚，以及高温自蔓延合成法等。固相反应是固体直接参与化学反应，一般是由相界面上的化学反应和固相内的物质迁移两个过程组成，包括化合反应、分解反应、固溶反应、氧化还原反应以及相变等。固相反应开始的温度远远低于反应物的熔融温度或系统的低共熔温度，通常相当于一种反应物开始呈现显著扩散时的温度，称为泰曼温度或烧结温度。对于不同物质，泰曼温度与其熔点 T_m 存在一定的关系。例如，金属为 $0.3 \sim 0.4\ T_m$，盐类和硅酸盐则分别为 $0.57\ T_m$ 和 $0.8 \sim 0.9\ T_m$。

3.2.1 固相反应法

固相反应是陶瓷材料科学的基本手段，粉体间的反应相当复杂。反应虽从固体间的接触部分通过离子扩散来进行，但接触状态和各种原料颗粒的分布情况显著地受各颗粒的性质（粒径、颗粒形状和表面状态等）和粉体处理方法（团聚状态和填充状态等）的影响。

由固相热分解可获得单一的金属氧化物，但是热分解很难制备含两种金属元素以上的氧化物和氧化物以外的物质，如硅化物、氮化物、碳化物等。这些物质的制备通常是按最终合成所需的原料混合，再用高温使其反应。其一般工序如下：首先按规定的组成称量，通常用水等作为分散剂进行混合，为达到均匀的目的在球磨机内用玛瑙球混合，通过压滤机脱水，在电炉中以比烧成温度低的温度焙烧。将焙烧后的原料进行粉碎，粉碎后的原料再次充分混合而制成烧结用粉体，当反应不完全时往往需再次焙烧。当加热上述粉体时，固相反应以外的现象也同时进行：一个是颗粒生长，另一个是烧结，烧结和颗粒生长是完全不同于固相反应的现象，这两种现象均在同种原料间和反应生成物间出现。烧结是粉体颗粒在低于其熔点的温度以下产生结合，粉体颗粒经烧结而牢固结合，颗粒间由粒界区分开来，没有各个被区分的颗粒的大小问题；而颗粒生长着眼于各个颗粒，各个颗粒通过粒界与其他颗粒结合，在这里仅仅考虑颗粒大小如何变化，所以颗粒也可以单独存在。烧结考虑的是颗粒的接触，颗粒边缘的粒界决定了颗粒的大小，粒界移动即为颗粒生长。通常，烧结进行时，颗粒也同时生长；但是，如果颗粒生长是由于粒界移动而引起的，则在高温下才开始明显，而烧结早在低温就进行了。烧结体的相对密度超过90%以后，颗粒生长比烧结更显著。

对于由固相反应合成的化合物，应尽量抑制烧结和颗粒生长，这是由于原料的烧结和颗粒生长均使原料的反应性降低，并且导致扩散距离增加和接触点密度减少。所以，应该降低原料粒径并充分混合，使组分原料间紧密接触，这样有利于反应进行。还有一个问题是颗粒团聚，特别是颗粒小的情况下，表面状态往往呈粉碎状也难以分离，由于团聚，即使一次颗粒的粒径小也不均匀，此时采用恰当的溶剂使之分散开来至关重要。

3.2.2 火花放电法

把金属电极插入到气体或液体等绝缘体中，不断提高电压，直至绝缘被破坏。提高电压，可观察到电流增加，产生电晕放电。一过电晕放电点，即使不增加电压，电流也自然增加，向瞬时稳定的放电状态即电弧放电移动。从电晕放电到电弧放电过程中的过渡放电称为火花放电，火花放电的持续时间很短，但电压梯度很大，电流密度也大，也就是说，火花放电在短时间内能释放出很大的电能，因此，在放电的瞬间产生高温，同时产生很强的机械能。在放电加工中，电极、被加工物会生成加工屑，如果我们积极地控制加工屑的生成过程就有可能制造微粉。

在水槽内放入金属铝粉的堆积层，把电极插入层中，利用在铝粒间发生的火花放电来制备微粉。合成过程中，反复进行稳定的火花放电而不发生由于各铝粒间的放电所产生的相互热熔连接。由于放电而引起铝粒表面有微细的金属剥离和水的电解，由水的电解产生的OH^-基团与Al作用生成浆状$Al(OH)_3$。将这种浆状物进行固液分离，其固体成分经干燥后再进行捣碎煅烧就获得一次粒径为$0.6 \sim 1.0\ \mu m$的Al_2O_3微粉。因为使用的是铝电极，所以能合成高纯Al_2O_3。

3.2.3 溶出法

化学处理或溶出法就是制造瑞尼镍(Raney Ni)催化剂的方法。该方法并非对所有金属都适用，可以考虑为溶出混合物中的一种成分，而残留下另一种成分。例如，该方法可考虑用于从氧化物和碳酸盐的混合物中用酸溶出碳酸盐而留下氧化物。

3.2.4 球磨法

球磨法其实是机械摩擦法，氧化物分散增强的超合金是球磨法的最初应用，这种技术已扩展到生产各种非平衡结构，包括纳米晶、非晶和准晶材料。目前，球磨法是在陶瓷工艺、粉末冶金工业和矿物加工中所使用的基本方法。材料经过球磨可以实现固态合金化、混合或融合、改变粒子的形状以及减小粒子尺寸。球磨法大部分用于加工相对硬的、脆性的材料或用其他方法制备有限制的材料，这些材料在球磨过程中会发生形变、断裂和冷焊。目前，已经发展了应用于不同目的的各种球磨方法，包括振动磨、摩擦磨、平面磨和滚转磨等。

机械摩擦的基本工艺见图3.2。掺有直径约$50\ \mu m$典型粒子的粉体被放在一个密封的容器里，其中有许多硬钢球或包覆着碳化钨的球。此容器被猛烈地摇动或旋转、振动，磨球与粉体质量的有效比是5:10，但也随加工原材料的不同而有所区别。图3.2就是一个球磨方法的典型例子。通过使用高频或小振幅的振动能够获得高能球磨力，用于加工小批量的粉体的振动磨是高能的，而且发生化学反应，比其他球磨机快一个数量级。由于球磨的动能是其质量和速度的函数，致密的材料使用陶瓷球，在连续、严重的塑性形变中，粉末粒子的内部结构被细化到纳米级尺寸。球磨过程中温度上升得不是很高，一般低于 100~200 ℃。

对于用各种方法合成的材料，如果最后要经过球磨，表面和界面的污染是必须考虑的一个重要问题。球磨中最常见的污染是由磨球（一般是铁）和气氛（氧、氮等）引起的污染。采用真空密封的方法和在手套箱中操作可以降低气氛污染；采用纯净、延展性好的金属粉末和缩短球磨时间，这样磨球可以被这些粉末材料包覆起来，从而大大减少铁的污染。氧和氮的污染可以降到 3×10^{-4} 以下，铁的污染可减少到 1%~2% 以下。

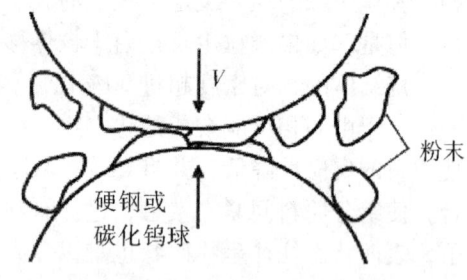

图 3.2　球磨法典型工艺示意图

工业上很早就使用球磨方法，这是由于球磨法具有产量大、工艺简便等特点。但是，用球磨法很难制备分布均匀的纳米级材料。近年来，高能球磨法已成为制备纳米材料的一种重要方法。高能球磨法是利用球磨机的振动或转动，使球磨机中的硬球对原料进行强烈的撞击、搅拌和研磨，从而达到粉碎颗粒的效果，该方法可以把粉末粉碎为纳米级微粒。如果将两种或两种以上粉末同时放入球磨机的球磨罐中进行高能球磨，粉末颗粒经压延、压合、碾碎、再压合的反复过程，最后获得组织和成分分布均匀的合金粉末。这是一个无外部热能供给的、干的高能球磨过程，是一个由大晶粒变为小晶粒的过程。纳米结构形成机理的研究认为，高能球磨过程是一个颗粒循环剪切变形的过程，在此过程中，晶格缺陷不断在大晶粒的颗粒内部大量产生，从而导致颗粒中大角度晶界的重新组合，使得颗粒内晶粒尺寸下降 $10^3\sim10^4$ 个数量级。在单组元系统中，纳米晶的形成仅仅是机械驱动下的结构演变。晶粒粒度随球磨时间的延长而下降，应变随球磨时间的增加而不断增大。在球磨过程中，由于样品反复形变，局域应变带中缺陷密度到达临界值时，晶粒开始破碎，这个过程不断重复，晶粒不断细化直到形成纳米结构。元素粉末与合金粉末原料按一定比例与钢球混合，在高能球磨机中长时间碾磨。在碾磨过程中，由于磨球与磨球、磨球与磨罐之间的高速撞击和摩擦，使得处于它们之间的粉末受到冲击、剪切和压缩等多种力的作用，发生形变甚至断裂，该过程反复进行，复合粉组织结构不断细化并发生扩散和固相反应，从而形成合金粉。由于这种方法是利用机械能达到合金化，而不是用热能或电能，所以，高能球磨制备合金粉末的方法被称做机械合金化。显然，在机械合金化过程中，有组分的传输，原料的化学组成也发生了变化。单一组分材料的机械研磨一般是金属间化合物的机械研磨，在球磨过程中无组分的传输，除碾磨对象机械合金化不同外，在机械碾磨过程中，原料的化学组成不发生变化。利用金属或合金粉末在球磨过程中与其他单质或化合物发生化学反应而制备出所需材料的技术又称为反应球磨技术或机械化学法。高能球磨与传统简式低能球磨的不同之处在于，传统的球磨工艺只对粉末起混合均匀的作用，而高能球磨中磨球的运动速度较大，能使粉末产生塑性形变及固相形变。由于高能球磨法制备各金属粉末具有工艺简单、产量高等优点，近年来已成为制备纳米材料的重要方法之一，被广泛应用于磁性材料、合金、金属间化合物、超导材料、过饱和固溶体材料以及非晶、纳米晶等亚稳态材料的制备。

3.2.5　高温烧结法

陶瓷、耐火材料、粉末冶金以及水泥熟料等通常要把成型后的坯体或固体粉料在高温条件下进行烧结（sintering），才能得到相应的产品。在高温烧结过程中往往包括多种物理、化学和物理化学变化，形成一定的矿物组成和显微结构，并获得所要求的性能。

烧结是一种合成加工方法，经过烧结使一种多孔固体变成致密的物体，同时提高它的机械强度。由于坯体的空隙度是和其中大的内表面相关联的，故烧结过程的推动力来自减少内表面积的倾向。

发生在单纯的固体之间的烧结称为固相烧结，在液相参与下的烧结是液相烧结。在烧结过程中可能会包含某些化学反应的作用，但它并不依赖于化学反应的作用，即烧结可以在不发生化学反应的情况下，简单地将固体粉料加热，转变成坚实的致密烧结体，如各种氧化物陶瓷和粉末冶金制品的烧结。

经典的烧结过程是烧制陶瓷，它是从新石器时代以来人类一直使用的一种生产过程。高温下伴随烧结发生的主要变化是固体颗粒之间接触界面扩大并逐渐形成晶界；气孔从连通的逐渐变成孤立的并缩小，最后大部分甚至全部从坯体中排除，使成型体的致密度和强度增加，成为具有一定性能和几何外形的整体。因此，烧结总是意味着固体粉末状成型体在低于其熔点温度下加热，使物质自发地填充颗粒间隙而致密化的过程。

3.2.6 自蔓延高温合成法

自蔓延高温合成法(self-propagating high-temperature synthesis，SHS)是由前苏联科学家 Mcrzhanov 于1967年首次提出来的(在研究火箭固体推进剂燃烧问题中实现SHS过程)，它利用反应本身放出的热量维持反应的继续，一旦被引发就不再需要外加热源，并以燃烧波的形式通过反应混合物，随着燃烧波的前进，反应物转化为产物。

一般将反应的原料混合物压制成块，在块状的一端引燃反应，反应放出的巨大热量又使得邻近的物料发生反应，结果形成一个以速度 v 蔓延的燃烧波。随着燃烧波的推进，反应混合物转化为产物。

采用SHS过程合成与制备材料具有多方面的优点：
① 生产过程简单；
② 反应可以在真空或惰性气体的环境里进行，因而可以制得高纯度的产品；
③ 反应迅速，一般在几秒到几十秒的时间即可完成，物料在瞬间就可达到几千度的高温；
④ 反应过程消耗外部能量少；
⑤ 能集材料合成和烧结于一体；
⑥ 反应过程中与某些特殊手段结合，可以直接制备出密实的材料。

SHS法可制备的材料包括：粉末、多孔材料、致密材料、复合材料、梯度材料和涂层等。SHS法已在工业和高技术领域中得到广泛的应用。

3.2.7 固相缩聚法

固相缩聚可以在比较温和的条件下(温度较低)合成树脂，以避免许多在高温熔融缩聚反应下发生的副反应，从而提高树脂的质量，并可以制备特殊需要的高相对分子质量的树脂。某些熔融温度和分解温度很接近，甚至后者比前者还要低的高分子化合物，可以在熔点以下采用固相缩聚法制备。固相缩聚反应有三种情况：

① 缩聚反应在低于单体或高聚物的熔点下进行，此时固体的结构会影响反应的快慢和生成的高分子化合物的性质。
② 缩聚反应在高于单体熔点而低于生成高分子化合物熔点的条件下进行，即反应的第一阶段是在单体熔融状态下进行(或者可在溶液中，随后把溶剂排除)，反应的第二阶段则在由第一阶段生成的低聚物固相中进行。
③ 环化反应，也可分为两个阶段，第一阶段是由具有特殊结构的单体生成含有反应活性的线性高分子化合物(通常是在溶液中进行)，当排除溶剂后，第二阶段在固相中进行，反应发生在大分子活性基团之间，并使之成环。

3.2.8 热分解法

热分解反应不仅限于固相，气体和液体也可引起热分解反应。在此只介绍固相热分解生成新固相的系统。很多金属的碳酸盐、硫酸盐、硝酸盐等，都可以通过热分解法而获得特种无机材料用的氧化物粉末。例如，制备氧化钙的反应式可表示如下：

$$CaCO_3 \longrightarrow CaO(s) + CO_2(g)$$

一些非氧化物陶瓷的原料粉如 SiC、Si_3N_4 等在工业上大多采用氧化物还原法制备，或者还原碳化，或者还原氮化。例如，工业上应用的碳化钛，一般是将二氧化钛与炭黑在高温下反应而制得的，其反应式如下：

$$2TiO_2 + C \longleftrightarrow Ti_2O_3 + CO$$
$$Ti_2O_3 + C \longleftrightarrow 2TiO + CO$$
$$TiO + 2C \longleftrightarrow TiC + CO$$

3.2.9 微波法

所谓"微波"，通常指频率为 $3 \times 10^8 \sim 3 \times 10^{11}$ Hz 的电磁波。凡低于 3×10^8 Hz 的，即指通常所说的无线电波，包括长波、中波和超短波；凡高于 3×10^{11} Hz 的，则属于红外线或可见光等。

1) 微波加热基本原理

微波是一种高频率的电磁波，其频率范围在 300 MHz ~ 300 GHz（相应的波长为 100 ~ 0.1 cm）。微波加热的原理是：由于介质材料具有剩余偶极矩（正负电荷不重合），当提供外电场后，极性分子就会旋转到沿电场方向排列，电场方向改变，极性分子也相应旋转改变。交变电场的频率越高，极性分子旋转变化的速度就越快，交变电场的强度越强，极性分子摆动的幅度越大。微波加热正是提供一个快速转向的交变电场，激发介质材料内部分子快速"摩擦"，实现材料自身发热，而非传统热传递方式加热。这种特殊的加热模式使微波加热具有以下特点：

① 选择性加热。物质的介质损耗因数决定了其吸收微波的能力，介质损耗因数大的物质对微波的吸收能力强。微波加热具有选择性加热的特点，这是由于各物质的损耗因数存在差异，物质不同，产生的热效果也不同。例如，蛋白质、碳水化合物等的介电常数相对较小，其对微波的吸收能力小；而水分子属极性分子，介电常数较大，其介质损耗因数也很大，对微波具有强吸收能力。

② 热惯性小。微波对介质材料是瞬时加热升温，能耗也很低。同时，微波的输出功率随时可调，介质温升可无惯性地随之改变，不存在余热现象，极有利于自动控制和连续化生产的需要。

③ 穿透性好。微波比其他用于辐射加热的电磁波，如红外线、远红外线等具有更好的穿透性，这是因为微波的波长更长。微波透入介质时，介质材料内部、外部几乎同时加热升温，形成体热源状态。微波加热时物料内外加热均匀一致，这是由于微波加热大大缩短了常规加热中的热传导时间。

2) 微波加热设备的结构

微波加热设备主要由微波发生器、波导、微波能应用器、物料输送系统和控制系统等几个部分组成。微波发生器是微波加热设备的关键部分，该部分由磁控管和微波电源组成，其主要作用是产生设备所需要的微波能量，以便将此能量传输到相应的微波能应用器中，并在其中实现对物料不同目的的加工处理。微波波导通常是一段具有特定尺寸的矩形或圆形截面的微波传输线，它保证将微波发生器产生的微波能量传送到微波能应用器中。微波能应用器是实现物料与微波场相互作用的空间，微波能量在此转化成热能、化学能等，来实现对物料的各种处理。控制系统是用来调节微波加热设备的各种运行参数的装置，保证设备的输出功率、输送速度、冷却或排潮机构根据规定的最佳工艺规范，方便、灵活地调整控制。

3) 微波加热在材料制备中的应用

(1) 溶胶—凝胶法

Kladig 等人在实验中用微波加热钡和钛的醋酸盐溶液分解得到干凝胶，继续用微波加热高温热解得到棕色产品后，再用微波煅烧得到无色的 $BaTiO_3$ 粉末。工业上对单相和两相莫来石凝胶进行微波加热，合成莫来石粉末。用微波对单相莫来石凝胶加热 10~15 min 可得到纯的莫来石粉末；而对两相凝胶进行微波加热，合成的产品为 $\alpha-Al_2O_3$ 和莫来石的混合物。因此，用微波加热单相凝胶合成莫来石更容易一些。

(2) 气—固相反应

在氮气氛中，用微波加热高纯硅，氮化合成氮化硅，氮化温度始于 1 200 ℃，而传统加热时的氮化温度则始于 1 250 ℃，并且在相同温度下，微波加热下的氮化率高于传统加热下的氮化率。分别以炭黑纳米微粉以及热解碳和酚醛树脂作碳源，把胶体 $Al(OH)_3$ 作为铝源，在氮气氛中，用微波加热方法可以合成颗粒分布在 5~80 nm 范围、纯度达 98% 的 AlN 纳米微粉。实验结果表明，高的合成温度有利于 AlN 颗粒的长大和产率的提高。微波加热可使 AlN 在极短的时间内合成。

(3) 固—固相反应

微波加热在固—固相的合成方面颇具优越性。用微波加热，通过固—固相反应，合成了 KVO_3，$CuFe_2O_4$，$BaWO_4$，$La_{1.85}Sr_{0.15}$，CuO_4，$YBa_2Cu_3O_{7-x}$ 等材料。用 CuO 和 Fe_2O_3 合成 $CuFe_2O_4$，传统合成法需要 23 h，而用微波辐射法进行合成只需 30 min。对于 $La_{1.85}Sr_{0.15}$ 的合成，传统合成法需 12 h，而微波合成法只需 35 min，前者是后者的 20.6 倍。与传统方法相比较，微波合成法能大大缩短合成时间。微波加热技术可用来合成 $YBa_2Cu_3O_{7-x}$ 超导陶瓷材料，首先把 CuO，Y_2O_3 和 $Ba(NO_3)_2$ 按化学计量配比混合，放入微波炉中加热。当用 500 W 的微波加热 5 min 时，试样中已没有残余的 $Ba(NO_3)_2$；把该试样磨碎，用 130~500 W 的微波加热 15 min，然后再磨碎，用微波加热 25 min，产品的主要成分即为 $YBa_2Cu_3O_{7-x}$，其中含有少量的 Y_2BaCuO_5。最后，用微波加热 25 min，便可以得到非常纯的 $YBa_2Cu_3O_{7-x}$。

中山大学先进能源材料研究室沈培康教授带领的科研团队，在微波加热制备纳米材料领域进行了大量的开创性工作。他们发明了交替微波法(intermittent microwave heating，IMH)，利用交替加热的弛豫效应可以控制纳米材料的晶型和结晶度，应用于燃料电池用 Pt/C 催化剂的制备，以及新型催化剂载体 WC 的制备，取得了很好的结果。该技术已经进行产业化推广。

3.3 液相法

液相法可分为熔融法、溶液法、界面法、液相沉淀法、溶胶—凝胶法、水热法和喷雾法等。

3.3.1 熔融法

熔融法是指将合成所需材料的原料通过加热使其反应并熔融，在加热过程和熔融状态下产生各种化学反应，从而达到一定的结构。根据加热温度的高低，可分为高温熔融法和低温熔融法两大类。下面重点介绍高温熔融法。

所谓高温熔融法，是指将矿物原料投入到各种高温熔炉内，使其在高温下发生各种化学反应并熔融。玻璃的熔制、高炉的炼铁和转炉的炼钢等均属于高温熔融法。

(1) 玻璃的熔制过程

玻璃的熔制过程，是指利用熔窑将玻璃配合料加热熔化制成适合成型使用的玻璃液的过程。它是玻璃生产中的重要环节，是能否获得均匀、纯净、透明、无气泡并适合成型的玻璃液的关键。实际上，玻璃的熔制是一个非常复杂的过程，它包括一系列物理变化（配合料的加热、吸附水分的蒸发排除、某些单独组分的熔融、某些组分的多晶转变、个别组分的挥发等）、化学反应（固相反应、各种盐类的分解、水合物的分解、化学结合水的排除、组分间的化学反应等）、物理化学的反应（低共熔物的生成，组分或生成物间的相互溶解，玻璃液和炉气、耐火材料之间的相互作用）等。

(2) 金属的冶炼过程

金属的冶炼过程就是矿石的还原过程，所有还原过程都意味着要破坏金属与氧的结合。还原过程为：

$$M_xO_y \longrightarrow xM + (y/2)O_2 - \Delta G_M \tag{3.1}$$

所要求供给的能量相当于氧化物形成自由能 ΔG_M 的能量。提供能量成了矿石还原过程的主要技术问题和能量经济问题。解决的方法可分为利用化学还原剂和利用电能两类。

利用还原剂 R 的基本原则是，还原剂与按上述方程释放出的氧气化合并放出能量 ΔG_R，其数值一定要大于 ΔG_M：

$$2R + (y/2)O_2 \longrightarrow R_2O_y + \Delta G_R \tag{3.2}$$

以上反应的总和如下：

$$M_xO_y + 2R \longrightarrow xM + R_2O_y + (\Delta G_R - \Delta G_M)$$
$$\Delta G_R - \Delta G_M > 0 \tag{3.3}$$

若还原剂来源充足且价格便宜，则上述还原过程在工业上就很有价值。对于氧化铁来说，理想的、来源充足的还原剂便是煤，即焦炭（将天然煤经过焦化而成）。

根据上述方程，还原磁铁矿的总反应方程为：

$$Fe_3O_4 + 2C \longrightarrow 3Fe + 2CO_2 + (\Delta G_R - \Delta G_M) \tag{3.4}$$

按此式，似乎通过矿石与焦炭块的直接接触还原反应就能进行下去，即矿石直接还原似乎是可能的。事实上，若温度低于 1 100 ℃，这种反应是不可能出现的，因为一旦在矿石外表产生了金属铁，它就立即把还原反应的双方隔开，使反应无法继续进行下去。实际的还原反应是一个两步的气—固反应：CO/CO_2 混合气体起着把氧从金属 M 传递给还原剂 R 的作用：

$$Fe_3O_4 + 4CO \longrightarrow 3Fe + 4CO_2$$
$$2CO_2 + 2C \longrightarrow 4CO \tag{3.5}$$

这两步反应的总和就是反应式(3.4)。通过部分水与煤发生反应不断产生气体 CO（煤的气化），供给总反应的需要。因此，对于用固态炭进行矿石还原反应的过程来说，焦炭与 CO 的反应能力和矿石与 CO 的反应能力具有同等重要的意义。所以，焦炭的空隙度、粒度大小，还有它的催化作用等都起重要作用。反应式(3.5)的复合反应称为矿石与煤炭的间接还原反应。在实际生产过程中，高炉是这种反应的大规模工业化最合适的装备。

3.3.2 溶液聚合、缩聚法

在制备高分子化合物时，通常采用溶液聚合与缩聚法。

1) 溶液聚合

溶液聚合是指单体和引发剂溶于适当溶剂中进行的聚合。由于有溶剂存在，所以散热容易，反应速度便于控制。其优点是溶液聚合体系黏度低，混合和传热容易，温度容易控制；此外，引发剂分散均匀，引发效率高。缺点是由于单体浓度低，溶液聚合进行较慢，设备利用率和生产能力低；大分子活性链向溶剂链转移而导致高分子化合物相对分子质量较低；溶剂回收费用高，除净高分子化合物中的微量溶剂较难。这些缺点限制了溶液聚合在工业上的应用。氯乙烯、丙烯腈、丙烯酸酯、丙烯酰胺等均可由该方法进行聚合反应；另外，常用该方法生产各种黏合剂、涂料和合成纤维的纺丝液。按高分子化合物是否溶解在溶剂中，又可分为均相溶液聚合和沉淀聚合。

2) 溶液缩聚

溶液缩聚是指在纯溶剂或混合溶剂中进行的缩聚反应，目前广泛用来生产树脂、涂料等，如聚砜、醇酸树脂、有机硅、聚氨酯等各种树脂。所使用的溶剂一般有三种情况：① 原料和生成的聚合物都能溶解在溶剂中，反应真正在溶剂中进行；② 原料能溶解在反应介质中，而生成的聚合物完全不溶或部分溶解；③ 原料部分或完全不溶于反应介质，而产物则完全溶解。该方法既可在高温下也可在低温下进行，一般在40~100 ℃，有时甚至低于0 ℃。故利用该方法可以合成那些熔点接近其分解温度的高聚物。与熔融缩聚相比，其产物有较高的相对分子质量，但因溶剂的存在，不仅副反应增多，后处理烦琐，而且降低了设备的利用率。

3.3.3 液相沉淀法

沉淀法是在原料溶液中添加适当的沉淀剂（OH^-，CO_3^{2-}，$C_2O_4^{2-}$，SO_4^{2-}等），使原料溶液中的阳离子形成沉淀物，即通过与沉淀剂之间的反应或水解反应产生沉淀，形成不溶性的草酸盐、碳酸盐、硫酸盐、氢氧化物、水合氧化物等沉淀物。沉淀颗粒的大小和形状可由反应条件来控制。然后，经过过滤、洗涤、干燥，有时还需要经过加热分解等工艺过程，最终得到超细粉体材料。沉淀法主要用于氧化物的制备。

所制得的氧化物粉末的特性取决于沉淀和热分解两个过程。热分解过程中，加热分解温度的高低和加热时间的长短，不仅影响颗粒的大小，还会影响颗粒的晶型、粉体的性能；此外，气氛的影响也很明显。沉淀法是工业上采用最多的方法。

沉淀法包括直接沉淀法、共沉淀法、均匀沉淀法、水解法、胶体化学法和特殊沉淀法等。

1) 共沉淀法

共沉淀法是在含有多种可溶性阳离子的盐溶液中，经沉淀反应后得到各种成分均一的混合沉淀物的方法。利用该方法可制备含有两种以上金属元素的复合氧化物超细粉。如向$BaCl_2$和$TiCl_4$混合溶液中滴加草酸溶液，能沉淀出$BaTi(C_2O_4)_2 \cdot 4H_2O$，经过滤、洗涤和加热分解等处理，即可得到具有化学计量组成的、所需晶型的$BaTiO_3$超细粉。该方法可广泛用于合成钙钛矿型、尖晶石型、PLZT（掺镧锡钛酸铅）、敏感材料、铁氧体以及荧光材料等超细粉。具有非化学计量组成的烧结性良好的$BaCO_3$，$PbTiO_3$，$MnFe_2O_4$等粉料均可用该方法来制备。共沉淀法设备简单，较为经济，便于工业化生产。在制备过程中，需要特别注意的是洗涤操作。因为原料溶液中的阴离子和沉淀剂中的阳离子即使少量没有被清洗掉，也会对超细粉产物的烧结性能等产生不良影响。此外，为防止干燥后的粉末聚结成团块，也可用乙醇、丙醇、异丙醇或异戊醇等分散剂对沉淀物进行适当的分散处理。

2) 均匀沉淀法

均匀沉淀法是在溶液中预先加入某种物质，然后通过控制体系中的易控条件间接控制化学反应，使之缓慢地生成沉淀剂。这样可以避免一般沉淀法的操作过程中（向金属盐溶液中直接加沉淀剂）所造成的沉淀剂局部浓度过高，使沉淀中极易夹带杂质和产生粒度不均匀等问题。只要控制好生成沉淀剂的速度，就可避免浓度不均匀现象，使过饱和度控制在适当的范围内，从而控制离子的生长速度，获得粒子均匀、夹带少、纯度高的超细粒子。该方法常用的试剂有尿素，其水溶液在70 ℃左右发生分解反应：
$$(NH_2)_2CO + 3H_2O \Longrightarrow 2NH_4OH + CO_2$$

生成的 NH_4OH 起到沉淀剂的作用。继续反应，可得到金属氢氧化物或盐沉淀。采用氨基磺酸可制得金属硫酸盐沉淀。

3) 水解法

水解法是利用一些金属盐溶液在较高温度下可以发生水解反应，生成氢氧化物或水合氧化物沉淀，再经加热分解即可得到氧化物粉末的方法。此方法已用于工业生产。

4) 胶体化学法

胶体化学法是目前仍在开发研究的方法之一。其过程大体是：先采用离子交换法，或化学絮凝法，或胶溶法制得透明水溶胶，选择适当的表面活性剂进行憎水性处理，然后用有机溶剂进行冲洗制得有机溶胶体，再经脱水减压蒸馏，在低于所用表面活性剂分解温度下进行热处理，即可制得球状超微粒产品。据报道，已有人制得了粒径在 10 μm 以下的 Fe_2O_3、Al_2O_3、TiO_2 等产品，但如何提高经济效益，防止环境污染，提高有机溶剂再循环使用率等，都有待进一步妥善解决。

5) 沉淀聚合

有些高分子化合物不溶于自身的单体中，如氯乙烯中的聚氯乙烯，丙烯腈中的聚丙烯腈就是如此。在聚合过程中，这些高分子化合物沉淀出来，最初为冻胶微粒，最后就过渡到白色的粉末状。在高分子化合物达到一定的浓度时非溶性就会出现，首先只是产生轻微混浊，当聚合持续进行下去时，高分子化合物就析出来了。如果将单体用一种适当的溶剂(如甲醇)混合，在这种混合物中，单体为任意配比都能溶解，而高分子化合物则不溶解，聚合过程中产生的高分子化合物就会不断地沉淀出来，这样也会达到同样的沉淀聚合的效果。用沉淀聚合的方法可以制取不溶解于自身单体的高分子化合物。

3.3.4 溶胶—凝胶法

自 20 世纪 80 年代以来，随着对材料性能与结构关系研究的深入，材料学家已普遍认识到，必须对材料在制备的初始阶段在相当小尺寸范围内就进行控制，而这种控制有赖于化学家通过化学手段来实现。溶胶—凝胶(Sol-Gel)材料合成法是近几十年来发展极为迅速的一种化学方法。溶胶—凝胶法在整个无机非金属材料领域已显示出巨大的优越性和广阔的应用前景。用高分子化合物、有机金属化合物，以及醇盐或其他物质作源物质，采用溶胶—凝胶法，元素周期表中 2/3 以上的元素都能制成醇盐。溶胶—凝胶法把众多材料的制备纳入一个统一的过程之中，过去独立的陶瓷、玻璃、薄膜和纤维技术都成为溶胶—凝胶学科的一个应用分支。

1) 溶胶—凝胶法的基本原理

所谓溶胶是指线度为 1~100 μm 的固体颗粒在适当液体介质中形成的分散体系。这些固体颗粒一般由 $10^3 \sim 10^9$ 个原子组成，称为胶体。当胶体中的液相受到搅拌作用、化学反应、温度变化或电化学平衡作用的影响而部分失去时，会导致体系黏度增大，到一定程度时，便形成具有一定强度的固体凝胶块。

在醇盐—醇—水体系中，金属醇盐的水解反应可表示为：
$$M(OR)_n + xH_2O \longrightarrow M(OH)_x(OR)_{n-x} + xROH$$

式中，M 为金属元素，R 为 C_mH_{2m+1}。两种缩聚反应也几乎同时进行：

失水缩聚反应：$—M—OH + HO—M— \longrightarrow —M—O—M— + H_2O$

失醇缩聚反应：$—M—OH + RO—M— \longrightarrow —M—O—M— + ROH$

由醇盐形成氧化物的总反应可表示为:

$$M(OR)_n + xH_2O \longrightarrow M(OH)_x(OR)_{n-x} + xROH$$

$$M(OH)_x(OR)_{n-x} \longrightarrow MO_{n/2} + (x-n/2)H_2O + (n-x)ROH$$

实际上,体系中发生的过程是极复杂的。

2) 溶胶—凝胶法的特点

与传统的合成法相比,溶胶—凝胶法具有以下独特的优点。

① 可在较低温度下制成玻璃和各种其他无机材料。凝胶制备一般在近于室温下进行,热处理温度一般在玻璃化转变温度(T_g)附近即可,大大低于相应玻璃的熔化温度。因而可以简化设备,方便操作,减少污染,节省能源,避免了分相和析晶引起的失透,使某些熔点比较低的材料(如塑料)与玻璃形成复合材料的可能性大大提高。在低熔点金属或塑料基底上制备玻璃态涂层薄膜已获成功。

② 高均匀性。主要化学反应在溶液中进行,原料可在分子级水平上均匀地混合。

③ 高纯度。醇盐原料大部分是液体,能溶于醇类中,易于提纯,故合成产物的纯度亦高;并且,反应溶液与容器不易发生反应,保证了产物的高纯度。

④ 可制特殊材料。用该方法可制得用传统方法得不到的新型玻璃品种和具有特殊组成、结构与性能的材料。

⑤ 开辟了制备"无机—有机聚合物"的非晶态材料的可能性。借助一定的实验手段,可通过"分子组合"而控制和改变凝胶的微观和宏观性能,为合成具有预先指定性能的材料提供了基础(如可通过有机基团的掺杂而使无机材料得到改性)。

溶胶—凝胶法的主要缺点是原料成本较高,不利于大规模生产;制备过程中收缩量大,不易制得大尺寸产品;材料中残余气孔、残余羟基和残余碳含量较高;处理时间长;有机溶液对人体有害等。

3.3.5 界面法

界面法是指在各种界面条件下发生反应来制备材料的方法,主要有高分子材料的悬浮聚合、乳液聚合和界面缩聚。

1) 悬浮聚合

悬浮聚合是指单体以小液滴状态悬浮在水中进行的聚合。单体中溶有引发剂,一个小液滴就相当于本体聚合中的一个单元。与本体聚合不同,由于水介质的存在,聚合热很容易被排除。从单体液滴转变为高分子化合物固体粒子,中间经过高分子化合物——单体黏性粒子阶段。为了防止粒子黏结,体系中必须加有分散剂。所以,悬浮聚合体系一般由单体、引发剂、水、分散剂四个基本组分组成。

2) 乳液聚合

乳液聚合是指借助于机械搅拌和剧烈振荡,使单体在介质(通常是水)中由乳化剂分散成乳液状态进行的聚合。其最简单的配方是由单体、水、水溶性引发剂、乳化剂四个组分组成。由于水的存在,聚合时放出的热量容易扩散,反应容易控制。其优点是以水为介质,价廉安全,并可保证较快的聚合反应速度,反应可在较低温度下进行,温度容易控制;所获得产品的相对分子质量比溶液聚合获得的高;由于反应后期高分子化合物乳液的黏度很低,故可直接用来浸渍制品或制作涂料、黏合剂等。该方法的缺点是若需要固体产物,则聚合后还需要经过凝聚、洗涤、干燥等后处理工序,生产成本较悬浮法高;产品中留有乳化剂,难以完全洗净,影响产品的电性能。

3) 界面缩聚

界面缩聚是将两种单体分别溶解在两种互不相溶的溶剂(如水和烃类)中,当将两种单体溶液倒在一起时,在两相的界面处即发生反应。由于使用的是活性单体,所以在常温乃至低温下反应都进行得极快。聚碳酸酯等通常采用界面缩聚法生产。

3.3.6 水热法

水热法是指在水溶液中或在大量水蒸气存在下，以高温高压或高温常压所进行的化学反应过程。如在无机合成反应中，一些反应在常温常压下反应速度极慢，甚至丧失其实用价值，而在水热条件下，情况则得到明显的改善。

水热法可应用于制备无机材料超细粉及晶体材料。水热反应作为一种新技术，近10多年已引起世界各国科学家的高度重视。初步研究认为，水热条件下(高温高压)可以加速水溶液中的离子反应和促进水解反应，有利于原子、离子的再分配和重结晶等，因此具有很广泛的实用价值。根据水热反应类型的不同，还可以分为水热氧化、水热沉淀、水热合成、水热还原、水热分解、水热结晶等。

水热法制备晶体是在高温高压下将原料溶解，利用温度差或降温得到饱和溶液，使晶体生长。其主要设备构造示意图见图3.3。如生长石英单晶，将原料石英投入釜底，加入溶剂($NaOH + Na_2CO_3 + H_2O$)，晶子挂在釜的上部，使釜的上部温度为330~350 ℃，下部为360~380 ℃，釜内压强为1 100~1 160 MPa，原料在底部不断溶解，并从下向上流动至低温区，溶液呈过饱和，晶体生长，降温后的溶液又流回到底部溶解原料，不断反复，原料逐渐转化为晶体。用该方法制备水晶(SiO_2)、宝石(Al_2O_3)、磷酸铝($AlPO_4$)等已成功应用于工业化生产。

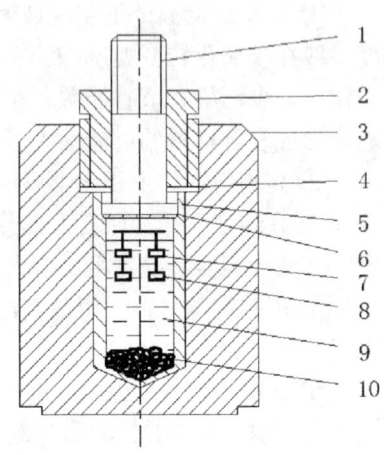

1. 塞子；2. 闭锁螺母；3. 釜体；
4, 5. 钢环；6. 钛密封垫；7. 钛内衬；
8. 晶子；9. 水热溶液；10. 原料

图3.3 水热法示意图

水热法制备的超细粉品种很多，如ZrO_2，Al_2O_3，TiO_2，$\gamma\text{-}Fe_2O_3$等。不过，目前多数还处于研究探索阶段。

3.3.7 溶剂蒸发法(喷雾法)

喷雾法也称溶剂蒸发法，是将溶解度大的盐的水溶液雾化成小液滴，急冷，后加热，迅速蒸发其中的水分，而使盐形成均匀的球状颗粒。如再将微细的盐粒加热分解，即可得到氧化物超细粉。与沉淀法相比较，由于不需添加沉淀剂，可以避免沉淀剂可能带入的杂质，同时能解决共沉淀法在工艺技术上存在的胶状物过滤困难、沉淀过程中会导致各成分分离或水洗时部分沉淀物重新溶解等问题。已用该方法生产的超细粉有PLZT、铁氧体、氧化锆、氧化铝等。用喷雾法所得的氧化物粒子为球状，流动性好，易于制粉成形。由于盐类分解往往会产生大量的有害气体，对环境造成污染，所以在一定程度上抑制了该方法的工业化生产。喷雾法通常有喷雾干燥法、喷雾热分解法和冰冻干燥法三种，前两种工业上使用较多，较普遍，其过程简单，容易理解。

1) 喷雾热分解法

喷雾热分解法是将金属盐溶液喷雾至高温介质气体中，使溶剂蒸发和金属盐受热分解在瞬间发生而获得氧化物粉末。用该方法可合成各种复合氧化物超细粉末大有发展前途。

2) 冷冻干燥法

冷冻干燥法是一种新型方法，属于低温合成法，是合成金属氧化物和复合化合物等超细粉的有效方法之一。该方法是以可溶性盐为原料，配制成一定浓度的水溶液(溶液的浓度对有效的冷冻干燥是非常重要的)，将该含盐水溶液在较低温度下喷雾，生成粒径为 0.1 mm 左右的小液滴，以保证小液滴能在较短的时间内急速冷冻(要注意避免冰—盐分离现象)；接着迅速在减压条件下(真空度一般在 13 Pa 左右)加热，使冰升华，生成无冰盐。加热干燥须严格控制，不使冷冻的液滴熔化，保证冰的升华。最后煅烧热分解，得到氧化物或复合氧化超细粉。用该方法制备的超细粉，一般具有颗粒直径小、粒度分布和组成均匀、不会引入任何杂质、纯度高、比表面积大等优点。但与沉淀法相比，生产过程仍相当复杂。冷冻干燥法经常被用来制备速溶材料和膨化产品等。

4 材料的化学变化和控制

4.1 金属材料的腐蚀与防护

4.1.1 金属材料的腐蚀

金属材料在人类社会文明发展史上占有极为重要的地位,人们最为熟悉的腐蚀现象是金属材料的腐蚀(corrosion)。如铁生锈是因其表面腐蚀生成了腐蚀产物$FeO(OH)$或$Fe_2O_3 \cdot H_2O$,铜腐蚀后则在表面产生铜绿$[CuSO_4 \cdot 3Cu(OH)_2]$。材料因环境造成的破坏和变质及其控制问题越来越受到重视。

腐蚀的定义随着人们对腐蚀认识的深入和研究范围的扩大而不断变化。腐蚀的英文名称起源于拉丁文"corrodere",其含义是"损坏"或"腐烂"。早期对腐蚀的定义主要是针对金属材料。例如,英国人艾文思(U. R. Evans)给出如下的定义:金属腐蚀是金属从元素态转变为化合态的化学变化及电化学变化。美国人方坦纳(M. G. Fantana)则认为腐蚀可以从几个方面下定义:除机械破坏以外的材料的一切破坏,冶金的逆过程,由于材料与环境及应力作用而引起的材料的破坏和变质等。这两种定义既包含了金属材料,也包含了非金属材料,同时说明腐蚀过程在热力学上是自发的。近年来,随着腐蚀的研究范围不断扩大,腐蚀的定义被拓展为材料受环境介质的化学、电化学和/或物理作用破坏的现象。该定义不仅涵盖了化学和电化学原因造成的金属材料的腐蚀破坏,而且包含了液态金属等导致的金属材料的物理破坏;同时,该定义还包括了非金属材料的腐蚀,如耐火砖或陶瓷、玻璃材料受熔化金属或熔盐等介质的腐蚀,石英或硅酸盐材料由水分子引起的破坏或变质,高分子材料受辐照分解,等等。然而,依据上述定义,材料的熔化、蒸发、断裂、磨损等物理因素导致的破坏和变质也应属于腐蚀,这显然是不合适的。虽然腐蚀可以导致材料断裂,但是当纯机械应力超过材料的塑性极限时也可发生断裂;同样,尽管腐蚀可以促进磨损破坏,但惰性环境中接触材料表面的相对运动也可以造成纯机械磨损破坏。因此,目前普遍接受的材料腐蚀的定义是:材料腐蚀是材料受环境介质的化学作用或电化学作用而变质和破坏的现象。由于液态金属导致的材料破坏与化学或电化学造成的金属材料的腐蚀有很多相近的特点,因此,金属的这类破坏现象通常也纳入腐蚀学科的研究范畴。

腐蚀造成的危害极大,不仅带来巨大的经济损失,而且给人类赖以生存的环境造成严重的污染以及资源和能源的严重损耗,与当今全球倡导的可持续发展的战略相悖。由此可见,学习研究腐蚀的基本原理,减缓和控制腐蚀破坏的发生,不仅有显著的经济效益,而且巨大的社会效益,同时对促进新技术、新工艺的发展也是不可或缺的。

从不同的角度出发可以有不同的腐蚀分类方法,这是由于材料的腐蚀环境复杂,影响因素很多。目前主要的腐蚀分类方法有依据腐蚀机理分类法、依据腐蚀环境分类法、依据材料的特性分类法、依据腐蚀形态分类法、依据影响因素分类法和依据应用范围或工业部门分类法等。

依据腐蚀形态分类,有利于辨别和诊断腐蚀失效,一般分为全面腐蚀、局部腐蚀和应力作用下的腐蚀等;依据腐蚀机理分类,则有利于研究腐蚀的微观机制,具体分为化学腐蚀和电化学腐蚀;依据腐蚀环境分类较为直观和实用,具体可分为干燥气体腐蚀、潮湿环境腐蚀和非电解液中的腐蚀等。

4.1.1.1 电化学腐蚀

电化学腐蚀(electrochemical corrosion)是当金属和电解质接触时,由于腐蚀电池作用而引起的金属腐蚀现象。电化学腐蚀历程可分为两个相对独立且同时进行的发生氧化反应的阳极过程和发生还原反应的阴极过程，腐蚀产物常常产生在阳极与阴极之间。电化学腐蚀的特征为受蚀区域是金属表面的阳极，不能覆盖被蚀区域，通常起不到保护作用。电化学腐蚀与化学腐蚀的显著区别在于电化学腐蚀过程中有电流产生。对大多数工业部门而言，发生电化学腐蚀的情况远大于发生化学腐蚀的情况。金属发生高温氧化，表面生成一定厚度的半导体性质的氧化膜，既可以传导电子，也可以导通离子，此时腐蚀不再是单纯的化学腐蚀，而包含了电化学腐蚀。

1) 电化学腐蚀中的电极电势

金属和电解质溶液接触时会产生双电层(double layer)，而产生相间电位差。现在以金属锌浸入硫酸锌溶液时在 $Zn/ZnSO_4$ 的界面上可能发生的变化为例进行讨论。当金属锌与硫酸锌溶液接触时，金属表面上的锌离子一面受到表面以内的锌离子及电子的作用，而与溶液相邻的一面由于水极性分子的作用将发生水化。如果水化时所产生的水化能足以克服金属中离子的脱出功，则一些锌离子将脱离金属进入与金属表面接触的溶液层中，并形成水化离子 ($Zn^+ \cdot nH_2O$)。这种由电子导体(金属)和离子导体(电解质溶液或熔融盐)组成的体系在电化学中称为电极(electrode)，用金属/溶液表示，如 $Zn/ZnSO_4$ 称为锌电极。锌金属是电中性的，锌离子进入溶液把电子留在金属中，使锌金属表面带负电而溶液带正电；金属中过剩的负电荷吸引溶液中过剩的阳离子，使之靠近金属表面，并形成带异种电荷离子的双电层。双电层电位差的出现将妨碍锌离子继续向溶液迁移，即锌离子自金属移入溶液的速度逐渐减小，而溶液中的锌离子返回锌金属上的速度却愈来愈大，最后达到动态平衡，使两相界面产生电位差，此电位差称为该电极的绝对电极电位。反之，如果溶液中的金属离子浓度大，也可以进入金属表面产生相反的双电层，即金属表面带正电，溶液带负电。化学热力学表明，在无电场的情况下，引起粒子在两相间转移的原因是该粒子在两相中的化学势不同，粒子总是自发地从化学势高的一相转入化学势低的另一相，直至两相中的化学势相等为止。

当它们在两相中的电化学势相等时，就建立起如下的电化学平衡：

$$[M^{n+} \cdot ne^-] = M^{n+} + ne^- \tag{4.1}$$

此时电荷和金属离子从左至右与从右至左两个过程的迁移速度相等，亦即电荷和物质达到了平衡。在这种情况下，在金属/溶液界面上建立起了一个不变的电位差值，这个不变的电位差值就是金属的平衡电极电势。

金属电极平衡电极电势的热力学表达式亦称为能斯特方程，它表示金属电极的平衡电极电势与其溶液中金属本身的离子活度之间的关系，即：

$$\Phi_{e,M} = \Phi^0_{e,M} + (RT/nF)\ln a \tag{4.2}$$

式中，$\Phi_{e,M}$ 为金属的平衡电极电势，$\Phi^0_{e,M}$ 为金属的标准平衡电极电势，R 为气体常数[8.31 J/(mol·K)]，T 为绝对温度(K)，n 为平衡电极反应中离子价数，F 为法拉第常数(96 500 C/mol)，a 为离子活度。

实际上，金属电极的绝对电极电势是无法测量的，但可以通过测量电动势的办法测出相对电极电位值，一般用标准氢电极为参比电极[Pt(镀铂黑)|H_2(1.013×10^5 Pa)，H^+($a_{H^+}=1$)]。把待测金属电极与参比电极——标准氢电极，组成一个电池，把标准氢电极的电极电势设为 0 V，该电池的电动势值则相当于待测电极相对于标准氢参比电极的相对平衡电极电势(标准状态)，用 Φ 表示，称为标准电极电势。

2) 金属的电化学腐蚀机理

(1) 腐蚀原电池的原理

原电池是一个可以使化学能转化为电能的装置，它可以简单地表示为：

$$(-)Zn \mid ZnSO_4(水溶液) \parallel CuSO_4(水溶液) \mid Cu(+)$$

其中,"│"表示有界面电位存在;"‖"表示两溶液之间的液体接界电位已消除。

在原电池中,Zn 与 $ZnSO_4$ 构成锌电极,Cu 与 $CuSO_4$ 构成铜电极,锌电极失电子发生氧化反应为阳极,铜电极得电子发生还原反应为阴极。原电池发生如下电化学反应:

$$阳极:Zn \longrightarrow Zn^{2+} + 2e^-$$

$$阴极:Cu^{2+} + 2e^- \longrightarrow Cu$$

由于两电极的电位不同,在两极之间产生电位差,此电位差称为原电池的电动势,以 E 表示。将铜片、锌片和电流表负载串联接通,即有电流通过并对外做功。在电池工作期间,阳极锌片不断腐蚀,溶液中的铜离子不断被还原产生电流做有用功。由于锌极电位低于铜极电位,从外电路来看,电流从铜极流向锌极,因此铜极为正极,锌极为负极;从内电路来看,锌电极丢失电子发生氧化反应为阳极(anode),铜电极得到电子发生还原反应为阴极(cathode)。

如果将原电池的两个电极不经过负载,短路连接,则外电路电动势为 0 V,不再对外界做功,即电极反应所释放的化学能不再转变成电能做功,而只能以热能的形式释放掉。因此,短路的原电池已失去了原电池的定义,仅仅是一个进行着氧化还原反应的电化学体系,其反应结果是作为阳极的金属被氧化溶解(腐蚀)。这种只能导致金属材料腐蚀破坏而不能对外做功的短路原电池定义为腐蚀原电池或腐蚀电池。如果腐蚀电池不断有电流流通,阳极就会不断产生电化学反应,被不断溶解(腐蚀),因此,腐蚀原电池反应的过程就是金属的电化学腐蚀过程。

(2) 腐蚀原电池的特点

实际上,腐蚀电池在形式上不一定非要由两种不同的金属电极构成。例如,将一纯净的金属锌片浸入稀硫酸溶液时,锌片也会逐渐被溶解,同时有相当数量的氢气泡不断从锌片上析出。

此结果说明,一片均相的锌也可以构成腐蚀电池。该电池的正极(阴极)是由氢吸附于锌片上形成的,电极电势高的氢电极,其电极反应按还原方向进行,不断放出氢气;电池的负极(阳极)是锌电极,其电极反应按氧化的方向进行,锌不断被溶解。这种现象也称为金属自溶解现象。

上述的单一电极上同时以相等的速度进行着两个电极反应的现象称为电极反应的耦合。它的耦合条件是:

$$\Delta G = -nF(\Phi_{e,H} - \Phi_{e,Zn}) < 0 \tag{4.3}$$

或

$$\Phi_{e,H} - \Phi_{e,Zn} > 0 \tag{4.4}$$

式中,$\Phi_{e,H}$ 为氢电极的电势,$\Phi_{e,Zn}$ 为锌电极的电势,ΔG 为自由能变化值,n 为电子数,F 为法拉第常数。

由此可见,实现金属自溶解过程的必要条件是溶液中存在着可以使金属氧化成离子或化合物的氧化性物质,而且这种氧化性物质还原反应的平衡电势必须高于金属氧化反应的平衡电极电势。在实际腐蚀体系中最常遇到的氧化组分是溶液中的氢离子或氧分子。

如果金属中含有其他杂质或化合物时,耦合反应可以在金属表面上不同的位置进行,而且使金属溶解速度加快,这是因为金属中的杂质或化合物与基体金属构成了腐蚀原电池的结果。这种在金属基体中分布有杂质时构成的腐蚀电池称为腐蚀微电池。此外,电解质溶液浓度的差别,可以构成浓差电池;材料温度不均匀可以构成温差电池;异种金属接触可以构成接触电池等。总之,只要金属材料表面有不均匀的地方,均可构成相应的腐蚀电池。但是,无论何种形式的腐蚀电池,能使金属发生电化学腐蚀的唯一原因是溶液中存在着可以使金属氧化的物质,它和金属构成热力学不稳定体系。腐蚀电池的存在仅可加快金属的腐蚀速度而已。相反,如果溶液中没有合适的氧化性物质存在,即使金属中因有杂质而构成腐蚀电池,其电化学反应也不可能发生。

腐蚀电池的特点是它必须具有阳极、阴极、电解质溶液和电路四个不可分割的组成部分,且电化学腐蚀必须经过如下三个过程:

① 阳极过程:金属溶解,以离子的形式进入溶液,并把电子留在金属上。

$$[M^{n+} \cdot ne^-] \longrightarrow M^{n+} + ne^- \tag{4.5}$$

阳极过程由于阴极中的氧化性物质接受电子发生还原反应而得以不断地继续下去,不断地受到腐蚀。溶液中的氧化性物质较多,但大多数情况下是溶液中的 H^+ 和 O_2。

② 阴极过程:从阳极流过来的电子被电解质溶液中的氧化性物质(O)所接受。

$$O + ne^- \longrightarrow [O \cdot ne^-] \tag{4.6}$$

③ 电流的流动:电流在金属中是依靠电子从阳极流向阴极,在溶液中是靠离子的迁移,即阴离子从阴极区向阳极区迁移而阳离子从阳极区向阴极区移动,从而造成电流在阳极和阴极间的流动,使整个电池系统中的电路构成通路。

综上所述,金属的腐蚀破坏将集中地出现在阳极区,而在阴极区只起传递电子的作用,不会发生可觉察的金属损失。

腐蚀原电池的三个基本过程既相互独立又紧密联系,只要其中一个过程受到阻滞不能进行,则其他两个过程也将受到阻碍而不能进行,整个腐蚀电池的工作势必停止,金属的电化学腐蚀过程当然也停止了。

3) 金属电化学腐蚀倾向的判据

(1) 腐蚀反应自由能变化与腐蚀倾向

金属的腐蚀是一种自发的电化学过程,因此,可以用化学热力学中提出的通过自由能的变化(ΔG)来判别腐蚀反应进行的方向及限度。任意的化学反应,其平衡条件可表示如下:

$$(\Delta G)_{T,p} = \sum v_i \mu_i = 0 \tag{4.7}$$

式中,v_i 为化学反应式中各物质的系数,反应物取负值,生成物取正值,μ_i 为相应物质在给定体系中的化学势。

恒温恒压下,ΔG 总等于 $\sum v_i \mu_i$,反应平衡时 ΔG 等于 0。因此,根据腐蚀反应 ΔG 的大小就可以判断腐蚀反应的可能性。$\Delta G < 0$,则腐蚀反应可能发生,其负值的绝对值愈大,表示金属愈不稳定。如果 $\Delta G > 0$,则表示自发腐蚀反应不可能发生。例如,在 25 ℃,1.013×10^5 Pa 时,分别把 Zn,Ni,Au 等金属片浸入无氧的纯 H_2SO_4 水溶液中(pH = 0),它们的腐蚀反应自由能变化为 $\Delta G(\text{Zn}) = -105.370$ J,$\Delta G(\text{Ni}) = -48.241$ J,$\Delta G(\text{Au}) = 433462$ J。以上例子表明 Zn 和 Ni 的 ΔG 有很高的负值,所以它们在纯 H_2SO_4 水溶液中的腐蚀倾向很大;但 Au 的 ΔG 具有很大的正值,因此,在纯 H_2SO_4 水溶液中是十分稳定的,即 Au 将不发生腐蚀。

需要指出,通过计算 ΔG 值只能判断金属腐蚀倾向的大小,而不能判断腐蚀速度的大小。因为具有高 ΔG 负值的不总是具有高的腐蚀速度。不过,ΔG 为正值时,却可以肯定,在给定条件下腐蚀反应将不可能进行。

(2) 标准电极电势与腐蚀倾向

由电化学热力学可知,电化学反应所做的有用功等于系统反应自由能的减少,则:

$$-\Delta G = W = QE = nFE \tag{4.8}$$

或

$$\Delta G = -nFE \tag{4.9}$$

式中，ΔG 为电化学反应系统自由能变化，Q 为电池反应的电量，n 为参加电极反应的电子数，F 为法拉第常数，E 为原电池的电动势。

由式(4.9)可见，满足 $\Delta G < 0$ 的必要条件应是 $E > 0$。根据原电池电动势方程，其电动势是正负极或阴阳极的电势差，即：

$$E = \Phi^+ - \Phi^- \quad 或 \quad E = \Phi_k - \Phi_a \tag{4.10}$$

式中，Φ^+，Φ_k 为阴极电位；Φ^-，Φ_a 为阳极电位。

可见，只有当 $\Phi^- < \Phi^+$ 时，才能满足 $E > 0$ 的条件。因此，利用金属在给定介质条件下的电极电势高低就可以判断某一腐蚀过程能否自发进行。为了简便起见，常利用标准电极电势作为电化学腐蚀倾向的热力学判据。例如，Zn 的标准电极电势值为 -0.762 V，Fe 的标准电极电势值为 -0.44 V，因而 Zn 更容易受到腐蚀。但是，必须强调指出，利用电极电势判断金属的腐蚀倾向时，应特别注意它的粗略性和局限性，以及被判断金属所处的条件和状态。

(3) 电位-pH 图与腐蚀倾向判断

在金属腐蚀过程中，电位是控制金属离子化过程的因素，pH 值是控制金属腐蚀和腐蚀形成的表面膜稳定性的因素。金属的腐蚀不仅与溶液中离子的浓度有关，而且还与溶液的 pH 值有关。因此，电极电位与溶液的浓度和酸碱度存在着一定的函数关系。如果用这些变量来作图，将金属与水溶液之间大量的复杂均相和非均相化学反应及电化学反应在指定条件下的平衡关系简明地表示在平面图上，就可以清楚地看出腐蚀系统各种化学平衡和电化学平衡的一个总轮廓，这样的平面图形称为电位-pH 图。为简化起见，往往将浓度变量指定一个数值，则电位-pH 图中的各条直线代表一系列的等温、等浓度的电位-pH 图。

最简单的电位-pH 图仅涉及某一元素(及其含氧和含氢化合物)与水构成的体系。它是以标准电势为纵坐标，用溶液的 pH 值为横坐标绘制成的线条图(见图 4.1)。图中明确地表示出在某一电位和 pH 值的条件下，体系的稳定状态或平衡状态。因此，有了电位-pH 图，即可知道反应中各组分生成的条件及每个组分稳定存在的电位-pH 范围。图 4.1 是 $Fe-H_2O$ 体系的电位-pH 图，图中序号代表的反应式见表 4.1。

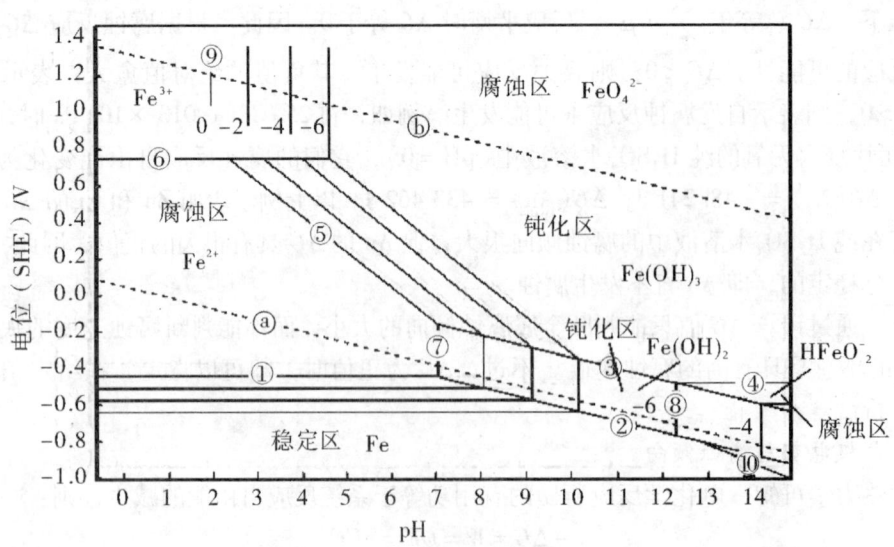

图 4.1　$Fe-H_2O$ 体系的电位-pH 图

表4.1 Fe-H_2O体系的反应式

序号	反应式
ⓐ	$2H^+ + 2e^- \longleftrightarrow H_2$
ⓑ	$2H_2O \longleftrightarrow O_2 + 4H^+ + 4e^-$
①	$Fe^{2+} + 2e^- \longleftrightarrow Fe$
②	$Fe(OH)_2 + 2H^+ + 2e^- \longleftrightarrow Fe + 2H_2O$
③	$Fe(OH)_3 + H^+ + e^- \longleftrightarrow Fe(OH)_2 + H_2O$
④	$Fe(OH)_3 + e^- \longleftrightarrow HFeO_2^- + H_2O$
⑤	$Fe(OH)_3 + 3H^+ + e^- \longleftrightarrow Fe^{2+} + 3H_2O$
⑥	$Fe^{3+} + e^- \longleftrightarrow Fe^{2+}$
⑦	$Fe(OH)_2 + 2H^+ \longleftrightarrow Fe^{2+} + 2H_2O$
⑧	$Fe(OH)_2 \longleftrightarrow HFeO_2^- + H^+$
⑨	$Fe(OH)_3 + 3H^+ \longleftrightarrow Fe^{3+} + 3H_2O$
⑩	$HFeO_2^- + 3H^+ + 2e^- \longleftrightarrow Fe + 2H_2O$

4) 金属腐蚀速度及其控制

(1) 法拉第定律与腐蚀速度的计算

金属的腐蚀速度通常用单位时间的腐蚀深度、腐蚀过程中阳极电流密度或被腐蚀材料在单位面积、单位时间上的质量变化来表示。这三种表示方法可由法拉第定律联系起来。法拉第提出,通过电化学体系的电量和参加电化学反应的物质的量之间存在如下两条定量规律:

① 在电极上析出或溶解的物质的量与通过电化学体系的电量成正比,即:

$$\Delta W = \varepsilon Q = \varepsilon I t \tag{4.11}$$

式中,ΔW 为析出或溶解的物质的量(g),ε 为比例常数(g/C),Q 为 t 时间内流过的电量(C),I 为电流强度(A),t 为通电时间(s)。式(4.11)表明,某物质的 ε 在数值上等于通过一库仑电量时在电极上析出或溶解该物质的量。

② 在通过相同的电量条件下,电极上析出或溶解的不同物质的量与其 ε 成正比,即:

$$\varepsilon = A/nF \tag{4.12}$$

式中,F 为法拉第常数,$F = 96\,500$ C/mol = 26.8 A/h,A 为相对原(分)子质量,n 为电子得失数。

将式(4.12)代入式(4.11)中可得:

$$\Delta W = AIt/nF \tag{4.13}$$

换算成以每单位面积、单位时间的失重表示的腐蚀速度[v^-,g/($m^2 \cdot h$)],则得到:

$$v = \Delta W/St = Aj_a/nF \tag{4.14}$$

式中,S 为腐蚀面积(m^2),t 为腐蚀时间(h),j_a 为阳极电流密度(A/cm^2)。

用单位时间的腐蚀深度表示的腐蚀速度(v_L)则为:

$$v_L = v^- \times 24 \times 365 \times 10/(\rho \times 10^4) = v^- \times 8.76 \times \rho^{-1} (mm/h) \tag{4.15}$$

式中,ρ 为金属密度(g/cm^3)。

(2) 极化及其对腐蚀速度的影响

阳极电流密度是在电化学腐蚀过程中判断腐蚀速度大小的标准,阳极电流密度受到诸多因素的影响，其中一个重要因素就是电极的极化。

① 极化现象。

腐蚀电池两极在外电路接通的瞬间，可观察到一个很大的起始电流 $I_{始}$，但随着通电时间的延长，电流又很快减小并稳定下来。

根据欧姆定律可知，导致电流变化的因素有电池两极间的电位差和电池内外电路的总电阻。因为总电阻不变，所以电流强度的减少只能是电池两极间的电位差变化的结果。图 4.2 即为电池电路接通后，两极电位变化的情况。由图可见，电路接通前，阴、阳极的电位分别为 Φ_k^0 与 Φ_a^0；电路接通后，阴极的电位变得越来越负，阳极的电位变得越来越正，两极间的电位差变得越来越小。最后，当电流减小到稳定值 $I_{稳}$ 时，两极间的电位差减小到 $\Phi_k - \Phi_a$，Φ_k 和 Φ_a 分别为对应于稳定电流值时阴极和阳极的有效电位。由于 $\Phi_k - \Phi_a$ 比 $\Phi_k^0 - \Phi_a^0$ 小很多，因此，在电阻不变的情况下，电流 $I_{稳} = (\Phi_k - \Phi_a)/R$ 必然要比 $I_{始}$ 小得多。

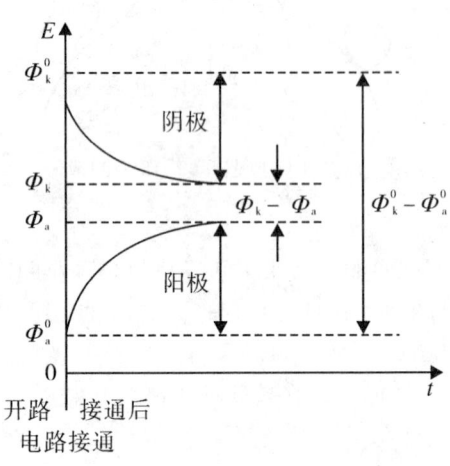

图 4.2 电极极化的电位—时间曲线

原电池的极化作用(polarization)是通过电流时原电池两极间电位差减小，并引起电池工作电流降低的现象。通过电流时，阳极电位向正方向移动的现象，称为阳极极化(anodic polarization)；阴极电位向负方向移动的现象称为阴极极化(cathodic polarization)。原电池放电时，从外电路看，电流从阴极流出，再流入阳极，前者为阴极极化电流，后者为阳极极化电流。显然，在同一个原电池中，阴极极化电流与阳极极化电流大小相等，方向相反。

消除或减弱阳极极化和阴极极化作用的电极过程称为去极化作用。能消除或减弱极化作用的物质，称为去极化剂。

电化学极化现象的本质在于，电子迁移的速度(阳极极化时电子离开电极，阴极极化时电子流入电极)比电极反应及其有关步骤快。如果阳极反应时，金属离子转入溶液的速度落后于电子从阴极流入外电路的速度，阳极上就会积累过剩的正电荷，使阳极电位向正方向移动；同理，电子在阴极上的积累使阴极电位向负方向移动。由于腐蚀电池的极化作用，腐蚀电流减小，从而降低了腐蚀速度，所以对缓减电化学腐蚀而言，极化是一种有益的作用。

② 极化的类型和曲线。

a. 平衡电极反应及其动力学参数。

电极反应就是电极上发生的氧化态物质与还原态物质互相转化的反应。如果用 O 代表氧化态物质，R 代表还原态物质，则任何一个电极反应都可以写为以下通式：

$$O + e^- \longrightarrow R \tag{4.16}$$

电极反应式按正方向进行时，称为阴极反应；逆向反应，即按氧化方向进行时，称为阳极反应。j_k 和 j_a 分别为该电极反应的阴极电流密度和阳极电流密度。当上式的电极反应平衡时，其电极电位就是该电极反应的平衡电位 Φ_e，此时阴极反应和阳极反应的速度相等，通过的电流密度的绝对值也相等。即：

$$|j_k| = |j_a| = j^0 \tag{4.17}$$

j^0 表示电极反应的交换电流密度，它表征平衡电位下正向反应和逆向反应的交换速度。交换电流密度是电极反应的主要动力学参数之一。

当电极反应处于平衡状态时,虽然在两相界面上微观物质交换和电量交换仍在进行,但因正反应和逆反应速度相等,电流密度的矢量和为零,所以这时金属不会腐蚀,即电极在平衡状态下不发生腐蚀。孤立的平衡电极,既不表现为阳极也不表现为阴极,是没有极化的电极。

当正反应和逆反应的速度不相等时,有净电流通过电极,其电极电位将偏离平衡电位。显然,这个外电流应是 j_a 和 j_k 的差值,$j_a' = j_a - j_k$,$j_k' = j_k - j_a$。式中,j_a' 为阳极极化电流密度,j_k' 为阴极极化电流密度。这种通过外电流时电极电位偏离平衡电极电位的现象,称为电极的极化。为了明确表示由于极化使电极电位偏离平衡电位的程度,把极化电流密度下的电极电位 Φ 与平衡电极电位 Φ_e 之差的绝对值称为该电极反应的过电位(overpotential),以 η 表示。阳极极化时,电极反应为阳极反应,过电位为:

$$\eta_a = |\Phi - \Phi_e| \tag{4.18}$$

阴极极化时,电极反应为阴极反应,过电位为:

$$\eta_k = |\Phi_e - \Phi| \tag{4.19}$$

根据这样的规定,不管发生阳极极化还是阴极极化,电极反应的过电位都是正值。

b. 极化的类型。

由于极化作用能降低电化学腐蚀的速度,因此讨论极化作用的原因及其影响因素,对于金属腐蚀与防腐的研究具有重大意义。

电极发生反应过程中至少包括以下三个互相联系的步骤:电极材料为固态金属的情况下,溶液相中的反应物向电极表面运动;反应物在电极表面发生电子得失反应而生成产物;产物离开电极表面向溶液相内部扩散。

在稳态条件下,连续进行的各串联步骤中如果其中有一个步骤所受阻力最大,进行的速度最慢,整个电极反应的速度就由这个步骤所决定。这个最慢步骤的动力学特征决定了整个电极反应所表现的动力学特征与其相同,这个步骤就成为电极反应过程的速度控制步骤,简称控制步骤。

电极的极化主要反映了电极反应过程中的受阻控制步骤。根据控制步骤的不同,大致可将极化分成浓度极化和电化学极化两类。

如果电极反应所需的活化能较高,则电子得失步骤的速度变得最慢,成为极化过程中的控制步骤,由此导致的极化,称为电化学极化(electrochemical polarization)。

如果电子转移步骤快于反应物或产物的液相传质步骤,电极表面和溶液深处的反应物和产物的浓度将出现差别,并导致极化,则这种浓度差引起的电极电位的变化,称为浓差极化(concentration polarization)。

c. 极化曲线。

表示电极电位与极化电流或电流密度之间关系的曲线称为极化曲线,如图 4.3 所示,图中的 Φ_{Cu}^0 和 Φ_{Zn}^0 分别为铜电极和锌电极的开路电极电位,$\Phi_{Zn}^0 - A$ 是阳极极化曲线,$\Phi_{Cu}^0 - K$ 是阴极极化曲线。由图可知,随着电流密度的增加,阳极电位向正的方向移动,而阴极电位向负的方向移动。

电位对于电流密度的导数 $d\Phi_a/dj_a$ 和 $d\Phi_k/dj_k$ 分别称为阳极和阴极在该电流密度(j_1)时的真实极化率,它们分别等于极化曲线上该点切线的斜率。极化率的倒数 $dj/d\Phi$ 称为在该电位下电极反应过程的真实效率。$\Delta\Phi_a$ 和 $\Delta\Phi_k$ 分别是阳极和阴极在极化电流密度为 j_1 时的极化值;$\Delta\Phi_a/\Delta j_a$ 和 $\Delta\Phi_k/\Delta j_k$

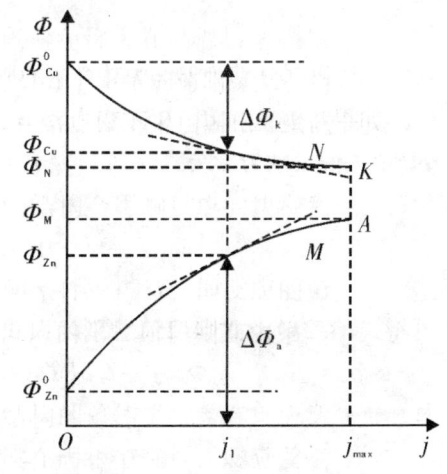

图 4.3 极化曲线示意图

为在该电流密度区间($j_0 \sim j_1$)内阳极和阴极的平均极化率。

从极化曲线的形状可以看出电极极化的程度，从而可判断电极反应过程的难易。若极化曲线较陡，则表明电极的极化率较大，电极反应的阻力也较大；而极化曲线平缓，则表明电极的极化率较小，电极反应的阻力也较小，因而反应就容易进行。极化曲线对于解释金属腐蚀的基本规律有重要意义，是揭示金属腐蚀机理及探讨控制腐蚀措施的基本方法之一。

d. 电极电位对电极反应速度的影响。

对于电化学反应，其阳极反应或阴极反应的速度受电极反应活化能影响，而活化能又与电极电位有密切关系。对于电极反应：

$$O + ne^- \longleftrightarrow R \tag{4.20}$$

当其按还原方向进行时，伴随每克分子物质的变化，总有数值为 nF 的正电荷由溶液中移到电极上，使电极电位发生变化。若电极电位的增加为 $\Delta\Phi$，则产物的总势能必然增加 $\alpha nF\Delta\Phi$，因而使阴极反应的活化能增加，而阳极反应活化能减小。设阴极反应的活化能增加 $\alpha nF\Delta\Phi$，则改变电极电位后，阳极反应的活化能和阴极反应的活化能分别为：

$$W_1' = W_1 - (1-\alpha)nF\Delta\Phi$$

及

$$W_2' = W_2 + \alpha nF\Delta\Phi \tag{4.21}$$

式中，W_1，W_2 分别为阳极和阴极反应的初始活化能；α 为阴极反应的传递系数；$1-\alpha$ 为阳极反应的传递系数。

如果所选用电位坐标零点处的阳极反应和阴极反应的活化能分别为 W_1^0 和 W_2^0，根据化学动力学，此时阳极反应速度和阴极反应速度分别为：

$$v_a^0 = A_1 C_R \exp(-W_1^0/RT) = K_a^0 C_R \tag{4.22}$$

及

$$v_k^0 = A_2 C_O \exp(-W_2^0/RT) = K_k^0 C_O \tag{4.23}$$

式中，A_1，A_2 为指数前因子；C_R，C_O 分别为还原态和氧化态物质的摩尔浓度；K_a^0 和 K_k^0 分别为电极电位 $\Phi=0$ 时阳极反应和阴极反应的速度常数；R 为气体常数；T 为绝对温度。

因为电极反应速度与电流密度的关系为 $j = nFv$，所以由式(4.22)及式(4.23)可得：

$$j_a^0 = nFK_a^0 C_R \tag{4.24}$$

及

$$j_k^0 = nFK_k^0 C_O \tag{4.25}$$

式中，j_a^0 和 j_k^0 分别为 $\Phi=0$ 时对应的阳极反应和阴极反应的绝对反应速度的电流密度。

如果将电位由 $\Phi=0$ 改变为 $\Phi=\Delta\Phi$，则根据式(4.21)应有 $W_1 = W_1^0 - (1-\alpha)nF\Phi$ 及 $W_2 = W_2^0 + \alpha nF\Phi$，代入动力学公式(4.22)及式(4.23)后，得到这一电位下的阳极反应和阴极反应的电流密度为：

$$j_a = nFAC_R \exp\{-[W_1^0 - (1-\alpha)nF\Phi]/RT\} \tag{4.26}$$

$$j_k = nFAC_O \exp[-(W_2^0 + \alpha nF\Phi)/RT] \tag{4.27}$$

再将式(4.24)及式(4.25)分别代入式(4.26)及式(4.27)后，改写成对数形式并整理得到：

$$\Phi = \{-2.3RT/[(1-\alpha)nF]\}\lg j_a^0 + \{2.3RT/[(1-\alpha)nF]\}\lg j_a \tag{4.28}$$

及

$$-\Phi = -[2.3RT/(\alpha nF)]\lg j_k^0 + [2.3RT/(\alpha nF)]\lg j_k \tag{4.29}$$

式(4.28)及式(4.29)表明，Φ 与 $\lg j_a$ 及 $\lg j_k$ 之间均存在线性关系，这种关系是电化学步骤最基本的动力学关系。

以上讨论所选取的坐标是任意的，如果选取电极体系的平衡电位(Φ_e)为电位坐标的零点，则电极电位的数值就表示电极电位与平衡电位的差值，这个差值就是过电位。同时，式(4.28)、式(4.29)中j_a^0和j_k^0为$\Phi=0$时的绝对电流密度，现在电位坐标的零点取在Φ_e，故有$j_a^0 = j_k^0$，并可用j^0代替j_a^0和j_k^0，这个j^0就是前面讲过的交换电流密度，于是可得：

$$\eta_a = \Phi - \Phi_e = \{-2.3RT/[(1-\alpha)nF]\}\lg j^0 + \{2.3RT/[(1-\alpha)nF]\}\lg j_a$$
$$= \{2.3RT/[(1-\alpha)nF]\}\lg(j_a/j^0) \quad (4.30)$$

$$\eta_k = \Phi_e - \Phi = -[2.3RT/(\alpha nF)]\lg j^0 + [2.3RT/(\alpha nF)]\lg j_k$$
$$= [2.3RT/(\alpha nF)]\lg(j_k/j^0) \quad (4.31)$$

若改写成指数形式，则为：

$$j_a = j^0 \exp[(1-\alpha)nF\eta_a] \quad (4.32)$$
$$j_k = j^0 \exp(\alpha nF\eta_k) \quad (4.33)$$

Φ_e和j^0同为描述电极反应处于平衡状态的参数，但j^0可使我们对平衡的认识更加深刻。例如，两个Φ_e相近的电极反应j^0的差别可能很大。这就是说，两个热力学特性相近的电极反应在动力学方面的性质可以很不相同。

由式(4.32)可以看出，在过电位η相等的条件下，不同电极反应的j_a或j_k差别很大，只能是由于它们的α和j^0不同所致。因此，传递系数α和交换电流密度j^0是表达电极反应特征的基本动力学参数。

(3) 钝化

① 钝化现象。

如果把一个铁片放在稀硝酸中，铁片会剧烈溶解，且铁的溶解速度随硝酸浓度增加而迅速增大，当硝酸体积分数增加到30%～40%时，溶解度达到最大值；若继续增大硝酸的体积分数（大于40%），铁的溶解度却突然呈10^5级下降，并使表面处于一种特殊状态。即使把它转移到硫酸中，也不会再受到酸的腐蚀，因为金属表面已发生了变化。这种电化学腐蚀的阳极过程在某些情况下受到强烈的阻滞，使腐蚀速度急剧下降的现象称为金属的钝化(passivation)。除硝酸外，介质中含有的强氧化剂，如硝酸银、氯酸、重铬酸钾、高锰酸钾和氧等，都能使金属发生钝化，这类化合物统称为钝化剂。

钝化现象若是因金属与钝化剂的自然作用而产生的，则称为化学钝化或自动钝化。Cr，Al，Ti等金属在空气中和很多含氧溶液中都易于被氧所钝化，故被称为自钝化金属。不同的金属具有不同的自钝化趋势，Fe，Ni，Cr，Al，Ti和不锈钢等属于易钝化金属，而Cu，Zn，Pb为不易钝化的金属。

② 钝化曲线和有关参数。

钝化的发生是金属阳极过程中的一种特殊表现。图4.4显示了金属钝化过程的典型阳极极化曲线。整条曲线可分为若干个区域。AB段：图中阳极钝化曲线上Φ_a是金属在该条件下的平衡电极电位。金属按正常的阳极溶解规律进行，处于活性溶解状况，以低价的形式溶解为水化离子，电流随电极电位的升高而增大。BC段：当电极电位到达某一临界值$\Phi_{致钝}$（B点）时，金属表面开始钝化，阳极保护膜成长速度大于化学溶解速度，保护膜成长过程开始，电流急剧下降，阳极电位向正方向移动。在金属表面可能生成二价到三价的过渡氧化物，这标志着金属钝化的开始。例如，$3M + 4H_2O \longrightarrow M_3O_4 + 8H^+ + 8e^-$。CD段：金属阳极表面完全被耐腐蚀的氧化膜覆盖。从C点开始电极上的阳极反应速度几乎不取决于电位值，金属氧化膜处在稳定的状态，故称为稳定钝态区。此时，金属以$j_{维钝}$

(维钝电流密度)的速度溶解,而 $j_{维钝}$ 基本上与电极电位的变化无关。相应于 C 点的电位 $\Phi_{维钝}$ 与电流密度 $j_{维钝}$ 分别称为维钝电位和维钝电流密度,例如,$2M + 3H_2O \longrightarrow M_2O_3 + 6H^+ + 6e^-$。显然,在这里金属氧化物的化学溶解速度决定了金属的溶解速度(即 $j_{维钝}$),金属按上式反应修补膜用以补充膜的溶解,故 $j_{维钝}$ 是维持稳定钝化态所必需的电流密度。该段上 M 点对应的电位 Φ_b 为击穿电位,它表示如果溶液中含有 Cl^-,Br^-,I^- 等离子,对于 Fe、Al、Fe-Cr 合金的阳极电位达到 Φ_b 时,这些活化离子会穿过膜的孔隙或把氧化膜中的氧排挤出来

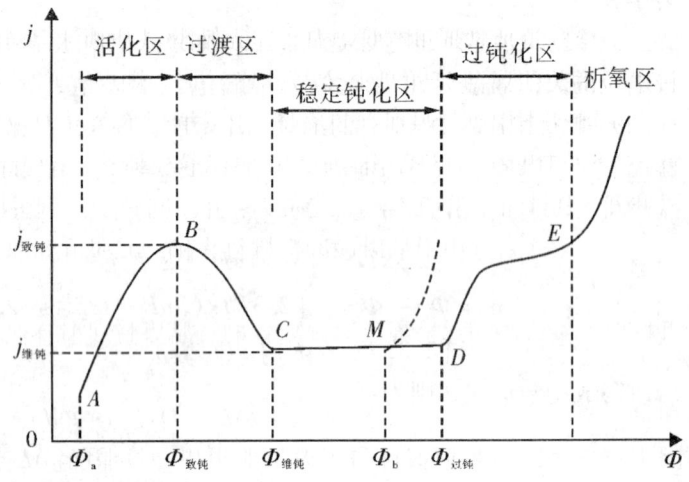

图 4.4 金属钝化过程中阳极极化曲线综合示意图

形成与活化离子相结合的可溶性的金属化合物:$M + 2Cl^- \longrightarrow MCl_2 + 2e^-$。$DE$ 段:与极化曲线上 D 点相对应的电位为 $\Phi_{过钝}$,在 DE 段电流再次随电极电位的升高而增加,金属进入过钝化区,氧化膜溶解,进一步生成更高价的可溶性氧化物:$M_2O_3 + 4H_2O \longrightarrow M_2O_7 + 8H^+ + 6e^-$。

综上所述,金属的钝化现象对控制金属在许多介质中的稳定性,提高金属的耐蚀性极为重要。为了促使金属发生钝化并保持在稳定状态,我们可以充分利用上面列举的许多参数。例如,为使金属容易发生钝化,应设法降低临界电流密度并使其具有较负的临界钝化电位;为了使金属保持良好的钝化状态,则应有较负的法拉第电位、较负的稳钝电位、较正的击穿电位、较正的过钝化电位以及较小的维持钝化所需的阳极电流密度,等等。

5) 局部腐蚀

(1) 局部腐蚀与全面腐蚀的比较

金属腐蚀按腐蚀形态分为局部腐蚀和全面腐蚀两大类,如表 4.2 所示。全面腐蚀的电化学过程特点是微阴极和微阳极的位置变化不定,金属各点随时间有能量起伏,能量高时(处)为阳极,能量低时(处)为阴极,因此整个金属表面在溶液中都处于活化状态;而且腐蚀电池的阴、阳极面积非常小,甚至在显微镜下也难以区分。局部腐蚀是相对于全面腐蚀而言的,其特点是腐蚀仅局限在或集中在金

表 4.2 全面腐蚀与局部腐蚀的比较

项目	全面腐蚀	局部腐蚀
腐蚀形貌	腐蚀分布在整个金属表面上	腐蚀破坏集中在一定区域,其他部分不腐蚀
腐蚀电池	阴、阳极在表面上变化不定;阴、阳极不可辨别	阴、阳极可以分辨
电极面积	阳极面积 = 阴极面积	阳极面积 << 阴极面积
电位	阳极电位 = 阴极电位 = 腐蚀电位	阳极电位 < 阴极电位
腐蚀产物	可能对金属有保护作用	无保护作用

属的某一特定部位,腐蚀电池中的阳极溶解反应和阴极区腐蚀剂的还原反应在不同区域发生,而次生腐蚀产物又可在第三位置形成。局部腐蚀时阳极和阴极区一般是截然分开的,其位置可用肉眼或微观检查方法加以区分和辨别。

引起局部腐蚀的原因很多,如下列各种情况:

① 异种金属接触引起的宏观腐蚀电池(电偶腐蚀),包括阴极性镀层微孔或损伤处所引起的接触腐蚀。

② 同一金属上的自发微观电池,如晶间腐蚀、选择性腐蚀、孔蚀、石墨化腐蚀、剥蚀(层蚀)以及应力腐蚀断裂等。

③ 由差异充气电池引起的局部腐蚀,如水线腐蚀、缝隙腐蚀、沉积腐蚀、盐水滴腐蚀等。

④ 由金属离子浓差电池引起的局部腐蚀。

⑤ 由膜—孔电池或活性—钝性电池引起的局部腐蚀。

⑥ 由杂散电流引起的局部腐蚀。

局部腐蚀可分为点蚀、电偶腐蚀、晶间腐蚀、缝隙腐蚀、磨损腐蚀、选择性腐蚀、应力腐蚀断裂、氢脆和腐蚀疲劳等。

(2) 电偶腐蚀

当两种电极电位不同的金属或合金相接触并放入电解质溶液中时,即可发现电位较低的金属腐蚀加速,而电位较高的金属腐蚀反而减慢(得到了保护)。这种在一定条件(如电解质溶液或大气)下产生的电化学腐蚀,即由于同电极电位较高的金属接触而引起腐蚀速度增大的现象,称为电偶腐蚀或双金属腐蚀,也叫接触腐蚀。这种腐蚀实际上为宏观原电池腐蚀,它是一种最普遍的局部腐蚀类型。

对电偶腐蚀来说,其影响因素较复杂。除了与接触金属材料的本性有关外,还受其他因素的影响,如面积因素、环境因素及溶液电阻的影响等。

控制电偶腐蚀的措施就是在实际结构设计中,尽可能地使接触金属间电位差为最小值,因为前面已提及两种金属或合金的电位差是电偶效应的动力,是产生电偶腐蚀的必要条件。因此,除规定接触电位差小于一定值外,还应采用消除电偶效应的措施,如采用适当的表面处理,加油漆层、环氧树脂及其他绝缘衬垫材料,都能预防金属或合金的电偶腐蚀。

(3) 点蚀

① 点蚀的形貌特征及产生条件。

点蚀又称孔蚀,是常见的局部腐蚀类型之一,是化工生产和航海事业中常遇到的腐蚀破坏形态。点蚀多半发生在表面有钝化膜或有保护膜的金属上,蚀孔多数情况下为小孔。点蚀表面直径只有几十微米,一般等于或小于它的深度,分散或密集分布在金属表面上。点蚀孔口多数被腐蚀产物所覆盖,少数呈开放式;有的是小而深的孔,有的为碟形浅孔,有的孔甚至穿透金属板。点蚀系数是衡量点蚀是否严重的指标,蚀孔的最大深度与按失重计算的金属平均腐蚀深度之比值称为点蚀系数,点蚀系数愈大表示点蚀愈严重。

② 点蚀机理。

点蚀的发生、发展可分为蚀孔的成核和蚀孔的生长两个阶段。当介质中存在活性阴离子时,平衡即被破坏,溶解占优势。腐蚀介质中活性阴离子(尤其是 Cl^-)的存在与点蚀的产生密切相关。关于蚀孔成核的原因有两种说法。一种说法认为氯离子半径小,可穿过钝化膜进入膜内,产生强烈的感应离子而导电,使膜在特定点上维持高的电流密度,并使阳离子杂乱移动,当膜/溶液界面的电场达到某一临界值时,就发生点蚀。另一种说法认为,当金属表面上氧的吸附点被氯离子所替代时,点蚀就发生了,点蚀的发生是由于氯离子和氧竞争吸附所造成的,氯离子选择性吸附在氧化膜表面阴离子晶格周围,置换了水分子,氧化膜中的阳离子可以和氯离子形成可溶性氯化物等络合物,促使金属离子溶入溶液中,新露出的基底金属特定点上生成小蚀坑,成为点蚀核。含氯离子的介质中若有溶解氧或阳离子氧化剂(如 Fe^{3+}),氧化剂可使金属的腐蚀电位上升至点蚀临界电位以上,促使蚀核长大成蚀孔。无论是由于哪一种原因,一旦蚀孔形成,点蚀的发展就很快。点蚀的发展机理也有很多种学说,现在较为公认的是蚀孔内发生自催化过程。

③ 影响点蚀的因素和防止措施。

点蚀的隐患性和破坏性很大,不但容易引起设备穿孔破坏,而且在很多情况下会使剥蚀、晶间腐蚀、腐蚀疲劳、应力腐蚀等局部腐蚀易于发生。了解点蚀的特征、发生的规律及防止途径是相当重要的。点蚀与合金的成分、金属的本性、表面状态、组织、pH 值、介质成分、温度和流速等因素有关。

防止点蚀的措施,首先要从材质角度考虑(加入合适的抗点蚀的合金元素,降低有害杂质);其次是改善热处理方法和环境因素,环境因素中尤其是卤素离子的浓度影响;最后可采取提高溶液的流动速度、搅拌、加入缓蚀剂、降低介质温度及采用阴极极化法等措施,使金属的电位低于临界点蚀电位。

(4) 缝隙腐蚀

① 缝隙腐蚀产生的条件。

由于金属表面上存在异物或结构上的原因会造成宽度在 0.025~0.100 mm 范围内的缝隙。几乎所有的金属,所有的腐蚀性介质都有可能引起金属的缝隙腐蚀,其中以依赖钝化而耐蚀的金属材料和含 Cl^- 的溶液最易发生此类腐蚀。

② 缝隙腐蚀机理。

关于缝隙腐蚀的机理已有一些理论上的解释。大多数人认为,缝隙腐蚀是由于溶解气体和金属离子在腐蚀溶液中造成缝隙内外浓度不均匀,形成浓差电池所致。如较早的两种理论,一是金属离子的浓差电池是在 20 世纪 20 年代提出的;一是充气不匀电池,即氧的浓差电池是美国的 Evans 提出的。现在普遍为大家所接受的缝隙腐蚀机理是闭塞电池自催化效应与氧浓差电池共同作用的结果。在缝隙腐蚀初期,阳极溶解 $M \longrightarrow M^{n+} + ne^-$ 和阴极还原 $O_2 + 2H_2O + 4e^- \longrightarrow 4OH^-$,缝隙腐蚀在包括缝隙内部的整个金属表面上均匀出现。缝隙内的 O_2 在缝隙腐蚀的孕育期就消耗尽了,缝隙内溶液中所需要的氧靠扩散补充。由于氧扩散到缝隙深处很困难,所以缝隙内的氧还原反应被中止,使缝隙外自由暴露表面和缝隙内金属表面之间组成宏观电池。缝隙外氧易到达的区域电位较高,为阴极区,缝隙内缺乏氧的区域电位较低,为阳极区。结果缝隙内金属溶解,金属阳离子不断增多,缝隙外溶液中的负离子(如 Cl^-)不断扩散到缝隙内,以维持电荷平衡,所生成的金属氯化物在水中水解成不溶的金属氢氧化物和游离酸,即 $M^+ + Cl^- + H_2O \longrightarrow MOH + HCl$。于是缝隙内的 pH 值下降,可达 2~3,这些 Cl^- 和低 pH 值又共同加速了缝隙腐蚀。缝内金属离子进一步过剩促使氯离子迁入缝内,形成金属盐类。水解导致缝内酸度增加,更加速了金属的溶解,这与自催化孔蚀相似。由于缝内金属溶解速度增加,相应缝外邻近表面的氧还原反应阴极过程速度增加,从而保护了外部表面。

③ 缝隙腐蚀与点蚀的比较。

缝隙腐蚀与点蚀有许多相似之处,都是以形成闭塞电池为前提,两者在成长阶段的机理一致。由于特殊的几何形状或腐蚀产物在缝隙、蚀坑或裂纹出口处堆积,致使通道闭塞,限制了腐蚀介质的扩散,使腔内的介质组分、浓度和 pH 值与整体介质有很大差异,从而形成了闭塞电池腐蚀。但是,它们在形成过程上有所不同。点蚀是通过腐蚀过程的进行逐渐形成闭塞电池的蚀坑,然后加速腐蚀的。缝隙腐蚀是在腐蚀前就已存在缝隙,腐蚀一开始就是闭塞电池在作用,而且缝隙腐蚀的闭塞程度较点蚀要大。或者说,缝隙腐蚀是由于介质的浓度差引起的,而点蚀一般是由钝化膜的局部破坏引起的。

与点蚀相比较,对同一种金属而言,缝隙腐蚀更易发生。从环形阳极极化曲线上的特性电位来看,缝隙腐蚀的临界电位要比点蚀电位低。对点蚀来说,原有的点蚀可以发展,但不产生新的蚀孔;而缝隙腐蚀在该电位区内,蚀孔既能发生,也能发展。此外,在腐蚀形态上,点蚀较窄而深,缝隙腐蚀较广而浅。

④ 影响因素及防止措施。

缝隙腐蚀的难易程度与很多因素有关。不同金属材料耐缝隙腐蚀的性能不同。如不锈钢随着含 Cr,Mo,Ni 元素量的增高,其耐缝隙腐蚀性能就会提高。又如金属钛在高温和较浓的 Cl^-,Br^-,I^-,SO_4^{2-} 溶液中,易产生缝隙腐蚀,但若在钛中加入 Pd 进行合金化,这种合金则有极强的耐缝隙腐蚀性能。缝隙腐蚀的速率和深度与缝隙大小关系密切,一般在一定限度内缝隙愈窄,腐蚀愈大。缝隙外部面积大小也会影响其速率,外部面积愈大,缝内腐蚀愈严重。溶液中氧的含量、Cl^- 的多少、溶液 pH 值等对缝隙腐蚀速率都有影响。

防止或减少缝隙腐蚀的措施有:

a. 设计要合理,尽量避免缝隙。设计时应避免积水,设计容器时要使液体能完全排净,要便于清理和去除污垢,避免锐角和静滞区(死角)。

b. 焊接比铆接或螺钉连接好;对焊优于搭焊;焊接时要焊透,避免产生焊孔和缝隙;搭接焊的缝隙要用连续焊、钎焊或捻缝的方法将其封塞。

c. 螺钉接合结构中可采用低硫橡胶垫片、不吸水的垫片(聚四氟乙烯);或在接合面上涂以环氧树脂、聚氨酯或硅橡胶密封膏,以保护连接处;或涂以有缓蚀剂的油漆,如对钢可用加有 $PbCrO_4$ 的油漆,对铝可用加有 $ZnCrO_4$ 的油漆。

d. 如果缝隙难以避免,则采用阴极保护法,如在海水中采用锌或镁的牺牲阳极法。

e. 实在难以解决时,可改用耐缝隙腐蚀的材料。选用在低氧酸性介质中不活化并具有尽可能低的钝化电流和较高的活化电位的材料。如静海中无缝隙腐蚀的材料有 Ti 和 Ni – 16Cr – 16Mo – 5Fe – 4W – 2.5Co;其他耐缝隙腐蚀的材料有 18Cr – 12Ni – 3MoTi, 18Cr – 19Ni – 3MoTi 等。一般 Cr,Mo 含量高的合金,其抗缝隙腐蚀性也较好。Cu – Ni,Cu – Sn,Cu – Zn 等铜基合金也有较好的抗缝隙腐蚀性能。

f. 带缝隙的结构若采用缓蚀剂法防止缝隙腐蚀,一定要采用高浓度的缓蚀剂才行。由于缓蚀剂进入缝隙时常受到阻滞,消耗量大,如果用量不当,反而会加速腐蚀。

(5) 丝状腐蚀

① 丝状腐蚀特征。

丝状腐蚀是一种浅型的膜下腐蚀,一旦产生便发展很快,最后形成密集的网状花纹分布于金属表面,使金属表面上的漆膜出现无明显损伤的隆起,失去保护膜的作用。

丝状腐蚀的特征是腐蚀产物呈丝状纤维网状,沿着线迹所发生的腐蚀在金属上掘出了一条可觉察的小沟,深度为 5~8 μm,而且在小沟上每隔一段距离就有一个较深的小孔。在铁上腐蚀产物呈红丝状,丝宽 0.1~0.5 mm。具体的现象为:

a. 当两条迹线不垂直相遇时,如一个发展着的头接近一个非活性的身或尾,则在所接近的一条迹线附近产生一条新的腐蚀迹线,并发生折射,其反射角约等于入射角,有人称它为"弹进现象"。

b. 当两条腐蚀迹线垂直相遇时,由于陷入圈套,有效空间减小,而使垂直的一条活性的头"死掉"。

c. 回旋生长,即所谓"弯绕现象"。

d. 一条迹线继续与其他迹线发生弹进,即所谓"连折现象"。

② 丝状腐蚀机理。

丝状腐蚀是大气条件下一种特殊的缝隙腐蚀。丝状腐蚀发展的历程，开始往往是由一些漆膜的破坏处、边缘棱角及较大的针孔等缺陷或薄弱处，形成引发中心（活化源）。这些引发中心随大气中少量的腐蚀介质，如氯化钠、硫酸盐的离子和氧、水分一起产生引发或活化作用，激发丝状腐蚀点的形成。在以这个引发中心为核心的一个很小的活化区域内，由于空气渗透不均匀形成氧浓差电池，有可能生成酸，推动丝状腐蚀发展。

一般认为，氧浓差电池是丝状腐蚀的起因。氧透过膜（有机涂层、金属氧化膜等）进行扩散，特别是发生横向扩散，致使头尾之间的"V"形界面处氧的浓度最高，而头部中心氧的浓度低，形成了氧浓差电池。头部中心以及头的前部是阳极，发生腐蚀，生成 Fe^{2+} 的浓溶液，为蓝色流体。主要初始腐蚀产物是 $Fe(OH)_2$，它含有从大气中透过漆膜渗进来的水分，并可能由金属离子水解生成酸。

③ 影响因素和防止措施。

丝状腐蚀的产生与发展，与环境因素、涂料、颜料、活化剂、表面处理状态以及基体金属的性质都有关系。大气中的 SO_2、NaCl、尘埃等起了丝状腐蚀引发（活化）剂的作用。防止丝状腐蚀的有效办法是控制大气的相对湿度在65%以下。另外，发展透水率低的涂层对防止丝状腐蚀也是有利的。

（6）晶间腐蚀

① 晶间腐蚀的形态及产生条件。

晶间腐蚀是金属材料在特定的腐蚀介质中沿着材料的晶界产生的腐蚀，是一种由微电池作用而引起的局部破坏现象。晶间腐蚀的特征是，在表面还看不出破坏时，晶粒之间已丧失了结合力，失去金属声音，严重时只要轻轻敲打就可破碎，甚至形成粉状。晶间腐蚀主要是从表面开始，沿着晶界向内部发展，直至成为溃疡性腐蚀，整个金属强度几乎完全丧失。因此，它是一种危害性很大的局部腐蚀。

晶间腐蚀的产生必须具备两个条件：一是特定的环境因素，如电解质溶液、潮湿大气、高温水、过热水蒸气或熔融金属等；一是晶界物质的物理化学状态与晶粒本身不同。

影响晶界行为的原因主要有如下几种：

a. 合金元素贫乏化。由于晶界易析出第二相，造成晶界某一成分贫乏化。例如，硬铝合金因沿晶界析出 $CuAl_2$ 而形成贫铜区；18-8 不锈钢因晶界析出沉淀相（$Cr_{23}C_6$），使晶界附近留下贫铬区。

b. 晶界析出不耐蚀的阳极相。例如，Al-Zn-Mg 系合金在晶界析出连续的 $MgZn_2$，Al-Mg 合金和 Al-Si 合金很可能沿晶界分别析出易腐蚀的新相 Al_3Mg_2 和 Mg_2Si。

c. 杂质或溶质原子在晶界区偏析。例如，铝中含有少量铁时（铁在铝中溶解度低），铁易在晶界析出，铜铝合金或铜磷合金在晶界可能有铝或磷的偏析。

d. 造成晶界处有远比正常晶体组织松散的过渡性组织。晶界的能量较高，刃型位错和空位在该处的活动性较大。晶界处因相邻晶粒间的晶向不同，晶界必须同时适应各方面情况。

e. 由于新相析出或转变，造成晶界处具有较大的内应力。另外还证实，由于表面张力的缘故，黄铜的晶界含有较多的锌。

② 晶间腐蚀机理。

下面从晶界结构分别列举出几种金属材料的晶间腐蚀原因。

a. 奥氏体不锈钢的晶间腐蚀。

奥氏体不锈钢的含碳量高于0.02%，碳与铬生成碳化物（$Cr_{23}C_6$）。这些碳化物高温淬火时呈固溶态溶于奥氏体中，12%的铬呈均匀分布，合金各部分铬含量均在钝化所需值以上，使得合金具有良好的耐蚀性。这种过饱和固溶体在室温下虽然暂时保持这种状态，但它是不稳定的，如果加热到敏化温度范围内，铬便从晶粒边界的固溶体中分离出来，碳化物就会沿晶界析出。由于铬的扩散速度远低于碳的扩散速度，无法从晶粒内固溶体中扩散补充到边界，只能消耗晶界附近的铬，造成晶粒边界区域贫铬。贫铬区的电位比晶粒内部的电位低，更低于碳化物的电位，其含铬量远低于钝化所需的极限值。贫铬区和碳化物紧密相连，当遇到一定腐蚀介质时就会发生短路电池效应，碳化铬和晶粒为阴极，贫铬区为阳极，不锈钢迅速被侵蚀。这就是奥氏体不锈钢易产生晶间腐蚀的机理。奥氏体不锈钢在多种介质中的晶间腐蚀都可用贫铬理论来解释，其他很多实验和观点也支持了这一理论。贫铬理论较早地阐述了奥氏体不锈钢产生晶间腐蚀的原因及机理，已被大家所公认。

固溶处理的奥氏体不锈钢若在 450～850 ℃ 温度范围内保温或缓慢冷却，然后在一定腐蚀介质中暴露一定时间，就会产生晶间腐蚀；若在 650～750 ℃ 范围内加热一定时间，则这类钢的晶间腐蚀就更为敏感。例如，在 649 ℃ 下加热 1 h 就是一种人为敏化处理的方法。这就是说，利用这种方法可使奥氏体不锈钢（如 18-8 钢）更容易产生晶间腐蚀。

b. 晶界 σ 相析出引起的晶间腐蚀。

对于低碳或超低碳不锈钢来说，因碳化物析出引起的晶间腐蚀大大减少。可是超低碳不锈钢，特别是高铬、含钼钢在 650～850 ℃ 加热或热处理时，易引起 σ 相（FeCr 金属间化合物）在晶界沉积而产生晶间腐蚀敏感性；18-8 铬镍奥氏体不锈钢若在产生 σ 相的区间长时间加热，冷加工变形后在产生 σ 相的温度区间加热，或钢中添加 Mo、Ti、Nb 等合金元素，也可能出现 σ 相。具有 σ 相的奥氏体不锈钢只能在强氧化性介质，如沸腾的 65% HNO_3 中才能检验出晶间腐蚀倾向。

c. 铁素体不锈钢的晶间腐蚀。

高铬铁素体不锈钢在 900 ℃ 以上高温加热，然后空冷或水冷，就会引起晶间腐蚀倾向；若在 700～800 ℃ 重新加热则可消除晶间腐蚀敏感性。这类钢与奥氏体不锈钢相比，其产生晶间腐蚀的条件虽然不同，但多半认为其腐蚀机理与奥氏体不锈钢很相似，仍可用贫铬理论来解释。即由于晶界析出亚稳碳化物（Cr_7C_3），使晶界附近出现贫铬区。除 C 外，N 也是有害元素，它们在铁素体中的固溶比在奥氏体中还少；而 Cr 在这类铁素体中的扩散速度却比在奥氏体中快得多（快两个数量级）。所以，即使高温快冷，也能使碳化物或氮化物在晶界析出。

d. 其他合金的晶间腐蚀。

常用的高强度铝合金如 Al-Cu、Al-Cu-Mg、Al-Zn-Mg 合金以及含镁量较高的 Al-Mg 合金，由于晶界析出强化相造成晶界某种元素的贫乏或出现某种新的阳极相，导致晶间腐蚀。

镍基合金如 Ni-Mo、Ni-Cr-Mo 等，也有晶间腐蚀敏感性。这是因为沿晶界析出 Ni_7Mo_6、MoC、Cr_6C 及 σ 相，造成晶界贫 Mo 或贫 Cr，在一定腐蚀介质中产生晶间腐蚀。

(7) 焊缝腐蚀和刀线腐蚀

不锈钢经焊接后在焊缝附近产生晶间腐蚀，这是由于在母材上出现与敏化加热温度范围相当的热影响区。根据不锈钢的类型、热影响区的部位及形貌不同，可把这类晶间腐蚀分为焊缝腐蚀与刀线腐蚀。

固溶处理的奥氏体不锈钢经焊接后，在母材板上稍离焊缝有一些距离的区域形成焊缝腐蚀区。该区域具有晶间腐蚀敏感性，在使用过程中会发生严重的晶间腐蚀，通常称为焊缝腐蚀。

刀线腐蚀与焊缝腐蚀有其相似与不同之处。相似的是这两种腐蚀都是由于晶间腐蚀引起的，并且都与焊缝有关。不同的是刀线腐蚀发生在紧邻焊缝的母材上的一条窄带内，发生于稳定钢内；而焊缝腐蚀却发生在离焊缝有一定距离的一条带上。除此以外，这两种腐蚀的金属热经历也各不相同。

防止焊缝处晶间腐蚀的措施有：采用超低碳或足够稳定化的不锈钢，对一般奥氏体不锈钢采用固溶处理，改进焊接工艺，采用高 Nb 含量和双相焊条，等等。

(8) 选择性腐蚀

选择性腐蚀是指腐蚀在合金的某些特定部位有选择性地进行。或者说，腐蚀是从一种固溶体合金表面除去其中某种元素或某一相，其中电位较低的金属或相发生优先溶解而被破坏。最典型的例子是黄铜脱锌和铸铁的石墨化腐蚀。其他合金体系在酸溶液中也会发生选择性腐蚀。例如，铝黄铜、铝青铜（当铝含量较高时，如92Cu-8Al），易在酸性溶液特别是在氢氟酸中发生选择性腐蚀。对双相结构的铝黄铜，这类腐蚀敏感性更大，当介质中含有少量Cl^-时，就会在合金的缝隙中产生强烈的脱铝腐蚀。再如硅青铜脱硅、Co-W-Cr合金脱钴也属于选择性腐蚀。

① 黄铜脱锌。

黄铜一般是含有30%Zn和70%Cu的Cu-Zn合金，黄铜的脱锌是在水溶液中锌被溶解而留下多孔的铜的现象。这种腐蚀是用海水冷却的黄铜冷凝管被破坏的主要形式，腐蚀结果会使黄铜的强度大大下降。脱锌后合金的颜色有显著的变化，即由黄色变为紫红色，所以脱锌易于用肉眼判断，但其总尺寸改变不大。黄铜脱锌后其外貌有呈均匀型的、层型的，也有呈局部（塞）型的。黄铜的组织结构和成分决定了脱锌后的外貌，一般来说，锌含量较低的黄铜在一些微酸性的或中性、碱性介质中易发生塞型脱锌，锌含量较高的黄铜在酸性介质中易发生均匀或层型脱锌。

关于黄铜脱锌的机理，目前有两种观点。一种认为是合金表层中的锌首先发生选择性溶解，导致合金内部的锌通过空位迅速扩散并继续溶解，表层金属铜由于电位较高而被留下来，呈疏松状态。另一种观点则相反，他们认为，溶液或离子扩散通过复杂曲折的空位相当困难，将使脱锌变得极为缓慢，不易使脱锌达到相当深度。目前，多数学者认为，黄铜脱锌的机理是表层合金的锌和铜一起溶解，锌离子留在溶液中，而电位较高的铜离子在靠近溶解位置的表面上迅速析出。

② 石墨化腐蚀。

灰口铸铁易在轻微活性的环境中产生石墨化腐蚀。由于铁基体发生了选择性腐蚀而使石墨沉积在铸铁的表面，表现如同"石墨"，故称为石墨化腐蚀。

这类腐蚀中石墨为阴极，铁为阳极。原电池腐蚀的结果是形成以铁锈、孔隙和石墨为主的海绵状多孔体，使铸铁失去强度和金属性能。铸铁强度随着侵蚀深度的增加而降低，严重时可用小刀轻轻地削切。

石墨化是一个缓慢的过程，埋在土壤中的灰口铸铁最易发生这类腐蚀。若在腐蚀性较强的环境中，由于金属迅速溶解，铸铁的整个表面趋于均匀性腐蚀，这种情况一般不发生石墨化腐蚀。

(9) 应力腐蚀断裂

应力腐蚀断裂是指金属材料在拉应力和特定介质的共同作用下所引起的断裂，简称为应力腐蚀（SCC）。工程上常用的金属材料，如不锈钢、铜合金、碳钢、高强度钢等，在特定的介质中都有可能发生应力腐蚀。例如，黄铜在含有氨离子的潮湿空气中的应力腐蚀开裂，奥氏体不锈钢在热浓氯化物水溶液中的应力腐蚀开裂，高强铝合金在海水中的应力腐蚀。即使耐腐蚀性很好的钛合金，也发现在各类介质中的应力腐蚀。因此，应力腐蚀开裂或断裂的现象十分广泛，是工程结构材料失效的一个重要原因。在腐蚀过程中，材料先出现微裂纹，然后再扩展为宏观裂纹。材料在破裂前没有明显预兆，一旦裂纹形成，其扩展速度比其他局部腐蚀快得多，危害性极大。

① 应力腐蚀断裂的条件及特征。

应力腐蚀具有以下条件和特征：

a. 应力。必须有拉应力存在才能引起应力腐蚀，压应力一般不发生应力腐蚀。拉应力愈大，则断裂所需时间愈短。应力腐蚀断裂所需应力一般都低于材料的屈服强度。

b. 介质。材料发生应力腐蚀需要形成一个应力腐蚀体系，一定的材料必须和一定的介质相互组合，才会发生应力腐蚀断裂。例如，奥氏体不锈钢在氯化物溶液中，碳钢和低合金钢在 $\omega=42\%$ 的 $MgCl_2$ 溶液中，铜合金在含氨的蒸气中，都会产生应力腐蚀断裂。

c. 速度。应力腐蚀断裂速度在 $10^{-8} \sim 10^{-6}$ m/s 数量级的范围内，远大于没有应力时的腐蚀速度，又远小于单纯力学因素引起的断裂速度。

d. 腐蚀断裂形态。金属发生应力腐蚀时，仅在局部区域出现由表及里的裂纹。裂纹的共同特点是在主干裂纹延伸的同时，还有若干分支同时发展。裂纹的走向宏观上与拉应力方向垂直。微观断裂机理一般为沿晶断裂，也可能为穿晶解理断裂或二者的混合。断裂表面可见到"泥状花样"的腐蚀产物及腐蚀坑。

裂纹的形式既与合金的组成和组织结构有关，又与介质的性质和应力的大小、方向有关。软钢、铜合金、镍合金的裂纹多呈晶界型，奥氏体不锈钢、镁合金多呈穿晶型，钛合金则多呈混合型。有时，随着介质性质的改变，裂纹形式也发生改变。铜锌合金在氨盐溶液中，pH 值由 7 增加到 11 时，裂纹从晶界型转变为穿晶型。

② 应力腐蚀的机理。

应力腐蚀断裂机理有多种理论，至今仍未统一。但是，由于应力腐蚀断裂是应力和腐蚀协同作用的结果，所以也是一类腐蚀问题，因此，可将这些机理按照腐蚀过程划分。若阳极溶解是断裂的控制过程，则为阳极溶解机理；若阴极析出的氢进入金属，对断裂起决定或主要作用，则叫做氢致开裂机理。下面简要介绍这两种机理。

a. 阳极溶解机理。对应力腐蚀敏感的合金，在特定的化学介质中首先在表面形成一种钝化膜，合金处于钝化状态。若有拉应力存在，可使局部地区的钝化膜破裂露出新鲜表面。新鲜表面在电解质溶液中成为阳极，而其余具有钝化膜的表面成为阴极，形成腐蚀微电池，产生阳极溶解，表面形成蚀坑。拉应力除促使局部区域钝化膜破坏外，更主要的是在蚀坑或原有裂纹的尖端形成应力集中，使阳极电位下降，加速阳极金属的溶解，裂纹将逐步向纵深发展。另一种情况是当材料晶间产生偏析，与晶内组成微电池，也会引起微电池腐蚀。在拉应力的作用下这种腐蚀也会不断进行，最后导致应力腐蚀断裂。

b. 氢致开裂机理。该机理认为，金属材料在应力和腐蚀介质共同作用下，由于阴极反应产生的氢原子扩散到金属内部（或金属裂纹尖端的腐蚀区）而引起金属脆性断裂的现象，这种应力腐蚀也叫"氢脆"型 SCC（简写为 HE-SCC）腐蚀。这种机理也称为氢的滞后开裂机理，由于破坏需要较长时间，氢脆又称为"静态疲劳"。因为其规律与疲劳曲线相似，断裂时间随着应力的降低而延长，只不过荷载是静态的而不是交变的。氢脆是金属及其合金在阴极区吸收了阴极反应产物氢原子诱导脆性而产生的。氢脆机理模型有多种，如氢压理论、氢吸附降低金属结合键能理论、氢吸附降低表面能理论、氢和金属原子形成脆性氢化物理论、氢气团钉扎理论等。高强度钢在雨水、海水及其他水溶液中的 SCC 以及钛合金在海水中的 SCC，已经被普遍认为是氢脆引起的；高强度铝合金在海水中，以及奥氏体不锈钢在热浓 MgCl 溶液中的 SCC，是否由于氢脆作用导致，目前仍有争论；而钢的硫化氢应力腐蚀则属于氢脆机理。

③ 影响应力腐蚀断裂的因素。

影响应力腐蚀的因素是多方面的，主要与应力状况、介质环境、合金成分等因素有关。

a. 应力因素。应力腐蚀断裂能否发生以及断裂时间长短都与应力大小有关，当应力达到致蚀应力 σ_s 的 70%~90% 时，就可以使材料发生应力腐蚀断裂，而且，应力愈大时，材料断裂时间愈短。在大多数应力腐蚀中，有一个临界应力 σ_{SCC}，当合金所受外加应力低于该应力值时，腐蚀断裂不再发生。最常用的判断应力腐蚀的力学性能指标是应力腐蚀临界应力场强度因子 K_{ISCC}。对于大多数金属材料，在特定的化学介质中，K_{ISCC}是一定的，它表示含有宏观裂纹的材料在应力腐蚀下的断裂韧度。对于含有裂纹的材料，当作用于裂纹尖端的初始应力场强度因子 $K_{I初} \leqslant K_{ISCC}$ 时，原始裂纹在化学介质和力的共同作用下不会产生应力腐蚀断裂。

b. 介质环境因素。首先，特殊离子及浓度的影响。氧化剂的存在对 SCC 倾向有明显影响。例如，奥氏体不锈钢在中性氯化物溶液中含氧量超过 1×10^{-6} mol/L 时，才会发生 SCC，低于 1×10^{-6} mol/L 时便不会发生；但在高浓度沸腾的氯化镁溶液中，发生 SCC 不一定需要氧。氯化物浓度对奥氏体不锈钢的 SCC 也有很大影响，在 245 MPa 应力作用下，304，316 不锈钢在沸腾的含氯化物溶液中产生 SCC 最敏感的浓度分别是 42% 和 45%。其次，温度的影响。不同金属材料在一定介质中产生 SCC 都有一个温度范围。例如，不锈钢产生 SCC 的介质温度一般在 70 ℃ 以上，奥氏体不锈钢在 $MgCl_2$ 中的氯脆敏感温度在 120~150 ℃ 范围内，碳钢在 $CO-CO_2$ 中的 SCC 多发生于 100 ℃ 以下，镁合金通常在室温下才产生 SCC，大多数金属产生 SCC 的温度都低于 100 ℃。氢脆和温度的关系也比较密切，一般认为钢的氢脆仅发生在 -100~150 ℃ 之间，而在 -30~30 ℃ 温度范围内，氢脆敏感性最高。最后，界面电位状况的影响。实验证明，SCC 只有在一定的电位范围内才能发生。在合金钝化膜不稳定区域，合金表面膜活化点容易产生活化或过钝化溶解，而合金表面的其他部位仍保持钝态，从而形成 SCC 裂纹起源。

c. 合金成分的影响。纯度极高的金属，虽然也发现有应力腐蚀的现象，但二元合金和多元合金的敏感性较高。合金中元素的含量对应力腐蚀也有影响，如奥氏体不锈钢，Ni 含量约 10% 时，SCC 的敏感性最大；Ni 含量小于 8% 时，抗 SCC 增强；Ni 含量超过 10%，敏感性降低；而 Ni 含量大于 45%，则不发生 SCC。低碳钢的 SCC 敏感性通常随碳含量的增加而提高，以碳含量为 0.12% 时最敏感，进一步增加碳含量，敏感性反而下降。不锈钢中加入适量的 Nb，Si，Co 有利于提高抗 SCC 性能。对于钛合金，降低其含氧量和含铝量，同时加入适量的 Nb，Ta，V，也有利于提高抗 SCC 能力。在二元、三元铝合金中加入少量的 Cr，Mn，Zr，Ti，V，Ni 能降低 SCC 敏感性。

④ 防止应力腐蚀的措施。

a. 降低和消除应力。在加工（如热处理、焊接、电镀等）和装配过程中，应尽量避免产生残余拉应力，或者在加工中采取必要的措施消除应力。同时，制备和装配时应尽量使结构具有最小的应力集中系数，并使其与介质接触部分具有最小的残余拉应力。

b. 合理选材。碳钢对 SCC 的敏感性低，是一种抗 SCC 的常用材料。抗 SCC 的不锈钢主要有高硅奥氏体铬镍钢、镍铬铁素体钢和铁素体—奥氏体双相钢等。其中以双相钢的耐 SCC 性能最好，尤其在高温高压水体系中的抗 SCC 性能更为优越；同时双相钢也具有抗孔蚀、缝隙腐蚀的性能。在铝合金中，LD10，LY12，LF21，ZL101 等，在钛合金中，Ti-10V-2Fe-3Al，Ti-2Al-4Mo-4Zr 等，都具有较高的抗 SCC 性能。

c. 控制环境，改善使用条件，除去介质中危害性大的化学成分。例如，把水中氧降低到 1×10^{-6} mol/L 以下，使用离子交换树脂去除氯离子等。另外，应控制温度，使材料工作在该体系的临界温度以下，以抑制 SCC 的发生。采用外加电流阴极保护法也可以防止 SCC 的发生，而且在裂纹形成后还可使其停止发展。

4.1.1.2 化学腐蚀

材料与周围非电解质之间发生纯化学作用而引起的腐蚀损伤称为化学腐蚀。其反应历程的特点是，材料表面的原子与电解质中的氧化剂直接发生氧化还原反应。腐蚀产物生成于发生腐蚀反应的表面，当它较牢固地覆盖在材料表面时，会减缓进一步的腐蚀。腐蚀反应过程中不伴随电流产生。化学腐蚀的基本过程是介质中的氧化剂分子在金属表面吸附和分解，产生的原子与金属原子化合（界面反应);反应产物如果是挥发性的,将使金属持续不断地遭受腐蚀,或者是反应产物附着在金属表面成膜。这种表面膜把金属材料与环境介质分隔开,这时金属原子、离子、电子同介质原子将通过膜双向扩散,继续生成作为反应产物的化合物,直至膜足以阻止这种反应。这种反应的速率通常受反应质点通过膜的扩散所控制,扩散速率主要取决于膜的结构。

化学腐蚀可分为人为性化学腐蚀和自然性化学腐蚀两大类。① 人为性化学腐蚀主要由以下几个因素引起:工业中排放的废气引起空气中的氮氧化物、碳氢化物、硫氧化物、碳氧化物及酸性粒状物等的含量陡增,当它们溶于雨水后就会形成酸液,对材料造成腐蚀;工业中排放的带有酸性或碱性的废渣、废液侵蚀材料而造成腐蚀;在施工过程中,使用的化学药剂不慎造成材料的腐蚀;在清洗材料或处理材料病症时,药剂使用不当或过量,造成材料的腐蚀。② 自然性化学腐蚀主要由以下几个方面的因素引起:自然界中的 N_2、O_2、H_2O 在放电时产生 HNO_3 的酸雨,引起材料的腐蚀;自然界中的硝酸菌在一定的条件下,将空气中的 NH_3、O_2 合成 HNO_3 酸液而腐蚀材料。

典型的化学腐蚀有:① 金属在高温气体环境中的腐蚀,如钢铁材料的轧制氧化,钢在热处理过程中的脱碳,在高温高压氢环境中的氢蚀,在高温含硫介质中的硫化。② 金属在非电解质溶液(汽油、苯、醇、润滑油等)中的腐蚀,如铝在四氯化碳、三氯甲烷或乙醇中,镁和钛在甲醇中,金属钠在氯化氢气体中的腐蚀。

化学腐蚀的主要特征是:① 环境介质是不电离、不导电的干燥气体或非电解质溶液。② 在一定条件下,非电解质中的氧化剂直接与金属表面原子发生化学反应而形成腐蚀产物,即氧化和还原反应是在反应粒子相互作用的瞬间于碰撞的反应点上完成的,不形成可区分的阳极区和阴极区。③ 在反应粒子相互作用的过程中,电子的传递是在金属与氧化剂之间直接进行的,因而没有电流产生。④ 遵循多相反应的化学热力学和化学动力学规律。

化学腐蚀分为大气腐蚀、金属的高温氧化两种情况。

1) 大气腐蚀

(1) 干大气腐蚀

在空气非常干燥的条件下,金属表面不存在水膜时的腐蚀称为干大气腐蚀。其特点是在金属表面形成一层保护性氧化膜(1~10 nm),并常常伴随金属表面的失泽。例如,铜、银被硫化物污染的空气腐蚀所造成的失泽现象。

(2) 大气中有害杂质的影响

在污染大气的杂质中,SO_2 的影响最为严重。实验证明,空气中的 SO_2 对钢、铜、锌、铝等金属的腐蚀速率影响很大。虽然大气中的 SO_2 含量很低,但它在水溶液中的溶解度比氧高 1 300 倍,使溶液中 SO_2 达到很高的浓度,大大加速了金属的腐蚀。大气中的 SO_2 来源于石油、煤燃烧的废气和工厂生产排出的废气。SO_2 溶于金属表面上的水膜,可反应生成 H_2SO_3 或 H_2SO_4,其 pH 值可达 3.0~3.5。H_2SO_3 是强去极化剂,对大气腐蚀有加速作用。HCl 是一种腐蚀性很强的气体,溶于水膜中生成盐酸,对金属的腐蚀破坏甚大。H_2S 气体在干燥大气中易引起铜、黄铜、银等变色,而在潮湿大气中会加速铜、镍、黄铜、铁和镁的腐蚀。NH_3 极易溶于水膜,增加水膜的 pH 值,这对钢铁有缓蚀作用,但与有色金属生成可溶性的络合物,促进了阳极去极化作用,特别是对铜、锌、镉有强烈的腐蚀作用。

金属受大气中氯化物盐类腐蚀,主要表现为在沿海地区海风吹起的海水形成细雾,这种含盐的细雾称为盐雾,当盐雾降落在金属表面时,由于氯离子的作用,促进了金属的腐蚀破坏。氯化物的另一个主要来源是手汗等人体分泌物。一般汗液中,总盐分含量为 0.5%~2.5%,水分为 97.5%~99.5%。工件热处理后表面附着的残余盐、焊接后的焊药,如果处理不干净也容易引起锈蚀。

2) 金属的高温氧化

一般认为，金属的高温氧化属典型的化学腐蚀。但是，德国瓦格纳(C. Wagner)根据近代氧化膜的观点于1952年提出，金属在高温气体中的初期氧化过程属于化学反应机制，但随后的膜生长过程则属于电化学反应机制。

(1) 金属高温氧化动力学

金属材料在干燥气体介质中也可被氧化腐蚀，特别是高温下的氧化腐蚀是工程设计中一个需要重视的问题。金属在干燥气体介质中的氧化过程比较复杂。刚开始时，通过 $M + 1/2O_2 \longrightarrow MO$ 的直接氧化反应在金属表面形成局部的不连续的氧化膜。继续氧化时(即氧化膜的生长)又转变为电化学过程。

$$氧化反应：M \longrightarrow M^{2+} + 2e^-$$

$$还原反应：1/2O_2 + 2e^- \longrightarrow O^{2-}$$

多数情况下，金属离子和电子能通过氧化膜面扩散转移到氧化膜/气体界面，气体中的氧在界面上得到电子而被还原为氧离子。金属的氧化速率是由离子在氧化膜中的扩散速率决定的。

金属材料的氧化程度常用单位面积的增重来表示。氧化动力学常见的有三种类型：

① 直线型。

直线型模型中单位面积的增重 W 与氧化时间 t 成正比：$W = k_1 t$，式中，k_1 为比例常数。凡是金属氧化物与金属比容相差较大，因而形成多孔疏松的氧化膜的金属，如钾、钽等，都表现出这种氧化动力学。这种情况下，高温条件会发生自动加速的雪崩式氧化破坏。因为氧化为放热反应，高温下迅速氧化、迅速放热导致温度进一步上升，从而又促进氧化速率的进一步提高。另外，一些能形成挥发性氧化物的金属如钼、钨、钒等，在氧化性气氛中也将发生雪崩式的氧化破坏，因而不宜在氧化气氛中使用。

② 抛物线型。

抛物线型模型中氧化速率随时间延长而逐渐减慢：$W^2 = k_2 t + C$，式中，k_2 为比例常数，C 为常数。铁、铜、钴等都符合这种类型。这类金属的氧化物膜与金属之间有良好的黏结力。

③ 对数型。

对数型模型中的氧化起始阶段，氧化速率很大，但不久便降得很低：$W = k_3 \log(Ct + A)$，式中，k_3、C 及 A 皆为常数。铝、铜和铁在室温附近的氧化过程都符合这一规律。这类金属的氧化膜具有良好的保护性。

一般来说，如果金属在氧化过程中形成的氧化膜有以下的特点，则这层金属氧化膜将成为保护膜而阻止金属进一步氧化。

a. 金属氧化物的比容与金属的比容相近。

b. 氧化膜与金属之间具有良好的黏结力。

c. 氧化膜熔点高，蒸气压很小。

d. 氧化膜与金属的热膨胀系数相近。

e. 氧化膜具有良好的高温塑性，不易断裂。

f. 氧化膜的电子电导率很低，离子在其中的扩散速率很小。

(2) 高温腐蚀的类型

材料在高温下与环境介质发生化学或电化学反应，导致材料变质的现象称为高温腐蚀。"高温"是高温腐蚀发生的基本条件，但是多高的温度算高温，是个相对的概念。对于金属材料的高温强度行为，通常以材料的再结晶温度来划分温度的高低。一般认为，在再结晶温度以上，也就是在材料熔点的 0.3~0.4 倍以上的温度即为高温；对于腐蚀行为，则以引起金属材料腐蚀速率明显增大的下限温度作为高温的起点。例如，发生硫腐蚀最严重的温度范围为 200~400 ℃，因此，对于硫腐蚀来说，200 ℃ 已经属于高温了。除了温度以外，环境介质是高温腐蚀的重要参数，环境的差异对腐蚀的形态、机理、速率及腐蚀产物有明显的影响。按环境介质的状态，可将高温腐蚀分为三类。

① 高温气态介质腐蚀。

无论是单质气体分子（如 O_2，Cl_2，N_2，H_2，F_2 等）、非金属元素的气体化合物（如 H_2O，CO，CO_2，CH_4，SO_2，H_2S，HCl 等）、金属氧化物气态分子（如 Mn_2O_3，V_2O_5 等），还是金属盐的气态分子（如 $NaCl$，Na_2SO_4 等），都会诱发和加剧金属的高温腐蚀。由于这种腐蚀是在高温、干燥的气态环境中进行的，而且在它的起始阶段又是材料与环境气体直接发生化学反应所致，因而常被称为化学腐蚀、干腐蚀，或广义的高温氧化，以有别于在电解质水溶液中的电化学腐蚀。研究表明，在腐蚀形成一定厚度的氧化膜后，氧化膜的进一步成长存在着电化学机制，因此，把高温气体腐蚀简单地看成化学腐蚀是不全面的。

② 高温液体介质腐蚀。

液体介质包括液态金属，如 Pb，Sn，Bi，Hg 等，低熔点金属氧化物，如 V_2O_5，Na_2O 等，液态熔盐，如硝酸盐、硫酸盐、氯化物、碱等。高温液态介质腐蚀取决于液态介质和固态金属之间的相互作用。当液态金属用作导热物质时，存在冷热温差的情况，液态金属在热端将金属构件溶解，而在冷端又将其沉积出来，这种腐蚀形式属于物理溶解。当液体金属或液态金属中的杂质与固态金属发生化学反应时，在固态金属表面生成金属间化合物或其他化合物，这种腐蚀形式则属于化学腐蚀。低熔点金属氧化物腐蚀通常发生在钒或钠等的燃料燃气中。例如，含钒燃料燃烧后生成 V_2O_5，其熔点只有 670 ℃，在金属表面上呈熔融状态存在，它属于酸性氧化物，可以破坏金属表面的氧化膜，从而加速金属腐蚀，这种形式的腐蚀也属于化学腐蚀。液态熔盐中的高温腐蚀也称为熔盐腐蚀。熔盐属离子导体，具有良好的电导性，金属在熔盐中会发生与在水溶液中相似的电化学腐蚀。金属在熔盐中也可能发生与熔盐或与溶于熔盐中的氧和氧化物之间的化学反应，即化学腐蚀。

③ 高温固体介质腐蚀。

高温固体介质腐蚀是金属在腐蚀性固态颗粒冲刷下发生的腐蚀现象。腐蚀介质包括固态燃灰、燃烧残余物，以及各种金属氧化物、非金属氧化物和盐的固态颗粒，如 C，S，V_2O_5，NaCl 等。这类腐蚀既包含固态燃灰和盐粒对金属的腐蚀，又包含着这些固态颗粒对金属表面的机械磨损，故属于高温腐蚀。

(3) 研究高温腐蚀的重要意义

上述各种腐蚀类型中，氧化是高温腐蚀中最常见的一种形式。热力学告诉我们，几乎所有的金属在大气环境中都具有自发发生氧化反应的倾向。金属冶炼将自然界中的矿石（金属的各种氧化物）还原为金属，而金属在其铸造成形、轧锻形变加工及热处理过程中，由于氧化又消耗了自己。仅以钢的生产为例，氧化的损耗就占钢总产量的 7%~10%，损失相当惊人。高温腐蚀涉及的范围很广，锅炉、反应釜、蒸馏塔、内燃机、涡轮发动机等都是在高温下各种工业介质环境中工作而极易被腐蚀的。介质中除了氧以外，常常还含有水蒸气、二氧化硫、硫化氢、气相金属氧化物、熔盐等，这些物质诱发或加剧腐蚀的发生与发展，而温度通常会更进一步加速腐蚀过程。高温腐蚀不仅消耗了金属材料，还影响着这些生产装备运行的安全性和可靠性，制约着它们的使用寿命，并限制了它们的性能的进一步提高。可以这么说，无论是冶金、石油、化工、动力等基础工业，还是代表当代尖端科学技术的航空航天、核能等工程技术，都离不开对高温腐蚀规律的掌握和正确运用。可以预见，面对 21 世纪高科技时代的到来，为提高效率，许多装备需要进一步提高运行温度，许多新技术可能需要在更高温度下实现，这些均有赖于具有更优良抗高温腐蚀性能的新材料和防护涂层的研制和开发。新的科技和工程的发展，必将极大地推动高温腐蚀的研究，同时，对高温腐蚀规律的更深入认识和其防护技术的不断完善也将极大地促进现代科学技术的进步。金属氧化在其表面常生成一层氧化膜(锈皮)，这层氧化膜的结构和性质对金属氧化的速率和机理有着决定性的影响。

(4) 金属氧化物的类型

严格按化学计量比组成的化合物晶体，其离子(包括金属阳离子和非金属阴离子)严格地占据着规则晶格的结点，为离子键结合。在热力学低温下，其离子不能移动，是典型的绝缘体。温度升高产生热激发效应，使某些离子从结点迁出成为晶格间隙离子，而原结点变成空位。这种晶格缺陷的存在导致在晶体内产生电位梯度和浓度梯度，这时显示出晶体的离子导电性，离子可以通过缺陷进行扩散迁移。其电导率随温度升高而减少。属于这类的金属氧化物只有 MgO，CaO，TiO_2 等极少数的氧化物。绝大多数金属氧化物及金属硫化物都是非化学计量比化合物，具有离子—金属键结合性质，其室温下电阻率在 $10 \sim 10^{10}$ $\Omega \cdot cm$ 之间，且随着温度升高而增大，属于半导体。根据这类非当量化合的氧化物中过剩组分的不同，可以将金属氧化物分为两类。

① 金属离子过剩型氧化物(n 型半导体氧化物)。

n 型半导体氧化物整体是电中性的，过剩的金属离子处于晶格间隙，晶格间隙中存在着相等电量的间隙电子。以氧化锌为例，氧化时间隙电子(e^-)和间隙离子(Zn^{2+})向 ZnO/O_2 界面迁移，并吸收 O_2 而生成 ZnO，即 $1/2O_2 + Zn^{2+} + 2e^- \longrightarrow ZnO$。随着氧压的增加，其间隙离子和准自由电子(间隙电子)减少，电导率降低。因为这类氧化物由电子导电，电子荷负电，故此类氧化物称为 n 型半导体氧化物。属于这类的氧化物及硫化物有 BeO，Fe_2O_3，ZnO，CdO，SiO_2，PbO_2，Al_2O_3，MoO_3，WO_3，Cr_2S_3，TiS_2，V_2O_5，CdS 等。

② 金属离子不足型氧化物(p 型半导体氧化物)。

p 型半导体氧化物是氧离子过剩型氧化物。由于氧离子的体积比金属离子大，因此，在这类氧化物的晶体结构中，不是过剩的氧离子占据着晶格的间隙位置，而是表现为晶格中部分结点未被金属离子所占据，成为阳离子空位，氧化物整体的电中性则是依靠形成部分高价的阳离子而获得补偿。NiO 中含有阳离子空位($\square_{Ni^{2+}}$)和高价阳离子(Ni^{3+})。Ni^{3+} 意味着 Ni^{2+} 失去 1 个价电子，相当于 1 个电子空穴($\square_{e^-}$)，简称空穴，带正电。加热时，NiO/O_2 界面上的 O_2 进入晶体内，生成新的 NiO。其反应式为 $1/2O_2 + Ni^{2+} \longrightarrow NiO + \square_{Ni^{2+}} + 2\square_{e^-}$。1 个阳离子空位，就对应有 2 个电子空穴，氧化物整体仍保持电中性。这类氧化物半导体主要通过电子空穴的迁移而导电，电子空穴荷正电，因此称为 p 型半导体氧化物。属于这类的氧化物及硫化物有 Cu_2O，CoO，NiO，MnO，Cr_2O_3，FeO，Cu_2S，SnS，Ag_2O，Ag_2S 等。

(5) 金属氧化膜的组成和晶体结构

纯金属发生氧化一般形成由单一氧化物组成的氧化膜，如 Al_2O_3，MgO，NiO 等，但有时也能形成多种不同氧化物组成的膜。例如，当铁在空气中于 570 ℃ 以下氧化时，氧化膜由 Fe_2O_3 和 Fe_3O_4 组成；当温度高于 570 ℃ 时，氧化膜由 Fe_2O_3，Fe_3O_4 和 FeO 组成。这是由于其各种氧化物相的热力学稳定性不同所致，可以从 Fe - O 系平衡图获得解释。

依据氧离子和金属离子在点阵空间位置的不同，金属氧化物可以形成多种类型的晶体结构。常见的具有保护性的氧化膜有稀土氧化物 CeO_2，Y_2O_3，尖晶石型氧化物，以及 SiO_2，Cr_2O_3，Al_2O_3 等。SiO_2 等氧化物高温稳定性好，稀土氧化物可以改善氧化膜的附着性，提高抗氧化能力。

(6) 金属氧化膜的完整性和保护性

氧化膜是金属表面被氧化的产物，氧化膜的形成具有一定的保护作用，在一定程度上阻滞了金属与介质的直接接触和物质传递,减慢了继续氧化的速率。但是,这种保护作用的实现需要满足一定的条件。

① 金属氧化膜的完整性。

金属氧化膜的完整性是具有保护性的前提。氧化膜完整性的必要条件是,氧化时所生成的金属氧化膜的体积(V_{OX})比生成这些氧化膜所消耗的金属的体积(V_M)要大,即 $V_{OX}/V_M > 1$,该比值称为 P-B 比,用 PBR 表达,即:

$$PBR = \frac{V_{OX}}{V_M} = \frac{M_r \rho_M}{nA_r \rho_{OX}} \tag{4.34}$$

式中,M_r 为金属氧化物的相对分子质量,A_r 为金属的相对原子质量,ρ_M 和 ρ_{OX} 为分别为金属和金属氧化物的密度,n 为金属氧化物中金属的原子价。

由式(4.34)可知,当 $PBR < 1$ 时,生成的氧化膜不能完全覆盖整个金属表面,即形成了疏松多孔的氧化膜,不能有效地把金属与环境隔离开来,因此这类氧化膜不具有保护性,或保护性很差。只有当 $PBR > 1$ 时,金属氧化膜才是完整的,氧化膜才能够完全覆盖整个金属表面,此时才可能具有保护性。例如,碱金属或碱土金属的氧化物 MgO 和 CaO 等即属于这种情况。$PBR > 1$ 只是氧化膜具有保护性的必要条件,而不是充分条件。PBR 过大(如大于2)时膜的内应力过大,膜易破裂,也会失去保护性或是保护性很差。例如,钨的氧化膜的保护性很差,这是由于钨的氧化膜的 PBR 值为 3.4。实践证明,保护性较好的氧化膜的 PBR 范围应为 $1.0 < PBR < 2.5$。例如,铝和钛的氧化膜具有较好的保护性,其 PBR 值分别为 1.28 和 1.95。

② 金属氧化膜的保护性。

不同金属氧化物膜的保护能力有很大差别,这是由于金属氧化膜的结构和性质各异。在一定温度下,不同金属氧化物以不同的状态存在。例如 Cr,Mo,V 在 1 000 ℃ 的空气中可以被氧化,其氧化物状态则各不相同:

$$2Cr + 3/2O_2 \longrightarrow Cr_2O_3 \quad (\text{固态})$$
$$Mo + 3/2O_2 \longrightarrow MoO_3 \quad (\text{气态,450 ℃以上开始挥发})$$
$$2V + 5/2O_2 \longrightarrow V_2O_5 \quad (\text{液态,熔点 670 ℃})$$

在 1 000 ℃ 下这三种氧化物中只有 Cr_2O_3 为固态,有保护性;而钼和钒的氧化物不但没有保护性,而且金属还会被加速氧化。

实践证明,只有那些组织结构致密、覆盖金属表面的氧化膜才有保护性。氧化膜的保护性取决于下列因素:一是膜的致密性。膜的组织结构致密,金属和 O_2 在其中扩散系数小,电导率低,可以有效地阻碍金属与介质中氧的接触。二是膜的完整性。膜的 PBR 值在 1.0~2.5 之间。三是膜的附着性。膜与基体结合良好,有相近的膨胀系数,不易剥落。四是膜的力学性。膜具有足够的强度和塑性,足以经受一定的应力、应变和摩擦作用。五是膜的稳定性。膜的氧化物热力学稳定性要高,难熔、不挥发,且不易与介质发生作用而被破坏。

4.1.2 金属材料腐蚀控制

4.1.2.1 影响金属材料耐蚀性的因素与防腐措施

金属的腐蚀是金属材料与周围环境作用而引起的破坏,因此,影响金属材料耐蚀性的因素很多。这些因素包括材料自身因素(如性质、成分、组织、表面状态等)和腐蚀环境因素(如 pH 值、组成、温度、浓度、压力等)。了解这些因素及其作用将有助于提高材料的耐蚀性能。

1) 材料自身因素

(1) 金属的化学稳定性

各种金属的化学稳定性可以近似地用金属的标准电极电位值来评定。电位越正,材料的稳定性越高,金属离子化倾向越小,就越不易受到腐蚀。例如,铜、银、金等贵金属,它们的电极电位很正,化学稳定性也高,具有良好的耐腐蚀性能;而锂、钠、钾等的电极电位很负,化学活性很高,它们的抗蚀性就很差;也有一些金属,如铝,虽然其化学活性较高,但由于其表面易生成保护性的钝化膜,因而也具有良好的耐蚀性。

(2) 合金成分

很纯的金属耐蚀性能高于同类的工业合金。例如,表面光洁的纯锌,在很纯的盐酸中腐蚀很小,但锌的工业产品由于纯度较差,腐蚀就非常迅速。合金的耐蚀性能主要取决于其成分和组织,如果加入的合金元素具有更高的化学稳定性,并可以形成单相固溶体,便可以提高合金的耐蚀性能。但耐蚀性能并非与加入元素的质量浓度成线性关系,而是当加入元素的质量浓度达到一定比例时,耐蚀性会有大幅度提高。这一规律称为"稳定性台阶定律"或"$n/8$定律",即当加入元素的原子的质量分数为 1/8,2/8,4/8 等时,合金的耐蚀性能突然提高。例如,铁—铬合金,只有当铬含量达到 12.5%(或 1/8)时,才能成为不锈钢。如果加入合金元素形成多相合金,材料的耐蚀性就与各相的化学性质有关。在与电解液接触时,如果各相有不同的电位,就会形成腐蚀微电池,相间电位差越大,耐腐蚀性就越差。所以,一般而言,多相合金更易遭受腐蚀。

(3) 金相组织与热处理

金属的组织形态与热处理状态对其耐蚀性能有很大影响。一般来说,组织越细小、分散,耐腐蚀性就越差。例如,淬火钢经中温回火,或合金经时效处理后,形成细小分散的多相组织,材料的耐蚀性大幅下降。在多相合金中,当阴极材料以细小分散的夹杂物形式存在时,材料极易受到腐蚀,且夹杂物的分散性越大,腐蚀就越强烈。

热处理状态对金属材料耐蚀性能的影响是通过热处理组织起作用的。例如,马氏体不锈钢在退火状态,由于大量的 $Cr_{23}C_6$ 析出,使铁素体中铬含量降低,耐蚀性降低;在淬火状态,$Cr_{23}C_6$ 全部溶入马氏体中,形成单一而均匀的组织,耐蚀性能提高;回火过程中,碳化物沉淀析出,耐蚀性能又有所降低。

(4) 表面状态

在大多数情况下,金属材料的粗糙表面比光滑表面易受腐蚀。因为在深凹部分,氧的进入要比表面部分少,结果深凹部分成为阳极,凸起部分成为阴极,产生浓差电池而引起腐蚀;处在易钝化条件下的金属,光滑表面生成的保护膜要比粗糙表面更加致密均匀,故有更好的保护作用;另外,粗糙表面实际面积较大,极化性能小,也容易受到腐蚀。

(5) 应力

当金属材料中有拉应力存在时,可加速腐蚀过程;当拉应力大于临界应力 σ_{SCC} 时,会造成应力腐蚀开裂;若应力为交变应力,还可能引起材料的腐蚀疲劳。因为拉应力会引起金属晶格的畸变而降低金属的电位,还可破坏金属表面上的保护膜,从而降低材料的耐腐蚀性能。

2) 环境因素

(1) 介质的 pH 值

介质 pH 值的变化对材料耐腐蚀性的影响是多方面的。对于腐蚀系统中阴极过程为氢离子的还原过程,当 pH 值降低时,一般来说,有利于过程的进行,从而降低了材料的耐腐蚀性能。另外,pH 值的变化又会影响到金属保护膜的生成,也会影响到材料的耐蚀性能。例如,锌、铝、铅等两性金属,因为它们表面上的氧化物或腐蚀产物在酸性和碱性溶液中都是可溶的,所以不能生成保护膜,致使它们的耐蚀性能下降。而对于铁、镍、镉、镁等金属,其表面上生成的保护膜溶于酸而不溶于碱,所以当pH值小于7时,耐蚀性能将降低。但是,铝在pH值为1的硝酸中,铁在浓硫酸中,都是耐蚀的,这是由于它们在这种氧化性很强的介质中表面生成了致密的保护膜的缘故。

(2) 介质成分及体积分数

多数金属在非氧化性酸(如盐酸)中,随着酸的体积分数的增加,腐蚀加剧。而在氧化性酸(如硝酸、浓硫酸)中,随着酸的体积分数的增加,腐蚀速度亦增加,并达到一个最高值,当体积分数增大到一定数值以后,金属表面就会生成保护膜,使腐蚀速度减小。

在稀碱溶液中,铁的腐蚀产物为不易溶解的氢氧化物,对金属有保护作用。但是,当碱的体积分数增大或温度升高时,氢氧化物溶解,腐蚀速度随之增大。

中性盐溶液(如氯化钠)随着其质量分数的增加,腐蚀速度有一个极大值。这是因为金属在该溶液中的腐蚀速度与溶解氧有关。质量分数增加,溶液导电性增大,加速了电极过程;但当质量分数达到一定值后,氧在其中的溶解量减少,腐蚀速度反而下降。

非氧化性酸性盐类(如氯化镁)水解时能生成无机酸,会引起金属的强腐蚀。中性及碱性盐类的腐蚀性比酸性盐小得多,这些盐类对金属的腐蚀主要是氯的去极化。氧化性盐类(如重铬酸钾)有钝化作用,通常亦称为缓蚀剂。

介质中阴离子对金属的耐蚀性也有很大影响,阴离子的存在可加大金属的溶解速度。按照影响的强弱程度,不同的阴离子具有下列顺序:$NO_3^- < CH_3COO^- < Cl^- < SO_4^{2-} < ClO_4^-$。另外,铁在卤化物溶液中的腐蚀速度依次为:$I^- < Br^- < Cl^- < F^-$。

(3) 介质的温度与压力

通常,腐蚀速度会随着温度升高而增大。因为温度升高导致反应速度增加,溶液的对流、扩散等也加速了,而溶液电阻减小了,从而加速了阳极和阴极过程。在有钝化的情况下,温度的升高导致钝化变得困难,腐蚀加大。

但是,在许多实际情况下,腐蚀速度与温度的关系是比较复杂的。例如,在50 ℃以下,锌在水中形成具有很好保护性的胶状膜,而在50~90 ℃之间形成颗粒状无保护性的膜,但当温度高于90 ℃时,重新形成致密的、附着力好的氢氧化锌膜。又如自来水中的铁—锌电池,在高温时改变了电极的极性,锌对于铁来说,由低温时的阳极变成了阴极。

介质的压力增加会增大腐蚀速度。这是由于压力增加会加大参加反应的气体的溶解度,从而加速阴极过程。如在高压锅炉内,只要存在很少量的氧,就可引起剧烈的腐蚀。

(4) 接触电偶

当两种金属相接触时,将不同程度地产生接触电位差,形成电偶。在电解质溶液中,电位较负的金属成为阳极,要遭到强烈的腐蚀。电偶腐蚀的驱动力是两种材料间产生的电位差。几种常用金属材料在海水中的电位序排列如下:

电位负端(阳极性)→电位正端(阴极性):镁→镁合金→锌→铝→镉→硬铝→低碳钢→铅→锡→铜→18-8不锈钢→银→钛→石墨→金→铂。

金属的电位序有助于识别电偶效应情况。例如,钢制泵轴或阀杆,由于与石墨填料接触而产生电偶腐蚀;连在黄铜弯头上的铝管会遭到严重腐蚀。

电偶腐蚀的特点一是腐蚀速度在连接处最大,离连接处距离越远,腐蚀越小,这种现象称为"距离效应";二是大阴极和小阳极将会造成严重的腐蚀,这种现象称为"面积效应"。这些特点在材料防蚀时要特别注意。

(5) 其他因素

由于腐蚀过程的复杂性，除上述因素外，还有许多因素将使材料的耐蚀性下降。例如，介质中的氯离子和氧可加速腐蚀，介质流动速度在某种情况下也将对腐蚀产生影响，等等。

综上所述，材料的耐腐蚀性因不同因素的影响而产生很大变化。在考虑材料的耐蚀性时，要针对具体环境条件作综合分析，以得出适当的评价。

3) 防止金属材料腐蚀的措施

腐蚀的形式很多，原因不尽相同，影响因素也十分复杂，因此防腐技术也是多种多样的。现将实践中采用最多的几种防腐措施作简要介绍。

(1) 介质处理

选择介质的目的是改变介质的腐蚀性，以降低对金属的腐蚀作用。通常有以下几种方法：一是去除介质中的有害成分。水中的有害成分主要是溶解在水中的氧，它会引起氧去极化的腐蚀过程。除氧的办法有热力除氧和化学除氧两种。热力除氧是将水加热沸腾，使水中的各种溶解气体分离出来；化学除氧是往水中加入化学药品以除去水中的氧，工业中一般用联氨（N_2H_4）、亚硫酸钠（Na_2SO_3）将水中的氧还原而除去。二是调节介质的 pH 值。如果腐蚀介质溶液中 pH 值偏低（pH < 7），则可能产生氢去极化腐蚀，而且钢在酸性介质中不易生成保护膜，这时就必须提高 pH 值。一种方法是往水中加氨水来提高 pH 值。但氨水对铜和锌有腐蚀作用，所以有时还可采用有机胺类来提高 pH 值。三是降低气体中的湿度。可以采用干燥剂吸收气体中的水分，常用硅胶、活性氧化铝、生石灰等作干燥剂。还可以采用冷凝的方法从气体中除去水分，或采用提高气体温度的办法来降低气体中的相对湿度，使水汽不致冷凝。

(2) 缓蚀剂保护法

在腐蚀环境中，通过添加少量能阻止或减缓金属腐蚀速度的物质以保护金属的方法，称为缓蚀剂保护法。采用缓蚀剂防腐蚀，由于设备简单，使用方便，投资少，收效快，因而得到广泛的应用。缓蚀剂的保护是有严格的选择性的。对某种介质和金属具有良好保护作用的缓蚀剂，对另一种介质或金属就不一定有同样的效果。缓蚀剂应用广泛，种类繁多，但常用的主要有以下三类：

① 阳极型缓蚀剂。又称阳极抑制型缓蚀剂，如中性介质中的铬酸盐、亚硝酸盐、正磷酸盐、硅酸盐、苯甲酸盐等，它们能加强阳极极化，从而使腐蚀电位向正移。阳极型缓蚀剂的作用通常是缓蚀剂的阴离子移向阳极表面使金属钝化而达到保护作用。

② 阴极型缓蚀剂。又称阴极抑制型缓蚀剂，如酸式碳酸钙、聚磷酸盐、硫酸锌、砷离子、锑离子等。它们能使阴极过程减缓，增大酸性溶液中氢析出的过电位，使腐蚀电位向负移。阴极型缓蚀剂的作用通常是阳离子移向阴极表面，并形成化学或电化学的沉淀保护膜。

③ 混合型缓蚀剂。又称混合抑制型缓蚀剂，如含氮、含硫及含氮又含硫的有机化合物，琼脂、生物碱等。它们对阴极过程和阳极过程同时起抑制作用，这时虽然腐蚀电位变化不大，但腐蚀电流可减小很多。

(3) 表面覆盖法

表面覆盖法是在材料表面覆盖一层耐蚀层，使基体金属与腐蚀介质隔离，从而起保护作用的方法。例如，在金属表面喷、镀、涂上一层耐蚀性较好的金属或非金属材料，或对表面进行磷化、氧化处理，使基体金属得到保护。

(4) 合理选材

根据不同的介质和使用条件，选用合适的金属或非金属材料，以防止腐蚀的发生。

(5) 改进防腐设计及生产工艺流程

防腐蚀的方法虽然很多,但对于一个腐蚀系统,应根据腐蚀的原因、环境条件、各种措施的防腐蚀效果、施工的难易程度以及经济效益等因素综合考虑,不可一概而论。

4.1.2.2 金属的电化学保护法

电化学保护是指对金属施加外电动势,将其电位移向免蚀区或钝化区,以减小或防止腐蚀的方法。电化学保护技术发明100多年来得到了飞速的发展,无论是理论研究还是实际应用都达到很高的水平。目前,电化学保护技术已经广泛应用于舰船、海洋工程、石油、化工及城市管道的防护。

电化学保护只适用于电化学腐蚀情况,按作用原理可分为阴极保护和阳极保护。电化学保护的经济效益非常显著。例如,一座海上采油平台的建造费超过1亿元人民币,平台的寿命在不采用保护的情况下只有5年;采用阴极保护,平台可用20年,而牺牲阳极材料和施工费只需100万~200万元。对地下管线保护来说,一般只需总投资的0.3%~0.6%就可以大大延长管线的使用寿命。

1) 阴极保护法

阴极保护是对被保护金属施加负电流,通过阴极极化使其电极电位负移至金属的平稳电位,从而抑制金属腐蚀的保护方法。外加阴极极化一般采用两种方法来实现:一是在被保护设备上连接一个电位更负的金属作阳极,如在钢设备上连接锌,该金属与被保护金属在电解质溶液中形成大电池,而使设备进行阴极极化,这种方法称为牺牲阳极保护法。二是利用外加阴极电流进行阴极极化,将被保护金属与直流电源的负极相连,辅助阳极与电源的正极相连,使设备得到保护。阴极保护是一种基于电化学腐蚀原理的电化学保护技术,可从极化曲线、极化图、电极反应以及电位-pH图等诸方面理解阴极保护原理。

阴极保护法的基本控制参数为最小保护电位和最小保护电流密度。要使金属达到完全的保护,必须将金属加以阴极极化,使它的总电位达到其腐蚀微电池阳极的平衡电位,这时的电位称为最小保护电位。最小保护电位的数值与金属的种类、介质条件有关,可根据经验资料或通过实验来确定。在不知最小保护电位的情况,也可以采用比腐蚀电位低的办法来确定[-0.2~-0.3 V(对钢铁)和-0.16 V(对铝)],但这种估计是粗略的。对于一个具体的保护系统,若无经验资料,最好通过实验来确定最小保护电位。

最小保护电流密度即金属得到完全保护时所需的电流密度,其数值与金属的表面状况、金属的种类、介质条件等有关。一般来说,金属阴极极化程度越低,在介质中的腐蚀性越强,所需的保护电流密度就越大。所以,凡是降低阴极极化、增加腐蚀速度的因素,如压力增大、介质流速加快、温度提高,都会使最小保护电流密度增加。最小保护电位和最小保护电流密度两个参数中,最小保护电位是主要参数。这是因为电极过程,如电极上氢气的析出、金属的阳极溶解等,均取决于电极电位。另外,金属材料在所处的介质中要容易进行阴极极化,否则耗电大,不宜进行阴极保护。常用金属材料如碳钢、不锈钢、铜及铜合金、铝及铝合金、铅等都可以采用阴极保护。被保护金属设备的形状、结构不要太复杂,否则可能产生遮蔽现象,使金属表面电流分布不均匀,造成有的地方达不到保护电位,而有的地方由于电流集中而造成过保护。

(1) 阴极保护原理

① 基本原理。

阴极保护原理可用如图4.5所示的极化图加以说明。E_A和E_K是金属表面阳极和阴极的初始电位,$E_A A$和$E_K K$的交点S所对应的是腐蚀电位E_{corr}。当金属发生腐蚀时,由于极化作用,阳极和阴极的电位都接近于腐蚀电位E_{corr},与此相对应的腐蚀电流为I_{corr}。金属的阳极区在I_{corr}作用下不断发生溶解,导致被腐蚀破坏。对该金属进行阴极保护时,金属的电位在阴极电流作用下向更低的方向移动,

阴极极化曲线从点 S 向点 Q 方向延长。金属在阴极极化电流 I_{K1} 的作用下电位极化到 E_1，相当于 E_1Q 线段。E_1Q 线段由两个部分组成，其中 E_1P 线段这部分电流 I_{A1} 是阳极溶解所提供的，而 PQ 线段这部分电流 I_1 是外加的。显然，这时金属腐蚀电池的阳极电流 I_{A1} 要比原来的腐蚀电流 I_{corr} 减小了，即腐蚀速率降低了，金属得到了部分的保护。差值 $I_{corr} - I_{A1}$ 表示外加阴极极化后金属上腐蚀电流的减小，称为保护效应。金属的电位将随外加阴极电流的继续增大而变得更低。当金属的极化电位达到阳极的初始电位 E_A 时，腐蚀电流就变为零，金属表面各个部分的电位都等于 E_A。全部电流为外加阴极电流 $I_{K外}$（$E_A K$ 段），金属表面只发生阴极还原反应，而金属溶解反应停止了，金属得到了完全的保护。这时金属的电位称为最小保护电位。金属达

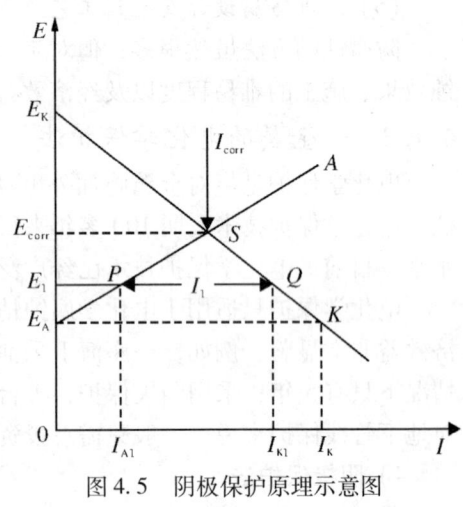

图 4.5　阴极保护原理示意图

到最小保护电位所需要的外加电流密度称为最小保护电流密度。因此，要使金属得到完全保护，必须把它阴极极化到腐蚀电池的阳极平衡电位。

② 阴极保护的主要参数。

a. 保护电位。保护电位（protective potential）是指阴极保护时使金属停止腐蚀（或腐蚀可忽略）所需的电位值。理论保护电位与介质 pH 有对应的关系。以铁为例，其理论保护电位（相对于饱和硫酸铜参比电极，以 CSE 表示）如下：

当 pH < 9.0 时，则有 $E = -0.93$（V）；

当 9.0 < pH < 13.7 时，则有 $E = -0.395\,0 - 0.059\,1/\text{pH}$（V）；

当 pH > 13.7 时，则有 $E = +0.010\,0 - 0.086\,0/\text{pH}$（V）。

由于实际中影响因素不可能全部考虑到，在实践中钢铁的保护电位常取 -0.85 V（CSE），比理论保护电位稍正。这时钢铁腐蚀速率已相当小，完全可以忽略。

在实际应用中，不应片面追求达到完全保护，而要兼顾保护程度和保护效率，所以要给出一个保护电位范围，允许金属在保护中仍以很慢的速率进行均匀腐蚀。例如，我国国家标准对钢在海水中的保护电位范围规定为 $-0.800\,0 \sim -0.959\,5$ V（相对于 Ag/AgCl 参比电极）。而且，在电阻率高的介质中进行保护电位测量，IR 降会造成很大的误差，此时需根据 IR 降加以修正。

b. 保护电流密度。保护电流密度（protective current density）是指被保护对象单位面积上所需的保护电流。保护电流密度的数值受到多种因素的影响，其大小与介质条件（如浓度、温度、组成、流速等）和金属的表面状态（如漆膜的损坏程度、有无保护膜、海生物的附着情况等）有关。对于海洋采油平台和钢板桩码头这些长期浸泡在海水中的钢结构来说，水下不同高度的不同保护部位由于海水含氧量、温度、流动速率、pH 值、海生物生长数量及形状、硫酸盐还原菌等存在差异，应选取不同的保护电流密度。保护电流密度数值在很大程度上受海洋自然地理环境的影响。例如，同样的钢结构平台的保护电流密度在北海为 130 mA/m^2，在墨西哥湾为 60 mA/m^2，而在库克湾却高达 400 mA/m^2。保护电流密度不够大，达不到预期的保护效果，而过高又会造成巨大的经济浪费，还可能引起钢材氢脆，提前失效。

c. 阴极保护方法。阴极保护是通过外加阴极极化来实现对金属材料的保护。根据外加阴极极化方式不同，分为牺牲阳极保护方法和外加电流阴极保护法。

牺牲阳极保护法是指采用比被保护金属电极电位低得多的金属或合金，与被保护金属连接，以防

止金属腐蚀。在被保护金属上连接一个电位更低的金属或合金作阳极，利用阳极不断溶解所产生的阴极电流对金属进行阴极极化，从而保护金属材料。牺牲阳极法不需要外加电源和专人管理，不会干扰邻近金属设施，电流分散能力好，施工方便。虽然牺牲阳极法是一种较古老的保护方法，但目前在阴极保护中使用仍很广泛，且在某些场合只能采用牺牲阳极法，如没有外加电源时。近年来，随着海上油田的开发，大量的牺牲阳极保护法用于保护采油平台和输油管线。通常采用有较低电极电位的镁、铝、锌及它们的合金作为阳极，与被保护的金属构件（阴极）连接。当电解质中发生电化学腐蚀时，作为阳极的金属由于比较活泼，很容易失去电子而受腐蚀，从而使被保护的金属构件免遭腐蚀。

外加电流阴极保护法又称强制电流法。该方法由辅助阳极、参比电极、直流电源和相关的连接电缆所组成，由直流电源直接向被保护金属构件施加阴极电流，使其发生阴极极化。外加电流法具有保护范围大、电流连续可调、保护装置寿命长、不受环境电阻率的限制以及工程越大越经济等优点。虽然外加电流法的应用比牺牲阳极法整整晚了 100 年，但发展十分迅速，目前广泛应用于港口设施、地下管线及船舶等方面。

d. 阴极保护的应用领域。阴极保护技术经过近 200 年的发展，已成为非常有效而又简便实用的防腐蚀措施，在世界各地广泛应用于国民经济建设和国防领域。阴极保护的应用范围十分广泛，既对金属材料的晶间腐蚀、点蚀、腐蚀疲劳、应力腐蚀开裂、杂散电流腐蚀及生物腐蚀等有很好的控制作用，又可减缓金属在海水、淡水、土壤和化工介质中的均匀腐蚀。但是必须指出，实施阴极保护是有条件的。主要条件有：一是被保护的金属在所处介质中要容易进行阴极极化，否则耗电量大。二是腐蚀介质必须是导电的，以便构成回路。大气及其他不导电介质原则上不能采用阴极保护。三是为了降低保护电流密度，通常阴极保护与覆盖层保护联合使用。另外，为防止电流流失，一定要将被保护构筑物与保护构筑物实行电绝缘。四是理论上阴极保护适合所有材料，但由于阴极保护外加电流值较高，故对易产生氢脆的材料应慎用。五是对于复杂的大型金属设备或构筑物，屏蔽作用可能使保护电流分布很不均匀。

（2）阴极保护系统

① 外加电流法阴极保护系统。外加电流阴极保护系统的组成部分有直流电源、辅助阳极、参比电极和被保护的阴极。

a. 外加电流阴极保护的电源设备。电源用于向被保护构筑物提供阴极保护电流，是外加电流阴极保护系统的心脏。对所需直流电源的基本要求如下：一是保证有足够大的输出电流，而且可以在较大范围内进行调节；二是有足够高的输出电压，以克服系统中的电阻，而且输出阻抗应与回路电阻相匹配；三是安装容易，操作简便，不需经常检修；四是适应现场工作环境，如湿度、温度、风沙、日照等，在长期运行时能安全、可靠地工作。目前可用来作为电源设备的有恒电位仪、整流器、密闭循环蒸汽发电机、风力发电机、热电发生器、太阳能电池及大容量蓄电池组等。

b. 辅助阳极材料。辅助阳极是在外加电流阴极保护系统中与直流电源正极相连接的电极，它的作用是构成电流的回路，使外加阴极电流得以从阳极经过介质流到被保护体。辅助阳极的机械性能、电化学性能、阳极的形状及布置方法、工艺性能等均对阴极保护的效果有重要的影响。因此，必须合理地选用阳极材料。辅助阳极应满足以下基本要求：一是具有一定的耐冲击振动，耐磨和机械强度；二是材料来源广，价格便宜，容易制作；三是具有较小的表面输出电阻和良好的导电性；四是在高电流密度下阳极极化小，而排流量大，即在一定的电压下，阳极单位面积上能通过较大的电流；五是具有较低的溶解速率，耐蚀性好，使用寿命长。

目前，外加电流阴极保护系统中采用的辅助阳极品种很多，基本上可分为可溶性阳极（如废钢铁、铝及铝合金等）和难溶性阳极（如石墨、高硅铸铁、磁性氧化铁、铅银合金、铂系阳极、钛基金属氧化物等)两大类。

c. 阳极屏。在外加电流阴极保护系统工作时,从阳极排放出很大的电流。阳极周围被保护结构的电位往往很低,以致析出氢气,溶液的碱性增大,并使阳极附近的涂层损坏,降低了保护效果。为了防止电流短路、扩大电流分布,在阳极周围要加屏蔽层,即阳极屏。阳极屏材料应具有较高的黏附力和一定的韧性,能防止介质的冲击并耐海水或 Cl^-,OH^- 的侵蚀,且介电性高,寿命长,并易于施工。

目前使用的阳极屏主要有涂层类、非金属薄板类及覆盖绝缘层的金属板等。阳极屏的形状一般取决于阳极的形状。阳极屏的尺寸与阳极最大排流量和所用涂料的种类有关,通常以确保阳极屏保护结构的电位不超过析氢电位为原则。

d. 参比电极。参比电极在外加电流阴极保护系统中是用来测量被保护结构的电位并向控制系统传送信号的。为了调节保护电流的大小,使结构的电位处于给定的范围内,通常要求参比电极在长期使用时必须电位稳定,重现性好,不易极化,使用寿命长,并有一定的机械强度。

在阴极保护中常选用的参比电极有甘汞电极(酸性介质中)、硫酸铜电极(土壤、中性介质中)、氯化银电极(海水、氯离子稳定的中性介质中)、氧化汞电极(碱性介质中)等。这几种电极都是由电极材料和带有特种电解液组成的半电池电极。它们一般比较贵,安装易损坏,使用起来不方便。还有一种固体电极,是由电极材料直接与腐蚀介质组成的半电池,常用的电极材料有不锈钢、碳钢、锌、镁等金属材料。目前研制成功的长寿命埋地型硫酸铜电极由两部分组成:一是电极本身,二是为改善电极工作环境的填包料(导电填包料主要为石膏粉、硫酸钠和膨润土)。使用这种填包料可以解决液体电介质的渗漏问题,同时保证电极电位的稳定性,而且使用寿命可达数年。

② 牺牲阳极法阴极保护系统。当向正在作用的腐蚀电池体系中接入另一电位较低的电极,这时这一电极与原腐蚀电池构成了一个新的宏观电池。根据电化学原理,这一低电位的电极是新电池的阳极,原腐蚀电池即成为阴极。从阳极体上通过电解质向被保护体提供一个阴极电流,使被保护体进行阴极极化,从而实现阴极保护。随着电流的不断流动,阳极材料不断被消耗掉。牺牲阳极法阴极保护系统只由牺牲阳极和被保护金属结构组成,不需要专门的外加电源。

作为牺牲阳极材料,金属或合金必须满足以下条件:一是阳极的极化率要小,电位及输出电流稳定。二是必须有高的电流效率,即实际电容量与理论电容量的百分比要大。高电流效率表示金属溶解所产生的电量绝大部分用于阴极保护,阳极的自腐蚀电流小。三是理论发生电量要高,即阳极材料的电容量要大。四是要溶解均匀,腐蚀产物要松软易脱落,不黏附于阳极表面或形成高电阻硬壳,且腐蚀产物应无毒,不污染环境。五是电位要足够低,可供应充足的电子使被保护金属设备发生阴极极化。但是,电位太低会在阴极区发生析氢反应,损伤被保护体表面涂层覆盖层,或引起被保护金属氢脆。六是要求材料价格低廉,来源充分,制造工艺简单。

2) 阳极保护法

将被保护设备与外加直流电源的正极相连,辅助阴极与电源负极相连,在一定的电解质溶液中将金属进行阳极极化至一定电位,使金属建立起钝态并维持钝态,则阳极过程受到抑制,从而使金属的腐蚀速度显著降低,设备得到保护,这种方法称为阳极保护法。

阳极保护是一项和阴极保护完全相反的技术。1945 年,美国人巴特利特研究铁在硫酸中的阳极瞬间变化现象时,发现外加阳极电流可使铁转入钝态,从而停止铁的溶解,这是阳极保护现象的最早发现。

(1) 阳极保护原理

① 基本原理。阳极保护的基本原理就是使被保护金属构件通过阳极极化进入到金属的稳定钝化

区，在这个电位范围，金属处于钝化状态，正常的阳极溶解过程受到阻碍，从而达到控制金属腐蚀的目的。在稳定钝化区内，电位与金属腐蚀速率已经没有多少关系，维钝电流密度用以修补轻微溶解的部分钝化膜。阳极保护的基本原理也可以用电位 – pH 图加以解释。

钝性是由阳极过程受阻所引起的金属和合金的高耐蚀状态。金属发生钝化的实质是其表面形成了氧化物膜，阻碍了阳极溶解过程的正常进行。一旦表面膜被破坏，金属和合金立即回到原来的腐蚀状态。因此，阳极保护的关键是使金属表面建立钝态并维持钝态。能建立并维持钝态，设备就能得到保护；反之，则阳极极化不但不能使设备得到保护，反而会加速金属腐蚀。金属钝化与电极电位的变化有密切的联系，钝化通常会使金属的电极电位向正方向移动 0.5~2.0 V。

② 阳极保护参数。根据钝化金属的阳极极化曲线可知，阳极保护有三个主要参数：

a. 致钝电流密度。致钝电流密度表示金属在给定环境中进入钝化状态的难易程度。致钝电流密度较大的体系，金属钝化较困难；致钝电流密度较小的体系，金属较易钝化。降低溶液温度、在溶液中添加氧化剂、向金属中添加易钝化的合金元素等措施均能使致钝电流密度减小。当应用阳极保护时，选择电源设备的容量要考虑致钝电流密度的影响。往往采用分段钝化的方法来降低对电源容量的要求，即在被保护设备接上电源后，分批将腐蚀性介质灌入设备中，使被溶液浸没的区域依次建立钝化。

b. 维钝电流密度。维钝电流密度值的大小决定了金属在阳极保护下的腐蚀速率，表示阳极保护正常操作时耗用电流的多少。如果维钝电流密度值很大，金属腐蚀速率超过一定数值，阳极保护就失去了实际意义。维钝电流密度的大小与介质条件(浓度、温度、pH 值等)、金属或合金的本性及维钝时间有关。在维钝过程中，维钝电流密度随时间延长而逐渐减小，最后趋于稳定。

c. 钝化区电位范围。阳极保护时希望钝化区电位范围愈宽愈好，一般不能小于 50 mV。钝化区电位范围对实施阳极保护有重要的意义。如果钝化区电位范围太窄，则当外界条件稍有变化时，金属的电位便轻易进入活化区或过钝化区，在通电条件下金属的腐蚀速率加快。金属材料和腐蚀介质的性质是影响钝化区电位范围宽度的主要因素。钝化区的最佳保护电位可以从阳极极化与交流阻抗的关系曲线中找出，在这个电位下可以达到最佳保护效果。

(2) 阳极保护系统及其设计

阳极保护系统包括直流电源、辅助阴极、参比电极和被保护的对象等。阳极保护目前主要用于保护各类化工设备。辅助阴极和参比电极都放置于设备内。

① 直流电源。阳极保护中采用的直流电源主要有恒电位仪和整流器。选取阳极保护电源时，首先要确定合适的电流容量和电能容量。电能容量的大小应该使设备在较短的时间内钝化，因为钝化所需的电流与通电时间有很大的关系。只有在设备腐蚀速率较低，很少需要再钝化的条件下，才采用小电流长时间钝化，一般情况下应尽可能缩短钝化时间。电流容量由使设备钝化所需的电流来确定。常常使用移动式的或辅助的电源来建立初期的钝态，然后用容量足够的在线电源来维持钝态。

阳极保护电源选择的第二个参数为输出电压。电压的大小与整个电路的电阻有关，其中阴极至溶液的接触电阻是主要因素。目前生产中应用的阳极保护直流电源的输出电压为 10~20 V，输出电流最大为 2 500 A。

② 辅助阴极材料。辅助阴极的作用是使电源、被保护的设备、设备内或外的电解液构成电路，与直流电源的负极连接。辅助阴极材料有较高的要求，这是由于辅助阴极直接浸在腐蚀性介质中，并且是在通电情况下工作。为了降低电能消耗，需减小阴极至溶液的接触电阻，故应尽量采用表面积大的阴极。辅助阴极材料要有一定的机械强度，在阴极极化下耐蚀，易加工，价格较便宜。在实际中建议采用长的圆柱体阴极，这样也可以降低电阻。阳极保护中的电流分布能力要优于阴极保护，但是布

置辅助阴极时也要考虑被保护体上电流均匀分布的问题。

(3) 阳极保护的应用

阳极保护适用于酸、碱、盐等多种介质。它既适用于强氧化性酸，如硝酸、铬酸，也适用于还原性酸，如盐酸、醋酸。硫酸是阳极保护应用最广的介质。从材料来说，阳极保护可适用于钢、铁、镉镍钢、镍及其合金、铝及其合金、钛及其合金等多种材质或几种材质的组合，适用于从低温到高温（温度不宜太高，否则被保护金属构件可能处于活化状态）有钝化现象的场合。

3) 阳极保护和阴极保护的比较与选择

(1) 阴极保护与阳极保护的比较

阳极保护的主要优点是可用于从微弱到极强的腐蚀介质中，即使是在腐蚀性极强的环境中，所需的电流也很低。当对裸露或未加涂层的表面进行保护时，上述特点尤为突出。尽管在有些情况下，为了钝化或达到致钝电位需要很大的初始电流，以后的维钝电流却很低。由于阳极保护外加电流通常等于被保护系统腐蚀时的电流大小，因此阳极保护不仅起保护作用，还提供了一种监控瞬时腐蚀速率的方法。此外，通过实验室的极化测量可以精确确定阳极保护的操作条件。

应当注意，阳极保护在不能钝化或含氯离子的介质中不能使用。当保护系统失灵时，阳极保护的部件可能在几天、甚至几小时内失效。为此，阳极保护的设备通常需要安装报警装置。

阴极保护适用于中性盐溶液、海水、土壤、淡水、污水，也可用于碱液、弱酸性溶液（如磷酸）等腐蚀性不太强的介质。在酸溶液中，由于金属强烈析氢，以及需要的保护电流太大导致成本增高，使得金属在酸溶液中的阴极保护毫无实用价值；在含有极微量电解质（酸、碱、盐类）的非电解质溶液中，由于需要的槽压太大而使阴极保护不能实现。理论上，一切金属都可实施阴极保护，但对两性金属（如铝、铅）阴极保护时，要特别注意电流密度不宜过大，否则，将造成铝、铅表面介质层呈强碱性，反而加速铝、铅腐蚀。对于介质中处于钝态的金属（如不锈钢），若外加阴极极化可使其活化，则阴极保护会加速其腐蚀。如果被保护体结构复杂，会使阳极的分布受到限制，从而造成被保护体一些部位欠保护，而另一些部位过保护，因此，阴极保护适合于保护结构不很复杂的设施，如钢构件、港口设施、热交换器、反应釜、船舶等。阴极保护不仅可以减缓金属的均匀腐蚀，而且还可以防止局部腐蚀。但阴极保护用于防止应力腐蚀断裂时，要特别注意给定体系发生的应力腐蚀断裂是否与氢脆有关，如果是的话，那么阴极保护将加速金属的断裂。

(2) 两种电化学保护的选择

电化学保护方法的选择应根据具体情况进行分析和选择。对于一个具体的腐蚀体系，首先应当考虑能否采用电化学保护法，然后再考虑用哪种电化学保护方法。电化学保护方法的选择应主要从以下几点考虑：① 保护效果。选择电化学保护方法时，首先应考虑保护效果。应根据被保护体的结构特征、材料性质及所处环境的性质等，综合考虑采用哪种保护方法。当被保护体所在体系为活化—钝化体系时，则应采用阳极保护；当为非活化—钝化体系时，则只能考虑阴极保护。② 实施的难易程度。应根据被保护体的性能及所处环境，考虑采用哪种保护方法。例如，在管道内壁，尤其是小管径管道内壁进行电化学保护时，就不宜采用阳极保护。③ 环境保护。在两种保护方法都可供选择时，应尽量选用对环境污染小的保护方法。④ 经济效益。经济效益是选择保护方法时应考虑的一个重要因素，既不能一味考虑保护效果而不顾保护系统的成本，也不能只考虑系统成本而忽视保护效果。

4.1.2.3 金属涂层

采用涂、镀、注、渗、化学转化、热流强化、形变强化等措施，改变材料表面的化学成分、组织结构、力学状态等理化和机械性能，使材料表面获得一层保护性的覆盖层或强化层，可以避免金属基体与介质的直接接触。有的覆盖层还具有电化学保护作用或缓蚀作用。这类方法经济有效，是目前用得最为广泛的防腐蚀措施。同时，表面覆盖层还有很好的装饰作用。

保护性表面覆盖层应具备以下条件：① 组织致密，孔隙率低，有一定的厚度，介质不易穿透。② 与基体材料有良好的结合力，不易脱落。③ 具有较高的硬度、耐磨性、韧性和耐腐蚀性。④ 在整个被保护表面上分布均匀。⑤ 对被保护的基体材料无损害影响。

保护性覆盖层按保护层性质，分为金属覆盖层、非金属覆盖层和形变强化层等类型；按处理方法，分为湿法和干法两类。目前，表面处理方法种类繁多，发展十分迅速，已初步形成一门十分有活力的以表面工程技术为核心的学科分支——表面工程学。现代表面工程包括三大技术，即涂镀层技术、表面改性或转化技术和薄膜技术。三大技术在保护性表面覆盖层的处理上均发挥着重要作用。

1）金属覆盖层

金属覆盖层包括单金属覆盖层和合金覆盖层。按相对于基材的电极电位高低，则可分为阴极覆盖层和阳极覆盖层，前者电极电位高于基材，后者电极电位低于基材。金属覆盖层的主要工艺技术方法如下。

（1）电镀

电镀是指将待镀零件作为阴极，电解液中的金属离子在直流电的作用下，在零件表面上发生还原反应，沉积出金属、合金或复合镀层的工艺技术，该工艺也称为电沉积工艺。电镀除了赋予金属零件表面较好的防护性能外，同时还使金属具有漂亮的外观，有的镀层还具有耐磨、减摩、电性能、磁性能、耐热性、可焊性及其他一些特殊的性能。

常用的单金属镀层有 Zn，Ni，Cu，Cr，Cd，Sn，Fe，Co，Pb，Au，Ag，Pt 等；有时镀层是由各种不同的金属层镀覆而成，如 Cu–Ni–Cr，Ni–Ni–Ni–Cr 的多层镀层，具有比单层镀层更好的性能；合金镀层的使用也较为普遍，如 Cd–Ti，Cu–Zn，Cu–Sn，Zn–Ni 等。Cu–Zn 合金镀层就是广泛用于家用五金件的防护装饰镀层，而 Cd–Ti 和 Zn–Ni 镀层因具有耐蚀性好、低氢脆的特点而成为保护高强度钢零部件的重要镀层。用电镀的方法还可以制备非晶态合金，如 Fe，Co，Ni 与 B，P，W，Mo 的非晶态合金。近年来，为了一些特殊的功能要求，金属—金属氧化物、金属—非金属复合镀层在工业上的应用不断拓展，如(Ni，Co)–SiC、(Ni，Co)–金刚石、(Ni，Co)–聚四氟乙烯等复合镀层。

采用电镀的方法通常只适合小型零部件，对大型设备的维修，则可以使用电刷镀。使用这种方法镀层的厚度易控制，沉积速率一般比较快，镀层可以做得很薄以节约金属，镀层与基体金属的结合强度较高，镀层均匀、致密，表面光洁。电镀时一般需要的温度不高。

电镀层的防护性能不仅与镀层材料的性质有关，而且与电镀槽液配方、电镀工艺参数（电流密度、湿度、搅拌情况等）、工件预处理（如研磨、脱脂、除锈、水洗、活化等）及镀后处理（如干燥、钝化、封孔）等决定镀层性能的因素密切相关，因此需要严格控制。

电镀生产都需要对废水进行处理，国家对电镀废水的排放有严格的规定。

（2）化学镀

化学镀是在没有外加电流作用的情况下，依靠溶液中各物质间或金属与溶液中物质间的氧化—还原反应，在制件表面形成与基体牢固结合的金属、合金或复合镀层的过程。常用的化学镀层有化学镀镍和化学镀铜层。

化学镀所获得的非晶态镀层硬度高，孔隙少。例如，化学镀镍磷合金层耐蚀性好，抗氧化，耐磨损，同时有好的磁性能；化学镀 Ni–P/SiC，Ni–P/PTFE（聚四氟乙烯）复合镀层不仅有很好的耐蚀性能，而且有优异的耐磨及自润滑性能，在要求耐磨和抗蚀的零部件上得到了很好的应用。化学镀与镀后热处理合理配合，可以获得抗蚀和耐磨综合性能好的镀层。

化学镀有诸多优点，如不需要电源，镀层表面没有电触点；与电镀相比，均镀性能好，只要电解液能到达的地方都能镀上镀层，非常适合镀覆复杂零件。除了可以在金属表面镀覆外，还可以在非金属表面如塑料、陶瓷表面上镀覆。因此，化学镀常用作非金属件上电镀层的底层。当然，化学镀也有不足的方面，如一般化学镀的成本比电镀成本要高，槽液维护难度较大，同时，镀速一般也较电镀慢。

此外，需要注意的是，化学镀与电镀一样，存在引起高强度钢和钛合金等对氢脆敏感性高的制品的氢脆破坏的隐患，因此，当这类制品承受载荷尤其是疲劳载荷时，必须慎重对待。

(3) 热浸镀

热浸镀简称热镀，是将待镀金属零件浸入熔点较低的其他液态金属或合金中以获得镀层的方法。该方法的基本特征是在基体金属与镀层金属之间有合金层形成，即热浸镀层是由内合金层和浸镀金属共同构成的。该工艺简单，比电镀容易获得较厚的镀层(可达到 1 mm 以上)，保护使用寿命长；待镀金属材料一般为钢、铸铁及不锈钢等，所以得到广泛应用。例如，在室外使用的大型构件上(管道、铜架等)通常采用该类防护层；镀锌钢板(白铁板)和镀锡钢板(马口铁板)也是用这种方法制得的。热镀方法需满足下列条件：① 镀层金属的熔点要低，以保证工艺易于实施和不导致待镀工件性能变化或变形。目前用于浸镀层的金属主要有 Zn，Al，Sn，Pb 及其合金。② 熔融的镀层金属必须与基体金属润湿。③ 工件必须能和镀层金属形成化合物或固溶体，以使金属基体和镀层金属间有足够的结合力。

(4) 表面扩散渗入

表面扩散渗入技术是用加热扩散的方法，把某种金属或合金渗入基体金属表面，形成一层合金层的方法，也称为渗金属或表面合金化法。该技术的突出特点是，渗层的形成是一个热化学过程，在渗透区域内，渗透元素与基体起化学反应，并可能分别形成溶出体、析出物和化合物类型的表面层。该表面层均匀、无孔隙，热稳定性好，与基体结合非常牢固，不仅有良好的耐蚀性，而且还可改善材料的其他物理化学性能；即使物体形状复杂，尺寸也不会有明显的变化。

热渗材料的选择范围很宽，应根据耐蚀性、耐磨性或耐高温氧化性的要求来选择渗层金属。渗层金属常用的有 Zn，Al，Si，Cr，Ti，B，W，Mo，V 等。还可以进行二元与多元共渗。

热渗镀的方法很多。按接触介质，可分为固相渗、液相渗和气相渗；按复合手段，可分为电泳法、料浆法、粉末法、真空等离子体法、熔盐法和涂镀层与热扩散相结合法等。

(5) 包镀

包镀是将耐蚀性能良好的金属，通过机械碾压的方法包覆在被保护的金属或合金上，形成包覆层或双金属层的方法。例如，高强度铝合金表面包覆纯铝层或铝锌合金，形成有包铝层的铝合金板材。

(6) 热喷涂

热喷涂是一种利用热源将固体材料加热至熔化或熔融，并借助高速气流的雾化效果使其形成微细液滴，喷射沉积到基体表面形成涂层的方法。

目前热喷涂方法多按热源分类，热源类型有气体燃烧火焰、气体放电热源、电热、激光等。气体燃烧火焰热源法包括线材火焰喷涂、粉末火焰喷涂、棒材火焰喷涂、燃气重复爆炸喷涂、超声速火焰喷涂、粉末火焰喷焊；气体放电热源法包括电弧喷涂、等离子喷涂、大气等离子喷涂、等离子喷焊；电热热源法包括高频喷涂、线材电爆喷涂；激光热源法包括激光喷涂和激光喷焊。

热喷涂材料除金属和合金外，还可以喷陶瓷和塑料。热喷涂材料的形态分线材、棒材和粉末三类。不同的工艺方法和喷涂装置，对线材、棒材的直径和粉末的粒度有具体要求。应用最普遍的线材有铝及铝合金、锌及锌合金、铜及铜合金、铁合金、锡及锡合金、铅及铅合金、镍及镍合金、钼以及复合喷涂线材。

热喷涂的特点是方法多样，涂层广泛，工件不限，可赋予普通材料以耐蚀、耐磨、抗高温氧化、隔热、高温强度、密封、减摩、耐辐射、导电、绝缘等特殊的表面性能，且成本较低，经济效益显著。但一般的热喷涂方法制备的涂层结合力较低，孔隙率较高，均匀性较差，有的喷涂方法操作环境较差，要求采取劳动保护和环境保护措施。

20世纪90年代取得较大进展的超声速电弧喷涂技术，使热喷涂涂层质量上了一个台阶。超声速电弧喷涂涂层强度高，孔隙率低，表面粗糙度低，耐磨耐蚀性能好，加之在工艺上没有严格的要求，在相当大的工艺参数范围内都能得到性能优异的涂层，因此该技术获得了广泛的应用。采用超声速电弧喷涂铝涂刷封孔涂料形成复合涂层对桥梁进行防护，预计防护寿命在30年以上；采用超声速电弧喷涂铝涂刷封孔涂料对导弹阵地设备腐蚀进行防护，预计防护寿命在30年以上；水冷壁是火力发电厂关键的生产设备，电厂水冷壁采用超声速电弧喷涂FeCrAl合金与高温封孔涂料形成的复合涂层进行防护，与普通电弧喷涂涂层相比，结合强度高，涂层质量大大改善，预计防护寿命在8年以上。

(7) 气相沉积

气相沉积也称为干法镀，一般是在真空中被沉积的金属或合金以气态形式到达基体表面形成覆盖层。气相沉积按机理可以分为物理气相沉积和化学气相沉积。

① 物理气相沉积(PVD)。物理气相沉积法包括真空蒸镀、溅射镀和离子镀。用PVD法能够镀覆许多金属和合金镀层，尤其对钛、铝以及某些高熔点金属，用电镀方法一般不易实现，而PVD法较为适合；同时，PVD法无氢脆隐患，对环境无污染。但是PVD法也有不足之处：比电镀、化学镀等成本高；单独的真空蒸镀或一般的溅射镀，镀层结合力较低；蒸镀或溅射镀因是直线性沉积，故不能镀覆复杂的工件。

a. 真空蒸镀。真空蒸镀是在真空中将镀料加热，使其蒸发或升华并沉积在镀件表面的工艺。加热方法有电阻加热、电子束加热、高频感应加热、电弧放电及激光加热等，常用的是电阻加热和电子束加热。电阻加热器材料一般采用W，Mo，Ta等高熔点金属，将其制成丝状、舟状或块状使用；电阻加热器寿命短，而且易污染，只对熔点较低的金属适用。电子束加热是在高真空中用电子束直接照射蒸镀材料，使其蒸发。用这种方法可得高纯度的膜层，也可以对W，Mo，Ta等高熔点金属进行蒸镀，还可以蒸镀金属氧化物涂层。

单独真空蒸镀的镀层结合力较低，因而在防腐蚀方面的应用受到一定限制。得到应用的防腐蚀镀层有Cd，Al，抗氧化镀层有MCrAlY(M代表Fe，Co，Ni等)。将真空蒸镀与其他方法联合使用(如镀渗结合、与离子束辅助结合等)，可有效地改进镀层的结合力等性能。

b. 溅射镀。溅射镀是用荷能粒子(通常为气体荷正电粒子)轰击靶材(阴极)，使靶材表面原子以一定的能量逸出，溅射到靶材附近的零件上形成镀层。溅射室内的真空度比真空蒸镀的低，溅射镀主要分为二级溅射、三级溅射、磁控溅射、等离子溅射、射频溅射、反应溅射、偏压溅射及离子束溅射等。

溅射镀主要用于制备电子元器件上的薄膜，也可以镀覆耐磨、抗蚀的合金或TiN，TiC等硬质镀层，用于提高切削刀具、轴承等的耐磨、耐蚀性能和使用寿命。

溅射镀最大的特点是能镀覆与靶材成分几乎完全相同的镀层，特别适合高熔点金属、合金、半导体和各类化合物的镀覆，镀层与基体的结合力比真空蒸镀法的高；缺点是镀件温升较高(150~500℃)。磁控溅射由于沉积速率高成为溅射镀中应用最为广泛的一种，然而由于传统的磁控溅射镀层结合强度低，难以在复杂工件上镀上均匀的镀层，因此，人们开发出非平衡磁控溅射技术和封闭磁场平衡磁控溅射技术。目前，封闭磁场非平衡磁控溅射已可制备出结合力高、耐蚀、耐磨的性能优异的膜层。

  c. 离子镀。离子镀是使基板表面和生长薄膜经受周期性的或连续的荷能离子轰击，从而改变薄膜生长过程和特征的薄膜沉积工艺。轰击可以在等离子体或真空环境中发生，轰击沉积物可以有若干来源。离子镀的基本形式有真空基离子镀和等离子体基离子镀两种。在等离子体基离子镀中，基板同等离子体接触，等离子体中的离子在偏压电场的作用下，加速并达到待镀件表面。在真空基离子镀中，薄膜材料在真空中沉积，而轰击来源于等离子枪，等离子枪发出的荷能离子束对镀膜材料的沉积源（溅射或蒸发）沉积的膜层进行轰击，使膜层致密和膜基界面混合，从而获得高的膜基结合强度和好的膜层结构。因此，该工艺常被称为离子束辅助沉积或离子束增强沉积。

  离子镀的主要特点是镀层附着力高，绕镀性好。附着力高的原因是由于已电离的惰性气体不断地对镀件进行轰击，使镀件表面得以净化。在膜层界面制备过程中，离子轰击作用使膜基粒子共混，形成伪扩散层。绕镀性好则是由于镀料被离子化成正离子，而镀件带负电荷，而且，镀料的气化粒子相互碰撞，分散在镀件（阴极）周围空间，因此能镀在零件的所有表面上。另外，由于离子镀前进行辉光放电清洗工件表面，离子镀过程中工件受到离子的连续轰击，因而离子镀对零件的预处理的要求不高。

  离子镀金属或合金镀层在防腐蚀和抗氧化方面得到了广泛的应用。例如，二极真空离子镀铝取代电镀镉，已成为钛合金、结构钢、航空航天零部件的重要腐蚀控制镀层，而离子镀 MCrAlY（M 代表 Fe，Co，Ni 等）镀层则成为重要的抗高温氧化镀层。

  ② 化学气相沉积（CVD）。利用加热、等离子体激励和光辐射等方法使气态或蒸气状态的化学物质发生化学反应，形成固态物质沉积在基片表面上，从而形成所需要的固态薄膜或涂层的方法，称为化学气相沉积（CVD）技术。

  用化学气相沉积技术可以沉积金属、半导体和绝缘体薄膜。采用该方法可以制成高度完整和高纯度的晶态物质和非晶态物质，可以比较容易地控制涂层的化学成分和结构，成膜速率快，在常压或在低真空下就可进行，镀膜的绕射性好。传统 CVD 的主要缺点是反应温度高，一般要在 1 000 ℃ 左右，许多基体材料经受不住如此高的温度。

  近年来，为克服传统 CVD 的高温工艺缺陷，发展出了多种中温（800 ℃ 以下）和低温（500 ℃ 以下）CVD 新技术。其中，金属有机化学气相沉积（MOCVD）和等离子体增强化学气相沉积（PECVD）技术就分别属于十分有前途的中温和低温新型 CVD 技术，由此扩大了 CVD 技术在表面技术领域的应用范围。目前，CVD 技术在表面处理方面受到重视，广泛应用于机械工程材料、反应堆材料、宇航材料、光学材料、医用材料及化工设备用材料等。用 CVD 法镀制防护膜层，能达到防腐抗蚀、耐热耐磨、表面强化等方面的要求。

  (8) 激光束、离子束及电子束技术

  采用激光束、离子束及电子束技术对材料表面进行涂层或改性处理，统称为"三束"表面改性技术，是近 20 多年迅速发展起来的材料表面新技术，是材料科学的最新领域之一。

  使用高能（数百 keV）离子束轰击固体表面，可以把任何元素掺入任何基体的近表面区域，而近表面区域的这种合金化不受溶解度及扩散系数之类的热力学条件所限制，这种离子束表面改性工艺称为离子注入。该工艺属低温沉积技术，在几乎所有的情况下，改性区深入基体内部达几十纳米。离子注入可改进金属材料的耐腐蚀、抗氧化、抗磨、抗疲劳性能。例如，离子注入 N，Cr，Zr，Ti，Si，Mo + C，Ti + C，可使结构钢的耐蚀性能明显提高；离子注入 Y，Ce，可使高温合金的抗氧化性能改进；而离子注入 N，C，Ba，可使钛合金的常规疲劳和微动疲劳抗力提高。金属蒸气真空弧源和等离子体浸没离子注入新型技术的问世，使离子注入的工艺过程简化，实现了全方位注入，由此扩大了应用范围。利用离子轰击作用发展出了离子束辅助沉积、离子束表面混合和双束溅射(复合离子束溅射)沉积等表面涂层技术。

用脉冲激光器可获得极高的加热和冷却速率,可制成微晶、非晶及其他一些奇特的、热平衡图上不存在的亚稳合金,从而赋予材料表面以特殊的性能。具体的激光表面改性技术有激光相变硬化、熔凝、合金化、熔覆、颗粒注入、非晶化、冲击硬化、激光化学气相沉积等。激光表面改性技术可赋予结构材料表面良好的耐蚀、抗磨、抗氧化性能。需要指出的是,由于激光改性在材料表面造成很大的温度梯度和残余应力,易使表面出现裂纹,在工艺参数控制和方法选择时必须予以充分注意。

电子束和激光束一样也是一种高能密度的热源,可以把上千瓦的能量集中到直径几微米的区域内,从而获得高达 10^9 W/cm² 的能量密度,实现相变硬化、表面熔凝、表面熔覆和表面合金化,并达到改进材料耐蚀、抗磨、抗高温氧化的目的。此外,电子束物理气相沉积用于沉积热障涂层,可获得具有足够应变容限的柱状晶结构,在提高发动机高温环境适应性和效率方面发挥了重要作用。

总之,离子束、激光束和电子束作为特殊的能量方式,在表面改性及实施化学气相沉积和物理气相沉积方面显示出诸多优势,可有效地改善基体表面的物理化学性能,也使基体表面获得用其他方法不能获得的独特性能,使表面工程、微电子工业取得前所未有的进步和历史性的突破。"三束"技术在表面工程领域的应用范围极其广泛,前景极其广阔。

4.1.2.4 非金属覆盖层

非金属覆盖层也称为非金属涂层,分为无机涂层和有机涂层。

1) 无机涂层

(1) 搪瓷涂层

搪瓷涂层又称珐琅,是类似于玻璃的物质。搪瓷涂层是将钾、钠、钙、铝等金属的硅酸盐,加入硼砂、硼酸、碳酸钾、碳酸钠等熔剂,喷涂在金属表面烧结而成。为了提高搪瓷的耐蚀性,可将其中的 SiO_2 成分适当增加(如质量分数大于60%),这样的搪瓷由于耐蚀性好被称为耐蚀搪瓷。耐蚀搪瓷常用做各种化工容器的衬里,它能抵抗高温高压下有机酸和无机酸(氢氟酸除外)的侵蚀。由于搪瓷层没有微孔和裂纹,因此能将钢铁基体与介质完全隔开,起到防护作用。搪瓷材料是脆性材料,要防止机械冲击及热冲击作用,否则将会加速涂层破坏。

(2) 硅酸盐水泥涂层

硅酸盐水泥涂层是将硅酸盐水泥料浆涂覆在大型钢管内壁,固化后形成涂层。由于该涂层价格低廉,使用方便,而且膨胀系数与钢接近,不易因温度变化发生开裂,因此广泛用于水溶液和土壤中的钢及铸铁管线的防护。硅酸盐水泥涂层厚度为 0.5~2.5 mm,使用寿命最高可达 60 年。硅酸盐水泥涂层带碱性,因此易受酸性气体及酸溶液的侵蚀;这类涂层的另一缺点是不耐机械冲击及热冲击。

(3) 陶瓷涂层

陶瓷涂层是采用热喷涂或气相沉积(包括 PVD 和 CVD)的方法将陶瓷材料涂覆于金属表面形成的涂层。涂层主要是氧化铝、氧化锆等耐高温氧化物,厚度为 0.1~0.5 mm,工作温度达 1 000 ℃ 以上。陶瓷涂层具有耐高温、抗氧化、耐腐蚀、耐磨、耐气体冲蚀,以及良好的耐热震性和绝热、绝缘性能。陶瓷涂层主要用于喷气发动机、燃气涡轮机等高温环境。

2) 有机涂层

(1) 涂料涂层

涂料涂层俗称油漆涂层,这是由于早期涂料主要是以油漆为原料的原因。随着各种有机合成树脂的广泛应用,涂料已经形成了一个大家族。目前,涂料涂层在整个表面覆盖层中所占的比例较大。涂料涂层除对金属具有保护作用外,还具有装饰作用、标志作用及特殊作用(如绝缘、抗微生物、耐辐射、示温、伪装、防震、红外线吸收、太阳能接收等）。

① 防锈涂料的基本组成。涂料一般由成膜物质、颜料、溶剂和助剂组成。根据主要成膜物质，涂料分为油基涂料和树脂涂料。常用的有机涂料有油脂涂料、酚醛树脂涂料、醇酸树脂涂料、沥青涂料、氨基树脂涂料、硝基涂料、纤维素涂料、过氯乙烯树脂涂料、乙烯树脂涂料、丙烯酸树脂涂料、聚酯树脂涂料、环氧树脂涂料、聚氨酯涂料、有机硅涂料等。

② 涂层的保护机理。有机涂料对金属材料的保护原理基于三个方面：隔离环境、缓蚀和电化学保护作用。

a. 物理覆盖作用。涂层覆盖于金属表面，将金属和环境隔开，起到了对金属的屏蔽作用。由于许多涂料对酸、碱、盐等化学物质显示惰性，在涂覆时通常涂覆多层，使涂层达到一定的厚度而致密无孔，以有效地阻挡环境对金属的侵蚀。

b. 缓蚀作用。借助涂料中的防锈颜料（如红丹、锌铬黄、磷酸盐、硼酸盐等）与金属反应，使金属表面钝化或生成保护性的物质以提高涂层的保护作用。另外，一些油料在金属皂的催干作用下生成降解产物，也能起到有机缓蚀作用。

c. 阴极保护作用。介质渗漏接触到金属表面，就会形成膜下的电化学腐蚀。在涂料中使用电位比基体金属低的金属做填料，会起到牺牲阳极的阴极保护作用。

③ 涂层的结构。一般涂层应包括底漆、中间层和面漆。底漆必须对金属具有良好的附着性和防护性；中间层应能增强底漆和面漆的结合强度；面漆应具备较好的耐蚀性、耐候性和抗紫外线辐射性能，同时提供装饰作用。每层涂料需要涂刷一次至数次。应根据环境和对底漆、中间层及面漆的不同要求，选择涂料的类型、涂刷次数及涂层厚度，并保证底漆、中间层和面漆是相容的。

④ 涂装方法。应当根据涂料品种、性能、施工要求、固化条件以及被涂产品的材质、形状、大小、表面状况等具体情况，选择适当的施工方法和工艺设备。常用的涂装方法有刷涂、刮涂、浸涂、喷涂、淋涂、静电喷涂、电泳涂装、粉末涂装等。每涂一层都应充分干燥，干燥的方法分为自然干燥和强制人工干燥。自然干燥就是在常温下依靠溶剂的挥发，油漆发生自行聚合及催化聚合由液态转变为固态形成漆膜的过程；而人工强制干燥包括加热干燥（加热风对流加热、辐射加热、对流辐射加热等）和照射固化（紫外线或电子束照射）。

(2) 塑料涂层

将塑料粉末喷涂在金属表面，经热固化形成塑料涂层，也可用层压法将塑料薄膜直接黏结在金属表面形成塑料涂层。用该方法制成的有机涂层金属板用途极为广泛。常用的塑料薄膜有丙烯酸树脂薄膜、聚乙烯薄膜和聚氯乙烯薄膜等。

(3) 硬橡皮覆盖层

在橡胶中混入质量分数为30%~50%的硫进行硫化，可制成硬橡皮，它具有耐酸、耐碱腐蚀的特性，许多化工设备采用硬橡皮做衬里。其主要缺点是加热后橡皮会老化变脆，只能在50 ℃以下使用。

4.1.2.5 化学转化膜

化学转化膜是金属表层原子与介质中的阴离子反应，在金属表面生成附着性好、耐蚀性优良的薄膜。用于防蚀的化学转化膜主要有以下几种。

(1) 铬酸盐钝化膜

铬酸盐钝化处理常用于锌、镉、铝、镁、锡、黄铜的表面处理。将金属或镀层置于含铬酸、铬酸盐或重铬酸盐及添加剂的水溶液中处理，在金属表面形成由三价铬和六价铬化合物组成的铬酸盐钝化膜，厚度一般为 0.011~0.150 mm。随着厚度的不同，膜的颜色可以从无色透明转变为金黄色、绿色、褐色甚至黑色。在铬酸盐钝化膜中，不溶性的三价铬化合物构成了膜的骨架，六价铬化合物则分布在膜的内部，起填充作用。当膜受到轻度损伤时，六价铬会从膜中溶入水中，使露出的金属表面钝化，起到修补钝化膜的作用。

铬酸盐处理大量用于镀锌钢材、铝合金及镁合金的涂装前处理。由于六价铬对人体有害，钝化处理后的废水一定要经过严格处理才能排放。从环保的角度出发，目前正在进行代替铬酸盐处理的研究，但所研究的膜层质量和成膜速率仍赶不上铬酸盐钝化膜。

(2) 磷化膜

磷化膜又称为磷酸盐膜，是将金属置于含磷酸和可溶性磷酸盐溶液中，通过化学反应在金属表面生成不溶的、附着性良好的保护膜，该工艺称为磷化或磷酸盐处理。磷化液有磷酸锌、磷酸铁、磷酸锰、磷酸钙、磷酸钠及磷酸铵等。磷化工艺可分为高温（80 ℃以上）、中温（50～70 ℃）和常温（15～45 ℃）三种情况。施工方法有浸渍、喷淋或浸喷组合。磷化膜的厚度一般为 1～15 μm，实际使用中，厚度多采用单位面积膜层质量来表示。磷化膜多孔，耐蚀性较差，磷化后必须用重铬酸钾钝化或浸油封闭处理。

磷化在钢铁件上使用最多，由于漆膜在磷化膜上有很好的附着力，因此磷化膜常用于钢铁零件涂漆的底层；此外，磷化膜还用于冷加工润滑、减摩及绝缘等方面；磷化膜也在镁及其他有色金属表面使用，镁合金在磷化后涂漆可以大大提高其耐蚀性。

(3) 钢铁的化学氧化膜

钢铁的化学氧化是采用化学方法，在钢铁制品表面上生成一层保护性氧化膜（Fe_3O_4），其表面呈蓝黑色或深黑色，故又称为发蓝或发黑。方法有碱性发蓝和酸性发蓝。碱性发蓝用得较多，方法是将钢铁制品浸入到含氧化剂（$NaNO_2$ 或 $NaNO_3$）的氢氧化钠溶液中，在约 140 ℃下进行处理，得到 0.6～0.8 μm 厚的氧化膜。由于膜层薄，故对零件尺寸和精度无明显影响。

钢铁的化学氧化膜的耐蚀性较差，需要浸肥皂液、浸油或浸重铬酸钾溶液处理后，才有较好的耐蚀性和较好的润滑性。钢铁的氧化处理广泛用于机械零件、电子设备、精密光学仪器、弹簧和兵器的防护与装饰。由于碱性发蓝在高温下进行，操作条件差，因此，近年来低温氧化工艺开发受到重视。

(4) 阳极氧化

阳极氧化是将零件作为阳极放入特定的电解质溶液中，使其表面形成具有保护性氧化膜的表面处理方法。它通常用于有色金属的表面处理，除常见的铝合金阳极氧化外，镁合金、钛合金也常常采该此方法进行表面防护和装饰。

铝在空气中自然氧化的膜厚为 3～5 nm，有一定的保护作用，但不能完全满足使用要求。铝及铝合金在硫酸、铬酸、草酸或混合酸中阳极氧化处理后，可得到几十至几百微米厚的多孔化膜，在沸水或重铬酸钾等介质中封闭处理后，膜层具有很好的耐蚀性、耐磨性和绝缘性，与基体结合得非常牢固。在未封闭前，可利用氧化膜多孔的特点，给阳极氧化膜染上各种颜色作表面装饰用。采用特殊的工艺，还能使铝及铝合金表面生成一层具有瓷质感的氧化膜，有很好的防护及装饰效果。铝的阳极氧化技术在航空航天、汽车制造、民用工业得到了广泛的应用。镁及镁合金在自然条件下形成的氧化膜远不如铝合金的自然氧化膜的保护性好，但可以通过阳极氧化形成耐蚀性较好的氧化膜。镁合金阳极氧化可以在酸性和碱性介质中进行，氧化条件不同，氧化膜可以呈不同的结构和颜色。随着镁合金在汽车、通信、计算机和声像领域的应用，镁合金阳极氧化技术得到了较快的发展。阳极氧化也是提高钛合金耐磨和抗蚀性能的一种方法，在航空航天领域有较广泛的应用。

近年来发展起来的微弧等离子体氧化工艺是一种直接在铝合金、镁合金和钛合金等金属表面原位生长陶瓷层的新技术，在工作中使用较高的电压（直流或脉冲形式），将工作区域由普通的阳极氧化法拉第区引入高压放电区域。采用该技术可制得厚度达数百微米的高硬度、低孔隙、具有瓷质感的氧化膜,其耐蚀性和耐磨性都很好。

4.2 高分子材料的老化控制

4.2.1 高分子材料的老化形式与特点

老化(ageing)是高分子材料在加工、储存和使用过程中,由于各种因素的影响,性能和使用价值逐渐降低的现象。老化可分为化学老化和物理老化两种。发生老化的原因主要是结构或组分内部具有易引起老化的弱点,如具有不饱和双键、支链、羰基、末端上的羟基,等等;外界或环境因素主要是阳光、氧气、臭氧、热、水、机械应力、高能辐射、电、工业气体(如 CO_2,NH_3,HCl,SO_2 等)、海水、盐雾、霉菌、细菌、昆虫,等等。性能下降表现为:如有机玻璃出现银纹或龟裂,轮胎橡胶龟裂、变硬、变脆,油漆涂层失去光泽甚至粉化、起泡、剥落等。性能下降的主要原因是分子链发生降解和交联反应。降解反应导致分子链断裂,即相对分子质量下降,从而使材料变软、发黏甚至丧失机械强度;交联则往往使高分子材料变脆失去弹性。

从结构上来说,聚乙烯比聚四氟乙烯容易老化,是因为 C—F 键的键能比 C—H 键的键能大,起着保护碳链的作用;聚丙烯的碳链上有甲基,甲基碳原子上的氢原子比较容易脱去,导致聚丙烯不如聚乙烯耐老化;由于聚酰胺链上有羧基,聚酯纤维中的酯键容易水解,因此也容易老化。又如二烯烃聚合的橡胶中含 C═C 双键,容易发生热氧化老化(由热诱发的氧化反应)、光氧化老化(由光诱发的氧化反应)和臭氧老化。臭氧老化是橡胶老化的主要原因,这是由于橡胶常在应力条件下使用容易发生臭氧龟裂。氯丁橡胶由于含有吸电子基的氯原子而较耐老化。

如前所述,聚合物由于结构上的弱点而在一定外界条件下容易发生各种老化现象。有的聚合物在受到辐射,特别是高能辐射时,化学键就会发生断裂,而发生老化。

化学老化是一种不可逆的化学反应,它是分子结构变化的结果,如塑料的脆化、橡胶的龟裂、纤维的变黄等。化学老化可以分为降解和交联两种类型。降解是指高分子受紫外线、热、机械力等因素的作用而发生的分子链的断裂;交联是指高分子 C—H 键断裂,产生的高分子自由基相互结合,形成网状结构。降解和交联对高分子的性能有很大的影响。降解使高分子相对分子质量下降,材料变软发黏,抗拉强度和模量降低;交联使高分子材料变硬变脆,伸长率下降。

物理老化不涉及分子结构的改变,它仅仅是由于物理作用发生的可逆性变化。例如,有些高分子材料受潮后绝缘性能下降,但干燥后可以恢复。

高聚物的老化是许多化学因素、物理因素和生物因素共同作用的结果。老化过程中哪种因素最敏感,将因高聚物的种类或使用条件而有明显差异。因此,研究高聚物的防老化,必须考虑高聚物本身的结构及其使用条件,有针对性地采取防老化措施。

1) 高聚物的老化及其特征

高聚物老化是指高聚物在加工、储存和使用过程中,物理化学性能和机械性能发生变化的现象。高聚物的老化就像岩石风化、钢铁生锈和生命衰亡一样,反映了事物的发生、发展和灭亡的过程。老化现象有如下几种情况:在外观上,材料发黏、变硬或变软、变脆、龟裂、变形、发霉、失光、粉化、剥落和银纹等;在物理性能上,由于相对分子质量和结构变化引起溶解度、透光率、熔点、玻璃化温度、耐热、耐寒、透气和密度等性能的变化;在机械性能上,高聚物可以发生抗张强度、抗冲击强度、抗弯曲强度、剪切强度、硬度、弹性和附着力等性能的变化;在电性能上,会发生绝缘电阻、介电常数、介电损耗和击穿电压的变化等。

2) 高聚物老化的原因

高聚物老化有两个方面的原因,一是高聚物本身的因素(内因),二是环境因素(外因)。根据老化因素和试验手段不同,可以对高分子老化按生物老化、大气老化、光老化、光氧化老化、热老化、热氧化老化、湿热老化、臭氧老化等类型进行研究,至于化学试剂对于高分子的破坏作用,可归入防腐蚀的研究范畴。

高聚物老化的内因主要是高聚物本身分子结构上存在一些弱点,包括高分子的化学结构和物理状态。支链高分子比直链高分子容易老化,因为支链会降低高分子的键能,所以当支链增大时,高分子的抗老化性能会降低。某些高分子在分子结构上含有亲水基团,容易吸收水而引起水解;此外,水渗入高分子内部后,会使制品内某些防老化剂被水溶解,从而去除了制品内部的保护剂,使制品加速老化。如 ABS 树脂的不饱和双键、聚酰胺的酰胺键、聚碳酸酯的酯键、聚砜的碳硫键、聚苯醚的苯环上的甲基、异戊橡胶的双键等。其次是高聚物中存在微量有害杂质,如聚碳酸酯中含有未反应的双酚及副产物(氯化钠),残留的单体、溶剂及制造过程中因与金属设备接触而沾有金属杂质,如铁、铜、锰等,都会影响高聚物的老化性能。其他如高分子的聚集状态、结晶度、取向度、交联度、支化程度、相对分子质量和相对分子质量分布等因素,都会影响到高分子材料的老化性能。

高聚物老化的外因有物理、化学和生物等因素,主要是热、氧、阳光、水、工业有害气体和微生物等。这些又称大气老化的主要因素。此外,机械力的作用、高能辐射等也属于高聚物老化的外因。

太阳光是引起高分子老化的主要外因之一,它对户外使用的高分子材料影响较大。太阳光中的紫外线易被含有醛、酮、羰基的聚合物所吸收,引起光化学反应;太阳光中的红外线被物质所吸收,转变为热量,而随着温度的升高,高分子热老化和热氧老化加剧。氧是一种活泼气体,能使许多物质发生氧化作用。高分子的化学老化主要是在光、热或其他因素影响下进行的氧化反应。高分子在加工、储存和使用过程中,不可避免地要和氧接触,所以氧也是引起高分子化学老化的主要因素之一。

3) 高聚物老化的机理

尽管高聚物的老化过程是一个复杂的反应过程,但是主要还是由于高聚物发生了降解和交联两类不可逆的化学反应。降解反应常使高聚物变黏和变软,而交联反应使高聚物变硬、变脆。交联和降解反应往往可以在同一高聚物的老化过程中发生,只不过是有一类反应为主而已。例如,聚乙烯、聚丙烯、聚氯乙烯、聚甲醛、聚酰胺、丁基橡胶和天然橡胶的老化,一般以降解为主,而聚砜、聚苯醚、丁苯橡胶和顺丁橡胶的老化则以交联为主。

(1) 热降解

热降解反应可以发生在高聚物的主链,也可以发生在侧链。首先讨论主链热降解。为了考察热对高聚物的影响,把高聚物置于无氧的条件下(即真空和氮气流中)加热,出现降解曲线很陡的高聚物属于主链热降解,如聚异丁烯、聚苯乙烯等。根据生成单体的收率和未反应高聚物的聚合度的变化,可以把发生在链断裂的热降解反应大致分为三类。

第一类降解反应是无规降解。主链可以在任意处断裂,随着降解反应的进行,聚合度降低,生成比单体大的长短不等的碎片。某些乙烯系高聚物(如聚乙烯等)和一般缩聚物的降解主要是无规降解。聚乙烯降解时几乎不生成单体自由基,而是经歧化而终止。

$$-CH_2-CH_2-CH_2-CH_2- \longrightarrow -CH_2-CH_2 \cdot + \cdot CH_2-CH_2- \longrightarrow -CH=CH_2 + CH_3-CH_2-$$

第二类属于解聚反应,即高聚物全部降解成单体的反应。首先在高分子链的末端断键生成自由基,而后按连锁反应机理发生降解,即高分子一旦分解产生自由基之后,就像打开拉锁一样进行连锁降解。如聚甲基丙烯酸甲酯热降解时,按聚合反应的逆反应进行,大部分转化为单体。

第三类是在高分子主链的任意处断裂产生自由基,从自由基开始发生解聚反应;当然也有不发生解聚反应的情况。如聚苯乙烯的降解就介于这两者之间,从宏观上,可以看到单体的生成和聚合度的降低。部分降解曲线在高温下出现平台,它们属于侧链发生降解反应的高聚物,一般在发生侧链断裂的同时,也发生主链的降解;而在高分子链未断裂时,已先发生消去反应,在主链上形成双键,成环或交联,因而出现平台。如果对它们长期加热,则部分碳化。例如,在氮气流中加热聚氯乙烯,在240 ℃下发生热分解,生成96.3%的氯化氢、2.7%的苯、0.1%的甲苯和0.9%的其他烃类产物,因此,聚氯乙烯热降解反应是脱氯化氢,生成共轭多烯。

苯和甲苯是由共轭多烯的环化生成的。聚氯乙烯的降解反应的机理是自由基连锁反应机理,聚合度越低,降解速度越大。其引发过程是从聚合物分子的端基开始的,增长反应则是通过继续脱氯化氢而进行,形成共轭多烯结构。

(2) 氧化降解

高聚物在氧或空气中的热降解和在真空或氮气流中的热降解有显著不同,即使在较低温度下也能发生氧化降解,降解产物中生成酮基、羧基和羟基等。如将聚乙烯薄膜置于氧气流中,在60~70 ℃下加热,发现随时间的增加,薄膜也随之老化,这是由于生成了羰基和羟基。通常,乙烯系高聚物在较低温度下的氧化分解是按连锁反应机理进行的。

聚氯乙烯在氧气中的热降解和在真空中的热降解不同,由于氧的作用,在脱氯化氢的同时,在聚合物中生成羟基;并且由于脱氯化氢,生成的多烯或者游离基彼此间交联生成不溶性高聚物。

(3) 光降解和光交联引起老化

光引起的高聚物的降解和交联是高聚物老化的另一原因。太阳辐射的能量,其短波的大部分被地球大气层中的臭氧层所吸收,到达地球表面的波长属于300~400 nm的近紫外部分。要引起光化学反应,物质首先必须吸收光,而物质是按其分子结构来吸收特定范围波长的光的。如羰基吸收的波长范围是18.7 nm,280~320 nm;双键吸收波长范围为250~320 nm;而C—C键和羟基吸收的波长小于250 nm。因此,近紫外线只能引起有羰基和双键的高聚物的老化,而不能引起只含碳—碳键或具有羟基的高聚物的光老化。事实上,后者同样受到光的破坏,只是在这些高聚物中是杂质吸收了光而引起光降解反应。在聚烯烃中,有两种方式引进杂质,一是添加剂,如填料、热稳定剂、催化剂的残余等;一是高聚物转变的产物,如过氧化物、羧基化合物和含双键的化合物等。天然橡胶对光照极灵敏,在真空下,用紫外光照射它,低于150 ℃时,就产生凝胶化现象,并析出 H_2。氧在高聚物的光降解中起很大的促进作用。例如,聚丙烯在氧的存在下,很容易发生光氧化反应,在大分子链上生成不稳定的过氧化氢基团。

目前对多种光降解进行研究,大多认为光降解是无规降解,以相对分子质量降低很快而单体析出很少为特征。某些高聚物的光降解和光交联反应是感光树脂的基本反应。

(4) 机械降解

固体高聚物的粉碎、塑炼、切削,熔融高聚物的挤出、抽丝,高分子溶液的强力搅混等都可以导致高聚物的降解。它们被认为是在机械力的作用下,高分子链断裂而产生自由基,故称为机械化学反应。高聚物的相对分子质量越大,降解越明显。利用机械降解可以制备嵌段共聚物,如将天然橡胶和酚醛或环氧树脂一起塑炼就能获得它们的嵌段共聚物。

此外,高能辐射(γ射线、X射线、快中子、慢中子等)、化学试剂、水、超声波和微生物等都能引起高聚物的降解,也能引起高聚物的交联。

4.2.2 高分子材料的老化控制

1) 防止高聚物老化的措施

高分子材料虽然有许多优良性能,但由于存在易老化等缺点,其使用受到了限制。所以,必须采取各种有效的防老化措施,延长其使用寿命。高聚物的防老化主要有以下几种措施:① 添加各种防老化剂。防老化剂是一种能够防止或抑制光、热、氧、臭氧和重金属离子等对高聚物产生破坏作用的物质。根据防老化剂的作用机理和功能,可以分为抗氧剂、光稳定剂和热稳定剂等。② 对高聚物施以物理防护。如表面涂层和在高聚物表面镀金属等,以延缓甚至隔绝外因的作用。③ 改进聚合的条件和方法。如采用高纯度单体改进聚合工艺,减少大分子的支链和不饱和结构。改进后处理工艺,以减少高聚物中残留的催化剂等。④ 改进加工成形工艺。如降低加工温度和受热时间,控制模具温度和冷却速度,采用惰性气体保护等。⑤ 进行聚合物的改性。如改进大分子结构(共聚、共混和交联等)。目前,在高分子材料中添加防老化剂是一种简便而效果又显著的主要防老化措施。

2) 防老化剂及其作用机理

选择和使用防老化剂应根据高聚物的性能和老化机理、材料及其制品的使用条件和加工条件综合考虑。除考虑防老化效果外,防老化剂还应具备下列特点:与高聚物相溶性好,长效,挥发性和萃取性要小;尽可能无色;无毒、无臭、多效;兼有对光、热和化学药品的稳定作用。

(1) 抗氧剂

抗氧剂的用量一般为高聚物的 0.01%~0.50%。它的作用是捕获已产生的游离基(因此也叫游离基吸收剂),从而使反应停止。常用的有酚类和芳族胺类。

(2) 光稳定剂

光稳定剂用量在 0.01%~0.50% 之间。它是户外使用制品所不可缺少的添加剂。根据作用机理不同,可分为光屏蔽剂、紫外线吸收剂、能量转移剂等。光屏蔽剂可以挡住光的直接照射,从而保护分子链不受破坏。例如,添加炭黑,就能提高高聚物的耐光性。紫外线吸收剂可以吸收对高聚物有害的紫外光,保护分子链免受破坏。例如,邻羟基二苯甲酮衍生物吸收紫外线后,羰基受激发,变成三重态,从邻位羟基中获得氢原子,成为烯醇式醌而稳定。能量转移剂是从已受激发的聚合物分子那里吸收能量,通过分子之间的作用转移激发能量,如含镍或钴的络合物就具有这种性能。

(3) 热稳定剂

热稳定剂的作用是防止高聚物在加工或使用过程中受热而发生降解或交联。聚氯乙烯常用的热稳定剂有铅盐、金属皂类等。聚氯乙烯在热解时所放出的氯化氢有加速聚氯乙烯热分解的作用。生产上常用三碱性硫酸铅吸收氯化氢而起到稳定剂作用。

$$3PbO \cdot PbSO_4 \cdot H_2O + 6HCl \longrightarrow 3PbCl_2 + 3PbSO_4 + 6H_2O$$

需要指出的是,在一种高聚物中常常同时使用几种稳定剂,称为复合稳定剂。复合稳定剂在高聚物防老化中占有重要地位。

3) 常用高分子材料的老化与防老化

不同聚合物的老化机理不同,因而采用的防老化剂也不同。下面简述几种常用高聚物材料的老化与防老化。

(1) 聚氯乙烯的老化与防老化

聚氯乙烯是一大品种,产量大,用途广,但易老化。其制品(如雨衣、薄膜、塑料鞋等)使用3年就会发脆甚至开裂,如果在户外使用则寿命更短。此外,聚氯乙烯很不稳定,100~150 ℃就明显分解,如不加入稳定剂就不能加工,所以聚氯乙烯的防老化是很重要的。

聚氯乙烯的老化比较复杂，往往同时进行几种化学反应，包括分解脱 HCl、氧化断链与交联、芳构化、C—C 断裂等。其中，分解脱 HCl 是导致聚氯乙烯老化的主要原因。一般认为，聚氯乙烯分解脱 HCl 的反应主要按离子—分子机理和游离基机理进行，氧化断链与交联则按游离基机理进行。

① 分解脱氯化氢。

a. 离子—分子机理。这种机理认为，聚氯乙烯分解脱 HCl 反应的引发是由于极性键 C—C 邻近的 C—H 键活化。大多数研究表明，脱出的 HCl 对聚氯乙烯进一步脱 HCl 起加速作用。

b. 游离基机理。聚氯乙烯在受热和光等外因活化后，其分子结构中的缺陷很容易产生游离基，即起始游离基。起始游离基的来源大体有以下几方面：一是聚氯乙烯分子结构中存在的弱点（如双键、支链等）受光、热活化而产生游离基。二是在加工成形过程中，由于热、氧、机械力作用而产生的氧化产物导致游离基的产生。三是聚氯乙烯中的添加剂如增塑剂等，在光作用下有可能产生游离基。四是聚氯乙烯中的杂质如乳化剂等，或者直接分解产生游离基，或者促进游离基的产生。聚氯乙烯在这些起始游离基的引发下，按游离基机理分解脱 HCl。

② 氧化降解与交联。氧化降解与交联是导致聚氯乙烯老化的重要原因。其过程与聚烯烃氧化一样，是按游离基机理进行的。当两个大分子游离基互相碰撞或大分子游离基与多烯体系作用时，分子链都有可能发生交联。

在氧存在时，聚氯乙烯的分解和氧化两个化学反应往往同时进行，并彼此催化。分解脱出的 HCl 会催化过氧化物的分解而促进氧化断链和交联。分解脱出 HCl 之后，在聚氯乙烯分子结构中产生的双键或共轭双键，也会加剧氧化反应，而氧化过程中产生的碳基和双键则会导致分解脱 HCl 反应大大加速。

聚氯乙烯的热稳定性是其一项重要的质量指标，一般采用加入热稳定剂的办法，来防止加工和使用过程中发生热氧化老化。聚氯乙烯的热稳定剂有以下几大类：一是有机酸或无机酸金属盐。常用的是硬脂酸盐，也用月桂酸盐。最普遍使用和用量较大的有硬脂酸铅、钡、钙，硬脂酸镉、锌用量较少，并且要与铅或钡盐同时使用。硬脂酸盐的作用一般认为是吸收 HCl，起抑制 HCl 分解的作用，同时硬脂酸盐的羧基的 α-H 有吸收游离基的作用，同样可抑制脱 HCl 反应。二是有机金属化合物。有机锡化合物属抗氧剂，它们能与大分子游离基作用，生成一个惰性的游离基而抑制游离基连锁反应。常用的有二丁基二月桂酸锡酯。三是环氧化合物。例如，高级脂肪酸的环氧酯等，常用的是环氧豆油。豆油中有不饱和酸，其中羧基和双键的 α-H 有吸收游离基的作用。四是亚磷酸酯类。通常用亚磷酸三苯酯或亚磷酸三甲酚等，亚磷酸酯是过氧化氢分解剂。稳定剂有协同作用，所以在生产上往往是几种稳定剂配合起来使用。为了防止光老化，户外使用的聚氯乙烯材料须加入紫外光吸收剂。

（2）聚乙烯和聚丙烯的老化与防老化

相对而言，聚乙烯对氧比较稳定，乙烯、丙烯共聚物次之，聚丙烯最不稳定。聚丙烯经氧化后最明显的变化是变脆。聚丙烯比聚乙烯容易氧化是由于聚丙烯分子链上存在着甲基和大量的叔碳原子，它们都是易氧化的基团。

一般来说，聚乙烯、聚丙烯的相对分子质量越大，耐候性越好。因为相对分子质量越大，结晶速度越慢，则结晶形状小，微晶区多，使 O_2 不易透过，故结晶度增大，氧吸收速率降低。但是，随着结晶度增大也有可能使双键、支链等老化弱点在非晶区集中而引起氧化速率在非晶区增大。相对分子质量分布宽，耐候性下降，因为相对分子质量分布宽，O_2 较易渗透，故易氧化。金属离子杂质、催化剂残渣（Ti，Al 化合物等）会促使热、光氧化老化加快；有些着色剂，如群青、钴蓝、钴紫、钛白等，也对聚乙烯、聚丙烯老化起促进作用；此外，铁、铜、钴等金属也会加速聚丙烯热氧化老化。

聚乙烯、聚丙烯在不添加抗氧剂时无法进行加工。常用的抗氧剂是取代酚，即苯酚的 2，4，6 位置上有取代基,其中邻位(2或4)上常有特丁基,这种抗氧剂统称阻位酚类,有高效、毒性小、无色、挥发性小、持久、不污染和相溶性好等优点,用于聚乙烯、聚丙烯中的光稳定剂,如羟基二苯甲酮类及镍络合物等,是有效的。对于深色的聚丙烯制品,炭黑也是一种有效的光氧老化稳定剂。

(3) 橡胶的老化与防老化

由于橡胶大分子上含有很多的双键,故特别易被氧化而降解。同时,橡胶制品多在应力状态下使用,比较容易发生臭氧龟裂,因此,臭氧老化又是橡胶老化的重要方面。下面简述不同类型橡胶的老化特征。

① 不饱和碳链橡胶。

顺丁橡胶、天然橡胶、异戊橡胶、丁苯橡胶、丁腈橡胶等都是不饱和碳链橡胶,它们的主链上都含有双键,其氧化机理是游离基反应。它们各自还具有一些不同的特征。顺丁橡胶老化过程中,存在降解与交联两个互相竞争的过程。老化初期,降解占优势,而后期则交联占优势。不稳定的醚氧键是交联键之一,其分子链断裂后生成含羟基、羰基的化合物。

天然橡胶的氧化反应以分子链断裂为主,同时产生一系列含醛、酮、羟基的相对分子质量低的化合物。氧化后橡胶表面发黏。

丁苯橡胶、丁腈橡胶的氧化特性与顺丁橡胶类似,但与苯乙烯、丙烯腈的含量有关。苯乙烯或丙烯腈的含量高,则丁二烯单元的浓度降低,大分子链上的双键数减少,因而降低了氧化反应速度。因此,丁苯橡胶、丁腈橡胶比天然橡胶和顺丁橡胶有较好的耐热氧老化性。

② 饱和碳链橡胶。

饱和碳链橡胶氧化链反应与不饱和碳链橡胶相似,但由于氧化条件和分子结构不同使反应复杂化,目前对此研究较少,了解得还不深。聚异丁烯橡胶和乙丙橡胶为饱和碳链橡胶,在其氧化过程中,大分子裂解,生成大量的低分子挥发物。聚异丁烯橡胶氧化产物有水、乙醛、酸类等,乙丙橡胶氧化后生成羰基、羟基或酮基。此外,还有异构化反应。以上是与不饱和碳链橡胶氧化的类似之处,但两者的氧化特征大不相同,即饱和碳链橡胶在氧化过程中没有明显的自动催化作用。这是因为饱和碳链橡胶的氧化需要较高的能量(如在较高温度下)才能进行,此时,所生成的氢过氧化物被很快分解,不能充分发挥催化氧化的作用;此外,氧对饱和碳链橡胶的引发能力较低,引发形成游离基的速度不及不饱和橡胶的快。

在饱和碳链橡胶氧化过程中,氧化能力与其化学结构有关。例如,支化的大分子比线型的大分子更易于氧化老化,氧化速度更快。各种取代基的氧化稳定性的次序排列是:$CH > CH_2 > CH_3$。

③ 杂链橡胶。

目前对杂链橡胶氧化过程的研究更少。研究认为,硅橡胶的热氧化除了具有链反应特征的裂解、交联等一般规律外,还有其他类型的反应。它的氧化反应温度比一般橡胶要高得多,在280℃以上开始有低分子挥发物产生,如一氧化碳、甲醛、甲醇等。

杂链橡胶如硅橡胶、氟橡胶、聚氨酯橡胶都具有较好的耐热氧化老化性能,但聚氨酯橡胶不耐水。未硫化的二烯橡胶甚至在室温下也会明显地被氧化而发生凝胶化,硫化橡胶会因机械负荷而引起氧化开裂,极小浓度的臭氧也会引起橡胶的臭氧化。所以,橡胶使用和储藏时一定要添加防老化剂。橡胶常用的防老化剂往往兼有抗氧、抗疲劳开裂和抗臭氧的综合作用,其中以芳香胺类防老化剂的效果最好,如苯基-β-萘胺、癸或壬代二苯胺、二苯基-对苯二胺、N-苯基-N′-仲-丁基-对苯二胺、N-萘基-N′-环己基-对苯二胺等。但这些防老化剂都是有颜色的,因此只适用于深色制品;对于浅色制品只能使用取代酚类(2,6-二叔丁基-对甲酚和2,6-二叔丁基-α-甲基-对甲酚),或有机磷类,如三(壬基苯基)亚磷酸酯为防老化剂。

(4) 聚酰胺的老化与防老化

聚酰胺对氧也很敏感，尤其在熔融状态下，遇氧后颜色迅速变深，从黄到棕进而变黑，同时聚合物变脆，强度明显下降。因此，在制备聚酰胺制品，如抽丝时，要严防氧化，常用惰性气体（N_2或CO_2）来保护。

在空气中聚酰胺受热温度超过 90 ℃就会氧化降解，相对分子质量降低，因而机械强度下降。随着加热时间的延长，不溶解的部分增加，这说明聚酰胺在热氧老化时除发生降解反应外，尚有交联反应。水会加速聚酰胺的热氧老化，湿尼龙于 70 ℃使用 8 周就变脆，而在同样温度下，干尼龙经两年还是稳定的。所以，水解和氧化是使聚酰胺老化的两个主要因素。

聚酰胺的热氧老化稳定剂有金属铜的无机酸盐类和有机酸盐类、溴和碘的碱金属盐和它们的芳基酯等。这些稳定剂时常混合使用。例如，聚酰胺在纺丝时要加入 $CuCl_2$ 或酞亚氨基钾盐。

聚酰胺制品如纤维、薄膜等在紫外光照射下易变黄、发脆，特别是尼龙薄膜最易受光破坏。不同品种的聚酰胺对光的稳定性也不一样，如尼龙-66 的光稳定性就比尼龙-6 好。

聚酰胺所用的无机稳定剂主要是三价铬盐，有机稳定剂主要是有机磷化合物，其中又以亚磷酸全酯如亚磷酸三邻苯二酚酯等最为常用。

从以上各种聚合物的老化实例可以看出，氧化作用对高聚物的老化起着决定性的作用，所以，抑制氧和臭氧的作用是高聚物防老化的重要措施。高聚物防氧化老化原则上有两个方法：一是制止连锁反应开始；二是迅速终止连锁反应。以防止氧化连锁反应开始为目的的过氧化氢分解剂大多是一些含磷的化合物。能迅速终止连锁反应的防老化剂很多，大多是酚类和胺类化合物，其作用是吸收游离基而使连锁反应终止。

参考文献

[1] 何新华,廖石勇,孙洋,等. Zn 铁氧体 – SiO_2 复合材料溶胶凝胶制备工艺优化研究. 中国陶瓷, 2001, 37: 16—19.

[2] 李酽,蔡菊芳,桑商斌. 水热法制备锰锌铁氧体纳米晶. 陶瓷科学与艺术, 2003, 1: 29—31.

[3] 张密林,辛艳凤,周铭. 高性能 $SrLa_xFe_{(12-x)}O_{(19)}$ 超微粉的合成与表征. 硅酸盐通报, 1997, 4: 18—22.

[4] 王冠,江志裕. 以三价铁制备 $LiFePO_4/C$ 复合材料及其电化学性能. 电池, 2007, 37(3): 195—198.

[5] 陈卫祥,吴国涛,王春生,等. 纳米碳管的电化学储锂性能. 化学物理学报, 2001, 14: 88—90.

[6] Shen P K, Tian Z Q. Performance of highly dispersed Pt/C catalysts for low temperature fuel cells. Electrochim Acta, 2004, 49: 3 107—3 111.

[7] Shen P K, Tseung A C C. Anodic oxidation of methanol on Pt/WO_3 in acidic media. J Electrochem Soc, 1994, 141: 3 082—3 090.

[8] Shen P K, Chen K Y, Tesung A C C. CO oxidation on $Pt-Ru/WO_3$ electrodes. J Electrochem Soc, 1995, 142: L85—L86.

[9] Chen K Y, Shen P K, Tesung A C C. Anodic oxidation of impure H_2 on teflon bonded $Pt-Ru/WO_3$ electrodes. J Electrochem Soc, 1995, 142: L185—L186.

[10] Tesung A C C, Chen K Y. Precious metal/hydrogen bronze anode catalysts for the oxidation of small organic molecules and impure hydrogen. Catal Today, 1997, 38, 439—445.

[11] Meng H, Shen P K. Tungsten carbides nanocrystals promoted Pt/C electrocatalysts for oxygen reduction. J Phys Chem B, 2005, 109(48): 22 705—22 709.

[12] Meng H, Shen P K. The beneficial effect of the addition of tungsten carbides to Pt catalysts on the oxygen electroreduction. Chem Commun, 2005, 35: 4 408—4 410.

[13] Meng H, Wu M, Hu X X, et al. Selective cathode catalysts for mixed-reactant alkaline alcohol fuel cells. Fuel Cells, 2006, 6(6): 447—450.

[14] Wu M, Shen P K, Wei Z D, et al. High activity PtPd-WC/C electrocatalyst for hydrogen evolution reaction. J Power Sources, 2007, 166(2): 310—316.

[15] Mcmonnell H M. Ferromagnetism in solid free radials. Chem Phys, 1963, 39: 1 910—1 912.

[16] Korshak Y V, Medvedeva T V, Ovchinnikov A A. Organic polymer ferromagnet. Nature, 1987, 326: 141—143.

[17] Luneau D, Ferromagnetic imprinting of nuclear spins in semiconductors. Science, 2001, 5: 123—129.

[18] Makarova T, Sundqvist B, Hohen R. Magnetic carbon. Nature, 2001, 413: 716—718.

[19] Naveed A, Zaidi S, Giblin I. Room temperature magnetic order in an organic magnet derived from polyaniline. Polymer, 2004, 45(16): 5 683—5 689.

[20] Rajaca A, Wongsriratanakul J, Ralca S. Magnetic orderingin an organic polymer. Science, 2001, 294: 1 503—1 505.

[21] Allemand P M, Khemani K C, Koch A. Organic molecular soft ferromagnetism in a Fullerene C60. Science, 1991, 253: 301—303.

[22] Miller J S, Epstein A J, Feiff W M. Molecular/organic ferromagnets. Science, 1988, 240: 40—47.

[23] Weng J, Jiang L M, Sun W L. Synthesis and magnetic properties of novel complexes of polymer containing bithiazole ring and salicylic acid. Polymer, 2001, 42: 5 491—5 494.

[24] Yue Y F, Gao E Q, Fang C J. Shiff-Base ligands: crystal structures and magnetic properties. Cryst Growth Des, 2008,

8: 3 295—3 301.

[25] Ishii N, Okamura Y, Chiba S. Giant coercivity in a cobalt-radical coordination magnet. J Am Chem Soc, 2008, 130: 24—25.

[26] Yoshizawa Y, Oguma S, Yamauchi K. New Fe-based softmagnetic alloys composed of ultrafine grain structure. J Appl Phys, 1988, 64: 6 044—6 046.

[27] Mohri K, Humphrey F B, Kawashima K. FeNiSiB amorphous wires. IEEE Trans Mag, 1990, 26: 1 789—1 791.

[28] Atkinson D, Squire P T, Gibbs M R J, et al. Implications of magnetic and magnetoelastic measurements for the domain structure of FeSiB amorphous wires. J Phys D, 1994, 27: 1 354—1 362.

[29] Poddar P, Wilson J L, Srikanth H. Grain size influence on soft ferromagnetic properties in Fe-Co nanoparticles. Mater Sci Engin B, 2004, 106: 95—100.

[30] Kelberg E A, Grigoriev S V, Okorokov A I. Reduction behaviour of Fe/ZrO. Physica B, 2003, 335: 123—126.

[31] Hadjipanayis G C, Withanawasam L, Krause R F. Nanocomposite $R_2Fe_{14}B/\alpha$-Fe permanent magnets. IEEE Trans Mag, 1995, 31: 3 596—3 601.

[32] Davies H A. Nanocrystalline exchange-enhanced hard magnetic alloys. J Magn Magn Mater, 1996, 157: 11—14.

[33] Gutflesch O, Bollero A, Handstein A. FMR studies of ultrathin permalloy layers sandwiched by Al_2O_3. J Magn Magn Mater, 2002, 242—245.

[34] Wang Z C, Davies H A, Harland C L. Optical and magneto-optical characterization of evaporated Co/Pt alloys and multilayers. IEEE Trans Mag, 2002, 38: 2 967—2 969.

[35] Zhou J, Skomski R, Sellmyer D J. Out-of-plane exchange coupling between epitaxial Ni and NiO bilayers. J Appl Phys, 2003, 93: 6 495—6 497.

[36] Huang Y, Zhang Y, Hadjipanayis G C, et al. Hysteresis behavior of CoPt nanoparticles. IEEE Trans Mag, 2002, 38: 2 604—2 606.

[37] Zhou J, Skomski R, Li X, et al. FePt/Fe multilayer films. IEEE Trans Mag, 2002, 38: 2 802—2 804.

[38] Zeng H, Sun S H, Sandstrom R L, et al. Exchange-coupled nanoparticle self-assemblies by rapid thermal annealing. J Magn Magn Mater, 2003, 266: 227—232.

[39] Dillon A C, Haben M J. Hydrogen storage using carbon adsorbents: past, present and future. Appl Phys A, 2001, 72: 133—142.

[40] Chambers A, Park C, Terry K, et al. Hydrogen storage in graphite nanofibers. J Phys Chem B, 1997, 102: 4 253—4 256.

[41] Ye Y, Ahn C C, Witham C. Hydrogen adsorption and cohesive energy of single-walled carbon nanotubes. Appl Phys Lett, 1999, 74: 2 307—2 309.

[42] Chen P, Xiong Z T, Luo J Z, et al. Temperature-programmed-desorption (TPD) spectrum of the hydrogen storage materials. J Phys Chem B, 2003, 13: 1 676—1 680.

[43] Liu C, Fan Y Y, Liu M, et al. Hydrogen storage in single-walled carbon nanotubes at room temperature. Science, 1999, 286: 1 127—1 129.

[44] Zhu H W, Xu C L, Wu D H. Direct synthesis of long nanotube strands. Science, 2002, 296: 884—886.

[45] Klvana D, Touzani A, Chaouki J. Hydrogen storage materials containing MoO_3 powder particles. J Hydrogen Energy, 1991, 1: 55—60.

[46] Cacciola G, Recupero V, Gordano N. Poisoning gas in a hydrogen energy system. J Hydrogen Energy, 1985, 10: 325—331.

[47] Padhi A K, Nanjundaswamy K S, Goodenough J B. Phospho-olivines as positive-electrode materials for re-chargeable lithium batteries. J Electrochem Soc, 1997, 144: 1 188—1 194.

[48] Yamada A, Chung S C, Hinokuma K. Optimized $LiFePO_4$ for lithium battery cathodes. J Electrochem Soc, 2001, 148: 224—229.

[49] Takahash I M, Tobishima S, Takei K. Characterization of LiFePO$_4$ as the cathode material for rechargeable lithium batteries. J Power Sources, 2001, 97—98: 508—511.

[50] Zhang S S, Allen J L, Xu K. Optimization of reaction condition for solid-state synthesis of LiFePO$_4$-C composite cathodes. J Power Sources, 2005, 147: 234—240.

[51] Barker J, Saidi M Y, Swoyer J. Method of making lithium-containing materials. US patent, US6528033, 2003-03-04.

[52] Mi C H, Zhao X B, Cao G S. Performances of CoSb$_3$ anode by using nanosized particles. J Electrochem Soc, 2005, 152(3): A483—A487.

[53] Higuchi M, Katayama K, Azuma Y. Synthesis of LiFePO$_4$ cathode material by microwave processing. J Power Sources, 2003, 119—121: 258—261.

[54] Murugan A V, Muraliganth T, Manthiram A. Polymer for lithium ion batteries. Electrochem Commun, 2008, 10: 903—906.

[55] Yang S, Zavalij P Y, Whittingham M S. Synthesis of lithium iron phosphate cathodes. Electrochem Commun, 2001, 1: 505—508.

[56] Nakano H, Dokko K, Koizumi S. Multilayered cobalt oxide platelets for negative electrode. J Eletrochem Soc, 2008, 155: A909—A914.

[57] Croce F, Epifanio A D, Hassoun J. New concept for the synthesis of an improved LiFePO$_4$ lithium battery cathode. Electrochem Solid-State Lett, 2002, 5: A47—A50.

[58] Dominko R, Bele M, Gaberscek M. Porous olivine composites synthesized by sol-gel technique. J Power Sources, 2006, 153: 274—280.

[59] Arnold G, Garche J, Hemmer R. LiFePO$_4$ synthesized by a new low-cost aqueous precipitation technique. J Power Sources, 2003, 119—121(1): 247—251.

[60] Yang M R, Ke W H, Wu S H. Preparation of LiFePO$_4$ powders by co-precipitation. J Power Sources, 2005, 146: 539—543.

[61] Shin H C, Liu M. Electrochemical insertion of Lithium into multi-walled carbon nanotubes prepared by catalytic decomposition. J Power Sources, 2002, 112: 216—221.

[62] Courtney I A, Mckinnon W R, Dahn J R. On the aggregation of tin in SnO$_2$ composite glasses caused by the reversible reaction with lithium. J Electrochem Soc, 1999, 146: 59—68.

[63] Anani A, Crouch-Baker S, Huggins R A. Photoelectrochemcial cell studies with semiconductor. J Electrochem Soc, 1987, 134: 3 098—3 102.

[64] Yang H. Stable transfection of the hypotrichous ciliate Stylonychia lemnae with tagged α_1 tubulin minichromosomes. Solid State Ionics, 1998, 113—115: 533—544.

[65] Brousse T, Retoux R, Herterich U. Thin-film crystalline SnO$_2$-Lithium electrodes. J Electrochem Soc, 1998, 145: 1—4.

[66] Lin N, Martin C R, Scrosati B. Lithium-ion batteries are becoming the power sources of choice for modern consumer. J Power Sources, 2001, 97—98: 240—243.

[67] Hassoun J, Panero S, Simon P. High-rate, long-life nanostructured electrodes for lithium-ion batteries. Adv Mater, 2007, 19: 1 632—1 635.

[68] Villevielle C M, Ionica-Bousquet B, Ducourant J C. Preparation of immiscible alloy system of Al-Sn thin films as anodes for lithium ion batteries. Electrochem Commun, 2008, 10: 1 109—1 112.

[69] Tamura N, Fujimoto M, Kamino M. Mechanical stability of Sn-Co alloy anodes for lithium secondary batteries. Electrochim Acta, 2004, 49: 1 949—1 956.

[70] Morales J, Sanchez L. Development of antimony-based anode materials for lithium-ion battery. J Electrochem Soc, 1999, 146: 1 640—1 642.

[71] Belliard F, Fu Z W, Zhou M F. Large on-off ratios materials for lithium battery by pulsed laser deposition. J Electrochem Soc, 1999, 146: 3 554—3 559.

[72] Li W Z, Zhou W J, Li H Q. Nano structured PtFe/C as cathode catalyst in direct methanol fuel cell. Electrochim Acta, 2004, 49: 1 045—1 055.

[73] Xiong L, Kannan A M, Mantihiram A. Hydrous ruthenium oxide supported platinum catalysts for direct methanol fuel cells. Electrochem Commun, 2002, 4: 898—903.

[74] Takako T, Hiroshi I. The application research of air electrode as cathode of electrolytic cell to the chlor-alkali industry. J Electrochem Soc, 1999, 146: 3 750—3 756.

[75] Tamizhmani G, Capuanoga I. Electrocatalytic activity of Nafion-impregnated pyrolyzed CoPt. J Electrochem Soc, 1994, 141: 41—45.

[76] Kabbabi A, Faure R, Durand R. Electrocatalytic oxidation of carbon monoxide and methanol at platinum-ruthenium bulk alloy electrodes. J Electroanal Chem, 1998, 444: 41—53.

[77] Grgur B N, Zhuang G, Markovic N M. Mixtures on a well-characterized $Pt_{75}Mo_{25}$ alloy surface. J Phys Chem B, 1997, 101: 3 910—3 913.

[78] Gasteiger H A, Markovic N M, Ross P N. Electrooxidation of CO and H_2 mixtures on a well characterized Pt_3Sn electrode surface. J Phys Chem, 1995, 99: 8 945—8 949.

[79] Lee S J, Mukerjee S, Ticianelli E A. Synthesis and electrochemical studies of some ruthenium aquo complexes. Electrochim Acta, 1999, 44: 3 283—3 291.

[80] Goetz M, Wendt H. Base metal oxides as promoters for the electrochemical oxidation of methanol. Electrochim Acta, 1998, 43: 3 637—3 644.

[81] Ley K L, Liu R, Pu C. Methanol oxidation on single-phase Pt-Ru-Os ternary alloys. J Electrochem Soc, 1997, 144: 1 543—1 548.

[82] Lima A, Coutanceau C, Leager J M. Investigation of ternary catalysts for methanol electrooxidation. J Appl Electrochem, 2001, 31: 379—386.

[83] Park K W, Choi J H, Kwon B K. Chemical and electronic effects of Ni in Pt/Ni and Pt/Ru/Ni alloy nanoparticles in methanol electrooxidation. J Phys Chem B, 2002, 106: 1 869—1 877.

[84] Venkataraman R, Kunz H R, Fenton J M. Anode catalysts for proton exchange membrane fuel cells. J Electrochem Soc, 2003, 150: A278—A284.

[85] Arico A S, Poltarzewski Z, Kim H. Investigation of a carbon-supported quaternary Pt-Ru-Sn-W catalyst for direct. Methanol fuel cells. J Power Sources, 1995, 55: 159—166.

[86] Reddington E, Sapienza A, Gurau B. A highly parallel, optical screening method for discovery of better electrocatalysts. Science, 1998, 280: 1 735—1 737.

[87] Choi W C, Kim J D, Woo S I. Quaternary Pt-based electrocatalyst for methanol oxidation by combinatorial electrochemistry. Catalysis Today, 2002, 74: 235—240.

[88] Raghuveer V, Ravindranathan K, Xanthopoulosc N. Rare earth cuprates as electrocatalysts for methanol oxidation. Solid State Ionics, 2001, 140: 263—274.

[89] Shobba T S, Mayann M C A, Sequeir C. Direct alcohol fuel cells: challenges and future trends. J Power Sources, 2002, 108: 261—264.

[90] McIntyre D R, Vossen A, Wilde J R. A new energy storage anode material for Li-ion batteries. J Power Sources, 2002, 108: 1—7.

[91] Burstein G T, McIntyre D R, Vossen A. Stabilization of hexagonal $Cu_6(Sn, Zn)_5$ by doping as cathode materials. Electrochem Solid-State Lett, 2002, 5: A80—A83.

[92] Brunelli K, Dabala M, Magrini M. Cu-based amorphous alloy electrodes for fuel cells. J Appl Electrochem, 2002, 32: 145—148.

[93] Sistiaga M, Pierna A R. Application of amorphous materials for fuel cells. J Non-Cryst Solids, 2003, 329: 184—187.

[94] Yang B, Lu Q Y, Wang Y, et al. Titanium-substituted mesoporous SBA-15 molecular sieve under microwave-hydrothermal conditions. Chem Mater, 2003, 15: 552—557.

[95] Masahiro W, Makoto U, Satoshi M. Highly dispersed Pt + Ru alloy clusters and the activity for the electrooxidation of methanol. J Electroanal Chem, 1987, 229: 395—406.

[96] Wang X, Hsing I M. Surfactant stabilized Pt and Pt alloy electrocatalyst for polymer electrolyte fuel cells. Electrochim Acta, 2002, 47: 2 981—2 987.

[97] Zhou Z, Wang S, Zhou W. Novel synthesis of highly active Pt/C cathode electrocatalyst for direct methanol fuel cell. Chem Commun, 2003: 394—395.

[98] Gamez W, Makoto U, Satoshi M. Highly dispersed Pt + Ru alloy clusters and the activity for the electrooxidation of methanol. J Electroanal Chem, 1987, 229: 395—406.

[99] Schmidt H, Park J N, Lee W H. Preparation of platinum-based electrode catalysts for low temperature fuel cell. Catal Today, 2003, 87: 237—245.

[100] Prabhuram J, Wang X, Hui L, et al. Synthesis and characterization of surfactant stabilized Pt/C nanocatalysts for fuel cell applications. J Phys Chem B, 2003, 107: 11 057—11 064.

[101] Gratiet B L, Remita H, Picq G. CO-stabilized supported Pt catalysts for fuel cells. J Catalysis, 1996, 164: 36—43.

[102] Deborah L, Lukehart C M. Rapid synthesis of Pt or Pd/carbon nanocomposites using microwave irradiation. Chem Mater, 2001, 13: 806—810.

[103] Chen W X, Lee J Y, Liu Z L. Microwave-assisted synthesis of carbon supported Pt nanoparticles for fuel cell. Chem Commun, 2002, 21: 2 588—2 589.

[104] Zhang X, Chan K Y. Preparation of platinum-ruthenium nanoparticles, their characterization and electrocatalytic properties. Chem Mater, 2003, 15: 451—459.

[105] Escudero M J, Hontanon E, Schwartz S. Development and performance characterisation of new electrocatalysts for PEMFC. J Power Sources, 2002, 106: 206—214.

[106] Johansson L I. Angle-resolved photoemission study of oxygen chemisorption on Gd(0001). Surf Sci Rep, 1995, 21: 177—183.

[107] Levy R L. Platinum-like behavior of tungsten carbide in surface catalysis. Science, 1973, 181: 547—549.

[108] Hwu H H, Chen J G, Kourtakis K, et al. Decomposition of methanol over carbide-modified W(111). J Phys Chem B, 2001, 105: 10 037—10 044.

[109] Liu N, Kourtakis K, Figuero J C, et al. Reactions of methanol and water over Pt-modified C/W(111). J Catal, 2003, 215: 254—263.

[110] McIntyre D R, Burstein G T, Vossen A. Effect of carbon monoxide on the electrooxidation of hydrogen by tungsten carbide. J Power Sources, 2002, 107: 67—73.